民用建筑设计
常用数据及资料汇编

北京建工建筑设计研究院编

主编　杨金铎

主审　丛小密

中国建材工业出版社

图书在版编目（CIP）数据

民用建筑设计常用数据及资料汇编/杨金铎主编；
北京建工建筑设计研究院编 . —北京：中国建材工业出
版社，2013.1
ISBN 978-7-5160-0301-5

I. ①民… II. ①杨… ②北… III. ①民用建筑—建
筑设计—数据—汇编 ②民用建筑—建筑设计—资料—汇编
IV. ①TU24

中国版本图书馆 CIP 数据核字（2012）第 221950 号

内 容 简 介

本书内容涉及民用建筑设计的常用术语、建筑结构材料与构件、建筑设计规定、
地下工程防水、抗震设计、保温与节能设计、建筑结构防火设计、建筑装修防火设
计、建筑构造做法（墙身、幕墙、地面与楼面、台阶与坡道、阳台与防护栏杆、走
道与安全出口、楼梯、电梯、自动扶梯与自动人行道、门窗、屋面、吊顶、路面）、
建筑装修技术（室内环境污染控制、抹灰工程、门窗工程、玻璃工程、吊顶工程、
轻质隔断工程、墙面工程、涂饰工程、裱糊工程、地面辐射供暖工程、地面工程）、
室内环境（采光、通风、防热、隔声、遮阳）、建筑设备（给水与排水、暖通与空
调、建筑电气、太阳能光伏系统、建筑智能化）、技术经济指标等诸多内容，共 13
篇。本书以文字叙述和表格介绍为主、插图为辅，引用标准均为最新标准，资料清
晰、内容翔实。

本书除作为民用建筑设计案头工作用书外，还可以作为一级、二级注册建筑师
的考前复习用书及建筑类院校设计教学的参考用书。

民用建筑设计常用数据及资料汇编

杨金铎　主编

出版发行：中国建材工业出版社

地　　址：北京市西城区车公庄大街 6 号
邮　　编：100044
经　　销：全国各地新华书店
印　　刷：北京雁林吉兆印刷有限公司
开　　本：880mm×1230mm　1/16
印　　张：25.5
字　　数：782 千字
版　　次：2013 年 1 月第 1 版
印　　次：2013 年 1 月第 1 次
定　　价：86.00 元

本社网址：www.jccbs.com.cn　　责编邮箱：jiancai186@sohu.com
本书如出现印装质量问题，由我社发行部负责调换。联系电话：(010) 88386906

编委会

发展出版传媒　服务经济建设

传播科技进步　满足社会需求

我们提供

图书出版、图书广告宣传、企业定制出版、团体用书、
会议培训、其他深度合作等优质、高效服务。

编 辑 部	图书广告	出版咨询	图书销售
010-88376511	010-68361706	010-68343948	010-68001605

jccbs@hotmail.com　　www.jccbs.com.cn

中国建材工业出版社
China Building Materials Press

编写说明

建筑物的设计是一项系统工程，它包括场地设计、规划设计、建筑设计、结构设计、设备设计、电气设计和概预算等部分。建筑专业是建筑设计中的主导专业，处于工程主持的位置。

从事建筑专业设计的建筑师们每天均要和众多的规范、规程、标准打交道，从中寻觅所需要的尺寸、数据、做法、表达方式，工作十分繁琐。如何减轻建筑师的负担，使其尽快找到他们所需要的相关资料，从翻阅多本资料到能在一本手册中把需要的数据找全，正是本书试图解决的问题。作者把100余本现行规范、规程、规定（特别是新规范、新规程）中的相关技术问题进行分类、整合、汇编、归纳，并提供了出处，极大限度地为使用者提供了方便。

本书的编书理念是运用新规范、反映新技术、介绍新材料、推广新构造。本书的基本资料来源于现行规范、规程、规定及其他相关技术资料，资料收集截止于2012年11月。2010年及以后颁布的新规范、新规程有：

1. 《石膏砌块砌体技术规程》（JGJ/T 201—2010），自2010年8月1日起实施。
2. 《严寒和寒冷地区居住建筑节能设计标准》（JGJ 26—2010），自2010年8月1日起实施。
3. 《夏热冬冷地区居住建筑节能设计标准》（JGJ 134—2010），自2010年8月1日起实施。
4. 《民用建筑太阳能光伏系统应用技术规范》（JGJ 203—2010），自2010年8月1日起实施。
5. 《轻钢结构住宅技术规程》（JGJ 209—2010），自2010年10月1日起实施。
6. 《建筑抗震设计规范》（GB 50011—2010），自2010年12月1日起实施。
7. 《建筑地面工程施工质量验收规范》（GB 50209—2010），自2010年12月1日起实施。
8. 《档案馆建筑设计规范》（JGJ 25—2010），自2011年2月1日起实施。
9. 《展览建筑设计规范》（JGJ 218—2010），自2011年2月1日起实施。
10. 《铝合金门窗工程技术规范》（JGJ 214—2010），自2011年3月1日起实施。
11. 《抹灰砂浆技术规程》（JGJ/T 220—2010），自2011年3月1日起实施。
12. 《墙体材料应用统一技术规范》（GB 50574—2010），自2011年6月1日起实施。
13. 《民用建筑隔声设计规范》（GB 50118—2010），自2011年6月1日起实施。
14. 《混凝土结构设计规范》（GB 50010—2010），自2011年7月1日起实施。
15. 《建筑材料放射性核素限量》（GB 6566—2010），自2011年7月1日起实施。
16. 《高层建筑混凝土结构技术规程》（JGJ 3—2010），自2011年10月1日起实施。
17. 《倒置式屋面工程技术规程》（JGJ 230—2010），自2011年10月1日起实施。
18. 《建筑遮阳工程技术规范》（JGJ 237—2011），自2011年12月1日起实施。
19. 《建筑外墙防水工程技术规程》（JGJ/T 235—2011），自2011年12月1日起实施。
20. 《中小学校设计规范》（GB 50099—2011），自2012年1月1日起实施。
21. 《混凝土小型空心砌块建筑技术规程》（JGJ/T 14—2011），自2012年4月1日起实施。
22. 《坡屋面工程技术规程》（GB 50693—2011），自2012年5月1日起实施。
23. 《砌体结构工程施工质量验收规范》（GB 50203—2011），自2012年5月1日起实施。
24. 《外墙内保温工程技术规程》（JGJ/T 261—2011），自2012年5月1日起实施。
25. 《住宅卫生间模数协调标准》（JGJ/T 263—2012），自2012年5月1日起实施。
26. 《住宅厨房模数协调标准》（JGJ/T 262—2012），自2012年5月1日起实施。
27. 《无机轻集料砂浆保温系统技术规程》（JGJ 253—2011），自2012年6月1日起实施。

28. 《住宅设计规范》（GB 50096—2011），自 2012 年 8 月 1 日起实施。

29. 《砌体结构设计规范》（GB 50003—2011），自 2012 年 8 月 1 日起实施。

30. 《建筑地基基础设计规范》（GB 50007—2011），自 2012 年 8 月 1 日起实施。

31. 《建筑陶瓷薄板应用技术规程》（JGJ/T 172—2012），自 2012 年 8 月 1 日起实施。

32. 《无障碍设计规范》（GB 50763—2012），自 2012 年 9 月 1 日起实施。

33. 《屋面工程技术规范》（GB 50345—2012），自 2012 年 10 月 1 日起实施。

34. 《屋面工程质量验收规范》（GB 50207—2012），自 2012 年 10 月 1 日起实施。

35. 《透水沥青路面技术规程》（CCJ/T190—2012），自 2012 年 12 月 1 日起实施。

参加本书搜集资料和部分编写的有黄超、杨洪波、杨红、汪裕生、胡国齐等同志。由于能力所限和时间紧迫，书中难免出现遗漏和差错，恳请广大读者批评指正，笔者不胜感激。

目　　录

第一部分　建筑术语 ··· 1

一、建筑设计常用术语 ··· 1

二、《民用建筑设计通则》规定的术语 ······················· 4

三、城市居住区规划的常用术语 ··································· 5

四、建筑材料的常用术语及解析 ··································· 7

第二部分　建筑结构材料与构件 ······················· 15

一、建筑结构材料 ··· 15

二、建筑构件 ·· 25

第三部分　建筑设计规定 ······································ 30

一、总则 ·· 30

二、基本规定 ·· 32

三、城市规划对建筑的限定 ·· 51

四、场地设计 ·· 55

五、建筑物设计 ·· 65

第四部分　地下工程防水设计 ······················· 84

一、防水方案的确定 ·· 84

二、防水等级的确定 ·· 84

三、防水设防要求 ··· 85

四、主体结构防水 ··· 86

五、细部构造 ·· 91

第五部分　抗震设计规定 ······································ 95

一、抗震设防烈度与设计基本地震加速度 ····················· 95

二、设防分类、设防标准 ·· 99

三、砌体结构的抗震构造 ·· 100

四、框架结构的抗震构造 ·· 105

五、抗震墙结构的抗震构造 ·· 107

六、框架-抗震墙结构的抗震构造 ································· 107

七、板柱-抗震墙的抗震构造 ······································ 108

八、筒体结构的抗震构造 ·· 108

九、混合结构的抗震要求 ·· 110

十、基础的抗震要求 ··· 111

第六部分　保温与节能设计 ··· 114

　一、综述 ··· 114

　二、严寒和寒冷地区居住建筑的节能措施 ····························· 115

　三、夏热冬冷地区居住建筑的节能措施 ································· 117

　四、夏热冬暖地区居住建筑的节能措施 ································· 119

　五、公共建筑的节能措施 ··· 119

　六、其他建筑设计规范的规定 ··· 126

　七、外墙外保温构造 ··· 127

　八、外墙内保温构造 ··· 134

第七部分　建筑结构防火设计规定 ································· 140

　一、结构材料的防火分类 ··· 140

　二、耐火等级的确定 ··· 145

　三、防火间距与防火分区 ··· 152

　四、安全疏散 ··· 156

　五、特殊房间的防火要求 ··· 172

　六、木结构民用建筑防火的有关规定 ···································· 177

　七、消防车道 ··· 178

　八、建筑防火构造 ·· 180

第八部分　建筑内部装修防火设计 ································· 189

　一、建筑内部装修的部位 ··· 189

　二、建筑内部装修材料的防火分类和分级 ·························· 189

　三、民用建筑装修防火设计的有关规定 ································· 190

　四、其他建筑设计规范的规定 ··· 194

第九部分　建筑构造规定 ·· 195

　一、墙身 ··· 195

　二、建筑幕墙 ··· 203

　三、地面与楼面 ··· 209

　四、台阶、坡道 ··· 221

　五、阳台和防护栏杆 ··· 223

　六、走道、通道、外廊、门厅和安全出口 ·························· 224

　七、楼梯 ··· 227

　八、电梯 ··· 236

　九、自动扶梯和自动人行道 ··· 241

　十、门窗 ··· 242

　十一、屋面 ··· 255

　十二、顶棚、吊顶 ·· 289

　十三、路面 ··· 290

第十部分　建筑装修技术 ·· 293

　一、室内外装修的基本规定 ··· 293

　二、室内环境污染控制 ·· 293

　三、抹灰工程的有关规定 ·· 299

　四、门窗工程的有关规定 ·· 302

　五、玻璃工程的有关规定 ·· 303

　六、吊顶工程的有关规定 ·· 306

　七、轻质隔断工程的有关规定 ·· 307

　八、墙面铺装工程的有关规定 ·· 308

　九、涂饰工程的有关规定 ·· 311

　十、裱糊工程的有关规定 ·· 313

　十一、地面辐射供暖工程的有关规定 ····································· 314

　十二、地面铺装工程的有关规定 ··· 316

第十一部分　室内环境 ·· 319

　一、采光 ··· 319

　二、通风 ··· 326

　三、防热 ··· 329

　四、隔声 ··· 329

　五、遮阳 ··· 347

第十二部分　建筑设备 ·· 350

　一、给水和排水 ·· 350

　二、暖通和空调 ·· 350

　三、建筑电气 ··· 351

　四、太阳能光伏系统 ·· 353

　五、建筑智能化 ·· 355

第十三部分　技术经济指标 ·· 379

　一、住宅 ··· 379

　二、居住区 ·· 381

　三、绿色建筑 ··· 383

参考文献 ·· 392

第一部分　建筑术语

一、建筑设计常用术语

（一）基本术语

《民用建筑设计术语标准》（GB/T 50504—2009）中指出（摘录）：

1. 建筑学：研究建筑物及其环境的学科，旨在总结人类建筑活动的经验，创造人工空间环境，在文化艺术、技术等方面对建筑进行研究。

2. 建筑：既表示建筑工程的营造活动，又表示营造活动的成果——建筑物，同时可表示建筑类型和风格。

3. 建筑物：用建筑材料构筑的空间和实体，供人们居住和进行各种活动的场所。

4. 构筑物：为某种目的而建造的、人们一般不直接在其内部进行生产和生活活动的工程实体或附属建筑设施。

5. 建筑师：指受过专门教育或训练，并以建筑设计为主要职业的人。

6. 建筑设计：广义的建筑设计是指一个建筑物（群）要做的全面工作，包括场地、建筑、结构、室内环境、室内外装修、园林景观等设计和工程概预算。狭义的建筑设计是指解决建筑物使用功能和空间合理布置、室内外环境协调、建筑造型及细部处理，并与结构、设备等工种配合，使建筑物达到适用、安全、经济和美观。

7. 场地设计：对建筑用地内的建筑布局、道路、竖向、绿化及工程管线等进行综合性的设计，又称为总图设计或总平面设计。

8. 建筑构造设计：对建筑物中的部件、构件、配件进行详细设计，以达到建造的技术要求并满足其使用功能和艺术造型的要求。

9. 建筑室内设计：为满足建筑室内使用和审美要求，对室内平面、空间、材质、色彩、光照、景观、陈设、家具和灯具等进行布置和艺术处理的设计。

10. 建筑防火设计：在建筑设计中采取防火措施，以防止火灾发生和蔓延，减少火灾对生命财产的危害的专项设计。

11. 人防设计：在建筑设计中对具有预定战时防空功能的地下建筑空间采取防护措施，并兼顾平时使用的专项设计。

12. 建筑节能设计：为降低建筑物围护结构、采暖、通风、空调和照明等的能耗，在保证室内环境质量的前提下，采取节能措施，提高能源利用率的专项设计。

13. 无障碍设计：为保证行动不便者在生活及工作上的方便、安全，对建筑室内外的设施等进行的专项设计。

（二）建筑分类术语

1. 民用建筑：供人们居住和进行各种公共活动的建筑的总称。
2. 居住建筑：供人们居住使用的建筑。
3. 公共建筑：供人们进行各种公共活动的建筑。

（三）各类指标术语

1. 建筑密度：在一定范围内，建筑物的基底面积占用地面积的百分比。
2. 容积率：在一定范围内，建筑面积总和与用地面积的比值。
3. 绿地率：在一定范围内，各类绿地总面积占该用地总面积的百分比。
4. 建筑面积：指建筑物（包括墙体）所形成的楼底层面积。
5. 使用面积：建筑面积中减去公共交通面积、结构面积等，留下可供使用的面积。
6. 使用面积系数：建筑物中使用面积与建筑面积之比，即使用面积/建筑面积（%）。
7. 开间：建筑物纵向两个相邻的墙或柱中心线之间的距离。
8. 进深：建筑物横向两个相邻的墙或柱中心线之间的距离。
9. 建筑间距：两栋建筑物或构筑物外墙面之间的最小垂直距离。
10. 建筑高度：建筑物室外地面到建筑物屋面、檐口或女儿墙的高度。
11. 层高：建筑物各楼层之间以楼、地面面层（完成面）计算的垂直距离。对于平屋面，屋顶层的层高是指该楼层楼面层（完成面）至平屋顶的结构面层（上表面）的高度；对于坡屋面，屋顶层的层高是指该层楼面面层（完成面）至坡屋面的结构面层（上表面）与外墙外皮延长线的交点计算的垂直距离。
12. 室内净高：从楼地面面层（完成面）至吊顶或楼盖、屋盖底面之间的有效使用空间的垂直距离。
13. 标高：以某一水平面作为基准面，并以零点（水准原点）起算地面（楼面）至基准面的垂直高度。以全国统一水准原点为零点的标高叫绝对标高，以建筑物首层地坪为原点的标高叫相对标高。
14. 室内外高差：一般指室外地面至设计标高 ±0.000 之间的垂直距离。

（四）通用空间术语

1. 建筑空间：以建筑界面限定的、供人们生活和活动的场所。
2. 多功能厅：可提供多种使用功能的空间。
3. 门厅：位于建筑物入口处，用于人员集散并联系建筑室内外的枢纽空间。
4. 门廊：建筑物入口前有顶棚的围合空间。
5. 走廊（走道）：建筑物中的水平交通空间。
6. 电梯厅（候梯厅）：供人们等候电梯的空间。
7. 前室：房间与楼电梯间前面的过渡空间。
8. 中庭：建筑中贯通多层的室内大厅。
9. 回廊：围绕中庭或庭院的走廊。
10. 门斗：建筑物入口处两道门之间的空间。
11. 天井：被建筑物围合的露天空间，主要用以解决建筑物的采光和通风。
12. 平台：高出室外地面，供人们进行室外活动的平整场地，一般设有固定栏杆。
13. 庭院：附属于建筑物的室外围合场地，可供人们进行室外活动。
14. 屋顶花园：种植花草的上人屋面。
15. 裙房：与高层建筑相连的、建筑高度不超过 24m 的附属建筑。
16. 地下室：室内地平面低于室外地平面的高度超过室内净高的 1/2 的房间。
17. 半地下室：室内地平面低于室外地平面的高度超过室内净高的 1/3 的且不超过 1/2 的房间。

（五）建筑部件与构件术语

1. 雨篷：建筑出入口上方为遮挡雨水而设的构件。

2. 老虎窗：设在建筑物坡屋顶上具有特定形式的侧窗。

3. 檐口：屋面与外墙墙身的交接部位，作用是方便排除屋面积水和保护墙身，又称屋檐。

4. 幕墙：由金属构架与板材组成的，不承担主体结构荷载与作用的建筑外围护结构。

5. 窗井：为使地下室获得采光、通风，在外墙外侧设置的一定宽度的下沉空间。

6. 水簸箕：位于屋面雨水管正下方、保护屋面的构件。

7. 卷帘：用页片、栅条、金属网或帘幕等材料制成，可向左右或上下卷动的部件。

8. 自动扶梯：以电力驱动，自动运送人员上下楼层的阶梯式机械装置。

9. 自动人行道：以电力驱动，水平或斜向自动运送人员的步道式机械装置。

10. 泛水：为防止水平楼面或水平屋面与垂直墙面接缝处的渗漏，由水平面沿垂直面向上翻起的防水构造。

（六）居住建筑术语

1. 老年人住宅：供老年人居住使用的，并配置无障碍设施的专用住宅。

2. 商住楼：下部商业用房与上部住宅组成的建筑。

3. 单元式住宅：由几个住宅单元组合而成，每个单元均设有楼梯或楼梯与电梯的住宅。

4. 别墅：一般指带有私家花园的低层独立式住宅。

5. 塔式住宅：以共用楼梯或共用楼梯、电梯为核心布置多套住房，且其主要朝向建筑长度与次要朝向建筑长度之比小于 2 的住宅。

6. 通廊式住宅：由共用楼梯或共用楼梯、电梯通过内、外廊进入各套住房的住宅。

7. 跃层式住宅：套内空间跨越两楼层及以上，且设有室内楼梯的住宅。

8. 联排式住宅：跃层式住宅套型在水平方向上组合而成的底层或多层住宅。

（七）办公等建筑术语

1. 公寓式办公楼：由一种或几种平面单元组成，单元内设有办公、会客空间、卧室、厨房和卫生间等房间的办公建筑。

2. 酒店式办公楼：以酒店经营模式管理的，平面形式参照客房布置，兼有办公和居住功能的办公建筑。

3. 金融建筑：进行货币资金流通及信用业务有关活动的建筑，包括银行、储蓄所、证券交易所、保险公司等。

4. 汽车旅馆：主要为驾车旅客服务的住宿设施。

（八）历史、园林建筑术语

1. 纪念性建筑：具有纪念性意义的建筑物或构筑物。

2. 历史建筑：有一定历史、科学、艺术价值，反映城市历史风貌及地方特色的建筑物和构筑物。

3. 保护建筑：具有较高历史、科学、艺术价值，作为文物保护单位进行保护的建筑物和构筑物。

4. 园林建筑：园林中供休息、装饰、休憩并构成景观的建筑物或构筑物的统称。

（九）卫生、民政建筑术语

1. 综合医院：设置多种病科，进行医疗卫生保健工作的医院。

2. 养老院：为老年人提供集体居住，并具有相对完整的配套服务设施的场所。

（十）建筑物理术语

1. 建筑物理：研究建筑的物理环境科学，包括建筑热工学、建筑声学和建筑光学的学科。

2. 噪声：影响人们正常生活、工作、学习，甚至损害身心健康的外界干扰声。

3. 眩光：由于视野中的亮度分布或亮度范围的不适宜，或存在极端的对比，以致引起不舒适感觉或降低观察细部或目标的能力的视觉现象。

4. 典型气象年（TMY）：以近30年的月平均值为依据，从近10年的资料中选取一年各月接近30年的平均值作为典型气象年。由于选取的月平均值在不同的年份，资料不连续，还需要进行月间平滑处理。

5. 建筑防热：抵挡夏季室外热作用，防止室内过热所采取的建筑设计的综合措施。

6. 混响声：当声源在室内连续稳定地辐射声波时，除直达声以外经一次或多次反射声叠加的声波。

7. 计权隔声量：评价建筑物及建筑构件空气声隔声等级的数值。单位：dB（分贝）。

8. 建筑隔声：为改善建筑物室内声环境，隔除噪声的干扰而采取的措施。

9. 建筑吸声：房间内各个表面、物体和房间内空气对声音的吸收，又称房间吸声。

10. 围护结构传热系数：在稳态条件下围护结构两侧空气温度差为1K，单位时间内通过单位面积传递的热量。单位：$W/(m^2 \cdot K)$。

11. 热阻（R）：表示建筑物本身或其中某层材料阻抗传热能力的物理量。

12. 围护结构传热阻（R_0）：围护结构（包括两侧空气边界层）阻抗传热能力的物理量，为结构热阻（R）与两侧表面换热组之和。单位：$(m^2 \cdot K)/W$。

13. 材料蓄热系数：当某一足够厚度的单一材料层一侧受到环境热作用时，表面温度将按同一周期波动，通过表面的热流波幅与表面温度波幅的比值。单位：$W/(m^2 \cdot K)$。

14. 围护结构热惰性指标（D）：表征围护结构反抗温度波动和热流波动能力的无量纲指标，其值等于材料层热阻和与蓄热系数的乘积。

15. 采暖度日数（HDD18）：一年中，当某天室外日平均温度低于18℃时，将低于18℃的度数乘以1，并将此乘积累加。

16. 空调度日数（CDD26）：一年中，当某天室外日平均温度高于26℃时，将高于26℃的度数乘以1，并将此乘积累加。

17. 建筑遮阳：利用建筑构件或材料特性遮挡阳光辐射的设施。

18. 遮阳系数（SC）：相同条件下，透过玻璃窗的太阳能总透过率与透过3mm透明玻璃的太阳能总透过率之比。

19. 气密性：结构两侧有空气压力差时，单位时间透过单位表面积（或长度）的空气泄漏量的性能。表示围护结构或整个房间的透气性能指标。气密性越好，透过的空气泄漏量越小。

20. 建筑防热：抵挡夏季室外热作用，防止室内过热所采取的建筑设计综合措施。

21. 建筑体形系数（S）：建筑物与室外大气接触的外表面面积与其所包围的体积的比值。

22. 窗墙面积比：窗洞口面积与房间立面单元面积的比值。

23. 建筑吸声：房间内各个表面、物体和房间内空气对声音的吸收，又称房间吸声。

24. 绿色建筑：在建筑的全寿命周期内，最大限度地节约资源（节能、节地、节水、节材），保护环境和减少污染，为人们提供健康适用和高效的使用空间，与自然和谐共生的建筑。

25. 围护结构热工性能权衡判断：当建筑设计不能完全满足规定的围护结构热工设计要求时，计算并比较参照建筑和所设计建筑的全年采暖和空气调节能耗，判定围护结构的总体热工性能是否符合节能设计要求。

二、《民用建筑设计通则》规定的术语

《民用建筑设计通则》（CB 50352—2005）中指出〔与《民用建筑设计术语标准》（GB/T 50504—

2009）相同的内容此处从略〕：

1. 无障碍设施：方便残疾人、老年人等行动不便或有视力障碍者使用的安全设施。

2. 停车空间：停放机动车和非机动车的室内、外空间。

3. 建筑基地：根据用地性质和使用权属确定的建筑工程项目的使用场地。

4. 道路红线：规划的城市道路（含居住区级道路）用地的边界线。

5. 用地红线：各类建筑工程项目用地的使用权属范围的边界线。

6. 建筑控制线：有关法规或详细规划确定的建筑物、构筑物的基底位置不得超出的界线。

7. 日照标准：根据建筑物所处的气候区、城市大小和建筑物的使用性质确定的，在规定的日照标准日（冬至日或大寒日）的有效日照时间范围内，以底层窗台面为计算起点的建筑外窗获得的日照时间。

8. 设备层：建筑物中专为设置暖通、空调、给水排水和配变电等的设备和管道且供人员进入操作用的空间层。

9. 避难层：建筑高度超过 100m 的高层建筑，为消防安全专门设置的供人们疏散避难的楼层。

10. 架空层：仅有结构支撑而无外围护结构的开敞空间层。

11. 台阶：在室外或室内的地坪或楼层不同标高处设置的供人行走的阶梯。

12. 坡道：连接不同标高的楼面、地面，供人行或车行的斜坡式交通道。

13. 栏杆：高度在人体胸部至腹部之间，用以保障人身安全或分隔空间用的防护分隔构件。

14. 楼梯：由连续行走的梯级、休息平台和维护安全的栏杆（或栏板）、扶手以及相应的支托结构组成的作为楼层之间垂直交通用的建筑部件。

15. 变形缝：为防止建筑物在外界因素作用下，结构内部产生附加变形和应力，导致建筑物开裂、碰撞甚至破坏而预留的构造缝，包括伸缩缝、沉降缝和抗震缝。

16. 吊顶：悬吊在房屋屋顶或楼板结构下的顶棚。

17. 管道井：建筑物中用于布置竖向设备管线的竖向井道。

18. 烟道：排除各种烟气的管道。

19. 通风道：排除室内蒸汽、潮气或污浊空气以及输送新鲜空气的管道。

20. 装修：以建筑物主体结构为依托，对建筑内、外空间进行的细部加工和艺术处理。

21. 采光：为保证人们生活、工作或生产活动具有适宜的光环境，使建筑物内部使用空间取得的天然光照度满足使用、安全、舒适、美观等要求的技术。

22. 采光系数：在室内给定平面上的一点，由直接或间接地接收来自假定和已知天空亮度分布的天空漫射光而产生的照度与同一时刻该天空半球在室外无遮挡水平面上产生的天空漫射光照度之比。

23. 采光系数标准值：室内和室外天然光临界照度时的采光系数值。

24. 通风：为保证人们生活、工作或生产活动具有适宜的空气环境，采用自然或机械方法，对建筑物内部使用空间进行换气，使空气质量满足卫生、安全、舒适等要求的技术。

25. 噪声：影响人们正常生活、工作、学习、休息，甚至损害身心健康的外界干扰声。

三、城市居住区规划的常用术语

《城市居住区规划设计规范》（GB 50180—93）2002 年版中指出〔与《民用建筑设计术语标准》（GB/T 50504—2009）少量相同的内容此处进行了保留〕：

1. 城市居住区：一般称居住区，泛指不同居住人口规模的居住生活聚居地和特指被城市干道或自然分界线所围合，并与居住人口规模（30000 ~ 50000 人）相对应，配建有一整套较完善的、能满足该区居民物质与文化生活所需的公共服务设施的居住生活聚居地。

2. 居住小区：一般称为小区，是指被城市道路或自然分界线所围合，并与居住人口规模

（10000～15000 人）相对应，配建有一套能满足该区居民基本的物质与文化生活所需的公共服务设施的居住生活聚居地。

3. 居住组团：一般称为组团，指一般被小区道路分隔，并与居住人口规模（1000～3000 人）相对应，配建有居民所需的基层公共服务设施的居住生活聚居地。

4. 居住区用地（R）：住宅用地、公建用地、道路用地和公共绿地等四项用地的总称。

5. 住宅用地（R01）：住宅建筑基底占地及其四周合理间距内的用地（含宅间绿地和宅间小路等）的总称。

6. 公共服务设施用地（R02）：一般称公建用地，是与居住人口规模相对应配建的、为居民服务和使用的各类设施的用地，应包括建筑基底占地及其所属场院、绿地和配建停车场等。

7. 道路用地（R03）：居住区道路、小区路、组团路及非公建配建的居民小汽车、单位通勤车等停放场地。

8. 居住区（级）道路：一般用以划分小区的道路。在大城市中通常与城市支路同级。

9. 小区（级）道路：一般用以划分组团的道路。

10. 组团（级）道路：上接小区路、下连宅间小路的道路。

11. 宅间小路：住宅建筑之间连接各住宅入口的道路。

12. 公共绿地（R04）：满足规定的日照要求，适合于安排游憩活动设施的，供居民共享的集中绿地，应包括居住区公园、小游园和组团绿地及其他块状、带状绿地等。

13. 配建设施：与人口规模或与住宅规模或与人口规模相对应配套建设的公共服务设施、道路和公共绿地的总称。

14. 其他用地（E）：规划范围内除居住区用地以外的各种用地，应包括非直接为本区居民配建的道路用地、其他单位用地、保留的自然村或不可建设用地等。

15. 公共活动中心：配套公建相对集中的居住区中心、小区中心和组团中心等。

16. 道路红线：城市道路（含居住区级道路）用地的规划控制线。

17. 建筑线：一般称为建筑控制线，又称为红线，是建筑物基底位置的控制线。

18. 日照间距系数：根据日照标准确定的房屋间距与遮挡房屋檐高的比值。

19. 建筑小品：既有功能要求，又具有点缀、装饰和美化作用的、从属于某一建筑空间环境的小体量建筑、游憩观赏设施和指示性标志物等的统称。

20. 住宅平均层数：住宅总建筑面积与住宅基底总面积的比值（层）。

21. 高层住宅（大于或等于10层）比例：高层住宅总建筑面积与住宅总建筑面积的比率（%）。

22. 中高层住宅（7～9层）比例：中高层住宅总建筑面积与住宅总建筑面积的比率（%）。

23. 人口毛密度：每公顷居住区用地上容纳的规划人口数量（人/hm²）。

24. 人口净密度：每公顷住宅用地上容纳的规划人口数量（人/hm²）。

25. 住宅建筑套密度（毛）：每公顷居住区用地上拥有的住宅建筑套数（套/hm²）。

26. 住宅建筑套密度（净）：每公顷住宅用地上拥有的住宅建筑套数（套/hm²）。

27. 住宅建筑面积毛密度：每公顷居住区用地上拥有的住宅建筑面积（万 m²/hm²）。

28. 建筑面积毛密度：也称容积率，是每公顷居住区用地上拥有的各类建筑的建筑面积（万 m²/hm²）或以居住区总建筑面积（万 m²）与居住区用地（万 m²）的比值表示。

29. 住宅建筑净密度：住宅建筑基底总面积与住宅用地面积的比率（%）。

30. 建筑密度：居住区用地内，各类建筑的基底总面积与居住区用地的比率（%）。

31. 绿地率：居住区用地范围内各类绿地面积的总和占居住区用地的比率（%）。绿地应包括公共绿地、宅旁绿地、公共服务设施所属绿地和道路绿地（即道路红线内的绿地），其中包括满足当地植树覆土要求、方便居民出入的地下或半地下建筑的屋顶绿地，不应包括屋顶、晒台的人工绿地。

32. 停车率：指居住区内居民停车的停车位数量与居住户数的比率（%）。

33. 地面停车率：居民汽车的地面停车位数量与居住户数的比率（%）。

34. 拆建比：拆除的原有建筑总面积与新建的建筑总面积的比值。

四、建筑材料的常用术语及解析

以下内容摘录于《建筑材料术语标准》（JGJ/T 191—2009）。

（一）砖

1. 烧结普通砖：烧结普通砖又称烧结实心砖，它是无孔洞或孔洞率小于25%的砖。烧结普通砖是规格尺寸为240mm×115mm×53mm的实心砖。烧结普通砖是以黏土、页岩、煤矸石、粉煤灰等为主要原料，经制坯和焙烧制成的砖。

2. 烧结多孔砖：烧结多孔砖是孔洞率不小于25%，孔的尺寸小而数量多的砖。烧结多孔砖是以黏土、页岩、煤矸石、粉煤灰等为主要原料，经成型、干燥和焙烧制成，主要用于承重结构的砖。

3. 烧结空心砖：烧结空心砖是孔洞率不小于40%，孔的尺寸大而数量少的砖。烧结空心砖是以黏土、页岩、煤矸石、粉煤灰等为主要原料，经成型、干燥和焙烧制成，主要用于非承重结构的砖。

4. 混凝土实心砖：以水泥、骨料和水等为主要原料，也可以加入外加剂和矿物掺合料，经搅拌、成型、养护制成的实心砖。

5. 混凝土多孔砖：以水泥、骨料和水等为主要原料，经搅拌、成型、养护制成多排孔的最低强度等级为MU15的砖。

6. 混凝土空心砖：以水泥、骨料和水等为主要原料，经搅拌、成型、养护制成单排孔或多排孔的最高强度等级小于MU15的砖。

7. 蒸压灰砂砖：以石灰和砂为主要原材料，允许掺入颜料和外加剂，经坯料制备、压制成型、蒸压养护而成的实心砖。

8. 耐火砖：用耐火材料制成的砖。

9. 隔热耐火砖：具有隔热作用的耐火砖。

（二）砌块

1. 普通混凝土小型空心砌块：以水泥、矿物掺合料、砂、石、水等为原材料，经搅拌、压振成型、养护等工艺过程制成的主规格尺寸为390mm×190mm×190mm，空心率不小于25%的小型空心砌块。

2. 轻骨料混凝土小型空心砌块：以水泥、矿物掺合料、轻骨料（或部分轻骨料）、水等为原材料，经搅拌、压振成型、养护等工艺过程制成的主规格尺寸为390mm×190mm×190mm，空心率不小于25%的小型空心砌块。

3. 粉煤灰混凝土砌块：以粉煤灰、水泥、各种轻重骨料、水等为原材料，经搅拌、压振成型、养护等工艺过程制成的主规格尺寸为390mm×190mm×190mm，空心率不小于25%的小型空心砌块。其中粉煤灰用量不应低于原材料质量的20%，水泥用量不应低于原材料质量的10%。

4. 加气混凝土砌块：以硅质材料和钙质材料为主要原材料，掺加发气剂，经加水搅拌发泡、浇筑成型、预养切割、蒸压养护等工艺制成的含泡沫状孔的砌块。

5. 石膏砌块：以建筑石膏为主要原材料，经加水搅拌、浇筑成型和干燥等工艺制成的块状、轻质建筑石膏制品。

（三）砂浆

1. 砂浆：以胶凝材料、轻骨料、掺合料（可以是矿物掺合料、石灰膏、电石膏、黏土膏等一种或多种）和水等为主要原材料进行拌合，硬化后具有强度的工程材料。

2. 砌筑砂浆：将砖、石、砌块等粘结成为砌体的砂浆。

3. 水泥砂浆：以水泥、细骨料和水等为主要原材料，也可根据需要加入矿物掺合料等配制而成的砂浆。

4. 水泥混合砂浆：以水泥、细骨料和水等为主要原材料，并加入石灰膏、电石膏、黏土膏等一种或多种，也可根据需要加入矿物掺合料等配制而成的砂浆。

5. 预拌砂浆：由专业生产厂生产的湿拌砂浆或干混砂浆。

6. 湿拌砂浆：在搅拌站生产的、在规定时间内运送并使用、交付时处于拌合物状态的砂浆。

7. 干混砂浆：在专业生产厂将干燥的原材料按比例配合，运至使用地点，交付后再加水（或配套组分）拌合使用的砂浆。

（四）水泥

1. 硅酸盐水泥：由硅酸盐水泥熟料，不大于5%的石灰石或粒化高炉矿渣以及适量石膏磨细制成的水硬性胶凝材料。

2. 普通硅酸盐水泥：由硅酸盐水泥熟料，大于5%且不大于20%的混合材料和适量石膏磨细制成的水硬性胶凝材料，代号P·O。

3. 矿渣硅酸盐水泥：由硅酸盐水泥熟料，大于20%且不大于70%的粒化高炉矿渣和适量石膏磨细制成的水硬性胶凝材料，代号P·S。

4. 火山灰质硅酸盐水泥：由硅酸盐水泥熟料，大于20%且不大于40%火山灰质混合料和适量石膏磨细制成的水硬性胶凝材料，代号P·P。

5. 粉煤灰硅酸盐水泥：由硅酸盐水泥熟料，大于20%且不大于40%粉煤灰和适量石膏磨细制成的水硬性胶凝材料，代号P·F。

6. 砌筑水泥：以活性混合材料或具有水硬性的工业废渣为主，加入适量硅酸盐水泥熟料和石膏磨细制成的水硬性胶凝材料，代号M。

7. 白色硅酸盐水泥：以氧化铁含量低的石灰石、白泥、硅石为主要原材料，经烧结得到以硅酸钙为主要成分、氧化铁含量低的熟料，加入适量石膏，共同磨细制成的白色水硬性胶凝材料。

（五）混凝土

1. 混凝土：以水泥、骨料和水为主要原材料，也可以加入外加剂和矿物掺合料等材料，经拌合、成型、养护等工艺制作的、硬化后具有强度的工程材料。

2. 普通混凝土：干表观密度为2000~2800kg/m³的混凝土。

3. 轻骨料混凝土：用轻粗骨料、轻砂或普通砂等配制的干表观密度不大于1950kg/m³的混凝土。

4. 素混凝土：无筋或不配置受力钢筋的混凝土。

5. 钢筋混凝土：配置受力的普通钢筋、钢筋网或钢筋骨架的混凝土。

6. 预应力混凝土：由配置受力的预应力钢筋通过张拉或其他方法建立预加应力的混凝土。

7. 加气混凝土：以硅质材料和钙质材料为主要原材料，掺加发气剂，经加水搅拌，由化学反应形成孔隙，经浇筑成型、预养切割、蒸汽养护等工艺制成的多孔材料。

8. 泡沫混凝土：通过机械方法将泡沫剂在水中充分发泡后拌入胶凝材料中形成泡沫整体，经养护硬化形成的多孔材料。

9. 补偿收缩混凝土：采用膨胀剂或膨胀水泥配制，产生0.2~1.0MPa自应力的混凝土。

10. 预拌混凝土：在搅拌站生产的、在规定时间内运至使用地点、交付时处于拌合物状态的混凝土。

（六）骨料

1. 骨料：在混凝土或砂浆中起骨架和填充作用的岩石颗粒等粒状松散材料。

2. 粗骨料：粒径大于 4.75mm 的骨料。如：碎石、卵石、碎卵石等。

3. 细骨料：粒径小于或等于 4.75mm 的骨料。如：天然砂、人工砂、混合砂等。

4. 轻骨料：堆积密度不大于 $1200kg/m^3$ 的骨料。包括：人造轻骨料、天然轻骨料、工业废渣轻骨料等。

5. 高强轻骨料：密度等级、筒压强度等级和平压强度等级符合表 1-1 规定的轻骨料。

表 1-1　高强轻骨料的密度等级

密度等级（kg/m³）	筒压强度等级（MPa）	平压强度等级（MPa）
600	4.0	2.5
700	5.0	3.0
800	6.0	3.5
900	6.5	4.0

6. 超轻骨料：堆积密度不大于 $500kg/m^3$ 的粗骨料。

（七）钢筋

1. 热轧带肋钢筋：经热轧成型并自然冷却而表面通常带有两条纵肋和沿长度方向均匀分布的横向钢筋。

2. 热轧光圆钢筋：经热轧成型并自然冷却的表面平整、截面为圆形的钢筋。

3. 冷轧带肋钢筋：热轧圆盘条经冷却减径后，其表面带有沿长度方向均匀分布的三面或两面横肋的钢筋。

4. 冷拉钢筋：热轧光圆钢筋或热轧带肋钢筋在常温下经拉伸强化以提高屈服强度的钢筋。

5. 低碳钢热轧圆盘条：低碳钢经热轧工艺轧成圆形截面并卷成盘状的连续长条。

6. 预应力钢丝：优质碳素结构钢盘条经索式体化处理后，冷拉制成的用于预应力混凝土的钢丝。

7. 预应力钢绞线：由冷拉光圆钢丝及刻痕钢丝捻制而成的钢丝束。

8. 低碳冷拔钢丝：采用低碳钢热轧圆盘条，在常温下经冷拔减小直径而成的钢丝。

（八）石膏

1. 建筑石膏：采用天然石膏或工业副产石膏经脱水处理制得，以 β-半水硫酸钙为主要成分，不预加任何外加剂或添加剂的粉状胶凝材料。

2. 天然建筑石膏：以天然石膏为原料制取的建筑石膏。

3. 脱硫建筑石膏：以烟气脱硫石膏为原料制取的建筑石膏。

4. 磷建筑石膏：以磷石膏为原料制取的建筑石膏。

5. 粉刷石膏：将二水硫酸钙或无水硫酸钙煅烧后的生成物（$\beta C_aSO_4 \cdot \frac{1}{2}H_2O$ 和 II 型 $CaSO_4$）单独或两者混合后掺入外加剂，也可以加入骨料制成的抹灰材料。

6. 高温煅烧石膏：天然石膏经 900~1000℃ 煅烧、粉磨，制得的具有一定抗水性的石膏。

（九）石灰

1. 生石灰：采用以碳酸钙为主要成分的原料在低于烧结温度下煅烧所得的产物。

2. 消石灰：由生石灰加水消解而成的氢氧化钙。

3. 石灰膏：消石灰和水混合并达到一定稠度的膏状物。

（十）板材

1. 人造板：以木材或其他非木材植物为原料，经加工分离成各种单元材料后，经胶合或（和）模压而成的板材。

2. 装饰人造板：表面经薄木、PVC、金属箔、装饰纸贴面或直接涂饰，具有美丽图案或色彩的人造板。

3. 胶合板：由三层或三层以上的单板按对称原则、相邻层单板纤维方向互为直角组坯胶合而成的板材。

4. 纤维板：以木材或其他植物纤维为原料，经分离成纤维，施加或不施加添加剂，成型热压而成的板材。

5. 刨花板：将木材或其他非木材植物加工成刨花碎料，并施加胶粘剂和其他添加剂热压而成的板材。

6. 细木工板：以实木木条组成的拼板或木格结构板为板芯的胶合板。

7. 蜂窝细木工板：用牛皮纸制成蜂窝状芯板，经树脂胶处理后，表面再覆以胶合板或纤维板而成的板材。

（十一）地板

1. 实木地板：直接用实木加工成的地板。

2. 实木复合地板：以实木拼板或单板为面层、实木条为芯层、单板为底层制成的企口地板，以及以单板为面层、胶合板为基材制成的企口地板。

3. 浸渍纸层压木质地板（俗称：强化木地板）：以一层或多层专用纸浸渍热固性氨基树脂，铺装在刨花板、中密度纤维板、高密度纤维板等人造板基材表面，背面加平衡层，正面加耐磨层，经热压而成的地板。

4. 竹地板：把竹材加工成竹片后，再用胶粘剂胶合、加工成的长条企口地板。

（十二）建筑板材

1. 金属面夹芯板：以彩色涂层钢板为面材，以阻燃性聚苯乙烯泡沫塑料、聚氨酯泡沫塑料或岩棉为芯材，用胶粘剂复合而成的夹芯板。

2. 加气混凝土板：以硅质材料和钙质材料为主要原材料，以铝粉为发泡剂，配以经防腐处理的钢筋网片，经加水搅拌、浇筑成型、预养切割、蒸汽养护制成的多孔板材。

（十三）隔墙板

1. 轻质隔墙条板：采用轻质材料或轻型构造制作，长宽比不小于2.5，用于非承重内隔墙的预制条板。

2. 石膏空心条板：以建筑石膏为基材，无机纤维为增强材料，可掺加轻骨料制成的空心条板。

3. 硅钙板：以钙质材料、硅质材料及增强纤维等为主要原材料，经预拌、成型、蒸压养护而成的板材。

4. 纸面石膏板：以建筑石膏为主要原材料，掺入纤维增强材料和外加剂等辅助材料，经搅拌、成型并粘结护面纸而制成的板材。

（十四）瓦

1. 烧结瓦：由黏土或其他无机材料，经成型、烧结等工艺制成的瓦。
2. 琉璃瓦：以瓷土、陶土为主要原材料，经成型、干燥和表面施釉焙烧而制成的釉面光泽明显的瓦。
3. 石棉水泥瓦：用温石棉和水泥为主要原材料，经混合压制成型制成的瓦。
4. 玻璃纤维水泥瓦：用耐碱玻璃纤维和低碱度水泥为主要原材料，经混合压制成型制成的瓦。
5. 彩色压型钢板瓦：采用镀锌钢板为基材，经轧制并施以防腐涂层与彩色烤漆而制成的瓦。

（十五）建筑陶瓷

1. 陶瓷砖：陶瓷砖是采用黏土和其他无机非金属材料经成型、高温焙烧制成的板状装修材料。包括瓷质砖、炻质砖、陶质砖、通体砖等常见品种。
2. 瓷质砖：瓷质砖是吸水率不超过 0.5% 的陶瓷砖。
3. 炻质砖：炻质砖是吸水率大于 0.5% 但不超过 10% 的陶瓷砖，炻质砖又分为炻瓷砖、细炻砖两种。
4. 陶质砖：陶质砖是吸水率大于 10% 的陶瓷砖。
5. 釉面砖：正面施釉的陶瓷砖。
6. 通体砖：通体砖是材质相同、花色相同的无釉陶瓷砖。
7. 陶瓷马赛克：由多块面积不大于 $55cm^2$ 的小砖经衬材拼贴成联的釉面砖。
8. 广场砖：用于铺砌广场和道路的、对承载力要求较高的陶瓷砖。

（十六）建筑装饰石材

1. 天然装饰石材：用于装饰的天然石材。其中包括：大理石装饰板、花岗岩装饰板和砂岩板材。
2. 大理石装饰板：用大理石制作的装饰板材。
3. 花岗岩装饰板：用花岗岩类石材制作的装饰板材。
4. 砂岩板材：用砂岩类石材制作的装饰板材。

（十七）人造石材

1. 人造大理石：以不饱和树脂、石英砂、大理石和方解石粉等为主要原材料，经配料、搅拌、成型、固化、烘干、抛光等工艺制成的板材。
2. 水磨石：以水泥、无机原料、装饰性骨料和水为主要原材料，经配料、搅拌、成型、养护、水磨抛光等工艺制成的板材。

（十八）建筑玻璃

1. 压花玻璃：用压延法生产，表面带有花纹图案，透光而不透明的平板玻璃。
2. 毛玻璃（磨砂玻璃）：采用研磨、喷砂等机械方法，使表面呈现微细凹凸状态而不透明的玻璃制品。
3. 玻璃马赛克：由多块面积不大于 $9cm^2$ 的小砖经衬材拼贴成联的彩色饰面玻璃。
4. 玻璃空心砖：两个模压成凹形的半块玻璃砖粘结成为带有空腔的整体，腔内充入干燥稀薄空气或玻璃纤维等绝热材料所形成的玻璃制品。
5. 中空玻璃：两片或多片玻璃以有效支撑、均匀隔开并周边粘结密封，使玻璃层间形成有干燥气体空间的制品。
6. 真空玻璃：两片或多片玻璃以有效支撑、均匀隔开并周边粘结密封，使玻璃之间保持真空状态的复合玻璃。

7. 镀膜玻璃：表面镀有金属或者金属氧化物薄膜的玻璃。

8. 热反射玻璃：一种对波长范围 $4.5 \sim 25\mu m$ 的远红外线有较高反射比的镀膜玻璃。

9. 吸热玻璃：能吸收大量的红外线辐射能而又保持良好可见光透射率的平板玻璃。

10. 钢化玻璃：通过热处理工艺，使其具有良好机械性能，且破碎后的碎片达到安全要求的玻璃。

11. 夹层玻璃：两层或多层玻璃用一层或多层塑料（聚乙烯醇缩丁醛、代号 PVB）作为中间层胶合而成的玻璃制品。常见的有对枪弹具有特定阻挡能力的防弹玻璃和用简单工具无法破坏，能有效地防止偷盗或破坏事件发生的防盗玻璃。

12. 防火玻璃：在火灾条件下，能在一定时间内满足耐火完整性要求的玻璃。

（十九）绝热材料与吸声材料

1. 聚苯乙烯泡沫塑料：聚苯乙烯树脂在加工成型时用化学或机械方法使其内部产生微孔制得的硬质、半硬质或软质泡沫塑料。《绝热用模塑聚苯乙烯泡沫塑料》（GB/T 10801.1—2002）中将模塑聚苯乙烯泡沫塑料用 EPS 做标记。其定义为：以可发性聚苯乙烯珠粒经加热预发泡后，在模具中加热成型而制得的、具有闭孔结构的、使用温度不超过 75℃ 的聚苯乙烯泡沫塑料。

2. 挤塑聚苯乙烯泡沫塑料：以聚苯乙烯树脂或其共聚物为主要原材料，添加少量添加剂，通过加热挤塑成型而制成的、具有闭孔结构的硬质泡沫塑料。《绝热用挤塑聚苯乙烯泡沫塑料》（GB/T 10801.1—2002）中将挤塑聚苯乙烯泡沫塑料用 XPS 做标记。其定义为：以聚苯乙烯树脂或其他共聚物为主要成分，添加少量添加剂，通过加热挤塑成型而制成的、具有闭孔结构的硬质泡沫塑料。

3. 聚氨酯泡沫塑料：聚氨基甲酸酯树脂在加工成型时用化学或机械方法使其内部产生微孔制得硬质、半硬质或软质泡沫塑料。

4. 硅酸钙绝热制品：以氧化硅（硅藻土、膨润土、石英粉砂等）、氧化钙（消石灰、电石渣等）和增强材料（石棉、玻璃纤维、纸纤维等）为主要原材料，经搅拌、加热、胶凝、成型、蒸压硬化、干燥等工序制成的绝热制品。

5. 岩棉：采用天然火成岩石（玄武岩、辉绿岩、安山岩等）经高温熔融，用离心力、高压载能气体喷吹而制成的纤维状材料。

6. 矿渣棉：采用高炉矿渣、锰矿渣、磷矿渣等工业废渣，经高温熔融，用离心力、高压载能气体喷吹而制成的纤维状材料。

7. 岩棉及矿渣棉制品：岩棉及矿渣棉中加入适量热固性树脂胶粘剂，经压形、加热聚合或干燥制成的板、带、毡等制品。

8. 玻璃棉：用天然矿石（石英砂、白云石、蜡石等）配以化工原料（纯碱、硼酸）熔制玻璃，在熔融状态下拉制、吹制或甩成的极细的纤维状材料。玻璃棉制品包括板、带、毡、管等制品。

9. 泡沫玻璃：采用玻璃粉或玻璃岩粉经熔融制成以封闭气孔结构为主的绝热材料。

10. 膨胀珍珠岩：由酸性火山玻璃质熔岩（珍珠岩、松脂岩、黑曜岩等）经破碎、筛分、高温焙烧、膨胀冷却而成的颗粒状多孔材料。

11. 膨胀蛭石：以蛭石为原料，经破碎、烘干，在一定的温度下焙烧膨胀、快速冷却而成的松散颗粒。

12. 膨胀玻化微珠：由玻璃质火山熔岩矿砂经膨胀、玻化等工艺制成的、表面呈玻化封闭、内部为多孔空腔结构的、不规则球状的松散颗粒材料。

（二十）耐火材料

1. 防火涂料：涂覆于建筑结构及构件或可燃性基材表面以提高耐火极限或降低可燃性的涂料。

2. 钢结构防火涂料：涂覆于钢结构表面，能形成耐火隔热保护层以提高钢结构耐火极限的涂料。

3. 饰面型防火涂料：涂覆于可燃性基材表面，具有防火阻燃与一定装饰作用的涂料。

4. 混凝土结构防火涂料：涂覆于建筑结构、公路和铁路隧道等混凝土表面，能形成耐火隔热保护层以提高耐火极限的涂料。

5. 电缆防火涂料：涂覆于电缆表面（如橡胶、聚乙烯、交联聚氯乙烯材料），具有防火阻燃及一定装饰作用的涂料。

（二十一）防水和密封材料

1. 防水卷材：可卷曲的片状防水材料。

2. 改性沥青防水卷材：用改性沥青作浸涂材料制成的沥青防水卷材。

3. 自粘结防水卷材：具有压敏粘结性能的改性沥青等防水卷材。

4. 高分子防水卷材：以合成橡胶、合成树脂或两者的共混料为主要原材料，加入适量助剂和填料，经混炼、压延或挤出等工序加工而成的防水卷材。

5. 聚乙烯丙纶防水卷材：聚乙烯树脂与助剂热熔后挤出成膜，同时在其两侧热敷丙纶纤维无纺布形成的高分子防水卷材。

6. 三元乙丙防水卷材：以三元乙丙橡胶为主要原材料，配以其他助剂，经混炼、过滤、挤出造型、硫化等工序制成的防水卷材。

7. 聚合物水泥防水涂料：以丙烯树脂、乙烯-乙酸乙烯树脂等聚合物乳液和水泥为主要原材料，加入填料及其他助剂制成的、可固化成膜的双组分防水涂料。

8. 聚氨酯水泥防水涂料：由含异氰酸酯基的化合物与固化剂等助剂混合而成的防水卷材。

9. 丙烯酸防水涂料：以丙烯酸乳液为主要成膜物质制成的防水涂料。

10. 水泥基渗透结晶性防水涂料：以水泥和石英砂为主要原材料，掺入活化化学物质，与水拌合后，活性化学物质通过载体可渗入混凝土内部，并形成不溶于水的结晶体，使混凝土致密的刚性防水材料。

11. 防水砂浆：以水泥和细骨料为主要原材料，加入改性添加剂，经加水拌合、硬化后具有防水作用的砂浆。

12. 无机防水堵漏涂料：以水泥和添加剂为主要原材料，加入成粉状的、与水拌合后可快速硬化的防水堵漏材料。

13. 遇水膨胀止水条：具有遇水膨胀性能的腻子条和橡胶条的统称。

14. 止水带：以橡胶或塑料制成的定型密封材料。

（二十二）建筑涂料

1. 装饰涂料：涂于外墙表面能形成具有保护、装饰或特殊性能（如绝缘、防腐、标志等）的固态涂膜的一类液体或固体装饰材料。

2. 合成树脂乳液外墙涂料：以合成树脂乳液为主要成膜物质，与颜料、体质颜料及各种助剂配制而成的，施涂后能形成表面平整的薄质涂层的外墙涂料。

3. 溶剂型外墙涂料：以合成树脂为主要成膜物质，与颜料、体质颜料及各种助剂配制而成的，施涂后能形成表面平整的薄质涂层的外墙涂料。

4. 外墙无机建筑涂料：以碱金属硅酸盐或硅溶液为主要胶粘剂，与颜料、体质颜料及各种助剂配制而成的，施涂后能形成表面平整的薄质涂层的外墙涂料。

5. 金属效果涂料：由成膜物质、透明性或低透明性彩色颜料、闪光铝粉及其他配套材料组成的表面具有金属效果的建筑涂料。

6. 合成树脂乳液内墙装饰涂料：以合成树脂乳液为主要成膜物质，与颜料、体质颜料及各种助剂配制而成的，施涂后能形成表面平整的薄质涂层的内墙用建筑涂料。

7. 纤维状内墙涂料：由合成纤维、天然纤维和棉质材料等为主要成膜物质，以一定的乳液为胶料，另外加入增稠剂、阻燃剂、防霉剂等助剂配制而成的内墙装饰涂料。

8. 云彩涂料：云彩涂料是以合成树脂乳液为成膜物质，以珠光颜料为主要颜料，具有特殊流变特性和珍珠光泽的涂料。

9. 合成树脂乳液砂壁状建筑涂料：以合成树脂乳液为主要胶粘剂，以砂粒、石材微粒和石粉为骨料，在建筑物表面上形成具有石材质感饰面涂层的建筑涂料。

10. 复层建筑装饰涂料：以水泥系、硅酸盐系和合成树脂乳液系等胶结料及颜料和骨料为主要原材料作为主涂层，用刷涂、滚涂或喷涂等方法，在建筑物外墙面上至少涂布二层的立体或平面涂层的材料。

11. 地坪涂装装饰涂料：涂装在水泥砂浆、混凝土等基面上，对地面起装饰、保护作用，以及具有特殊功能（防静电性、防滑性等）要求的地面涂装材料。

12. 腻子：以胶粘剂、填料和助剂等原料配制而成的，用于外墙、内墙和顶棚找平的基层表面处理材料。

（二十三）防腐涂料

1. 聚氨酯涂料：以聚氨酯树脂为主要成膜物质配制而成的涂料。
2. 环氧涂料：以环氧树脂为成膜物质配制而成的涂料。
3. 氟碳涂料：以氟烯烃聚合物或氟烯烃与其他单体的共聚物为成膜物质的涂料。
4. 结构胶：用于承重结构构件粘结的、能长期承受设计应力和环境作用的胶粘剂。
5. 粘钢结构胶：在粘结钢板施工时，在混凝土及钢板表面采用刮涂工艺所用的建筑结构胶。
6. 灌注结构胶：在粘结钢板施工时，在混凝土与钢板缝隙间采用注入工艺所用的建筑结构胶。
7. 纤维复合材用结构胶：将纤维复合材料贴于混凝土结构构件的建筑结构胶。
8. 聚合物改性水泥砂浆：掺有聚合物乳液或聚合物胶粉的水泥砂浆。
9. 混凝土界面剂：用于改善砂浆、混凝土基层表面粘结性能的材料。

（二十四）增强、加固材料

1. 玻璃纤维：熔融玻璃经一定的成型工艺而制成的纤维。
2. 耐碱玻璃纤维：氧化锆（Z_rO_2）含量不少于16%，或氧化锆（Z_rO_2）含量为（14.5±0.8）%且氧化钛（TiO_2）含量为（6.0±0.5）%，或氧化锆（Z_rO_2）和氧化钛（TiO_2）的总含量不小于19.2%且氧化锆（Z_rO_2）含量不小于13.7%的玻璃纤维。
3. 钢纤维：由细钢丝切断，或采用薄钢片切削，或熔钢抽取等方法制成的纤维。

第二部分　建筑结构材料与构件

一、建筑结构材料

（一）砌体结构材料

1. 《砌体结构设计规范》（GB 50003—2011）中规定：

（1）烧结普通砖、烧结多孔砖

1）烧结普通砖：由煤矸石、页岩、粉煤灰或黏土为主要原料，经过焙烧而成的无孔洞的实心砖。分为烧结煤矸石砖、烧结页岩砖、烧结粉煤灰砖或烧结黏土砖等。基本尺寸为 240mm×115mm×53mm。强度等级有 MU30、MU25、MU20、MU15 和 MU10 等几种。用于砌体结构的最低强度等级为 MU10。

2）烧结多孔砖：由煤矸石、页岩、粉煤灰或黏土为主要原料，经过焙烧而成的、孔洞率不少于35%，孔的尺寸小而数量多，主要用于承重部位的砖。强度等级有 MU30、MU25、MU20、MU15 和 MU10 等几种。用于砌体结构的最低强度等级为 MU10。

> 注：北京市规定这些砖若使用黏土，其掺加量不得超过总量的 25%。

（2）蒸压灰砂普通砖、蒸压粉煤灰普通砖

1）蒸压灰砂普通砖：以石灰等钙质材料和砂等硅质材料为主要原料，经坯料制备、压制排气成型、高压蒸汽养护而成的无孔洞的实心砖，基本尺寸为 240mm×115mm×53mm。强度等级有 MU25、MU20、MU15。用于砌体结构的最低强度等级为 MU15。

2）蒸压粉煤灰普通砖：以石灰、消石灰（如电石渣）和水泥等钙质材料与粉煤灰等硅质材料及集料（砂等）为主要原料，掺加适量石膏，经坯料制备、压制排气成型、高压蒸汽养护而成的无孔洞的实心砖。基本尺寸为 240mm×115mm×53mm。强度等级有 MU25、MU20、MU15。用于砌体结构的最低强度等级为 MU15。

（3）混凝土普通砖、混凝土多孔砖

1）混凝土普通砖：以水泥为胶凝材料，以砂、石等为主要集料，加水搅拌、养护制成的实心砖。强度等级有 MU30、MU25、MU20、MU15。主规格尺寸为 240mm×115mm×53mm、240mm×115mm×90mm。用于砌体结构的最低强度等级为 MU15。

2）混凝土多孔砖：以水泥为胶凝材料，以砂、石等为主要集料，加水搅拌、养护制成的一种多孔的混凝土半盲孔砖。主规格尺寸为 240mm×115mm×90mm、240mm×190mm×90mm、190mm×190mm×90mm。强度等级有 MU30、MU25、MU20、MU15。用于砌体结构的最低强度等级为 MU15。

（4）混凝土小型空心砌块（简称混凝土砌块或砌块）

由普通混凝土或轻集料混凝土制成，主规格尺寸为 390mm×190mm×190mm、空心率为 25%～50% 的空心砌块。强度等级有 MU20、MU15、MU10、MU7.5 和 MU5。用于砌体结构的最低强度等级为 MU7.5。

（5）石材

石材的强度等级有 MU100、MU80、MU60、MU50、MU40、MU30 和 MU20 等。用于砌体结构的最低强度等级为 MU30。

（6）砌筑砂浆

1）烧结普通砖、烧结多孔砖、蒸压灰砂普通砖和蒸压粉煤灰普通砖砌体采用的普通砂浆强度等级：M15、M10、M7.5、M5.0和M2.5；蒸压灰砂普通砖和蒸压粉煤灰普通砖砌体采用的专用砂浆强度等级：Ms15、Ms10、Ms7.5、Ms5.0。

2）混凝土普通砖、混凝土多孔砖、单排孔混凝土砌块和煤矸石混凝土砌块采用的砂浆强度等级：Mb20、Mb15、Mb10、Mb7.5和Mb5.0。

3）双排孔或多排孔轻集料混凝土砌块砌体采用的砂浆强度等级：Mb10、Mb7.5和Mb5.0。

4）毛料石、毛石砌体采用的砂浆强度等级：M7.5、M5.0和M2.5。

（7）自承重墙体材料

1）空心砖的强度等级：MU10、MU7.5、MU5.0和MU3.5。最低强度等级为MU7.5。

2）轻集料混凝土砌块的强度等级：MU10、MU7.5、MU5.0和MU3.5。最低强度等级为MU3.5。

砌筑砂浆用于地上部位时，应采用混合砂浆；用于地下部位时，应采用水泥砂浆。上述砂浆的代号为M。砌筑烧结普通砖、烧结多孔砖的砂浆强度等级有：M15、M10、M7.5、M5.0和M2.5等几种，最低强度等级为M5.0。用于砌块的砂浆的代号为Mb，有Mb15、Mb10、Mb7.5、Mb5.0等几种，用于蒸压灰砂砖的砂浆代号Ms，有Ms15、Ms10、Ms7.5、Ms5.0等几种。

2.《蒸压加气混凝土建筑应用技术规程》（JGJ/T 17—2008）中指出：

（1）蒸压加气混凝土有砌块和板材两类。

（2）蒸压加气混凝土砌块可用作承重墙体、非承重墙体和保温隔热材料。

（3）蒸压加气混凝土配筋板材除用于隔墙板外，还可做成屋面板、外墙板和楼板。

（4）加气混凝土强度等级的代号为A，用于承重墙时的强度等级不应低于A5.0。

（5）蒸压加气混凝土砌块应采用专用砂浆砌筑，砂浆代号为Ma。

（6）地震区加气混凝土砌块横墙承重房屋总层数和总高度见表2-1。

表2-1　加气混凝土砌块横墙承重房屋总层数和总高度

强度等级（MPa）	抗震设防烈度		
	6	7	8
A5.0	5层（16m）	5层（16m）	4层（13m）
A7.5	6层（19m）	6层（19m）	5层（16m）

注：房屋承重砌块的最小厚度不宜小于250mm。

（7）下列部位不得采用加气混凝土制品

1）建筑物防潮层以下的外墙。

2）长期处于浸水和化学侵蚀环境。

3）承重制品表面温度经常处于80℃以上的部位。

其他技术资料表明，蒸压加气混凝土砌块的密度级别与强度级别的关系见表2-2。

表2-2　蒸压加气混凝土砌块的密度级别与强度级别的关系

干体积密度级别		B03	B04	B05	B06	B07	B08
干体积密度（kg/m³）	优等品≤	300	400	500	600	700	800
	合格品≤	325	425	525	625	725	825
强度级别（MPa）	优等品≥	A1.0	A2.0	A3.5	A5.0	A7.5	A10
	合格品≥			A2.5	A3.5	A5.0	A7.5

注：1. 用于非承重墙，宜以B05级、B06级、A2.5级、A3.5级为主；

2. 用于承重墙，宜以A5.0级为主；

3. 作为砌体保温砌块材料使用时，宜采用低密度级别的产品，如B03级、B04级。

3. 《预拌砂浆应用技术规程》（JGJ/T 223—2010）中指出：

预拌砂浆有湿拌砂浆和干混砂浆两种。预拌砂浆有砌筑砂浆、抹灰砂浆、地面砂浆、防水砂浆、界面砂浆和陶瓷砖粘结砂浆等。

（1）砌筑砂浆

采用砌筑砂浆时，水平灰缝厚度宜为（10±2）mm。

（2）抹灰砂浆

抹灰砂浆的厚度不宜大于35mm，当抹灰总厚度大于或等于35mm时，应采取加强措施。

（3）地面砂浆

1）地面砂浆的强度等级不应小于M15，面层砂浆的稠度宜为（50±10）mm。

2）地面找平层和面层砂浆的厚度不应小于20mm。

（4）防水砂浆

防水砂浆可采用抹压法、涂刮法施工，砂浆总厚度宜为12～18mm。

（5）界面砂浆

混凝土、蒸压加气混凝土、模塑聚苯板和挤塑聚苯板等表面应采用界面砂浆进行界面处理时厚度宜为2mm。

（6）陶瓷砖粘结砂浆

水泥砂浆、混凝土等基层采用陶瓷砖饰面时，粘结砂浆的平均厚度不宜大于5mm。

4. 《干拌砂浆应用技术规程》（DBJ/T 01—73—2003）中指出：

由专业生产厂生产、把经干燥筛分处理的细集料与无机胶凝材料、矿物掺合料、其他外加剂，按一定比例混合成的一种粉状或颗粒状混合物叫干拌砂浆。干拌砂浆的产品可以散装或袋装，在施工现场加水搅拌即成砂浆。

（1）干拌砂浆的分类

1）普通干拌砂浆：普通干拌砂浆有以下几种：干拌砌筑砂浆 DM；干拌内墙抹灰砂浆 DPi；干拌外墙抹灰砂浆 DPe；干拌地面砂浆 DS；粉刷石膏 DP-G。

2）特种干拌砂浆：特种干拌砂浆有以下几种：干拌瓷砖粘结砂浆 DTA；干拌聚苯板粘结砂浆 DEA；干拌外保温抹面砂浆 DBI；界面剂 DB。

（2）普通干拌砂浆强度等级与传统砂浆强度等级的对应关系

普通干拌砂浆强度等级与传统砂浆的强度等级的对应关系见表 2-3。

表 2-3　普通干拌砂浆强度等级与传统砂浆强度等级的对应关系

种类	强度等级（MPa）	传统砂浆（MPa）
砌筑砂浆（DM）	2.5	M2.5 混合砂浆 M2.5 水泥砂浆
	5.0	M5.0 混合砂浆 M5.0 水泥砂浆
	7.5	M7.5 混合砂浆 M7.5 水泥砂浆
	10.0	M10.0 混合砂浆 M10.0 水泥砂浆
	15.0	—
抹灰砂浆（DPi、DPe）	2.5	—
	5.0	1:1:6 混合砂浆
	7.5	—
	10.0	1:1:4 混合砂浆
地面砂浆（DS）	15.0	—
	20.0	1:2 水泥砂浆
	25.0	—

5. 《石膏砌块砌体技术规程》（JGJ/T 201—2010）中指出：

（1）特点：石膏砌块是以建筑石膏为主要原料，经加水搅拌、浇筑成型和干燥而制成的块状轻质建筑石膏制品。在生产中还可以加入各种轻骨料、填充料、纤维增强材料、发泡剂等辅助材料。有时亦可用高强石膏代替建筑石膏。石膏砌块实质上是一种石膏复合材料。

（2）规格：石膏砌块的推荐规格为长度 600mm、高度 500mm、厚度分别为 60mm、70mm、80mm、100mm。

（3）应用：石膏砌块主要应用于框架结构和其他结构的非承重墙体，一般做内隔墙使用，其优点主要有：

1）耐火性能高：用于结构材料时，与混凝土相比耐火性能高出 5 倍；用于装修材料时，属于 A 级装修材料。

2）保温性能好：一般 80mm 厚的石膏砌块相当于 240mm 厚的烧结普通砖的保温隔热能力。

3）隔声性能优越：一般 100mm 厚的石膏砌块的隔声能力可达 36~38dB。

4）自重轻：平均重量仅为烧结实心砖的 1/3~1/4。

5）石膏砌块配合精密、表面平整。

6）干法施工：石膏砌块可钉、可锯、可刨、可修补，加工处理十分方便。

7）污染少：石膏砌块在使用过程中，不会产生对人体有害的物质，是一种理想的绿色建材。

（4）石膏砌块砌体的应用应注意以下几点：

1）石膏砌块砌体不得应用于防潮层以下部位、长期处于浸水或化学侵蚀的环境。

2）石膏砌块砌体的底部应加设墙垫，其高度为不小于 200mm，可以采用现浇混凝土、预制混凝土块、烧结实心砖砌筑等方法制作。

3）厨房、卫生间砌体应采用防潮实心砌块。

4）石膏砌块砌体与梁或顶板应采用柔性连接（泡沫交联聚乙烯）或刚性连接（木楔挤实），与柱或墙之间应采用刚性连接（钢钉固定）。

5）洞口大于 1.00m 时，应采用钢筋混凝土过梁。

6）石膏砌块砌体与主体结构墙或柱连接时，应在每皮砌块中加设 2φ6 通长钢筋。

7）石膏砌块砌体与不同材料的接缝处及阴阳角部位，应采用耐碱玻纤网格布加强带进行处理。

6.《混凝土小型空心砌块建筑技术规程》（JGJ/T 14—2011）中规定：

（1）种类：混凝土小型空心砌块包括普通混凝土小型空心砌块和轻骨料混凝土小型空心砌块两种，简称小砌块（或砌块）。基本规格尺寸为 390mm×190mm×190mm。辅助规格尺寸为 190mm×190mm×190mm 和 290mm×190mm×190mm 两种。

（2）材料强度等级

1）普通混凝土小型空心砌块的强度等级：MU20、MU15、MU10、MU7.5 和 MU5。

2）轻骨料混凝土小型空心砌块的强度等级：MU15、MU10、MU7.5、MU5 和 MU3.5。

3）砌筑砂浆的强度等级：Mb20、Mb15、Mb10、Mb7.5 和 Mb5。

4）灌孔混凝土的强度等级：Cb40、Cb35、Cb30、Cb25 和 Cb20。

7.《植物纤维工业灰渣混凝土砌块建筑技术规程》（JGJ/T 228—2010）中规定：

（1）特点

以水泥基材料为主要原料，以工业废渣为主要骨料，并加入植物纤维，经搅拌、振动、加压成型的砌块。按承重方式分为承重砌块和非承重砌块。

（2）类型

1）承重砌块：强度等级为 MU5.0 及以上的单排孔砌块，主规格尺寸为 390mm×190mm×190mm。强度等级为 MU10.0、MU7.5、MU5.0，用于抗震设防地区砌块的强度等级不应低于 MU7.5。

2）非承重砌块：强度等级为 MU5.0 以下，有单排孔和双排孔之分，主规格有 390mm×190mm×190mm、390mm×140mm×190mm 和 390mm×90mm×190mm。强度等级为 MU3.5。

（3）砌筑砂浆与灌孔混凝土的强度等级

1）砌筑砂浆：Mb10、Mb7.5、Mb5、Mb3.5、Mb2.5，用于抗震设防地区的砌筑砂浆的强度等级不应低于 Mb7.5。

2）灌孔混凝土：Cb20。

（4）允许建造层数和允许建造高度

允许建造层数和允许建造高度详见表 2-4。

表 2-4　允许建造层数和允许建造高度　　　　　　　　　　　　　　（m）

建筑类别	最小抗震墙厚度（mm）	抗震设防烈度和设计基本地震加速度									
		6		7				8			
		0.05g		0.10g		0.15g		0.20g		0.30g	
		高度	层数	高度	层数	高度	层数	高度	层数	高度	层数
多层砌体建筑	190	15	5	15	5	12	4	12	4	9	3
底层框架-抗震墙砌体建筑	190	16	5	16	5	13	4	10	3	—	—

注：1. 室内外高差大于 0.6m 时，建筑总高度允许比表中数值适当增加，但增加量不应大于 1.0m。

　　2. 砌块砌体建筑的层高不应超过 3.6m；底层框架-抗震墙砌体建筑的底层层高不应超过 4.5m。

（5）禁用部位

植物纤维工业灰渣混凝土砌块不得应用于下列部位：

1）长期与土壤接触、浸水的部位。

2）经常受干湿交替或经常受冻融循环的部位。

3）受酸碱化学物质侵蚀的部位。

4）表面温度高于 80℃ 以上的承重墙。

5）承重砌块不得用于安全等级为一级或设计使用年限大于 50 年的砌体建筑。

6）不得用于基础或地下室外墙。

7）首层地面以下的地下室内墙，5 层及 5 层以上砌体建筑的底层砌体和受较大振动或层高大于 6.00m 的墙、柱。

8.《轻骨料混凝土技术规程》（JGJ 51—2002）中规定：

（1）种类

1）轻骨料混凝土：用轻粗骨料、轻砂（或普通砂）、水泥和水配制而成的干表观密度不大于 1950kg/m³ 的混凝土。

2）全轻混凝土：由轻砂做细骨料配置而成的轻骨料混凝土。

3）砂轻混凝土：由普通或部分轻砂做细骨料配置而成的轻骨料混凝土。

4）大孔径骨料混凝土：由轻粗骨料、水泥和水配置而成的无砂或少砂混凝土。

5）次轻混凝土：在轻粗骨料中掺入适量普通粗骨料，干表观密度大于 1950kg/m³ 小于或等于 2300kg/m³ 的混凝土。

（2）强度等级

轻骨料混凝土的强度等级分为 LC5.0、LC7.5、LC10、LC15、LC20、LC25、LC30、LC35、LC40、LC45、LC50、LC55、LC60。

（3）密度等级

轻骨料混凝土按其表观密度分为 14 个等级，见表 2-5。

表 2-5　轻骨料混凝土的表观密度等级

密度等级	干表观密度的变化范围（kg/m³）	密度等级	干表观密度的变化范围（kg/m³）
600	560～650	1300	1260～1350
700	660～750	1400	1360～1450
800	760～850	1500	1460～1550
900	860～950	1600	1560～1650
1000	960～1050	1700	1660～1750
1100	1060～1150	1800	1760～1850
1200	1160～1250	1900	1860～1950

（4）应用范围

轻骨料混凝土按其用途可以分为三大类，见表 2-6。

表 2-6　轻骨料混凝土按用途分类

类别名称	强度等级的合理范围（MPa）	密度等级的合理范围（kg/m³）	用途
保温轻骨料混凝土	LC5.0	≤800	主要用于保温的围护结构或热工构筑物
结构保温轻骨料混凝土	LC5.0、LC7.5、LC10、LC15	800～1400	主要用于既承重又保温的围护结构
结构轻骨料混凝土	LC15、LC20、LC25、LC30、LC35、LC40、LC45、LC50、LC55、LC60	1400～1900	主要用于承重构件或构筑物

9.《墙体材料应用统一技术规范》（GB 50574—2010）中规定的墙体材料的总体要求是：

（1）墙体材料

1）一般规定

①砌筑蒸压砖、蒸压加气混凝土砌块、混凝土小型空心砌块、石膏砌块墙体时，宜选用专用砌筑砂浆。

②墙体不应采用非蒸压硅酸盐砖（砌块）及非蒸压加气混凝土制品。

③应用氯氧镁墙材制品时应进行吸潮返卤、翘曲变形及耐水性试验，并应在其试验指标满足使用要求后再用于工程。

注：氯氧镁墙材制品是利用氯氧镁水泥制作的砖、混凝土、防火材料、吸附材料等制品，这种材料的缺点是容易吸潮返卤，制作的构件容易翘曲变形。

2）块体材料

①非烧结含孔块材的孔洞率、壁厚及肋厚度应符合表 2-7 的要求。

表 2-7　非烧结含孔块材的孔洞率、壁厚及肋厚度要求

块体材料类型及用途		孔洞率（%）	最小壁厚（mm）	最小肋厚（mm）	其他要求
含孔砖	用于承重墙	≤35	15	15	孔的长度与宽度比应小于 2
	用于自承重墙	—	10	10	
砌块	用于承重墙	≤47	30	25	孔的圆角半径不应小于 20mm
	用于自承重墙		15	15	

注：1. 承重墙体的混凝土砖的孔洞应垂直于铺浆面。当孔的长度与宽高比不小于 2 时，外壁的厚度不应小于 18mm；当孔的长度与宽高比小于 2 时，外壁的厚度不应小于 15mm。

2. 承重含孔块材，其长度方向的中部不得设孔，中肋壁厚不宜小于 20mm。

②承重烧结多孔砖的孔洞率不应大于 35%。

③块体材料的强度等级：蒸压普通砖（蒸压灰砂实心砖、蒸压粉煤灰实心砖）和多孔砖（烧结多孔砖、混凝土多孔砖）的强度等级有 MU30、MU25、MU20、MU15、MU10。

④块体材料的最低强度等级见表2-8。

表2-8　块体材料的最低强度等级

块体材料用途及类型		最低强度等级（MPa）	备注
承重墙	烧结普通转、烧结多孔砖	MU10	用于外墙和潮湿环境的内墙时，强度等级应提高一个等级
	蒸压普通砖、混凝土砖	MU15	
	普通、轻骨料混凝土小型空心砌块	MU7.5	以粉煤灰做掺合料时，粉煤灰的品质、掺加量应符合相关规范的规定
	蒸压加气混凝土砌块	A5.0	—
自承重墙	轻骨料混凝土小型空心砌块	MU3.5	用于外墙和潮湿环境的内墙时，强度等级不应低于MU5.0。全烧结陶粒保温砌块用于内墙，其强度等级不应低于MU2.5、密度不应大于800kg/m³
	蒸压加气混凝土砌块	A2.5	用于外墙时，强度等级不应低于A3.5
	烧结空心砖和空心砌块、石膏砌块	MU3.5	用于外墙和潮湿环境的内墙时，强度等级不应低于MU5.0

注：1. 防潮层以下应采用实心砖或预先将孔灌实的多孔砖（空心砌块）。

　　　2. 水平孔块体材料不得用于承重墙体。

⑤块体材料物理性能应符合下列要求：

A. 材料标准应给出吸水率和干燥收缩率限值。

B. 碳化系数及软化系数均不应小于0.85。

C. 抗冻性能应符合表2-9的规定：

表2-9　块体材料的抗冻性能

适用条件	抗冻指标	质量损失（%）	强度损失（%）
夏热冬暖地区	F15（冻融循环15次）	≤5	≤25
夏热冬冷地区	F25（冻融循环25次）		
寒冷地区	F35（冻融循环35次）		
严寒地区	F50（冻融循环50次）		

D. 线膨胀系数不宜大于 $1.0 \times 10^{-5}/℃$ 。

3）板状材料

①板状材料包括预制隔墙板和骨架隔墙板。

②预制隔墙板：

A. 表面平整度不应大于2.0mm，厚度偏差不应超过±1.0mm。

B. 允许挠度值为1/250。

C. 抗冲击次数不应少于5次。

D. 单点吊挂力不应小于1000N。

E. 含水率不应大于10%。

③骨架隔墙板：

A. 幅面平板的表面平整度不应大于1.0mm。

B. 断裂荷载（抗折强度）应比规定的标准提高20%。

4）砂浆、灌孔混凝土

①砌筑砂浆

A. 砌筑砂浆有烧结型块材用砂浆，强度等级的代号为M；专用砌筑砂浆：蒸压加气混凝土砌块用砂浆的强度等级代号为 Ma、混凝土小型空心砌块用砂浆的强度等级代号为 Mb、蒸压砖用砂浆的强度等级代号为 Ms。各类砂浆应符合表 2-10 的规定：

表 2-10　砌筑砂浆的强度等级

砌体位置	砌筑砂浆种类	砌体材料种类	强度等级（MPa）
防潮层以上	普通砌筑砂浆	普通砖	M5.0
		蒸压加气混凝土	Ma5.0
		混凝土砖、混凝土砌块	Mb5.0
		蒸压普通砖	Ms5.0
防潮层以下及潮湿环境	水泥砂浆、预拌砂浆或专用砌筑砂浆	普通砖	M10.0
		混凝土砖、混凝土砌块	Mb10.0
		蒸压普通砖	Ms10.0

注：1. 掺有引气剂的砌筑砂浆，其引气量不应大于 20%。

　　2. 水泥砂浆的最低水泥用量不应小于 200kg/m³。

　　3. 水泥砂浆密度不应小于 1900kg/m³；水泥混合砂浆密度不应小于 1800kg/m³。

B. 掺有引气剂的砌筑砂浆，其引气量不应大于 20%。

C. 水泥砂浆的最低水泥用量不应小于 200kg/m³。

D. 水泥砂浆密度不应小于 1900kg/m³，水泥混合砂浆密度不应小于 1800kg/m³。

②抹面砂浆

A. 内墙抹灰砂浆的强度等级不应小于 M5.0，粘结强度不应低于 0.15MPa。

B. 外墙抹灰砂浆宜采用防裂砂浆；采暖地区砂浆强度等级不应小于 M10，非采暖地区砂浆强度等级不应小于 M7.5，蒸压加气混凝土强度等级宜为 Ma5.0。

C. 地下室及潮湿环境应采用具有防水性能的水泥砂浆或预拌水泥砂浆。

D. 墙体应采用薄层抹灰砂浆。

③灌孔混凝土

A. 强度等级不应小于块材强度等级的 1.50 倍。

B. 设计有抗冻性要求的墙体，灌孔混凝土应根据使用条件和设计要求进行冻融试验。

C. 坍落度不宜小于 180mm，泌水率不宜大于 3.0%，3d 龄期的膨胀率不应小于 0.025%，且不应大于 0.50%，并应具有良好的粘结性。

④保温材料

A. 除加气混凝土墙体以外，浆体保温材料不宜单独用于严寒和寒冷地区的建筑内、外墙保温。

B. 墙体内、外保温材料的干密度见表 2-11。

表 2-11　墙体内、外保温材料的干密度

材料名称	干密度（kg/m³）	材料名称	干密度（kg/m³）	材料名称	干密度（kg/m³）
模塑聚苯板	18～22	无机保温浆料	250～350	蒸压加气混凝土砌块	500～600
挤塑聚苯板	25～32	玻璃棉板	32～48		
聚苯颗粒浆料	180～250	岩棉及矿棉毡	60～100	陶粒混凝土小型空心砌块	600～800
聚氨酯硬泡沫板	35～45	岩棉及矿渣棉板	80～150		
泡沫玻璃保温块	150～180				

C. 不得采用掺有无机掺合料的模塑聚苯板、挤塑聚苯板。

D. 墙体内、外保温材料的抗压强度：

a. 挤塑聚苯板的抗压强度不应低于 0.20MPa。

b. 胶粉模塑聚苯板颗粒保温浆料的抗压强度不应低于 0.20MPa。

d. 无机保温砂浆压缩强度不应低于 0.40MPa。

d. 当相对变形为 10% 时，模塑聚苯板和挤塑聚苯板的压缩强度分别不应小于 0.10MPa 和 0.20MPa。

（2）建筑及建筑节能

1）建筑设计

①砌体类材料应与其他专业配合进行排块设计。

②外保温底层外墙、阳角、门窗洞口等易受碰撞的墙体部位应采取加强措施。

③外墙洞口、有防水要求房间的墙体应采取防渗和防漏措施。

④夹心保温复合墙的外叶墙上不得直接吊挂重物及承托悬挑构件。

⑤建筑设计不得采用含有石棉纤维、未经防腐和防虫蛀处理的植物纤维墙体材料。

2）建筑节能设计

①建筑外墙可根据不同气候分区、墙体材料与施工条件，采用外保温复合墙、内保温复合墙、夹心保温复合墙或单一材料保温墙系统。

②外保温复合墙体设计应符合下列规定：

A. 饰面层应选用防水透气性材料或做透气性构造处理。

B. 浆体材料保温层设计厚度不得大于 50mm。

C. 外保温系统应根据不同气候分区的要求进行耐候性试验。

D. 外保温内表面温度不应低于室内空气露点温度。

③内保温复合墙体设计应符合下列规定：

A. 保温材料应选用非污染、不燃、难燃且燃后不产生有害气体的材料。

B. 外部墙体应选用蒸汽渗透阻较小的材料或设有排湿构造，外饰面涂料应具有防水透气性。

C. 保温材料应做保护面层，当需在墙上悬挂重物时，其悬挂件的预埋件应固定于基层墙体内。

D. 不满足梁、柱等热桥部位内表面温度验算时，应对内表面温度低于室内空气露点温度的热桥部位应采取保温措施。

④夹心保温复合墙体设计应符合下列规定：

A. 应根据不同气候分区、材料供应及施工条件选择夹心墙的保温材料，并确定其构造和厚度。

B. 夹心保温材料应为低吸水率材料。

C. 外叶墙及饰面层应具有防水透气性。

D. 严寒及寒冷地区，保温层与外叶墙之间应设置空气间层，其间距宜为 20mm，且应在楼层处采取排湿构造。

E. 多层及高层建筑的夹芯墙，其外叶墙应由每层楼板托挑，外露托挑构件应采取外保温措施。

⑤单一材料保温墙体设计应符合下列规定：

A. 墙体设计应满足结构功能的要求。

B. 外墙饰面应采用防水透气性材料。

C. 应对梁、柱等热桥部位进行保温处理。

（二）混凝土结构材料

1. 普通混凝土

《混凝土结构设计规范》（GB 50010—2010）中指出：

（1）密度与强度等级

混凝土的干表观密度为 2000～2800kg/m³。混凝土强度等级应按立方米抗压强度标准值确定，采用 150mm 的立方体试件，具有 95% 保证率的抗压强度值。

（2）代号

混凝土的代号为 C，强度等级共 14 个，分别是：C15、C20、C25、C30、C35、C40、C45、C50、C55、C60、C65、C70、C75、C80。

（3）应用

素混凝土结构的强度等级不应低于 C15；钢筋混凝土结构的混凝土强度等级不应低于 C20，当采用 400MPa 级钢筋时混凝土强度等级不宜低于 C25，当采用 500MPa 钢筋时混凝土强度等级不应低于 C30。

承受重复荷载的钢筋混凝土构件，混凝土强度等级不应低于 C30。

预应力混凝土结构的混凝土强度等级不宜低于 C40，且不应低于 C30。

2. 钢筋

《混凝土结构设计规范》（GB 50010—2010）中指出：

（1）钢筋种类和级别

1）纵向受力普通钢筋宜采用 HRB400、HRB500、HRBF400、HRBF500 钢筋，也可采用 HPB300、HRB335、HRBF335、RRB400 钢筋。

2）梁、柱纵向受力普通钢筋应采用 HRB400、HRB500、HRBF400、HRBF500 钢筋。

3）箍筋宜采用 HRB400、HRBF400、HPB300、HRB500、HRBF500 钢筋，也可采用 HPB335、HRB335 钢筋。

4）预应力钢筋宜采用预应力钢丝、钢绞线和预应力螺纹钢筋。

（2）钢筋直径：钢筋的直径以 mm 为单位。通常有 6mm、8mm、10mm、12mm、14mm、16mm、18mm、20mm、22mm、25mm、28mm、32mm、36mm、40mm、50mm 等共 15 种。

（3）钢筋强度

1）普通钢筋的屈服强度标准值 f_{yk}、极限强度标准值 f_{stk} 详见表 2-12。

表 2-12　普通钢筋强度标准值　　　　　　　　　　　　　　　（N/mm²）

种类	符号	公称直径 d（mm）	屈服强度标准值 f_{yk}	极限强度标准值 f_{stk}
HRB300	φ	6～22	300	420
HRB335 HRBF335	Φ Φ^F	6～50	335	455
HRB400 HRBF400 RRB400	Φ Φ^F Φ^R	6～50	400	540
HRB500 HRBF500	Φ Φ^F	6～50	500	630

注：当采用直径大于 40mm 的钢筋时，应经相应的试验检验或有可靠的工程经验。

2）预应力钢丝、钢绞线和预应力螺纹钢筋的屈服强度标准值 f_{yk}、极限强度标准值 f_{pyk} 详见表 2-13。

表 2-13　预应力筋强度标准值　　　　　　　　　　　　　　　（N/mm²）

种类		符号	公称直径 d（mm）	屈服强度标准值 f_{yk}	极限强度标准值 f_{pyk}
中强度预应力钢丝	光面螺旋肋	φ^{PM} φ^{HM}	5、7、9	680	800
				780	970
				980	1270

种类		符号	公称直径 d（mm）	屈服强度标准值 f_{yk}	极限强度标准值 f_{yk}
预应力螺纹钢筋	螺纹	ϕ^T	18、25、32、40、50	785	980
				930	1080
				1080	1230
消除应力钢丝	光面	ϕ^P	5	—	1570
				—	1860
	螺旋肋	ϕ^H	7	—	1570
			9	—	1470
				—	1570
钢绞线	1×3（三股）	ϕ^S	8.6、10.8、12.9	—	1570
				—	1860
				—	1960
	1×7（七股）		9.5、12.7、15.2、17.8	—	1720
				—	1860
				—	1960
			21.6	—	1720

注：极限强度标准值为 1960N/mm^2 的钢绞线做后张预应力配筋时，应有可靠的工程经验。

二、建筑构件

（一）砌体结构构件

1. 单一材料墙体：用于承重外墙的厚度通常一砖半墙（365mm 厚）；用于承重内墙的厚度通常一砖墙（240mm 厚）；用于非承重隔墙的厚度通常半砖墙（115mm 厚）。

2. 复合墙体：复合墙体的承重部分一般取 240mm。

3. 混凝土小型空心砌块：厚度为 190mm（绘图时标注 200mm）。

4. 保温墙体：保温墙体分为外保温复合墙体、内保温复合墙体、夹心复合保温墙体、单一材料保温墙体四种。

5. 夹心墙：夹心墙指的是在墙体中预留的连续空腔内填充保温或隔热材料，并在墙体内叶和外叶之间用防锈的金属拉接件连接形成的墙体。

（二）现浇钢筋混凝土结构构件

1. 柱子

《建筑抗震设计规范》（GB 50011—2010）中规定：

（1）柱子的截面尺寸

1）矩形截面的宽度和高度：

①抗震设防等级为四级或建筑层数不超过 2 层时，不宜小于 300mm。

②抗震设防等级为一、二、三级或建筑层数超过 2 层时，不宜小于 400mm。

③宽度和高度均应是 50mm 的倍数。

2）圆形截面的直径：

①抗震设防等级为四级或建筑层数不超过 2 层时，不宜小于 350mm。

②抗震设防等级为 、二、三级或建筑层数超过 2 层时，不宜小于 450mm。

③直径应是 50mm 的倍数。

（2）柱子的剪跨比宜大于 2。（剪跨比是简支梁上集中荷载作用点到支座边缘的最小距离 a 与截面有效高度 h_0 之比，它反映计算截面上正应力与剪应力的相对关系，是影响抗剪破坏形态和抗剪承载力的重要参数）

（3）截面长边与短边的边长比不宜大于 3。

（4）抗震设防等级为一级时，柱子的混凝土强度等级不应低于 C30。

（5）柱子与轴线的最佳关系是双向轴线通过柱子的中心或圆心，尽量减少偏心距的产生。

（6）柱子的宽度必须大于梁的宽度，每边应至少大于 50mm。

2. 梁

《建筑抗震设计规范》（GB 50011—2010）中规定：

（1）截面宽度不宜小于 200mm。

（2）截面高宽比不宜大于 4。

（3）净跨与截面之比不宜小于 4。

（4）抗震设防等级为一级时，梁的混凝土强度等级不应低于 C30。

（5）工程设计中，经常按跨度的 1/10 左右估取梁的截面高度。现浇梁板中梁的截面形式多为矩形；现浇梁、预制板中，梁的截面形状多为"十"字形。梁宽和梁高均应是 50mm 的倍数，且梁的高度中包括板的厚度。

3. 板

《混凝土结构设计规范》（GB 50010—2010）中指出，混凝土板一般按下面的原则进行确定：

（1）两对边支承的板应按单向板计算。

（2）四边支承的板应按下列规定计算。

1）当长边与短边之比不大于 2.0 时，应按双向板计算。

2）当长边与短边之比大于 2.0，但小于 3.0 时，宜按双向板计算。

3）当长边与短边之比不小于 3.0 时，宜按沿短边方向受力的单向板计算，并应沿长边方向布置构造钢筋。

（3）现浇混凝土板的尺寸宜符合下列规定：

1）板的跨厚比：钢筋混凝土单向板不大于 30；双向板不大于 40；无梁支承的有柱帽板不大于 35；无梁支承的无柱帽板不大于 40；预应力板可适当增加；当板的荷载、跨度较大时宜适当减小。

2）现浇钢筋混凝土板的最小厚度应以表 2-14 为准。

表 2-14　现浇钢筋混凝土板的最小厚度　　　　　　　　　　　　　　　　　　　　（mm）

板的类别		最小厚度
单向板	屋面板	60
	民用建筑楼板	60
	工业建筑楼板	70
	行车道下的楼板	80
双向板		80
密肋板	面板	50
	肋高	250
悬臂板（根部）	悬臂长度不大于 500	60
	悬臂长度 1200	100
无梁楼板		150
现浇空心楼板		200

4. 框架结构的抗震墙（剪力墙）

《建筑抗震设计规范》（GB 50011—2010）中指出，框架结构的抗震墙（剪力墙）应符合下列要求：

（1）抗震墙的厚度不应小于 160mm 且不宜小于层高或无支长度的 1/20；底层加强部位不应小于 200mm 且不宜小于层高或无支长度的 1/16。

（2）抗震墙的混凝土强度等级不应低于 C30。

（3）抗震墙的布置应注意抗震墙的间距 L 与框架宽度之比不应大于 4。

（4）抗震墙是主要承受剪力（风力、地震力）的墙，不属于填充墙的范围，因而是有基础的墙。

5. 框架结构的填充墙

框架结构的填充墙在外墙起围护作用，在内墙起分隔作用。

（1）材料

1）《建筑抗震设计规范》（GB 50011—2010）中规定：框架结构中的填充墙应优先选用轻质墙体材料。轻质墙体材料包括陶粒混凝土空心砌块、加气混凝土砌块和空心砖等。

2）《砌体结构设计规范》（GB 50003—2011）中规定：框架结构中的填充墙除应满足稳定要求外，还应考虑水平风荷载及地震作用的影响。框架结构填充墙的使用年限宜与主体结构相同。结构安全等级可按二级考虑。填充墙宜选用轻质块体材料，包括陶粒混凝土空心砌块、烧结空心砖（强度等级不应低于 MU3.5）和蒸压加气混凝土砌块（强度等级不应低于 A2.5）。

（2）厚度

填充墙的墙体厚度不应小于 90mm。北京地区的外墙通常取用的厚度为 250～300mm，内墙厚度通常取用的厚度为 150～200mm。

（3）应用高度

钢筋混凝土框架结构的非承重隔墙的应用高度参考值见表 2-15。

表 2-15　钢筋混凝土框架结构的非承重隔墙的应用高度参考值

墙体厚度（mm）	墙体高度（m）	墙体厚度（mm）	墙体高度（m）
75	1.50～2.40	175	13.90～5.60
100	2.10～3.20	200	4.40～6.40
125	2.70～3.90	250	4.80～6.90
150	3.30～4.70	—	

（4）构造要求

1）《建筑抗震设计规范》（GB 50011—2010）中指出，框架结构的填充墙应符合下列要求：

①填充墙在平面和竖向的布置，宜均匀对称，宜避免形成薄弱层或短柱（柱高小于柱子截面宽度的 4 倍时称为短柱）。

②砌体的砂浆强度等级不应低于 M5，实心块体的强度等级不应低于 MU2.5；空心块体的强度等级不应低于 MU3.5，墙顶应与框架梁密切结合。

③填充墙应沿框架柱全高每隔 500～600mm 设置 2φ6 拉筋。拉筋伸入墙体内的长度：6、7 度时宜沿墙全长贯通；8、9 度时应沿墙全长贯通。

④墙长大于 5.00m，墙顶与梁应有拉结；墙长超过 8.00m 或层高的 2 倍时，宜设置钢筋混凝土构造柱；墙高超过 4.00m 时，墙体半高处宜设置与柱拉结沿墙全长贯通的钢筋混凝土水平系梁。

⑤楼梯间和人流通道的填充墙，还应采用钢丝网砂浆面层加强。

2）《砌体结构设计规范》（GB 50003—2011）中规定：填充墙与框架柱的连接有脱开法连接和不脱开法连接两种。

①脱开法连接：

A. 填充墙两端与框架柱、填充墙顶面与框架梁之间留出不小于20mm的间隙。

B. 填充墙端部应设置构造柱，柱间距宜不大于20倍墙厚且不大于4.00m，柱宽度应不小于100mm。竖向钢筋不宜小于φ10，箍筋宜为φ^{R}5，间距不宜大于400mm。柱顶与框架梁（板）应预留不小于15mm的缝隙，用硅酮胶或其他密封材料封缝。当填充墙有宽度大于2100mm的洞口时，洞口两侧应加设宽度不小于50mm的单筋混凝土柱。

C. 填充墙两端宜卡入设在梁、板底及柱侧的卡口铁件内，墙侧卡口板的竖向间距不宜大于500mm，墙顶卡口板的水平间距不宜大于1500mm。

D. 墙体高度超过4m时宜在墙高中部设置与柱连通的水平系梁。水平系梁的截面高度应不小于60mm。填充墙高不宜大于6.00m。

E. 填充墙与框架柱、梁的缝隙可采用聚苯乙烯泡沫塑料板条或聚氨酯发泡填充材料充填，并用硅酮胶或其他弹性密封材料封缝。

②不脱开法连接：

A. 填充墙沿柱高每隔500mm配置2根直径为6mm的拉结钢筋（墙厚大于240mm时配置3根）。钢筋伸入填充墙的长度不宜小于700mm，且拉结钢筋应错开截断，相距不宜小于200mm。填充墙墙顶应与框架梁紧密结合。顶面与上部结构接触处宜用一皮砖或配砖斜砌楔紧。

B. 当填充墙有洞口时，宜在窗洞口的上端或下端、门窗洞口的上端设置钢筋混凝土带，钢筋混凝土带应与过梁的混凝土同时浇筑，过梁的截面与配筋应由计算确定。钢筋混凝土带的混凝土强度等级应不小于C20。当有洞口的填充墙尽端至门窗洞口边距离小于240mm时，宜采用钢筋混凝土门窗框。

C. 填充墙长度超过5.00m或墙长大于2倍层高时，墙顶与梁宜有拉结措施，墙体中部应加设构造柱；填充墙高度超过4.00m时宜在墙高中部设置与柱连接的水平系梁，填充墙高度超过6.00m时，宜沿墙高每2.00m设置与柱连接的水平系梁，梁的截面高度应不小于60mm。

6. 抗震墙结构的抗震墙

（1）抗震墙的厚度：抗震等级为一、二级时不应小于160mm且不应小于层高或无支长度的1/20；三、四级时不应小于140mm且不应小于层高或无支长度的1/25；无端柱或翼墙的构造，抗震等级为一、二级时不宜小于层高或无支长度的1/16；三、四级时不宜小于层高或无支长度的1/20。

（2）底部加强部位的墙厚：抗震等级为一、二级时不应小于200mm且不应小于层高或无支长度的1/16；三、四级时不应小于160mm且不应小于层高或无支长度的1/20；无端柱或翼墙的构造，抗震等级为一、二级时不宜小于层高或无支长度的1/12；三、四级时不宜小于层高或无支长度的1/16。

7. 夹心墙

《砌体结构设计规范》（GB 50003—2011）中规定：

（1）夹心墙的夹层厚度，不宜小于120mm。

（2）外叶墙的砖及混凝土砌块的强度等级，不应低于MU10。

（3）夹心墙外叶墙的最大横向支承间距，宜按下列规定采用：设防烈度为6度时不宜大于9.00m，7度时不宜大于6.00m，8、9度时不宜大于3.00m。

（4）夹心墙的内、外叶墙，应由拉结件可靠拉结，拉结件宜符合下列规定：

1）当采用环形拉结件时，钢筋直径不应小于4mm；当为z形拉结件时，钢筋直径不应小于6mm；拉结件的水平和竖向最大间距分别不宜大于800mm和600mm；对有振动或有抗震设防要求时，其水平和竖向最大间距分别不宜大于800mm和400mm。

2）当采用可调拉结件时，钢筋直径不应小于4mm；拉结件的水平和竖向最大间距均不宜大于400mm。叶墙间灰缝的高差应不大于3mm，可调拉结件中孔眼和扣钉间的公差应不大于1.50mm。

3）当采用钢筋网片做拉结件时，网片横向钢筋的直径不应小于4mm；其间距不应大于400mm；网片的竖向间距不宜大于600mm；对有振动或有抗震设防要求时，不宜大于400mm。

4）拉结件在叶墙上的搁置长度，不应小于叶墙厚度的 2/3，并不应小于 60mm。

5）门窗洞口周边 300mm 范围内应附加间距不大于 600mm 的拉结件。

8. 夹芯板（相关技术资料指出）

（1）厚度：夹芯板的范围为 30～250mm，建筑围护结构常用夹芯板为 50～100mm；彩色钢板的厚度为 0.5mm、0.6mm。

（2）燃烧性能：

1）硬质聚氨酯夹芯板：属于 B_1 级建筑材料。

2）聚苯乙烯夹芯板：属于阻燃型材料，氧指数 ≥30%。

3）岩棉夹芯板：厚度 ≥80mm 时，耐火极限 ≥60min；厚度 <80mm 时，耐火极限 ≥30min。

（3）导热系数：

1）硬质聚氨酯夹芯板：≤0.033W/（m·K）。

2）聚苯乙烯夹芯板：≤0.041W/（m·K）。

3）岩棉夹芯板：≤0.038W/（m·K）。

（4）面密度：

1）硬质聚氨酯夹芯板

硬质聚氨酯夹芯板的面密度见表 2-16。

表 2-16　硬质聚氨酯夹芯板的面密度

面材厚度（mm）	面密度（kg/m²）						
	30	40	50	60	80	100	120
0.4	7.3	7.6	7.9	8.2	8.8	9.4	10.0
0.5	8.9	9.2	9.5	9.5	10.4	11.0	11.6
0.6	10.5	10.8	11.1	11.4	12.0	12.6	13.2

2）聚苯乙烯夹芯板

聚苯乙烯夹芯板的面密度见表 2-17。

表 2-17　聚苯乙烯夹芯板的面密度

面材厚度（mm）	面密度（kg/m²）					
	50	75	100	150	200	250
0.5	9.0	9.5	10.0	10.5	11.5	12.5
0.6	10.5	11.0	11.5	12.0	13.0	14.0

3）岩棉夹芯板

岩棉夹芯板的面密度见表 2-18。

表 2-18　岩棉夹芯板的面密度

面材厚度（mm）	面密度（kg/m²）					
	50	80	100	120	150	200
0.5	13.5	16.5	18.5	20.5	23.5	28.5
0.6	15.1	18.1	20.1	22.1	25.1	30.1

第三部分　建筑设计规定

一、总则

（一）《民用建筑设计通则》中规定

民用建筑设计除应执行国家有关工程建设的法律、法规外，还应符合下列要求：

1. 应按可持续发展战略的原则，正确处理人、建筑和环境的相互关系。
2. 必须保护生态环境，防止污染和破坏环境。
3. 应以人为本，满足人们物质与精神的需求。
4. 应贯彻节约用地、节约能源、节约用水和节约原材料的基本国策。
5. 应符合当地城市规划的要求，并与周围环境相协调。
6. 建筑和环境应综合采取防火、抗震、防洪、防空、抗风雪和雷击等防灾安全措施。
7. 方便残疾人、老年人等人群使用，应在室内外环境中提供无障碍设施。
8. 在国家或地方公布的各级历史文化名城、历史文化保护区、文物保护单位和风景名胜区各项建设，应按国家或地方制定的保护规划和有关条例进行。

（二）《城市居住区规划设计规范》中规定

1. 居住区按居住户数或人口规模可分为居住区、小区、组团三级。各级标准控制规模，应符合表3-1中的规定。

表 3-1　居住区分级控制规模

居住区	居住区	小区	组团
户数（户）	10000～16000	3000～5000	300～1000
人口（人）	30000～50000	10000～15000	1000～3000

2. 居住区的规划组织结构可采用居住区-小区-组团、居住区-组团、小区-组团及独立式组团等多种类型。

3. 居住区的配建设施，必须与居住人口规模相对应。其配建设施的面积总指标，可根据规划布局形式统一安排、灵活使用。

4. 居住区的规划设计，应遵循下列基本原则：

（1）符合城市总体规划的要求。

（2）符合统一规划、合理布局、因地制宜、综合开发、配套建设的原则。

（3）综合考虑所在城市的性质、社会经济、气候、民族、习俗和传统风貌等地方特点和规划用地周围的环境条件，充分利用规划用地内有保留价值的河湖水域、地形地物、植被、道路、建筑物与构筑物等，并将其纳入规划。

（4）适应居民的活动规律，综合考虑日照、采光、通风、防灾、配建设施及管理要求，创造安全、卫生、方便、舒适和优美的居住生活环境。

（5）为老年人、残疾人的生活和社会活动提供条件。

（6）为工业化生产、机械化施工和建筑群体、空间环境多样化创造条件。

（7）为商品化经营、社会化管理及分期实施创造条件。

（8）充分考虑社会、经济和环境三方面的综合效益。

5. 居住区规划设计除符合上述规定外，还应符合国家现行的有关法律、法规和强制性标准的规定。

（三）《住宅设计规范》中指出

1. 住宅设计应符合城镇规划及居住区规划的要求，并应经济、合理、有效地利用土地和空间。

2. 住宅设计应使建筑与周围环境相协调，并应合理组织方便、舒适的生活空间。

3. 住宅设计应以人为本，除应满足一般居住使用要求外，还应根据需要满足老年人、残疾人等特殊群体的使用要求。

4. 住宅设计应满足居住者所需的日照、天然采光、通风和隔声的要求。

5. 住宅设计必须满足节能要求，住宅建筑应能合理利用能源。宜符合各地能源条件，采用常规能源与可再生能源结合的供能方式。

6. 住宅设计应推行标准化、模数化及多样化，并应积极采用新技术、新材料、新产品，积极推广工业化设计、建造技术和模数应用技术。

7. 住宅的结构设计应满足安全、适用和耐久的要求。

8. 住宅设计应符合相关防火规范的规定，并应满足安全疏散的要求。

9. 住宅设计应满足设备系统功能有效、运行安全、维修方便等基本要求，并应为相关设备预留合理的安装位置。

10. 住宅设计应满足近期使用要求的同时，兼顾今后发展改造的可能。

（四）《住宅建筑规范》中指出

1. 住宅基本要求

1）住宅建设应符合城市规划要求，保障居民的基本生活条件和环境，经济、合理、有效地使用土地和空间。

2）住宅选址时应考虑噪声、有害物质、电磁辐射和工程地质灾害、水文地质灾害等的不利影响。

3）住宅应具有与其居住人口规模相适应的公共服务设施、道路和公共绿地。

4）住宅应按套型设计，套内空间和设施应能满足安全、舒适、卫生等生活起居的基本要求。

5）住宅结构在规定的设计使用年限内必须具有足够的可靠性。

6）住宅应具有防火安全性能。

7）住宅应具备在紧急事态时人员从建筑中安全撤出的功能。

8）住宅应满足人体健康所需的通风、日照、自然采光和隔声要求。

9）住宅建设的选材应避免造成环境污染。

10）住宅必须进行节能设计，且住宅及其室内设备应能有效利用能源和水资源。

11）住宅建设应符合无障碍设计原则。

12）住宅应采取防止外窗玻璃、外墙装饰及其他附属设施等坠落伤人的措施。

2. 许可原则

1）住宅建设必须满足采用质量合格并符合要求的材料与设备。

2）当住宅建设采用不符合工程建设强制性标准的新技术、新工艺、新材料时，必须经相关程序核准。

3）未经技术鉴定和设计认可，不得拆改结构构件和进行加层改造。

3. 既有住宅

1）既有住宅达到设计使用年限或遭遇重大灾害后，需要继续使用时，应委托具有相应资质的机构鉴定，并根据鉴定结论进行处理。

2）既有住宅进行改造、改建时，应综合考虑节能、防火、抗震的要求。

二、基本规定

（一）民用建筑按层数和建筑高度的分类

1.《民用建筑设计通则》（GB 50352—2005）中规定

（1）民用建筑按使用功能可分为居住建筑和公共建筑两大类。

（2）民用建筑按地上层数或高度分类划分，其规定为：

1）住宅建筑按层数分类：1～3层为低层住宅，4～6层为多层住宅，7～9层为中高层住宅，10层及10层以上为高层住宅。

2）除住宅建筑之外的民用建筑高度不大于24m者为单层和多层建筑，大于24m者为高层建筑（不包括建筑高度大于24m的单层公共建筑）。

3）建筑高度大于100m的民用建筑为超高层建筑。

2.《建筑设计防火规范》（GB 50016—2006）中规定

（1）9层及9层以下的居住建筑（包括设置商业服务网点的居住建筑）为多层居住建筑。

（2）建筑高度小于或等于24m、层数在2层及2层以上的公共建筑为多层公共建筑。

（3）建筑高度大于24m、层数只有1层的公共建筑为单层公共建筑。

3.《高层民用建筑设计防火规范》（GB 50045—95）2005年版中规定

（1）10层及10层以上的居住建筑（包括首层设置商业服务网点的住宅）为高层建筑。

（2）建筑高度超过24m的公共建筑为高层建筑。

4.《高层建筑混凝土结构技术规程》（JGJ 3—2010）中规定

10层及10层以上或房屋高度大于28m的住宅建筑和房屋高度大于24m的其他建筑为高层建筑。

（二）民用建筑按结构可靠度分类

《建筑结构可靠度统一设计标准》（GB 50068—2001）中规定的建筑结构安全等级的分类见表3-2。

表3-2　建筑结构的安全等级

安全等级	破坏后果	建筑物类型
一级	很严重	重要的房屋
二级	严重	一般的房屋
三级	不严重	次要的房屋

注：1. 对特殊的建筑物，其安全等级应根据具体情况另行确定。

2. 地基基础设计安全等级按抗震要求设计时，建筑结构的安全等级还应符合国家现行规范的规定。

（三）民用建筑按建筑面积、座席数、班数等指标进行分类

1. 展览建筑

《展览建筑设计规范》（JGJ 218—2010）中规定的类别见表3-3。

表3-3　展览建筑的类别

类别	特大型	大型	中型	小型
总建筑面积（m²）	大于100000	30001～100000	10001～30000	小于或等于10000

2. 博物馆建筑

《博物馆建筑设计规范》（JGJ 68—91）中规定的类别见表3-4。

表3-4　博物馆建筑的类别

类别	大型	中型	小型
建筑面积（m²）	>10000	4000～10000	<4000

3. 剧场建筑

《剧场建筑设计规范》（JGJ 57—2000）中规定的类别见表3-5。

表3-5　剧场建筑的类别

类别	特大型	大型	中型	小型
座席数	>1601 座	1201～1600 座	801～1200 座	300～800 座

4. 电影院建筑

《电影院建筑设计规范》（JGJ 58—2008）中规定的类别见表3-6。

表3-6　电影院建筑的类别

类别	特大型	大型	中型	小型
座席数	应大于1801 座、观众厅不宜少于11 个	1201～1800 座、观众厅不宜少于8～10 个	701～1200 座、观众厅不宜少于5～7 个	<700 座、观众厅不宜少于5 个

5. 体育建筑

《体育建筑设计规范》（JGJ 31—2003）中规定的类别见表3-7。

表3-7　体育建筑的类别

类别	特大型	大型	中型	小型
体育场（座席数）	60000 座以上	40000～60000 座	20000～40000 座	20000 座以下
体育馆（座席数）	10000 座以上	6000～10000 座	3000～6000 座	3000 座以下
游泳馆（座席数）	6000 座以上	3000～6000 座	1500～3000 座	1500 座以下

6. 商店建筑

《商店建筑设计规范》（JGJ 48—88）中规定的类别见表3-8。

表3-8　商店建筑面积的类别　　　　　　　　　　　　　　　（m²）

类别	大型	中型	小型
商场	15000 以上	3000～15000	3000 以下
专业商店	5000 以上	1000～5000	1000 以下
菜市场	6000 以上	1200～6000	1200 以下

7. 托儿所、幼儿园建筑

《托儿所、幼儿园建筑设计规范》（JGJ 39—87）中规定的类别见表3-9。

表3-9　托儿所、幼儿园建筑的类别

类别	大型	中型	小型
班数	10～12 班	6～9 班	5 班以下

8. 住宅建筑

《住宅设计规范》（GB 50096—2011）对普通住宅分类的规定为：

（1）住宅应按套型设计，每套住宅应有卧室、起居室（厅）、厨房和卫生间等基本功能空间。

（2）套型的使用面积应符合下列规定：

1）由卧室、起居室（厅）、厨房和卫生间等组成的套型，其使用面积不应小于$30m^2$。

2）由兼起居的卧室、厨房和卫生间等组成的最小套型，其使用面积不应小于$22m^2$。

9. 办公建筑

《办公建筑设计规范》（JGJ 67—2006）中对办公建筑的分类见表3-10：

表3-10　办公建筑的分类

类别	特点
一类	特别重要的办公建筑
二类	重要的办公建筑
三类	普通的办公建筑

10. 老年人居住建筑

《老年人居住建筑设计标准》（GB/T 50340—2003）中指出：老年人居住建筑的规模和面积标准见表3-11。

表3-11　老年人居住建筑的规模

规模	人数（人）	人均用地指标（m^2）
小型	50以下	80~100
中型	51~150	90~100
大型	151~200	95~105
特大型	200以上	100~110

11. 旅馆建筑

《旅馆建筑设计规范》（JGJ 62—90）中指出：根据旅馆的使用功能，按建筑质量标准和设备、设施条件，将旅馆建筑由高至低划分为一、二、三、四、五、六级6个建筑等级。

12. 档案馆建筑

《档案馆建筑设计规范》（JGJ 25—2010）中指出：

档案馆分为特级、甲级、乙级三个等级。不同等级档案馆设计的耐火等级及适用范围见表3-12。

表3-12　档案馆等级与耐火等级要求及适用范围

等级	特级	甲级	乙级
适用范围	中央国家级档案馆	省、自治区、直辖市、单列市、副省级市档案馆	地（市）级及县（市）档案馆
耐火等级	一级	一级	不低于二级

13. 汽车库建筑

《汽车库建筑设计规范》（JGJ 100—98）规定：汽车库建筑规模宜按汽车类型和容量进行分类，具体划分应以表3-13的规定为准。

表3-13　汽车库建筑规模　　　　　　　　　　　　　　（辆）

规模	特大型	大型	中型	小型
停车数	>500	301~500	51~300	≤50

注：此分类适用于中、小型车辆坡道式汽车库及升降式汽车库，不适用于其他机械式汽车库。

14. 汽车库、修车库、停车场建筑

《汽车库、修车库、停车场设计防火规范》（GB 50067—97）中规定：汽车库、修车库、停车场的防火分类共分为4类，具体划分应以表3-14为准。

表 3-14　汽车库、修车库、停车场的防火分类

类别	I	II	III	IV
汽车库（辆）	>300	151～300	51～150	≤50
修车库（车位）	>15	6～15	3～5	≤2
停车场（辆）	>400	251～400	101～250	≤100

注：汽车库的屋面亦停放汽车时，其停车数量应计算在汽车库的总车辆数内。

15. 公共厕所建筑

《城市公共厕所设计标准》（CJJ 14—2005）中规定：

（1）城市公共厕所应分为独立式、附属式和活动式公共厕所三种类型。

（2）独立式公共厕所按建筑类别应分为三类。

1）商业区、重要公共设施、重要交通客运设施、公共绿地及其他环境要求高的区域应设置一类公共厕所。

2）城市主、次干路及行人交通量较大的道路沿线应设置二类公共厕所。

3）其他街道和区域应设置三类公共厕所。

（3）附属式公共厕所按建筑类别应分为二类。一般均设置在公共服务类的建筑物内。

1）大型商场、饭店、展览馆、机场、火车站、影剧院、大型体育场馆、综合性商业大楼和省市级医院应设置一类公共厕所。

2）一般商场（含超市）、专业性服务机关单位、体育场馆、餐饮店、招待所和区县级医院应设置二类公共厕所。

（4）活动式公共厕所按其结构特点和服务对象分为组装厕所、单体厕所、汽车厕所、拖动厕所和无障碍厕所五种类别。该五类厕所在流动特性、运输方式和服务对象等方面各有特点，应根据城市特点进行配置。

（5）根据女性上厕所时间长、占用空间大的特点，厕所男蹲（坐、站）位与女蹲（坐）位的比例以1:1～2:3为宜。独立式公共厕所以1:1为宜，商业区以2:3为宜。

16. 饮食建筑

《饮食建筑设计规范》（JGJ 64—89）中指出：

饮食建筑分为三大类：

1）营业性餐馆（简称餐馆）分为三级：

①一级餐馆，为接待宴请和零餐的高级餐馆，餐厅座位布置宽畅、环境舒适，设施、设备完善。

②二级餐馆，为接待宴请和零餐的中级餐馆，餐厅座位布置比较舒适，设施、设备比较完善。

③三级餐馆，以零餐为主的一般餐馆。

2）营业性冷、热饮食店（简称饮食店）分为二级：

①一级饮食店，为有宽畅、舒适环境的高级饮食店，设施、设备标准较高。

②二级饮食店，为一般饮食店。

3）非营业性的食堂（简称食堂）。食堂建筑分为二级。

①一级食堂，餐厅座位布置比较舒适。

②二级食堂，餐厅座位布置满足基本要求。

17. 室内环境污染控制标准中的建筑分类

《民用建筑工程室内环境污染控制规范》（GB 50325—2010）中规定：民用建筑工程根据控制室内

环境污染的不同要求，划分为以下两类：

（1）Ⅰ类民用建筑工程：住宅、医院、老年人建筑、幼儿园、学校教室等民用建筑工程。

（2）Ⅱ类民用建筑工程：办公楼、商店、旅馆、文化娱乐场所、书店、图书馆、展览馆、体育馆、公共交通等候室、餐厅、理发店等民用建筑工程。

18. 建筑材料放射性核素限量的分类

《建筑材料放射性核素限量》（GB 6566—2010）中指出：依据装饰装修材料中天然放射性核素镭-226、钍-232、钾-40的放射性比活度大小，将装饰装修材料划分为 A、B、C 三级，其应用于两类民用建筑，分类标准如下：

（1）Ⅰ类民用建筑包括：住宅、老年公寓、托儿所、医院和学校、办公楼、宾馆等。

（2）Ⅱ类民用建筑包括：商场、文化娱乐场所、书店、图书馆、展览馆、体育馆和公共交通等候室、餐厅、理发店等。

19. 抗震设防对建筑的分类

《建筑工程抗震设防分类标准》（GB 50223—2008）中指出：依据地震对人员伤亡、财产破坏、社会影响及抗震在救灾中的作用，将建筑分为：

（1）甲类（特殊设防类）：如生产和存放具有高放射性以及剧毒的生物制品、化学制品、天然和人工细菌、病毒的建筑。

（2）乙类（重点设防类）：如幼儿园、中小学、体育馆、体育场、电影院、剧场、礼堂、大型展览馆等。

（3）丙类（标准设防类）：如住宅等。

（4）丁类（适度设防类）：如仓库等。

20. 公共建筑节能设计对建筑的分类

《公共建筑节能设计标准》（DB 11/687—2009）中指出：按照建筑物面积及围护结构的能耗，将公共建筑分为：

（1）甲类建筑：单栋建筑面积大于20000m²、且全面设置空气调节设施的建筑。

（2）乙类建筑：单栋建筑面积300～20000m²，或建筑面积虽大于20000m²但不全面设置空气调节设施的建筑。

（3）丙类建筑：单栋建筑面积小于300m²的建筑。

（四）民用建筑工程的设计等级

民用建筑工程设计等级的分类是依据单体建筑面积、立项投资、建筑高度、建筑层数、建筑重要性等诸多因素综合确定的。《建筑工程设计资质分类标准》[1999] 9 号文件的规定见表3-15。

表3-15　民用建筑工程设计等级分类

类型与特征	工程等级	特级	一级	二级	三级
一般公共建筑	单体建筑面积	≥8 万 m²	>2 万 m²，≤8 万 m²	>0.5 万 m²，≤2 万 m²	≤0.5 万 m²
	立项投资	>2 亿元	>0.4 亿元，≤2 亿元	>0.1 亿元，≤0.4 亿元	≤0.1 亿元
	建筑高度	>100m	>50m，≤100m	>24m，≤50m	≤24m（砌体结构应符合抗震规范要求）
住宅、宿舍	层数	—	20 层以上	12 层以上至 20 层	12 层级以下（砌体结构应符合抗震规范要求）
住宅区、工厂生活区	总建筑面积	—	10 万 m² 以上	10 万 m² 及以下	—

续表

类型与特征	工程等级	特级	一级	二级	三级
地下工程	地下空间（总建筑面积）	5 万 m² 以上	1 万 m² 以上至 5 万 m²	1 万 m² 及以下	—
地下工程	附建式人防（防护等级）	—	四层及以上	五层及以下	—
特殊公共建筑	超限高层建筑抗震要求	特殊超高的高层建筑	100m 及以下的高层建筑	—	—
特殊公共建筑	技术复杂、有声、光、热、振动、视线等特殊要求	技术特别复杂	技术比较复杂	—	—
特殊公共建筑	重要性	国家级经济、文化、历史、涉外等重点工程项目	省级经济、文化、历史、涉外等重点工程项目	—	—

（五）设计使用年限

1.《民用建筑设计通则》（GB 50352—2005）中规定：民用建筑的设计使用年限应符合表3-16 的规定。

表3-16　民用建筑的设计使用年限

类别	设计使用年限（年）	建筑示例
1	5	临时性建筑
2	25	易于替换结构构件的建筑
3	50	普通建筑和构筑物
4	100	纪念性建筑和特别重要的建筑

2.《电影院建筑设计规范》（JGJ 58—2008）中规定：电影院建筑的等级及设计使用年限详见表3-17。

表3-17　电影院建筑的等级及设计使用年限

等级	设计使用年限	耐火等级
特等、甲等、乙等	50 年	不宜低于二级
丙等	25 年	不宜低于二级

3.《办公建筑设计规范》（JGJ 67—2006）中规定：办公建筑等级及设计使用年限详见表3-18。

表3-18　办公建筑的等级及设计使用年限

类别	示例	设计使用年限	耐火等级
一类	特别重要的办公建筑	100 年或50 年	一级
二类	重要办公建筑	50 年	不低于二级
三类	普通办公建筑	50 年或25 年	不低于二级

4.《剧场建筑设计规范》（JGJ 58—2008）中规定：剧场建筑的等级及设计使用年限详见表3-19。

表 3-19　剧场建筑的等级及设计使用年限

等级	设计使用年限	耐火等级
特级	视具体情况确定	视具体情况确定
甲等	100 年以上	不应低于二级
乙等	51 ~ 100 年	不应低于二级
丙等	25 ~ 50 年	不应低于二级

5. 《体育建筑设计规范》（JGJ 31—2003）中规定：体育建筑的等级及设计使用年限详见表 3-20。

表 3-20　体育建筑的等级及设计使用年限

等级	设计使用年限	耐火等级
特级	>100 年	不应低于一级
甲级	50 ~ 100 年	不应低于二级
乙级	50 ~ 100 年	不应低于二级
丙级	25 ~ 50 年	不应低于二级

6. 《人民防空地下室设计规范》（GB 50038—2005）中规定：

防空地下室结构的设计使用年限应按 50 年采用。当上部建筑结构的设计使用年限大于 50 年时，防空地下室结构的设计使用年限应与上部建筑结构相同。

（六）建筑气候分区

1. 《民用建筑设计通则》（GB 50352—2005）中指出，建筑气候分区对建筑的基本要求应符合表 3-21 的规定。

表 3-21　建筑气候分区

分区名称		热工分区名称	气候主要指标	建筑基本要求
I	ⅠA ⅠB ⅠC ⅠD	严寒地区	1 月平均气温≤ -10℃，7 月平均气温≤25℃，7 月平均相对湿度≥50%	1. 建筑物必须满足冬季保温、防寒、防冻等要求； 2. ⅠA、ⅠB 区应防止冻土、积雪对建筑物的危害； 3. ⅠB、ⅠC、ⅠD 区的西部，建筑物应防冰雹、防风沙
II	ⅡA ⅡB	寒冷地区	1 月平均气温≤ -10 ~ 0℃，7 月平均气温为 25 ~ 28℃	1. 建筑物必须满足冬季保温、防寒、防冻等要求，夏季部分地区应兼顾防热； 2. ⅡA 区建筑物应防热、防潮、防暴风雨，沿海地带应防盐雾侵蚀
III	ⅢA ⅢB ⅢC	夏热冬冷地区	1 月平均气温≤0 ~ 10℃，7 月平均气温 25℃ ~ 30℃	1. 建筑物必须满足夏季防热、遮阳、通风降温要求，冬季应兼顾防寒； 2. 建筑物应防雨、防潮、防洪、防雷电； 3. ⅢA 区应防台风、暴雨袭击及盐雾侵蚀
IV	ⅣA ⅣB	夏热冬暖地区	1 月平均气温 >10℃，7 月平均气温 25 ~ 29℃	1. 建筑物必须满足夏季防热、遮阳、通风、防雨要求； 2. 建筑物应防暴雨、防潮、防洪、防雷电； 3. ⅣA 区应防台风、暴雨袭击及盐雾侵蚀

分区名称	热工分区名称	气候主要指标	建筑基本要求
V	V A V B 温和地区	7月平均气温18～25℃，1月平均气温0～13℃	1. 建筑物应满足防雨和通风要求； 2. V A建筑物应注意防寒；V B区应特别注意防雷电
VI	VIA VIB 严寒地区 VIC 寒冷地区	7月平均气温＜18℃，1月平均气温为0～-22℃	1. 热工应符合严寒和寒冷地区的相关要求； 2. VIA、VIB区应防冻土对建筑物地基及地下管道的影响，并应特别注意防风沙； 3. VIC的东部，建筑物应防雷电
VII	VIIA VIIB VIIC 严寒地区 VIID 寒冷地区	7月平均气温≥18℃，1月平均气温-5～-20℃，7月平均相对湿度≤50%	1. 热工应符合严寒和寒冷地区的相关要求； 2. 除VIID区外，应防冻土对建筑物地基及地下管道的影响； 3. VIIB区建筑物应特别注意积雪的危害； 4. VIIC建筑物应特别注意防风沙； 5. VIID建筑物应特别注意夏季防热，吐鲁番盆地应特别注意隔热、降温

注：ⅠA区的代表城市有漠河等；ⅠB区的代表城市有满洲里等；ⅠC区的代表城市有齐齐哈尔等；ⅠD区的代表城市有赤峰、张家口等；ⅡA区的代表城市有北京、天津等；ⅡB区的代表城市有太原、临汾等；ⅢA区的代表城市有上海、温州等；ⅢB区的代表城市有合肥、南昌、重庆等；ⅢC区的代表城市有西安、成都等；ⅣA区的代表城市有香港、海口等；ⅣB区的代表城市有南宁、漳州等；ⅤA区的代表城市有贵阳等；ⅤB区的代表城市有昆明等；ⅥA区的代表城市有西宁、格尔木等；ⅥB区的代表城市有那曲等；ⅥC区的代表城市有拉萨等；ⅦA区的代表城市有克拉玛依等；ⅦB区的代表城市有乌鲁木齐等；ⅦC区的代表城市有二连浩特等；ⅦD区的代表城市有库尔勒、和田等。

2. 《民用建筑热工设计规范》（GB 50176—93）将建筑热工设计分区分为严寒地区、寒冷地区、夏热冬冷地区、夏热冬暖地区、温和地区，其规定与表3-21的要求完全一致。

3. 《公共建筑节能设计标准》（GB 50189—2005）中指出：严寒地区又分为A区、B区。A区的代表城市有：牡丹江、齐齐哈尔、哈尔滨、海拉尔、佳木斯、满洲里等；B区的代表城市有：长春、乌鲁木齐、通辽、呼和浩特、银川、西宁、大同、张家口、丹东、沈阳等。寒冷地区的代表城市有：兰州、太原、北京、天津、石家庄、西安、拉萨、济南、青岛、大连、唐山、洛阳等。

4. 《严寒和寒冷地区居住建筑节能设计标准》（JGJ 26—2010）中规定：严寒地区（Ⅰ区）分为A、B、C三个子区；寒冷地区（Ⅱ区）分为A、B两个子区。

1）严寒A（ⅠA）区的代表城市有：黑河、嫩江等。

2）严寒B（ⅠB）区的代表城市有：哈尔滨、齐齐哈尔、牡丹江等。

3）严寒C（ⅠC）区的代表城市有：呼和浩特、沈阳、长春、西宁、乌鲁木齐、大同等。

4）寒冷A（ⅡA）区的代表城市有：太原、马尔康、咸宁、昭通、拉萨、兰州、银川等。

5）寒冷B（ⅡB）区的代表城市有：北京、天津、石家庄、徐州、亳州、济南、郑州、西安等。

（七）建筑与环境的关系

1. 《民用建筑设计通则》（GB 50352—2005）中的规定

建筑与环境的关系应符合下列要求：

（1）建筑基地应选择在无地质灾害或洪水淹没等危险的安全地段。

（2）建筑总体布局应结合当地的自然与地理环境特征，不应破坏自然生态环境。

（3）建筑物周围应具有能获得日照、天然采光、自然通风等的卫生条件。

（4）建筑物周围环境的空气、土壤、水体等不应构成对人体的危害，确保卫生安全的环境。

（5）对建筑物使用过程中产生的垃圾、废气、废水等废弃物应进行处理，并应对噪声、眩光等进行有效的控制，不应引起公害。

（6）建筑整体造型与色彩处理应与周围环境协调。

（7）建筑基地应做绿化、美化环境设计，完善室外环境设施。

2. 《城市居住区规划设计规范》（GB 50180—93）2002 年版中规定

（1）居住区规划总用地，应包括居住区用地和其他用地两类。

（2）居住用地构成中，各项用地面积和所占比例应符合下列规定：

1）参与居住区用地平衡的用地应为构成居住区用地的四项用地（住宅用地、公建用地、道路用地、公共用地），其他用地不参与平衡。

2）居住区内各项用地所占比例的平衡控制指标，应符合表 3-22 的规定。

表 3-22　居住区用地平衡控制指标　　　　　　　　　　　　　　　（%）

用地构成	居住区	小区	组团
1. 住宅用地（R01）	50 ~ 60	55 ~ 65	70 ~ 80
2. 公建用地（R02）	15 ~ 25	12 ~ 22	6 ~ 12
3. 道路用地（R03）	10 ~ 18	9 ~ 17	7 ~ 15
4. 公共绿地（R04）	7.5 ~ 18	5 ~ 15	3 ~ 6
居住区用地（R）	100	100	100

3）人均居住区用地控制指标，应符合表 3-23 的规定。

表 3-23　人均居住区用地控制指标　　　　　　　　　　　　　　（m²/人）

居住规模	层数	建筑区划		
		Ⅰ、Ⅱ、Ⅵ、Ⅶ	Ⅲ、Ⅴ	Ⅳ
居住区	低层	33 ~ 47	30 ~ 43	28 ~ 40
	多层	20 ~ 28	19 ~ 27	18 ~ 25
	多层、高层	17 ~ 26	17 ~ 26	17 ~ 26
小区	低层	30 ~ 43	28 ~ 40	26 ~ 37
	多层	20 ~ 28	19 ~ 26	18 ~ 25
	中高层	17 ~ 24	15 ~ 22	14 ~ 20
	高层	10 ~ 15	10 ~ 15	10 ~ 15
组团	低层	25 ~ 35	23 ~ 32	21 ~ 30
	多层	16 ~ 23	15 ~ 22	14 ~ 20
	中高层	14 ~ 20	13 ~ 18	12 ~ 16
	高层	8 ~ 11	8 ~ 11	8 ~ 11

注：本表各项指标按每户 3.2 人计算。

4）居住区内建筑应包括住宅建筑和公共服务设施建筑（也称公建）两部分；在居住区规划用地内的其他建筑的设置，应符合无污染、不扰民的要求。

（八）建筑无障碍设施

1. 《民用建筑设计通则》（GB 50352—2005）中规定

（1）居住区道路、公共绿地和公共服务设施应设置无障碍设施，并与城市道路无障碍设施相连接。

（2）设置电梯的民用建筑的公共交通部位应设无障碍设施。

（3）残疾人、老年人专用的建筑物应设置无障碍设施。

2.《城市道路和建筑物无障碍设计规范》（JGJ 50—2001）中规定

（1）公共建筑

1）建筑物无障碍设计的范围：

①办公建筑（各级政府、司法部门、企事业、招商、社区服务等办公建筑）。

②科研建筑（各类科研建筑）。

③商业建筑（综合商场、超市、菜市场、社区服务、餐馆、饮食店等建筑）。

④服务性建筑（金融、邮电、宾馆、旅馆、洗浴、美容美发等建筑）。

⑤文化建筑（文化馆、图书馆、科技馆、展览馆、博物馆、档案馆等建筑）。

⑥纪念性建筑（纪念馆、纪念塔、纪念碑、纪念物等建筑）。

⑦观演建筑（影剧院、音乐厅、礼堂、会议中心等建筑）。

⑧体育建筑（各类体育场、体育馆、游泳池、健身房等建筑）。

⑨交通建筑（航站楼、铁路与汽车客运站、地铁与城铁客运站、港口客运码头等建筑）。

⑩医疗建筑（综合医院、专科医院、康复中心、急救中心、疗养院等各类建筑）。

⑪学校建筑（高等院校、中等专业学校、中小学、托儿所、幼儿园、聋哑学校、盲人学校等建筑）。

⑫园林建筑（广场、公园、花园、动物园、植物园、海洋馆、游乐园及各类旅游景点等建筑）。

2）建筑物无障碍设计的内容：

①建筑基地的各种人行通路、停车车位（含地下设有电梯的停车车位）。

②建筑入口（含入口平台）。

③门厅、大堂、过厅、走道、走廊（含地面）。

④楼梯、设有电梯的电梯厅及电梯轿厢、自动扶梯（含升降平台）。

⑤有关部位的门与扶手。

⑥室内外公共与专用厕所、公共与专用浴室。

⑦无障碍客房与各类无障碍席位。

⑧接待客房、共用客房、服务用房、各类教学用房。

⑨服务台、公共用房、服务用房、各类教学用房。

⑩室内外无障碍标志、盲道、盲文牌及语音器等。

（2）居住建筑

1）建筑物无障碍设计的范围：

①高层及中高层住宅、高层及中高层公寓、宿舍等建筑。

②设有残疾人住房的多层及低层住宅、多层及低层公寓。

③设有残疾人住房的职工宿舍、学生宿舍等建筑。

2）建筑物无障碍设计的内容：

①建筑基地人行通路、停车车位（含地下设有电梯的停车车位）。

②建筑入口（含入口平台）。

③门厅、走道、走廊。

④楼梯、设有电梯的电梯厅及电梯轿厢。

⑤共用客房、服务用房。

⑥有关部位的门与扶手。

⑦设有行走困难者的住房（含起居室、卧室、卫生间、厨房、阳台）。

⑧公共厕所、公共浴室、盥洗室等。

（3）居住区无障碍设施

1）居住区道路（居住区路、小区路、组团路、宅间小路）的人行通道、人行横道、盲道；人行道纵坡不宜大于2.5%。在人行步道中设台阶时，应同时设轮椅坡道和扶手。

2）公共绿地（居住区公园、小区公园、组团绿地、儿童活动场）的入口、人行通路；地面有高差时，应设轮椅坡道和扶手。

3）儿童活动场与老年人活动、休息设施的入口、人行通路。

4）公共服务设施（与公共建筑无障碍设施相同）。

5）设有行走困难者的住房。

3.《办公建筑设计规范》（JGJ 67—2006）中规定

办公建筑应进行无障碍设计，并应符合相关规范的规定。

4.《住宅建筑规范》（GB 50368—2005）中指出

（1）7层和7层以上的住宅，应对下列部位进行无障碍设计：

1）建筑入口。

2）入口平台。

3）候梯厅。

4）公共走道。

5）无障碍住房。

（2）建筑入口及入口平台的无障碍设计应符合下列规定：

1）建筑入口设台阶时，应设轮椅坡道和扶手。

2）坡道的坡度应符合表3-24的规定。

表3-24 坡道的坡度

高度（m）	1.00	0.75	0.60	0.35
坡度	≤1:16	≤1:12	≤1:10	≤1:8

3）供轮椅通行的门净宽不应小于0.80m。

4）供轮椅通行的推拉门和平开门，在门把手一侧的墙面应留有不小于0.50m的墙面宽度。

5）供轮椅通行的门扇，应安装视线观察玻璃、横执把手和关门拉手，在门扇的下方应安装高0.35m的护门板。

6）门槛高度及门内外高差不应大于15mm，并应以斜坡过渡。

（3）7层和7层以上住宅建筑入口平台宽度不应小于2.00m。

（4）供轮椅通行的走道和通道净宽不应小于1.20m。

5.《住宅设计规范》（GB 50096—2011）中规定

（1）7层及7层以上的住宅，应对建筑入口、入口平台、候梯厅、公共走道进行无障碍设计。

（2）建筑入口及入口平台的无障碍设计应符合下列规定：

1）建筑入口设台阶时，应同时设有轮椅坡道和扶手。

2）坡道的坡度应符合表3-25的规定。

表3-25 坡道的坡度

坡度	1:20	1:16	1:12	1:10	1:8
最大高度（m）	1.50	1.00	0.75	0.60	0.35

3）供轮椅通行的门净宽不应小于0.80m。

4）供轮椅通行的推拉门和平开门，在门把手一侧的墙面，应留有不小于0.50m的墙面宽度。

5）供轮椅通行的门扇，应安装视线观察玻璃、横执把手和关门拉手，在门扇的下方应安装高0.35m 的护门板。

6）门槛高度及门内外地面高差不应大于 0.15m，并应以斜坡过渡。

（3）7 层及 7 层以上住宅建筑入口平台宽度不应小于 2.00m，7 层以下住宅建筑入口平台宽度不应小于 1.50m。

（4）供轮椅通行的走道和通道净宽不应小于 1.20m。

6.《疗养院建筑设计规范》（JGJ 40—87）中指出

疗养院主要建筑物的坡道、出入口、走道应满足使用轮椅者的要求。

7.《中小学校设计规范》（GB 50099—2011）中规定

教学用建筑物的出入口应设置无障碍设施，并应采取防止上部物体坠落和地面防滑的措施。

8.《无障碍设计规范》（GB50763 - 2012）中对无障碍的设置要求做了如下规定

（1）名词解释

1）缘石坡道。位于人行道口或人行横道两端，为了避免人行道路缘石带来的通行障碍，方便行人进入人行道的一种坡道。

2）盲道。在人行道上或其他场所铺设的一种固定形态的地面砖，使视觉障碍者产生盲杖触觉及脚感，引导视觉障碍者向前行走和辨别方向以到达目的地的通道。

3）行进盲道。表面呈条状形，使视觉障碍者通过盲杖和脚感的触觉，指引视觉障碍者可直接向正前方继续行走的盲道。

4）提示盲道。表面呈圆点形，用在盲道的起点处、拐弯处、终点处和表示服务设施的位置以及提示视觉障碍者前方将有不安全或危险状态等，具有提醒注意作用的盲道。

5）无障碍出入口。在坡度、宽度、高度上以及地面材质、扶手形式等方面方便行动障碍者通行的出入口。

6）平坡出入口。地面坡度不大于 1:20 且不设扶手的出入口。

7）轮椅回转空间。为方便乘轮椅者旋转以改变方向而设置的空间。

8）轮椅坡道。在坡度、宽度、高度、地面材质、扶手形式等方面方便乘轮椅者通行的坡道。

9）无障碍通道。在坡度、宽度、踏步、地面材质、扶手形式等方面方便行动障碍者通行的通道。

10）轮椅通道。在检票口或结算口等处方便乘轮椅者设置的通道。

11）无障碍楼梯。在楼梯形式、宽度、踏步、地面材质、扶手形式等方面方便行动障碍者使用的楼梯。

12）无障碍电梯。适合行动障碍者和视觉障碍者进出和使用的电梯。

13）升降平台。方便乘轮椅者进行垂直或斜向通行的设施。

14）安全抓杆。在无障碍厕位、厕所、浴间内，方便行动障碍者安全移动和支撑的一种设施。

15）无障碍厕位。公共厕所内设置的带坐便器及安全抓杆且方便行动障碍者进出和使用的带隔间的厕位。

16）无障碍厕所。出入口、室内空间及地面材质等方面方便行动障碍者使用且无障碍设施齐全的小型无性别厕所。

17）无障碍洗手盆。方便行动障碍者使用的带安全抓杆的洗手盆。

18）无障碍小便器。方便行动障碍者使用的带安全抓杆的小便器。

19）无障碍盆浴间。无障碍设施齐全的盆浴间。

20）无障碍淋浴间。无障碍设施齐全的淋浴间。

21）浴间坐台。洗浴时使用的固定坐台或活动坐板。

22）无障碍客房。出入口、通道、通信、家具和卫生间等均设有无障碍设施，房间的空间尺度方便行动障碍者安全活动的客房。

23）无障碍住房。出入口、通道、通信、家具、厨房和卫生间等均设有无障碍设施，房间的空间尺度方便行动障碍者安全活动的住房。

24）轮椅席位。在观众厅、报告厅和阅览室及教室等设有固定席位的场所内，供乘轮椅者使用的位置。

25）陪护席位。设置于轮椅席位附近，方便陪伴着照顾乘轮椅者使用的席位。

26）安全阻挡措施。控制轮椅小轮和拐杖不会侧向滑出坡道、踏步以及平台边界的措施。

27）无障碍机动车停车位。方便行动障碍者使用的机动车停车位。

28）盲文地图。供视觉障碍者用手触摸的有立体感的位置图或平面图及盲文说明。

29）盲文站牌。采用盲文标识，告知视觉障碍者公交候车站的站名、公交车线路和终点站名等的车站站牌。

30）盲文铭牌。安装在无障碍设施上或设施附近固定部位上，采用盲文标识以告知信息的铭牌。

31）过街音响提示装置。通过语音提示系统引导视觉障碍者安全行进的音响装置。

32）语音提示站台。设有为视觉障碍者提供乘坐或换乘公共和相关信息的语言提示系统的站台。

33）信息无障碍。通过相关技术的运用，确保人们在不同条件下都能够平等地、方便地获取和利用信息。

34）低位服务设施。为方便行动障碍者使用而设置的高度适当的服务设施。

35）母婴室。设有婴儿打理台、水池、座椅等设施，为母亲提供的给婴儿换尿布、喂奶或临时休息使用的房间。

36）安全警戒线。用于界定和划分危险区域，向人们传递某种注意或警告的信息，以避免人身伤害的提示线。

（2）无障碍设施的基本要求

1）缘石坡道。

①缘石坡道的设计要求。

A. 缘石坡道的坡面应平整、防滑。

B. 缘石坡道的坡口与车行道之间宜设有高差；当有高差时，高出车行道的地面不应大于10mm。

C. 宜优先选用全宽式单面坡缘石坡道。

②缘石坡道的坡度。

A. 全宽式单面坡缘石坡道的坡度不应大于1:20。

B. 三面坡缘石坡道正面及侧面的坡度不应大于1:12。

C. 其他形式的缘石坡道的坡度均不应大于1:12。

③缘石坡道的宽度。

A. 全宽式单面坡缘石坡道的宽度应与人行道宽度相同。

B. 三面坡缘石坡道的正面坡道宽度不应小于1.20m。

C. 其他形式的缘石坡道的坡口宽度均不应小于1.50m。

2）盲道。

①盲道的一般规定。

A. 盲道按其使用功能可分为行进盲道和提示盲道。

B. 盲道的纹路应凸出路面4mm高。

C. 盲道铺设应连续，应避开树木（穴）、电线杆、拉线等障碍物，其他设施不得占用盲道。

D. 盲道的颜色应与相邻的人行道铺面的颜色形成对比，并与周围景观相协调，宜采用中黄色。

E. 盲道型材表面应防滑。

②行进盲道的规定。

A. 行进盲道应与人行道的走向一致。

B. 行进盲道的宽度宜为 250~500mm。

C. 行进盲道宜在距围墙、花台、绿化带 250~500mm 处设置。

D. 行进盲道宜在距树池边缘 250~500mm 处设置；如无树池，行进盲道与路缘石上沿不应小于 500mm；行进盲道比路缘石上沿低时，距路缘石不应小于 250mm；盲道应避开非机动车停放的位置。

E. 行进盲道的触感条规格应符合表 3-26 的规定。

表 3-26　行进盲道的触感条规格

部位	尺寸要求（mm）
面宽	25
底宽	35
高度	4
中心距	62~75

③提示盲道的规定。

A. 行进盲道在起点、终点及转弯处及其他有需要处应设提示盲道，当盲道的宽度不大于 300mm 时，提示盲道的宽度应大于行进盲道的宽度。

B. 提示盲道的触感圆点规格应符合表 3-27 的规定。

表 3-27　提示盲道的触感圆点规格

部位	尺寸要求（mm）
表面直径	25
底面直径	35
圆点高度	4
圆点中心距	50

3）无障碍出入口。

①无障碍出入口的类别。

A. 平坡出入口。

B. 同时设置台阶和轮椅坡道的出入口。

C. 同时设置台阶和升降平台的出入口。

②无障碍出入口的规定。

A. 出入口的地面应平整、防滑。

B. 室外地面滤水箅子的孔洞宽度不应大于 15mm。

C. 同时设置台阶和升降平台的出入口宜只用于受场地限制无法改造的工程，并应符合无障碍电梯、升降平台的有关规定。

D. 除平坡出入口外，在门完全开启的状态下，建筑物无障碍出入口的平台净深度不应小于 1.50m。

E. 建筑物出入口的门厅、过厅如设置两道门，门扇同时开启时两道门的间距不应小于 1.50m。

F. 建筑物无障碍出入口的上方应设置雨篷。

③无障碍出入口的轮椅坡道及平坡出入口的坡度。

A. 平坡出入口的地面的坡度不应大于 1:20，当场地条件比较好时，不宜大于 1:30。

B. 同时设置台阶和轮椅坡道的出入口，轮椅坡道的坡度应符合轮椅坡道的有关规定。

4）轮椅坡道。

①轮椅坡道宜设计成直线形、直角形或折返形。

②轮椅坡道的净宽度不应小于1.00m，无障碍出入口的轮椅坡道净宽度不应小于1.20m。

③轮椅坡道的高度超过300mm或坡度大于1:20时，应在两侧设置单层扶手，坡道与休息平台的扶手应保持连贯，扶手应符合"扶手"的有关规定。

④轮椅坡道的最大高度和水平长度应符合表3-28的规定。

表3-28　轮椅坡道的最大高度和水平长度

坡度	1:20	1:16	1:12	1:10	1:8
最大高度（m）	1.20	0.90	0.75	0.60	0.30
水平长度（m）	24.00	14.40	9.00	6.00	2.40

注：其他坡度可用插入法进行计算。

⑤轮椅坡道的坡面应平整、防滑、无反光。

⑥轮椅坡道起点、终点和中间休息平台的水平长度不应小于1.50m。

⑦轮椅坡道临空侧应设置安全阻挡措施。

⑧轮椅坡道应设置无障碍标志，无障碍标志应符合"无障碍标识系统"的要求。

5）无障碍通道、门。

①无障碍通道的宽度。

A. 室内走道不应小于1.20m，人流较多或较集中的大型公共建筑的室内走道宽度不宜小于1.80m。

B. 室外通道不宜小于1.50m。

C. 检票口、结算口轮椅通道不应小于900mm。

②无障碍通道的规定。

A. 无障碍通道应连续，其地面应平整、防滑、反光小或无反光，并不宜设置厚地毯。

B. 无障碍通道上有高差时，应设置轮椅坡道。

C. 室外通道上的雨水箅子的孔洞宽度不应大于15mm。

D. 固定在无障碍通道的墙、立柱上的物体或标牌距地面的高度不应小于2.00m，探出部分的宽度不应大于100mm，如突出部分大于100mm，则其距地面的高度应小于600mm。

E. 斜向的自动扶梯、楼梯等下部空间可以进入时，应设置安全挡牌。

③门的无障碍设计规定。

A. 不应采用力度大的弹簧门，并不宜采用弹簧门、玻璃门；当采用玻璃门时，应有醒目的提示标志。

B. 自动门开启后通行净宽度不应小于1.00m。

C. 平开门、推拉门、折叠门开启后的通行净宽度不应小于800mm，有条件时，不宜小于900mm。

D. 在门扇内外应留有直径不小于1.50m的轮椅回转空间。

E. 在单扇平开门、推拉门、折叠门的门把手一侧的墙面，应设宽度不小于400mm的墙面。

F. 平开门、推拉门、折叠门的门扇应设距地900mm的把手，宜设视线观察玻璃，并宜在距地350mm范围内安装护门板。

G. 门槛高度及门内外地面高差不应大于15mm，并以斜面过渡。

H. 无障碍通道上的门扇应便于开关。

I. 宜与周围墙面有一定的色彩反差，方便识别。

6）无障碍楼梯、台阶。

①无障碍楼梯的规定。

A. 宜采用直线形楼梯。

B. 公共建筑楼梯的踏步宽度不应小于 280mm，踏步高度不应大于 160mm。

C. 不应采用无踢面和直角形突缘的踏步。

D. 宜在两侧均做扶手。

E. 如采用栏杆式楼梯，在栏杆下方宜设置安全遮挡措施。

F. 踏面应平整、防滑或在踏步前缘设防滑条。

G. 距踏步起点和终点 250～300mm 宜设提示盲道。

H. 踏面和踢面的颜色宜有区分和对比。

I. 楼梯上行及下行的第一个踏步宜在颜色或材质上与平台有明显区别。

②台阶的无障碍规定。

A. 公共建筑的室内外台阶踏步宽度不宜小于 300mm，踏步高度不宜大于 150mm，并不应小于 100mm。

B. 踏步应防滑。

C. 三级及三级以上的台阶应在两侧设置扶手。

D. 台阶上行及下行的第一个踏步宜在颜色或材质上与其他台阶有明显区别。

7）无障碍电梯、升降平台。

①无障碍电梯候梯厅的规定。

A. 候梯厅深度不应小于 1.50m，公共建筑及设置病床的候梯厅深度不宜小于 1.80m。

B. 呼叫按钮高度为 0.90～1.10m。

C. 电梯门洞的净宽度不宜小于 900mm。

D. 电梯入口处宜设提示盲道。

E. 候梯厅应设电梯运行显示装置和抵达音响。

②无障碍电梯轿厢的规定。

A. 轿厢门开启的净宽度不应小于 800mm。

B. 在轿厢的侧壁上应设高 0.90～1.10m 带盲文的选层按钮，盲文宜设置于按钮旁。

C. 在轿厢三面壁上应设高 850～900mm 扶手，扶手应符合"扶手"的相关规定。

D. 轿厢内应设电梯运行显示装置和报层音响。

E. 轿厢正面高 900mm 处至顶部应安装镜子或采用有镜面效果的材料。

F. 轿厢的规格应依据建筑性质和使用要求的不同而选用。最小规格为深度不应小于 1.40m，宽度不应小于 1.10m；中型规格为深度不应小于 1.60m，宽度不应小于 1.40m；医疗建筑与老人建筑宜采用病床专用电梯（注：病床电梯的深度应不小于 2.00m）。

G. 电梯位置应设置符合国际规定的通用标志牌。

③无障碍升降平台的规定。

A. 升降平台只适用于场地有限的改造工程。

B. 无障碍垂直升降平台的深度不应小于 1.20m，宽度不应小于 900mm，应设扶手、挡板及呼叫控制按钮。

C. 垂直升降平台的基坑应采用防止误入的安全防护措施。

D. 斜向升降平台宽度不应小于 900mm，深度不应小于 1.00m，应设扶手和挡板。

E. 垂直升降平台的传送装置应有可靠的安全防护装置。

8）扶手。

①无障碍单层扶手的高度应为 850～900mm，无障碍双层扶手的上层扶手高度应为 850～900mm，下层扶手高度应为 650～700mm。

②扶手应保持连贯，靠墙面的扶手的起点和终点处应水平延伸不小于 300mm 的长度。

③扶手末端应向内拐到墙面或向下延伸 100mm，栏杆式扶手应向下成弧形或延伸到地面上固定。

④扶手内侧与墙面的距离不应小于40mm。

⑤扶手应安装坚固，形状易于抓握。圆形扶手直径的截面尺寸应为35～50mm，矩形扶手宽度的截面尺寸应为35～50mm。

⑥扶手的材质宜选用防滑、热惰性指标好的材料。

9）公共厕所、无障碍厕所。

①公共厕所的无障碍措施。

A. 女厕所的无障碍设施包括至少1个无障碍厕位和1个无障碍洗手盆；男厕所的无障碍设施包括至少1个无障碍厕位、1个无障碍小便器和1个无障碍洗手盆。

B. 厕所的入口和通道应方便乘轮椅者进入和进行回转，回转直径不小于1.50m。

C. 门应方便开启，通行净宽度不应小于800mm。

D. 地面应防滑、不积水。

E. 无障碍厕位应设置无障碍标志，无障碍标志应是国际通用的标志。

②无障碍厕位的规定。

A. 无障碍厕位应方便乘轮椅者到达和进出，尺寸宜为2.00m×1.50m，并不应小于1.80m×1.00m。

B. 无障碍厕位的门宜向外开启，如向内开启，需在开启后厕位内留有直径不小于1.50m的轮椅回转空间，门的通行净宽不应小于800mm，平开门外侧应设高900mm的横扶把手，在关闭的门扇里侧设高900mm的关门拉手，并应采用门外可紧急开启的插销。

C. 厕位内应设坐便器，厕位两侧距地面700mm处应设长度不小于700mm的水平抓杆，另一侧应设高度为1.40m的垂直抓杆。

③无障碍厕所的要求。

A. 位置宜靠近公共厕所，应方便乘轮椅者进入和进行回转，回转直径不小于1.50m。

B. 面积不应小于4.00m^2。

C. 当采用平开门，门扇宜向外开启，如向内开启，需在开启后留有直径不小于1.50m的轮椅回转空间，门的通行净宽不应小于800mm，平开门应设高900mm的横扶把手，在门扇里侧应采用门外可紧急开启的门锁。

D. 地面应防滑、不积水。

E. 内部应设坐便器、洗手盆、多功能台、挂衣钩和呼叫按钮。

F. 坐便器应符合"无障碍厕位"的有关规定，洗手盆应符合"无障碍洗手盆"的有关规定。

G. 多功能台长度不宜小于700mm，宽度不宜小于400mm，高度宜为600mm。

H. 安全抓杆的设计应符合"抓杆"的相关的规定。

I. 挂衣钩距地高度应不大于1.20m。

J. 在坐便器旁的墙面上应设高400～500mm的救助呼叫按钮。

K. 入口处应设置无障碍标志，并应符合国际通用标志的要求。

④厕所里的其他无障碍设施。

A. 无障碍小便器下口距地面高度不应大于400mm，小便器两侧应在离墙面250mm处，设高度为1.20m的垂直安全抓杆，并在离墙面550mm处，设高度为900mm水平安全抓杆，与垂直安全抓杆连接。

B. 无障碍洗手盆的水嘴中心距侧墙应大于550mm，其底部应留出宽750mm、高650mm、深450mm供乘轮椅者膝部和足尖部的移动空间，并在洗手盆上方安装镜子，出水龙头宜采用杠杆式水龙头或感应式自动出水方式。

C. 安全抓杆应安装牢固，直径应为30～40mm，内侧距墙不应小于40mm。

D. 取纸器应设在坐便器的侧前方，高度为400～500mm。

10）公共浴室。

①公共浴室无障碍设计的规定：

A. 公共浴室的无障碍设施包括 1 个无障碍淋浴间或盆浴间以及 1 个无障碍洗手盆。

B. 公共浴室的入口和室内空间应方便乘轮椅者进入和使用，浴室内部应能保证轮椅进行回转，回转直径不小于 1.50m。

C. 无障碍浴室地面应防滑、不积水。

D. 浴间入口宜采用活动门帘，当采用平开门时，门扇应向外开启，设高 900mm 的横扶把手，在关闭的门扇里侧设高 900mm 的关门拉手，并应采用门外可紧急开启的插销。

E. 应设置一个无障碍厕位。

②无障碍淋浴间的规定：

A. 无障碍淋浴间的短边宽度不应小于 1.50m。

B. 浴间坐台高度宜为 450mm，深度不宜小于 450mm。

C. 淋浴间应设距地面高 700mm 的水平抓杆和高 1.40～1.60m 的垂直抓杆。

D. 淋浴间内淋浴喷头的控制开关高度不应大于 1200mm。

E. 毛巾架的高度不应大于 1.20m。

③无障碍盆浴间的规定：

A. 在浴盆一端设置方便进入和使用的坐台，其深度不应小于 400mm。

B. 浴盆内侧应设高 600mm 和 900mm 的两层水平抓杆，水平长度不小于 800mm；洗浴坐台一侧的墙上设高 900mm、水平长度不小于 600mm 的安全抓杆。

C. 毛巾架的高度不应大于 1.20m。

11）无障碍客房。

①无障碍客房应设在便于到达、进出和疏散的位置。

②房间内应有空间保证轮椅进行回转，回转直径不小于 1.50m。

③无障碍客房的门应符合"门"的有关规定。

④无障碍客房卫生间内应保证轮椅进行回转，回转直径不小于 1.50m，其地面、门、内部设施均应符合相关的规定。

⑤无障碍客房的其他规定：

A. 床间距离不应小于 1.20m。

B. 家具和电器控制开关的位置和高度应方便乘轮椅者靠近和使用，床的使用高度为 450mm。

C. 客房及卫生间应设高度为 450～500mm 的救助呼叫按钮。

D. 客房应设置为听力障碍者服务的闪光提示门铃。

12）无障碍住房及宿舍。

①户门及户内门开启后的净宽应符合"门"的有关规定。

②通往卧室、起居室（厅）、厨房、卫生间、储藏室及阳台的通道应为无障碍通道，并应按规定设置扶手。

③浴盆、淋浴、坐便器、洗手盆及安全抓杆等应符合相关规定。

④无障碍住房及宿舍的其他规定：

A. 单人卧室面积不应小于 7.00m²，双人卧室面积不应小于 10.50m²，兼起居室的卧室面积不应小于 16.00m²，起居室面积不应小于 14.00m²，厨房面积不应小于 6.00m²。

B. 设坐便器、洗浴器（浴盆或淋浴）、洗面盆三件卫生洁具的卫生间面积不应小于 4.00m²；设坐便器、洗浴器二件卫生洁具的卫生间面积不应小于 3.00m²；设坐便器、洗面器二件卫生洁具的卫生间面积不应小于 2.50m²；单设坐便器卫生间面积不应小于 2.00m²。

C. 供乘轮椅者使用的厨房，操作台下方净宽和高度都不应小于 650mm，深度不应小于 250mm。

D. 居室和卫生间内应设置救助呼叫按钮。

E. 家具和电器控制开关的位置和高度应方便乘轮椅者靠近和使用。

F. 供听力障碍者使用的住宅和公寓应安装闪光提示门铃。

13）轮椅席位。

①轮椅席位应设在便于到达疏散口及通道的附近，不得设在公共通道范围内。

②观众厅内通往轮椅席位的通道应不小于 1.20m。

③轮椅席位的地面应平整、防滑，在边缘处应安装栏杆或栏板。

④每个轮椅坐席的占地面积不应小于 1.10m×0.80m。

⑤在轮椅席位上观看演出和比赛的视线不应受到遮挡，但也不应遮挡他人的视线。

⑥在轮椅席位旁或在邻近的观众席内宜设置 1:1 的陪伴席位。

⑦轮椅席位处地面上应设置国际通用的无障碍标志。

14）无障碍机动车停车位。

①应将通行方便、行走距离路线最短的停车位设为无障碍机动车停车位。

②无障碍机动车停车位的地面应涂有停车线、轮椅通道线和无障碍标志。

③无障碍机动车停车位一侧，应设宽度不小于 1.20m 的通道，供乘轮椅者从轮椅通道直接进入人行道和无障碍出入口。

④无障碍机动车停车位的尽端宜设无障碍标志牌。

15）低位服务设施。

①设置低位服务设施的范围包括问询台、服务窗口、电话台、安检验证台、行李托运台、借阅台、各种业务台、饮水机等。

②低位服务设施上表面距地面高度宜为 700~850mm，其下部至少应留出宽 750mm、高 650mm、深 450mm 供乘轮椅者膝部和足尖部的移动空间。

③低位服务设施前应有轮椅回转空间，回转直径应不小于 1.50m。

④挂式电话离地不应高于 900mm。

16）无障碍标识系统、信息无障碍。

①无障碍标志的规定：

A. 无障碍标志的分类：无障碍标志分为通用的无障碍标志、无障碍设施标志牌和带指示方向的无障碍设施标志牌三大类。

B. 无障碍标志应醒目，避免遮挡。

C. 无障碍标志应纳入城市环境或建筑内部的引导标志系统，形成完整的系统，清楚地指明无障碍设施的走向及位置。

②盲文标志应符合下列规定：

A. 盲文标志可是盲文地图、盲文铭牌、盲文站牌。

B. 盲文标志的盲文必须采用国际通用的盲文表示方法。

③信息无障碍。

A. 根据需求，因地制宜设置无障碍设备和设施，使人们便捷地获取各类信息。

B. 信息无障碍设备和设施位置、设施布局应合理。

（九）停车空间

《民用建筑设计通则》（GB 50352—2005）中规定：

（1）新建、扩建的居住区应就近设置停车场（库）或将停车库附建在住宅建筑内。机动车和非机动车停车位数量应符合有关规范或当地城市规划行政主管部门的规定。

（2）新建、扩建的公共建筑应按建筑面积或使用人数，并根据当地城市规划行政主管部门的规定，在建筑物内或在同一基地内，或统筹建设的停车场（库）内设置机动车和非机动车停车车位。

（3）机动车停车场（库）产生的噪声和废气应进行处理，不得影响周围环境，其设计应符合有关规范的规定。

2.《城市居住区规划设计标准》（GB 50180—93）2002 年版规定

居住区内公共活动中心、集贸市场和人流较多的公共建筑，必须相应配建公共停车场（库），并应符合下列规定：

（1）配建公共停车场（库）的停车位控制指标，应符合表 3-29 的规定。

表 3-29　配建公共停车场（库）停车位控制指标

名称	单位	自行车（个）	机动车（个）
公共中心	车位/100m² 建筑面积	≥7.5	≥0.45
商业中心	车位/100m² 建筑面积	≥7.5	≥0.45
集贸市场	车位/100m² 建筑面积	≥7.5	≥0.30
饮食店	车位/100m² 建筑面积	≥3.6	≥0.30
医院、门诊所	车位/100m² 建筑面积	≥1.5	≥0.30

注：1. 本表机动车停车车位以小型汽车为标准当量表示。

　　2. 其他各型车辆停车位应进行换算。

（2）配建公共停车场（库）应就近设置，并宜采用地下或多层车库。

（3）由于停车场车位数是以小型汽车为标准当量确定的，其他各型车辆停车位的换算系数见表 3-30。

表 3-30　各种车辆停车位换算系数

车型	换算系数
微型客、货汽车机动三轮车	0.7
卧车、2t 以下货运汽车	1.0
中型客车、面包车、2~4t 货运汽车	2.0
铰接车	3.5

（十）无标定人数的建筑

《民用建筑设计通则》（GB 50352—2005）中规定：

（1）建筑物除有固定座位等标明使用人数外，对无标定人数的筑物应按有关设计规范或经调查分析确定合理的使用人数，并以此为基数计算安全出口的宽度。

（2）公共建筑中如为多功能用途，各种场所有可能同时开放并使用同一出口时，在水平方向应按各部分使用人数叠加计算安全疏散出口的宽度，在垂直方向应按楼层使用人数最多一层计算安全疏散出口的宽度。

三、城市规划对建筑的限定

（一）建筑基地

1.《民用建筑设计通则》（GB 50352—2005）中规定

（1）基地内建筑使用性质应符合城市规划确定的用地性质。

（2）基地应与道路红线相邻接，否则应设基地道路与道路红线所划定的城市道路相连接。基地内建筑面积小于或等于3000m²时，基地道路的宽度不应小于4.00m，基地内建筑面积大于3000m²且只有一条基地道路与城市道路相连接时，基地道路的宽度不应小于7.00m，若有两条以上基地道路与城市道路相连接时，基地道路的宽度不应小于4.00m。

（3）基地地面高程应符合下列规定：

1）基地地面高程应按城市规划确定的控制标高设计。

2）基地地面高程应与相邻基地标高协调，不妨碍相邻各方的排水。

3）基地地面最低处高程宜高于相邻城市道路最低高程，否则应有排除地面水的措施。

（4）相邻基地的关系应符合下列规定：

1）建筑物与相邻基地之间应按建筑防火等要求留出空地和道路。当建筑前后各自留有空地或道路，并符合防火规范有关规定时，则相邻基地边界两边的建筑可毗连建造。

2）本基地内建筑物和构筑物均不得影响本基地或其他用地内建筑物的日照标准和采光标准。

3）除城市规划确定的永久性空地外，紧贴基地用地红线建造的建筑物不得向相邻基地方向设洞口、门、外平开窗、阳台、挑檐、空调室外机、废气排出口及排泄雨水。

（5）基地机动车出入口位置应符合下列规定：

1）与大中城市主干道交叉口的距离，自道路红线交叉点量起不应小于70m。

2）与人行横道线、人行过街天桥、人行地道（包括引道、引桥）的最边缘线不应小于5.00m。

3）距地铁出入口、公共交通站台边缘不应小于15m。

4）距公园、学校、儿童及残疾人使用建筑的出入口不应小于20m。

5）当基地道路坡度大于8%时，应设缓冲段与城市道路连接。

6）与立体交叉口的距离或其他特殊情况，应符合当地城市规划行政主管部门的规定。

（6）大型、特大型的文化娱乐、商业服务、体育、交通等人员密集建筑的基地应符合下列规定：

1）基地应至少有一面直接临接城市道路，该城市道路应有足够的宽度，以减少人员疏散时对城市正常交通的影响。

2）基地沿城市道路的长度应按建筑规模或疏散人数确定，并至少不小于基地周长的1/6。

3）基地应至少有两个或两个以上不同方向通向城市道路的（包括以基地道路连接的）出口。

4）基地或建筑物的主要出入口，不得和快速道路直接连接，也不得直对城市主要干道的交叉口。

5）建筑物主要出入口前应有供人员集散用的空地，其面积和长宽尺寸应根据使用性质和人数确定。

6）绿化和停车场布置不应影响集散空地的使用，并不宜设置围墙、大门等障碍物。

2.《城市居住区规划设计规范》（GB 50180—93）2002年版规定

（1）居住区的规划布局，应综合考虑周边环境、路网结构、公建与住宅布局、群体组合、绿地系统及空间环境等的内在联系，构成一个完善的、相对独立的有机整体，并应遵循下列原则：

1）方便居民生活，有利安全防卫和物业管理。

2）组织与居住人口规模相对应的公共活动中心，方便经营、使用和社会化服务。

3）合理组织人流、车流和车辆停放，创造安全、安静、方便的居住环境。

（2）居住区的空间与环境设计，应遵循下列原则：

1）建筑应体现地方风格、突出个性，群体建筑与空间层次应在协调中求变化。

2）合理设置公共服务设施，避免烟、气（味）、尘及噪声对居民的污染和干扰。

3）精心设置建筑小品，丰富与美化环境。

4）注重景观和空间的完整性，市政公用站点等宜与住宅或公建结合安排；供电、电讯、路灯等管线宜地下埋设。

5）公共活动空间的环境设计，应处理好建筑、道路、广场、院落、绿地和建筑小品之间及其与人的活动之间的相互关系。

（3）便于寻访、识别和街道命名。

（4）在重点文物保护单位和历史文化保护区范围内进行住宅建设，其规划设计必须遵循保护规划的指导；居住区内的各级文物保护单位和古树名木必须依法予以保护；在文物保护单位的建设控制地带内的新建建筑物和构筑物，不得破坏文物保护单位的环境风貌。

（二）建筑突出物

《民用建筑设计通则》（GB 50352—2005）中规定

（1）建筑物及附属设施不得突出道路红线和用地红线建造，不得突出的建筑突出物。

1）地下建筑物及附属设施，包括结构挡土桩、挡土墙、地下室、地下室底板及其基础、化粪池等。

2）地上建筑物及附属设施，包括门廊、连廊、阳台、室外楼梯、台阶、坡道、花池、围墙、平台、散水明沟、地下室进排风口、地下室出入口、集水井、采光井等。

3）除基地内连接城市的管线、隧道、天桥等市政公共设施外的其他设施。

（2）经当地城市规划行政主管部门批准，允许突出道路红线的建筑突出物应符合下列规定：

1）在有人行道的路面上空。

①2.50m以上允许突出建筑构件：凸窗、窗扇、窗罩、空调机位，突出的深度不应大于0.50m。

②2.50m以上允许突出活动遮阳，突出宽度不应大于人行道宽度减1.00m，并不应大于3.00m。

③3m以上允许突出雨篷、挑檐，突出的深度不应大于2.00m。

④5m以上允许突出雨篷、挑檐，突出的深度不宜大于3.00m。

2）在无人行道的路面上空：4m以上允许突出建筑构件：窗罩，空调机位，突出深度不应大于0.50m。

3）建筑突出物与建筑本身应牢固地结合。

4）建筑物和建筑突出物均不得向道路上空直接排泄雨水、空调冷凝水及从其他设施排出的废水。

（3）当地城市规划行政主管部门在用地红线范围内另行划定建筑控制线时，建筑物的基底不应超出建筑控制线，突出建筑控制线的建筑突出物和附属设施应符合当地城市规划的要求。

（4）属于公益上有需要而不影响交通及消防安全的建筑物、构筑物，包括公共电话亭、公共交通候车亭、治安岗等公共设施及临时性建筑物和构筑物，经当地城市规划行政主管部门的批准可突入道路红线建造。

（5）骑楼、过街楼和沿道路红线的悬挑建筑建造不应影响交通及消防的安全；在有顶盖的公共空间下不应设置直接排气的空调机、排气扇等设施或排出有害气体的通风系统。

（三）建筑高度控制

《民用建筑设计通则》（GB 50352—2005）中规定：

（1）建筑高度不应危害公共空间安全、卫生和景观，下列地区应实行建筑高度控制：

1）对建筑高度有特别要求的地区，应按城市规划要求控制建筑高度。

2）沿城市道路的建筑物，应根据道路的宽度控制建筑裙楼和主体塔楼的高度。

3）机场、电台、电信、微波通信、气象台、卫星地面站、军事要塞工程等周围的建筑，当其处在各种技术作业控制区范围内时，应按净空要求控制建筑高度。

4）当建筑处在国家或地方公布的各级历史文化名城、历史文化保护区、文物保护单位和风景名胜区等规划区内时，应按国家或地方制定的保护规划和有关条例控制高度。

注：建筑高度控制尚应符合当地城市规划行政主管部门和有关专业部门的规定。

（2）建筑高度控制的计算应符合下列规定：

1）机场、电台、电信、微波通信、气象台、卫星地面站、军事要塞工程等控制区内建筑高度和处在国家或地方公布的各级历史文化名城、历史文化保护区、文物保护单位和风景名胜区等规划区内的建筑高度，应按建筑物室外地面至建筑物和构筑物最高点的高度计算。

2）非上述地区内的建筑高度：平屋顶应按建筑物室外地面至其屋面面层或女儿墙顶点的高度计算；坡屋顶应按建筑物室外地面至屋檐和屋脊的平均高度计算；下列突出物不计入建筑高度内：

①局部突出屋面的楼梯间、电梯机房、水箱间等辅助用房占屋顶平面面积不超过 1/4 者。

②突出屋面的通风道、烟囱、装饰构件、花架、通信设施等。

③空调冷却塔等设备。

（四）建筑密度、容积率和绿地率

1. 《民用建筑设计通则》（GB 50352—2005）中规定

（1）建筑设计应符合法定规划控制的建筑密度、容积率和绿地率的要求。

（2）当建设单位在建筑设计中为城市提供永久性的建筑开放空间，无条件地为公众使用时，该用地的既定建筑密度和容积率可给予适当提高，且应符合当地城市规划行政主管部门有关规定。

2. 《城市居住区规划设计规范》（GB 50180—93）2002 年版中规定

（1）住宅密度。

①住宅建筑净密度的最大值，不应超过表 3-31 的规定。

表 3-31　住宅建筑净密度控制指标　　　　　　　　　　　　　　　　　　（％）

住宅层数	建筑气候区划		
	Ⅰ、Ⅱ、Ⅵ、Ⅶ	Ⅲ、Ⅴ	Ⅳ
底层	35	40	43
多层	28	30	32
中高层	25	28	30
高层	20	20	22

注：混合层取两者的指标值作为控制指标的上、下限值。

②住宅建筑面积净密度的最大值，不宜超过表 3-32 的规定。

表 3-32　住宅建筑面积净密度控制指标　　　　　　　　　　　　　（万 m^2/hm^2）

住宅层数	建筑气候区划		
	Ⅰ、Ⅱ、Ⅵ、Ⅶ	Ⅲ、Ⅴ	Ⅳ
底层	1.10	1.20	1.30
多层	1.70	1.80	1.90
中高层	2.00	2.20	2.40
高层	3.50	3.50	3.50

注：1. 混合层取两者的指标值作为控制指标的上、下限值。
　　2. 本表不计入地下层面积。

（2）绿地率。

新区建设不应低于 30%；旧区改造不宜低于 25%。

3. 《图书馆建筑设计规范》（JGJ 38—99）中规定

馆区内应根据馆的性质和所在地点做好绿化设计。绿化率不宜小于 30%。

四、场地设计

（一）建筑布局与空间环境

1.《民用建筑设计通则》（GB 50352—2005）中规定

（1）民用建筑应根据城市规划条件和任务要求，按照建筑与环境关系的原则，对建筑布局、道路、竖向、绿化及工程管线等进行综合性的场地设计。

（2）建筑布局应符合下列规定：

1）建筑间距应符合防火规范要求。

2）建筑间距应满足建筑用房天然采光（见本书第十一部分采光）的要求，并应防止视线干扰。

3）有日照要求的建筑应符合建筑日照标准的要求，并应执行当地城市规划行政主管部门制定的相应的建筑间距的规定。

4）对有地震等自然灾害地区，建筑布局应符合有关安全标准的规定。

5）建筑布局应使建筑基地内的人流、车流与物流合理分流，防止干扰，并有利于消防、停车和人员集散。

6）建筑布局应根据地域气候特征，防止和抵御寒冷、暑热、疾风、暴雨、积雪和沙尘等灾害侵袭，并应利用自然气流组织好通风，防止不良小气候产生。

7）根据噪声源的位置、方向和强度，应在建筑功能分区、道路布置、建筑朝向、距离以及地形、绿化和建筑物的屏障作用等方面采取综合措施，以防止或减少环境噪声。

8）建筑物与各种污染源的卫生距离，应符合有关卫生标准的规定。

（3）建筑日照标准应符合下列要求：

1）每套住宅至少应有一个居住空间获得日照，该日照标准应符合现行国家标准《城市居住区规划设计规范》（GB 50180）2002 年版的有关规定。

2）宿舍半数以上的居室，应能获得同住宅居住空间相等的日照标准。

3）托儿所、幼儿园的主要生活用房，应能获得冬至日不小 3h 的日照标准。

4）老年人住宅、残疾人住宅的卧室、起居室，医院、疗养院半数以上的病房和疗养室，中小学半数以上的教室应能获得冬至日不小于 2h 的日照标准。

2.《城市居住区规划设计规范》（GB 50180—93）2002 年版中规定

（1）居住区的规划布局，应综合考虑路网结构、公建与住宅布局、群体组合、绿地系统及空间环境等的内在联系，构成一个完善的、相对独立的有机整体，并应遵循下列原则：

1）方便居民生活，有利组织管理。

2）组织与居住人口规模相对应的公共活动中心，方便经营、使用和社会化服务。

3）合理组织人流、车流，有利安全防卫。

4）构思新颖，体现地方特色。

（2）居住区的空间与环境设计，应遵循下列原则：

1）建筑应体现地方风格、突出个性，群体建筑与空间层次应在协调中求变化。

2）合理设置公共服务设施，避免烟、气（味）、尘及噪声对居民的污染和干扰。

3）精心设置建筑小品，丰富与美化环境。

4）注重景观和空间的完整性，市政公用站点、停车库等小建筑宜与住宅或公建结合安排；供电、电讯、路灯等管线宜地下埋设。

5）公共活动空间的环境设计，应处理好建筑、道路、广场、院落、绿地和建筑小品之间及其与人的活动之间的相互关系。

（3）住宅正面间距

住宅正面间距应以满足日照要求为基础，综合考虑采光、通风、防灾、管线埋设、视觉卫生等要求确定。

1）住宅日照标准应符合表3-33的规定。

表3-33　住宅建筑日照标准

建筑气候区划	I、II、III、VII类气候区		IV类气候区		V、VI类气候区
	大城市	中小城市	大城市	中小城市	
日照标准日	大寒日				冬至日
日照时数（h）	≥2		≥3		≥1
有效日照时间带（h）	8～16				9～15
日照时间计算起点	底层窗台面				

注：1. 建筑气候区划中：

I类气候区有沈阳、长春、哈尔滨、张家口等城市。

II类气候区有北京、天津、石家庄、郑州、西安、济南、兰州、银川、太原、丹东等城市。

III类气候区有合肥、南京、杭州、上海、桂林、成都、重庆等城市。

IV类气候区有南宁、广州、海南、福州、台北等城市。

V类气候区有昆明、西昌、贵阳等城市。

VI类气候区有拉萨、西宁等城市。

VII类气候区有乌鲁木齐、和田、二连浩特等城市。

2. 底层窗台面是指距室内地坪0.90m高的外墙位置。

2）对于特定的建筑物和特殊情况还应符合下列规定：

①老年人居住建筑不应低于冬至日日照2h的标准。

②在原设计建筑外增加设施不应使相邻住宅原有日照标准降低。

③旧区改建的项目内新建住宅日照标准可酌情降低，但不应低于大寒日日照1h的标准。

3）住宅正面间距系数

住宅正面间距可按日照标准确定不同方位的日照间距系数控制，见表3-34。

表3-34　住宅正面间距系数

方位	0°～15°（含）	15°～30°（含）	30°～45°（含）	45°～60°（含）	>60°
折减值	1.00L	0.90L	0.80L	0.90L	0.95L

注：1. 表中方位为正南向（0°）偏东、偏西的方位角。

2. L为当地正南向住宅的标准日照间距（m）。

3. 本表指标仅适用于无其他日照遮挡的平行布置条式住宅之间。

（4）住宅侧面间距

1）条式住宅：多层之间不宜小于6.00m；高层与各种层数之间不宜小于13m。

2）高层塔式住宅、多层和中高层点式住宅与侧面有窗的各种层数住宅之间应考虑视觉卫生因素，适当加大间距。

（5）住宅布置

1）选用环境条件优越的地段布置住宅，其布置应合理紧凑。

2）面街布置的住宅，其出入口应避免直接开向城市道路和居住区级道路。

3）在I、II、IV、VII建筑气候区，主要应利用住宅冬季的日照、防寒、保温与防风沙的侵袭；在III、IV建筑气候区主要应考虑夏季防热和组织自然通风、道风入室的要求。

4）在丘陵和山区，除考虑住宅布置和主导风向的关系外，尚应重视因地形变化而产生的地方风对住宅建筑防寒、保温或自然通风的影响。

5）老年人居住建筑宜靠近相关服务设施和公共绿地。

3. 《住宅设计规范》（GB 50096—2011）中指出

（1）每套住宅至少应有一个居住空间能获得冬季日照。

（2）确定为获得冬季日照的居住空间的窗洞开口宽度不应小于0.60m。

4.《住宅建筑规范》（GB 50368—2005）中指出

住宅应充分利用外部环境提供的日照条件，每套住宅至少应有一个居住空间能获得冬季日照。

5.《老年人居住建筑设计标准》（GB/T 50340—2003）中指出

老年人居住空间应布置在采光通风好的地段，应保证主要居室有良好的朝向，冬至日满窗日照不宜小于2h。

6.《托儿所、幼儿园设计规范》（JGJ 39—87）中指出

托儿所、幼儿园的生活用房应布置在当地最好的日照方位，并满足冬至日满窗日照不少于3h的要求，温暖地区、炎热地区的生活用房应避免朝西，否则应设遮阳设施。

（二）道路

1.《民用建筑设计通则》（GB 50352—2005）中规定

（1）建筑基地内道路应符合下列规定：

1）基地内应设道路与城市道路相连接，其连接处的车行路面应设限速设施，道路应能通达建筑物的安全出口。

2）沿街建筑应设连通街道和内院的人行通道（可利用楼梯间），其间距不宜大于80m。

3）道路改变方向时，路边绿化及建筑物不应影响行车有效视距。

4）基地内设地下停车场时，车辆出入口应设有效显示标志；标志设置高度不应影响人、车通行。

5）基地内车流量较大时应设人行道路。

（2）建筑基地道路宽度应符合下列规定：

1）单车道路宽度不应小于4.00m，双车道路不应小于7.00m。

2）人行道路宽度不应小于1.50m。

3）利用道路边设停车位时，不应影响有效通行宽度。

4）车行道路改变方向时，应满足车辆最小转弯半径要求；消防车道路应按消防车最小转弯半径要求设置。

注：1.《汽车库建筑设计规范》（JGJ 100—98）中指出汽车的最小半径为：

微型车：4.50m；小型车：6.00m；轻型车：6.50～8.00m；中型车：8.00～10.00m；大型车：10.50～12.00m；铰接车：10.50～12.50m。

2.《高层民用建筑设计防火规范》（GB 50045—95）2005年版指出：尽头式消防车道应设回车道或回车场，回车场不应小于15.00m×15.00m。大型消防车的回车场不宜小于18.00m×18.00m。

（3）道路与建筑物间距应符合下列规定：

1）基地内设有室外消火栓时，车行道路与建筑物的间距应符合防火规范的有关规定。

2）基地内道路边缘至建筑物、构筑物的最小距离应符合现行国家标准《城市居住区规划设计规范》（GB 50180—93）2002年版的有关规定。

3）基地内不宜设高架车行道路，当设置高架人行道路与建筑平行时应有保护私密性的视距和防噪声的要求。

（4）建筑基地内地下车库的出入口设置应符合下列要求：

1）地下车库出入口距基地道路的交叉路口或高架路的起坡点不应小于7.50m。

2）地下车库出入口与道路垂直时，出入口与道路红线应保持不小于7.50m安全距离。

3）地下车库出入口与道路平行时，应经不小于7.50m长的缓冲车道汇入基地道路。

2.《城市居住区规划设计规范》（GB 50180—93）2002年版中指出

（1）居住区的道路规划，应遵循下列原则：

1）根据地形、气候、用地规模和用地四周的环境条件、城市道路系统以及居民的出行方式，应选择经济、便捷的道路系统和道路断面形式。

2）小区内应避免过境车辆的穿行、道路通而不畅、避免往返迂回，并适于消防车、救护车、商店货车和垃圾车等的通行。

3）有利于居住区内各类用地的划分和有机联系，以及建筑物布置的多样化。

4）当公共交通线路引入居住区级道路时，应减少交通噪声对居民的干扰。

5）在地震烈度不低于6度的地区，应考虑防灾救灾要求。

6）满足居住区的日照通风和地下工程管线的埋设要求。

7）城市旧区改建，其道路系统应充分考虑原有道路特点，保留和利用有历史文化价值的街道。

8）应便于居民汽车的通行，同时保证人、骑车人的安全便利。

（2）居住区内道路可分为：居住区道路、小区路、组团路和宅间小路四级。其道路宽度，应符合下列规定：

1）居住区道路：红线宽度不宜小于20m。

2）小区路：路面宽6~9m，建筑控制线之间的宽度，需敷设供热管线的不宜小于14m；无供热管线的不宜小于10m。

3）组团路：路面宽3.00~5.00m；建筑控制线之间的宽度，需敷设供热管线的不宜小于10m；无供热管线的不宜小于8.00m。

4）宅间小路；路面宽不宜小于2.50m。

5）在多雪地区，应考虑堆积清扫道路积雪的面积，道路宽度可酌情放宽，但应符合当地城市规划行政主管部门的有关规定。

（3）居住区内道路的纵向坡度：

1）居住区内道路纵向坡度控制指标应符合表3-35的规定。

表3-35　居住区内道路纵向坡度的控制指标　　　　　　　　　　　　（%）

道路类别	最小纵向坡度	最大纵向坡度	多雪严寒地区最大纵向坡度
机动车道	≥0.2	≤8.0 $L\leq200m$	≤5.0 $L\leq600m$
非机动车道	≥0.2	≤3.0 $L\leq50m$	≤2.0 $L\leq100m$
步行道	≥0.2	≤8.0	≤4.0

注：L为坡长。

2）机动车与非机动车混行的道路，其纵向坡度宜按非机动车道要求，或分段按非机动车道要求控制。

（4）山区和丘陵地区的道路系统规划设计，应遵循下列原则：

1）车行与人行宜分开设置自成系统。

2）路网格式应因地制宜。

3）主要道路宜平缓。

4）路面可酌情缩窄，但应安排必要的排水边沟和会车位，并应符合当地城市规划行政主管部门的有关规定。

（5）居住区内道路设置，应符合下列规定：

1）小区内主要道路至少应有两个出入口；居住区内主要道路至少应有两个方向与外围道路相连；机动车道对外出入口间距不应小于150m。沿街建筑物长度超过150m时，应设不小于4m×4m消防车通道。人行出口间距不宜超过80m，当建筑物长度超过80m时，应在底层加设人行通道。

2）居住区内道路与城市道路相接时，其交角不宜小于75°；当居住区内道路坡度较大时，应设缓冲段与城市道路相接。

3）进入组团的道路，既应方便居民出行和利于消防车、救护车的通行，又应维护院落的完整性和利于治安保卫。

4）在居住区内公共活动中心，应设置为残疾人通行的无障碍通道。通行轮椅车的坡道宽度不应小于2.50m，纵向坡度不应大于2.5%。

5）居住区内尽端式道路的长度不宜大于120m，并应在尽端设不小于12m×12m的回车场地。

6）当居住区内用地坡度大于8%时，应辅以梯步解决竖向交通，并宜在梯步旁附设推行自行车的坡道。

7）在多雪严寒的山坡地区，居住区内道路路面应考虑防滑措施；在地震设防地区，居住区内的主要道路，宜采用柔性路面。

8）居住区内道路边缘至建筑物、构筑物的最小距离，应符合表3-36的规定。

表3-36　道路边缘至建筑物、构筑物最小距离　（m）

与建筑物、构筑物关系		道路级别	居住区道路	小区路	组团路及宅间小路
建筑物面向道路	无出入口	高层	5.0	3.0	2.0
		多层	3.0	3.0	2.0
	有出入口		—	5.0	2.5
建筑物山墙面向道路		高层	4.0	2.0	1.5
		多层	2.0	2.0	1.5
围墙面向道路			1.5	1.5	1.5

注：1. 居住区道路的边缘指红线。

　　2. 小区路、组团路及宅间小路的边缘指路面边线。当小区路设有人行便道时，其道路边缘指便道边线。

（6）居住区内必需配套设置居民汽车（含通勤车）停车场、停车库，并应符合下列规定：

1）居民汽车停车率不应小于10%。

2）居住区内地面停车率（居住区内居民汽车的停车位数量与居住户数的比率）不宜超过10%。

3）居民停车场、库的布置应方便居民使用，服务半径不宜大于150m。

4）居民停车场、库的布置应留有必要的发展余地。

3.《中小学校设计规范》（GB 50099—2011）中规定

中小学校校园内的道路及广场、停车场用地应包括消防车道、机动车道、步行道、无顶盖且无植被或植被不达标的广场及地面停车场。用地面积的计量范围应界定至路面或广场、停车场的外缘。校门外的缓冲场地在学校用地红线以内的面积应计量为学校的道路及广场、停车场用地。

（三）竖向

1.《民用建筑设计通则》（GB 50352—2005）中规定

（1）建筑基地地面和道路坡度应符合下列规定：

1）基地地面坡度不应小于0.2%，地面坡度大于8%时宜分成台地，台地连接处应设挡墙或护坡。

2）基地机动车道的纵坡不应小于0.2%，亦不应大于8%，其坡长不应大于200m，在个别路段可不大于11%，其坡长不应大于80m；在多雪严寒地区不应大于5%，其坡长不应大于600m；横坡应为1%~2%。

3）基地非机动车道的纵坡不应小于0.2%，亦不应大于3%，其坡长不应大于50m；在多雪严寒地区不应大于2%，其坡长不应大于100m；横坡应为1%~2%。

4）基地步行道的纵坡不应小于0.2%，亦不应大于8%，多雪严寒地区不应大于4%，横坡应为1%~2%。

5）基地内人流活动的主要地段，应设置无障碍人行道。

注：山地和丘陵地区竖向设计尚应符合有关规范的规定。

（2）建筑基地地面排水应符合下列规定：

1）基地内应有排除地面及路面雨水至城市排水系统的措施，排水方式应根据城市规划的要求确定，有条件的地区应采取雨水回收利用措施。

2）采用车行道排泄地面雨水时，雨水口形式及数量应根据汇水面积、流量、道路纵坡长度等确定。

3）单侧排水的道路及低洼易积水的地段，应采取排雨水时不影响交通和路面清洁的措施。

（3）建筑物底层出入口处应采取措施防止室外地面雨水回流。

2.《城市居住区规划设计规范》（GB 50180—93）2002 年版中指出

（1）居住区的竖向规划，应包括地形地貌的利用、确定道路控制高程和地面排水规划等内容。

（2）居住区竖向规划设计，应遵循下列原则：

1）合理利用地形地貌，减少土方工程量。

2）各种场地的适用坡度，应符合表 3-37 的规定。

表 3-37　各种场地的适用坡度　（%）

场地名称	使用坡度
密实性地面和广场	0.3 ~ 3.0
广场兼停车场	0.2 ~ 0.5
室外场地-儿童游戏场	0.2 ~ 2.5
室外场地-运动场	0.2 ~ 0.5
室外场地-杂用场地	0.3 ~ 2.9
绿地	0.5 ~ 1.0
湿陷性黄土地面	0.5 ~ 7.0

3）满足排水管线的埋设要求。

4）避免土壤受冲刷。

5）有利于建筑布置与空间环境的设计。

6）对外联系道路的高程应与城市道路标高相衔接。

（3）当自然地形坡度大于 8%，居住区地面连接形式宜选用台地式，台地之间应用挡土墙或护坡连接。

（4）居住区内地面水的排水系统，应根据地形特点设计。在山区和丘陵地区还必须考虑排洪要求。地面水排水方式的选择，应符合以下规定：

1）居住区内应采用暗沟（管）排除地面水。

2）在埋设地下暗沟（管）极不经济的陡坎、岩石地段，或在山坡冲刷严重、管沟易堵塞的地段，可采用明沟排水。

（四）绿化

1.《民用建筑设计通则》（GB 50352—2005）中规定

建筑工程项目应包括绿化工程，其设计应符合下列要求：

（1）宜采用包括垂直绿化和屋顶绿化等在内的全方位绿化；绿地面积的指标应符合有关规范或当地城市规划行政主管部门的规定。

（2）绿化的配置和布置方式应根据城市气候、土壤和环境功能等条件确定。

（3）绿化与建筑物、构筑物、道路和管线之间的距离，应符合有关规范规定。

（4）应保护自然生态环境，并应对古树名木采取保护措施。

（5）应防止树木根系对地下管线缠绕及对地下建筑防水层的破坏。

2.《城市居住区规划设计规范》（GB 50180—93）2002 年版中规定

（1）居住区内绿地，应包括公共绿地、宅旁绿地、配套公建所属绿地和道路绿地，其中包括了满足当地植树绿化覆土要求、方便居民出入的地下或半地下建筑的屋顶绿地。

（2）居住区内绿地应符合下列规定：

1）一切可绿化的用地均应绿化，并应发展垂直绿化。

2）宅间绿地应精心规划与设计，宅间绿地面积的计算应符合下列规定：

①宅旁（宅间）绿地面积计算的起止界为：绿地边界对宅间路、组团路和小区路算到路边，当小区路设有人行便道时算至便道边，沿居住区路、城市道路则算至红线；距房屋墙脚 1.50m；对其他围墙、院墙算至墙脚。

②道路绿地面积计算，以道路红线内规划的绿地面积为准进行计算。

③院落式组团绿地面积计算起止界为：绿地边界距宅间路、组团路和小区路路边 1.00m；当小区路设有人行便道时，算到人行便道边；临城市道路、居住区级道路时算至道路红线；距房屋墙脚 1.50m。

④开敞型院落组团绿地应至少有一个面面向小区路，或向建筑控制线宽度不小于 10m 的组团级主路敞开。

⑤其他块状、带状公共绿地面积计算的起止界同院落式组团绿地。沿居住区（级）道路、城市道路的公共绿地算到红线。

（3）居住区内的绿地规划，应根据居住区的规划布局形式、环境特点及用地的具体条件，采用集中与分散相结合，点、线、面相结合的绿地系统。并宜保留和利用规划范围内的已有树木和绿地。

（4）居住区内的公共绿地，应根据居住区不同的规划布局形式设置相应的中心绿地，以及老年人、儿童活动场地和其他块状、带状公共绿地等应符合以下规定：

1）中心绿地的设置应符合表 3-38 的规定。

表 3-38　各级中心绿地设置规定

中心绿地内容	设置内容	要求	最小规模（hm²）
居住区公园	花木草坪、花坛水面、凉亭雕塑、小卖茶座、老幼设施、停车场地和铺装地面等	园内布局应有明确的功能划分	1.00
小游园	花木草坪、花坛水面、雕塑、儿童设施和铺装地面等	园内布局应有一定的功能划分	0.40
组团绿地	花木草坪、桌椅、简易儿童设施等	灵活布局	0.04

注：表内"设置内容"可视具体条件选用

2）至少应有一个边与相应级别的道路相邻。

3）绿化面积（含水面）不宜小于 70%。

4）便于居民休憩、散步和交往之用，宜采用开敞式，以绿篱或其他通透式院墙栏杆做分隔。

5）组团绿地的设置应满足有不少于 1/3 的绿地面积在标准的建筑日照阴影线范围之外的要求，并便于设置儿童游戏设施和适于成人游憩活动。其中院落式组团绿地的设置还应同时满足表 3-39 中各项要求，其面积计算起止界应符合综合技术经济指标的有关规定。

表3-39 院落式组团绿地设置规定

封闭型绿地		开敞型绿地	
南侧多层楼	南侧高层楼	南侧多层楼	南侧高层楼
$L \geqslant 1.5L_2$	$L \geqslant 1.5L_2$	$L \geqslant 1.5L_2$	$L \geqslant 1.5L_2$
$L \geqslant 30m$	$L \geqslant 50m$	$L \geqslant 30m$	$L \geqslant 50m$
$S_1 \geqslant 800m^2$	$S_1 \geqslant 1800m^2$	$S_1 \geqslant 500m^2$	$S_1 \geqslant 1200m^2$
$S_2 \geqslant 1000m^2$	$S_2 \geqslant 2000m^2$	$S_2 \geqslant 600m^2$	$S_2 \geqslant 1400m^2$

注：1. L_1——南北两楼正面间距（m）；

L_2——当地住宅的标准日照间距（m）；

S_1——北侧为多层楼的组团绿地面积（m^2）；

S_2——北侧为高层楼的组团绿地面积（m^2）。

2. 开敞型院落式组团绿地应符合第13部分的有关规定。

6）其他块状、带状公共绿地应同时满足宽度不小于8m、面积不小于400m^2和满足日照环境要求。

7）公共绿地的位置和规模，应根据规划用地周围的城市级公共绿地的布局综合确定。

（5）居住区内公共绿地的总指标，应根据居住人口规模分别达到：组团不少于0.50m^2/人，小区（含组团）不少于1.00m^2/人，居住区（含小区与组团）不少于1.50m^2/人，并应根据居住区规划布局形式统一安排、灵活使用。

旧区改建可酌情降低，但不得低于相应指标的70%。

3. 《中小学校设计规范》（GB 50099—2011）中规定

中小学校的绿化用地宜包括集中绿地、零星绿地、水面和供教学实验的种植园及小动物饲养园。

（1）中小学校应设置集中绿地。集中绿地的宽度不应小于8m。

（2）集中绿地、零星绿地、水面、种植园、小动物饲养园的用地应按各自的外缘围合的面积计算。

（3）各种绿地的步行甬路应计入绿化面积。

（4）铺栽植被达标的绿地停车场用地应计入绿化用地。

（5）未铺栽植被或铺栽植被不达标的体育场地不宜计入绿化用地。

（五）工程管线布置

1. 《民用建筑设计通则》（GB 50352—2005）中规定

（1）工程管线宜在地下敷设；在地上架空敷设的工程管线及工程管线在地上设置的设施，必须满足消防车辆通行的要求，不得妨碍普通车辆、行人的正常活动，并应防止对建筑物、景观的影响。

（2）与市政管网衔接的工程管线，其平面位置和竖向标高均应采用城市统一的坐标系统和高程系统。

（3）工程管线的敷设不应影响建筑物的安全，并应防止工程管线受腐蚀、沉陷、振动、荷载等影响而损坏。

（4）工程管线应根据其不同特性和要求综合布置。对安全、卫生、防干扰等有影响的工程管线不应共沟或靠近敷设。利用综合管沟敷设的工程管线若互有干扰的应设置在综合管沟的不同沟（室）内。

（5）地下工程管线的走向宜与道路或建筑主体相平行或垂直。工程管线应从建筑物向道路方向由浅至深敷设。工程管线布置应短捷，减少转弯。管线与管线、管线与道路应减少交叉。

（6）与道路平行的工程管线不宜设于车行道下，当确有需要时，可将埋深较大、翻修较少的工程管线布置在车行道下。

（7）工程管线之间的水平、垂直净距及埋深，工程管线与建筑物、构筑物、绿化树种之间的水平净距应符合有关规范的规定。

（8）7度以上地震区、多年冻土区、严寒地区、湿陷性黄土地区及膨胀土地区的室外工程管线，应符合有关规范的规定。

（9）工程管线的检查井井盖宜有锁闭装置。

2.《城市居住区规划设计规范》（GB 50180—93）2002年版中指出

（1）居住区内应设置给水、污水、雨水和电力管线。在采用集中供热居住区内还应设置供热管线。同时还应考虑燃气、通讯、电视公用天线、闭路电视、智能化等管线的设置或预留埋设位置。

（2）居住区内各类管线的设置，应编制管线综合规划确定，并应符合下列规定：

1）必须与城市管线衔接。

2）应根据各类管线的不同特性和设置要求综合布置。各类管线相互间的水平与垂直净距，宜符合表3-40和表3-41的规定。

表3-40 各种地下管线之间的最小水平净距 （m）

管线名称		给水管	排水管	燃气管*			热力管	电力电缆	电信电缆	电信管道
				低压	中压	高压				
排水管		1.5	1.5	—	—	—	—	—	—	—
燃气管*	低压	0.5	1.0	—	—	—	—	—	—	—
	中压	1.0	1.5	—	—	—	—	—	—	—
	高压	1.5	2.0	—	—	—	—	—	—	—
热力管		1.5	1.5	1.0	1.5	2.0	—	—	—	—
电力电缆		0.5	0.5	0.5	1.0	1.5	2.0	—	—	—
电信电缆		1.0	1.0	0.5	1.0	1.5	1.0	0.5	—	—
电信管道		1.0	1.0	1.0	1.0	2.0	1.0	1.2	0.2	—

注：1. 表中给水管与排水管之间的净距适用于管径小于或等于200mm，当管径大于200mm时应大于或等于3.0m。

2. 大于或等于10kV的电力电缆与其他任何电力电缆之间应大于或等于0.25m，如加套管，净距可减至0.1m；小于10kV电力电缆之间应大于或等于0.1m。

* 低压煤气管的压力为小于或等于0.005MPa，中压为0.005～0.3MPa，高压为0.3～0.8MPa。

表3-41 各种地下管线之间最小垂直净距 （m）

管线名称	给水管	排水管	燃气管	热力管	电力电缆	电信电缆	电信管道
给水管	0.15	—	—	—	—	—	—
排水管	0.40	0.15	—	—	—	—	—
燃气管	0.15	0.15	0.15	—	—	—	—
热力管	0.15	0.15	0.15	0.15	—	—	—
电力电缆	0.15	0.50	0.50	0.50	0.50	—	—
电信电缆	0.20	0.50	0.50	0.15	0.50	0.25	0.25
电信管道	0.10	0.15	0.15	0.15	0.50	0.25	0.25
明沟沟底	0.50	0.50	0.50	0.50	0.50	0.50	0.50
涵洞基底	0.15	0.15	0.15	0.15	0.50	0.20	0.25
铁路轨底	1.00	1.20	1.00	1.20	1.00	1.00	1.00

（3）宜采用地下敷设的方式。地下管线的走向，宜沿道路或与主体建筑平行布置，并力求线型顺直、短捷和适当集中，尽量减少转弯，并应使管线之间及管线与道路之间尽量减少交叉。

（4）应考虑不影响建筑物安全和防止管线受腐蚀、沉陷、振动及重压。各种管线与建筑物和构筑物之间的最小水平间距，应符合表3-42的规定。

表 3-42　各种管线与建筑物、构筑物之间的最小水平间距　　　　　　　　　（m）

管线名称		建筑物基础	地上杆柱（中心）			铁路（中心）	城市道路侧石边缘	公路边缘
			通信、照明 <10kV	≤35kV	>35kV			
给水管		3.00	0.50	3.00	3.00	5.00	1.50	1.00
排水管		2.50	0.50	1.50	1.50	5.00	1.50	1.00
燃气管	低压	1.20	1.00	1.00	5.00	3.75	1.50	1.00
	中压	2.00	1.00	1.00	5.00	3.75	1.50	1.00
	高压	4.00	1.00	1.00	5.00	5.00	2.50	1.00
	直埋2.5m	1.00	1.00	2.00	3.00	3.75	1.50	1.00
	地沟0.5m	1.00	1.00	2.00	3.00	3.75	1.50	1.00
电力电缆		0.60	0.60	0.60	0.60	3.75	1.50	1.00
电信电缆		0.60	0.60	0.60	0.60	3.75	1.50	1.00
电信管道		1.00	1.00	1.00	1.00	3.75	1.50	1.00

注：1. 表中给水管与城市道路侧石边缘的水平间距 1.00m 是适用于管径小于或等于 200mm，当管径大于 200mm 时应大于或等于 1.50m。

2. 表中给水管与侧墙或篱笆的水平间距 1.50m 是适用于管径小于或等于 200mm，当管径大于 200mm 时应大于或等于 2.50m。

3. 排水管与建筑物基础的水平间距，当埋深浅于建筑物基础时应大于或等于 2.50m。

4. 表中热力管与建筑物基础的最小水平间距对于管沟敷设的热力管道为 0.50m，对于直埋闭式热力管道管径小于或等于 250mm 时为 2.50m，管径小于或等于 300mm 时为 3.00m，对于直埋开式热力管道为 5.00m。

（5）各种管线的埋设顺序应符合下列规定：

1）离建筑物的水平排序，由近及远宜为：电子管线或电信管线、燃气管、热力管、给水管、雨水管、污水管。

2）各类管线的垂直排序，由浅入深宜为：电信管线、热力管、小于 10kV 电力电缆、大于 10kV 电力电缆、燃气管、给水管、雨水管、污水管。

（6）电力电缆与电信管、缆宜远离，并按照电力电缆在道路东侧或南侧、电信管缆在道路西侧或北侧的原则布置。

（7）管线之间遇到矛盾时，应按下列原则处理：

1）临时管线避让永久管线。

2）小管线避让大管线。

3）压力管线避让重力自流管线。

4）可弯曲管线避让不可弯曲管线。

（8）地下管线不宜横穿公共绿地和庭院绿地。与绿化树种间的最小水平净距，宜符合表 3-43 的规定。

表 3-43　管线、其他设施与绿化树种间的最小水平净距　　　　　　　　　（m）

管线名称	最小水平间距	
	至乔木中心	至灌木中心
给水管、闸井	1.50	1.50
污水管、雨水管、探井	1.50	1.50
燃气管、探井	1.20	1.20
电力电缆、电信电缆	1.00	1.00
电信管道	1.50	1.00
热力管	1.50	1.50
地上杆柱（中心）	2.00	2.00
消防龙头	1.50	1.20
道路侧石边缘	0.50	0.50

五、建筑物设计

（一）平面布置的有关规定

1. 《民用建筑设计通则》（GB 50352—2005）中规定

（1）平面布置应根据建筑的使用性质、功能、工艺要求，合理布局。

（2）平面布置的柱网、开间、进深等定位轴线尺寸，应符合现行国家标准《建筑模数协调统一标准》（GBJ 2—86）等有关标准的规定。

（3）根据使用功能，应使大多数房间或重要房间布置在有良好日照、采光、通风和景观的部位。对有私密性要求的房间，应防止视线干扰。

（4）平面布置宜具有一定的灵活性。

（5）地震区的建筑，平面布置宜规整、不宜错层。

2. 综合相关规范的规定，下列房间不宜设在地下室。

（1）《民用建筑设计通则》（GB 50352—2005）中规定：

1）严禁将幼儿、老年人生活用房设在地下室或半地下室。

2）居住建筑中的居室不应布置在地下室内；当布置在半地下室时，必须对采光、通风、日照、防潮、排水及安全防护采取措施。

3）建筑物内的歌舞、娱乐、放映、游艺场所不应设置在地下 2 层及 2 层以下；当设置在地下 1 层时，地下 1 层地面与室外出入口地坪的高差不应大于 10m。

4）民用建筑内变配电所不应设在厕所、浴室或其他经常积水场所的正下方，且不宜与上述场所相贴邻；装有可燃油电气设备的变配电室，不应设在人员密集场所的正上方、正下方、贴邻和疏散出口的两旁；当变配电所的正上方、正下方为住宅、客房、办公室等场所时，变配电所应做屏蔽处理。

（2）《中小学校设计规范》（GB 50099—2011）中规定：

学生宿舍不得设在地下室或半地下室。

（3）《住宅设计规范》（GB 50096—2011）中规定：

1）卫生间不应直接布置在下层住户的卧室、起居室（厅）和厨房的上层，可布置在本套内的卧室、起居室（厅）和厨房的上层。当卫生间布置在本套内的卧室、起居室（厅）、厨房和餐厅的上层时，均应有防水和便于检修的措施。

2）卧室、起居室（厅）、厨房不应布置在地下室；当布置在半地下室时，必须对采光、通风、日照、防潮、排水及安全防护采取措施，并不得降低各项指标要求。

3）除卧室、起居室（厅）、厨房以外的其他功能房间可布置在地下室；当布置在地下室时，应对采光、通风、防潮、排水及安全防护采取措施。

（4）《住宅建筑规范》（GB 50368—2005）中规定：

卫生间不应直接布置在下层住户的卧室、起居室（厅）和厨房、餐厅的上层。

（5）《宿舍建筑设计规范》（JGJ 36—2005）中规定：

宿舍居室不应布置在地下室，宿舍居室不宜布置在半地下室。

（6）《办公建筑设计规范》（JGJ 67—2006）中指出：

1）特殊重要的办公建筑主楼的正下方不宜布置地下汽车库。

2）办公建筑中的变配电所应避免与有酸、碱、粉尘、蒸汽、积水、噪声严重的场所毗邻，也不应直接设在有爆炸危险环境的正上方或正下方，也不应直接设在厕所、浴室等经常积水场所的正下方。

（7）《托儿所、幼儿园建筑设计规范》（JGJ 39—87）中规定：

严禁将幼儿生活用房设在地下室或半地下室。

（8）《建筑设计防火规范》（GB 50016—2006）中规定：

1）地下商店营业厅不应设置在地下 3 层及地下 3 层以下。

2）歌舞厅、录像厅、夜总会、放映厅、卡拉 OK 厅（含具有卡拉 OK 功能的餐厅）、游艺厅（含电子游艺厅）、网吧等歌舞娱乐放映游艺场所宜布置在一、二级耐火等级建筑物的首层、2 层或 3 层的靠外墙部位，不宜布置在袋形走道的两侧或尽端。若必须布置在首层、2 层或 3 层的袋形走道的两侧或尽端时，最远房间的疏散门至最近安全出口的距离不应大于 9.00m。

3）歌舞厅、录像厅、夜总会、放映厅、卡拉 OK 厅（含具有卡拉 OK 功能的餐厅）、游艺厅（含电子游艺厅）、网吧等歌舞娱乐放映游艺场所，若布置在地下楼层时，应布置在地下一层，且地面与出入口地坪的高度差不应大于 10m。不应布置在地下 2 层及地下 2 层以下。

4）燃油和燃气锅炉、油浸电力变压器、充有可燃油的高压变压器和多油开关等用房受条件限制必须布置在民用建筑内时，不应布置在人员密集场所的上一层、下一层或贴邻，并应符合下列规定：

①燃油和燃气锅炉房、变压器室应设置在首层或地下 1 层靠外墙部位，但常（负）压燃油、燃气锅炉可设置在地下 2 层，当常（负）压燃气锅炉距安全出口的距离大于 6.00m 时，可设置在屋顶上。

②采用相对密度（与空气密度的比值）大于或等于 0.75 的可燃气体为燃料的锅炉，不得设置在地下建筑（室）或半地下建筑（室）内。

5）柴油发电机房应布置在民用建筑的首层、地下一层或地下二层。

6）经营、存放和使用甲、乙类物品的商店、作坊和储藏间，严禁设置在民用建筑内。

（9）《高层民用建筑设计防火规范》（GB 50045—95）2005 年版中指出：

1）燃油和燃气锅炉、油浸电力变压器、充有可燃油的高压变压器和多油开关等宜设置在高层建筑外的专用房间内。若必须布置在高层建筑中时，不应布置在人员密集场所的上一层、下一层或贴邻。燃油和燃气锅炉房、变压器室应设置在建筑物的首层或地下 1 层靠外墙部位，但常（负）压燃油、燃气锅炉可设置在地下 2 层；当常（负）压燃气锅炉距安全出口的距离大于 6.00m 时，可设置在屋顶上。采用相对密度（与空气密度的比值）大于或等于 0.75 的可燃气体为燃料的锅炉，不得设置在地下建筑物的地下室或半地下室。

2）柴油发电机房布置在高层建筑和裙房内时，可布置在建筑物的首层、地下 1 层、地下 2 层，不应布置在地下 3 层及地下 3 层以下。柴油的闪点不应小于 55℃。

3）消防控制室宜设置在高层建筑的首层或地下 1 层。

4）高层建筑内的歌舞厅、卡拉 OK 厅（含具有卡拉 OK 功能的餐厅）、夜总会、录像厅、放映厅、桑拿浴室（洗浴部分除外）、游艺厅（含电子游艺厅）、网吧等歌舞娱乐放映游艺场所应设在首层、2 层或 3 层，宜靠外墙设置，不应布置在袋形走道的两侧或尽端。当必须设置在其他楼层时，不应设置在地下 2 层或地下 2 层以下，设置在地下 1 层时，地下 1 层地面与室外出入口地坪的高差不应大于 10m。

5）地下商店的营业厅不宜设在地下 3 层及地下 3 层以下。

6）托儿所、幼儿园、游乐厅等儿童活动场所不应设置在高层建筑内，当必须设在高层建筑内时，应设置在建筑物的首层或 2 层、3 层，并应设置单独出入口。

（二）建筑模数

《建筑模数协调统一标准》（GB J2—86）中指出：

1. 基本模数、导出模数和模数数列

（1）基本模数

基本数值为 100mm，其符号为 M，即 1M＝100mm；整个建筑物和建筑物的一部分以及组合件的模数化尺寸，应是基本模数的倍数。

（2）导出模数

导出模数分为扩大模数和分模数，导出基数应符合下列规定：

1）扩大模数：

①水平扩大模数：基数为3M、6M、12M、15M、30M、60M，相应尺寸分别为300mm、600mm、1200mm、1500mm、3000mm、6000mm。

②竖向扩大模数：基数为3M和6M，相应尺寸分别为300mm和600mm。

2）分模数：

分模数的基数为1/10M、1/5M、1/2M，相应尺寸分别为10mm、20mm、50mm。

（3）不同类型的建筑物及其各组成部分间的尺寸统一与协调，应减少尺寸的范围以及使尺寸的叠加和分割有较大的灵活性，模数数列应符合表3-44的规定。

表3-44　模数数列

基本模数		扩大模数						分模数		
1M		3M	6M	12M	15M	30M	60M	1/10M	1/5M	1/2M
100		300	600	1200	1500	3000	6000	10	20	50
100		300	600	1200	1500	3000	6000	10	20	50
200		600	1200	2400	3000	6000	12000	20	40	100
300		900	1800	3600	4500	9000	18000	30	60	150
400		1200	2400	4800	6000	12000	24000	40	80	200
500		1500	3000	6000	7500	15000	30000	50	100	250
600		1800	3600	7200	9000	18000	36000	60	120	300
700		2100	4200	8400	10500	21000		70	140	350
800		2400	4800	9600	12000	24000		80	160	400
900		2700	5400	10800		27000		90	180	450
1000		3000	6000	12000		30000		100	200	500
1100		3300	6600			33000		110	220	550
1200		3600	7200			36000		120	240	600
1300		3900	7800					130	260	650
1400		4200	8400					140	280	700
1500		4500	9000					150	300	750
1600		4800	9600					160	320	800
1700		5100						170	340	850
1800		5400						180	360	900
1900		5700						190	380	950
2000		6000						200	400	1000
2100		6300								
2200		6600								
2300		6900								
2400		7200								
2500										
2600										
2700										
2800										
2900										
3000										
3100										
3200										
3300										
3400										
3500										
3600										

注：在砌体结构住宅中，必要时可采用3400mm、2600mm作为建筑参数。

2. 模数数列的幅度

（1）水平基本模数应为1M。1M数列按100mm进级，其幅度应由1M至20M。

（2）竖向基本模数应为1M。1M数列按100mm进级，其幅度应由1M至36M。

（3）水平扩大模数的幅度，应符合下列规定：

1）3M数列按300mm进级，其幅度应由3M至75M。

2）6M数列按600mm进级，其幅度应由6M至96M。

3）12M数列按1200mm进级，其幅度应由12M至120M。

4）15M数列按1500mm进级，其幅度应由15M至120M。

5）30M数列按3000mm进级，其幅度应由30M至360M。

6）60M数列按6000mm进级，其幅度应由60M至360M。

（4）竖向扩大模数的幅度，应符合下列规定：

1）3M数列按300mm进级，其幅度不限制。

2）6M数列按600mm进级，其幅度不限制。

（5）分模数的幅度，应符合下列规定：

1）1/10M数列按10mm进级，其幅度应由1/10M至2M。

2）1/5M数列按20mm进级，其幅度应由1/5M至4M。

3）1/2M数列按50mm进级，其幅度应由1/5M至10M；

3. 模数数列的适用范围

（1）水平基本模数1M至20M的数列，应主要应用于门窗洞口和构配件截面等处。

（2）竖向基本模数1M至36M的数列，应主要应用于建筑物的层高、门窗洞口和构配件截面等处。

（3）水平扩大模数3M、6M、12M、15M、30M、60M的数列，应主要应用于建筑物的开间或柱距、进深或跨度、构配件尺寸和门窗洞口等处。

（4）竖向扩大模数3M数列，应主要应用于建筑物的高度、层高和门窗洞口等处。

（5）分模数1/10M、1/5M、1/2M的数列，应主要用于缝隙、构造节点、构配件截面等处。

（三）层高和室内净高的有关规定

1.《民用建筑设计通则》（GB 50352—2005）中规定

（1）建筑层高应结合建筑使用功能、工艺要求和技术经济条件综合确定，并符合专用建筑设计规范的要求。

（2）室内净高应按楼地面完成面至吊顶或楼板或梁底面之间的垂直距离计算；当楼盖、屋盖的下悬构件或管道底面影响有效使用空间者，应按楼地面完成面至下悬构件下缘或管道底面之间的垂直距离计算。

（3）建筑物用房的室内净高应符合专用建筑设计规范的规定；地下室、局部夹层、走道等有人员正常活动的最低处的净高不应小于2m。

2.《住宅设计规范》（GB 50096—2011）中规定

（1）住宅层高宜为2.80m。

（2）卧室、起居室（厅）的室内净高不应低于2.40m，局部净高不应低于2.10m，且其面积不应大于室内使用面积的1/3。

（3）利用坡屋顶内空间做卧室、起居室（厅）时，至少有1/2的使用面积的室内净高不应低于2.10m。

（4）厨房、卫生间的室内净高不应低于2.20m。

（5）厨房、卫生间内排水横管下表面与楼面、地面净距不得低于1.90m，且不得影响门、窗扇开启。

3. 《住宅建筑规范》（GB 50368—2005）中指出

（1）卧室、起居室（厅）的室内净高不应低于2.40m，局部净高不应低于2.10m，局部净高的面积不应大于室内使用面积的1/3。

（2）利用坡屋顶内空间做卧室、起居室（厅）时，其1/2使用面积的室内净高不应低于2.10m。

4. 《宿舍建筑设计规范》（JGJ 36—2005）中规定

（1）居室在采用单层床时，层高不宜低于2.80m；在采用双层床或高架床时，层高不宜低于3.60m。

（2）居室在采用单层床时，净高不宜低于2.60m；在采用双层床或高架床时，层高不宜低于3.40m。

（3）辅助用房的净高不宜低于2.50m。

5. 《办公建筑设计规范》（JGJ 67—2006）中指出

（1）一类办公建筑办公室的净高不应低于2.70m。

（2）二类办公建筑办公室的净高不应低于2.60m。

（3）三类办公建筑办公室的净高不应低于2.50m。

（4）办公建筑的走道净高不应低于2.20m。

（5）办公建筑贮藏间的净高不应低于2.00m。

（6）非机动车库的净高不得低于2.00m。

6. 《中小学校设计规范》（GB 50099—2011）中规定

（1）中小学校主要教学用房的最小净高应符合表3-45规定。

表3-45　主要教学用房的最小净高　　　　　　　　　　　　　　（m）

教室	小学	初中	高中
普通教室、史地、美术、音乐教室	3.00	3.05	3.10
舞蹈教室	4.50		
科学教室、实验室、计算机教室、劳动教室、技术教室、合班教室	3.10		
阶梯教室	最后一排（楼地面最高处）距顶棚或上方突出物最小净高为2.20m		

（2）风雨操场的净高应取决于场地的运动内容，各类体育场地最小净高应符合表3-46的规定。

表3-46　　各类体育场地的最小净高　　　　　　　　　　　　　　（m）

体育场地	田径	篮球	排球	羽毛球	乒乓球	体操
最小净高	9	7	7	9	4	6

注：田径场地可减少部分项目降低层高。

7. 《托儿所、幼儿园建筑设计规范》（JGJ 39—87）中规定

严禁将幼儿生活用房设在地下室或半地下室，对托儿所、幼儿园净高的规定见表3-47：

表3-47　托儿所、幼儿园的净高　　　　　　　　　　　　　　（m）

房间名称	净高
活动室、寝室、乳儿室	2.80
音体活动室	3.60

注：特殊形状的顶棚，最低处距地面净高不应低于2.20m。

8. 《旅馆建筑设计规范》（JGJ 62—90）中规定

（1）客房居住部分净高度，当设空调时不应低于2.40m；不设空调时不应低于2.60m。

（2）利用坡屋顶内空间作为客房时，应至少有 $8m^2$ 面积的净高度不低于 2.40m。

（3）卫生间及客房内过道净高度不应低于 2.10m。

（4）客房层公共走道净高度不应低于 2.10m。

9. 《档案馆建筑设计规范》（JGJ 25—2010）中规定

档案库净高不应低于 2.60m。

10. 《文化馆建筑设计规范》（JGJ 41—87）中规定

综合排练室应根据使用要求合理地确定净高，并不应低于 3.60m。

11. 《商店建筑设计规范》（JGJ 48—88）中指出

（1）商店建筑的营业厅的净高见表 3-48。

表 3-48 商店建筑的营业厅的净高

通风方式	自然通风			机械通风和自然通风相结合	系统通风空间
	单面开窗	前面敞开	前后开窗		
最大进深与净高比	2:1	2.5:1	4:1	5:1	不限
最小净高（m）	3.20	3.20	3.50	3.50	3.00

注：1. 设有全年不间断空调、人工采光的小型厅或局部空间净高可酌减，但不应小于 2.40m。

2. 营业厅净高应按楼地面至吊顶或楼板底面之间的垂直高度计算。

（2）库房的净高应由有效储存空间及减少至营业厅垂直距离等确定，并应符合下列规定：

1）设有货架的库房净高不应小于 2.10m。

2）设有夹层的库房净高不应小于 4.60m。

3）无固定堆放形式的库房净高不应小于 3.00m。

12. 《疗养院建筑设计规范》（JGJ 40—87，2008 年 6 月确认继续有效）中规定

（1）疗养院建筑不宜超过 4 层，若超过 4 层应设置电梯。

（2）疗养室室内净高不应低于 2.60m。

13. 《图书馆建筑设计规范》（JGJ 38—99）中指出：书库、阅览室藏书区的净高应符合下列规定

（1）书库、阅览室藏书区净高不应小于 2.40m。

（2）书库、阅览室藏书区有梁或管线时，其底面净高不宜小于 2.30m。

（3）采用积层书架的书库结构梁（或管线）底面之净高不得小于 4.70m。

14. 《汽车库建筑设计规范》（JGJ 100—98）中规定

（1）汽车库内的最小净高见表 3-49。

表 3-49 汽车库内的最小净高 （m）

车型	最小净高
微型车、小型车	2.20
轻型车	2.80
中、大型、铰接客车	3.40
中、大型、铰接货车	4.20

（2）汽车库的汽车出口宽度，单车行驶时不宜小于 3.50m，双车行驶时不宜小于 6.00m。

15. 《城市公共厕所设计标准》（CJJ 14—2005）中指出

公共厕所室内净高宜为 3.50 ~ 4.00m（设天窗时可适当降低）。室内地坪标高应高于室外地坪 0.15m。

16. 《饮食建筑设计规范》（JGJ 64—89）中指出

（1）小餐厅和小饮食厅不应低于 2.60m；设空调者不应低于 2.40m。

（2）大餐厅和大饮食厅不应低于 3.00m。

（3）异形顶棚的大餐厅和饮食厅最低处不应低于 2.40m。

17. 《博物馆建筑设计规范》（JGJ 66—91）中指出

（1）博物馆藏品库房的净高应为 2.40 ~ 3.00m。若有梁或管道等突出物，其底面净高不应低于 2.20m。

（2）博物馆陈列室单跨时的跨度不宜小于 8.00m，多跨时的柱距不宜小于 7.00m。室内应考虑在布置陈列装具时有灵活组合和调整互换的可能性。陈列室的室内净高除工艺、空间、视距等有特殊要求外，应为 3.50 ~ 5.00m。

18. 《人民防空地下室设计规范》（GB 50038—2005）中规定

防空地下室的室内地平面至梁底和管线底部不得小于 2.00m；其中专业队装备掩蔽部和人防汽车库的室内地平面至梁底和管线底部还应大于或等于车高加 0.20m；防空地下室的室内地平面至顶板的结构板底面不宜小于 2.40m。

19. 其他规范规定

（1）剧场：候场室、后台跑场道 2.40m。

（2）体育建筑：运动员用房 2.60m；供篮、排球运动员使用的体育馆走道 2.30m。

（3）医院：诊疗室 2.60m（个别部位 2.40m）；病房 2.80m（个别部位 2.50m）。

（4）娱乐健身场所：歌舞厅等大型厅室 3.60m（个别部位 3.20m）；歌厅、棋牌、电子游戏、网吧等小型厅室 2.80m（个别部位 2.50m）；体育、健身等厅室 2.90m（个别部位 2.60m）。

（5）自行车库：2.00m。

（6）汽车客运站：候车厅 3.60m（个别部位 3.30m）。

（四）地下室和半地下室的有关规定

1. 《民用建筑设计通则》（GB 50352—2005）中规定

（1）地下室、半地下室应有综合解决其使用功能的措施，合理布置地下停车库、地下人防、各类设备用房等功能空间及各类出入口部；地下空间与城市地铁、地下人行道及地下空间之间应综合开发、相互连接，做到导向明确、流线简捷。

（2）地下室、半地下室作为主要用房使用时，应符合安全、卫生的要求，并应符合下列要求：

1）严禁将幼儿、老年人生活用房设在地下室或半地下室。

2）居住建筑中的居室不应布置在地下室内；当布置在半地下室时，必须对采光、通风、日照、防潮、排水及安全防护采取措施。

3）建筑物内的歌舞、娱乐、放映、游艺场所不应设置在地下二层及二层以下；当设置在地下一层时，地下一层地面与室外出入口地坪的高差不应大于 10m。

（3）地下室平面外围护结构应规整，其防水等级及技术要求除应符合现行国家标准《地下工程防水技术规范》（GB 50108—2008）的规定外，尚应符合下列规定：

1）地下室应在一处或若干处地面较低点设集水坑，并预留排水泵电源和排水管道。

2）地下管道、地下管沟、地下坑井、地漏、窗井等处应有防止涌水、倒灌的措施。

（4）地下室、半地下室的耐火等级、防火分区、安全疏散、防排烟设施、房间内部装修等应符合防火规范的有关规定。

2. 《住宅设计规范》（GB 50096—2011）中规定

（1）卧室、起居室（厅）和厨房不应布置在地下室；当布置在半地下室时，必须对采光、通风、日照、防潮、排水及安全防护采取措施，并不得降低各项指标要求。

（2）除卧室、起居室（厅）、厨房以外的其他功能可布置在地下室，当布置在地下室时，应对采光、通风、防潮、排水及安全防护采取措施。

（3）住宅的地下室、半地下室做自行车库和设备用房时，其净高不应低于2.00m。

（4）当住宅的地上架空层及半地下室做机动车停车位时，其净高不应低于2.20m。

（5）地上住宅楼、电梯间宜与地下车库连通，并应采取安全防盗措施。

（6）直通住宅单元的地下楼、电梯间入口处应设置乙级防火门，严禁利用楼、电梯间为地下车库进行自然通风。

（7）地下室、半地下室应采取防水、防潮及通风措施，采光井应采取排水措施。

3.《博物馆建筑设计规范》（JGJ 66—91）中指出

当博物馆藏品库房、陈列室设在地下室或半地下室时，必须有可靠的防潮和防水措施，配备机械通风装置。

4.《人民防空地下室设计规范》（GB 50038—2005）中规定

（1）分类

1）重要性：人民防空地下室按其重要性分为甲类（以预防核武器为主）和乙类（以预防常规武器为主）。

2）建造方式：人民防空地下室的建造方式有复建式（建造在建筑物的下部）和异地修建式两种。

（2）分级

人民防空地下室设计规范按抗力级别分为：

1）甲类：共分为5个级别，即4级（核4级）、4B级（核4B级）、5级（核5级）、6级（核6级）、6B级（核6B级）。

2）乙类：共分为2个级别，即5级（常5级）、6级（常6级）。

（3）防水和内部装修要求

1）防空地下室设计应做好室外地面的排水处理，避免上部地面建筑周围积水。

2）防空地下室的防水设计不应低于二级防水标准。

3）上部建筑范围内的防空地下室顶板应采用防水混凝土，当有条件时应附加一种柔性防水层。

4）防空地下室的装修设计应根据战时及平时的功能需要，并按适用、经济、美观的设计原则确定。在灯光、色彩、饰面材料的处理上应有利于改善地下空间的环境条件。

5）室内装修应选用防潮的材料，并满足防腐、抗震、环保和其他特殊功能的要求。平战结合的防空地下室，其内部装修应符合相关规定。

6）防空地下室的顶板不应抹灰。平时设置吊顶时应采用轻质、坚固的龙骨，吊顶饰面材料应便于拆卸。密闭通道、洗消间、简易洗消间、滤毒室、扩散室等战时易染毒的房间、通道，其墙面、顶面、地面均应平整光洁、易于清洗。

7）设置地漏的房间和通道，其地面坡度不应小于0.50%，坡向地漏，且其地面应比相连的无地漏房间（或坡道）的地面低20mm。

8）柴油发电机房、通风机室、水泵间及其他产生噪声和振动的房间，应根据其噪声强度和周围房间的使用要求采取相应的隔声、吸声、减振等措施。

（4）结构要求

1）防空地下室结构的设计使用年限应按50年采用。当上部建筑结构的设计使用年限大于50年时，防空地下室结构的设计使用年限应与上部建筑结构相同。

2）对乙类防空地下室和核5级、核6级、核6B级的甲类防空地下室结构，当采用平战转移设计时，应通过临战时实施平战转移达到战时防护要求。

3）防空地下室结构选用的材料强度等级不应低于表3-50的规定。

表 3-50 材料强度等级 （MPa）

构件类别	混凝土		砌体			
	现浇	预制	砖	料石	混凝土砌块	砂浆
基础	C25	—	—	—	—	—
梁、楼板	C25	C25	—	—	—	—
柱	C30	C30	—	—	—	—
内墙	C25	C25	MU10	MU30	MU15	MU5
外墙	C25	C25	MU15	MU30	MU15	MU7.5

注：1. 防空地下室结构不得采用硅酸盐砖和硅酸盐砌块。

2. 严寒地区、饱和土中砖的强度等级不应低于 MU20。

3. 装配填缝砂浆的强度等级不应低于 M10。

4. 防水混凝土基础底板的混凝土垫层，其强度等级不应低于 C15。

4）防空地下室钢筋混凝土结构构件当有防水要求时，其混凝土强度等级不宜低于 C30。防水混凝土的设计抗渗等级应根据工程埋置深度确定，详见表 3-51。

表 3-51 防水混凝土的设计抗渗等级

工程埋置深度（m）	设计抗渗等级
$H < 10$	P6
$10 \leqslant H < 20$	P8
$20 \leqslant H < 30$	P10
$H \geqslant 30$	P12

5）防空地下室结构构件的最小厚度应符合表 3-52 的规定。

表 3-52 结构构件最小厚度 （mm）

构件类别	材料种类			
	钢筋混凝土	砖砌体	料石砌体	混凝土砌块
顶板、中间楼板	200	—	—	—
承重外墙	250	490（370）	300	250
承重内墙	200	370（240）	300	250
临空墙	250	—	—	—
防护密闭门门框墙	300	—	—	—
密闭门门框墙	300	—	—	—

注：1. 表中最小厚度不包括甲类防空地下室防早期核辐射对结构厚度的要求。

2. 表中顶板、中间楼板最小厚度系指实心楼面，如为密肋板，其实心截面不宜小于 100mm；如为现浇空心板，其板顶厚度不宜小于 100mm，且其折合厚度均不应小于 200mm。

3. 砖砌体项号内最小厚度适用于乙类防空地下室和核 6 级、核 6B 级甲类防空地下室。

4. 砖砌体包括烧结普通砖、烧结多孔砖以及非黏土砖砌体。

6）防空地下室结构变形缝的设置应符合下列规定：

①在防护单元内不宜设置沉降缝、伸缩缝。

②上部地面建筑需设置沉降缝、伸缩缝，防空地下室可不设置。

③室外出入口与主体结构连接处，宜设置沉降缝。

④钢筋混凝土结构设置伸缩缝的最大间距应按规定执行。

（5）人民防空地下室的面积标准

防空专业队和人员掩蔽工程的面积标准见表3-53。

表3-53 防空专业队和人员掩蔽工程的面积标准

项目名称			面积标准
防空专业队工程	装备掩蔽部	小型车	$30 \sim 40m^2$/台
		轻型车	$40 \sim 50m^2$/台
		中型车	$50 \sim 80m^2$/台
	队员掩蔽部		$3m^2$/人
人员掩蔽工程			$1m^2$/人

注：1. 表中的面积标准均指掩蔽面积。

2. 专业队掩蔽面积按停放轻型车设计，人防汽车库可按停放小型车设计。

（五）设备层、避难层和架空层的有关规定

1. 《民用建筑设计通则》（GB 50352—2005）中规定

（1）设备层设置应符合下列规定：

1）设备层的净高应根据设备和管线的安装检修需要确定。

2）当宾馆、住宅等建筑上部有管线较多的房间，下部为大空间房间或转换为其他功能用房而管线需转换时，宜在上下部之间设置设备层。

3）设备层布置应便于市政管线的接入；在防火、防爆和卫生等方面互有影响的设备用房不应相邻布置。

4）设备层应有自然通风或机械通风；当设备层设于地下室又无机械通风装置时，应在地下室外墙设置通风口或通风道，其面积应满足送、排风量的要求。

5）给排水设备的机房应设集水坑并预留排水泵电源和排水管路或接口；配电房应满足线路的敷设。

6）设备用房布置位置及其围护结构，管道穿过隔墙、防火墙和楼板等应符合防火规范的有关规定。

（2）建筑高度超过100m的超高层民用建筑，应设置避难层（间）。

（3）有人员正常活动的架空层及避难层的净高不应低于2.00m。

2. 《住宅设计规范》（GB 50096—2011）中规定

（1）住宅建筑内严禁布置存放和使用甲、乙类火灾危险性物品的商店、车间和仓库，以及产生噪声、振动和污染环境卫生的商店、车间和娱乐设施。

（2）住宅建筑内不应布置易产生油烟的餐饮店，当住宅底层商业网点布置有产生刺激性气味或噪声的配套用房时，应做排气、消声处理。

（3）水泵房、冷热源机房、变压器机房等公共机电用房不宜布置在主体建筑内，不宜布置在与住户相邻的楼层内，当无法满足上述要求贴邻设置时，应增加隔声减振处理措施。

（4）住户的公共出入口与附建公共用房的出入口应分开布置。

（六）厕所、盥洗室、浴室和厨房的有关规定

1. 《民用建筑设计通则》（GB 50352—2005）中规定

（1）厕所、盥洗室、浴室应符合下列规定：

1）建筑物的厕所、盥洗室、浴室不应直接布置在餐厅、食品加工、食品贮存、医药、医疗、变配电等有严格卫生要求或防水、防潮要求用房的上层；除本套住宅外，住宅卫生间不应直接布置在下层的卧室、起居室、厨房和餐厅的上层。

2）卫生设备配置的数量应符合专用建筑设计规范的规定，在公用厕所男女厕位的比例中，应适当加大女厕位比例。

3）卫生用房宜有天然采光和不向邻室对流的自然通风，无直接自然通风和严寒及寒冷地区用房宜设自然通风道；当自然通风不能满足通风换气要求时，应采用机械通风。

4）楼地面、楼地面沟槽、管道穿楼板及楼板接墙面处应严密防水、防渗漏。

5）楼地面、墙面或墙裙的面层应采用不吸水、不吸污、耐腐蚀、易清洗的材料。

6）楼地面应防滑，楼地面标高宜略低于走道标高，并应有坡度坡向地漏或水沟。

7）室内上下水管和浴室顶棚应防冷凝水下滴，浴室热水管应防止烫人。

8）公用男女厕所宜分设前室或有遮挡措施。

9）公用厕所宜设置独立的清洁间。

（2）厕所和浴室隔间的平面尺寸不应小于表 3-54 的规定。

表 3-54　厕所和浴室隔间的平面尺寸

类别	平面尺寸（宽度 m × 深度 m）
外开门的厕所隔间	0.90 × 1.20
内开门的厕所隔间	0.90 × 1.40
医院患者专用厕所隔间	1.10 × 1.40
无障碍的厕所隔间	1.40 × 1.80（改建用 1.00 × 2.00）
外开门淋浴隔间	1.00 × 1.20
内设更衣凳的淋浴隔间	1.00 × (1.00 + 0.60)
无障碍专用淋浴隔间	盆浴（门扇向外开启）2.00 × 2.25 淋浴（门扇向外开启）1.50 × 2.35

（3）卫生设备间距应符合下列规定：

1）洗脸盆或盥洗槽水嘴中心与侧墙面净距不宜小于 0.55m。

2）并列洗脸盆或盥洗槽水嘴中心间距不应小于 0.70m。

3）单侧并列洗脸盆或盥洗槽外沿至对面墙的净距不应小于 1.25m。

4）双侧并列洗脸盆或盥洗槽外沿之间的净距不应小于 1.80m。

5）浴盆长边至对面墙面的净距不应小于 0.65m。无障碍盆浴间短边净宽度不应小于 2.00m。

6）并列小便器的中心距离不应小于 0.65m。

7）单侧厕所隔间至对面墙面的净距：当采用内开门时不应小于 1.10m；当采用外开门时不应小于 1.30m。双侧厕所隔间之间的净距：当采用内开门时不应小于 1.10m；当采用外开门时不应小于 1.30m。

8）单侧厕所隔间至对面小便器或小便槽外沿的净距：当采用内开门时，不应小于 1.10m；当采用外开门时，不应小于 1.30m。

2.《商店建筑设计规范》（JGJ 48—88）中规定

（1）男厕所按每 50 人设大便位 1 个、小便斗 1 个或小便槽 0.60m 长。

（2）女厕所按每 30 人设大便位 1 个，总数内至少有坐便器 1~2 个。

（3）盥洗室内设污水池 1 个，并按每 35 人设洗脸盆 1 个。

（4）大中型商店可按实际需要设置集中浴室，其面积指标按每一定员 0.10m² 计。

3.《中小学校设计规范》（GB 50099—2011）中指出

（1）体育场地

在中小学校内，当体育场地中心与最近的卫生间的距离超过 90m 时，可设室外厕所。所建室外厕所可以学生总人数的15%计算。室外厕所宜预留扩建的条件。

（2）卫生间

1）教学用建筑每层均应分设男、女学生卫生间及男女教室卫生间。学校食堂宜设工作人员专用卫生间。当教学用建筑中每层少于3个班时，男、女卫生间可各层设置。

2）在中小学校内，当体育场地中心与最近的卫生间的距离超过90m时，可设室外厕所。所建室外厕所的服务人数可以学生总人数的15%计算。

3）学生卫生间卫生洁具的数量应按下列规定计算：

①男生应至少为每40人设1个大便器或1.20m长大便槽；每20人设1个小便斗或0.60m长小便槽；女生应至少为每13人设1个大便器或1.20m长大便槽。

②每40~45人设1个洗手盆或0.60m长盥洗槽。

③卫生间内或卫生间附近应设污水池。

4）中小学校的卫生间内，厕所蹲位距后墙不应小于0.30m。

5）各类小学大便槽的蹲位宽度不应大于0.18m。

6）厕所间宜设隔板，隔板高度不应低于1.20m。

7）中小学校的卫生间应设前室。男、女生卫生间不得共用一个前室。

8）学校卫生间应具有天然采光和自然通风条件，并应安置排气管道。

9）中小学校的卫生间外窗距室内楼地面1.70m以下部分应设视线遮挡措施。

10）中小学校应采用冲水式卫生间。当采用旱厕时，应按学校无害化卫生厕所设计。

（3）浴室

1）宜在舞蹈教室、风雨操场、游泳池（馆）附设淋浴室。教师浴室与学生浴室应分设。

2）淋浴室墙面应设墙裙，墙裙高度不应小于2.10m。

（4）饮水处

1）教学楼内应分层设饮水处，宜按每50人设一个饮水器。

2）饮水处不应占用走道的宽度。

（5）学生宿舍内卫生间

1）宿舍盥洗室的盥洗槽应按每12人占600mm的长度计算；室内应设污水池及地漏。

2）宿舍的女生厕所应按每12人设1个大便器（或1100mm长大便槽）计算；男生厕所应按每20人设1个大便器（或1100mm长大便槽）和500mm长小便槽计算；厕所内应设洗手盆、污水池和地漏。

3）中学、中师、幼师的女厕所内，宜设有女生卫生间。

4.《宿舍建筑设计规范》（JGJ 36—2005）中指出

（1）公共厕所应设前室或经盥洗室进入，前室和盥洗室的门不宜相对。公共厕所和公共盥洗室与最近居室的距离不应大于25m（附带卫生间的居室除外）。

（2）公共厕所、公共盥洗室卫生设备数量应根据居住人数确定，设备数量不应小于表3-55的规定。

表3-55　公共厕所、公共盥洗室卫生设备数量

项目	设备种类	卫生设备数量
男厕所	大便器	8人以下设1个；超过8人时，每增加15人或不足15人增设1个
	小便器或槽位	每15人或不足15人设1个
	洗手盆	与盥洗室分设的厕所至少设1个
	污水池	公用卫生间或盥洗室设1个

续表

项目	设备种类	卫生设备数量
女厕所	大便器	6 人以下设 1 个；超过 6 人时，每增加 12 人或不足 12 人增设 1 个
	洗手盆	与盥洗室分设的厕所至少设 1 个
	污水池	公用卫生间或盥洗室设 1 个
盥洗室（男、女）	洗手盆或盥洗室龙头	5 人以下设 1 个；超过 5 人时，每增加 10 人或不足 10 人增设 1 个

（3）居室内的附设卫生间，其使用面积不应小于 $2.00m^2$，设有淋浴设备或 2 个坐（蹲）便器的附设卫生间，其使用面积不宜小于 $3.50m^2$。附设卫生间内的厕位和淋浴宜设隔断。

（4）夏热冬暖地区和温和地区应在宿舍建筑内设淋浴设施，其他地区可根据条件设分散或集中的淋浴设施，每个浴位服务人数不应超过 15 人。

5. 《办公建筑设计规范》（JGJ 67—2006）中指出，公用厕所应符合下列规定

（1）公用厕所距离最远工作点不应大于 50m。

（2）公用厕所大便器数量在 3 具以上时，其中一具宜为坐式大便器。

（3）公用厕所的设备数量详见《城市公共厕所设计标准》（CJJ 14—2005）的规定。

6. 《住宅设计规范》（GB 50096—2011）中规定

（1）厨房应设置洗涤池、案台、炉灶及排油烟机等设施或预留位置，按炊事操作流程排列，操作面经常不应超过 2.10m；单排布置设备的厨房净宽不应小于 1.50m；双排布置设备的厨房其两排设备的净距不应小于 0.90m。

（2）每套住宅应设卫生间，至少应配置便器、洗浴器、洗面器三件卫生设备或为其预留设置位置及条件。三件卫生设备集中配置的卫生间的使用面积不应小于 $2.50m^2$。

（3）卫生间可根据使用功能要求组合不同的设备。不同组合的空间使用面积应符合下列规定：

1）设便器、洗面器时不应小于 $1.80m^2$。

2）设便器、洗浴器时不应小于 $1.80m^2$。

3）设洗面器、洗浴器时不应小于 $2.00m^2$。

4）设洗面器、洗衣机时不应小于 $1.80m^2$。

5）单设便器时不应小于 $1.10m^2$。

（4）无前室的卫生间的门不应直接开向起居室（厅）或厨房。

（5）卫生间不应直接布置在下层的卧室、起居室（厅）、厨房和餐厅的上层。

（6）当卫生间布置在本套内的卧室、起居室（厅）、厨房和餐厅的上层时，均应有防水和便于检修的措施。

（7）每套住宅应设置洗衣机的位置和条件。

7. 《托儿所、幼儿园建筑设计规范》（JGJ 39—87）中规定

（1）每班卫生间的设备数量不应少于表 3-56 的规定。

表 3-56　卫生间的设备数量

污水池（个）	大便器或沟槽（个或位）	小便槽（位）	盥洗台（水龙头、个）	淋浴（位）
1	4	4	6~8	2

（2）无论采用沟槽式或坐蹲式大便器均应有 1.20m 高的架空隔板，并加设幼儿扶手。

（3）每个厕位的平面尺寸为 0.80m×0.70m，沟槽式的槽宽为 0.16~0.18m，坐式便器高度为 0.25~0.30m。

（4）盥洗池的高度为0.50~0.55m，宽度为0.40~0.45m，水龙头的间距为0.35~0.40m。

8.《疗养院建筑设计规范》（JGJ 40—87）中指出。疗养院公共卫生用房的规定应符合下列规定

（1）公用盥洗室应按6~8人设一个洗脸盆（或0.70m长盥洗槽）。

（2）公用厕所应按男15人设1个大便器和1个小便器（或0.60m小便槽），女15人设1个大便器。大便器旁宜装扶手。

（3）公用淋浴室应男女分别设置。炎热地区按8~10人设一个淋浴器，寒冷地区按15~20人设一个淋浴器。

9.《图书馆建筑设计规范》（JGJ 38—99）中指出

图书馆公用和专用厕所宜分别设置。公共厕所卫生洁具按使用人数男女各半计算，并应符合下列规定：

（1）成人男厕按每60人设大便器1具，每30人设小便斗1个。

（2）成人女厕按每30人设大便器1具。

（3）儿童男厕按每50人设大便器1具，每25人设小便斗1个。

（4）儿童女厕按每25人设大便器1具。

（5）洗手盆按每60人设1个。

（6）公用厕所内应设污水池1个。

（7）公用厕所内应设供残疾人使用的专用设施。

10.《城市公共厕所设计标准》（CJJ 14—2005）中规定

（1）公共场所公共厕所卫生洁具服务人数标准见表3-57。

表3-57　公共场所公共厕所卫生洁具服务人数标准

卫生洁具 设置位置	大便器		小便器
	男厕	女厕	
广场、街道	1000	700	1000
车站、码头	300	200	300
公园	400	300	400
体育场外	300	200	300
海滨活动场所	70	20	60

（2）商场、超市和商业街公共厕所卫生洁具服务人数标准应符合表3-58的规定。

表3-58　商场、超市和商业街公共厕所卫生洁具服务人数标准

商店购物面积（m²）	设施	男	女
1000~2000	大便器	1	2
	小便器	1	—
	洗手盆	1	1
	无障碍卫生间	1	
1000~2000	大便器	1	4
	小便器	2	—
	洗手盆	2	4
	无障碍卫生间	1	
≥4000	按照购物场所面积成比例增加		

注：1. 上表推荐顾客使用面积的卫生设施是净购物面积1000m²以上的商场。

　　2. 该表假设男女顾客比例为各占50%。

（3）饭馆、咖啡店、小吃店、快餐店和茶艺馆公共厕所卫生洁具服务人数应符合表3-59的规定。

表3-59　饭馆、咖啡店、小吃店、快餐店和茶艺馆公共厕所卫生洁具服务人数

设施	男	女
大便器	400人以下，每100人配1个，超过400人每增加250人增设1个	200人以下，每50人配1个，超过200人每增加250人增设1个
小便器	每50人配1个	—
洗手盆	每个大便器配1个，每5个小便器增设1个	每个大便器配1个
清洗池	至少配1个	

注：该表假设男女顾客比例为各占50%。

（4）体育场馆、展览馆、影剧院、音乐厅等公共文体活动场所公共厕所卫生洁具服务人数应符合表3-60的规定。

表3-60　体育场馆、展览馆、影剧院、音乐厅等公共文体活动场所公共厕所卫生洁具服务人数

设施	男	女
大便器	影院、剧场、音乐厅和相似活动的附属场所，250人以下设1个，每增加1~500人增设1个	影院、剧场、音乐厅和相似活动的附属场所，不超过40人设1个，41~70人设3个，71~100人设4个，100人以上每增加1~40人增设1个
小便器	影院、剧场、音乐厅和相似活动的附属场所，100人以下设2个，每增加1~80人增设1个	—
洗手盆	每1个大便器设1个，每1~5个小便器增设1个	每1个大便器设1个，每增2个大便器增设1个
清洁池	不少于1个，用于保洁	

注：该表假设男女顾客比例为各占50%。

（5）饭店（宾馆）公共厕所卫生洁具服务人数应符合表3-61的规定。

表3-61　饭店（宾馆）公共厕所卫生洁具服务人数

招待类型	设备（设施）	数量	要求
附有整套卫生设施的饭店	整套卫生设备	每套客房1套	含澡盆（淋浴）、坐便器和洗手盆
	公用卫生间	男女各1套	设置底层大厅附近
	职工洗澡间	每9名职员配1个	—
	清洁池	每30个客房1个	每层至少1个
不带卫生套间的饭店和客房	大便器	每9人1个	—
	公用卫生间	男女各1套	设置底层大厅附近
	洗澡间	每9位客人1个	含澡盆（淋浴）、大便器和洗手盆
	清洁池	每层1个	—

（6）机场、火车站、公共汽（电）车和长途汽车始末站、地下铁道的车站、城市轻轨车站、交通枢纽站、高速路休息区、综合性服务楼和服务性单位公共厕所卫生洁具服务人数应符合表3-62的规定。

表 3-62　机场、火车站、公共汽（电）车和长途汽车始末站、地下铁道的车站、城市轻轨车站、交通枢纽站、高速路休息区、综合性服务楼和服务性单位公共厕所卫生洁具服务人数

设施	男	女
大便器	每 1～150 人配 1 个	1～12 人配 1 个，13～30 人配 2 个，30 人以上每增加 1～25 人增设 1 个
小便器	75 人以下配 2 个，75 人以上每增加 1～75 人增设 1 个	—
洗手盆	每个大便器配 1 个，每 1～5 个小便器增设 1 个	每 2 个大便器配 1 个
清洁池	至少配 1 个，用于清洁设施和地面	

（7）办公、商场、工厂和其他公用建筑为职工配置的卫生洁具服务人数应符合表 3-63 的规定。

表 3-63　办公、商场、工厂和其他公用建筑为职工配置的卫生洁具服务人数

适合任何种类职工使用的卫生标准		
数量（人）	大便器数量	洗手盆数量
1～5	1	1
6～25	2	2
26～50	3	3
51～75	4	4
76～100	5	5
>100	增建卫生间的数量或按每 25 人的比例增加设施	
其中男性职工的卫生设施		
男性职工人数	大便器	小便器
1～15	1	1
16～30	2	1
31～45	2	2
46～60	3	2
61～75	3	3
76～90	4	3
91～100	4	4
>100	增建卫生间的数量或按每 50 人的比例增加设施	

注：1. 洗手盆设置：50 人以下，每 10 人配 1 个，50 人以上，每增加 20 人增配 1 个。

　　 2. 男女性别的厕所必须各设一个。

（8）设计规定

1）公共厕所的平面设计应将大便间、小便间和盥洗室分室设置，各室应具有独立功能。小便间不得露天设置。厕所的进门处应设置男、女通道，屏蔽墙或遮挡物。每个大便器应有一个独立的单元空间，划分单元空间的隔断板及门与地面距离应大于 100mm，小于 150mm。隔断板及门距离地坪的高度：一类、二类公厕大于 1.80m、三类公厕大于 1.50m。独立小便器站位应有高度为 0.80m 的隔断板。

2）公共厕所的大便器应以蹲便器为主，并应为老年人和残疾人设置一定比例的坐便器。大、小便的冲洗宜采用自动感应或脚踏开关冲便装置。厕所的洗手龙头、洗手液宜采用非接触式的器具，并应配置烘干机或用一次性纸巾。大门应能双向开启。

3）公共厕所服务范围内应有明显的指示牌。所需要的各项基本设施必须齐备。厕所平面布置宜将管道、通风等附属设施集中在单独的夹道中。厕所设计应采用性能可靠、故障率低、维修方便的器具。

4）公共厕所内部空间布置应合理，应加大采光系数或增加人工照明。大便器应根据人体活动时所占的空间尺寸合理布置。一类公共厕所冬季应配置暖气、夏季应配置空调。

5）公共厕所应采用先进、可靠、使用方便的节水卫生设备。

6）厕所间平面优选尺寸（内表面尺寸）宜按表3-64选用。

表3-64　厕所间平面优选尺寸（内表面尺寸）　　　　　　　　　　（mm）

洁具数量	宽度	深度	备用尺寸
3件	1200、1500、1800、2100	1500、1800、2100、2400、2700	$n \times 100$ （$n \geqslant 9$）
2件	1200、1500、1800	1500、1800、2100、2400	
1件	900、1200	1200、1500、1800	

11. 饮食建筑

《饮食建筑设计规范》（JGJ 64—89）中指出：就餐者专用的洗手设施和厕所应符合下列规定：

（1）一、二级餐馆及一级饮食店应设洗手间和厕所，三级餐馆应设专用厕所，厕所应男女分设。三级餐馆的餐厅及二级饮食店饮食厅内应设洗手池；一、二级食堂餐厅内应设洗手池和洗碗池。

（2）卫生器具设置的数量应符合表3-65的规定。

表3-65　卫生器具设置的数量

建筑类型	洁具数量	卫生器具设置数量			
		洗手间中洗手盆	洗手水龙头	洗碗水龙头	厕所中大小便器
餐馆	一、二级	≤50座设1个，>50座时每100座增设1个	—	—	≤100座时设男大便器1个，小便器1个，女大便器1个；>100座时每100座增设男大或小便器1个，女大便器1个
	三	—	≤50座设1个，>50座时每100座增设1个	—	
饮食店	一	≤50座设1个，>50座时每100座增设1个	—	—	—
	二	—	≤50座设1个，>50座时每100座增设1个	—	
食堂	一	—	≤50座设1个，>50座时每100座增设1个	≤50座设1个，>50座时每100座增设1个	—
	二	—	≤50座设1个，>50座时每100座增设1个	≤50座设1个，>50座时每100座增设1个	

（3）厕所位置应隐蔽，其前室入口不应靠近餐厅或与餐厅相对。

（4）厕所应采用水冲式。所有水龙头不宜采用手动式开关。

12.《博物馆建筑设计规范》（JGJ 66—91）中规定

大、中型博物馆内陈列室的每层楼面应配置男女厕所各一间，若该层的陈列室面积之和超过1000m²，则应再适当增加厕所的数量。男女厕所内至少应各设2只大便器，并配有污水池。

13. 《住宅卫生间模数协调标准》（JGJ/T 263—2012）中指出

（1）住宅卫生间优选平面尺寸（表3-66）

表3-66　住宅卫生间优选平面尺寸

设备	最小面积（m²）	优选平面净尺寸（mm）
便器	1.35	900×1500
便器、洗面器	1.56	1300×1300
	1.95	1300×1500
便器、洗面器、淋浴器	2.40	1500×1800
便器、洗面器、浴盆	2.70	1500×2100
	3.15	1500×2200
	3.30	1500×2400
便器、洗面器、淋浴器、洗衣机	3.36	1800×2200
	3.52	1800×2400
便器、洗面器、淋浴器（分室）	3.60	1500×2700
便器、洗面器、浴盆、洗衣机（分室）	5.10	1500×3400
	5.40	1800×3000
便器、洗面器、浴盆、洗衣机	4.80	1500×3200

（2）平面分割尺寸：卫生间局部尺寸分割时可插入50mm或20mm的分模数尺寸。

（3）空间高度：卫生间自室内装修地面至室内吊顶的净高不应小于2200mm。

（七）住宅厨房的有关规定

《住宅厨房模数协调标准》（JGJ/T 262—2012）中指出：

（1）住宅厨房优选平面尺寸（表3-67）。

表3-67　住宅厨房优选平面尺寸

布置方式	最小面积（m²）	优选平面净尺寸（mm）
单排布置	4.05	1500×2700
	4.95	1500×3300
L形布置	4.59	1700×2700
U形布置	4.86	1800×2700
U形布置（有冰箱）	7.56	2800×2700
	5.10	1700×3000
	5.94	1800×3300
双排布置	5.40	1800×3000
	5.94	1800×3300

（2）厨房的净宽不应小于2000mm，且应保证轮椅的回转直径1500mm。

（3）平面分割尺寸：卫生间局部尺寸分割时可插入50mm或20mm的分模数尺寸。

（4）空间高度：厨房自室内装修地面至室内吊顶的净高不应小于2200mm。

（5）厨房部件的高度尺寸：

①地柜（操作柜、洗涤柜、灶柜）高度应为750～900mm，地柜底座高度为100mm。当采用非嵌入灶具时，灶台台面的高度应减去灶台的高度。

②在操作台面上的吊柜底面距室内装修地面的高度宜为 1600mm。

（6）厨房部件的高度尺寸

①地柜的深度可为 600mm、650mm、700mm，推荐尺寸宜为 600mm。地柜前缘踢脚板凹口深度不应小于 50mm。

②吊柜的深度应为 300～400mm，推荐尺寸宜为 350mm。

（7）厨房部件的宽度尺寸

厨房部件的宽度尺寸应符合表 3-68 的规定：

表 3-68　厨房部件的宽度尺寸

厨房部件名称	宽度尺寸（mm）
操作柜	800、900、1200
洗涤柜	600、800、900
灶柜	600、750、800、900

第四部分 地下工程防水设计

一、防水方案的确定

《地下工程防水技术规范》（GB 50108—2008）中指出：

1. 地下工程防水设计，应考虑地表水、地下水、毛细管水等的作用，以及由于人为因素引起的附近水文地质改变的影响确定。单建式的地下工程，应采用全封闭、部分封闭防排水设计；附建式的全地下或半地下工程的防水设防高度，应高出室外地坪高程 500mm 以上。

2. 地下工程迎水面主体结构应采用防水混凝土，并应根据防水等级的要求采取其他防水措施。

3. 地下工程的变形缝（诱导缝）、施工缝、后浇带、穿墙管（盒）、预埋件、预留通道接头、桩头等细部构造，应加强防水措施。

4. 地下工程的排水管沟、地漏、出入口、窗井、风井等，应采用防倒灌措施；严寒及寒冷地区的排水沟应采取防冻措施。

5. 地下工程的防水设计，应根据工程的特点和需要搜集下列资料：

（1）最高地下水位的高程、出现的年代，近几年的实际水位高程和随季节变化情况。

（2）地下水类型、补给水源、水质、流量、流向、压力。

（3）工程地质构造，包括岩层走向、倾角、节理及裂隙、含水地层的特性、分布情况和渗透系数，溶洞及陷穴，填土区、湿陷性土和冻胀土层等情况。

（4）历年气温变化情况、降水量、地层冰冻深度。

（5）区域地形、地貌、天然水源、水库、废弃坑井以及地表水、洪水和给水排水系统资料。

（6）工程所在区域的地震烈度、地热，含瓦斯等有害物质的资料。

（7）施工技术水平和材料来源。

6. 地下工程防水设计，应包括以下内容：

（1）防水等级和设防要求。

（2）防水混凝土的抗渗等级和其他技术指标、质量保证措施。

（3）其他防水层选用的材料及其技术指标、质量保证措施。

（4）工程细部构造的防水措施，选用的材料及其技术指标、质量保证措施。

（5）工程的防排水系统，地面挡水、截水系统及工程各种洞口的防倒塌措施。

二、防水等级的确定

1. 地下工程的防水等级分为四级，各等级防水标准应符合表 4-1 的规定。

表4-1 地下工程防水标准

防水等级	防水标准
一级	不允许渗水，结构表面无湿渍
二级	1. 不允许漏水，结构表面可有少量湿渍。 2. 工业与民用建筑：总湿渍面积不应大于总防水面积（包括顶板、墙面、地面）的1/1000；任意$100m^2$防水面积上的湿渍不超过2处，单个湿渍的最大面积不大于$0.10m^2$。 3. 其他地下工程：总湿渍面积不应大于总防水面积的2/1000；任意$100m^2$防水面积上的湿渍不超过3处，单个湿渍的最大面积不大于$0.20m^2$
三级	1. 有少量漏水点，不得有线流和漏泥沙。 2. 任意$100m^2$防水面积上的漏水或湿渍点数不超过7处，单个漏水点的最大漏水量不大于2.5L/d，单个湿渍的最大面积不大于$0.30m^2$
四级	1. 有漏水点，不得有线流和漏泥沙。 2. 整个工程平均漏水量不大于$2L/(m^2 \cdot d)$；任意$100m^2$防水面积的平均漏水量不大于$4L/(m^2 \cdot d)$

2. 地下工程不同防水等级的适用范围，应根据工程的重要性和使用中对防水的要求，按表4-2选定。

表4-2 不同防水等级的适用范围

防水等级	适用范围	工程或房间示例
一级	人员长期停留的场所；因有少量湿渍会使物品变质、失效的贮物场所及严重影响设备正常运转和危及工程安全运营的部位；极重要的战备工程、地铁车站	居住建筑地下用房、办公用房、医院、餐厅、旅馆、影剧院、商场、娱乐场所、展览馆、体育馆、飞机、车船等交通枢纽、冷库、粮库、档案库、金库、书库、贵重物品库、通信工程、计算机房、电站控制室、配电间和发电机房等人防指挥工程、武器弹药库、防水要求较高的人员掩蔽部、铁路旅客站台、行李房、地下铁道车站等
二级	人员经常活动的场所；在有少量湿渍的情况下不会使物品变质、失效的贮物场所及基本不影响设备正常运转和工程安全运营的部位；重要的战备工程	地下车库、城市人行地道、空调机房、燃料库、防水要求不高的库房、一般人员掩蔽工程、水泵房等
三级	人员临时活动的场所；一般战备工程	一般战备工程、一般战备工程的交通和疏散通道等
四级	对渗漏水无严格要求的工程	—

三、防水设防要求

1. 地下工程的防水设防要求，应根据使用功能、使用年限、水文地质、结构形式、环境条件、施工方法及材料性能等因素确定。

（1）明挖法地下工程的防水设防要求，应按表4-3选用。

表 4-3　明挖法地下工程防水设防要求

工程部位	主体结构							施工缝							后浇带					变形缝、（诱导缝）					
防水措施 / 防水等级	防水混凝土	防水卷材	防水涂料	塑料防水板	膨润土防水材料	防水砂浆	金属防水板	遇水鼓胀止水条（胶）	外贴式止水条	中埋式止水条	外抹防水砂浆	外涂防水涂料	水泥基渗透型防水涂料	预埋注浆管	补偿收缩混凝土	外贴式止水带	预埋注浆管	遇水膨胀止水条（胶）	防水密封材料	中埋式止水带	外贴式止水带	可卸式止水带	防水密封材料	外贴防水卷材	外涂防水涂料
一级	应选	应选一至二种						应选二种						应选	应选二种				应选	应选一至二种					
二级	应选	应选一种						应选一至二种						应选	应选一至二种				应选	应选一至二种					
三级	应选	宜选一种						宜选一至二种						应选	宜选一至二种				应选	宜选一至二种					
四级	宜选	—						宜选一种						应选	宜选一种				应选	宜选一种					

（2）暗挖法地下工程的防水设防要求，应按表 4-4 选用。

表 4-4　暗挖法地下工程防水设防要求

工程部位	衬砌结构						内衬砌施工缝						内衬砌变形缝（诱导缝）				
防水措施 / 防水等级	防水混凝土	塑料防水板	防水砂浆	防水涂料	防水卷材	金属防水条	外贴式止水带	预埋注浆管	遇水膨胀止水条（胶）	中埋式止水带	水泥基渗透型防水涂料	防水密封材料	中埋式止水带	外贴式止水带	可卸式止水带	防水密封材料	遇水膨胀止水条（胶）
一级	必选	应选一至二种					应选一至二种					应选	应选一至二种				
二级	必选	应选一至二种					应选一种					应选	应选一种				
三级	必选	宜选一种					宜选一种					应选	宜选一种				
四级	必选	宜选一种					宜选一种					应选	宜选一种				

2. 处于侵蚀性介质中的工程，应采用耐侵蚀性的防水混凝土、防水砂浆、防水卷材或防水涂料等防水材料。

3. 处于冻融侵蚀环境中的地下工程，其混凝土抗冻融循环不得小于 300 次。

4. 结构刚度较差或受震动作用的工程，宜采用延伸率较大卷材等柔性防水材料。

四、主体结构防水

1. 防水混凝土

（1）防水混凝土可通过调整配合比或掺加外加剂、掺合料等措施配制而成，其抗渗等级不得小于 P6。

（2）防水混凝土的设计抗渗等级。

防水混凝土的抗渗等级与工程埋置深度有关，最低值为 P6。具体内容可参见表 3-70。

（3）防水混凝土的环境温度不得高于 80℃；处于侵蚀性介质中防水混凝土的耐侵蚀要求应根据介质的性质按照有关规定执行。

（4）防水混凝土的结构底板的混凝土垫层，强度等级不应小于 C15，厚度不应小于 100mm，在软弱土层中不应小于 150mm。

（5）防水混凝土结构，应符合下列规定：

1）结构厚度不应小于 250mm。

2）裂缝宽度不得大于 0.2mm，并不得贯通。

3）钢筋保护层厚度应根据结构的耐久性和工程环境选用，迎水面钢筋保护层厚度不应小于 50mm。

（6）防水混凝土应连续浇筑，宜少留施工缝。当留设施工缝时，其构造形式应采取下列构造做法之一。

1）采用中埋式止水带（图 4-1）。

2）采用外贴式止水带（图 4-2）。

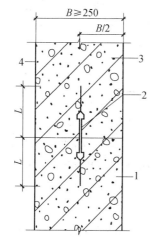

图 4-1　中埋式止水带

1—先浇混凝土；2—中埋止水带；
3—后浇混凝土；4—结构迎水面
钢板止水带 L≥150，
橡胶止水带 L≥200，钢边橡胶止水带 L≥120

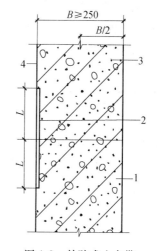

图 4-2　外贴式止水带

1—先浇混凝土；2—外贴止水带；
3—后浇混凝土；4—结构迎水面
外贴止水带 L≥150，
外贴防水涂料 L=200，外抹防水砂浆 L=200

3）采用遇水膨胀止水条（图 4-3）。

4）采用预埋式注浆管（图 4-4）。

2. 水泥砂浆防水层

（1）防水砂浆应包括聚合物水泥砂浆、掺外加剂或掺合料的防水砂浆，宜采用多层抹压法施工。

（2）水泥砂浆防水层可用于地下工程主体结构的迎水面或背水面，不应用于受持续振动或温度高于 80℃ 的地下工程防水。

（3）聚合物水泥砂浆的厚度单层施工宜为 6～8mm，双层施工宜为 10～12mm，掺外加剂或掺合料的水泥砂浆厚度宜为 18～20mm。

（4）水泥砂浆防水层的基层混凝土强度或砌体用的砂浆强度均不应低于设计值的 80%。

3. 卷材防水层

（1）卷材防水层宜用于经常处在地下水环境，且受侵蚀性介质作用或受震动作用的地下工程。

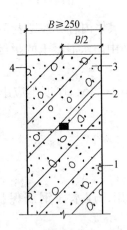

图 4-3　遇水膨胀止水条

1—先浇混凝土；2—遇水膨胀止水条（胶）；

3—后浇混凝土；4—结构迎水面

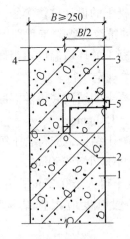

图 4-4　预埋式注浆管

1—先浇混凝土；2—预埋注浆管；

3—后浇混凝土；4—结构迎水面；5—注浆导管

（2）卷材防水层应铺设在混凝土结构的迎水面。

（3）卷材防水层用于建筑地下室时，应铺设在结构底板垫层至墙体防水设防高度的结构基层上；用于单建式的地下工程时，应从底板垫层铺设至顶板基面，并应在外围形成封闭的防水层。

（4）卷材防水层的卷材品种可按表 4-5 选用，并应符合下列规定：

表 4-5　卷材防水层的卷材品种

类别	品种名称
高聚物改性沥青防水卷材	弹性体改性沥青防水卷材
	改性沥青聚乙烯胎防水卷材
	自粘聚合物改性沥青防水卷材
合成高分子类防水卷材	三元乙丙橡胶防水卷材
	聚氯乙烯防水卷材
	聚乙烯丙纶复合防水卷材
	高分子自粘橡胶防水卷材

1）卷材外观质量、品种规格应符合相关规定。

2）卷材及其胶粘剂应具有良好的耐水性、耐久性、耐穿刺性、耐腐蚀性和耐菌性。

（5）卷材防水层的厚度应符合表 4-6 的规定。

表 4-6　不同品种卷材的厚度

卷材品种	高聚物改性沥青防水卷材			合成高分子类防水卷材			
	弹性体改性沥青防水卷材、改性沥青聚乙烯胎防水卷材	自粘聚合物改性沥青防水卷材		三元乙丙橡胶防水卷材	聚氯乙烯防水卷材	聚乙烯丙纶复合防水卷材	高分子自粘橡胶防水卷材
		聚酯毡胎体	无胎体				
单层厚度（mm）	≥4	≥3	≥1.5	≥1.5	≥1.5	卷材≥0.9、胶粘剂≥1.3、芯材厚度≥0.6	≥1.2
双层总厚度（mm）	≥(4+3)	≥(3+3)	≥(1.5+1.5)	≥(1.2+1.2)	≥(1.2+1.2)	卷材≥(0.7+0.7)、胶粘剂≥(1.3+1.3)、芯材厚度≥0.5	—

（6）阴阳角处应做成圆弧或45°坡角，在阴阳角等特殊部位，应增做卷材加强层，加强层的宽度宜为300～500mm。

（7）铺贴卷材严禁在雨天、雪天、5级风以上的天气中施工；冷粘法施工的环境温度不宜低于5℃，热熔法、自粘法施工的环境温度不宜低于－10℃。

4. 涂料防水层

（1）涂料防水层应包括无机防水涂料和有机防水涂料。无机防水涂料可选用掺外加剂、掺合料的水泥基防水涂料、水泥基渗透结晶型防水涂料。有机防水涂料可选用反应型、水乳型、聚合物水泥等涂料。

（2）无机防水涂料宜用于结构主体的背水面，有机防水涂料宜用于地下主体工程的迎水面，用于背水面的有机防水涂料应具有较高的抗渗性，且与基层有较好的粘结性。

（3）防水涂料品种的选择应符合下列规定：

1）潮湿基层宜选用与潮湿基层粘结力大的无机防水涂料或有机防水涂料，也可以采用先涂有机防水涂料或复合防水涂层。

2）冬季施工宜选用反应性涂料。

3）埋置深度较深的重要工程、有振动或有较大变形的工程，应选用高弹性防水涂料。

4）有腐蚀性的地下环境宜选用耐腐蚀性较好的有机防水涂料，并应做刚性保护层。

5）聚合物水泥防水涂料应选用Ⅱ型产品。

（4）采用有机防水涂料时，基层阴阳角应做成圆弧形，阴角直径宜大于50mm，阳角直径宜大于10mm，在底层转角部位应增加胎体增强材料，并应增涂防水涂料。

（5）防水涂料宜选用外防外涂或内防内涂。

（6）掺外加剂、掺合料的水泥基防水涂料的厚度不得小于3.0mm；水泥基渗透结晶型防水涂料的用量不应小于1.5kg/m²，其厚度不应小于1.0mm；有机防水涂料的厚度不得小于1.2mm。

5. 塑料防水板防水层

（1）塑料防水板防水层宜用于经常受水压、侵蚀性介质或受震动作用的地下工程防水。

（2）塑料防水板防水层与铺设在复合式衬砌的初期支护和二次衬砌之间。

（3）塑料防水板宜在初期支护结构趋于基本稳定后铺设。

（4）塑料防水板防水层应由厚度不小于1.2mm的塑料防水板（乙烯-醋酸乙烯共聚物、乙烯-沥青共混聚合物、聚氯乙烯、高密度聚乙烯）与缓冲层（5mm的聚乙烯泡沫塑料或无纺布）组成。

（5）塑料防水板防水层可根据工程地质、水文地质条件和工程防水要求，采用全封闭、半封闭式或局部封闭铺设。

（6）塑料防水板防水层应牢固地固定在基面上，固定点的间距应根据基面平整情况确定，拱部宜为0.50～0.80m，边墙宜为1.00～1.50m，底部宜为1.50～2.00m，局部凹凸较大时，应在凹处加密固定点。

6. 金属板防水层

（1）金属板防水层可用于长期浸水、水压较大的水工隧道，所用的金属板和焊条应符合设计要求。

（2）金属板的拼接应采用焊接，拼接焊缝应严密。竖向金属板的垂直接缝，应相互错开。

（3）主体结构内部设置金属防水层时，金属板应与结构内部的钢筋焊牢，也可以在金属板防水层上焊接一定数量的锚固件。

（4）主体结构外侧设置金属板防水层时，金属板应焊在混凝土结构的预埋件上。与结构的空隙应用水泥砂浆灌实。

（5）金属板防水层应用临时支承加固。金属板防水层底板上应预留浇捣孔，并应保证混凝土浇筑密实，待底板混凝土浇筑完成后应补焊严密。

（6）金属板防水层如先焊成箱体，在整体吊装就位时，应在其内部加设临时支撑。

（7）金属板防水层应采取防锈措施。

7. 膨润土防水材料防水层

（1）膨润土防水材料包括膨润土防水毯和膨润土防水板及其配套材料，采用机械固定法铺设。

（2）膨润土防水材料防水层应用于 pH 值为 4～10 的地下环境，含盐量较高的地下环境应采用经过改性处理的膨润土。

（3）膨润土防水材料防水层应用于地下工程主体结构的迎水面，防水层两侧应具有一定的夹持力。

（4）铺设膨润土防水材料防水层的基础混凝土强度等级不得小于 C15，水泥砂浆强度等级不得低于 M7.5。

（5）阴、阳角部位应做成直径不小于 30mm 的圆弧或 30mm×30mm 的坡角。

（6）变形缝、后浇带等接缝部位应设置宽度不小于 500mm 的加强层，加强层应设置在防水层与结构外表面之间。

（7）穿墙管件部位宜采用膨润土橡胶止水条、膨润土密封膏或膨润土粉进行加强处理。

8. 地下工程种植顶板防水

（1）地下工程种植顶板的防水等级应为一级。

（2）种植土与周边自然土体不相连，且高于周边地坪时，应按种植屋面要求设计。

（3）地下工程种植顶板结构应符合下列规定：

1）种植顶板应为现浇防水混凝土，结构找坡，坡度宜为 1%～2%。

2）种植顶板厚度不应小于 250mm，最大裂缝宽度不应大于 0.2mm，并不得贯通。

3）种植顶板的结构荷载应符合《种植屋面工程技术规范》（JGJ 155—2007）的要求。

（4）地下室顶板面积较大时，应设计蓄水装置；寒冷地区的设计，冬秋季时宜将种植土中的积水排出。

（5）种植顶板防水设计应包括主体结构防水，管线、花池、排水沟、通风井和亭、台、柱、架等构配件的防排水、泛水设计。

（6）地下室顶板为车道或硬铺地面时，应根据工程所在地区建筑节能标准进行绝热（保温）设计。

（7）少雨地区的地下工程顶板种植土宜与大于 1/2 周边的自然土体相连，若低于周边土体时，宜设置蓄排水层。

（8）种植土中的积水宜通过盲沟排至周边土体或建筑排水系统。

（9）地下工程种植顶板的防排水构造应符合下列要求：

1）耐根穿刺防水层应铺设在普通防水层上。

2）耐根穿刺防水层表面应设置保护层，保护层与防水层之间应设置隔离层。

3）排（蓄）水层应根据蓄水性、储水量、稳定性、抗生物性等因素进行设计；排（蓄）水层应设置在保护层上面，并应结合排水沟分区设置。

4）排（蓄）水层上应设置过滤层，过滤层材料的搭接宽度不应小于 200mm。

5）种植土层与植被层应符合《种植屋面工程技术规范》（JGJ 155—2007）的要求。

（10）地下工程种植顶板防水材料应符合下列规定。

1）绝热（保温）层应选用密度大、吸水率低的绝热材料，不得选用散状绝热材料。

2）耐根穿刺层防水材料的选用应符合相关规定。

3）排（蓄）水层应选用抗压强度大且耐久性好的塑料防水板、网状交织排水板或轻质陶粒等轻质材料。

（11）防水层下不得埋设水平管线。垂直穿越的管线应预埋套管，套管超过种植土的高度应大于150mm。

（12）变形缝应作为种植分区的边界，不得跨缝种植。

（13）种植顶板的泛水部位应采用现浇钢筋混凝土，泛水处防水层高度应大于250mm。

（14）泛水部位、水落口及穿顶板管道四周宜设置200～300mm宽的卵石隔离带。

五、细部构造

1. 变形缝

（1）用于伸缩的变形缝宜少设，可以根据不同的结构类型、工程地质情况采用后浇带、加强带、诱导缝等替代措施。

（2）变形缝处混凝土的厚度不应小于300mm。

（3）用于沉降的变形缝最大允许沉降值不应大于30mm。

（4）变形缝的宽度宜为20～30mm。

（5）变形缝的防水措施可根据开挖方法、防水等级选用相关做法，缝中必须加设中埋式止水带。常见做法见图4-5。

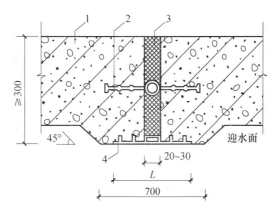

图4-5　变形缝构造示意

1—混凝土结构；2—中埋式止水带；3—填缝材料；

4—外贴止水带（外贴式止水带 $L \geqslant 300$、外贴防水卷材 $L \geqslant 400$、外涂防水涂层 $L \geqslant 400$）

（6）环境温度高于50℃处的变形缝，中埋式止水带可采用金属制作。

2. 后浇带

（1）后浇带宜用不允许留设变形缝的工程部位。

（2）后浇带应在其两侧混凝土龄期达到42d后再施工；高层建筑的后浇带施工应按规定时间进行。

（3）后浇带应采用补偿收缩混凝土浇筑，其抗渗和抗压强度等级不应低于两侧混凝土。

（4）后浇带应在受力和变形较小的部位，其间距和位置应按结构要求确定，宽度宜为700～1000mm。

（5）后浇带两侧可做成平直缝或阶梯缝，具体做法可参见图4-6。

（6）采用掺膨胀剂的补偿收缩混凝土，水中养护14d后的限制膨胀率不应小于0.015%，膨胀率的掺量应根据不同部位确定，并应经过试验。

3. 穿墙管（盒）

（1）穿墙管（盒）应在浇筑混凝土前埋设。

（2）穿墙管与内墙角、凹凸部位的距离应大于250mm。

（3）结构变形或管道伸缩量较小时，穿墙管可采用主管直接埋入混凝土内的固定式防水法。直管应加焊止水环或环绕遇水膨胀止水圈，并应在迎水面预留凹槽，槽内应采用密封材料嵌填密实。

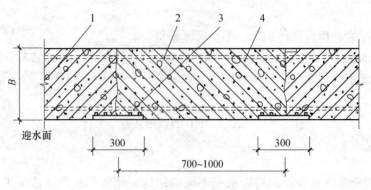

图 4-6 后浇带防水构造

1—现浇混凝土；2—结构主筋；3—外贴式止水带；4—后浇补偿收缩混凝土

（4）结构变形或管道伸缩量较大或有更换要求时，应采用套管式防水法，套管应加焊止水环（图 4-7 ~ 图 4-9）。

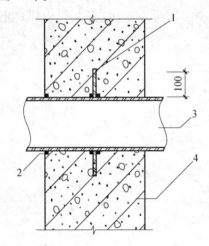

图 4-7 穿墙管的构造（一）

1—止水环；2—密封材料；3—主管；4—混凝土结构

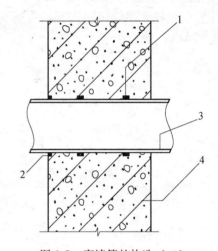

图 4-8 穿墙管的构造（二）

1—遇水膨胀止水条；2—密封材料；3—主管；4—混凝土结构

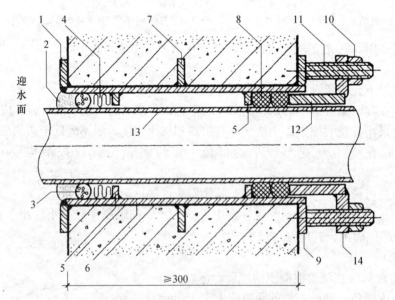

图 4-9 套管式穿墙管的防水构造

1—翼环；2—密封材料；3—背衬材料；4—充填材料；5—挡圈；6—套管；7—止水环；
8—橡胶圈；9—翼盘；10—螺母；11—双头螺栓；12—短管；13—主管；14—法兰盘

4. 孔口

（1）地下工程通向地面的各种孔口应采取防地面水倒灌的措施，人员出入口高出地面的高度宜为500mm；汽车出入口设置明沟排水时，其高度宜为150mm，并应采取防雨措施。

（2）窗井的底部在最高地下水位以上时，窗井的底板和墙应做防水处理，并宜与主体结构断开（图4-10）。

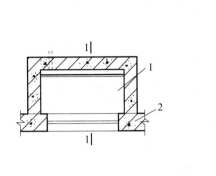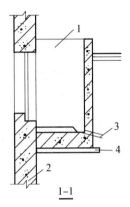

图 4-10　窗井防水构造（一）
1—窗井；2—主体结构；3—排水管；4—垫层

（3）窗井或窗井的一部分在最高地下水位以下时，窗井应与主体结构连成整体，并应在窗井内设置集水坑（图4-11）。

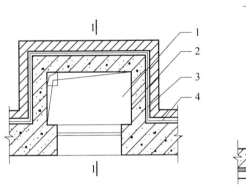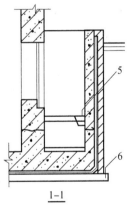

图 4-11　窗井防水构造（二）
1—窗井；2—防水层；3—主体结构；4—防水保护层；5—集水井；6—垫层

（4）无论地下水位高低，窗台下部的墙体和底板应做防水层。

（5）窗井内的底板，应低于窗下缘300mm，窗井墙高出地面不得小于500mm。窗井外地面应做散水，散水与墙面间应加设密封材料嵌填。

（6）通风口应与窗井同样处理，竖井窗下缘离室外地面高度不得小于500mm。

5. 坑、池

（1）坑、池、储水库宜采用防水混凝土整体浇筑，内部应设防水层。受震动作用时应设柔性防水层。

（2）底板下部的坑、池，其局部底板应相应降低，并应使防水层保持连续（图4-12）。

6. 附加防水层的保护

《地下工程防水技术规范》（GB 50108—2008）中规定："地下工程迎水面主体结构应采用防水混凝土，并根据防水等级的要求采用其他防水措施"是地下工程防水的具体原则。其他防水措施是指在防水混凝土结构的外侧（迎水面）铺贴 1～2 层的防水卷材，并对防水卷材采取相应的保护措施。保护措施有"硬保护"和"软保护"两种做法。"硬保护"做法是在卷材外侧砌筑 120mm 烧结普通砖墙的做法；"软保护"是在卷材外侧粘贴 50mm 聚苯板的做法。软保护的构造见图 4-13。

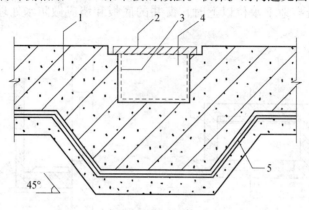

图 4-12　坑、池构造

1—底板；2—盖板；3—坑、池防水层；4—坑、池；5—主体结构防水层

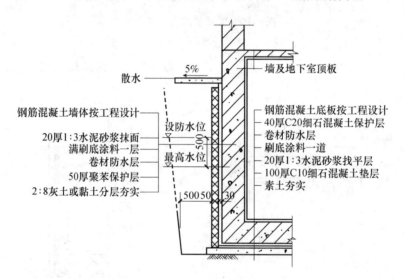

图 4-13　软保护的构造

第五部分 抗震设计规定

一、抗震设防烈度与设计基本地震加速度

《建筑抗震设计规范》（GB 50011—2010）中规定：我国各直辖市、省、自治区的抗震设防烈度与设计基本地震加速度数值详见表 5-1。

表 5-1 抗震设防烈度与设计基本地震加速度

直辖市、省、自治区	抗震设防烈度与设计基本地震加速度	代表性城市或地区
北京市	8 度、0.20g	东城、西城、朝阳、丰台、石景山、海淀、房山、通州、顺义、大兴、平谷、延庆
	7 度、0.15g	昌平、门头沟、怀柔、密云
	7 度、0.10g	
	6 度、0.05g	
天津市	8 度、0.20g	宁河
	7 度、0.15g	和平、河东、河西、南开、河北、红桥、蓟县、静海等
	7 度、0.10g	大港
	6 度、0.05g	
上海市	8 度、0.20g	
	7 度、0.15g	
	7 度、0.10g	黄浦、卢湾、徐汇、长宁、静安、普陀、闸北、虹口等
	6 度、0.05g	金山、崇明
重庆市	8 度、0.20g	
	7 度、0.15g	
	7 度、0.10g	
	6 度、0.05g	渝中、大渡口、江北、沙坪坝、九龙坡、南岸、北碚等
河北省	8 度、0.20g	唐山、古冶、三河、大厂、香河、廊坊、怀来、涿鹿等
	7 度、0.15g	邯郸、任丘、河间、大成、张家口（宣化区）、蔚县等
	7 度、0.10g	张家口（桥东、桥西）、承德、石家庄、保定、秦皇岛等
	6 度、0.05g	围场、沽源、正定、承德（双桥、双滦）、秦皇岛（山海关）
山西省	8 度、0.20g	太原、晋中、临汾、永济、平遥、太谷、原平、介休等
	7 度、0.15g	大同（城区）、大同县、朔州、浑源、沁源、宁武、侯马等
	7 度、0.10g	大同（欣荣）、长治（城区）、阳泉（城区、矿区）、平顺等
	6 度、0.05g	晋城、永和、吕梁、襄垣、左权、岢岚、河曲、保德等
内蒙古自治区	8 度、0.30g	达拉特旗、土墨特右旗
	8 度、0.20g	呼和浩特、磴口、乌海、包头、宁城等
	7 度、0.15g	赤峰（红山）、喀喇沁旗、凉城、固阳、武川、阿拉善左旗

直辖市、省、自治区	抗震设防烈度与设计基本地震加速度	代表性城市或地区
内蒙古自治区	7度、0.10g	赤峰（松山）、开鲁、通辽、丰镇、额尔多斯、
	6度、0.05g	满洲里、商都、兴和、包头（白云矿区）
辽宁省	8度、0.20g	普兰店、东港
	7度、0.15g	营口、海城、大石桥、瓦房店、大连（金州）、丹东
	7度、0.10g	沈阳、辽阳、鞍山、抚顺、铁岭、盘锦、朝阳县、旅顺等
	6度、0.05g	本溪、葫芦岛、昌图、彰武、锦州、兴城、绥中、建昌等
吉林省	8度、0.20g	前郭尔罗斯、松原
	7度、0.15g	大安
	7度、0.10g	长春、白城、舒兰、吉林、九台
	6度、0.05g	四平、辽源、图们、梅河口、公主岭、靖宇、伊通等
黑龙江省	8度、0.20g	
	7度、0.15g	
	7度、0.10g	绥化、萝北、泰来
	6度、0.05g	哈尔滨、齐齐哈尔、大庆、佳木斯、伊春、绥芬河等
江苏省	8度、0.30g	宿迁
	8度、0.20g	新沂、邳州、睢宁
	7度、0.15g	扬州、镇江、泗洪、江都、东海、沭阳、大丰
	7度、0.10g	南京、常州、徐州、连云港、泰州、盐城、丹阳
	6度、0.05g	无锡、苏州、宜兴、南通、江阴、张家港、响水等
浙江省	8度、0.20g	
	7度、0.15g	
	7度、0.10g	岱山、嵊泗、舟山、宁波（北仑、镇海）
	6度、0.05g	杭州、湖州、宁波（江北）、嘉兴、温州、绍兴、余姚等
安徽省	8度、0.20g	
	7度、0.15g	五河、泗县、
	7度、0.10g	合肥、阜阳、淮南、六安、固镇、铜陵县、安庆、灵璧等
	6度、0.05g	铜陵（郊区）、芜湖、宣城、阜南、滁州、砀山、宿州等
福建省	8度、0.20g	金门
	7度、0.15g	漳州、厦门、泉州、晋江等
	7度、0.10g	福州、莆田
	6度、0.05g	三明、政和、永定、马祖
江西省	8度、0.20g	
	7度、0.15g	
	7度、0.10g	寻乌、会昌
	6度、0.05g	南昌、九江、瑞昌、瑞金、靖安、修水
山东省	8度、0.20g	郯城、临沭、莒南、莒县
	7度、0.15g	临沂、青州、菏泽、潍坊、淄博、寿光、枣庄、聊城等
	7度、0.10g	烟台、威海、文登、平原、东营、日照、栖霞、梁山等
	6度、0.05g	荣成、德州、曲阜、兖州、济南、青岛、济宁、即墨等

直辖市、省、自治区	抗震设防烈度与设计基本地震加速度	代表性城市或地区
河南省	8度、0.20g	新乡、安阳、鹤壁、汤阴、淇县、辉县等
	7度、0.15g	台南、陕县、郑州、濮阳、灵宝、焦作、三门峡等
	7度、0.10g	南阳、许昌、郑州（上街）、焦作、开封、济源、偃师等
	6度、0.05g	信阳、漯河、平顶山、商丘、登封、汝州、渑池、周口等
湖北省	8度、0.20g	
	7度、0.15g	
	7度、0.10g	竹溪、竹山、房县
	6度、0.05g	武汉、荆州、荆门、襄樊、十堰、宜昌、赤壁、孝感等
湖南省	8度、0.20g	
	7度、0.15g	常德（武陵、鼎城）
	7度、0.10g	岳阳、汨罗、津市、桃源
	6度、0.05g	长沙、岳阳、益阳、张家界、郴州、邵阳、慈利、冷水江
广东省	8度、0.20g	汕头、潮安、南澳、饶平
	7度、0.15g	揭阳、揭东、汕头（潮阳、潮南）、饶平
	7度、0.10g	广州、深圳、湛江、汕尾、茂名、珠海、中山、电白等
	6度、0.05g	韶关、广州（花都）、肇庆、东莞、梅州、佛山、四会等
广西壮族自治区	8度、0.20g	
	7度、0.15g	灵山、田东
	7度、0.10g	玉林、兴业、百色、横县、北流、田阳
	6度、0.05g	南宁、桂林、柳州、梧州、北海、防城港、兴安、全州等
海南省	8度、0.30g	海口（龙华、秀英、琼山、美兰）
	8度、0.20g	文昌、定安
	7度、0.15g	澄迈
	7度、0.10g	临高、琼海、儋州、屯昌
	6度、0.05g	三亚、万宁、昌江、白沙、东方、五指山、琼中等
四川省	9度、0.40g	康定、西昌
	8度、0.30g	冕宁
	8度、0.20g	茂县、汶川、松潘、北川、都江堰、九寨沟、德昌等
	7度、0.15g	绵竹、什邡、木里、巴塘、江油等
	7度、0.10g	自贡、绵阳、广元、乐山、宜宾、攀枝花、广汉、峨眉山
	6度、0.05g	泸州、内江、达州、阆中、容县、红原、梓潼等
贵州省	8度、0.20g	
	7度、0.15g	
	7度、0.10g	望谟、咸宁
	6度、0.05g	贵阳、凯里、安顺、都匀、金沙、六盘水、普安、盘县等
云南省	9度、0.40g	寻甸、昆明（东川）、澜沧
	8度、0.30g	剑川、嵩明、丽江、永胜、双江、沧源
	8度、0.20g	石林、大理、昆明、普洱、宾川、祥云、会泽
	7度、0.15g	香格里拉、曲靖、宁洱、沾益、昌宁

续表

直辖市、省、自治区	抗震设防烈度与设计基本地震加速度	代表性城市或地区
云南省	7 度、0.10g	盐津、绥江、昭通、宣威、蒙自、金平
	6 度、0.05g	威信、广南、河口、砚山
西藏自治区	9 度、0.40g	当雄、墨脱
	8 度、0.30g	申扎、米林、波密
	8 度、0.20g	普兰、拉萨
	7 度、0.15g	吉隆、白朗
	7 度、0.10g	改则、定结、昌都
	6 度、0.05g	革吉
陕西省	8 度、0.20g	西安（雁塔、临潼）、渭南、华县、华阴、陇县
	7 度、0.15g	咸阳、西安（长安）、户县、宝鸡、咸阳、韩城、略阳
	7 度、0.10g	安康、平利、洛南、汉中
	6 度、0.05g	延安、神木、富县、吴旗、定边
甘肃省	9 度、0.40g	古浪
	8 度、0.30g	天水、礼县、西和、白银（平川区）
	8 度、0.20g	陇南、徽县、康县、文县、兰州（城关）、武威、永登等
	7 度、0.15g	康乐、嘉峪关、酒泉、白银（白银区）、兰州（红古区）
	7 度、0.10g	张掖、合作、玛曲、敦煌、山丹、临夏、积石山
	6 度、0.05g	华池、正宁、庆阳、合水、宁县、西峰
青海省	8 度、0.20g	玛沁、玛多、达日
	7 度、0.15g	祁连、甘德、门源、治多、玉树
	7 度、0.10g	乌兰、称多、西宁（城区）、同仁、德令哈、格尔木
	6 度、0.05g	泽库
宁夏回族自治区	8 度、0.30g	海原
	8 度、0.20g	石嘴山、平罗、银川、吴忠、贺兰、固原、中卫、隆德
	7 度、0.15g	彭阳
	6 度、0.05g	盐池
新疆维吾尔自治区	9 度、0.40g	乌恰、塔什库耳干
	8 度、0.30g	阿图什、喀什、疏附
	8 度、0.20g	巴里坤、乌鲁木齐、阿克苏、库车、石河子、克拉玛依
	7 度、0.15g	木垒、库尔勒、新河、伊宁、霍城、岳普湖
	7 度、0.10g	鄯善、乌鲁木齐（达坂城）、克拉玛依、叶城、皮山
	6 度、0.05g	额敏、于田、阿勒泰、克拉玛依（白碱滩）
港澳特区和台湾省	9 度、0.40g	台中、苗栗、云林、嘉义、花莲
	8 度、0.30g	台南、台北、桃园、基隆、宜兰、台东、屏东
	8 度、0.20g	高雄、澎湖
	7 度、0.15g	香港
	7 度、0.10g	澳门

二、设防分类、设防标准

《建筑工程抗震设防分类标准》（GB 50225—2008）中规定：

（一）设防分类

抗震设防类别是根据遭遇地震后，可造成人员伤亡、直接和间接经济损失、社会影响程度及其在抗震救灾中的作用等因素，对各类建筑所做的设防类别划分。

1. 特殊设防类（甲类）

指使用上有特殊功能，涉及国家公共安全的重大建筑工程和地震时可能发生严重次生灾害等特别重大灾害后果，需要进行特殊设防的建筑。

2. 重点设防类（乙类）

指地震时使用功能不能中断或需尽快恢复的生命线相关建筑，以及地震时可能导致大量人员伤亡等重大灾害后果，需要提高设防标准的建筑。

3. 标准设防类（丙类）

指大量的除1、2、4款以外按标准要求进行设防的建筑。

4. 适度设防类（丁类）

只使用上人员稀少且震损不致产生次生灾害，允许在一定条件下适度降低要求的建筑。

（二）设防标准

抗震设防标准是衡量设防高低的尺度，由抗震设防烈度和设计地震动参数及建筑抗震设防类别而确定的。

1. 标准设防类

应按本地区抗震设防标准烈度确定其抗震措施和地震作用，涉及在遭遇高于当地抗震设防烈度的预估罕遇地震影响时不致倒塌或发生生命安全的严重破坏的抗震设防目标。如居住建筑。

2. 重点设防类

应按高于本地区抗震设防烈度一度的要求加强其抗震措施；但抗震设防烈度为9度时应按比9度更高的要求采取抗震措施。地基基础的抗震措施，应符合有关规定。同时，应按本地区抗震设防烈度确定其地震作用。如幼儿园、中小学校教学用房、宿舍、食堂、电影院、剧场、礼堂、报告厅等均属于重点设防类。

3. 特殊设防类

应按高于本地区抗震设防烈度一度的要求加强其抗震措施；但抗震设防烈度为9度时应按比9度更高的要求采取抗震措施。同时，应按标准的地震安全性评价的结果且高于本地区抗震设防烈度的要求确定其地震作用。如国家级的电力调度中心、国家级卫星地球站上行站等均属于特殊设防类。

4. 适度设防类

允许比本地区抗震设防烈度的要求适当降低其抗震措施，但抗震设防烈度为6度时不应降低。一般情况下，仍应按本地区抗震设防烈度确定其地震作用。如仓库类等人员活动少、无次生灾害的建筑。

注：地震作用在《建筑抗震设计规范》（GB 50011—2001）中这样解释：地震作用包括水平地震作用、竖向地震作用以及由水平地震作用引起的扭转影响等。

三、砌体结构的抗震构造

（一）一般规定

1. 限制房屋总高度和建造层数

砌体结构房屋总高度和建造层数与抗震设防烈度和设计基本地震加速度有关，具体数值应以表2-4为准。

2. 限制建筑体形高宽比

限制建筑体形高宽比的目的在于减少过大的侧移、保证建筑的稳定。砌体结构房屋总高度与总宽度的最大限值，应符合表5-2的有关规定。

表5-2　房屋最大高宽比

烈　　度	6	7	8	9
最大高宽比	2.5	2.5	2.0	1.5

注：1. 单面走廊房屋的总宽度不包括走廊宽度。

　　2. 建筑平面接近正方形时，其高宽比宜适当减小。

3. 多层砌体房屋的结构体系，应符合下列要求

（1）应优先采用横墙承重或纵横墙共同承重的结构体系，不应采用砌体墙和混凝土混合承重的结构体系。

（2）纵横向砌体抗震墙的布置应符合下列要求：

1）宜均匀对称，沿平面内宜对齐，沿竖向应上下连续；且纵横墙体的数量不宜相差过大。

2）平面轮廓凹凸尺寸，不应超过典型尺寸的50%；当超过典型尺寸的25%时，房屋转角处应采取加强措施。

3）楼板局部大洞口的尺寸不宜超过楼板宽度的30%，且不应在墙体两侧同时开洞。

4）房屋错层的楼板高差超过500mm时，应按两层计算；错层部位的墙体应采取加强措施。

5）同一轴线的窗间墙宽度宜均匀，墙面洞口的面积，6、7度时不宜大于墙体面积的55%，8、9度时不宜大于50%。

6）在房屋宽度方向的中部应设置内纵墙，其累计长度不宜小于房屋总长度的60%（高宽比大于4的墙段不计入）。

（3）房屋有下列情况之一时宜设置防震缝，缝的两侧均应设置墙体，砌体结构的缝宽应根据烈度和房屋高度确定，可采用70~100mm。

1）房屋立面高差在6m以上。

2）房屋有错层，且楼板高差大于层高的1/4。

3）各部分的结构刚度、质量截然不同。

（4）楼梯间不宜设置在房屋的尽端或转角处。

（5）不应在房屋转角处设置转角窗。

（6）横墙较少、跨度较大的房屋，宜采用现浇钢筋混凝土楼、屋盖。

4. 限制抗震横墙的最大间距

砌体结构抗震横墙的最大间距不应超过表5-3的规定。

表 5-3　房屋抗震横墙的最大间距　　　　　　　　　　（m）

房屋类别		烈度			
		6	7	8	9
多层砌体	现浇或装配整体式钢筋混凝土楼、屋盖	15	15	11	7
	装配式钢筋混凝土楼、屋盖	11	11	9	4
	木屋盖	9	9	4	—
底部框架-抗震墙	上部各层	同多层砌体房屋			—
	底层或底部两层	18	15	11	—

注：1. 多层砌体房屋的顶层，除木屋盖外的最大横墙间距应允许适当放宽，但应采取相应加强措施。
　　2. 多孔砖抗震横墙厚度为 190mm 时，最大横墙间距应比表中数值减少 3m。

5. 多层砌体房屋中砌体墙段的局部尺寸限值

多层砌体房屋中砌体墙段的局部尺寸限值应符合表 5-4 的有关规定。

表 5-4　多层砌体房屋中砌体墙段的局部尺寸限值　　　　　（m）

部位	6 度	7 度	8 度	9 度
承重窗间墙最小宽度	1.0	1.0	1.2	1.5
承重外墙尽端至门窗洞边的最小距离	1.0	1.0	1.2	1.5
非承重外墙尽端至门窗洞边的最小距离	1.0	1.0	1.0	1.0
内墙阳角至门窗洞边的最小距离	1.0	1.0	1.5	2.0
无锚固女儿墙（非出入口处）的最大高度	0.5	0.5	0.5	0.0

注：1. 局部尺寸不足时，应采取局部加强措施弥补，且最小宽度不得小于 1/4 层高和表列数值的 80%；
　　2. 出入口处的女儿墙应有锚固。

6. 其他结构要求

（1）楼盖和屋盖

1）现浇钢筋混凝土楼板或屋面板伸进纵、横墙内的长度，均不应小于 120mm。

2）、装配式钢筋混凝土楼板或屋面板，当圈梁未设在板的同一标高时，板端伸进外墙的长度不应小于 120mm，伸进内墙的长度不应小于 100mm 或采用硬架支模连接，在梁上不应小于 80mm 或采用硬架支模连接。

3）当板的跨度大于 4.8m 并与外墙平行时，靠外墙的预制板侧边应与墙或圈梁拉结。

4）房屋端部大房间的楼盖，6 度时房屋的屋盖和 7～9 度时房屋的楼、屋盖，当圈梁设在板底时，钢筋混凝土预制板应互相拉结，并应与梁、墙或圈梁拉结。

（2）楼梯间

1）顶层楼梯间横墙和外墙应沿墙高每隔 500mm 设 2φ6 通长钢筋和 φ4 分布短钢筋平面内点焊组成的拉结网片或 φ4 点焊网片；7～9 度时其他各层楼梯间墙体应在休息平台或楼层半高处设置 60mm 厚、纵向钢筋不应少于 2φ10 钢筋混凝土带或配筋砖带，配筋砖带不少于 3 皮，每皮的配筋不少于 2φ6，砂浆强度等级不应低于 M7.5，且不低于同层墙体的砂浆强度等级。

2）楼梯间及门厅内墙阳角的大梁支承长度不应小于 500mm，并应与圈梁连接。

3）装配式楼梯段应与平台板的梁可靠连接，8、9 度时不应采取装配式楼梯段；不应采用墙中悬挑式或踏步竖肋插入墙体的楼梯，不应采用无筋砖砌栏板。

4）突出屋顶的楼、电梯间，构造柱应伸向顶部，并与顶部圈梁连接，所有墙体应沿墙高每隔 500mm 设 2φ6 通长钢筋和 φ4 分布短筋平面内点焊组成的拉结网片或 φ4 点焊网片。

（3）其他

1）门窗洞口处不应采用无筋砖过梁；过梁的支承长度：6～8 度时不应小于 240mm，9 度时不应小于 360mm。

2）预制阳台，6、7 度时应与圈梁和楼板的现浇板带可靠连接，8、9 度时不应采用预制阳台。

3）后砌的非承重砌体隔墙、烟道、风道、垃圾道均应有可靠拉结。

4）同一结构单元的基础（或桩承台），宜采用同一类型的基础，底面宜埋置在同一标高上，否则应增设基础圈梁并应按 1:2 的台阶逐步放坡。

5）坡屋顶房屋的屋架应与顶层圈梁可靠连接，檩条或屋面板应与墙、屋架可靠连接，房屋出入口处的檐口瓦应与屋面构件锚固。采用硬山搁檩时，顶层内纵墙顶宜增砌支承山墙的踏步式墙垛，并设置构造柱。

6）6、7 度时长度大于 7.2m 的大房间，以及 8、9 度时外墙转角及内外墙交接处，应沿墙高每隔 500mm 配置 2φ6 通长钢筋和 φ4 分布短筋平面内点焊组成的拉结网片或 φ4 点焊网片。

（二）圈梁

圈梁的作用有以下三点：一是增强楼层平面的整体刚度；二是防止地基的不均匀下沉；三是与构造柱一起形成骨架，提高砌体结构的抗震能力。圈梁应采用钢筋混凝土制作，并应现场浇筑。

1. 圈梁的设置原则

（1）装配式钢筋混凝土楼、屋盖或木屋盖的砖房，横墙承重时应按表 5-5 的要求设置圈梁，纵墙承重时，抗震横墙上的圈梁间距应比表 5-5 内的要求适当加密。

表5-5　多层砖砌体房屋现浇钢筋混凝土圈梁的设置要求

墙体类别		烈度		
		6、7	8	9
圈梁设置	外墙和内纵墙	屋盖处及每层楼盖处	屋盖处及每层楼盖处	屋盖处及每层楼盖处
	内横墙	同上；屋盖处间距不应大于 4.5m；楼盖处间距不应大于 7.2m；构造柱对应部位	同上；各层所有横墙，且间距不应大于 4.5m；构造柱对应部位	同上；各层所有横墙
配筋	最小纵筋	4φ10	4φ12	4φ14
	φ6 箍筋，最大间距（mm）	250	200	150

（2）现浇或装配整体式钢筋混凝土楼、屋盖与墙体有可靠连接的房屋，应允许不设圈梁，但楼板沿抗震墙体周边应加设配筋并应与相应的构造柱钢筋可靠连接。

2. 圈梁的构造要求

（1）圈梁应闭合，遇有洞口，圈梁应上下搭接。圈梁宜与预制板设置在同一标高处或紧靠板底。

（2）圈梁在表 5-5 内只有轴线（无横墙）时，应利用梁或板缝中配筋替代圈梁。

（3）圈梁的截面高度不应小于 120mm，基础圈梁的截面高度不应小于 180mm、配筋不应少于 4φ12。

（4）圈梁的截面宽度不应小于 240mm。

（三）构造柱

构造柱的作用是与圈梁一起形成封闭骨架，提高砌体结构的抗震能力。构造柱应是现浇钢筋混凝土柱。

1. 构造柱的设置原则

（1）构造柱的设置部位，应以表 5-6 为准。

表 5-6 多层砖砌体房屋构造柱设置要求

房屋层数				设置部位	
6 度	7 度	8 度	9 度		
四、五	三、四	二、三	—	楼、电梯间四角；，楼梯斜梯段上下端对应的墙体处；外墙四角和对应转角；错层部位横墙与外纵墙交接处；大房间内外墙交接处；较大洞口两侧	隔 12m 或单元横墙与外纵墙交接处。楼梯间对应的另一侧内横墙与外纵墙交接处
六	五	四	二		隔开间横墙（轴线）与外墙交接处；山墙与内纵墙交接处
七	≥六	≥五	≥三		内墙（轴线）与外墙交接处；内墙的局部较小墙垛处；内纵墙与横墙（轴线）交接处

注：较大洞口，内墙指大于 2.1m 的洞口；外墙在内外墙交接处已设置构造柱时允许适当放宽，但洞侧墙体应加强。

（2）外廊式和单面走廊式的多层房屋，应根据房屋增加一层的层数，按表 5-6 的要求设置构造柱，且单面走廊两侧的纵墙均应按外墙处理。

（3）横墙较少的房屋，应根据房屋增加一层的层数，按表 5-6 的要求设置构造柱；当横墙较少的房屋为外廊式或单面走廊时，应按（2）款要求设置构造柱；但 6 度不超过 4 层、7 度不超过 3 层和 8 度不超过 2 层时应按增加二层的层数对待。

（4）各层横墙很少的房屋，应按增加二层的层数设置构造柱。

（5）采用蒸养灰砂砖和蒸养粉煤灰砖砌体的房屋，当砌体的抗剪强度仅达到烧结普通砖的 70% 时，应按增加一层的层数按（1）~（4）款要求设置构造柱；但 6 度不超过 4 层、7 度不超过 3 层和 8 度不超过 2 层时，应按增加二层的层数对待。

2. 构造柱的构造要求

（1）构造柱最小截面可采用 180mm × 240mm（墙厚 190mm 时为 180mm × 190mm），纵向钢筋宜采用 4φ12，箍筋间距不宜大于 250mm，且在上下端应适当加密；6、7 度时超过 6 层、8 度时超过 5 层和 9 度时，构造柱纵向钢筋宜采用 4φ14，箍筋间距不宜大于 200mm；房屋四角的构造柱应适当加大截面及配筋。

（2）构造柱与墙体连接处应砌成马牙槎，沿墙高每隔 500mm 设 2φ6 水平钢筋和φ4 分布短筋平面内点焊组成的拉结网片或φ4 点焊钢筋网片，每边深入墙内不宜小于 1m。6、7 度底部 1/3 楼层，8 度时底部 1/2 楼层，9 度时全部楼层，相邻构造柱的墙体应沿墙高每隔 500mm 设置 2φ6 通长水平钢筋和φ4 分布短筋组成的拉结网片，并锚入构造柱内。

（3）构造柱与圈梁连接处，构造柱的纵筋应在圈梁纵筋内侧穿过，保证构造柱纵筋上下贯通。

（4）构造柱可不单独设置基础，但应深入室外地面下 500mm 或与埋深小于 500mm 的基础圈梁相连。

（5）房屋高度和层数接近房屋的层数和总高度限值（表 2-4）时，纵、横墙内构造柱间距还应符合下列要求：

1）横墙内的构造柱间距不宜大于层高的 2 倍；下部 1/3 楼层的构造柱间距应适当减小。

2）当外纵墙开间大于 3.90m 时，应另设加强措施，内纵墙的构造柱间距不宜大于 4.20m。

3. 构造柱的施工要求

（1）构造柱施工时，应先放构造柱的钢筋骨架、再砌砖墙、最后浇筑混凝土，这样做可使构造柱与两侧墙体结合牢固、节省模板。

（2）构造柱两侧的墙体应做到"五进五出"，即每 300mm 高伸出 60mm，每 300mm 高再收回 60mm。墙厚为 360mm 时，外侧形成 120mm 厚的保护墙。

（3）每层楼板的上下部和地梁上部、顶板下部的各 500mm 处为构造柱的箍筋加密区，加密区的箍筋间距为 100mm。

有关构造柱的做法见图5-1。

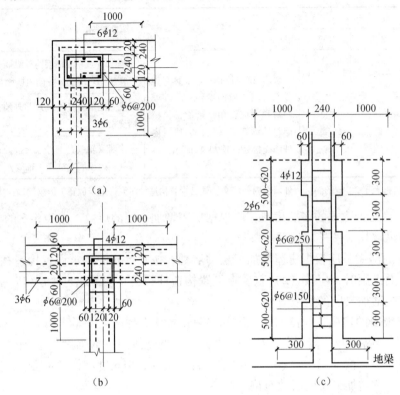

图5-1 钢筋混凝土构造柱

(a) 外墙转角构造柱；(b) 外纵墙与内横墙构造柱；(c) 构造柱剖面

（四）非承重构件

1. 女儿墙

（1）《建筑抗震设计规范》（GB 50011—2010）中规定：

砌体女儿墙在人流出入口和通道处应与主体结构锚固；非出入口处无锚固女儿墙高度，6～8度时不宜超过0.50m，9度时应有锚固。防震缝处女儿墙应留有足够的宽度，缝两侧的自由端应予以加强。女儿墙的顶部应做压顶，压顶的厚度不得小于60mm。女儿墙的中部应设置构造柱，其断面随女儿墙厚度不同而变化，最小断面不应小于190mm×190mm。

（2）《砌体结构设计规范》（GB 50003—2011）中规定：

顶层墙体及女儿墙的砂浆强度等级，采用烧结普通砖、烧结多孔砖、蒸压灰砂普通砖、蒸压粉煤灰普通砖时，应不低于M7.5（普通砂浆）或Ms7.5（专用砂浆）；采用混凝土普通砖、混凝土多孔砖、单排孔混凝土砌块、煤矸石混凝土砌块时，应不低于Mb7.5。女儿墙中构造柱的最大间距为4.00m。构造柱应伸至女儿墙顶并与现浇钢筋混凝土压顶整浇在一起。

2. 后砌砖墙和非承重构件

多层砌体结构中非承重墙体等非承重构件应符合下列要求：

（1）后砌的非承重隔墙应沿墙高每隔500～600mm配置2φ6拉结钢筋与承重墙或柱拉结，每边伸入墙内不应少于500mm，8度和9度时，长度大于5m的后砌隔墙，墙顶还应与楼板或梁拉结，独立柱肢端部及大门洞边宜设钢筋混凝土构造柱。

（2）烟道、风道、垃圾道等不应削弱墙体，当墙体被削弱时，应对墙体采取加强措施；不宜采用无竖向配筋的附墙烟囱或出屋面的烟囱。

（3）不应采用无锚固的钢筋混凝土预制挑檐。

（五）以下房间布置不利于抗震

1. 局部设置地下室。
2. 大房间设在顶层的端部。

四、框架结构的抗震构造

（一）钢筋混凝土结构的抗震等级

一般性建筑（丙类建筑）现浇钢筋混凝土房屋的抗震等级与建筑物的设防类别、烈度、结构类型和房屋高度有关，抗震等级的具体数值见表5-7。

表 5-7　丙类建筑现浇钢筋混凝土房屋的抗震等级

结构类型		设防烈度									
		6		7			8			9	
框架结构	高度（m）	≤24	>24	≤24	>24		≤24	>24		≤24	
	框架	四	三	三	二		二	一		一	
	大跨度框架	三		二			一			一	
框架-抗震墙结构	高度（m）	≤60	>60	<24	25~60	>60	<24	25~60	>60	≤24	25~50
	框架	四	三	四	三	二	三	二	一	二	一
	抗震墙	三		三			二			一	
	抗震墙	四	三	四	三	二	三	二	一	二	一
部分框支抗震墙结构	高度（m）	≤80	>80	<24	25~80	>80	<24	25~80			
	抗震墙 一般部位	四	三	四	三	二	三	二			
	抗震墙 加强部位	三	二	三	二	一	二	一			
	框支层框架	二		二			一				
框架核心筒结构	框架	三		二			一			一	
	核心筒	二		二			一			一	
	内筒	三		二			一				
板柱抗震墙结构	高度（m）	≤35	>35	≤35	>35		≤35	35		不应采用	
	框架、板柱的柱	三	二	二	二		一				
	抗震墙	二	二	二	一		二	一			

注：大跨度框架指跨度不小于18m的框架。

（二）框架结构的构件

1. 柱子

《建筑抗震设计规范》（GB 50011—2010）中规定，钢筋混凝土框架结构中柱子的截面尺寸宜符合下列要求：

（1）截面的宽度和高度，四级或层数不超过 2 层时，不宜小于 300mm，一、二、三级且层数超过 2 层时，不宜小于 400mm；圆柱的直径，四级或层数不超过 2 层时不宜小于 350mm，一、二、三级且层数超过 2 层不宜小于 450mm。柱子截面应是 50mm 的倍数。

（2）剪跨比宜大于 2。（剪跨比是简支梁上集中荷载作用点到支座边缘的最小距离 a 与截面有效高度 h_0 之比。它反映计算截面上正应力与剪应力的相对关系，是影响抗剪破坏形态和抗剪承载力的重要参数）。

（3）截面长边与短边的边长比不应大于 4。

（4）抗震等级为一级时，柱子的混凝土强度等级不应低于 C30。

（5）柱子与轴线的关系最佳方案是双向轴线通过柱子的中心或圆心，尽量减少偏心力的产生。

工程实践中，采用现浇钢筋混凝土梁和板时，柱子截面的最小尺寸为 400mm × 400mm。采用现浇钢筋混凝土梁、预制钢筋混凝土板时柱子截面的最小尺寸 500mm × 500mm。柱子的宽度应大于梁的截面尺寸每侧至少 50mm。

2. 梁

《建筑抗震设计规范》（GB 50011—2010）中指出，钢筋混凝土框架结构中梁的截面尺寸宜符合下列要求：

（1）截面宽度不宜小于 200mm。

（2）截面高宽比不宜大于 4。

（3）净跨与截面之比不宜小于 4。

（4）抗震等级为一级时，梁的混凝土强度等级不应低于 C30。

工程实践中经常按跨度的 1/10 左右估取截面高度，并按 1/2 ~ 1/3 的截面高度估取截面宽度，且应为 50mm 的倍数。截面形式多为矩形。

采用预制钢筋混凝土楼板时，框架梁分为托板梁与连系梁。托板梁的截面一般为"十"字形，截面高度一般按 1/10 左右的跨度估取，截面宽度可以按 1/2 柱子宽度并不得小于 250mm；连系梁的截面形式多为矩形，截面高度多为按托板梁尺寸减少 100mm 估取，梁的宽度一般取 250mm。上述各种尺寸均应按 50mm 进级。

3. 板

《混凝土结构设计规范》（GB 50010—2002）中规定，钢筋混凝土框架结构中的现浇钢筋混凝土板的厚度应以表 5-8 的规定为准。

表 5-8 现浇钢筋混凝土板的最小厚度 （mm）

（mm）板的类型		最小厚度	板的类型		最小厚度
单向板	屋面板	60	密肋板	肋间距≤700	40
	民用建筑楼板	60		肋间距>700	50
	工业建筑楼板	70	悬臂板	板的悬臂长度≤500	60
	行车道下的楼板	80		板的悬臂长度>500	80
双向板		80	无梁楼板		150

现浇钢筋混凝土板的厚度单向板可以按 1/30、双向板可以按 1/40 板的跨度估取，且应是 10mm 的倍数。

预制钢筋混凝土板也可以用于框架结构的楼板和屋盖，但由于其整体性能较差，采用时必须处理好以下三个问题：

（1）保证板缝宽度并在板缝中加钢筋及填塞细石混凝土。

（2）保证预制板在梁上的搭接长度不应小于 80mm。

（3）预制板的上部浇筑不小于50mm的加强面层，8度设防时应采用装配整体式楼板和屋盖。

4. 墙体

钢筋混凝土框架结构墙体的最大特点是只承自重、不承外重，外墙起围护作用、称为"填充墙"，内墙起分隔作用、称为"隔墙"。

具体做法详第二部分"建筑结构材料与构件"。

五、抗震墙结构的抗震构造

（一）一般规定

抗震墙结构的应用高度为：6度时为140m；7度时为120m；8度（0.2g）时为100m；（0.3g）时为80m；9度时为60m。

（二）截面设计与构造

《建筑抗震设计规范》（GB 50011—2010）中规定，抗震墙结构应符合下列规定：

1. 一、二级抗震墙：底部加强部位不应小于200mm，其他部位不应小于160mm；一字形独立抗震墙的底部加强部位不应小于220mm，其他部位不应小于180mm。

2. 三、四级抗震墙：不应小于160mm，一字形独立抗震墙的底部加强部位不应小于180mm。

3. 非抗震设计时不应小于160mm。

4. 抗震墙井筒中，分隔电梯井或管道井的墙肢截面厚度可适当减小，但不宜低于160mm。

5. 高层抗震墙结构的竖向和水平分布钢筋不应单排设置，抗震墙截面厚度不大于400mm时，可采用双排钢筋，抗震墙截面厚度大于400mm但不大于700mm时，宜采用三排配筋；抗震墙截面厚度大于700mm时，宜采用四排钢筋。各排分布钢筋之间拉筋的间距不应大于600mm，直径不应小于6mm。

六、框架-抗震墙结构的抗震构造

（一）一般规定

框架-抗震墙结构的应用高度为：6度时为130m；7度时为120m；8度（0.2g）时为100m；（0.3g）时为80m；9度时为50m。

（二）构造要求

《建筑抗震设计规范》（GB 50011—2010）中规定，框架-抗震墙结构中的抗震墙应符合下列规定：

1. 框架-抗震墙结构中柱、梁的构造要求详框架结构的要求。

2. 抗震墙的厚度不应小于160mm且不应小于层高或无支长度的1/20；底部加强部位不应小于200mm且不宜小于层高或无支长度的1/16。

3. 抗震墙的混凝土强度等级不应低于C30。

4. 抗震墙的布置应注意抗震墙的间距 L 与框架宽度 B 之比不应大于4。

5. 抗震墙的竖向和横向分布钢筋，配筋率均不应小于0.25%，钢筋直径不宜小于10mm，间距不宜大于300mm，并应双排布置，双排分布钢筋应设置拉筋。

6. 抗震墙是主要承受剪力（风力、地震力）的墙，不属于填充墙的范围，因而是有基础的墙。

七、板柱-抗震墙的抗震构造

（一）一般规定

板柱-抗震墙结构的应用高度为：6 度时为 80m；7 度时为 70m；8 度（0.2g）时为 55m；（0.3g）时为 40m；9 度时不应采用。

（二）构造要求

《建筑抗震设计规范》（GB 50011—2010）中规定，板柱-抗震墙结构中的抗震墙应符合下列规定：

1. 框架-抗震墙结构、板柱-抗震墙结构中，抗震墙的竖向、水平分布钢筋的配筋率，抗震设计时均不应小于 0.25%，非抗震设计时均不应小于 0.20%，并应至少双排布置。各排分布筋之间应设置拉筋，拉筋的直径不应小于 6mm，间距不应大于 600mm。

2. 带边框抗震墙的构造应符合下列规定：

（1）抗震设计时，一、二级抗震墙的底部加强部位不应小于 200mm；其他情况不应小于 160mm。

（2）抗震墙的水平钢筋应全部锚入边框柱内。

（3）与抗震墙重合的框架梁可保留，亦可做成宽度与墙厚相同的暗梁，暗梁截面高度可取墙厚的 2 倍，或与该榀框架梁截面等高。暗梁配筋应满足最小配筋要求。

（4）抗震墙截面宜按工字形设计，其端部的纵向受力钢筋应配置在边框柱截面内。

（5）边框柱截面宜与该榀框架其他柱截面相同，边框柱应与框架柱的配筋相同。抗震墙底部加强部位边框柱的箍筋宜沿全高加密。当带边框抗震墙上的洞口紧邻边框柱时，边框柱的箍筋宜沿全高设置。

3. 板柱-抗震墙结构中，板的构造应符合下列规定：

（1）抗震设计时，应在柱上板带中设置暗梁，暗梁宽度取柱宽及两侧各 1.5 倍板厚之和，暗梁支座上部钢筋截面积不宜小于柱上板带钢筋截面积的 50%，并应全跨拉通，暗梁下部钢筋应不小于上部钢筋的 1/2。暗梁箍筋的布置，当不需要计算时，直径不应小于 8mm，间距不宜大于 $3h_0/4$，肢距不宜大于 $2h_0$；当需要计算时应按计算确定，且直径不应小于 10mm，间距不宜大于 $h_0/2$，肢距不宜大于 $1.5h_0$。

（2）设置柱托板时，非抗震设计时托板底部宜布置构造钢筋；抗震设计时托板底部钢筋应由计算确定，并应满足锚固要求。计算柱上板带的支座钢筋时，可考虑托板厚度的有利影响。

（3）无梁楼板局部开洞时，应验算承载力及刚度要求。若在同一部位开多个洞时，则在同一截面上各个洞宽之和不应大于该部位单个洞的允许宽度。所有洞边均应设置补强钢筋。

八、筒体结构的抗震构造

（一）一般规定

1. 框架-核心筒结构的应用高度为：6 度时为 150m；7 度时为 130m；8 度（0.2g）时为 100m；（0.3g）时为 90m；9 度时为 70m。

2. 筒中筒结构的应用高度为：6 度时为 180m；7 度时为 150m；8 度（0.2g）时为 120m；（0.3g）时为 100m；9 度时为 80m。

（二）构造要求

《高层建筑混凝土结构技术规程》（JGJ 3—2010）中规定：

1. 框架-核心筒结构

（1）核心筒宜贯通建筑物的全高。核心筒的宽度不宜小于筒体总高的 1/12。当筒体结构设置角筒、抗震墙或增强结构整体刚度的构件时，核心筒的宽度可适当减小。

（2）抗震设计时，核心筒墙体设计应符合下列规定：

1）底部加强部位主要墙体的水平和竖向分布钢筋的配筋率均不宜小于 0.30%。

2）底部加强部位约束边缘构件沿墙肢的长度宜取墙肢截面高度的 1/4，约束边缘构件范围内应主要采用箍筋。

3）底部加强部位以上应设置约束构件。

（3）框架-核心筒结构的周边柱间必须设置框架梁。

（4）核心筒连梁的受剪截面应符合构造要求。

（5）当内筒偏置、长宽比大于 2 时，宜采用框架-双筒结构。

（6）当框架-双筒结构的双筒间楼板开洞时，其有效楼板宽度不宜小于楼板典型宽度的 50%，洞口附近楼板应加厚，并应采用双层双向配筋，每层单向配筋率不应小于 0.25%；双筒间楼板宜按弹性板进行细化设计。

2. 筒中筒结构

（1）筒中筒结构的平面外形宜选用圆形、正多边形、椭圆形或矩形等，内筒宜居中。

（2）矩形平面的长宽比不宜大于 2。

（3）内筒的宽度可为高度的 1/12 ~ 1/15，如有另外的角筒或抗震墙时，内筒平面尺寸可适当减小。内筒宜贯通建筑物全高，竖向刚度宜均匀变化。

（4）三角形平面宜切角，外筒的切角长度不宜小于相应边长的 1/8，其角部可设置刚度较大的角柱或角筒；内筒的切角长度不宜小于相应边长的 1/10，切角处的筒壁宜适当加厚。

（5）外框筒应符合下列规定：

1）柱距不宜大于 4m，框筒柱的截面长边应沿筒壁方向布置，必要时可采用 T 形截面。

2）洞口面积不宜大于墙面面积的 60%，洞口高宽比宜与层高和柱距之比值接近。

3）外框筒梁的截面高度可取柱净距的 1/4。

4）角柱截面面积可取中柱的 1 ~ 2 倍。

（6）外框筒梁和内筒连梁的构造配筋应符合下列要求：

1）非抗震设计时，箍筋直径不应小于 8mm；抗震设计时，箍筋直径不应小于 10mm。

2）非抗震设计时，箍筋间距不应大于 150mm；抗震设计时，箍筋间距沿梁长不变，且不应大于 100mm；当梁内设置交叉暗撑时，箍筋间距不应大于 200mm。

3）框架梁上、下纵向钢筋的直径不应小于 16mm，腰筋的直径不应小于 10mm，有筋间距不应大于 200mm。

（7）跨高比不大于 2 的框筒梁和内筒连梁宜增配对角斜向钢筋。跨高比不大于 1 的框筒梁和内筒连梁宜采用交叉暗撑，且应符合下列规定：

1）梁截面宽度不宜小于 400mm。

2）全部剪力应由暗撑承担，每根暗撑应由不少于 4 根纵向钢筋，钢筋直径不应小于 14mm 组成。

3）两个方向暗撑的纵向钢筋应采用矩形箍筋或螺纹箍筋绑成一体，箍筋直径不应小于 8mm，箍筋间距不应大于 150mm。

九、混合结构的抗震要求

混合结构是指由外围钢框架或型钢混凝土、钢管混凝土与钢筋混凝土核心筒所组成的框架-核心筒结构，或由外围钢框筒或型钢混凝土、钢管混凝土框筒与钢筋混凝土核心筒所组成的筒中筒结构。

（一）一般规定

《高层建筑混凝土结构技术规程》（JGJ 3—2010）中规定：

（1）混合结构高层建筑的最大适用高度见表5-9。

表5-9　混合结构高层建筑的最大适用高度　　　　　（m）

结构体系		非抗震设计	抗震设防烈度				
			6度	7度	8度		9度
					0.20g	0.30g	
框架-核心筒	钢框架-钢筋混凝土核心筒	210	200	160	120	100	70
	型钢（钢管）混凝土框架-钢筋混凝土核心筒	240	220	190	150	130	70
筒中筒	钢框筒-钢筋混凝土核心筒	280	260	210	160	140	80
	型钢（钢管）混凝土外筒-钢筋混凝土核心筒	300	280	230	170	150	90

（2）抗震设计时，混合结构房屋应根据设防类别、烈度、结构类型和房屋高度采用不同的抗震等级，并应符合相应的计算和构造措施要求。丙类建筑混合结构的抗震等级见表5-10。

表5-10　钢-混凝土混合结构抗震等级

结构类型		抗震设防烈度						
		6度		7度		8度		9度
房屋高度（m）		≤150	>150	≤130	>130	≤100	>100	≤70
钢框架-钢筋混凝土核心筒	钢筋混凝土核心筒	二	一	一	特一	一	特一	特一
型钢（钢管）混凝土框架-钢筋混凝土核心筒	钢筋混凝土核心筒	二	二	二	一	一	特一	特一
	型钢（钢管）混凝土框架	二	二	二				
房屋高度（m）		≤180	>180	≤150	>150	≤120	>120	≤90
钢外筒-钢筋混凝土核心筒	钢筋混凝土核心筒	二	二	二	特一	一	特一	特一
型钢（钢管）混凝土外筒-钢筋混凝土核心筒	钢筋混凝土核心筒	二	二	二	二	一	特一	特一
	型钢（钢管）混凝土外筒	三	三	三	二	二	一	一

注：钢结构构件抗震等级，抗震设防烈度为6、7、8、9度时应分别取四、三、二、一级。

（3）当采用型钢楼板混凝土楼板组合时，楼板混凝土可采用轻骨料混凝土，其强度等级不应低于

CL25；高层建筑钢-混凝土混合结构的内部隔墙应采用轻骨料隔墙。

（二）结构布置

《高层建筑混凝土结构技术规程》（JGJ 3—2010）中指出：

1. 混合结构的平面布置应符合下列要求：

（1）平面宜简单、规则、对称，具有足够的整体抗扭刚度，平面宜采用方形、矩形、多边形、圆形、椭圆形等规则平面，建筑的开间、进深宜统一。

（2）筒中筒结构体系中，当外围钢框架柱采用 H 形截面柱时，宜将柱截面强轴方向布置在外围筒体平面内；角柱宜采用十字形、方形或圆形平面。

（3）楼盖主梁不宜搁置在核心筒或内筒的连梁上。

2. 混合结构的竖向布置应符合下列要求：

（1）结构的侧向刚度和承载力沿竖向宜均匀变化、无突变，构件截面宜由下至上逐渐减小。

（2）混合结构的外围框架柱沿高度宜采用同类结构构件；当采用不同类型结构构件时，应设置过渡层，且单柱的抗弯刚度变化不宜超过30%。

（3）对于刚度变化较大的楼层，应采用可靠的过渡加强措施。

（4）钢框架部分采用支撑时，宜采用偏心支撑和耗能支撑，支撑宜双向连续布置；框架支撑宜延伸至基础。

3. 混合结构中，外围框架平面内梁与柱应采用刚性连接；楼面梁与钢筋混凝土筒体及外围框架柱的连接可采用刚接或铰接。

4. 楼盖体系应具有良好的水平刚度和整体性，其布置应符合下列要求：

（1）楼面宜采用压型钢板现浇混凝土组合楼板、现浇混凝土楼板或预应力混凝土叠合楼板，楼板与钢梁应可靠连接。

（2）机房设备层、避难层及外伸臂桁架上下杆件所在楼层的楼板宜采用钢筋混凝土楼板，并应采取加强措施。

（3）对于建筑物楼面有较大开洞或为转换楼层时，应采用现浇混凝土楼板；对楼板大开洞部位宜采取设置刚性水平支撑等加强措施。

5. 当侧向刚度不足时，混合结构可设置刚度适宜的加强层。加强层宜采用伸臂桁架，必要时可配合布置周边带状桁架，加强层设计应符合下列要求：

（1）伸臂桁架和周边带状桁架宜采用钢桁架。

（2）伸臂桁架应与核心筒连接，上、下弦杆均应延伸至墙内且贯通，墙体内宜设置斜腹杆或暗撑；外伸臂桁架与外围框架柱宜采用铰接或刚接，周边带状桁架与外框架柱的连接宜采用刚性连接。

（3）核心筒墙体与伸臂桁架连接处宜设置构造柱，型钢柱宜至少延伸至伸臂桁架高度范围以外上、下各一层。

（4）当布置有外伸桁架加强层时，应采取有效措施减少由于外框柱与混凝土筒体竖向变形差异引起的桁架杆件内力。

十、基础的抗震要求

（一）基本要求

《高层建筑混凝土结构技术规程》（JGJ 3—2010）中规定：

1. 高层建筑宜设置地下室。

2. 高层建筑的基础应综合考虑建筑场地的工程地质和水文地质状况、上部结构的类型和房屋高度、施工技术和经济条件等因素，使建筑物不致发生过量沉降或倾斜，满足建筑物正常使用要求；还应了解邻近地下构筑物及各项地下设施的位置和标高等，减少与相邻建筑的相互影响。

3. 在地震区，高层建筑宜避开对抗震不利的地段；当条件不允许避开不利地段时，应采取可靠措施，使建筑物在地震时不致由于地基失效而破坏，或者产生过量下沉或倾斜。

4. 高层建筑应采用整体性好、能满足地基承载力和建筑物容许变形要求并能调节不均匀沉降的基础形式。

5. 高层建筑主体结构基础底面形心宜与永久作用重力荷载重心重合；当采用桩基时，桩基的竖向刚度中心宜与高层建筑主体结构永久重力荷载重心重合。

6. 在重力荷载与水平荷载标准值或重力荷载代表值与多遇水平荷载标准值共同作用下，高宽比大于 4 的建筑，基础底面不宜出现零应力区；高宽比不大于 4 的建筑，基础底面与地基之间零应力区面积不应超过基础底面面积的 15%。质量偏心较大的裙楼与主楼可分别计算基地应力。

（二）基础类型与规定

《高层建筑混凝土结构技术规程》（JGJ 3—2010）中规定：

1. 高层建筑宜采用筏形基础或带桩基的筏形基础（桩筏基础），必要时可采用箱形基础。

（1）当地质条件好且能满足地基承载力和变性要求时，也可采用交叉梁式基础或其他形式基础。

（2）当地基承载力或变形不满足要求时，可采用桩基或复合地基。

2. 基础应有一定的埋置深度。在确定埋置深度时，应综合考虑建筑的高度、体型、地基土质、抗震设防烈度等因素。基础埋置深度可从室外地坪算至基础底面，并宜符合下列规定：

（1）天然地基或复合地基，可取房屋高度的 1/15。

（2）桩基础，不计桩长，可取房屋高度的 1/18。

（3）当建筑物采用岩石地基或其他有效措施时，基础埋深可适当减小。

（4）当地基可能滑移时，应采取有效的抗滑移措施。

3. 高层建筑的基础和与其相连的裙房的基础，设置防震缝时，应考虑高层主楼基础有可靠的侧向约束及有效埋深；不设沉降缝时，应采取有效措施减少差异沉降及其影响。

4. 高层建筑基础的混凝土强度等级不应低于 C25。当有防水要求时，混凝土的抗渗等级应根据埋置深度确定。必要时可设置架空排水层。

5. 基础及地下室的外墙、底板，当采用粉煤灰混凝土时，可采用 60d 或 90d 龄期的强度指标作为混凝土设计强度。

6. 抗震设计时，独立基础宜沿两个主轴方向设置基础系梁；抗震墙基础应具有良好的抗转动能力。

（三）地基基础的设计等级

《建筑地基基础设计规范》（GB 50007—2010）中规定：

1. 地基基础设计应根据地基复杂程度、建筑物规模和功能特征以及由于地基问题可能造成建筑物破坏或影响正常使用的程度分为三个设计等级，详见表 5-11。

表 5-11 地基基础的设计等级

设计等级	建筑和地基类型
甲级	重要的工业与民用建筑 30 层以上的高层建筑 体型复杂、层数相差超过 10 层高低层连成一体建筑物 大面积的多层地下建筑物（如地下车库、商场、运动场等）

设计等级	建筑和地基类型
甲级	对地基变形有特殊要求的建筑物 复杂地质条件下的坡上建筑物（包括高边坡） 对原有工程影响较大的新建建筑物 场地和地基条件复杂的一般建筑物 位于复杂地质条件及软土地区的 2 层及 2 层以上地下室的基坑工程 开挖深度大于 15m 的基坑工程 周边环境条件复杂、环境保护要求高的基坑工程
乙级	除甲级、丙级以外的工业与民用建筑物 除甲级、丙级以外的基坑工程
丙级	场地和地基条件复杂、荷载分布均匀的 7 层和 7 层以下民用建筑及一般工业建筑；次要的轻型建筑物 非软土地区且场地地质条件简单、基坑周边环境条件简单、环境保护要求不高且开挖深度小于 5.00m 的基坑工程

2. 基础的类型

（1）筏形基础：包括梁板式和平板式两种类型。框架-核心筒结构和筒中筒结构宜采用平板式筏形基础。筏形基础的混凝土强度不应低于 C30。有地下室时应采用防水混凝土，其抗渗等级应符合规定。重要建筑宜采用自防水并设置架空排水层。

采用筏形基础的地下室，钢筋混凝土外墙的厚度不应小于 250mm，内墙厚度不应小于 200mm。墙体内应设双面钢筋，不宜采用光面圆钢筋，水平钢筋的直径不应小于 12mm，竖向钢筋的直径不应小于 10mm，间距不应大于 200mm。

（2）桩基础：包括混凝土桩基础和混凝土灌注桩低桩承台基础。竖向受压桩按桩身竖向受力情况分为摩擦型桩和端承型桩。

摩擦型桩的中心距不宜小于桩身直径的 3 倍，扩底灌注桩的中心距不宜小于扩底直径的 1.5 倍，当扩底直径大于 2m 时，桩端净距不宜小于 1m。扩底灌注桩的扩底直径不宜大于桩身的 3 倍。

桩底进入持力层的深度，宜为桩身直径的 1~3 倍，且不宜小于 0.5m。

设计使用年限不少于 50 年时，非腐蚀环境中预制桩的混凝土强度等级不应低于 C30，预应力桩不应低于 C40，灌注桩的混凝土强度等级不应低于 C25。使用年限不少于 100 年时，桩身混凝土强度等级宜适当提高。水下灌注混凝土的桩身混凝土强度等级不宜高于 C40。

桩顶嵌入承台内的长度不应小于 50mm。

灌注桩主筋混凝土保护层厚度不应小于 50mm；预制桩不应小于 45mm，预应力管桩不应小于 35mm；腐蚀环境中的灌注桩不应小于 55mm。

承台的宽度不应小于 500mm，最小厚度不应小于 300mm，混凝土强度等级不应低于 C20。纵向钢筋的混凝土保护层厚度不应小于 70mm；当有混凝土垫层时不应小于 50mm；且不应小于桩头嵌入承台内的长度。

（3）岩石锚杆基础

岩石锚杆基础适用于直接建在基岩上的柱基，以及承受拉力或水平力较大的建筑物基础。

锚杆基础应与岩石连成整体。锚杆孔直径宜为锚杆筋体直径的 3 倍并不应小于 1 倍锚杆筋体直径加 50mm。锚杆筋体宜采用热轧带肋钢筋，水泥砂浆强度不宜低于 30MPa，细石混凝土强度不宜低于 C30。

第六部分　保温与节能设计

一、综述

（一）建筑节能设计必须考虑的问题

建筑节能是我国的基本国策，建筑设计必须认真执行有关设计规范的规定。建筑节能设计原则是：

1. 建筑群的规划布置、建筑物的平面设计，应有利于冬季日照、避风及夏季和其他季节自然通风。

2. 建筑物主体朝向宜采用南北向或接近南北向。主要房间宜避开北向及西北向。

3. 朝向冬季主导风向（北向或西北向）的主要入口处应设门斗或热风幕、旋转门等防风措施，其他朝向可适当考虑。

（二）建筑保温与节能的总体要求

《民用建筑设计通则》（GB 50352—2005）中规定：

1. 建筑物宜布置在向阳、无日照遮挡、避风地段。

2. 设置供热的建筑物体形应减少外表面积。

3. 严寒地区的建筑物宜采用围护结构外保温技术，并不应设置开敞的楼梯间和外廊，其出入口应设门斗或采取其他防寒措施；寒冷地区的建筑物不宜设置开敞的楼梯间和外廊，其出入口宜设门斗或采取其他防寒措施。

4. 建筑物的外门窗应减少其缝隙长度，并采取密封措施，宜选用节能型外门窗。

5. 严寒和寒冷地区设置集中供暖的建筑物，其建筑热工和采暖设计应符合有关节能设计标准的规定。

6. 夏热冬冷地区、夏热冬暖地区建筑物的建筑节能设计应符合有关节能设计标准的规定。

（三）建筑隔热的总体要求

《民用建筑设计通则》（GB 50352—2005）中规定：

1. 夏季防热的建筑物应符合的列规定

（1）建筑物的夏季防热应采用绿化环境、组织有效自然通风、外围护结构隔热和设置建筑遮阳的综合措施。

（2）建筑群的总体布局、建筑物平面空间组织、剖面设计和门窗的设置，应有利于组织室内通风。

（3）建筑物的东、西向窗户，外墙和屋顶应采取有效的遮阳和隔热措施。

（4）建筑物的外围护结构，应进行夏季隔热设计，并应符合有关节能设计标准的规定。

2. 设置空气调节的建筑物应符合的规定

（1）建筑物的体形应减少外表面积。

（2）设置空气调节的房间应相对集中布置。

（3）空气调节房间的外部窗户应有良好的密闭性和隔热性；向阳的窗户宜设遮阳设施，并宜采用节能窗。

（4）设置非中央空气调节设施的建筑物，应统一设计、安装空调机的室外机位置，并使冷凝水有组织排水。

（5）间歇使用的空气调节建筑，其外围护结构内侧和内围护结构宜采用轻质材料；连续使用的空气调节建筑，其外围护结构内侧和内围护结构宜采用重质材料。

（6）建筑物外围护结构应符合有关节能设计标准的规定。

3. 建筑隔热的具体做法

《民用建筑热工设计规范》（GB 50176—93）指出的保温隔热措施有以下几点：

（1）外表面做浅色饰面。

（2）设置通风间层，如通风屋顶、通风墙（空气间层厚 20～50mm）等。

（3）采用空心墙体，如多孔混凝土、轻骨料空心砌块等。

（4）复合墙体的内侧宜采用砖或混凝土等重质材料。

（5）设置带铝箔的封闭空气间层（可以减少辐射传热）。当为单面铝箔空气间层时，铝箔宜设置在温度较高的一侧。

（6）采用 150～200mm 的蓄水屋顶、屋顶绿化、墙面垂直绿化等。

（7）为防止霉潮季节湿空气在地面冷凝泛潮，地面下部宜采用保温措施或架空做法，地面面层宜采用微孔吸湿材料。

二、严寒和寒冷地区居住建筑的节能措施

《严寒和寒冷地区居住建筑节能设计标准》（JGJ 26—2010）中规定，严寒和寒冷地区居住建筑的节能主要有以下几点：

1. 依据不同的采暖度日数（HDD18）和空调度日数（CDD26）范围，将严寒地区和寒冷地区进一步划分成为表6-1所示的五个气候子区。

表6-1　居住建筑节能设计气候子区

气候子区		分区依据
严寒地区 （Ⅰ区）	严寒（A）区（冬季异常寒冷、夏季凉爽）	$6000 \leq HDD18$
	严寒（B）区（冬季非常寒冷、夏季凉爽）	$5000 \leq HDD18 < 6000$
	严寒（C）区（冬季很寒冷、夏季凉爽）	$3800 \leq HDD18 < 5000$
寒冷地区 （Ⅱ区）	寒冷（A）区（冬季寒冷、夏季凉爽）	$2000 \leq HDD18 < 3800$，$CDD26 \leq 90$
	寒冷（B）区（冬季寒冷、夏季热）	$2000 \leq HDD18 < 3800$，$CDD26 > 90$

注：我国严寒和寒冷地区主要代表城市的 HDD、CDD 值：

1. 北京市属于寒冷 B 区（HDD 为 2699、CDD 为 94）。
2. 天津市属于寒冷 B 区（HDD 为 2743、CDD 为 92）。
3. 河北省石家庄市属于寒冷 B 区（HDD 为 2388、CDD 为 147）。
4. 山西省太原市属于寒冷 A 区（HDD 为 3160、CDD 为 11）。
5. 内蒙古自治区呼和浩特市属于严寒 C 区（HDD 为 4186、CDD 为 11）；海拉尔市属于严寒 A 区（HDD 为 6713、CDD 为 0）。
6. 辽宁省沈阳市属于严寒 C 区（HDD 为 3929、CDD 为 25）。
7. 吉林省长春市属于严寒 C 区（HDD 为 4642、CDD 为 12）。
8. 黑龙江省哈尔滨市属于严寒 B 区（HDD 为 5032、CDD 为 14）；黑河市属于严寒 A 区（HDD 为 6310、CDD 为 4）。
9. 江苏省赣榆市属于寒冷 A 区（HDD 为 2226、CDD 为 93）。
10. 安徽省亳州市属于寒冷 B 区（HDD 为 2030、CDD 为 154）。
11. 山东省济南市属于寒冷 B 区（HDD 为 2211、CDD 为 160）。
12. 河南省郑州市属于寒冷 B 区（HDD 为 2106、CDD 为 125）。
13. 四川省诺尔盖市属于严寒 B 区（HDD 为 5972、CDD 为 0）。
14. 贵州省毕节市属于寒冷 A 区（HDD 为 2125、CDD 为 0）。
15. 云南省德钦市属于严寒 C 区（HDD 为 4266、CDD 为 0）。
16. 西藏自治区拉萨市属于寒冷 A 区（HDD 为 3425、CDD 为 0）。
17. 陕西省西安市属于寒冷 B 区（HDD 为 2178、CDD 为 153）。
18. 甘肃省兰州市属于寒冷 A 区（HDD 为 3094、CDD 为 10）。
19. 青海省西宁市属于严寒 C 区（HDD 为 4478、CDD 为 0）。
20. 宁夏回族自治区银川市属于寒冷 A 区（HDD 为 3472、CDD 为 11）。
20. 新疆维吾尔自治区乌鲁木齐市属于严寒 C 区（HDD 为 4329、CDD 为 36）。

2. 建筑群的总体布置，单体建筑的平、立面设计和门窗的设置应考虑冬季利用日照并避开冬季主

导风向。

3. 建筑物宜朝向南北或接近朝向南北。建筑物不宜设有三面外墙的房间，一个房间不宜在不同方向的墙面上设置两个或更多的窗。

4. 居住建筑的体形系数不应大于表 6-2 规定的限值，当体形系数大于表 6-2 规定的限值时，则必须进行围护结构热工性能的权衡判断。

表 6-2　居住建筑的体形系数限值

地区 \ 层数	建筑层数			
	≤3 层	4 ~ 8 层	9 ~ 13 层	≥14 层
严寒地区	0.50	0.30	0.28	0.25
寒冷地区	0.52	0.33	0.30	0.26

5. 建筑物的窗墙面积比不应大于表 6-3 的规定，当窗墙面积比大于表 6-3 规定的限值时，则必须进行围护结构热工性能的权衡判断。在权衡判断时，各朝向窗墙面积比最大也只能比表 6-3 中的对应值大 0.1。

表 6-3　严寒和寒冷地区居住建筑的窗墙面积比限值

朝　　向	窗墙面积比	
	严寒地区	寒冷地区
北	0.25	0.30
东、西	0.30	0.35
南	0.45	0.50

注：1. 敞开式阳台的阳台门上部透明部分计入窗户面积，下部不透明部分不计入窗户面积。

2. 表中的窗墙面积比按开间计算。表中的"北"代表从北偏东小于 60°至北偏西小于 60°的范围；"东、西"代表从东或西偏北小于等于 30°至偏南小于 60°的范围；"南"代表从南偏东小于等于 30°至偏西小于等于 30°的范围。

6. 楼梯间及外走廊与室外连接的开口处应设置窗或门，且该窗或门应能密闭。严寒（A 区）和严寒（B 区）的楼梯间宜采暖，设置采暖的楼梯间的外墙和外窗应采取保温措施。

7. 寒冷（B）区建筑的南向外窗（包括阳台的透明部分）宜设置水平遮阳或活动遮阳。东、西向的外窗宜设置活动遮阳。

8. 居住建筑不宜设置凸窗。严寒地区除南向外不应设置凸窗。寒冷地区北向的卧室、起居室不得设置凸窗。

当设置凸窗时，凸窗凸出（从外墙面至凸窗外表面）不应大于 400mm。凸窗的传热系数限值应比普通窗降低 15%，且其不透明的顶部、底部、侧面的传热系数应小于或等于外墙的传热系数。当计算窗墙面积比时，凸窗的窗面积和凸窗所占的墙面积应按窗洞口面积计算。

9. 外窗及敞开式阳台门应具有良好的密闭性能。严寒地区外窗及敞开式阳台门的气密性等级不应低于国家标准《建筑外门窗气密、水密、抗风压性能分级及检测方法》（GB/T 7106—2008）中规定的 6 级。寒冷地区 1 ~ 6 层的外窗及敞开式阳台门的气密性等级不应低于国家标准《建筑外门窗气密、水密、抗风压性能分级及检测方法》（GB/T 7106—2008）中规定的 4 级，7 层及 7 层以上不应低于 6 级。

10. 封闭式阳台的保温应符合下列规定：

（1）阳台和直接连通的房间之间应设置隔墙和门、窗。

（2）当阳台和直接连通的房间之间不设置隔墙和门、窗时，应将阳台作为所连通房间的一部分。阳台与室外空气接触的墙板、顶板、地板的传热系数必须符合围护结构热工性能的相关要求，阳台的窗墙面积比也应符合围护结构热工性能的相关要求。

（3）当阳台和直连通的房间之间设置隔墙和门、窗，且所设隔墙、门、窗的传热系数不大于相关限值，窗墙面积比不超过规定的限值时，可不对阳台外表面作特殊热工要求。

（4）当阳台和直接连通的房间之间设置隔墙和门、窗，且所设隔墙、门、窗的传热系数大于相关规定时，阳台与室外空气接触的墙板、顶板、地板的传热系数不应大于规定数值的120%，严寒地区阳台窗的传热系数不应大于2.50W/(m²·K)，寒冷地区阳台窗的传热系数不应大于3.10W/(m²·K)，阳台外表面的窗墙面积比不应大于60%。阳台和直接连通房间隔墙的窗墙面积比不应超过规定的限值，当阳台的面宽小于直接连通房间的开间宽度时，可按房间的开间计算隔墙的窗墙面积比。

11. 外窗（门）框与墙体之间的缝隙，应采用高效保温材料填堵，不应采用普通水泥砂浆补缝。

12. 外窗（门）洞口室外部分的侧墙面应做保温处理，并应保证窗（门）洞口室内部分的侧墙面的内表面温度不低于室内空气设计温度、湿度条件下的露点温度，减少附加热损失。

13. 外墙与屋面的热桥部位均应进行保温处理，以保证热桥部位的内表面温度在室内空气设计温度、湿度条件下不低于露点温度。

14. 地下室外墙应根据地下室的不同用途，采取合理的保温措施。

三、夏热冬冷地区居住建筑的节能措施

《夏热冬冷地区居住建筑节能设计标准》（JGJ 134—2010）中规定：

1. 建筑群的规划布置、建筑物的平面布置与立面设计应有利于自然通风。

2. 建筑物宜朝向南北或接近南北。

3. 建筑物的体形系数应符合表6-4的规定，如果体形系数不满足表6-4的规定，则必须进行建筑围护结构热工性能的综合判断。

表6-4 居住建筑的体形系数限值

建筑层数	≤3层	4～11层	≥12层
建筑的体形系数	0.55	0.40	0.35

4. 围护结构各部分的传热系数和热惰性指标应符合表6-5的规定。当设计建筑的围护结构的屋面、外墙、架空或外挑楼板、外窗不符合表6-5的规定时，必须进行建筑围护结构热工性能的综合判断。

表6-5 围护结构各部分的传热系数（K）和热惰性指标（D）的限值

围护结构部位		传热系数 K[W/(m²·K)]	
		惰性指标 D≤2.5	惰性指标 D>2.5
体形系数≤0.40	屋面	0.8	1.0
	外墙	1.0	1.5
	底面接触室外空气的架空或外挑楼板	1.5	
	分户墙、楼板、楼梯间隔墙、外走廊隔墙	2.0	
	户门	3.0（通往封闭空间） 2.0（通往非封闭空间或户外）	
	外窗（含阳台门的透明部分）	2.8	
体形系数>0.40	屋面	0.5	0.6
	外墙	0.8	1.0
	底面接触室外空气的架空或外挑楼板	1.0	
	分户墙、楼板、楼梯间隔墙、外走廊隔墙	2.0	
	户门	3.0（通往封闭空间） 2.0（通往非封闭空间或户外）	
	外窗（含阳台门的透明部分）	2.8	

5. 不同朝向外窗（包括阳台门的透明部分）的窗墙面积比不应超过表 6-5 规定的限值。不同朝向、不同窗墙面积比的外窗传热系数不应大于表 6-6 规定的限值；综合遮阳系数应符合表 6-7 的规定。当外墙为凸窗时，凸窗的传热系数应比 6-7 规定的限值小 10%；计算窗墙面积比时，凸窗的面积按洞口面积计算。当设计建筑的窗墙面积比或传热系数、遮阳系数不符合表 6-6 和表 6-7 的规定时，必须进行建筑围护结构热工性能的综合判断。

表 6-6　不同朝向窗墙面积比的限值

朝　　向	窗墙面积比
北	0.40
东、西	0.35
南	0.45
每套房间允许一个房间（不分朝向）	0.60

表 6-7　不同朝向、不同窗墙面积比的外窗传热系数和综合遮阳系数

建筑	窗墙面积比	传热系数 K W/(m² · K)	外窗综合遮阳系数 SC_w（东、西向/南向）
体形系数≤0.40	窗墙面积比≤0.20	4.7	—/—
	0.20<窗墙面积比≤0.30	4.0	—/—
	0.30<窗墙面积比≤0.40	3.2	夏季≤0.40/夏季≤0.45
	0.40<窗墙面积比≤0.45	2.8	夏季≤0.35/夏季≤0.40
	0.45<窗墙面积比≤0.60	2.5	东、西、南向设置外遮阳 夏季≤0.25　冬季≥0.60
体形系数>0.40	窗墙面积比≤0.20	4.0	—/—
	0.20<窗墙面积比≤0.30	3.2	—/—
	0.30<窗墙面积比≤0.40	2.8	夏季≤0.40/夏季≤0.45
	0.40<窗墙面积比≤0.45	2.5	夏季≤0.35/夏季≤0.40
	0.45<窗墙面积比≤0.60	2.3	东、西、南向设置外遮阳 夏季≤0.25　　冬季≥0.60

注：1. 表中的"东、西"代表从东或西偏北 30°（含 30°）至偏南 60°（含 60°）的范围；"南"代表从南偏东 30°至偏西 30°的范围。

　　2. 楼梯间、外走廊的窗不按本表规定执行。

6. 东偏北 30°至东偏南 60°，西偏北 30°至西偏南 60°范围的外窗应设置挡板式遮阳或可以遮住窗户正面的活动外遮阳，南向的外窗宜设置水平遮阳或可以遮住窗户正面的活动外遮阳。各朝向的窗户，当设置了可以遮住正面的活动外遮阳（如卷帘、百叶窗等）时，应认定满足表 6-7 对外窗遮阳的要求。

7. 外窗可开启面积（含阳台门面积）不应小于外窗所在房间地面面积的 5%，多层住宅外窗宜采用平开窗。

8. 建筑物 1~6 层的外窗及敞开式阳台门的气密性等级，不应低于现行国家标准《建筑外窗气密、水密、抗风压性能分级及其检测方法》（GB/T 7106—2008）规定的 4 级；7 层及 7 层以上的外窗及阳台门的气密性等级，不应低于该标准规定的 6 级。

9. 当外窗采用凸窗时，应符合下列规定：

（1）窗的传热系数限值应比表6-7的相应数值小10%。

（2）计算窗墙面积比时，凸窗的面积按窗洞口面积计算。

（3）对凸窗不透明的上顶板、下底板和侧板，应进行保温处理，且板的传热系数不应低于外墙的传热系数的限值要求。

10. 围护结构的外表面宜采用浅色饰面材料。平屋顶宜采用绿化、涂刷隔热涂料等隔热措施。

11. 采用分体式空气调节器（含风管机、多联机）时，室外机的安装位置应符合下列规定：

（1）应稳定牢固，不应存在安全隐患。

（2）室外机的换热器应通风良好，排出空气与吸入空气之间应避免气流短路。

（3）应便于室外机的维护。

（4）应尽量减小对周围环境的热影响和噪声影响。

四、夏热冬暖地区居住建筑的节能措施

《夏热冬暖地区居住建筑节能设计标准》（JGJ 75—2003）中指出：

1. 居住区的总体规划和居住建筑的平面、立面设计应有利于自然通风。

2. 居住建筑的朝向宜采用南北向或接近南北向。

3. 北区内（如柳州地区），单元式、通廊式住宅的体形系数不宜超过0.35，塔式住宅的体形系数不宜超过0.40。

4. 居住建筑的天窗面积不应大于屋顶总面积的4%，传热系数不应大于4.0W/（m²·K），本身的遮阳系数不应大于0.5。

5. 居住建筑的外窗，尤其是东、西朝向的外窗宜采用活动或固定的建筑外遮阳设施。

6. 居住建筑外窗（包括阳台门）的可开启面积不应小于外窗所在房间地面面积的8%或外窗面积的45%。

7. 居住建筑的屋顶和外窗宜采用下列节能措施：

（1）浅色饰面（如浅色粉刷、涂层和面砖等）。

（2）屋顶内设置贴铝箔的封闭空气间层。

（3）用含水多孔材料做屋面层。

（4）屋面蓄水。

（5）屋面遮阳。

（6）屋面有土或无土种植。

（7）东、西外墙采用花格构件或爬藤植物遮阳。

五、公共建筑的节能措施

（一）《公共建筑节能设计标准》（DB 11/687—2009）中规定

1. 建筑设计

（1）建筑总平面的规划布置和平面设计，应有利于冬季日照和避风、夏季减少得热和充分利用自然通风。

（2）建筑的主体朝向宜采用南北向或接近南北向，主要房间宜避开冬季最多频率风向（北向、北北西向）和夏季最大日射朝向（西向）。

（3）按照建筑物面积以及围护结构能耗占全年建筑总耗能的比例特征，划分为以下三类建筑：

1）单栋建筑面积大于20000m²，且全面设置空气调节设施的建筑为甲类建筑。

2）单栋建筑面积在 $300 \sim 20000\mathrm{m}^2$，或建筑面积虽大于 $20000\mathrm{m}^2$ 但不全面设置空气调节设施的建筑为乙类建筑。

3）单栋建筑面积小于 $300\mathrm{m}^2$ 的建筑为丙类建筑。

（4）建筑物的体形系数，不宜大于 0.4。

（5）公共建筑的窗墙面积比，应符合下列规定：

1）甲类、乙类建筑每个朝向的窗（包括透明幕墙）墙面积比，不应大于 0.70。如不符合，应进行权衡判断。

2）丙类建筑总窗（包括透明幕墙）墙面积比，不应大于 0.70。

3）当单一朝向的窗墙面积比小于 0.40 时，玻璃（或其他透明材料）的可见光透射比不应小于 0.4。

注："建筑物总窗墙面积比"系指各朝向外窗（包括透明幕墙）总面积之和与各朝向墙面（包括窗和透明幕墙）总面积之和的比值。

（6）屋顶透明部分的面积比例，应符合下列规定：

1）甲类建筑不应大于屋顶总面积的30%；乙类建筑不应大于屋顶总面积的20%；若不符合应进行权衡判断。

2）丙类建筑不应大于屋顶总面积的20%。

（7）单一朝向外窗的实际可开启面积，不应小于同朝向外墙总面积的5%，单一朝向的透明幕墙实际可开启面积不应小于同朝向幕墙总面积的5%。

注：外墙实际可开启面积应按下述方法计算：

1. 平开窗：当窗开启最大时，窗的侧向投影面积。

2. 上、下悬窗：当开启最大时，窗的水平投影面积。

（8）人员出入频繁的外门，应符合下列规定：

1）朝向为北、东、西的外门设门斗或其他减少冷风进入的设施。

2）高层建筑的平面布置，宜采取防止产生烟囱效应的措施。

（9）建筑总平面布置和建筑物内部的平面设计，应合理确定冷热源和风机机房的位置，应尽可能缩短冷热水系统和风系统的疏散距离。

2. 围护结构热工指标的限值

（1）甲类建筑围护结构的传热系数和其他热工指标，应符合表6-8、表6-9的规定，若不能满足时，必须进行权衡判断。

表6-8 甲类建筑屋顶传热系数和遮阳系数限值

透明部分与屋面之比 M	传热系数 $K[\mathrm{W}/(\mathrm{m}^2 \cdot \mathrm{K})]$		遮阳系数 SC
	非透明部分	透明部分	
$M \leqslant 0.20$	$\leqslant 0.60$	$\leqslant 2.70$	$\leqslant 0.50$
$0.20 < M \leqslant 0.25$	$\leqslant 0.55$	$\leqslant 2.40$	$\leqslant 0.40$
$0.25 < M \leqslant 0.30$	$\leqslant 0.50$	$\leqslant 2.20$	$\leqslant 0.30$

表6-9 甲类建筑其他围护结构传热系数和外窗遮阳系数限值

围护结构部位	传热系数 $K[\mathrm{W}/(\mathrm{m}^2 \cdot \mathrm{K})]$
外墙（包括非透明幕墙）	$\leqslant 0.80$
底面接触室外空气的架空或外挑楼板	$\leqslant 0.50$
非采暖空调房间与采暖空调房间的隔墙或楼板	$\leqslant 1.50$
变形缝（两侧墙内保温时）	$\leqslant 0.80$

外窗（包括透明玻璃）		传热系数 $K_C[W/(m^2 \cdot K)]$	遮阳系数 SC（东、南、西向）
单一朝向外窗（包括透明幕墙）	窗墙面积比≤0.30	≤3.00	不限制
	0.30<窗墙面积比≤0.40	≤2.70	≤0.65
	0.40<窗墙面积比≤0.50	≤2.40	≤0.55
	0.50<窗墙面积比≤0.70	≤2.20	≤0.45

注：1. K_C 为窗的传热系数，不是窗玻璃的传热系数。

2. 有外遮阳时，遮阳系数——玻璃的遮阳系数（1－窗框比）×外遮阳的遮阳系数；无外遮阳时，遮阳系数——玻璃的遮阳系数×（1－窗框比）。

3. 朝向定义："北"代表从北偏东小于60°至北偏西60°的范围；"东、西"代表从东或西偏北小于等于30°至偏南小于60°的范围；"南"代表从南偏东小于等于30°至偏西小于等于30°的范围。

4. 屋顶与外墙连成弧形整体时，弧形各点切线与水平面的夹角大于45°的下部按外墙计，小于45°的上部按屋顶计。

5. 外墙的传热系数为包括结构性热桥在内的平均传热系数。

6. 北向外窗（包括透明幕墙）的遮阳系数 SC 值不限制。

7. 围护结构的构造及其建筑热工特性指标示例可查阅《公共建筑节能设计标准》（DB11/687—2009）附录。

8. 建筑物下部为裙房，上部有几栋外立面做法不同的大楼时，其裙房和每栋大楼的窗墙面积比可分别计算。

（2）乙类建筑围护结构的传热系数和其他热工指标，应符合表6-10和表6-11的规定。若不能满足时，必须进行权衡判断。

表6-10　乙类建筑外窗及屋顶透明部分传热系数和遮阳系数限值

		体形系数≤0.30		体形系数>0.30	
		传热系数 $K_C[W/(m^2 \cdot K)]$	传热系数 $K_C[W/(m^2 \cdot K)]$	传热系数 $K_C[W/(m^2 \cdot K)]$	传热系数 $K_C[W/(m^2 \cdot K)]$
单一朝向外窗（包括透明幕墙）	窗墙面积比≤0.20	≤3.00	不限制	≤2.80	不限制
	0.20<窗墙面积比≤0.30	≤3.00	不限制	≤2.50	不限制
	0.30<窗墙面积比≤0.40	≤2.70	≤0.70	≤2.30	≤0.70
	0.40<窗墙面积比≤0.50	≤2.30	≤0.30	≤2.00	≤0.60
	0.50<窗墙面积比≤0.70	≤2.00	≤0.50	≤1.80	≤0.50
屋顶透明部分		≤2.70	≤0.50	≤2.70	≤0.50

表6-11　乙类建筑其他围护结构传热系数限值

围护结构部位	传热系数 $K[W/(m^2 \cdot K)]$		
	体形系数≤0.30	0.30<体形系数≤0.40	体形系数>0.40
屋顶	≤0.55	≤0.45	≤0.40
外墙（包括非透明幕墙）	≤0.60	≤0.50	≤0.45
底面接触室外空气的架空或外挑楼板	≤0.505	≤0.50	≤0.50
非采暖空调房间与采暖空调房间的隔墙或楼板	≤1.50	≤1.50	≤1.50
变形缝（两侧墙内保温时）	≤0.80	≤0.80	≤0.80

（3）丙类建筑维护结构的传热系数，必须符合表6-12的规定：

表6-12　丙类建筑围护结构传热系数

围护结构部位	传热系数 $K[\mathrm{W}/(\mathrm{m}^2 \cdot \mathrm{K})]$
屋面	≤0.60
外墙（包括非透明幕墙）	≤0.60
外窗（包括透明幕墙）	≤2.80
屋顶透明部分	≤2.70
底面接触室外空气的架空或外挑楼板	≤0.50
非采暖空调房间与采暖空调房间的隔墙或楼板	≤1.50

注：1. 既不需要采暖、又不需要空调的丙类建筑可不执行本表规定。

　　2. 其他同表6-9的注1、注5、注7。

（4）外窗和透明外墙的气密性能应符合下列要求：

1）外窗的气密性不应低于6级（分类标准见第九部分）。

2）透明幕墙的气密性不应低于2级（分类标准见第九部分）。

3. 围护结构的保温隔热和细部设计：

（1）外墙应采用外保温体系。当无法实施外保温时，才可采用内保温。

（2）外墙采用外保温体系时，应对下列部位进行详细的构造设计：

1）外墙出挑构件及附墙构件，如阳台、雨罩、靠外墙的阳台栏板、空调室外机搁板、附壁柱、凸窗、装饰线等均应采取隔热断桥和保温措施。

2）变形缝内应填满保温材料或采取其他保温措施，当采用在缝两侧墙做内保温、且变形缝外侧采用封闭措施时，其每一侧内保温墙的平均传热系数不应大于 $0.8\mathrm{W}/(\mathrm{m}^2 \cdot \mathrm{K})$。

（3）外墙采用内保温构造时，应充分考虑结构性热桥的影响，并应符合下列要求：

1）外墙平均传热系数应不大于表6-9、表6-11和表6-12的限值。

2）热桥部位应采取可靠保温或"断桥"措施。

3）按照《民用建筑热工设计规范》（GB 50176—93）的规定，进行内部冷凝受潮验算和采取可靠的防潮措施。

（4）宜采取以下增强围护结构隔热性能的措施：

1）西向和东向外窗，宜设置活动外遮阳设施。

2）屋顶应采用通风屋面构造。

3）钢结构等轻体结构体系建筑，其外墙宜采用设置通风间层的措施。

（5）外门和外窗的细部设计，应符合下列规定：

1）门、窗框与墙体之间的缝隙，应采用高效保温材料填堵，不得采用普通水泥砂浆补缝。

2）门、窗框四周与抹灰层之间的缝隙，宜采用保温材料和嵌缝密封膏密封，避免不同材料界面开裂，影响门、窗的热工性能；窗口外侧四周墙面，应进行保温处理。

3）采用全玻璃幕墙时，隔墙、楼板或梁与幕墙之间的间隙，应填满保温材料。

（二）《公共建筑节能设计标准》（GB 50189—2005）中规定

1. 一般规定

（1）建筑总平面的布置和设计，宜利用冬季日照并避开冬季主导风向，利用夏季自然通风。建筑的主朝向宜选择本地区最佳朝向或接近最佳朝向。

（2）严寒、寒冷地区建筑的体形系数应小于或等于0.40，否则应进行权衡判断。

2. 围护结构的热工设计

（1）根据建筑所处城市的建筑气候分区，围护结构的热工性能应符合表6-13、表6-14、表6-15、表6-16、表6-17和表6-18的规定，其中外墙的传热系数为包括结构性热桥在内的平均值 K_m。当建筑所处城市属于温和地区时，应判断该城市与哪个城市最接近，围护结构的热工性能应符合那个城市所属气候分区的规定。

表 6-13　严寒地区 A 区围护结构传热系数限值

围护结构部位		体形系数≤0.3 传热系数 $K[\mathrm{W}/(\mathrm{m}^2\cdot\mathrm{K})]$	0.3<体形系数≤0.4 传热系数 $K[\mathrm{W}/(\mathrm{m}^2\cdot\mathrm{K})]$
屋面		≤0.35	≤0.30
外墙（包括非透明幕墙）		≤0.45	≤0.40
底面接触室外空气的架空或外挑楼板		≤0.45	≤0.40
非采暖空调房间与采暖空调房间的隔墙或楼板		≤0.60	≤0.60
单一朝向外窗（包括透明幕墙）	窗墙面积比≤0.20	≤3.00	≤2.70
	0.20<窗墙面积比≤0.30	≤2.80	≤2.50
	0.30<窗墙面积比≤0.40	≤2.50	≤2.20
	0.40<窗墙面积比≤0.50	≤2.00	≤1.70
	0.50<窗墙面积比≤0.70	≤1.70	≤1.50
屋顶透明部分		≤2.50	

表 6-14　严寒地区 B 区围护结构传热系数限值

围护结构部位		体形系数≤0.3 传热系数 $K[\mathrm{W}/(\mathrm{m}^2\cdot\mathrm{K})]$	0.3<体形系数≤0.4 传热系数 $K[\mathrm{W}/(\mathrm{m}^2\cdot\mathrm{K})]$
屋面		≤0.45	≤0.35
外墙（包括非透明幕墙）		≤0.50	≤0.45
底面接触室外空气的架空或外挑楼板		≤0.50	≤0.45
非采暖空调房间与采暖空调房间的隔墙或楼板		≤0.80	≤0.80
单一朝向外窗（包括透明幕墙）	窗墙面积比≤0.20	≤3.20	≤2.80
	0.20<窗墙面积比≤0.30	≤2.90	≤2.50
	0.30<窗墙面积比≤0.40	≤2.60	≤2.20
	0.40<窗墙面积比≤0.50	≤2.10	≤1.80
	0.50<窗墙面积比≤0.70	≤1.80	≤1.60
屋顶透明部分		≤2.60	

表 6-15　寒冷地区围护结构传热系数和遮阳系数限值

围护结构部位		体形系数≤0.3 传热系数 $K[\mathrm{W}/(\mathrm{m}^2\cdot\mathrm{K})]$		0.3<体形系数≤0.4 传热系数 $K[\mathrm{W}/(\mathrm{m}^2\cdot\mathrm{K})]$	
屋面		≤0.55		≤0.45	
外墙（包括非透明幕墙）		≤0.60		≤0.50	
底面接触室外空气的架空或外挑楼板		≤0.60		≤0.50	
外窗（包括透明幕墙）		传热系数 $K[\mathrm{W}/(\mathrm{m}^2\cdot\mathrm{K})]$	遮阳系数 SC（东、南、西向/北向）	传热系数 $K[\mathrm{W}/(\mathrm{m}^2\cdot\mathrm{K})]$	遮阳系数 SC（东、南、西向/北向）
单一朝向外窗（包括透明幕墙）	窗墙面积比≤0.20	≤3.50	—	≤3.00	—
	0.20<窗墙面积比≤0.30	≤3.00	—	≤2.50	—
	0.30<窗墙面积比≤0.40	≤2.70	≤0.70	≤2.30	≤0.70
	0.40<窗墙面积比≤0.50	≤2.30	≤0.60	≤2.00	≤0.60
	0.50<窗墙面积比≤0.70	≤2.00	≤0.50	≤1.80	≤0.50
屋顶透明部分		≤2.70	≤0.50	≤2.70	≤0.50

注：有外遮阳时，遮阳系数＝玻璃的遮阳系数×外遮阳的遮阳系数；无外遮阳时，遮阳系数＝玻璃的遮阳系数。

表 6-16　夏热冬冷地区围护结构传热系数和遮阳系数限值

围护结构部位	传热系数 $K[W/(m^2 \cdot K)]$
屋面	≤0.70
外墙（包括非透明幕墙）	≤1.00
底面接触室外空气的架空或外挑楼板	≤1.00

外窗（包括透明玻璃）		传热系数 $K[W/(m^2 \cdot K)]$	遮阳系数 SC（东、南、西向/北向）
单一朝向外窗（包括透明幕墙）	窗墙面积比≤0.20	≤4.70	—
	0.20<窗墙面积比≤0.30	≤3.50	≤0.55/—
	0.30<窗墙面积比≤0.40	≤3.00	≤0.50/0.60
	0.40<窗墙面积比≤0.50	≤2.80	≤0.45/0.55
	0.50<窗墙面积比≤0.70	≤2.50	≤0.40/0.50
屋顶透明部分		≤3.00	≤0.40

注：有外遮阳时，遮阳系数＝玻璃的遮阳系数×外遮阳的遮阳系数；无外遮阳时，遮阳系数＝玻璃的遮阳系数。

表 6-17　夏热冬暖地区围护结构传热系数和遮阳系数限值

围护结构部位	传热系数 $K[W/(m^2 \cdot K)]$
屋面	≤0.90
外墙（包括非透明幕墙）	≤1.50
底面接触室外空气的架空或外挑楼板	≤1.50

外窗（包括透明玻璃）		传热系数 $K[W/(m^2 \cdot K)]$	遮阳系数 SC（东、南、西向/北向）
单一朝向外窗（包括透明幕墙）	窗墙面积比≤0.20	≤6.50	—
	0.20<窗墙面积比≤0.30	≤4.70	≤0.50/0.60
	0.30<窗墙面积比≤0.40	≤3.50	≤0.45/0.55
	0.40<窗墙面积比≤0.50	≤3.00	≤0.40/0.50
	0.50<窗墙面积比≤0.70	≤3.00	≤0.35/0.45
屋顶透明部分		≤3.50	≤3.50

注：有外遮阳时，遮阳系数＝玻璃的遮阳系数×外遮阳的遮阳系数；无外遮阳时，遮阳系数＝玻璃的遮阳系数。

表 6-18　不同气候区地面和地下室外墙热阻限值

气候分区	围护结构部位		热阻 $R[W/(m^2 \cdot K)]$
严寒地区 A 区	地面：周边地面		≥2.0
	非周边地面		≥1.8
	采暖地下室外墙（与土壤接触的墙）		≥2.0
严寒地区 A 区	地面：周边地面		≥2.0
	非周边地面		≥1.8
	采暖地下室外墙（与土壤接触的墙）		≥2.0

续表

气候分区	围护结构部位	热阻 $R[\mathrm{W}/(\mathrm{m}^2 \cdot \mathrm{K})]$
寒冷地区	地面：周边地面	≥1.5
	非周边地面	≥1.5
	采暖、空调地下室外墙（与土壤接触的墙）	≥1.5
夏热冬冷地区	地面	≥1.2
	地下室外墙（与土壤接触的墙）	≥1.2
夏热冬暖地区	地面	≥1.0
	地下室外墙（与土壤接触的墙）	≥1.0

注：1. 周边地面系指外墙内表面 2m 以内的地面。

　　2. 地面热阻系指建筑基础持力层以上各层材料的热阻之和。

　　3. 地下室外墙热阻系指土壤以内各层材料的热阻之和。

（2）外墙与屋面的热桥部位的内表面温度不应低于空气露点温度。

（3）建筑每个朝向的窗（包括透明幕墙）墙面积比均不应大于 0.70。当窗（包括透明幕墙）墙面积比小于 0.40 时，玻璃（或其他透明材料）的可见光透射比不应小于 0.40。若不能满足时，必须进行权衡判断。

（4）夏热冬暖地区、夏热冬冷地区的建筑以及寒冷地区中制冷负荷大的建筑，外窗（包括透明幕墙）宜设置外部遮阳。

（5）屋顶透明部分的面积不应大于屋顶总面积的 20%，不能满足时应进行权衡判断。

（6）建筑中庭夏季应利用通风降温，必要时设置机械排风装置。

（7）外窗的可开启面积不应小于窗面积的 30%；透明幕墙应具有可开启部分或设有通风换气装置。

（8）严寒地区建筑的外门应设门斗，寒冷地区建筑的外门宜设门斗或采取其他减少冷风渗透的措施。其他地区建筑外门也应采取保温隔热节能措施。

（9）外窗的气密性不应低于 4 级（分类标准见第九部分）。

（10）透明幕墙的气密性不应低于 3 级（分类标准见第九部分）。

（三）窗墙面积比

1. 西、北朝向的窗（包括透明幕墙）墙面积比不应大于 0.70，且建筑物总窗墙面积比不应大于 0.70。

2. 单一朝向的窗（包括透明幕墙）墙面积比小于 0.40，玻璃（或其他透明材料）的可见光透射比不应小于 0.40。

（四）围护结构的传热系数

1. 屋面：甲类建筑应考虑透明部分占屋面的比值，数值在 0.51～0.60 之间；乙类建筑应考虑体形系数，数值在 0.40～0.55 之间。

2. 外墙（包括非透明外墙）：甲类建筑为 ≤0.80，乙类建筑为 0.45～0.60 之间。

3. 底面接触室外空气的架空或外挑楼板：甲类建筑为 ≥0.50，乙类建筑为 0.45～0.50 间。

4. 非采暖空调房间与采暖空调房间的隔墙或楼板：甲类建筑和乙类建筑均为 ≥1.50。

5. 单一朝向外窗（包括透明外墙）：甲类建筑为 1.60～3.50 之间，乙类建筑为 1.80～3.50 之间。

六、其他建筑设计规范的规定

（一）《住宅设计规范》（GB 50096—2011）中指出

1. 严寒和寒冷地区应设封闭阳台，并应采取保温措施。
2. 严寒和寒冷地区不宜设置凸窗。
3. 除严寒地区外，居住空间朝西外窗应采取外遮阳措施，居住空间朝东外窗宜采取外遮阳措施；当采用天窗、斜屋顶窗采光时，应采用活动遮阳措施。

（二）《宿舍建筑设计规范》（JGJ 36—2005）中规定

寒冷地区居住的西向外窗应采取遮阳措施，东向外窗宜采取遮阳措施；夏热冬冷和夏热冬暖地区居室的东、西向外窗应采取遮阳措施。

（三）《居住建筑节能设计标准》（DBJ 11—602—2006）中规定

1. 建筑物的体形系数：7层及7层以上住宅不宜超过0.3；4~6层住宅不宜超过0.35；1~3层住宅不宜超过0.45。
2. 采暖居住建筑的楼梯间和外廊应设门窗封闭。楼梯间无条件采暖时，楼梯间隔墙的传热系数应不大于$1.5 W/(m^2 \cdot K)$。
3. 各部分围护结构的传热系数限值见表6-19。

表6-19　住宅各部分围护结构的传热系数限值　　　　$W/(m^2 \cdot K)$

住宅类型	屋顶	外墙		外窗、阳台门玻璃	阳台门下部门芯板	接触室外空气地面	不采暖空间上部楼板
		外保温	内保温的主体断面				
5层及以上住宅	0.60	0.60	0.30	2.80	1.70	0.50	0.55
4层及以下住宅	0.45	0.45	不采用				

4. 外窗面积不宜过大，在满足功能要求的条件下，不同朝向的窗墙面积比不宜超过表6-20规定。

表6-20　居住建筑不同朝向的窗墙面积比

朝　向	窗墙面积比
北、西北、西、东北、东、西南	0.30
东南	0.35
南	0.50

5. 围护结构细部设计

（1）外墙应首选外保温构造。外墙出挑构件及附墙构件，如阳台、雨罩、靠外墙阳台栏板、空调室外机搁板、附壁柱、凸窗、装饰线和靠外墙阳台分户墙板等均应采用隔断热桥和保温措施；窗口外侧四周墙面应进行保温处理。

（2）外墙不得已采用内保温构造时，应充分考虑结构"热桥"的影响，"热桥"部位应采取可靠保温或"断桥"措施及可靠的防冷凝受潮措施。

（四）《中小学校设计规范》（GB5 0096—2011）中规定

1. 在严寒地区、寒冷地区和夏热冬冷地区，教学用房的地面应设保温措施。

2. 炎热地区的教学用房及教学辅助用房中，可在内外墙设置可开闭的通风窗。通风窗下沿宜设在距室内楼地面以上 0.10 ~ 0.15m 高度处。

（五）《老年人居住建筑设计标准》（GB/T 50340—2003）中规定

老年人居住的卧室、起居室宜向阳布置，朝西外窗宜采取有效的遮阳措施。在必要时，屋顶和西向外窗应采取隔热措施。

（六）《展览建筑设计规范》（JGJ 218—2010）中规定

展览建筑展厅的东、西向采用大面积外窗、透明幕墙及屋顶采用大面积透明顶棚时，宜设置外部遮阳设施。

（七）《档案馆建筑设计规范》（JGJ 25—2010）中规定

1. 档案库应减少外围护结构面积。外围护结构应根据其使用要求及室内温湿度、当地室外气象计算参数和有无采暖、通风、空调设备等具体情况，通过技术经济比较，合理确定其构造，并应符合下列规定：

（1）当需要设置采暖设备时，外围护结构的传热系数应在《公共建筑节能设计标准》 （GB 50189—2005）规定的基础上降低 10%。

（2）当需要设置空气调节设备时，外围护结构的传热系数应符合《公共建筑节能设计标准》（GB 50189—2005）的规定。

2. 库房屋顶应采取保温、隔热措施，并应符合下列规定：

（1）平屋顶上采用架空层时，基层应设保温、隔热层；架空层应通风流畅，其高度不应小于 0.30m。

（2）炎热多雨地区的坡屋顶其下层为空气夹层时，内部应通风流畅。

3. 档案库门应为保温门；窗的气密性能、水密性能及保温性能分级要求应比当地办公建筑的要求提高一级。

4. 档案库每开间的窗墙面积比不应大于 1:10；档案库不得采用跨层或跨间的通长窗。

七、外墙外保温构造

（一）《外墙外保温工程技术规程》（JGJ 144—2004）中规定

1. 设计要点

外墙外保温的基层应为砖墙或钢筋混凝土墙，保温层应为 EPS 板（膨胀型聚苯乙烯泡沫塑料板）、胶粉 EPS 颗粒保温浆料和 EPS 钢筋网架板。使用寿命为不少于 25 年。施工期间及完工后的 24h 内，基层及环境温度不应低于 5℃。夏季应避免阳光暴晒。在 5 级以上大风天气和雨天不得施工。

2. 构造做法

外墙外保温的构造做法有以下 5 种：

（1）EPS 板薄抹灰系统

做法要点：由 EPS 板保温层、薄抹灰层和饰面涂层构成。建筑物高度在 20m 以上时或受负风压作用较大的部位，EPS 板宜使用锚栓固定。EPS 板宽度不宜大于 1200mm，高度不宜大于 600mm。粘结 EPS 板时，涂胶粘剂面积不得小于 EPS 板面积的 40%。薄抹灰层的厚度为 3 ~ 6mm（图 6-1）。

（2）胶粉 EPS 颗粒保温浆料系统

做法要点：由界面层、胶粉 EPS 保温浆料保温层、抗裂砂浆薄抹面层（满铺玻纤网）和饰面层构成。保温浆料的设计厚度不宜超过100mm。保温浆料宜分遍抹灰，每遍间隔时间应在24h以上，每遍厚度不宜超过20mm（图6-2）。

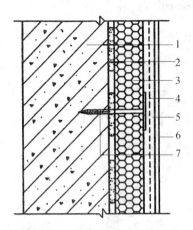

图6-1　EPS板薄抹灰系统

1—基层；2—胶粘剂；3—EPS板；4—玻纤网；

5—薄抹灰层；6—饰面涂层；7—锚栓

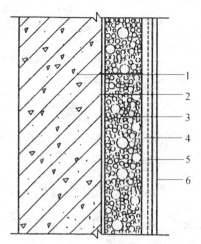

图6-2　保温浆料系统

1—基层；2—界面砂浆；3—胶粉EPS颗粒保温浆料；

4—抗裂砂浆薄抹灰层；5—玻纤网；6—饰面层

（3）EPS板现浇混凝土系统

做法要点：以现浇混凝土外墙作为基层、EPS板为保温层、EPS板表面抹抗裂砂浆（满铺玻纤网）、锚栓做辅助固定。EPS板宽度宜为1200mm，高度宜为建筑物全高。锚栓每1m^{2}宜设2~3个。混凝土一次浇筑高度不宜大于1m（图6-3）。

（4）EPS钢丝网现浇混凝土系统

做法要点：以现浇混凝土作为基层，EPS单面钢丝网架板置于外墙外模板内侧，并安装$\phi 6$钢筋作为辅助固定件，混凝土浇筑后表面抹掺外加剂的水泥砂浆形成厚抹面层，外表做饰面层。$\phi 6$钢筋每1m^{2}宜设4根、锚固深度不得小于100mm；混凝土一次浇筑高度不宜大于1m（图6-4）。

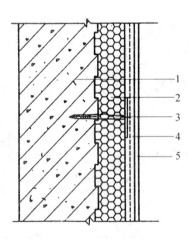

图6-3　无网现浇系统

1—现浇混凝土外墙；2—EPS板；3—锚栓；

4—抗裂砂浆薄抹灰层；5—饰面层

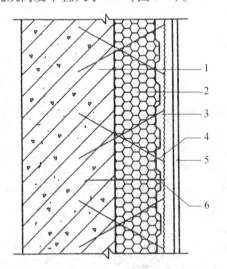

图6-4　有网现浇系统

1—现浇混凝土外墙；2—EPS单面钢丝网架板；

3—掺外加剂的水泥砂浆厚抹面层；

4—钢丝网架；5—饰面层；6—$\phi 6$钢筋

（5）机械固定EPS钢丝网架板系统

做法要点：由机械固定装置、腹丝非穿透型EPS钢丝网架板、掺外加剂的水泥砂浆厚抹面层和饰面层构成。机械固定做法不适用于加气混凝土和轻骨料混凝土基层。机械固定装置每 $1m^2$ 不应小于 7 个。用于砌体外墙时，宜采用预埋钢筋网片固定 EPS 钢丝网架板。机械固定系统的所有金属件应做防锈处理（图 6-5）。

（二）《硬泡聚氨酯保温防水工程技术规范》（GB 50404—2007）中规定

1. 硬泡聚氨酯按成型工艺分为：喷涂硬泡聚氨酯和硬泡聚氨酯板两大类。

2. 喷涂硬泡聚氨酯按其物理性能分为 3 种类型，主要适用于以下部位：

Ⅰ型：用于屋面和外墙保温层。

Ⅱ型：用于屋面复合保温防水层。

Ⅲ型：用于屋面保温防水层。

3. 用于外墙外保温的构造顺序（由外而内）：

饰面层—抹面层—保温层—找平层—墙体基层。

4. 施工要求：喷涂硬泡聚氨酯的施工温度不应低于 10℃，空气相对湿度宜小于 85%，风力不宜大于 3 级。严禁在雨天、雪天施工，当施工中途下雨、下雪时应采取遮盖措施。

5. 在正确使用和维护条件下，硬泡聚氨酯外墙外保温工程的使用年限不应少于 25 年。

6. 热工和节能要求

（1）保温层内表面温度应高于 0℃。

（2）保温系统应覆盖门窗框外侧洞口、女儿墙、封闭阳台以及外挑构件等热桥部位。

7. 构造节点

（1）喷涂硬泡聚氨酯外墙外保温系统（图 6-6）。

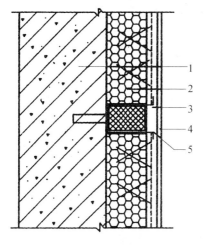
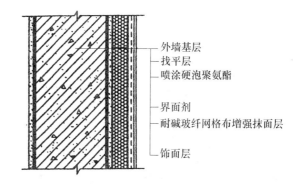

图 6-5　机械固定系统

1—基层；2—EPS 钢丝网架板；
3—掺外加剂的水泥砂浆厚抹面层；
4—饰面层；5—机械固定装置

图 6-6　喷涂硬泡聚氨酯外墙外保温系统构造

（2）硬泡聚氨酯复合板外墙外保温系统（图 6-7）。

（3）带抹面层（或饰面层）的硬泡聚氨酯复合板外墙外保温系统（图 6-8）。

8. 构造要求

（1）喷涂硬泡聚氨酯采用抹面胶浆时，普通型 3～5mm；加强型 5～7mm。饰面层的材料宜采用柔性腻子和弹涂材料。

（2）硬泡聚氨酯板材宜采用带抹面层或饰面层的系统。建筑物高度在 20m 以上时，在受负风压作用较大的部位，应使用锚栓辅助固定。

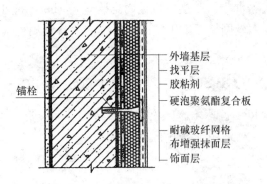

图6-7 硬泡聚氨酯复合板外墙外保温系统构造

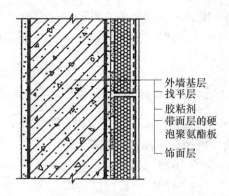

图6-8 带抹面层（或饰面层）的硬泡聚氨酯
复合板外墙外保温系统构造

（3）硬泡聚氨酯板外墙外保温薄抹面系统设计应符合下列规定：

1）建筑物首层或2m以下墙体，应在先铺一层加强耐碱玻纤网格布的基础上，再满铺一层耐碱玻纤网格布。加强耐碱玻纤网格布在墙体转角及阴阳角处的接缝应搭接，其搭接宽度不得小于200mm；在其他部位的接缝宜采用对接。

2）建筑物2层或2m以上墙体，应采用标准耐碱玻纤网格布满铺，耐碱玻纤网格布的接缝应搭接，其搭接宽度不宜小于100mm。在门窗洞口、管道穿墙洞口、勒脚、阳台、变形缝、女儿墙等保温系统的收头部位，耐碱玻纤网格布应翻包，包边宽度不应小于100mm。

（4）门窗外侧洞口四周墙体，硬泡聚氨酯厚度不应小于20mm。铺设耐碱玻纤网格布时，应在四角处45°斜向加贴300mm×200mm的标准耐碱玻纤网格布。

（5）勒脚部位的外保温与室外散水间应预留不小于20mm缝隙，缝内宜填充泡沫塑料，端部应采用标准网布、加强网布包缝，包边宽度不得小于100mm。

（6）檐口、女儿墙部位应采用保温层全包覆做法，以防止产生热桥。当有檐沟时，应保证檐沟混凝土顶面有不小于20mm厚度的硬泡聚氨酯保温层。

（7）变形缝处应填充泡沫塑料，填塞深度应大于缝宽度的3倍且不小于墙体厚度。盖缝板宜采用铝板或不锈钢板。变形缝处应做包边处理，包边宽度不得小于100mm。

（三）《无机轻集料砂浆保温系统技术规程》（JGJ 253—2011）中规定

1. 无机轻集料砂浆是以憎水型膨胀珍珠岩、膨胀玻化微珠、闭孔珍珠岩、陶砂等无机轻集料为保温材料，以水泥或其他无机胶凝材料为主要胶结料，并掺加高分子聚合物及其他功能性添加剂而制成的建筑保温干混砂浆。

2. 无机轻集料砂浆保温系统是由界面层、无机轻集料保温砂浆保温层、抗裂面层及饰面层组成的保温系统。

3. 无机轻集料砂浆保温系统包括外墙外保温、外墙内保温两种构造做法。

4. 无机轻集料砂浆保温系统用于外墙外保温时厚度不宜大于50mm。

5. 用于无机轻集料砂浆保温系统外墙外保温时，其导热系数、蓄热系数应符合表6-21的规定：

表6-21 无机轻集料保温砂浆的导热系数、蓄热系数

保温砂浆类型	蓄热系数 $S[W/(m^2 \cdot K)]$	导热系数 $\lambda[W/(m \cdot k)]$	修正系数
Ⅰ型	1.20	0.070	1.25
Ⅱ型	1.50	0.085	1.25
Ⅲ型	1.80	0.100	1.25

6. 无机轻集料砂浆保温系统外墙外保温的构造

（1）涂料饰面无机轻集料砂浆保温系统外墙外保温的基本构造（图6-9）。

1）基层①：混凝土墙及各种砌体墙。

2）界面层②：界面砂浆。

3）保温层③：无机轻集料保温砂浆。

4）抗裂面层④：抗裂砂浆＋玻纤网（有加强要求的增设一道玻纤网）。

5）饰面层⑤：柔性腻子＋涂料饰面。

（2）面砖饰面无机轻集料砂浆保温系统外墙外保温的基本构造（图6-10）。

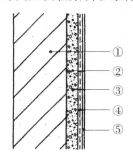

图6-9 涂料饰面无机轻集料砂浆
保温系统外墙外保温构造

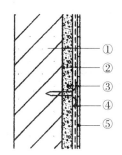

图6-10 面砖饰面无机轻集料砂浆
保温系统外墙外保温构造

1）基层①：混凝土墙及各种砌体墙；

2）界面层②：界面砂浆；

3）保温层③：无机轻集料保温砂浆；

4）抗裂面层④：抗裂砂浆＋玻纤网（锚固件与基层锚固）；

5）饰面层⑤：胶粘剂＋面砖＋填缝剂。

（四）A级不燃材料外墙外保温构造

2011年3月公安部消防局以公安部公消（2011—65号）发文《进一步明确民用建筑外保温材料消防监督管理的有关通知》，通知明确："本着对国家和人民生命财产安全高度负责的态度，为遏制当前建筑易燃、可燃外保温材料火灾高发的势头，把好火灾防控源头关"，要求民用建筑外保温材料应采用燃烧性能为A级的保温材料。

1. 达到A级燃烧性能的保温材料有：（摘自"A级不燃材料外墙外保温构造图集"）

（1）岩棉板

国家标准GB/T 25975—2010规定的岩棉板的技术经济指标见表6-22。

表6-22 岩棉板的技术经济指标

项目	单位	指标
密度	kg/m³	≥140
平整度偏差	mm	≤6
酸度系数	—	≥1.6
尺寸稳定性	%	≤1.0
质量吸水率	%	≤1.0
憎水率	%	≥98
短期吸水量	kg/m²	≤6
导热系数（平均温度25℃）	W/(m·k)	≤0.040

项目		单位	指标
垂直于表面的抗拉强度	TR15	kPa	≥15
	TR10		≥10
	TR7.5		≥7.5
压缩强度		kPa	≥40
燃烧性能等级		—	A 级

（2）玻璃纤维板

企业标准 Q/JC JCY 017—2011 规定的玻璃纤维板的技术经济指标见表6-23。

表 6-23　玻璃纤维板的技术经济指标

项目	单位	指标
密度	kg/m³	≥90
吸水量	kg/m²	≤1.06
尺寸稳定性	%	≤1.0
质量吸水率	%	≤1.0
憎水率	%	≥98.0
导热系数（平均温度25℃）	W/(m·K)	≤0.035
垂直于表面的抗拉强度	kPa	≥7.5
压缩强度	kPa	≥40
燃烧性能等级	—	A 级

（3）ZC 无机发泡保温板

ZC 无机发泡保温板的技术经济指标见表6-24。

表 6-24　ZC 无机发泡保温板的技术经济指标

项目	单位	指标
体积干密度	kg/m³	≤190
导热系数	W/(m·K)	≤0.054
抗压强度	MPa	≥0.15
抗拉强度	MPa	≥0.06
体积吸水率	%	≤10
燃烧性能	—	A 级

（4）泡沫玻璃

行业标准 JC/T 647—2005 规定的泡沫玻璃的技术经济指标见表6-25。

表 6-25　泡沫玻璃的技术经济指标

项目	单位	指标
密度	kg/m³	130~160
抗压强度	MPa	≥0.4
抗折强度	MPa	≥0.3
体积吸水率	%	≤0.5
导热系数（温度25℃）	W/(m·K)	≤0.052
透视系数	ng/(pa·s·m)	≤0.05

2. 非幕墙不燃材料外保温做法

（1）构造要点

1）不要采用性能不高的、未经增强处理的岩棉裸板、玻璃纤维裸板直接粘贴。

2）采暖地下室外墙外保温材料应做至地下室底板垫层处，无地下室外墙保温材料应伸入室外地面下部 800mm。

3）凸窗上、下挑板均应做保温。

4）女儿墙外部保温应做至压顶，女儿墙内部亦应做保温（厚度可适当减薄）。

5）不封闭阳台的上部、下部及顶层雨罩的上部、下部均应做保温。

6）变形缝中应嵌入玻璃纤维板等保温材料。

7）硬质、阻燃的 UPVC 雨水管应固定在保温层的外侧，并应采用尼龙胀管螺钉固定。固定点中距应≤1500mm，每根主管的数量不应少于 3 个。

（2）构造做法

1）粘贴钢网岩棉板、薄抹灰。可以用于任何高度。

2）粘贴岩棉板、钉镀锌钢丝网、复合不燃保温浆料、抹灰。可以用于任何高度。

3）粘贴摆锤法憎水岩棉板、双网、抹灰、涂料饰面。可以用于任何高度。

4）粘贴 ZL 界面增强岩棉板、薄抹灰。可以用于任何高度。

5）粘贴 ZX 岩棉复合板、薄抹灰。可以用于任何高度。

6）粘贴钢网玻璃纤维板、薄抹灰。可以用于任何高度。

7）粘贴缝扎增强玻璃纤维板、薄抹灰。可以用于任何高度。

8）粘贴裹覆增强玻璃纤维板、薄抹灰。可以用于任何高度。

9）粘贴界面增强玻璃纤维板、钉钢网抹轻质砂浆。可以用于任何高度。

10）粘贴增强无机粒状面板、薄抹灰。可以用于任何高度。

11）粘贴 VIP 超薄绝热板、薄抹灰。可以用于任何高度。

12）粘贴纤维膨珠板、薄抹灰。宜用于高度≤60m 的建筑。

13）粘贴无机发泡保温板、薄抹灰。宜用于高度≤60m 的建筑。

14）粘贴泡沫玻璃板、薄抹灰。宜用于高度≤60m 的建筑。

15）龙骨干挂纤维水泥板、玻璃纤维保温体系。宜用于高度≤60m 的建筑。

构造层次可以查阅《A 级不燃材料外墙外保温》12BJ2—11 标准图集。

3. 幕墙不燃材料外保温做法

（1）构造要点

1）保温板粘贴在基层墙时，应满粘。

2）保温板之间的缝隙应用砂浆堵严。

3）保温板外与幕墙面板（石材、金属板、玻璃等）之间的空隙，应按楼层在楼板处用岩棉条封堵，杜绝空气的上下流动。

（2）构造做法

1）粘贴或干锚钢网憎水岩棉板、抹保温浆料。

2）粘贴或干锚 A 级玻璃纤维板、抹保温浆料。

3）粘贴 VIP 超薄绝热板、抹保温浆料。

4）粘贴 A 级纤维膨珠板。

5）粘贴 A 级无机发泡保温板。

6）粘贴 A 级泡沫玻璃板。

7）粘贴 A 级增强无机粒状棉板。

8）喷超细无机纤维保温。

构造层次可以查阅《A级不燃材料外墙外保温》12BJ2—11标准图集

4．自保温外墙

（1）水泥聚苯颗粒保温砌块（A级）传热系数 $K = 0.45[W/(m^2 \cdot K)]$。

（2）框架填充加气混凝土条板（B05级），200mm厚传热系数 $K = 0.57[W/(m^2 \cdot K)]$，250mm厚传热系数 $K = 0.47[W/(m^2 \cdot K)]$。

八、外墙内保温构造

（一）《外墙内保温工程技术规程》（JGJ/T 261—2011）中指出

1．设计要点

（1）内保温工程的热工和节能设计应符合下列规定：

1）外墙平均传热系数应符合现行国家标准。

2）外墙热桥部位内表面温度不应低于室内空气在设计温度、湿度条件下的露点温度，必要时进行保温处理。

3）内保温复合墙体内部有可能出现冷凝时，应进行冷凝受潮验算，必要时应设置隔离层。

（2）内保温工程砌体外墙或框架填充墙，在混凝土构件外露时，应在其外侧加强保温处理。

（3）内保温工程宜在墙体易裂部位及与屋面板、楼板交接部位采取抗裂构造措施。

（4）内保温系统各构造层组成材料的选择，应符合下列规定：

1）保温板及复合板与基层墙体的粘结，可采用胶粘剂或粘结石膏。当用于厨房、卫生间等潮湿环境或饰面层为面砖时，应采用胶粘剂。

2）厨房、卫生间等潮湿环境或饰面层为面砖时，不得使用粉刷石膏抹面。

3）无机保温板或保温砂浆的抹面层的增强材料宜采用耐碱玻璃纤维网布。有机保温材料的抹面层为抹面胶浆时，其增强材料可选用涂塑中碱玻璃纤维网布。当抹面层为粉刷石膏时，其增强材料可选用中碱玻璃纤维网布。

4）当内保温工程用于厨房、卫生间等潮湿环境采用腻子时，应采用耐水腻子；在低收缩性面板上刮涂腻子时，可选普通型腻子；保温层尺寸稳定性差或面层材料收缩值大时，宜选用弹性腻子，不得使用普通型腻子。

（5）设计保温层厚度时，保温材料的导热系数应进行修正。

（6）有机保温材料应采用不燃材料或难燃材料做保护层，且保护层厚度不应小于6mm。

（7）外窗四角和外墙阴阳角等处的内保温工程抹面层中，应设置附加增强网布。门窗洞口内侧面应做保温。

（8）在内保温复合墙体上安装设备、管道和悬挂重物时，其支承的预埋件应固定于基层墙体上，并应做密封设计。

（9）内保温基层墙体应具有防水能力。

2．构造做法

（1）复合板内保温系统（图6-11）。

1）基本构造（由内而外）

①基层墙体：混凝土墙体、砌体墙体。

②粘结层：胶粘剂或粘结石膏+锚栓。

③复合板：

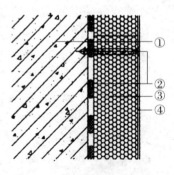

图6-11 复合板内保温系统构造

A. 保温层：EPS 板、XPS 板、PU 板、纸蜂窝填充憎水型膨胀珍珠岩保温板。

B. 面层：纸面石膏板、无石棉纤维水泥平板、无石棉硅酸钙板。

④饰面层：腻子层 + 涂料或墙纸（布）或面砖。

注：1. 当面板带饰面时，不再做饰面层。

　　2. 面砖饰面不做腻子层。

2）构造要求

①复合板的规格尺寸应符合下列规定：

A. 复合板公称宽度宜为 600mm、900mm、1200mm、1220mm、1250mm。

B. 石膏板面积公称厚度不得小于 9.5mm，无石棉纤维增强硅酸钙板和无石棉纤维水泥平板公称厚度不得小于 6.0mm。

②施工前，宜先在基层墙体上做水泥砂浆找平层，采用以粘为主、粘锚结合方式将复合板固定于垂直墙面，并应采用嵌缝材料封填处理。

③当复合板保温层为 XPS 板和 PU 板时，在粘贴前应在保温板上做界面处理。XPS 板应涂刷表面处理剂，表面处理剂的 pH 值应为 6~9，聚合物含量不应小于 35%；PU 板应用水泥基材料做界面处理，界面层的厚度不宜大于 1mm。

④复合板与基层墙体之间的粘贴，应符合下列规定：

A. 涂料饰面时，粘贴面积不应小于复合板面积的 30%；面砖饰面时，粘贴面积不得小于复合板面积的 40%。

B. 在门窗洞口四周、外墙转角和复合板上下两端距顶面和地面 100mm 处，均应采用通长粘接，且宽度不应小于 50mm。

⑤复合板内保温系统采用的锚栓应符合下列规定：

A. 应采用材质为不锈钢或经过表面防腐处理的碳素钢制成的金属钉锚栓。

B. 锚栓进入基层墙体的有效锚栓深度不应小于 25mm，基层墙体为加气混凝土时，锚栓的有效锚栓深度不应小于 50mm，有空腔结构的基层墙体，应采用嵌入式锚栓。

C. 当保温层为 EPS、XPS、PU 板时，其单位面积质量不宜超过 $18kg/m^2$，且每块复合板顶部离边缘 80mm 处，应采用不少于 2 个金属钉锚栓固定在基层墙体上，锚栓的钉头不得凸出板面。

D. 当保温层为纸蜂窝填充憎水型膨胀珍珠岩时，锚栓间距不应大于 400mm，且距板边距离不应小于 20mm。

⑥基层墙体阴角和阳角处的复合板，应做切边处理。

⑦复合板内保温系统和阳角处理应符合下列规定：

A. 板间接缝和阴角宜采用接缝带，可采用嵌缝石膏（或柔性勾缝腻子）粘接牢固。

B. 阳角宜采用护角，可采用嵌缝石膏（或柔性勾缝腻子）粘接牢固。

C. 复合板之间的接缝不得位于门窗洞口四角处，且距洞口四角不得小于 300mm。

（2）有机保温板内保温系统（图 6-12）。

1）基本构造

①基层墙体：混凝土墙体、砌体墙体。

②粘结层：胶粘剂或粘结石膏。

③保温层：EPS 板、XPS 板、PU 板。

④保护层：

做法一：6mm 抹面胶浆复合涂塑中碱玻璃纤维网布。

做法二：用粉刷石膏 8~10mm 厚横向压入 A 型中碱玻璃纤维网布；涂刷 2mm 厚专用胶粘剂压入 B 型中碱玻璃纤维网布。

⑤饰面层：腻子层 + 涂料或墙纸（布）或面砖。

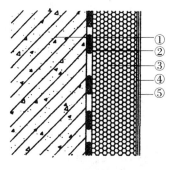

图 6-12　有机保温板内保温系统构造

注：1. 做法二不适用于面砖饰面和厨房、卫生间等潮湿环境。

2. 面砖饰面不做腻子层。

2）构造要求

①有机保温板宽度不宜大于1200mm，高度不宜大于600mm。

②施工时，宜先在基层墙体上做水泥砂浆找平层，采用粘接方式将有机保温板固定于垂直墙面。

③当保温层为XPS板和PU板时，在粘贴及抹面层施工前应做界面处理。XPS板应涂刷表面处理剂，表面处理剂的pH值应为6~9，聚合物含量不应小于35%；PU板应采用水泥基材料做界面处理，界面层的厚度不宜大于1mm。

④有机保温板与基层墙体的粘贴，应符合下列规定：

A. 涂料饰面时，粘贴面积不得小于有机保温板面积的30%；面砖饰面时，粘贴面积不得小于有机保温板面积的40%。

B. 保温板在门窗洞口四周、阴阳角处和保温板上下两端距顶面和地面100mm处，均应采用通长粘结，且宽度不应小于50mm。

⑤在墙面粘贴有机保温板时，应错开排列，门窗洞口四角处不得有接缝，且任何接缝距洞口四角不得小于300mm。阴角和阳角处的有机保温板，应做切角处理。

⑥有机保温板的终端部，应采用玻璃纤维网布翻包。

⑦抹面层施工应在保温板粘贴完毕后24h后方可施工。

（3）无机保温板内保温系统（图6-13）。

1）基本构造

①基层墙体：混凝土墙体、砌体墙体。

②粘结层：胶粘剂。

③保温层：无机保温板。

④保护层：抹面胶浆+耐碱玻璃纤维网布。

⑤饰面层：腻子层+涂料或墙纸（布）或面砖。

注：面砖饰面不做腻子层。

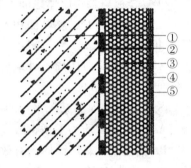

图6-13 无机保温板内保温
系统构造

2）构造要求

①无机保温板的规格尺寸宜为300mm×300mm、300mm×450mm、300mm×600mm、450mm×450mm、450mm×600mm，厚度不宜大于50mm。

②无机保温板粘贴前，应清除板表面的碎屑浮尘。

③无机保温板的粘贴应符合下列规定：

A. 在外墙阳角、阴角及门窗洞口周边应采用满粘法，其余部位可采用条粘法或点粘法，总的粘贴面积不应小于保温板面积的40%。

B. 上下排之间保温板的粘贴，应错开1/2板长，板的侧边不应涂抹胶粘剂。

C. 阳角上下排保温板应交错互锁。

D. 门窗洞口四角保温板应采用整板截割，且接板的缝距洞口四角不得小于150mm。

E. 保温板四周应靠紧且板缝不得大于2mm。

F. 保温板的终端部应采用玻璃纤维网布翻包。

④无机保温板。

A. 无机保温板粘贴完毕后，应在室内环境温度条件待1~2h后，再进行抹面胶浆施工。

B. 施工前应进行2m靠尺检查无机保温板面的平整度，对凸出部位应刮平，并应清理碎屑后再进行抹面施工。

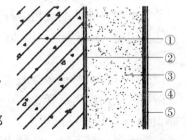

图6-14 保温砂浆内保温系统构造

（4）保温砂浆内保温系统（图6-14）。

1）基本构造

①基层墙体：混凝土墙体、砌体墙体。

②界面层：界面砂浆。

③保温层：保温砂浆。

④保护层：抹面胶浆＋耐碱纤维网布。

⑤饰面层：腻子层＋涂料或墙纸（布）或面砖。

注：面砖饰面不做腻子层。

2）构造要求

①界面砂浆应均匀涂刷于基层墙体。

②保温砂浆施工应符合下列规定：

A. 应采用专用机械搅拌，搅拌时间不宜少于3.00min，且不宜大于6.00min。搅拌后的砂浆应在2h内用完。

B. 应分层施工，每层厚度不应大于20mm。后一层保温砂浆施工，应在前一层保温砂浆终凝后进行（一般为24h）。

C. 应先将保温砂浆做标准饼，然后冲筋，其厚度应以墙面最高处抹灰厚度不小于设计厚度为准，门窗口处及墙体阳角部分宜做护角。

③抹面胶浆施工应符合下列规定：

A. 应预先将抹面胶浆均匀涂抹在保温层上，再将耐碱玻璃纤维网布埋入抹面胶浆中，不得先将耐碱玻璃纤维网布直接铺设在保温层面上，再用砂浆涂布粘结。

B. 耐碱玻璃纤维网布搭接宽度不应小于100mm，两层搭接耐碱玻璃纤维网布之间必须满布抹面胶浆，严禁干茬搭接。

C. 抹面胶浆层厚度：保温层为无机轻集料保温砂浆时，涂料饰面不应小于3mm，面砖饰面不应小于5mm；保温层为聚苯颗粒保温砂浆时，不应小于6mm。

D. 对需要加强的部位，应在抹面胶浆中铺贴双层耐碱玻璃纤维网布，第一层应采用对接法搭接，第二层应采用压茬法搭接。

④保温砂浆内保温系统的各构造层之间粘结应牢固，不应脱落、空鼓和开裂。

⑤保温砂浆内保温系统采用涂料饰面时，宜采用弹性腻子和弹性涂料。

（5）喷涂硬泡聚氨酯内保温系统（图6-15）。

1）基本构造

①基层墙体：混凝土墙体、砌体墙体。

②界面层：水泥砂浆聚氨酯防潮底漆。

③保温层：喷涂硬泡聚氨酯。

④界面层：专用界面砂浆或专用界面剂。

⑤找平层：保温砂浆或聚合物水泥砂浆。

⑥保护层：抹面胶浆复合涂塑中碱玻璃纤维网布。

⑦饰面层：腻子层＋涂料或墙纸（布）或面砖。

注：面砖饰面不做腻子层。

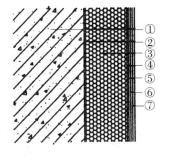

图6-15　喷涂硬泡聚氨酯内保温系统构造

2）构造要求

①喷涂硬泡聚氨酯的施工应符合下列规定：

A. 环境温度不应低于10℃，空气相对湿度宜小于85%。

B. 硬泡聚氨酯应分层喷涂，每遍厚度不宜大于15mm。当日的施工作业面应在当日连续喷涂完毕。

C. 喷涂过程中应保证硬泡聚氨酯保温层表面平整度，喷涂完毕后保温层平整度偏差不宜大于6mm。

D. 阴阳角及不同材料的基层墙体交接处，保温层应连续不留缝。

②硬泡聚氨酯喷涂完工24h后，再进行下道工序施工。

（6）玻璃棉、岩棉、喷涂硬泡聚氨酯龙骨固定内保温系统（图6-16、图6-17）。

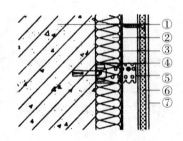 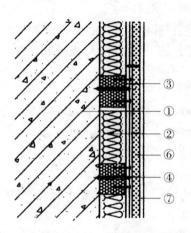

图6-16　玻璃棉、岩棉、喷涂硬泡聚氨酯龙骨　　　　图6-17　玻璃棉、岩棉、喷涂硬泡聚氨酯龙骨
　　　　固定内保温系统构造做法（一）　　　　　　　　　　固定内保温系统构造做法（二）

1）基本构造

①基层墙体：混凝土墙体、砌体墙体。

②保温层：离心法玻璃棉板（或毡）或摆锤法岩棉板（或毡）或喷涂硬泡聚氨酯。

③隔汽层：PVC、聚丙烯薄膜、铝箔等。

④龙骨：建筑用轻钢龙骨或复合龙骨。

⑤龙骨固定件：敲击式或旋入式塑料螺栓。

⑥保护层：纸面石膏板或无石棉硅酸钙板或无石棉纤维水泥平板＋自攻螺钉。

⑦饰面层：腻子层＋涂料或墙纸（布）或面砖。

注：1. 玻璃棉、岩棉应设隔汽层，喷涂硬泡聚氨酯可不设隔汽层。
　　2. 面砖饰面不做腻子层。

2）构造要求

①龙骨应采用专用固定件与基层墙体连接，面板与龙骨应采用螺钉连接。当保温材料为玻璃棉板（毡）、岩棉板（毡）时，应采用塑料钉将保温材料固定在基层墙体上。

②复合龙骨应由压缩强度250～500kPa、燃烧性能不低于D级的挤塑聚苯乙烯泡沫塑料板条和双面镀锌量不小于100g/m² 的建筑用轻钢龙骨复合而成。

注：1. 建筑用轻钢龙骨基本规格为2700mm×50mm×10mm。
　　2. 挤塑板条规格为2700mm×50mm×30mm。

③对于固定龙骨的锚栓，实心基体墙体可采用敲击式固定锚栓或旋入式固定锚栓；实心砌块的基层墙体应采用旋入式固定锚栓。

④当保温材料为玻璃棉板（毡）、岩棉板（毡）时，应在靠近室内的一侧，连续铺设隔汽层，隔汽层应完整、严密，锚栓穿透隔汽层处应采取密封措施。

⑤纸面石膏板的最小公称厚度不得小于12mm；无石棉硅酸钙板及无石棉纤维水泥平板最小公称厚度，对高密度板不得小于6.0mm，中密度板不得小于7.5mm，低密度板不得小于8mm。对易受撞击场所面板厚度应适当增加。竖向龙骨间距不宜大于610mm。

（二）《无机轻集料砂浆保温系统技术规程》（JGJ 253—2011）中规定

1. 无机轻集料砂浆是以憎水型膨胀珍珠岩、膨胀玻化微珠、闭孔珍珠岩、陶砂等无机轻集料为保温材料，以水泥或其他无机胶凝材料为主要胶结料，并掺加高分子聚合物及其他功能性添加剂而制成的建筑保温干混砂浆。

2. 无机轻集料砂浆保温系统是由界面层、无机轻集料保温砂浆保温层、抗裂面层及饰面层组成的保温系统。

3. 无机轻集料砂浆保温系统外墙内保温的构造。

涂料饰面无机轻集料砂浆保温系统外墙内保温的基本构造（图6-18）。

①基层：混凝土墙及各种砌体墙。

②界面层：界面砂浆。

③保温层：无机轻集料保温砂浆。

④抗裂面层：抗裂砂浆＋玻纤网。

⑤饰面层：涂料饰面。

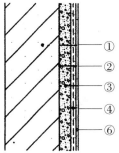

图6-18　无机轻集料砂浆内保温系统构造

第七部分 建筑结构防火设计规定

一、结构材料的防火分类

（一）结构材料的防火分类

《建筑设计防火规范》（GB 50016—2006）及《高层民用建筑设计防火规范》（GB 50045—95）2005 年版中指出，结构材料的防火分类为：

1. 不燃烧材料。指在空气中受到火烧或高温作用时，不起火、不燃烧、不炭化的材料。如砖、石、金属材料和其他无机材料。用不燃烧材料制作的构件称为"不燃烧体"。

2. 难燃烧材料。指在空气中受到火烧或高温作用时，难起火、难燃烧、难碳化的材料，当火源移走后，燃烧或微燃立即停止的材料。如刨花板和经过防火处理的有机材料。用难燃烧材料制作的构件称为"难燃烧体"。

3. 燃烧材料。指在空气中受到火烧或高温作用时，立即起火燃烧且火源移走后仍能继续燃烧或微燃的材料，如木材、纸张等材料。用燃烧材料制作的构件称为"燃烧体"。

（二）生产中使用或产生物质的火灾危险性

《建筑设计防火规范》（GB 50016—2006）中规定，生产中使用或产生的物质分为甲、乙、丙、丁、戊五类，其特征应符合表 7-1 的规定。

表 7-1 生产中使用或产生的物质的分类

生产类别	使用或产生下列物质生产的火灾危险性分类特征
甲	1. 闪点小于 28℃ 的液体。 2. 爆炸下限小于 10% 的气体。 3. 常温下能自行分解或在空气中氧化能导致迅速自燃或爆炸的物质。 4. 常温下受到水或空气中水蒸气的作用，能产生可燃气体并引起燃烧或爆炸的物质。 5. 遇酸、受热、撞击、摩擦、催化以及遇有机物或硫黄等易燃的无机物，极易引起燃烧或爆炸的强氧化剂。 6. 受撞击、摩擦或与氧化剂、有机物接触时能引起燃烧或爆炸的物质。 7. 在密闭设备内操作温度大于或等于物质本身自燃点的生产
乙	1. 闪点大于或等于 28℃，但小于 60℃ 的液体。 2. 爆炸下限大于或等于 10% 的气体。 3. 不属于甲类的氧化剂。 4. 不属于甲类的化学易燃危险固体。 5. 助燃气体。 6. 能与空气形成爆炸性混合物的浮游状态的粉尘、纤维、闪点大于或等于 60℃ 的液体雾滴
丙	1. 闪点大于或等于 60℃ 的液体。 2. 可燃固体

生产类别	使用或产生下列物质生产的火灾危险性分类特征
丁	1. 对不燃烧物质进行加工，并在高温或熔化状态下经常产生强辐射热、火花或火焰的生产。 2. 利用气体、液体、固体作为燃料或将气体、液体进行燃烧做其他用的各种生产。 3. 常温下使用或加工难燃烧物质的生产
戊	常温下使用或加工不燃烧物质的生产

（三）结构材料的耐火性能

1. 综合摘抄《建筑设计防火规范》（GB 50016—2006）及《高层民用建筑设计防火规范》（GB 50045—95）2005 年版中的规定（表 7-2）。

表 7-2　主要建筑构件的耐火极限

构件名称	结构厚度或截面最小尺寸（mm）	耐火极限（h）	燃烧性能
（一）承重墙			
1. 烧结普通砖、混凝土、钢筋混凝土实体墙	120	2.50	不燃烧体
	180	3.50	不燃烧体
	240	5.50	不燃烧体
	370	10.50	不燃烧体
2. 加气混凝土砌块墙	100	2.00	不燃烧体
3. 轻质混凝土砌块墙	120	1.50	不燃烧体
	240	3.50	不燃烧体
	370	5.50	不燃烧体
（二）非承重墙			
1. 烧结普通砖（不包括双面抹灰厚）	120	3.00	不燃烧体
2. 烧结普通砖（包括双面抹灰每侧 15mm 厚）	150	4.50	不燃烧体
	180	5.00	不燃烧体
	240	8.00	不燃烧体
3. 加气混凝土砌块（未抹灰粉刷）	75	2.50	不燃烧体
	100	3.75	不燃烧体
	150	5.75	不燃烧体
	200	8.00	不燃烧体
4. 加气混凝土隔墙板（未抹灰粉刷）	75	2.00	不燃烧体
5. 加气混凝土垂直墙板（未抹灰粉刷）	150	3.00	不燃烧体
6. 加气混凝土水平墙板（未抹灰粉刷）	150	5.00	不燃烧体
7. 充气混凝土砌块墙	150	7.00	不燃烧体
8. 碳化石灰圆孔板隔墙	90	1.75	不燃烧体
9. 粉煤灰硅酸盐砌块墙	200	4.00	不燃烧体
10. 石膏龙骨、两面钉纸面石膏板（mm）			
（1）11＋68（填岩棉）＋11	90	0.75	不燃烧体
（2）11＋28（空）＋11＋65（空）＋11＋28（空）＋11	165	1.50	不燃烧体

构件名称	结构厚度或截面最小尺寸（mm）	耐火极限（h）	燃烧性能
（3）9＋12＋128（空）＋12＋9	170	1.20	不燃烧体
（4）25＋134（空）＋12＋9	180	1.50	不燃烧体
（5）12＋80（空）＋12＋12＋80（空）＋12	208	1.00	不燃烧体
（6）12＋80（空）＋12	104	0.33	不燃烧体
11. 轻钢龙骨、两面钉纸面石膏板（mm）			
（1）12＋46（空）＋12	70	0.33	不燃烧体
（2）12＋75（空）＋12	99	0.52	不燃烧体
（3）12＋75（填50mm 岩棉）＋12	99	0.90	不燃烧体
（4）2×12＋70（空）＋3×12	130	1.25	不燃烧体
（5）2×12＋75（空）＋3×12	135	1.35	不燃烧体
（6）2×12＋75（填矿棉）＋2×12	135	2.10	不燃烧体
12. 钢丝网架两侧为23mm 厚的1:3 水泥砂浆厚，芯材为聚苯乙烯泡沫塑料54mm 厚的泰柏板隔墙	100	1.30	不燃烧体
（三）柱			
1. 钢筋混凝土方柱	200×200	1.40	不燃烧体
	300×300	3.00	不燃烧体
	300×500	3.50	不燃烧体
	370×370	5.00	不燃烧体
2. 钢筋混凝土圆柱	直径300	3.00	不燃烧体
	直径350	4.00	不燃烧体
3. 无保护层的钢柱		0.25	不燃烧体
4. 有保护层的钢柱			
（1）C20 混凝土做保护层25mm 厚		0.80	不燃烧体
（2）C20 混凝土做保护层50mm 厚		2.00	不燃烧体
（3）用 C20 混凝土做保护层100mm 厚		2.85	不燃烧体
（4）薄涂型防火涂料5.5mm 厚		1.00	不燃烧体
（5）薄涂型防火涂料7.0mm 厚		1.50	不燃烧体
（6）厚涂型防火涂料15mm 厚		1.00	不燃烧体
（7）厚涂型防火涂料20mm 厚		1.50	不燃烧体
（8）厚涂型防火涂料30mm 厚		2.00	不燃烧体
（9）厚涂型防火涂料40mm 厚		2.50	不燃烧体
（10）厚涂型防火涂料50mm 厚		3.00	不燃烧体
（四）钢筋混凝土简支梁			
1. 非预应力保护层20mm		1.75	不燃烧体
2. 非预应力保护层25mm		2.00	不燃烧体
3. 预应力保护层25mm		1.00	不燃烧体
4. 预应力保护层50mm		2.00	不燃烧体
5. 无保护层的钢梁、楼梯		0.25	不燃烧体

构件名称	结构厚度或截面 最小尺寸（mm）	耐火极限（h）	燃烧性能
6. 有保护层的钢梁、楼梯			
（1）薄涂型防火涂料 5.5mm 厚		1.00	不燃烧体
（2）薄涂型防火涂料 7.0mm 厚		1.50	不燃烧体
（3）厚涂型防火涂料 15mm 厚		1.00	不燃烧体
（4）厚涂型防火涂料 20mm 厚		1.50	不燃烧体
（5）厚涂型防火涂料 30mm 厚		2.00	不燃烧体
（6）厚涂型防火涂料 40mm 厚		2.50	不燃烧体
（7）厚涂型防火涂料 50mm 厚		3.00	不燃烧体
（五）钢筋混凝土楼板和屋顶承重构件			
1. 非预应力钢筋混凝土圆孔板			
（1）保护层 10mm		1.00	不燃烧体
（2）保护层 20mm		1.25	不燃烧体
（3）保护层 30mm		1.50	不燃烧体
2. 预应力钢筋混凝土圆孔板			
（1）保护层 10mm		0.50	不燃烧体
（2）保护层 20mm		0.75	不燃烧体
（3）保护层 30mm		1.00	不燃烧体
3. 四边简支的钢筋混凝土现浇楼板			
（1）保护层厚度 10mm	70	1.40	不燃烧体
（2）保护层厚度 15mm	80	1.45	不燃烧体
（3）保护层厚度 20mm	80	1.50	不燃烧体
（4）保护层厚度 30mm	90	1.80	不燃烧体
4. 钢筋加气混凝土屋面板、保护层厚度 15mm		1.25	不燃烧体
5. 钢筋充气混凝土屋面板、保护层厚度 10mm		1.60	不燃烧体
6. 钢梁、钢桁架无保护层		0.25	不燃烧体
7. 钢梁、钢桁架有保护层			
（1）混凝土保护层，保护层厚度 20mm		2.00	不燃烧体
（2）混凝土保护层，保护层厚度 30mm		3.00	不燃烧体
（3）抹灰粉刷保护层 10mm		0.50	不燃烧体
（4）抹灰粉刷保护层 20mm		1.00	不燃烧体
（5）抹灰粉刷保护层 30mm		1.25	不燃烧体
（六）吊顶			
1. 木吊顶搁栅、钉 9.5mm 纸面石膏板		0.25	难燃烧体
2. 木吊顶搁栅、钉 12mm 纸面石膏板		0.30	难燃烧体
3. 木吊顶搁栅、钉 8.5mm 双面石膏板		0.45	难燃烧体
4. 钢吊顶搁栅、钉 10mm 石棉板		0.85	不燃烧体
5. 钢吊顶搁栅、钉 10mm 双面石膏板		0.30	不燃烧体
6. 钢吊顶搁栅、钉 10mm 石棉型硅酸钙板		0.30	不燃烧体

构件名称	结构厚度或截面最小尺寸（mm）	耐火极限（h）	燃烧性能
（七）防火门、防火窗			
1. 全木质防火门（优质木材）	50（乙级）	0.90	难燃烧体
2. 全木质防火门（优质木材）	55（甲级）	1.20	难燃烧体
3. 钢质防火门（钢门框、门扇带玻璃或上亮）	45（丙级）	0.60	不燃烧体
4. 钢质防火门（钢门框、门扇带玻璃或上亮）	50（乙级）	0.90	不燃烧体
5. 钢质防火门（钢门框、门扇带玻璃或上亮）	50（甲级）	1.20	不燃烧体
6. 钢制普通型（单层帘板）		1.50~2.00	不燃烧体
7. 钢制普通型（双层帘板）		2.00~4.00	不燃烧体
8. 钢制平开防火窗（装防火玻璃）	（乙级）	0.90	不燃烧体
9. 钢制平开防火窗（装防火玻璃）	（甲级）	1.20	不燃烧体
10. 单层或双层钢制平开防火窗（装嵌丝玻璃）	（乙级）	0.90	不燃烧体
11. 单层或双层钢制平开防火窗（装嵌丝玻璃）	（甲级）	1.20	不燃烧体

注：《建筑设计防火规范》（GB 50016—2006）中规定：100mm厚加气混凝土砌块墙的耐火极限为6.00h，200mm厚加气混凝土砌块墙的耐火极限为8.00h。

2. 其他规范的规定

（1）《蒸压加气混凝土建筑应用技术规程》（JGJ/T 17—2008）中规定的蒸压加气混凝土的耐火性能详见表7-3所述。

表7-3　蒸压加气混凝土的耐火性能

材料		体积密度级别	厚度（mm）	耐火极限（h）
加气混凝土砌块	水泥、矿渣、砂为原材料	B05	75	2.50
			100	3.75
			150	5.75
			200	8.00
	水泥、石灰、粉煤灰为原材料	B06	100	6.00
			200	8.00
	水泥、石灰、砂为原材料	B05	150	>4
			100	3.00
水泥、矿渣、砂为原材料	屋面板	B05	100	3.00
			3300×600×150	1.25
	墙板	B05	2700×(3×600)×150	<4

（2）《植物纤维工业废渣混凝土砌块建筑技术规程》（JGJ/T 228—2010）中指出，砌块墙体的耐火极限和燃烧性能见表7-4。

表7-4　砌块墙体的耐火极限和燃烧性能

砌块墙体类型	耐火极限（h）	燃烧性能
190mm厚承重砌块墙体	2.00	不燃烧体
90mm厚砌块墙体	1.00	不燃烧体

（3）《混凝土小型空心砌块建筑技术规程》（JGJ/T 14—2011）中指出，混凝土小型空心砌块墙体的耐火极限和燃烧性能见表7-5。

表7-5　混凝土小型空心砌块墙体的耐火极限和燃烧性能

小砌块墙体类型	耐火极限（h）	燃烧性能
90mm 厚小砌块墙体	1.00	不燃烧体
190mm 厚小砌块墙体	承重墙2.00	不燃烧体
190mm 厚配筋小砌块墙体	承重墙2.00	不燃烧体

注：不包括两侧墙面粉刷。

二、耐火等级的确定

（一）多层民用建筑

1. 一般规定

《建筑设计防火规范》（GB 50016—2006）中规定：民用建筑的耐火等级分为四级。不同耐火等级建筑物相应构件的燃烧性能和耐火极限不应低于表7-6的规定。

表7-6　建筑物构件的燃烧性能和耐火极限　　　　　　　　　　　　（h）

构件名称		耐火等级			
		一级	二级	三级	四级
墙	防火墙	不燃烧体 3.00	不燃烧体 3.00	不燃烧体 3.00	不燃烧体 3.00
	承重墙	不燃烧体 3.00	不燃烧体 2.50	不燃烧体 2.00	难燃烧体 0.50
	非承重外墙	不燃烧体 1.00	不燃烧体 1.00	不燃烧体 0.50	燃烧体
	楼梯间的墙 电梯井的墙 住宅单元之间的墙 住宅分户墙	不燃烧体 2.00	不燃烧体 2.00	不燃烧体 1.50	难燃烧体 0.50
	疏散走道两侧的隔墙	不燃烧体 1.00	不燃烧体 1.00	不燃烧体 0.50	难燃烧体 0.25
	房间隔墙	不燃烧体 0.75	不燃烧体 0.50	难燃烧体 0.50	难燃烧体 0.25
柱		不燃烧体 3.00	不燃烧体 2.50	不燃烧体 2.00	难燃烧体 0.50
梁		不燃烧体 2.00	不燃烧体 1.50	不燃烧体 1.00	难燃烧体 0.50
楼板		不燃烧体 1.50	不燃烧体 1.00	不燃烧体 0.50	燃烧体
屋顶承重构件		不燃烧体 1.50	不燃烧体 1.00	燃烧体	燃烧体

续表

构件名称	耐火等级			
	一级	二级	三级	四级
疏散楼梯	不燃烧体 1.50	不燃烧体 1.00	不燃烧体 0.50	燃烧体
吊顶（包括吊顶格栅）	不燃烧体 0.25	难燃烧体 0.25	难燃烧体 0.15	燃烧体

注：1. 除《建筑设计防火规范》（GB 50016—2006）另有规定者外，以木柱承重且以不燃烧材料作为墙体的建筑物，其耐火等级应按四级确定。

2. 二级耐火等级建筑的吊顶采用不燃烧体时，其耐火极限不限。

3. 在二级耐火等级的建筑中，面积不超过100m² 的房间隔墙，如执行本表的规定确有困难时，可采用耐火极限不低于0.30h 的不燃烧体。

4. 一、二级耐火等级建筑疏散走道两侧的隔墙，按本表规定执行确有困难时，可采用0.75h 的不燃烧体。

5. 住宅建筑构件的耐火极限和燃烧性能可按《住宅建筑规范》（GB 50368—2005）执行。

2. 特殊部位和特定建筑的耐火等级

（1）二级耐火等级的建筑，当房间隔墙采用难燃烧体时，其耐火极限应提高0.25h。

（2）一、二级耐火等级建筑的上人平屋顶，其屋面板的耐火极限分别不应低于1.50h 和1.00h。

（3）一、二级耐火等级建筑的屋面板应采用不燃烧材料，但其屋面防水层和绝热层可采用可燃烧材料。

（4）二级耐火等级住宅的楼板采用预应力钢筋混凝土楼板时，该楼板的耐火极限不应低于0.75h。

（5）三级耐火等级的下列建筑或部位的吊顶，应采用不燃烧体或耐火极限不低于0.25h 的难燃烧体。

1）医院、疗养院、中小学校、老年人建筑及托儿所、幼儿园的儿童用房和儿童游乐厅等儿童活动场所。

2）3层及3层以上建筑中的门厅、走道。

3. 多层民用建筑的耐火等级、最多允许层数和最大防火分区允许建筑面积

《建筑设计防火规范》（GB 50016—2006）中规定的多层民用建筑的耐火等级、最多允许层数和最大防火分区允许建筑面积见表7-7。

表7-7　多层民用建筑的耐火等级、最多允许层数和最大防火分区允许建筑面积

耐火等级	最多允许层数	防火分区的最大允许建筑面积（m²）	备注
一、二级	见附注1	2500	1. 体育馆、剧院的观众厅，展览建筑的展厅，其防火分区最大允许建筑面积可适当放宽； 2. 托儿所、幼儿园的儿童用房和儿童游乐厅等儿童活动场所不应超过3层或设置在4层及4层以上楼层或地下、半地下建筑（室）内
三级	5层	1200	1. 托儿所、幼儿园的儿童用房和儿童游乐厅等儿童活动场所、老年人建筑和医院、疗养院的住院部分不应超过2层或设置在3层及3层以上楼层或地下、半地下建筑（室）内 2. 商店、学校、电影院、剧院、礼堂、食堂、菜市场不应超过2层或设置在3层及3层以上楼层

耐火等级	最多允许层数	防火分区的最大允许建筑面积（m²）	备注
四级	2层	600	学校、食堂、菜市场、托儿所、幼儿园、老年人建筑、医院不应设置在2层
地下室		500	—

附注：1. 通用事项

①9层及9层以下的居住建筑（包括设置商业网点的居住建筑）。

②建筑高度小于或等于24m的公共建筑。

③建筑高度大于24m的单层公共建筑。

④地下、半地下建筑（包括建筑附属的地下室、半地下室）。

2. 地下、半地下建筑（室）的耐火等级应为一级。

3. 重要的公共建筑的耐火等级不应低于二级。

4. 建筑内设置自动灭火系统时，该防火分区的最大允许建筑面积可按本表的规定增加1.0倍。局部设置时，增加面积可按该局部面积的1.0倍计算。

（1）地下、半地下建筑（室）的耐火等级应为一级；重要公共建筑的耐火等级不应低于二级。

（2）当多层建筑物内设置自动扶梯、敞开楼梯等上下层相连通的开口时，其防火分区面积应按上下层相连通的面积叠加计算；当叠加后的建筑面积之和大于防火分区的最大面积时，应单独划分防火分区。

4. 建筑物内设置中庭时，其防火分区面积应按上下层相连通的面积叠加计算；当叠加后建筑面积超过一个防火分区最大允许建筑面积时，应符合下列规定：

（1）房间与中庭相通的开口部位应设置能自行关闭的甲级防火门窗。

（2）与中庭相通的过厅、通道等处应设置甲级防火门或防火卷帘；防火门或防火卷帘应能在火灾时自动关闭或降落。防火卷帘的设置应符合规范的相关规定。

（3）中庭应按规定设置排烟设施。

5. 防火分区之间应采用防火墙分隔。当采用防火墙确有困难时，可采用防火卷帘等防火分隔设施分隔。采用防火卷帘时应符合规范的相关规定。

6. 地上商店营业厅、展览建筑的展览厅符合下列条件时，其每个防火分区的最大允许建筑面积不应大于10000m²：

（1）设置在一、二级耐火等级的单层建筑内或多层建筑的首层。

（2）按规范的规定设置有自动喷水灭火系统、排烟设施和火灾自动报警系统。

（3）内部装修设计符合现行国家标准《建筑内部装修设计防火规范》（GB 50222—95）2001年版的相关规定。

7. 地下商店应符合下列规定：

（1）营业厅不应设置在地下三层及三层以下。

（2）不应经营和储存火灾危险性为甲、乙类储存物品属性的商品。

（3）当设有火灾自动报警系统和自动灭火系统，且建筑内部装修符合现行国家标准《建筑内部装修设计防火规范》（GB 50222—95）2001年版的相关规定时，其营业厅每个防火分区的最大允许建筑面积可增加到2000m²。

（4）应设置防烟与排烟设施。

（5）当地下商店总建筑面积大于20000m²时，应采用不开设门窗洞口的防火墙分隔。相邻区域确需局部连通时，应选择采取下列措施进行防火分隔：

1）下沉式广场等室外开敞空间。该室外开敞空间的设置应能防止相邻区域的火灾蔓延和便于安全疏散。

2）防火隔间。该防火隔间的墙应为实体防火墙，在隔间的相邻区域分别设置火灾时能自行关闭的常开式甲级防火门。

3）避难走道。该避难走道除应符合现行国家标准《人民防空工程设计防火规范》（GB 50098—2009）的相关规定外，其两侧的墙应为实体防火墙，且在局部连通处的墙上应分别设置火灾时能自行关闭的常开式甲级防火门。

4）防烟楼梯间。该防烟楼梯间及前室的门应为火灾时能自行关闭的常开式甲级防火门。

8. 歌舞厅、录像厅、夜总会、放映厅、卡拉 OK 厅（含具有卡拉 OK 功能的餐厅）、游艺厅（含电子游艺厅）、桑拿浴室（不包括洗浴部分）、网吧等歌舞娱乐放映游艺场所，宜设置在一、二级耐火等级建筑物内的首层、二层或三层的靠外墙部位，不宜布置在袋形走道的两侧或尽端。

9. 当歌舞厅、录像厅、夜总会、放映厅、卡拉 OK 厅（含具有卡拉 OK 功能的餐厅）、游艺厅（含电子游艺厅）、桑拿浴室（不包括洗浴部分）、网吧等歌舞娱乐放映游艺场所必须布置在袋形走道的两侧或尽端时，最远房间的疏散门至最近安全出口的距离不应大于 9m。当必须布置在建筑物内首层、二层或三层外的其他楼层时，尚应符合下列规定：

（1）不应布置在地下二层及二层以下。当布置在地下一层时，地下一层地面与室外出入口地坪的高差不应大于 10m。

（2）一个厅、室的建筑面积不应大于 200m^2，并应采用耐火极限不低于 2.00h 的不燃烧体隔墙和 1.00h 的不燃烧体楼板与其他部位隔开，厅、室的疏散门应设置乙级防火门。

（3）应按规范的规定设置防烟与排烟设施。

（二）高层民用建筑

1. 高层民用建筑的防火分类

《高层民用建筑设计防火规范》（GB 50045—95）2005 年版规定的高层民用建筑的防火分类见表 7-8。

表 7-8　高层民用建筑的防火分类

名称	一类	二类
居住建筑	19 层及 19 层以上的住宅	10 层至 18 层的住宅
公共建筑	1. 医院 2. 高级旅馆 3. 建筑高度超过 50m 或 24m 以上部分的任一的楼层建筑面积超过 1000m^2 的商业楼、展览楼、综合楼、电信楼、财贸金融楼 4. 建筑高度超过 50m 或 24m 以上部分的任一的楼层建筑面积超过 1500m^2 的商住楼 5. 中央级和省级（含计划单列市）广播电视楼 6. 网局级和省级（含计划单列市）电力调度楼 7. 省级（含计划单列市）邮政楼、防灾指挥调度楼 8. 藏书超过 100 万册的图书馆、书库 9. 重要的办公楼、科研楼、档案楼 10. 建筑高度超过 50m 的教学楼和普通的旅馆、办公楼、科研楼、档案楼等	1. 除一类建筑以外的商业楼、展览楼、综合楼、电信楼、财贸金融楼、商住楼、图书馆、书库 2. 省级以下的邮政楼、防灾指挥调度楼、广播电视楼、电力调度楼 3. 建筑高度不超过 50m 的教学楼和普通的旅馆、办公楼、科研楼、档案楼等

2. 高层民用建筑的耐火等级

（1）一类高层建筑的耐火等级应为一级。

（2）二类高层建筑的耐火等级不应低于二级。

（3）裙房的耐火等级不应低于二级。

（4）高层建筑地下室的耐火等级应为一级。

3. 高层民用建筑的耐火极限

（1）高层民用建筑的耐火等级分为二级，其建筑构件的燃烧性能和耐火极限不应低于表7-9的规定。

表7-9　建筑构件的燃烧性能和耐火极限

构件名称	燃烧性能和耐火极限（h）	耐火等级	
		一级	二级
墙	防火墙	不燃烧体 3.00	不燃烧体 3.00
	承重墙、楼梯间的墙、电梯井的墙、住宅单元之间的墙、住宅分户墙	不燃烧体 2.00	不燃烧体 2.00
	非承重外墙、疏散走道两侧的隔墙	不燃烧体 1.00	不燃烧体 1.00
	房间隔墙	不燃烧体 0.75	不燃烧体 0.50
柱		不燃烧体 3.00	不燃烧体 2.50
梁		不燃烧体 2.00	不燃烧体 1.50
楼板、疏散楼梯、屋顶承重构件		不燃烧体 1.50	不燃烧体 1.00
吊顶		不燃烧体 0.25	难燃烧体 0.25

（2）预制钢筋混凝土构件的节点缝隙或金属承重构件节点的外露部位必须加设防火保护层，其耐火极限不应低于表7-9相应建筑构件的耐火极限。

（3）一类高层建筑的耐火等级应为一级，二类高层建筑的耐火等级不应低于二级。裙房的耐火等级不应低于二级，高层建筑地下室的耐火等级应为一级。

（4）二级耐火等级的高层建筑中，面积不超过100m² 的房间隔墙，可采用耐火极限不低于0.50h的难燃烧体或耐火极限不低于0.30h的不燃烧体。

（5）二级耐火等级高层建筑的裙房，当屋顶不上人时，屋顶的承重构件可采用耐火极限不低于0.50h的不燃烧体。

（6）高层建筑内存放可燃物的平均重量超过200kg/m² 的房间，当不设自动灭火系统时，其柱、梁、楼板和墙的耐火极限应按表7-9的规定提高0.50h。

（7）玻璃幕墙的设置应符合下列规定：

1）窗间墙、窗槛墙的填充材料应采用不燃烧材料。当其外墙面采用耐火极限不低于1.00h的不燃烧体时，其墙内填充材料可采用难燃烧材料。

2）无窗间墙和窗槛墙的玻璃幕墙，应在每层楼板外侧设置耐火极限不低于1.00h，高度不低于0.80m 的不燃烧实体裙墙。

3）玻璃幕墙与每层楼板、隔墙处的缝隙，应采用不燃烧材料严密填实。

（三）其他规范规定的防火等级

1.《住宅建筑规范》（GB 50368—2005）中指出：住宅建筑的防火等级应符合下列规定：

（1）住宅建筑的耐火等级应划分为四级，其构件的燃烧性能和耐火极限不应低于表7-10的规定。

表 7-10　住宅建筑的燃烧性能和耐火极限　　　　　　　　　　　　　　　　　　　　（h）

构件名称		耐火等级			
		一级	二级	三级	四级
墙	防火墙	不燃性材料 3.00	不燃性材料 3.00	不燃性材料 3.00	不燃性材料 3.00
	非承重外墙、疏散走道两侧的隔墙	不燃性材料 1.00	不燃性材料 1.00	不燃性材料 0.75	难燃性材料 0.75
	楼梯间的墙、电梯井的墙、住宅单元之间的墙、住宅分户墙、承重墙	不燃性材料 2.00	不燃性材料 2.00	不燃性材料 1.50	难燃性材料 1.00
	房间隔墙	不燃性材料 0.75	不燃性材料 0.50	难燃性材料 0.50	难燃性材料 0.25
柱		不燃性材料 3.00	不燃性材料 2.50	不燃性材料 2.00	难燃性材料 1.00
梁		不燃性材料 2.00	不燃性材料 1.50	不燃性材料 1.00	难燃性材料 1.00
楼板		不燃性材料 1.50	不燃性材料 1.00	不燃性材料 0.75	难燃性材料 0.50
屋顶承重构件		不燃性材料 1.50	不燃性材料 1.00	难燃性材料 0.50	难燃性材料 0.25
疏散楼梯		不燃性材料 1.50	不燃性材料 1.00	不燃性材料 0.75	不燃性材料 0.50

　　注：表中的外墙指扣除外保温层厚度以后的主要构件。

　　（2）四级耐火等级的住宅建筑最多允许建造层数为 3 层，三级耐火等级的住宅建筑最多允许建造层数为 9 层，二级耐火等级的住宅建筑最多允许建造层数为 18 层。

　　2.《旅馆建筑设计规范》（JGJ 62—90）中指出：旅馆建筑的防火等级应按旅馆等级确定，并应以表 7-11 为准。

表 7-11　旅馆建筑的耐火等级

高度 ＼ 等级	一级旅馆	二级旅馆	三级旅馆	四级旅馆	五级旅馆	六级旅馆
≤50m	耐火等级为一级		耐火等级为二级			
>50m	耐火等级为一级					

　　3.《图书馆建筑设计规范》（JGJ 38—99）中指出：图书馆建筑的耐火等级及防火分区最大允许建筑面积及耐火等级应符合下列规定：

　　（1）图书馆书库、非书资料库、藏阅合一的阅览空间防火分区最大允许建筑面积：

　　1）当为单层时，不应大于 1500m^2。

　　2）当为多层、建筑高度不超过 24m 时，不应大于 1000m^2。

　　3）当为多层、建筑高度超过 24m 时，不应大于 700m^2。

　　4）地下室或半地下室的书库，不应大于 300m^2。

　　（2）耐火等级：

　　1）藏书量超过 100 万册的图书馆、书库，耐火等级应为一级。

2）图书馆特藏库、珍善本书库的耐火等级应为一级。

3）建筑高度超过 24m，藏书量不超过 100 万册的图书馆、书库，耐火等级不应低于二级。

4）建筑高度不超过 24m，藏书量超过 10 万册但不超过 100 万册的图书馆、书库，耐火等级不应低于二级。

5）建筑高度不超过 24m，建筑层数不超过 3 层，藏书量不超过 10 万册的图书馆，耐火等级应为三级，但其书库和开架阅览室部分的耐火等级不应低于二级。

4.《汽车库、修车库、停车场设计防火规范》（GB 50067—97）中规定：

（1）汽车库、修车库的耐火等级分为三级。各级耐火等级建筑构件的燃烧性能和耐火极限不应低于表 7-12 的规定。

表 7-12　汽车库、修车库的耐火等级

构件名称		燃烧性能、耐火极限（h） 耐火等级		
		一级	二级	三级
墙	防火墙	不燃烧体 3.00	不燃烧体 3.00	不燃烧体 3.00
	承重柱、楼梯间的墙、防火隔墙	不燃烧体 2.00	不燃烧体 2.00	不燃烧体 2.00
	隔墙、框架填充墙	不燃烧体 0.75	不燃烧体 0.50	不燃烧体 0.50
柱	支承单层的柱	不燃烧体 3.00	不燃烧体 2.50	不燃烧体 2.50
	支承多层的柱	不燃烧体 2.50	不燃烧体 2.00	不燃烧体 2.00
梁		不燃烧体 2.00	不燃烧体 1.50	不燃烧体 1.00
楼板		不燃烧体 1.50	不燃烧体 1.00	不燃烧体 0.50
疏散楼梯、坡道		不燃烧体 1.50	不燃烧体 1.00	不燃烧体 1.00
屋顶承重构件		不燃烧体 1.50	不燃烧体 0.50	燃烧体
吊顶（包括吊顶隔栅）		不燃烧体 0.25	不燃烧体 0.25	难燃烧体 0.15

注：预制钢筋混凝土构件的节点缝隙或金属承重构件的外露部位应加设防火保护层，其耐火极限不应低于本表相关构件的规定。

（2）地下汽车库的耐火等级应为一级。

（3）甲、乙类物品运输车的汽车库、修车库和Ⅰ、Ⅱ、Ⅲ类的汽车库、修车库的耐火等级不应低于二级。

（4）Ⅳ类的汽车库、修车库的耐火等级不应低于三级。

5.《博物馆建筑设计规范》（JGJ 66—91）中规定：

（1）博物馆藏品库区和陈列区建筑的耐火等级不应低于二级。大、中型馆的耐久年限不应少于 100 年，小型馆的耐久年限不应少于 50 年。

（2）博物馆藏品库区的防火分区面积，单层建筑不得大于 1500m²，多层建筑不得大于 1000m²，同一防火分区内的隔间面积不得大于 500m²。

（3）博物馆陈列区的防火分区面积不得大于 2500m²，同一防火分区内的隔间面积不得大于 1000m²。

（4）藏品库房和陈列室内的固定装修应选用非燃烧体或阻燃材料。

6.《人民防空工程设计防火规范》（GB 50098—2009）中规定：人民防空工程的地下室、半地下室的耐火极限执行《建筑设计防火规范》（GB 50016—2006）的有关规定。其耐火等级综合如下：

（1）地下室、半地下室的防火等级：

1）高层建筑地下室、半地下室的耐火等级应为一级。

2）多层建筑地下室、半地下室的耐火等级应为一级，重要的公共建筑的耐火等级不应低于二级。

3）地下汽车库的耐火等级应为一级。

（2）地下室、半地下室的防火分区：

1）地下室、半地下室的防火分区面积为 $500m^2$。当设置自动灭火系统时，其面积可增加 1.0 倍，局部设置时，局部面积增加 1.0 倍。

2）高层建筑的商场营业厅、展览厅等，当设有火灾自动报警系统时，且采用不燃烧材料或难燃烧材料进行装修时，地下部分防火分区的最大建筑面积为 $2000m^2$。

三、防火间距与防火分区

1.《建筑设计防火规范》（GB 50016—2006）中规定

（1）民用建筑之间的防火间距不应小于表 7-13 的规定。

表 7-13　民用建筑之间的防火间距　　　　　　　　　　　　　　　（m）

耐火等级	一、二级	三级	四级
一、二级	6.0	7.0	9.0
三级	7.0	8.0	10.0
四级	9.0	10.0	12.0

注：1. 两座建筑物相邻较高一面外墙为防火墙或高出相邻较低一座一、二级耐火等级建筑物的屋面 15m 范围内的外墙为防火墙且不开设门窗洞口时，其防火间距可不限。

2. 相邻的两座建筑物，当较低一座的耐火等级不低于二级、屋顶不设置天窗、屋顶承重构件及屋面板的耐火极限不低于 1.00h，且相邻的较低一面外墙为防火墙时，其防火间距不应小于 3.5m。

3. 相邻的两座建筑物，当较低一座的耐火等级不低于二级，相邻较高一面外墙的开口部位设置甲级防火门窗，或设置符合现行国家标准《自动喷水灭火系统设计规范》（GB 50084—2001）规定的防火分隔水幕或《建筑设计防火规范》（GB 50016—2006）规定的防火卷帘时，其防火间距不应小于 3.5m。

4. 相邻两座建筑物，当相邻外墙为不燃烧体且无外露的燃烧体屋檐，每面外墙上未设置防火保护措施的门窗洞口不正对开设，且面积之和小于或等于该外墙面积的 5% 时，其防火间距可按本表规定减少 25%。

5. 耐火等级低于四级的原有建筑物，其耐火等级可按四级确定；以木柱承重且以不燃烧材料作为墙体的建筑，其耐火等级应按四级确定。

6. 防火间距应按相邻建筑物外墙的最近距离计算，当外墙有凸出的燃烧构件时，应从其凸出部分外缘算起。

（2）数座一、二级耐火等级的多层住宅或办公楼，当建筑物的占地面积的总和小于等于 $2500m^2$ 时，可成组布置，但组内建筑物之间的间距不宜小于 4.00m。组与组或组与相邻建筑物之间的防火间距不应小于表 7-13 的规定。

2.《高层民用建筑设计防火规范》（GB 50045—95）2005 年版中规定

（1）高层建筑之间及高层建筑与其他民用建筑之间的防火间距，不应小于表 7-14 的规定。

表 7-14　高层建筑之间及高层建筑与其他民用建筑之间的防火间距　　　　（m）

建筑类别	高层建筑	裙房	其他民用建筑		
			耐火等级		
			一、二级	三级	四级
高层建筑	13	9	9	11	14
裙房	9	6	6	7	9

注：防火间距应按相邻建筑外墙的最近距离计算；当外墙有突出可燃构件时，应从其突出的部分外缘算起。

（2）两座高层建筑相邻较高一面外墙为防火墙或比相邻较低一座建筑屋面高 15m 及以下范围内的墙为不开设门、窗洞口的防火墙时，其防火间距可不限。

（3）相邻的两座高层建筑，较低一座的屋顶不设天窗，屋顶承重构件的耐火极限不低于 1.00h，且相邻较低一面外墙为防火墙时，其防火间距可适当减小，但不宜小于 4.00m。

（4）相邻的两座高层建筑，当相邻较高一面外墙耐火极限不低于 2.00h，墙上开口部位设有甲级防火门、窗或防火卷帘时，其防火间距可适当减小，但不宜小于 4.00m。

3.《住宅建筑规范》（GB 50368—2005）中指出，住宅建筑与相邻民用建筑之间的防火间距应符合表 7-15 的规定。

表 7-15　住宅建筑与相邻民用建筑之间的防火间距　　　　　　　　　　（m）

建筑类别		10 层和 10 层以上住宅或其他民用建筑		10 层以下住宅或其他非高层民用建筑		
		高层建筑	裙房	耐火等级		
				一、二级	三级	四级
10 层以下民用建筑	一、二级	9	6	6	7	9
	三级	11	7	7	8	10
	四级	14	9	9	10	12
10 层和 10 层以上住宅		13	9	9	11	14

4.《汽车库、修车库、停车场设计防火规范》（GB 50067—97）中规定

（1）汽车库应设防火墙、划分防火分区。每个防火分区的最大允许建筑面积应符合表 7-16 的规定。

表 7-16　汽车库防火分区的最大允许建筑面积

耐火等级	单层汽车库	多层汽车库	地下汽车库或高层汽车库
一、二级	300	2500	2000
三级	1000	—	—

注：1. 敞开式、错层式、斜楼板式的汽车库的上下连通层应叠加计算，其防火分区最大允许建筑面积应按本表的规定值增加一倍。
　　2. 室内地坪低于室外地平面高度超过该层汽车库净高 1/3 且不超过净高 1/2 的汽车库，或设在建筑物首层的汽车库的防火分区最大允许建筑面积不应超过 2500m²。
　　3. 复式汽车库的防火分区最大允许建筑面积应按本表的规定值减少 35%。

（2）汽车库内设有自动灭火系统时，其防火分区的最大允许建筑面积可按表 7-16 的规定增加一倍。

（3）机械式立体汽车库的停车数超过 50 辆时，应设防火墙或防火隔墙进行分隔。

（4）甲、乙类物品运输车的汽车库、修车库，其防火分区最大允许建筑面积不应超过 500m²。

（5）修车库防火分区最大允许建筑面积不应超过 2000m²，当修车部位与相邻的使用有机溶剂的清洗和喷漆工段采用防火墙分隔时，其防火分区最大允许建筑面积不应超过 4000m²。

设有自动灭火系统的修车库，其防火分区最大允许建筑面积可增加 1 倍。

（6）汽车库、修车库贴邻其他建筑物时，必须采用防火墙隔开。设在其他建筑物内的汽车库（包括屋顶的汽车库）、修车库与其他部分应采用耐火极限不低于 3.0h 的不燃烧体隔墙和 2.00h 的不燃烧体楼板分隔，汽车库、修车库的外墙门、窗、洞口的上方应设置不燃烧体的防火挑檐。外墙的上、下窗间墙高度不应小于 1.20m。

防火挑檐的宽度不应小于 1m，耐火极限不应低于 1.00h。

（7）汽车库内设置修理车位时，停车部位与修车部位之间应设耐火极限不低于 3.00h 的不燃烧体隔墙和 2.00h 的不燃烧体楼板分隔。

（8）修车库内，其使用有机溶剂清洗和喷漆的工段，当超过 3 个车位时，均应采取防火分隔措施。

（9）燃油、燃气锅炉、可燃油油浸电力变压器，充有可燃油的高压电容器和多油开关不宜设置在汽车库、修车库内。当受条件限制时，除液化石油气作燃料的锅炉以外的上述设备，需要布置在汽车库、修车库内时，应符合下列规定：

1）锅炉的总蒸发量不应超过 6t/h，且单台锅炉蒸发量不应超过 2t/h；油浸电力变压器不应超过 1260kV·A，且单台容量不应超过 630kV·A。

2）锅炉房、变压器室应布置在首层或地下一层靠外墙部位，并设有直接对外的安全出口，外墙开口部位的上方应设置宽度不小于 1m 且耐火极限不低于 1.00h 的不燃烧体防火挑檐。

3）变压器室、高压电容器室、多油开关室、锅炉房应采用防火隔墙和耐火极限不低于 1.50h 的楼板与其他部位隔开。

4）变压器下面应设有储存变压器全部油量的事故储油设施，变压器室、多油开关室、高压电容器室、燃油锅炉房的日用油箱室应设置防止油品流散的设施。

（10）自动灭火系统的设备室、消防水泵房应采用防火隔墙和耐火极限不低于 1.50h 的不燃烧体楼板与相邻部位分隔。

（11）车库之间以及与除甲类物品库房外的其他建筑物之间的防火间距应符合表 7-17 的规定。

表 7-17　车库之间以及与除甲类物品库房外的其他建筑物之间的防火间距

防火间距（m） 车库名称和耐火等级		汽车库、修车库、厂房、库房、民用建筑耐火等级		
		一、二级	三级	四级
汽车库、修车库	一、二级	10	12	14
	三级	12	14	16
停车场		6	8	10

注：1. 防火间距应按相邻建筑物外墙的最近距离算起，如外墙有凸出的可燃构件时，则应从其凸出部分外缘算起，停车场从靠近建筑物的最近停车位置边缘算起。

　　2. 高层汽车库与其他建筑物之间，汽车库、修车库与高层工业、民用建筑之间的防火间距应按本表规定值增加 3m。

　　3. 汽车库、修车库与甲类厂房之间的防火间距应按本表规定值增加 2m。

（12）两座建筑物相邻较高一面外墙为不开设门、窗、洞口的防火墙或当较高一面外墙比较低建筑高 15m 及以下范围内的墙为不开设门、窗、洞口的防火墙时，其防火间距可不受限制。

当较高一面外墙上，同较低建筑等高的以下范围内的墙为不开设门、窗、洞口的防火墙时，其防火间距可按表 7-17 的规定值减少 50%。

（13）相邻的两座一、二级耐火等级建筑，当较高一面外墙耐火极限不低于 2h，墙上开口部位设有甲级防火门、防火窗或防火卷帘、水幕等防火设施时，其防火间距可减小，但不宜小于 4m。

（14）相邻的两座一、二级耐火等级建筑，当较低一座屋顶不设天窗，屋顶承重构件的耐火极限不低于 1h，且较低一面外墙为防火墙时，其防火间距可减小，但不宜小于 4m。

5.《人民防空工程设计防火规范》（GB 50098—2009）中规定

（1）人防工程的出入口地面建筑与周围建筑物之间的防火间距应按《建筑设计防火规范》（GB 50016—2006）的有关规定执行。

（2）人防工程的采光窗井与相邻地面建筑之间的最小防火间距应符合表 7-18 的规定。

表 7-18　采光窗井与相邻地面建筑之间的最小防火间距　　　　　　　　　　（m）

地面建筑类别和耐火等级 人防工程类别	民用建筑			丙、丁、戊类厂房、库房			高层民用建筑		甲、乙类厂房、库房
	一、 二级	三级	四级	一、 二级	三级	四级	主体	附属	
丙、丁、戊类生产车间、物品库房	10	12	14	10	12	14	13	6	25
其他人防工程	6	7	9	10	12	14	13	6	25

注：1. 防火间距按人防工程有窗外墙与相邻地面建筑外墙的最近距离计算。

　　2. 当相邻的地面建筑物外墙为防火墙时，其防火间距不限。

（3）人防工程内应采用防火墙划分防火分区。当采用防火墙确有困难时，可采用防火卷帘等防火分隔设施分隔，防火分区的划分应符合下列要求：

1）防火分区应在各安全出口处的防火门范围内划分。

2）水泵房、污水泵房、水池、厕所、盥洗间等无可燃物的房间，其面积可不计入防火分区的面积之内。

3）与柴油发电机房或锅炉房配套的水泵间、风机房、储油间等，应与柴油发电机房或锅炉房一起划分为一个防火分区。

4）防火分区的划分宜与人防工程的防护单元相结合。

5）工程内设置有旅馆、病房、员工宿舍时，不得设置在地下二层及以下层，并应划分为独立的防火分区，且疏散楼梯间不得与其他防火分区的疏散楼梯共用。

（4）每个防火分区的允许最大使用面积，除另有规定外，不应大于500m²。当设有自动灭火系统时，允许最大建筑面积可增加一倍；局部设置时，增加的面积可按该局部面积的一倍计算。

（5）商业营业厅、展览厅、电影院和礼堂的观众厅、溜冰馆、游泳馆、射击馆、保龄球馆等防火分区划分应符合下列规定：

1）商业营业厅、展览厅等，当设置有自动报警系统和自动灭火系统，且采用 A 级装修材料时，防火分区允许最大建筑面积不应大于2000m²。

2）电影院、礼堂的观众厅，防火分区允许最大建筑面积不应大于1000m²。当设有火灾自动报警和自动灭火系统时，其允许最大建筑面积也不得增加。

3）溜冰馆的冰场、游泳馆的游泳池、射击馆的靶道区、保龄球馆的球道区等，其面积可不计入溜冰馆、游泳馆、射击馆、保龄球馆的防火分区面积内。溜冰馆的冰场、游泳馆的游泳池、射击馆的靶道区等，其装修材料应采用 A 级。

（6）丙、丁、戊类物品库房的防火分区允许最大使用面积应符合表7-19 的规定。当设有火灾自动报警系统和自动灭火设备时，允许最大建筑面积可增加一倍；局部设置时，增加的面积可按该局部面积的一倍计算。

表7-19　丙、丁、戊类物品库房防火分区允许最大使用面积

贮存物品类别		防火分区最大允许使用面积（m²）
丙	闪点≥60℃的可燃液体	500
	可燃固体	700
丁		1000
戊		1500

（7）人防工程内设置有内挑台、走马廊、开敞楼梯和自动扶梯等上下连通层时，其防火分区面积应按上下层相连通的面积计算，其建筑面积之和应符合相关规定，且连通的层数不宜大于两层。

（8）当人防工程地面建有建筑物，且与地下一、二层有中庭相通或地下一、二层有中庭相通时，防火分区面积应按上下多层相连通的面积叠加计算；当超过防火分区的最大允许建筑面积时，应符合下列规定：

1）房间与中庭相通的开口部位应设置火灾时能自行关闭的甲级防火门、窗。

2）与中庭相通的过厅、通道等处，应设置甲级防火门或耐火极限不低于 3h 的防火卷帘；防火门或防火卷帘应能在火灾时自动关闭或降落。

3）中庭应设置排烟设施。

（9）需设置排烟设施的部位，应划分防烟分区，并应符合下列规定：

1）每个防烟分区的建筑面积不应大于500m²。但当从室内地面至顶棚或顶板的高度在6m以上时，可不受此限。

2）防烟分区不得跨越防火分区。

（10）需设置排烟设施的走道，净高不超过6m的房间，应采用挡烟垂壁、隔墙或从顶棚突出不小于0.5m的梁划分防烟分区。

四、安全疏散

1.《建筑设计防火规范》（GB 50016—2006）中指出

（1）民用建筑的安全出口应分散布置。每个防火分区、一个防火分区的每个楼层，其相邻两个安全出口最近边缘之间的水平距离不应小于5.00m。

（2）公共建筑内的每个防火分区、一个防火分区内的每个楼层，其安全出口的数量应经计算确定，且不应少于两个。当符合下列条件之一时，可设一个安全出口或疏散楼梯。

1）除托儿所、幼儿园外，建筑面积小于或等于200m²且人数不超过50人的单层公共建筑。

2）除医院、疗养院、老年人建筑及托儿所、幼儿园的儿童用房和儿童游乐厅等儿童活动场所等外，符合表7-20规定的2~3层公共建筑。

表7-20　公共建筑可设置一个安全出口的条件

耐火等级	最多层数	每层最大建筑面积（m²）	人数
一、二级	3层	500	第二层和第三层的人数之和不超过100人
三级	3层	200	第二层和第三层的人数之和不超过50人
四级	2层	200	第二层人数不超过30人

（3）老年人建筑及托儿所、幼儿园的儿童用房和儿童游乐厅等儿童活动场所宜设置在独立的建筑内。当必须设置在其他民用建筑内时，宜设置独立的安全出口。

（4）一、二级耐火等级的公共建筑，当设置不少于两部疏散楼梯且顶层局部升高部位的层数不超过两层、人数之和不得超过50人、每层建筑面积小于或等于200m²时，该局部高出部位可设置一部与下部主体建筑楼梯间直接连通的疏散楼梯，但至少应另外设置一个直通主体建筑上人平屋面的安全出口，该上人屋面应符合人员安全疏散要求。

（5）下列公共建筑的室内疏散楼梯应采用封闭楼梯间（包括首层扩大封闭楼梯间）或室外疏散楼梯：

1）医院、疗养院的病房楼。

2）旅馆。

3）超过两层的商店等人员密集的公共建筑。

4）设置有歌舞娱乐放映游艺场所且建筑层数超过两层的建筑。

5）超过5层的其他公共建筑。

（6）自动扶梯和电梯不应作为安全疏散设施。

（7）公共建筑中的客、货电梯宜设置独立的电梯间，不宜直接设置在营业厅、展览厅、多功能厅等场所内。

（8）公共建筑和通廊式非住宅类居住建筑中各房间疏散门的数量应经计算确定，且不应少于两个，该房间相邻两个疏散门最近边缘之间的水平距离不应小于5.00m。当符合下列条件之一时，可设置一个：

1）房间位于两个安全出口之间，且建筑面积小于等于120m²，疏散门的净宽度不小于0.90m。

2）除托儿所、幼儿园、老年人建筑外，房间位于走道尽端，且由房间内任一点到疏散门的直线距离小于或等于15.00m，其疏散门的净宽度不小于1.40m。

3）歌舞娱乐放映游艺场所内建筑面积小于或等于50m²的房间。

（9）剧院、电影院和礼堂的观众厅，其疏散门的数量应经计算确定，且不应少于两个。每个疏散门的平均疏散人数不应超过250人；当容纳人数超过2000人时，其超过2000人的部分，每个疏散门的平均疏散人数不应超过400人。

（10）体育馆的观众厅，其疏散门的数量应经计算确定，且不应少于两个，每个疏散门的平均疏散人数不宜超过400～700人。

（11）居住建筑单元任一层建筑面积大于650m²，或任一住户的户门至安全出口的距离大于15m时，该建筑单元每层安全出口不应少于两个。当通廊式非住宅类居住建筑超过表7-21规定时，安全出口不应少于2个。

表7-21　通廊式非住宅类居住建筑可设置一个安全出口的条件

耐火等级	最多层数	每层最大建筑面积（m²）	人数
一、二级	3层	500	第二层和第三层的人数之和不超过100人
三级	3层	200	第二层和第三层的人数之和不超过50人
四级	2层	200	第二层人数不超过30人

（12）居住建筑的楼梯间设置形式应符合下列规定：

1）通廊式居住建筑当建筑层数超过两层时，户门应采用乙级防火门。

2）其他形式的居住建筑当建筑层数超过6层或任一层建筑面积大于500m²时，应设置封闭楼梯间，当户门或通向疏散走道、楼梯间的门、窗为乙级防火门、窗时，可不设置封闭楼梯间。

3）居住建筑的楼梯间宜通至屋顶，通向平屋面的门或窗应向外开启。

4）当住宅中的电梯井与疏散楼梯相邻布置时，应设置封闭楼梯间，当户门采用乙级防火门时，可不设置封闭楼梯间。当电梯直通住宅楼层下部的汽车库时，应设置电梯候梯厅并采用防火分隔措施。

（13）地下、半地下建筑（室）安全出口和房间疏散门的设置应符合下列规定：

1）每个防火分区的安全出口数量应经计算确定，且不应少于两个。当平面上有两个或两个以上防火分区相邻布置时，每个防火分区可利用防火墙上一个通向相邻分区的防火门作为第二安全出口，但必须有一个直通室外的安全出口。

2）使用人数不超过30人且建筑面积小于等于500m²的地下、半地下建筑（室），其直通室外的金属竖向梯可作为第二安全出口。

3）房间建筑面积小于或等于50m²，且经常停留人数不超过15人时，可设置一个疏散门。

4）歌舞娱乐放映游艺场所的安全出口不应少于两个，其中每个厅室或房间的疏散门不应少于两个。当其建筑面积小于等于50m²且经常停留人数不超过15人时，可设置一个疏散门。

5）地下商店和设置歌舞娱乐放映游艺场所的地下建筑（室），当地下层数为3层及3层以上或地下室内地面与室外出入口地坪高差大于10m时，应设置防烟楼梯间；其他地下商店和设置歌舞娱乐放映游艺场所的地下建筑，应设置封闭楼梯间。

6）地下、半地下建筑的疏散楼梯间应符合规范的相关要求。

（14）民用建筑的安全疏散距离应符合下列规定：

1）直接通向疏散走道的房间疏散门至最近安全出口的距离应符合表7-22的规定。

表 7-22　直接通向疏散走道的房间疏散门至最近安全出口的最大距离　　　　　（m）

名称	位于两个安全出口之间的疏散门			位于袋形走道两侧或尽端的疏散门		
	耐火等级			耐火等级		
	一、二级	三级	四级	一、二级	三级	四级
托儿所、幼儿园	25.00	20.00	—	20.00	15.00	—
医院、疗养院	35.00	30.00	—	20.00	15.00	—
学校	35.00	30.00	—	22.00	20.00	—
其他民用建筑	40.00	35.00	25.0	22.00	20.00	15.00

注：1. 一、二级耐火等级的建筑内的观众厅、展览厅、多功能厅、餐厅、营业厅和阅览室等，其室内任何一点至最近安全出口的直线距离不宜大于 30.00m。

2. 敞开式外廊建筑的房间疏散门至安全出口的最大距离可按本表增加 5.0m。

3. 建筑物内全部设置自动喷水灭火系统时，其安全疏散距离可按本表规定增加 25%。

4. 房间内任一点到该房间直接通向疏散走道的疏散门的距离计算：住宅应为最远房间内任一点到户门的距离，跃层式住宅内的户内楼梯的距离可按其梯段总长度的水平投影尺寸计算。

2）直接通向疏散走道的房间疏散门至最近非封闭楼梯间的距离，当房间位于两个楼梯间之间时，应按表 7-22 的规定减少 5.00m；当房间位于袋形走道两侧或尽端时，应按表 7-22 的规定减少 2.00m。

3）楼梯间的首层应设置直通室外的安全出口或在首层采用扩大封闭楼梯间。当层数不超过 4 层时，可将直通室外的安全出口设置在离楼梯间小于等于 15.00m 处。

4）房间内任一点到该房间直接通向疏散走道的疏散门的距离，不应大于表 7-22 中规定的袋形走道两侧或尽端的疏散门至安全出口的最大距离。

（15）除《建筑设计防火规范》（GB 50016—2006）另有规定者外，建筑中的疏散走道、安全出口、疏散楼梯以及房间疏散门的各自总宽度应经计算确定。安全出口、房间疏散门的净宽度不应小于 0.90m，疏散走道和疏散楼梯的净宽度不应小于 1.10m；不超过 6 层的单元式住宅，当疏散楼梯的一边设置栏杆时，最小净宽度不宜小于 1.00m。

（16）人员密集的公共场所、观众厅的疏散门不应设置门槛，其净宽度不应小于 1.40m，且紧靠门口内外各 1.40m 范围内不应设置踏步。剧院、电影院、礼堂的疏散门应符合规范的规定。人员密集的公共场所的室外疏散小巷的净宽度不应小于 3.00m，并应直接通向宽敞地带。

（17）剧院、电影院、礼堂、体育馆等人员密集场所的疏散走道、疏散楼梯、疏散门、安全出口的各自总宽度，应根据其通过人数和疏散净宽度指标计算确定，并应符合下列规定：

1）观众厅内疏散走道的净宽度应按每 100 人不小于 0.60m 的净宽度计算，且不应小于 1.0m；边走道的净宽度不宜小于 0.8m。在布置疏散走道时，横走道之间的座位排数不宜超过 20 排；纵走道之间的座位数：剧院、电影院、礼堂等，每排不宜超过 22 个；体育馆，每排不宜超过 26 个；前后排座椅的排距不小于 0.90m 时，可增加 1.0 倍，但不得超过 50 个；仅一侧有纵走道时，座位数应减少一半。

2）剧院、电影院、礼堂等场所供观众疏散的所有内门、外门、楼梯和走道的各自总宽度，应按表 7-23 的规定计算确定。

表 7-23　剧院、电影院、礼堂等场所每 100 人所需最小疏散净宽度　　　　　（m）

观众厅座位数（座）			≤2500	≤1200
耐火等级			一、二级	三级
疏散部位	门和走道	平坡地面	0.65	0.85
		阶梯地面	0.75	1.00
	楼梯		0.75	1.00

3）体育馆供观众疏散的所有内门、外门、楼梯和走道的各自总宽度，应按表 7-24 的规定计算确定。

表7-24　体育馆每100人所需最小疏散净宽度　　　　　　　　　　　　（m）

观众厅座位数档次（座）			3000~5000	5001~10000	10001~20000
疏散部位	门和走道	平坡地面	0.43	0.37	0.50
		阶梯地面	0.50	0.43	0.37
	楼梯		0.50	0.43	0.37

注：表7-24中较大座位数档次按规定计算的疏散总宽度，不应小于相邻较小座位数档次按其最多座位数计算的疏散总宽度。

4）有等场需要的入场门不应作为观众厅的疏散门。

（18）学校、商店、办公楼、候车（船）室、民航候机厅、展览厅、歌舞娱乐放映游艺场所等民用建筑中的疏散走道、安全出口、疏散楼梯以及房间疏散门的各自总宽度，应按下列规定经计算确定：

1）每层疏散走道、安全出口、疏散楼梯以及房间疏散门的每100人净宽度不应小于表7-25的规定；当每层人数不等时，疏散楼梯的总宽度可分层计算，地上建筑中下层楼梯的总宽度应按其上层人数最多一层的人数计算；地下建筑中上层楼梯的总宽度应按其下层人数最多一层的人数计算。

疏散走道、安全出口、疏散楼梯和房间疏散门每100人的净宽度（m）见表7-25。

表7-25　疏散走道、安全出口、疏散楼梯和房间疏散门每100人的净宽度　　　　（m）

楼层位置	耐火等级		
	一、二级	三级	四级
地上一、二层	0.65	0.75	1.00
地上三层	0.75	1.00	—
地上四层及四层以上各层	1.00	1.25	—
与地面出入口地面的高差不超过10m的地下建筑	0.75	—	—
与地面出入口地面的高差超过10m的地下建筑	1.00	—	—

2）当人员密集的厅、室以及歌舞娱乐放映游艺场所设置在地下或半地下时，其疏散走道、安全出口、疏散楼梯以及房间疏散门的各自总宽度，应按其通过人数每100人不小于1.00m计算确定。

3）首层外门的总宽度应按该层或该层以上人数最多的一层人数计算确定，不供楼上人员疏散的外门，可按本层人数计算确定。

4）录像厅、放映厅的疏散人数应按该场所的建筑面积1.0人/m² 计算确定；其他歌舞娱乐放映游艺场所的疏散人数应按该场所的建筑面积0.5人/m² 计算确定。

5）商店的疏散人数应按每层营业厅建筑面积乘以面积折算值和疏散人数换算系数计算。地上商店的面积折算值宜为50%~70%，地下商店的面积折算值不应小于70%。疏散人数的换算系数可按表7-26确定；

表7-26　商店营业厅内的疏散人数换算系数　　　　　　　　　　（人/m²）

楼层位置	地下二层	地下一层、地上第一、二层	地上第三层	地上第四层及四层以上各层
换算系数	0.80	0.85	0.77	0.60

（19）人员密集的公共建筑不宜在窗口、阳台等部位设置金属栅栏，当必须设置时，应有从内部易于开启的装置。窗口、阳台等部位宜设置辅助疏散逃生设施。

2.《高层民用建筑设计防火规范》（GB 50045—95）2005年版中规定

（1）一般规定

1）高层建筑每个防火分区的安全出口不应少于两个，但符合下列条件之一的，可设一个安全出口。

①18 层及 18 层以下，每层不超过 8 户，建筑面积不超过 650m²，且设有一座防烟楼梯间和消防电梯的塔式住宅。

②18 层及 18 层以下每个单元设有一座通向屋顶的疏散楼梯，单元之间的楼梯通过屋顶连通，单元与单元之间设有防火墙，户门为甲级防火门，窗间墙高度大于 1.20m 且为不燃烧体墙的单元式住宅。

超过 18 层，每个单元设有一座通向屋顶的疏散楼梯，18 层以上部分每层相邻单元楼梯通过阳台或凹廊连通（屋顶可以不连通），18 层及 18 层以下部分单元与单元之间设有防火墙，且户门为甲级防火门，窗间墙高度大于 1.20m 且为不燃烧体墙的单元式住宅。

③除地下室外，相邻两个防火分区之间的防火墙上有防火门连通时，且两个防火分区的建筑面积之和不超过表 7-27 规定的公共建筑。

表 7-27　两个防火分区之和最大允许建筑面积

建筑类别	两个防火分区之和最大允许建筑面积（m²）
一类建筑	1400
二类建筑	2100

注：上述相邻两个防火分区设有自动喷水灭火系统时，其相邻两个防火分区的建筑面积之和仍应符合本表的规定。

2）塔式高层建筑，两座疏散楼梯宜独立设置，当确有困难时，可设置剪刀式楼梯，并应符合下列规定：

①剪刀式楼梯间应为防烟楼梯间。

②剪刀式楼梯的梯段之间，应设置耐火极限不低于 1.00h 的不燃烧体墙分隔。

③剪刀式楼梯应分别设置前室，塔式住宅确有困难时可设置一个前室，但两座楼梯应分别设加压送风系统。

3）高层居住建筑的户门不应直接开向前室，当确有困难时，部分开向前室的户门均应为乙级防火门。

4）商住楼中住宅的疏散楼梯应独立设置。

5）高层公共建筑的大空间设计，必须符合双向疏散或袋形走道的规定。

6）高层建筑的安全出口应分散布置，两个安全出口之间的距离不应小于 5.00m，安全疏散距离应符合表 7-28 的规定。

表 7-28　安全疏散距离

高层建筑		房间门或住宅户门至最近的外部出口或楼梯间的最大距离（m）	
		位于两个安全出口之间的房间	位于袋形走道两侧或尽端的房间
医院	病房部分	24	12
	其他部分	30	15
旅馆、展览楼、教学楼		30	15
其他		40	20

7）跃廊式住宅的安全疏散距离，应从户门算起，小楼梯的一段距离按其 1.5 倍水平投影计算。

8）高层建筑内的观众厅、展览厅、多功能厅、餐厅、营业厅和阅览室等，其室内任何一点至最近的疏散出口的直线距离，不宜超过 30m；其他房间内最远一点至房门的直线距离不宜超过 15m。

9）公共建筑中位于两个安全出口之间的房间，当其建筑面积不超过 60m² 时，可设置一个门，门的净宽不应小于 0.90m。位于走道尽端的房间，当面积不超过 75m² 时，可设置一个门，门的净宽不应小于 1.40m。

10）高层建筑内走道的净宽，应按通过人数每 100 人不小于 1.00m 计算。

高层建筑首层疏散外门的总宽度，应按人数最多的一层每 100 人不小于 1.00m 计算；首层疏散外门和走道的净宽不应小于表 7-29 的规定。

表 7-29　首层疏散外门和走道的净宽　　　　　　　　（m）

高层建筑	每个外门的净宽	走道布置	
		单面布房	双面布房
医院	1.30	1.40	1.50
居住建筑	1.10	1.20	1.30
其他	1.20	1.30	1.40

11）疏散楼梯间及其前室的门的净宽应按通过人数 100 人不小于 1.00m 计算，但最小净宽不应小于 0.90m。单面布置房间的住宅，其走道出垛处的最小净宽不应小于 0.90m。

12）高层建筑内设有固定座位的观众厅、会议厅等人员密集场所，其疏散走道、出口等应符合下列规定：

①厅内的疏散走道的净宽应在按通过人数每 100 人不小于 0.80m，且不宜小于 1.00m，边走道的最小净宽不宜小于 0.80m。

②厅的疏散出口和厅外疏散走道的总宽度，平坡地面应分别按通过人数每 100 人不小于 0.65m 计算，阶梯地面应分别按通过人数每 100 人不小于 0.80m 计算。疏散出口和疏散走道的最小净宽均不应小于 1.40m。

③疏散出口的门内、门外 1.40m 范围内不能设踏步，且门必须向外开，并不应设置门槛。

④观众厅座位的布置，横走道之间的排数不宜超过 20 排，纵走道之间每排座位不宜超过 22 个；当前后排座位的排距不小于 0.90m 时，每排座位可为 44 个；只一侧有纵走道时，其座位数应减半。

⑤观众厅每个疏散出口的平均疏散人数不应超过 250 人。

⑥观众厅的疏散外门，宜采用推闩式外开门。

13）高层建筑地下室、半地下室的安全疏散应符合下列规定：

①每个防火分区的安全出口不应少于两个，当有两个或两个以上防火分区，且相邻防火分区之间的防火墙上设有防火门时，每个防火分区可分别设一个直通室外的安全出口。

②房间面积不超过 50m² ，且经常停留人数不超过 15 人的房间，可设一个门。

③人员密集的厅、室疏散出口总宽度，应按其通过人数每 100 人不小于 1.00m 计算。

14）建筑高度超过 100m 的公共建筑，应设置避难层（间），并应符合下列规定：

①避难层的设置，自高层建筑首层至第一个避难层或两个避难层之间，不宜超过 15 层。

②通向避难层的防烟楼梯应在避难层分隔、同层错位或上下层断开，但人员均必须经避难层方能上下。

③避难层的净面积应能满足设计避难人员避难的要求，并宜按 5 人/m² 计算。

④避难层可兼作设备层，但设备管道宜集中布置。

⑤避难层应设消防电梯出口。

⑥避难层应设消防专线电话，并应设有消火栓和消防卷盘。

⑦封闭式避难层应设独立的防烟设施。

⑧避难层应设有应急广播和应急照明，其供电时间不应小于 1.00h，照度不应低于 1.00Lx。

15）建筑高度超过 100m，且标准层建筑面积超过 1000m² 的公共建筑，宜设置屋顶直升机停机坪或供直升机救助的设施，并应符合下列规定：

①设在屋顶平台上的停机坪，距设备机房、电梯机房、水箱间、共用天线等突出物的距离，不应小于 5.00m。

②出口不应少于两个，每个出口宽度不宜小于 0.90m。

③在停机坪的适当位置设置消火栓。

④停机坪四周应设置航空障碍灯，并应设置应急照明。

16）除设有排烟设施和应急照明者外，高层建筑内的走道长度超过 20m 时，应设置直接天然采光和自然通风设施。

17）高层建筑的公共疏散门均应向疏散方向开启，且不应采用侧拉门、吊门和转门。人员密集场所防止外部人员随意进入的疏散用门，应设置火灾时不需使用钥匙等任何器具即能迅速开启的装置，并应在明显位置设置使用提示。

18）建筑物直通室外的安全出口上方，应设置宽度不小于 1.00m 的防火挑檐。

（2）疏散楼梯间和楼梯

1）一类建筑和除单元式和通廊式住宅外的建筑高度超过 32m 的二类建筑以及塔式住宅，均应设防烟楼梯间。防烟楼梯间的设置应符合下列规定：

①楼梯间入口处应设前室、阳台或凹廊。

②前室的面积，公共建筑不应小于 6.00m²，居住建筑不应小于 4.50m²。

③前室和楼梯间的门均应为乙级防火门，并应向疏散方向开启。

2）裙房和除单元式和通廊式住宅外的建筑高度不超过 32m 的二类建筑应设封闭楼梯间。封闭楼梯间的设置应符合下列规定：

①楼梯间应靠外墙，并应直接天然采光和自然通风，当不能直接天然采光和自然通风时，应按防烟楼梯间规定设置。

②楼梯间应设乙级防火门，并应向疏散方向开启。

③楼梯间的首层紧接主要出口时，可将走道和门厅等包括在楼梯间内，形成扩大的封闭楼梯间，但应采用乙级防火门等防火措施与其他走道和房间隔开。

3）单元式住宅每个单元的疏散楼梯均应通至屋顶，其疏散楼梯间的设置应符合下列规定：

①11 层及 11 层以下的单元式住宅可不设封闭楼梯间，但开向楼梯间的户门应为乙级防火门，且楼梯间应靠外墙，并应直接天然采光和自然通风。

②12 层至 18 层的单元式住宅应设封闭楼梯间。

③19 层及 19 层以上的单元式住宅应设防烟楼梯间。

4）11 层及 11 层以下的通廊式住宅应设封闭楼梯间；超过 11 层的通廊式住宅应设防烟楼梯间。

5）楼梯间及防烟楼梯间前室应符合下列规定：

①楼梯间及防烟楼梯间前室的内墙上，除开设通向公共走道的疏散门和规范规定的户门外，不应开设其他门、窗、洞口。

②楼梯间及防烟楼梯间前室内不应敷设可燃气体管道和甲、乙、丙类液体管道，并不应有影响疏散的突出物。

③居住建筑内的煤气管道不应穿过楼梯间，当必须局部水平穿过楼梯间时，应穿钢套管保护，并应符合现行国家标准《城镇燃气设计规范》（GB 50028—2006）中的有关规定。

6）除通向避难层错位的楼梯外，疏散楼梯间在各层的位置不应改变，首层应有直通室外的出口。疏散楼梯和走道上的阶梯不应采用螺旋楼梯和扇形踏步，但踏步上下两级所形成的平面角不超过 10°，且每级离扶手 0.25m 处的踏步宽度超过 0.22m 时，可不受此限。

7）除符合规定的塔式住宅以及顶层为外通廊式住宅外的高层建筑，通向屋顶的疏散楼梯不宜少于两座，且不应穿越其他房间，通向屋顶的门应向屋顶方向开启。

8）地下室、半地下室的楼梯间，在首层应采用耐火极限不低于 2.00h 的隔墙与其他部位隔开并应直通室外，当必须在隔墙上开门时，应采用乙级防火门。

地下室或半地下室与地上层不应共用楼梯间，当必须共用楼梯间时，应在首层与地下或半地下层的入口处，设置耐火极限不低于2.00h的隔墙和乙级防火门隔开，并应有明显标志。

9）每层疏散楼梯总宽度应按其通过人数每100人不小于1.00m计算，各层人数不相等时，其总宽度可分段计算，下层疏散楼梯总宽度应按其上层人数最多的一层计算。疏散楼梯的最小净宽不应小于表7-30的规定。

表7-30　疏散楼梯的最小净宽度

高层建筑	疏散楼梯的最小净宽度（m）
医院病房楼	1.30
居住建筑	1.10
其他建筑	1.30

10）室外楼梯可作为辅助的防烟楼梯，其最小净宽不应小于0.90m。当倾斜角度不大于45°，栏杆扶手的高度不小于1.10m时，室外楼梯宽度可计入疏散楼梯总宽度内。室外楼梯和每层出口处平台，应采用不燃材料制作。平台的耐火极限不应低于1.00h。在楼梯周围2.00m内和墙面上，除设疏散门外，不应开设其他门、窗、洞口。疏散门应采用乙级防火门，且不应正对梯段。

11）公共建筑内袋形走道尽端的阳台、凹廊宜设上下层连通的辅助疏散设施。

（3）消防电梯

1）下列高层建筑应设消防电梯：

①一类公共建筑。

②塔式住宅。

③十二层及十二层以上的单元式住宅和通廊式住宅。

④高度超过32m的其他二类公共建筑。

2）高层建筑消防电梯的设置数量应符合下列规定：

①当每层建筑面积不大于1500m² 时，应设一台。

②当大于1500m² 但不大于4500m² 时，应设两台。

③当大于4500m² 时，应设三台。

④消防电梯可与客梯或工作电梯兼用，但应符合消防电梯的要求。

3）消防电梯的设置应符合下列规定：

①消防电梯宜分别设在不同的防火分区内。

②消防电梯间应设前室，其面积，居住建筑不应小于4.50m²；公共建筑不应小于6.00m²。当与防烟楼梯间合用前室时，其面积，居住建筑不应小于6.00m²；公共建筑不应小于10m²。

③消防电梯间前室宜靠外墙设置，在首层应设直通室外的出口或经过长度不超过30m的通道通向室外。

④消防电梯间前室的门，应采用乙级防火门或具有停滞功能的防火卷帘。

⑤消防电梯的载重量不应小于800kg。

⑥消防电梯井、机房与相邻其他的电梯井、机房之间应采用耐火极限不低于2.00h的隔墙隔开，当在隔墙上开门时，应设甲级防火门。

⑦消防电梯的行驶速度，应按从首层到顶层的运行时间不超过60s计算确定。

⑧消防电梯轿厢的内装修应采用不燃烧材料。

⑨消防电梯动力与控制电缆、电线应采取防水措施；消防电梯前室门口宜设挡水设施。消防电梯的井底应设排水设施，排水井容量不应小于2.00m²，排水泵的排水量不应小于10L/s。

⑩消防电梯轿厢内应设专用电话，并应在首层设供消防队员专用的操作按钮。

3. 其他规范的规定

（1）《办公建筑设计规范》（JGJ 67—2006）中指出

1）公共建筑的开放式、半开放式办公室，其室内任何一点至最近的安全出口的直线距离不应超过30m。

2）机要室、档案室和重要库房等隔墙的耐火极限不应小于2h，楼板不应小于1.50h，并应采用甲级防火门。

（2）《图书馆建筑设计规范》（JGJ 38—99）中指出：图书馆的安全疏散应符合下列规定：

1）图书馆的安全出口不应少于2个，并应分散布置。

2）书库、非书资料库、藏阅合一的藏书空间，每个防火分区的安全出口不应少于2个，但符合下列条件之一时，可设一个安全出口：

①建筑面积不超过100m²的特藏库、胶片库和珍善本书库。

②建筑面积不超过100m²的地下室或半地下室书库。

③除建筑面积不超过100m²的地下室外的相邻两个防火分区，当防火墙上有防火门连通，且两个防火分区的建筑面积之和不超过最大允许建筑面积的1.40倍时。

④占地面积不超过300m²的多层书库。

3）书库、非书资料库的疏散楼梯，应设计为封闭楼梯间或防烟楼梯间，宜在库门外邻近布置。

4）超过300座位的报告厅，应独立设置安全出口，并不得少于2个。

（3）《住宅建筑规范》（GB 50368—2005）中指出：住宅建筑的安全疏散应符合下列规定：

1）住宅建筑应根据建筑的耐火等级、建筑层数、建筑面积、疏散距离等因素设置安全出口，并应符合下列要求：

①10层以下的住宅建筑，当住宅单元任一层建筑面积大于650m²，或任一套房的户门至安全出口的距离大于15m时，该住宅单元每层的安全出口不应少于两个。

②10层及10层以上、但不超过18层的住宅建筑，当住宅单元任一层建筑面积大于650m²，或任一套房的户门至安全出口的距离大于10m时，该住宅单元每层的安全出口不应少于两个。

③19层及19层以上的住宅建筑，每个住宅单元每层的安全出口不应少于两个。

④安全出口应分散布置，两个安全出口之间的距离不应小于5m。

⑤楼梯间及前室的门应向疏散方向开启；安装有门禁系统的住宅，应保证住宅直通室外的门在任何时候能从内部徒手开启。

2）每层有两个及两个以上安全出口的住宅单元，套房户门至最近安全出口的距离应根据建筑的耐火等级、楼梯间的形式和疏散方式确定。

3）住宅建筑的楼梯间形式应根据建筑形式、建筑层数、建筑面积及套房户门的耐火等级等因素确定。在楼梯间的首层应设置直接对外的安全出口，或将对外出口设置在距离楼梯间不超过15m处。

4）住宅建筑楼梯间顶棚、墙面和地面均应采用不燃性材料。

（4）《汽车库、修车库、停车场设计防火规范》（GB 50067—97）中规定：

1）汽车库、修车库的人员安全出口和汽车疏散出口应分开设置。设在工业与民用建筑内的汽车库，其车辆疏散出口应与其他部分的人员安全出口分开设置。

2）汽车库、修车库的每个防火分区内，其人员安全出口不应少于两个，但符合下列条件之一的可设一个：

①同一时间的人数不超过25人。

②Ⅳ类汽车库。

3）汽车库、修车库的室内疏散楼梯应设置封闭楼梯间。建筑高度超过32m的高层汽车库的室内疏散楼梯应设置防烟楼梯间，楼梯间和前室的门应向疏散方向开启。地下汽车库和高层汽车库以及设在高层建筑裙房内的汽车库，其楼梯间、前室的门应采用乙级防火门。

疏散楼梯的宽度不应小于 1.10m。

4）室外的疏散楼梯可采用金属楼梯。室外楼梯的倾斜角度不应大于 45°，栏杆扶手的高度不应小于 1.10m，每层楼梯平台均应采用不低于 1.00h 耐火极限的不燃烧材料制作。在室外楼梯周围 2m 范围内的墙面上，除设置疏散门外，不应开设其他的门、窗、洞口。高层汽车库的室外楼梯，其疏散门应采用乙级防火门。

5）汽车库室内最远工作地点至楼梯间的距离不应超过 45m，当设有自动灭火系统时，其距离不应超过 60m。单层或设在建筑物首层的汽车库，室内最远工作地点至室外出口的距离不应超过 60m。

6）汽车库、修车库的汽车疏散出口不应少于两个，但符合下列条件之一的可设一个：

①Ⅳ类汽车库。

②汽车疏散坡道为双车道的Ⅲ类地上汽车库和停车数少于 100 辆的地下汽车库。

③Ⅱ、Ⅲ、Ⅳ类修车库。

7）Ⅰ、Ⅱ类地上汽车库和停车数大于 100 辆的地下汽车库，当采用错层或斜楼板式且车道、坡道为双车道时，其首层或地下一层至室外的汽车疏散出口不应少于两个，汽车库内的其他楼层汽车疏散坡道可设一个。

8）除机械式立体汽车库外，Ⅳ类的汽车库在设置汽车坡道有困难时，可采用垂直升降梯做汽车疏散出口，其升降梯的数量不应少于两台，停车数少于 10 辆的可设一台。

9）汽车疏散坡道的宽度不应小于 4m，双车道不宜小于 7m。

10）两汽车疏散出口之间的间距不应小于 10m；两个汽车坡道毗邻设置时应采用防火隔墙隔开。

11）停车场的汽车疏散出口不应少于两个。停车数量不超过 50 辆的停车场可设一个疏散出口。

12）汽车库的车道应满足一次出车的要求，汽车与汽车之间以及汽车与墙、柱之间的间距，不应小于表 7-31 的规定。

表 7-31　汽车与汽车之间以及汽车与墙、柱之间的间距

车长（m）　　　间距	车长≤6 或车宽≤1.8	6＜车长≤8 或1.8＜车宽≤2.2	8＜车长≤12 或2.2＜车宽≤2.5	车长＞12 或车宽＞2.5
汽车与汽车	0.5	0.7	0.8	0.9
汽车与墙	0.5	0.5	0.5	0.5
汽车与柱	0.5	0.3	0.4	0.4

注：1. 一次出车系指汽车在启动后不需调头、倒车而直接驶出汽车库。
　　2. 当墙、柱外有暖气片等突出物时，汽车与墙、柱间距应从其凸出部分外缘算起。

13）汽车库内汽车的最小转弯半径，应符合表 7-32 的规定：

表 7-32　汽车库内汽车的最小转弯半径

车型	最小转弯半径（m）
微型车	4.50
小型车	6.00
轻型车	6.50～8.00
中型车	8.00～10.00
大型车	10.50～12.00
铰接车	10.50～12.50

（5）《剧场建筑设计规范》（JGJ 57—2000）中规定：

1）观众厅出口应符合下列规定：

①出口均匀布置，主要出口不宜靠近舞台。

②楼座与池座分别设置出口。楼座至少有两个独立的出口，不足50座位时可设一个出口。楼座不应穿越池座疏散。当楼座与池座无交叉并不影响池座疏散时，楼座可经池座疏散。

2）观众厅出口门、疏散外门及后台疏散门应符合下列规定：

①应设双扇门，净宽不小于1.40m，向疏散方向开启。

②紧靠门的部位不应设门槛，设置踏步应在1.40m以外。

③严禁用推拉门、卷帘门、转门、折叠门、铁栅门。

④宜采用自动门闩，门洞上方应设疏散方向标志。

3）观众厅外疏散通道应符合下列规定：

①室内部分坡度不应大于1/8，室外部分坡度不应大于1/10，并应加设防滑措施。室内坡道采用地毯等不应低于 B_1 级材料。为残疾人设置的坡道坡度不应大于1/12。

②地面以上2m内不得有任何突出物。不得设置落地镜子及装饰性假门。

③疏散通道穿行前厅及休息厅时，设置在前厅、休息厅的小卖部及存衣处不得影响疏散的畅通。

④疏散通道的隔墙耐火极限不应小于1.00m。

⑤疏散通道内装饰材料：顶棚不应低于A级；墙面和地面不应低于 B_1 级，不得采用在燃烧时产生有害气体的材料。

⑥疏散通道宜有自然通风及采光；当没有自然通风及采光时应设人工照明，超过20m长时应采用机械通风排烟。

4）主要疏散楼梯应符合下列规定：

①踏步宽度不应小于0.28m，踏步高度不应大于0.16m，连续踏步不应超过18级，超过18级时，应加设中间休息平台。楼梯休息平台不应小于梯段宽度，并不得小于1.10m。

②不得采用螺旋楼梯，采用扇形梯段时，离踏步窄端扶手距离0.25m处踏步宽度不应小于0.22m，宽端扶手处不应大于0.50m，休息平台窄端应不小于1.20m。

③楼梯应设置坚固、连续的扶手，高度不应低于0.85m。

5）后台应有不少于两个直接通向室外的出口。

6）乐池和台仓出口不应少于两个。

7）舞台天桥、栅顶的垂直交通，舞台至面光桥、耳光室的垂直交通应采用金属梯或钢筋混凝土梯，坡度不应大于60°，宽度不应小于0.60m，并应有坚固、连续的扶手。

8）剧场与其他建筑合建时应符合下列规定：

①观众厅应建在首层、第二或第三层。

②出口标高宜同于所在层标高。

③应设专用疏散通道通向室外安全地带。

9）疏散门的帷幕应采用B1级材料。

10）室外疏散及集散广场不得兼做停车场。

(6)《电影院建筑设计规范》（JGJ 58—2008）中规定：

电影院的疏散除应满足《建筑设计防火规范》（GB 50016—2006）和《高层民用建筑设计防火规范》（GB 50045—95）2005年版的规定外，还应注意以下几点：

1）电影院观众厅的疏散门不应设置门槛，在紧靠门口1.40m范围内不应设置踏步。疏散门应为自动推闩式外开门，严禁采用推拉门、卷帘门、折叠门、转门等。

2）观众厅疏散门的数量应由计算确定，且不应少于2个。门的净宽度不应小于0.90m。并应采用甲级防火门，且应向疏散方向开启。

3）观众厅外的疏散走道、出口等应符合下列规定：

①穿越休息厅或门厅时，厅内存衣、小卖部等活动陈列物的布置不应影响疏散的通畅；2m高度内

应无突出物、悬挂物。

②当疏散走道有高差变化时宜做成坡道；当设置台阶时应有明显标志、采光或照明。

③疏散走道室内的坡度不应大于 1/8，并应加设防滑措施。为残疾人设置的坡道坡度不应大于 1/12。

4）疏散楼梯应符合下列规定：

①对于有候场需要的门厅，门厅内供入场使用的主楼梯不应作为疏散楼梯。

②疏散楼梯的踏步宽度不应小于 0.28m，踏步高度不应大于 0.16m，楼梯最小宽度不应小于 1.20m，转弯楼梯休息平台深度不应小于楼梯段宽度；直跑楼梯的中间休息平台深度不应小于 1.20m。

③疏散楼梯不得采用螺旋楼梯和扇形踏步；当踏步上下两级形成的平面角度不超过 10°，且每级离扶手 0.25m 处踏步宽度超过 0.22m 时，可不受此限。

④室外楼梯的净宽不应小于 1.10m；下行人流不应妨碍地面人流。

5）观众厅内疏散走道的宽度应由计算确定，还应满足下列规定：

①中间纵向走道净宽度不应小于 1.00m。

②边走道净宽度不应小于 0.80m。

③横向走道除排距尺寸以外的通行净宽度不应小于 1.00m。

（7）《民用建筑设计通则》（GB 50352—2005）及其他规范中规定：

1）地下室、半地下室与地上层不应共用楼梯间，当必须共用时，应在首层与地下室、半地下室的入口处设置耐火极限不低于 2.00h 的隔墙和乙级防火门隔开，并应有明显标志。

2）地下室、半地下室内存放可燃物平均重量超过 30kg/m² 的隔墙，其耐火极限不应低于 2.00h，房间门应采用甲级防火门。

3）高层建筑地下室的疏散楼梯间应采用防烟楼梯间。通向楼梯间及前室的门均应采用乙级防火门。

4）多层建筑地下室疏散楼梯间应采用封闭楼梯间，通过楼梯间的门应采用乙级防火门。

5）防空地下室的楼梯间应采用防烟楼梯间，其前室应采用甲级防火门。

（8）《人民防空工程设计防火规范》（GB 50098—2009）中指出：

1）一般规定：

①每个防火分区安全出口设置的数量，应符合下列规定之一：

A. 每个防火分区安全出口的数量不应少于两个。

B. 当有两个或两个以上防火分区相邻，且将相邻防火分区之间设置的防火门作为安全出口时，防火分区安全出口应符合下列规定：

a. 防火分区建筑面积大于 1000m² 的商业营业厅、展览厅等场所，设置通向室外、直通室外的疏散楼梯或避难走道的安全出口不得少于两个。

b. 防火分区建筑面积不大于 1000m² 的商业营业厅、展览厅等场所，设置通向室外、直通室外的疏散楼梯或避难走道的安全出口不得少于一个。

c. 在一个防火分区内，设置通向室外、直通室外的疏散楼梯或避难走道的安全出口宽度之和，不宜小于按百人指标计算数值的 70%。

C. 建筑面积不大于 500m²，且室内地面与室外地坪高差不大于 10m，容纳人数不大于 20 人的防火分区，当设置有仅用于采光或进风的竖井，且竖井内有金属梯直通地面、防火分区通向竖井处设置有不低于乙级的常闭防火门时，可只设置一个通向室外、直通室外的疏散楼梯间或避难走道的安全出口；也可设置一个与相邻防火分区相通的防火门。

D. 建筑面积不大于 200m²，且经常停留人数不超过 3 人的防火分区，可只设置一个通向相邻防火分区的防火门，并宜有一个直通地上的安全出口。

②房间建筑面积不大于 50m²，且经常停留人数不超过 15 人时，可设置一个安全出口。

③歌舞娱乐放映游艺场所的疏散应符合下列规定：

A. 不宜布置在袋形走道的两侧或尽端，当必须布置在袋形走道的两侧或尽端时，最远房间的疏散门到最近安全出口的距离不应大于 9m；一个厅、室的建筑面积不应大于 200m²。

B. 建筑面积大于 50m² 的厅、室，疏散出口不应少于两个。

④每个防火分区的安全出口，宜向不同方向分散设置；当受条件限制需要同方向设置时，两个安全出口最近边缘距离不应小于 5.00m。

⑤安全疏散距离应满足下列规定：

A. 房间内最远点至房间门的距离不应大于 15m。

B. 房间内至最近安全出口的最大距离：医院应为 24m；旅馆应为 30m；其他工程应为 40m。位于袋形走道两侧或尽端的房间，其最大距离应为上述相应距离的一半。

C. 观众厅、展览厅、多功能厅、餐厅、营业厅和阅览室等，其室内任何一点到最近安全出口的直线距离不宜大于 30m；该防火分区设置有自动喷水灭火系统时，疏散距离可增加 25%。

⑥疏散宽度的计算和最小净宽度应符合下列规定：

A. 每个防火分区安全出口的总宽度，应按该防火分区设计容纳总人数乘以疏散宽度指标计算确定，疏散宽度指标应按下列规定确定：

a. 室内地面与室外地坪高差不大于 10m 的防火分区，疏散宽度指标应为每 100 人不小于 0.75m。

b. 室内地面与室外地坪高差大于 10m 的防火分区，疏散宽度指标应为每 100 人不小于 1.00m。

c. 人员密集的厅、室以及歌舞娱乐放映游艺场所，疏散宽度指标应为每 100 人不小于 1.00m。

B. 安全出口、疏散楼梯和疏散走道的最小净宽度应符合表 7-33 的规定。

表 7-33　安全出口、疏散楼梯、疏散走道的最小净宽

工程名称	安全出口、楼梯的净宽（m）	疏散走道净宽（m）	
		单面布置房间	双面布置房间
商场、公共娱乐场所、健身体育场所	1.50	1.50	1.60
医院	1.30	1.40	1.50
旅馆、餐厅	1.00	1.20	1.30
车间	1.10	1.20	1.50
其他民用工程	1.10	1.20	—

⑦设置有固定座位的电影院、礼堂等的观众厅，其疏散走道、疏散出口等应符合下列规定：

A. 厅内的疏散走道净宽应按通过人数每 100 人不小于 0.80m 计算，且不宜小于 1.00m。边走道净宽不宜小于 0.80m。

B. 厅的疏散出口和厅外疏散走道的总宽度，平坡地面应分别按通过人数每 100 人不小于 0.65m 计算，阶梯地面应分别按通过人数每 100 人不小于 0.80m 计算；疏散出口和疏散走道的净宽均不应小于 1.40m。

C. 观众厅座位的布置，横走道之间的排数不宜超过 20 排。纵走道之间每排座位不宜超过 22 个。当前后排座位的排距不小于 0.90m 时，可增至 44 个。只一侧有纵走道时，其座位数应减半。

D. 观众厅每个疏散口的疏散人数平均不应大于 250 人。

E. 观众厅的疏散门，宜采用推闩式外开门。

⑧公共建筑出口处内、外 1.40m 范围内不应设置踏步，门必须向疏散方向开启，且不应设置门槛。

⑨地下商店每个防火分区的疏散人数，应按该防火分区内营业厅使用面积乘以面积折算值和疏散人数换算系数确定。面积折算系数宜为 70%，疏散人数换算系数应按表 7-34 确定。经营丁、戊类物品

的专业商店，可按上述确定的人数减少 50%。

表 7-34　地下商店营业厅内的疏散人数换算系数　　　　　　　　（人/m²）

楼层位置	地下一层	地下二层
换算系数	0.85	0.80

⑩歌舞娱乐放映游艺场所最大容纳人数应按该场所建筑面积乘以人员密度指标来计算，其人员密度指标应按下列规定确定：

A. 录像厅、放映厅人员密度指标为 1.00 人/m²。

B. 其他歌舞娱乐放映游艺场所人员密度指标为 0.50 人/m²。

2）楼梯、走道

①设有下列公共活动场所的人防工程，当底层室内地面与室外出入口地坪高差大于 10m 时，应设置防烟楼梯间；当地下为两层，且地下第二层的室内地面与室外出入口地坪高差不大于 10m 时，应设置封闭楼梯间。

A. 电影院、礼堂。

B. 使用面积超过 500m² 的医院、旅馆。

C. 使用面积超过 1000m² 的商场、餐厅、展览厅、公共娱乐场所、健身体育场所。

②封闭楼梯间应采用不低于乙级的防火门；封闭楼梯间的地面出口可用于天然采光和自然通风，当不能采用自然通风时，应采用防烟楼梯间。

③人民防空地下室的疏散楼梯间，在主体建筑地面首层应采用不低于 2h 的隔墙与其他部位隔开并应直通室外；当必须在隔墙上开门时，应采用不低于乙级的防火门。

人民防空地下室与地上层不应共用楼梯间；当必须共用楼梯间时，应在地面首层与地下室的出入口处，设置耐火极限不低于 2h 的隔墙和不低于乙级的防火门隔开，并应有明显标志。

④防烟楼梯间前室的面积不应小于 6.00m²，当与消防电梯间合用前室时，其面积不应小于 10.00m²。

⑤避难走道的设置应符合下列规定：

A. 避难走道直通地面的出口不应少于两个，并应设置在不同方向；当避难走道只与一个防火分区相通时，避难走道直通地面的出口可设置一个，但该防火分区至少应有一个不通向该避难走道的安全出口。

B. 通向避难走道的各防火分区人数不等时，避难走道的净宽不应小于设计容纳人数最多一个防火分区通向避难走道各安全出口最小净宽之和。

C. 避难走道的装修材料燃烧性能等级应为 A 级。

D. 防火分区至避难走道入口处应设置前室，前室面积不应小于 6.00m²，前室的门应采用甲级防火门。

E. 避难走道应设置消火栓。

F. 避难走道应设置火灾应急照明。

G. 避难走道应设置应急广播和消防专线电话。

⑥疏散走道、疏散楼梯和前室，不应有影响疏散的突出物；疏散走道应减少曲折，走道内不宜设置门槛、阶梯；疏散楼梯的阶梯不宜采用螺旋楼梯和扇形踏步，但踏步上、下级所形成的平面角小于 10°，且每级离扶手 0.25m 处的踏步宽度大于 0.22m 时，可不受此限。

⑦疏散楼梯间在各层的位置不应改变；各层人数不等时，其宽度应按该层及以下层中通过人数最多的一层计算。

（9）《展览建筑设计规范》（JGJ 218—2010）中规定：

1）展厅的疏散人数应根据展厅中单位展览面积的最大使用人数经计算确定。展厅中单位展览面积的最大使用人数详见表7-35。

表7-35　展厅中单位展览面积的最大使用人数　　　　　　　　　（人/m²）

楼层位置	地下一层	地上一层	地上二层	地上三层及三层以上楼层
指标	0.65	0.70	0.65	0.50

2）多层建筑内的地上展厅、地下展厅和其他空间的安全出口、疏散楼梯的各自总宽度，应符合下列规定：

①每层安全出口、疏散楼梯的净宽度应按表7-36的规定经计算确定。当每层人数不等时，疏散楼梯的总宽度可分层计算，下层楼梯的总宽度应按上一层人数最多一层的人数计算。

表7-36　安全出口、疏散楼梯和房间疏散门每100人的净宽度　　　　　　（m）

楼层位置	每100人的净宽度
地上一、二层	≥0.65
地上三层	≥0.75
地上四层及四层以上各层	≥1.00
与地面出入口地坪的高差不超过10m的地下建筑	≥0.75
与地面出入口地坪的高差超过10m的地下建筑	≥1.00

②首层外门的总宽度应按人数最多的一层人数计算确定，不供楼上人员疏散的外门，可按本层人数计算确定。

3）高层建筑内的展厅和其他空间的安全出口、疏散楼梯间及其前室的门的各自总宽度，应符合下列规定：

①疏散楼梯间及其前室的门的净宽度应按通过人数计算，每100人不应小于1.00m，且最小净宽度不应小于0.90m。

②首层外门的总宽度应按通过人数最多的一层人数计算，每100人不应小于1.00m，且最小净宽度不应小于1.20m。

4）展厅内任何一点至最近安全出口的直线距离不宜大于30m，当单、多层建筑物内全部设置自动灭火系统时，其展厅的安全疏散距离可增大25%。

5）展厅内的疏散走道应直达安全出口，不应穿过办公、厨房、储存间、休息间等区域。

（10）《中小学校设计规范》（GB 50099—2011）中规定：

1）疏散通行宽度：

①中小学校内，每股人流的宽度应按0.60m计算。

②中小学校建筑的疏散通道宽度最少应为两股人流，并应按0.60m的整数倍增加疏散通道宽度。

③中小学校建筑的安全出口、疏散走道、疏散楼梯和房间疏散门等处每100人的净宽度应按表7-37计算。同时，教学用房的内走道净宽度不应小于2.40m，单侧走道及外廊的净宽度不应小于1.80m。

表7-37　安全出口、疏散走道、疏散楼梯和房间疏散门等处每100人的净宽度　　　　（m）

所在楼层人数	耐火等级		
	一、二级	三级	四级
地上一、二层	0.70	0.80	1.05
地上三层	0.80	1.05	—
地上四、五层	1.05	1.30	—
地下一、二层	0.80	—	—

④房间疏散门开启后，每樘门净通行宽度不应小于0.90m。

2）校园出入口：

①校园内道路应设置两个出入口。出入口的位置应符合教学、安全、管理的需要，出入口的布置应避免人流、车流交叉。有条件的学校宜设置机动车专用出入口。

②中小学校校园出入口应与市政交通连接，但不应直接与城市主干道连接。校园主要出入口应设置缓冲场地。

3）校园道路：

①校园内道路应与各建筑出入口及走道衔接，构成安全、方便、明确、通畅的路网。

②校园道路每通行100人道路净宽为0.70m，每一路段的宽度应按该路段通达的建筑物容纳人数之和计算，每一路段的宽度不宜小于3.00m。

③校园内人流集中的道路不宜设置台阶。当必须设置台阶时，台阶数量不得少于3级。

4）建筑物出入口：

①校园内每栋建筑应设置两个出入口（建筑面积不大于200m²，人数不超过50人的单层建筑除外）。非完全小学内，单栋建筑面积不超过500m²，且耐火等级为一、二级的低层建筑可只设1个出入口。

②教学用房在建筑的主要出入口处宜设门厅。

③教学用建筑物出入口的净通行宽度不得小于1.40m，门内与门外各1.50m范围内不宜设置台阶。

④在寒冷或风沙大的地区，教学用建筑物出入口应设挡风间或双道门。

⑤教学用建筑物的出入口应设置无障碍设施，并应采取防止物体坠落和地面防滑的措施。

⑥停车场地及地下车库的出入口不应直接通向师生人流集中的道路。

5）走道：

①教学用建筑的走道宽度应符合下列规定：

A. 应根据在该走道上各教学用房疏散总人数，计算走道的疏散宽度。

B. 走道疏散宽度内不得有壁柱、消火栓、教室开启的门窗扇等设施。

②中小学校的建筑物内，当走道有高差变化应设置台阶时，台阶处应有天然采光或照明，踏步级数不得少于3级，并不得采用扇形踏步。当高差不足3级踏步时，应设置坡道。坡道的坡度不应大于1:8，不宜小于1:12。

6）楼梯：

①中小学校教学用房的楼梯梯段宽度应为人流股数的整数倍。梯段宽度不应小于1.20m，并应按0.60m的整倍数增加梯段宽度。每个梯段可增加不超过0.15m的摆幅宽度。

②中小学校楼梯每个梯段的踏步级数不应少于3级，且不应多于18级，并应符合下列规定：

A. 各类小学楼梯踏步的宽度不得小于0.26m，高度不得大于0.15m。

B. 各类中学楼梯踏步的宽度不得小于0.28m，高度不得大于0.16m。

C. 楼梯的坡度不得大于30°。

③疏散楼梯不得采用螺旋楼梯和扇形踏步。

④楼梯两梯段间楼梯井净宽不得大于0.11m，当大于0.11m时，应采取有效的安全防护措施。两梯段扶手间的水平净距宜为0.10~0.20m。

⑤中小学校的楼梯扶手的设置应符合下列规定：

A. 楼梯宽度为两股人流时，应至少在一侧设置扶手。

B. 楼梯宽度为3股人流时，两侧均应设置扶手。

C. 楼梯宽度为4股人流时，应加设中间扶手，中间扶手两侧的梯段宽度应为1.20m，并应按0.60m的整倍数增加梯段宽度。每个梯段可增加不超过0.15m的摆幅宽度。

D. 中小学校室内楼梯扶手高度不应低于0.90m，室外楼梯扶手高度不应低于1.10m；水平扶手高度不应低于 1.10m。

E. 中小学校的楼梯栏杆不得采用易于攀登的构造和花饰；杆件和花饰的镂空处净距不得大于 0.11m。

F. 中小学校的楼梯扶手上应加装防止学生溜滑的设施。

⑥除首层和顶层外，教学楼疏散楼梯在中间层的楼层平台与梯段接口处宜设置缓冲空间，缓冲空间的宽度不宜小于梯段宽度。

⑦中小学校的楼梯相邻梯段间不得设置遮挡视线的隔墙。

⑧教学用房的楼梯间应有天然采光和自然通风。

7）教室疏散：

①每间教室用房的疏散门均不应少于两个，疏散门的宽度应通过计算；同时，每樘疏散门的通行净宽度不应小于 0.90m。当教室处于袋形走道尽端教室内任何一点距教室门不超过 15m 时，且门的通行净宽度不小于 1.50m 时，可设 1 个门。

②普通教室及不同课程的专用教室对教室内桌椅间的疏散走道宽度要求不同，应按各教室的要求进行。

五、特殊房间的防火要求

1.《建筑设计防火规范》（GB 50016—2006）中规定：

（1）燃煤、燃油或燃气锅炉、油浸电力变压器、充有可燃油的高压电容器和多油开关等用房宜独立建造。当确有困难时可贴邻民用建筑布置，但应采用防火墙隔开，且不应贴邻人员密集场所。

（2）燃油或燃气锅炉、油浸电力变压器、充有可燃油的高压电容器和多油开关等用房受条件限制必须布置在民用建筑内时，不应布置在人员密集场所的上一层、下一层或贴邻，并应符合下列规定：

1）燃油和燃气锅炉房、变压器室应设置在首层或地下一层靠外墙部位，但常（负）压燃油、燃气锅炉可设置在地下二层，当常（负）压燃气锅炉距安全出口的距离大于 6.00m 时，可设置在屋顶上。

燃油锅炉应采用丙类液体作燃料。采用相对密度（与空气密度的比值）大于等于 0.75 的可燃气体为燃料的锅炉，不得设置在地下或半地下建筑（室）内。

2）锅炉房、变压器室的门均应直通室外或直通安全出口；外墙开口部位的上方应设置宽度不小于 1.00m 的不燃烧体防火挑檐或高度不小于 1.20m 的窗槛墙。

3）锅炉房、变压器室与其他部位之间应采用耐火极限不低于 2.00h 的不燃烧体隔墙和 1.50h 的不燃烧体楼板隔开。在隔墙和楼板上不应开设洞口，当必须在隔墙上开设门窗时，应设置甲级防火门窗。

4）当锅炉房内设置储油间时，其总储存量不应大于 $1m^3$，且储油间应采用防火墙与锅炉间隔开；当必须在防火墙上开门时，应设置甲级防火门。

5）变压器室之间、变压器室与配电室之间，应采用耐火极限不低于 2.00h 的不燃烧体墙隔开。

6）油浸电力变压器、多油开关室、高压电容器室，应设置防止油品流散的设施。油浸电力变压器下面应设置储存变压器全部油量的事故储油设施。

7）锅炉的容量应符合现行国家标准《锅炉房设计规范》（GB 50041—2008）中的有关规定。油浸电力变压器的总容量不应大于 1260kV·A，单台容量不应大于 630kV·A。

8）应设置火灾报警装置。

9）应设置与锅炉、油浸变压器容量和建筑规模相适应的灭火设施。

10）燃气锅炉房应设置防爆泄压设施，燃气、燃油锅炉房应设置独立的通风系统，并符合相关规范的规定。

（3）柴油发电机房布置在民用建筑内时应符合下列规定：

1）宜布置在建筑物的首层及地下一、二层。柴油发电机应采用丙类柴油为燃料。

2）应采用耐火极限不低于 2.00h 的不燃烧体隔墙和 1.50h 的不燃烧体楼板与其他部位隔开，门应采用甲级防火门。

3）机房内应设置储油间，其总储存量不应大于 8.00h 的需要量，且储油间应采用防火墙与发电机间隔开；当必须在防火墙上开门时，应设置甲级防火门。

4）应设置火灾报警装置。

5）应设置与柴油发电机容量和建筑规模相适应的灭火设施。

（4）设置在建筑物内的锅炉、柴油发电机，其进入建筑物内的燃料供给管道应符合下列规定：

1）应在进入建筑物前和设备间内，设置自动和手动切断阀。

2）储油间的油箱应密闭且应设置通向室外的通气管，通气管应设置带阻火器的呼吸阀。油箱的下部应设置防止油品流散的设施。

3）燃气供给管道的敷设应符合现行国家标准《城镇燃气设计规范》（GB 50028—2006）中的有关规定。

4）供锅炉及柴油发电机使用的丙类液体燃料储罐，其布置应符合相关规范的规定。

（5）经营、存放和使用甲、乙类物品的商店、作坊和储藏间，严禁设置在民用建筑内。

（6）住宅与其他功能空间处于同一建筑内时，应符合下列规定：

1）住宅部分与非住宅部分之间应采用不开设门窗洞口的耐火极限不低于 1.50h 的不燃烧体楼板和 2.00h 的不燃烧体隔墙与居住部分完全分隔，且居住部分的安全出口和疏散楼梯应独立设置。

2）其他功能场所和居住部分的安全疏散、消防设施等防火设计，应分别按照本规范中住宅建筑和公共建筑的有关规定执行，其中居住部分的层数确定应包括其他功能部分的层数。

2. 《高层民用建筑设计防火规范》（GB 50045—95）2005 年版中指出：

（1）在进行总平面设计时，应根据城市规划合理确定高层建筑的位置、防火间距、消防车道和消防水源等。

高层建筑不宜布置在火灾危险性为甲、乙类厂（库）房，甲、乙、丙类液体和可燃气体储罐以及可燃材料堆场附近。

注：厂房、库房的火灾危险性分类和甲、乙、丙类液体的划分，应按国家标准《建筑设计防火规范》（GB 50016—2006）的有关规定执行。

（2）燃油或燃气锅炉、油浸电力变压器、充有可燃油的高压电容器和多油开关等宜设置在高层建筑外的专用房间内。

当上述设备受条件限制需与高层建筑贴邻布置时，应设置在耐火等级不低于二级的建筑内，并应采用防火墙与高层建筑隔开，且不应贴邻人员密集场所。

1）燃油和燃气锅炉、变压器室应布置在建筑物的首层或地下一层靠外墙部位，但常（负）压燃油、燃气锅炉可设置在地下二层；当常（负）压燃油锅炉房距安全出口的距离大于 6.00m 时，可设置在屋顶上。

采用相对密度（与空气密度比值）大于或等于 0.75 的可燃气体为燃料的锅炉，不得设置在建筑物的地下室或半地下室内。

2）锅炉房、变压器室的门均应直通室外或直通安全出口；外墙上的门、窗等开口部位的上方应布置宽度不小于 1.00m 的不燃烧体防火挑檐或高度不小于 1.20m 的窗槛墙。

3）锅炉房、变压器室与其他部位之间应采用耐火极限不低于 2.00h 的不燃烧体隔墙和 1.50h 的楼板隔开。在隔墙和楼板上不应开设洞口，当必须在隔墙上开设门窗时应设置耐火极限不低于 1.20h 的防火门窗。

4）当锅炉房内设置储油间时，其总储油量不应大于 1.00m³，且储油间应采用防火墙与锅炉间隔开；当必须在防火墙上开门时，应设置甲级防火门。

5）变压器室之间、变压器室与配电室之间，应采用耐火极限不低于 2.00h 的不燃烧体墙隔开。

6）油浸电力变压器、多油开关室、高压电容器室，应设置防止油品流散的设施。油浸电力变压器下面应设置储存变压器全部油量的事故储油设施。

7）锅炉的容量应符合现行国家标准《锅炉房设计规范》（GB 50041—2008）的规定。油浸电力变压器的总容量不应大于 1260kV·A，单台容量不应大于 630kV·A。

8）应设置火灾报警装置和除卤代烷以外的自动灭火系统。

9）燃油、燃气锅炉房应设置防爆、泄压设施和独立的通风系统。采用燃气作燃料时，通风换气能力不小于 6 次/h，事故通风换气次数不小于 12 次/h；采用燃油作燃料时，通风换气能力不小于 3 次/h，事故通风换气次数不小于 6 次/h。

（3）柴油发电机房可布置在高层建筑裙房内时，应符合下列规定：

1）可布置在建筑物的首层或地下一、二层，不应布置在三层以下。柴油的闪点不应小于 55℃。

2）应采用耐火极限不低于 2.00h 的隔墙和 1.50h 的楼板与其他部位隔开，门应采用甲级防火门。

3）机房内应设置储油间，其总储存量不应超过 8.00h 的需要量，且储油间应采用防火墙与发电机间隔开；当必须在防火墙上开门时，应设置能自动关闭的甲级防火门。

4）应设置火灾自动报警系统和除卤代烷 1211、1301 以外的自动灭火系统。

（4）消防控制室宜设在高层建筑的首层或地下一层，且应采用耐火极限不低于 2.00h 的隔墙和 1.50h 的楼板与其他部位隔开，并应设直通室外的安全出口。

（5）高层建筑内观众厅、会议厅、多功能厅等人员密集场所，应设在首层或二、三层；当必须设在其他楼层时，除本规范另有规定外，尚应符合下列规定：

1）一个厅、室的建筑面积不宜超过 400m²。

2）一个厅、室的安全出口不应少于两个。

3）必须设置火灾自动报警系统和自动喷水灭火系统。

4）幕布和窗帘应采用经阻燃处理的织物。

（6）高层建筑内的歌舞厅、卡拉 OK 厅（含具有卡拉 OK 功能的餐厅）、夜总会、录像厅、放映厅、桑拿浴室（除洗浴部分）、游艺厅（含电子游艺厅）、网吧等歌舞娱乐放映游艺场所，应设置在首层或二、三层；宜靠外墙设置，不应布置在袋形走道的两侧及尽端，其最大容量人数按录像厅、放映厅为 1.00 人/m²，其他场所为 0.50 人/m² 计算，面积按厅室建筑面积计算；并应采用耐火极限不低于 2.00h 的隔墙和 1.00h 的楼板与其他场所隔开，当墙上必须开门时应设置不低于乙级的防火门。

当必须设置在其他楼层时，尚应符合下列规定：

1）不应布置在地下二层及二层以下，设置在地下一层时，地下一层地面与出入口地坪的高差不应大于 10m。

2）一个厅、室的建筑面积不应超过 200m²。

3）一个厅、室的出入口不应少于两个，当一个厅、室的建筑面积小于 50m² 时，可设置一个出口。

4）应设置火灾自动报警系统和自动喷水灭火系统。

5）应设置防烟、排烟设施。

6）疏散走道和其他主要疏散路线的地面或靠近地面的墙上，应设置发光疏散指示标志。

（7）地下商店应符合下列规定：

1）营业厅不宜设在地下三层以下。

2）不应经营和储存火灾危险性为甲、乙类储存物品属性的商品。

3）应设火灾自动报警系统和自动喷水灭火系统。

4）当商店总面积大于 20000m² 时，应采用防火墙进行分隔，且防火墙上不得开设门窗洞口。

5）应设防烟、排烟设施。

6）疏散走道和其他主要疏散路线的地面或靠近地面的墙上，应设置发光疏散指示标志。

（8）托儿所、幼儿园、游乐厅等儿童活动场所不应设置在高层建筑内，当必须设在高层建筑内时，应设置在建筑物的首层或二、三层，并应设置单独出入口。

（9）高层建筑的底边至少有一个长边或周边长度的1/4且不小于一个长边长度，不应布置高度大于5.00m、进深大于4.00m的裙房，且在此范围内必须设有直通室外的楼梯或直通楼梯间的出口。

（10）设在高层建筑内的汽车停车库，其设计应符合现行国家标准《汽车库、修车库、停车场设计防火规范》（GB 50067—97）的规定。

（11）高层建筑内使用可燃气体作燃料时，应采用管道供气，使用可燃气体的房间或部位宜靠外墙设置。

（12）高层建筑使用丙类液体作燃料时，应符合下列规定：

1）液体储罐总储量不应超过15m³，当直埋于高层建筑或裙房附近，面向油罐一面4.00m范围内的建筑物外墙为防火墙时，其防火间距可不限。

2）中间罐的容积不应大于1.00m³，并应设在耐火等级不低于二级的单独房间内，该房间的门应采用甲级防火门。

（13）当高层建筑采用瓶装液化石油气作燃料时，应设集中瓶装液化石油气间，并应符合下列规定：

1）液化石油气总储量不超过1.00m³的瓶装液化石油气间，可与裙房贴邻建造。

2）总储量超过1.00m³，而不超过3.00m³的瓶装液化石油气间，应独立建造，且与高层建筑和裙房的防火间距不应小于10m。

3）在总进气管道、总出气管道上应设有紧急事故自动切断阀。

4）应设有可燃气体浓度报警装置。

（14）设置在建筑物内的锅炉、柴油发电机，其燃料供给管道应符合下列规定：

1）应在进入建筑物前和设备间内设置自动和手动切断阀。

2）储油间的油箱应密闭，且应设置通向室外的通气管，通气管应设置带阻火器的呼吸阀。油箱的下部应设置防止油品流散的措施。

3）燃料供给管道的敷设应符合《城镇燃气设计规范》（GB 50028—2006）的规定。

3. 其他规范的规定

（1）《人民防空工程设计防火规范》（GB 50098—2009）中规定：

1）人防工程的总平面设计应根据人防工程建设规划、规模、用途等因素，合理确定其位置、防火间距、消防水源和消防车道等。

2）人防工程内不得使用和储存液化石油气、相对密度（与空气密度比值）大于或等于0.75的可燃气体和闪点小于60℃的液体燃料。

3）人防工程内不宜设置哺乳室、幼儿园、托儿所、幼儿园、游乐厅等儿童活动场所和残疾人员活动场所。

4）医院病房不应布置在地下二层及以下层，当设置在地下一层时，室内地面与室外出入口地坪高差不应大于10m。

5）歌舞厅、卡拉OK厅（含具有卡拉OK功能的餐厅）、夜总会、录像厅、放映厅、桑拿浴室（除洗浴部分外）、游艺厅（含电子游艺厅）、网吧等歌舞娱乐放映游艺场所，不应设置在地下二层及以下层；当设置在地下一层时，室内地面与室外出入口地坪高差不应大于10m。

6）地下商店应符合下列规定：

①不应经营和储存火灾危险性为甲、乙类储存物品属性的商品。

②营业厅不应设置在地下3层及以下。

③当总建筑面积大于20000m²时，应采用防火墙进行分隔，且防火墙上不得开设门、窗洞口，相邻区域确需局部连通时，应采取可靠的防火分隔措施，具体方式有：

A. 下沉式广场的室外开敞空间。

B. 防火隔间，该防火隔间的墙应为实体防火墙。

C. 避难走道。

D. 防烟楼梯间，该防烟楼梯间及前室的门应为火灾时能自动关闭的常开式甲级防火门。

7）下沉式广场应符合下列规定：

①不同防火分区通向下沉式广场安全出口最近边缘之间的水平距离不应小于13m，广场内疏散区域的净面积不应小于169m²。

②广场应设置不少于一个直通地坪的疏散楼梯，疏散楼梯的总宽度不应小于相邻最大防火分区通向下沉式广场计算疏散总宽度。

③当确需设置防风雨棚时，棚不得封闭，并应符合下列规定：

A. 四周敞开的面积应大于下沉式广场投影面积的25%，经计算大于40m²时，可取40m²。

B. 敞开的高度不得小于1m。

C. 当敞开部分采用防风雨百叶时，百叶的有效通风排烟面积可按百叶洞口面积的60%计算。

④下沉式广场的最小净面积的范围不得用于除疏散外的其他用途；其他面积的使用，不得影响人员的疏散。

注：疏散楼梯总宽度可包括疏散楼梯宽度和90%自动扶梯宽度。

8）设置防火隔间时，应符合下列规定：

①防火隔间与防火分区之间应设置常开式甲级防火门，并应在发生火灾时能自行关闭。

②不同防火分区开设在防火隔间墙上的防火门最近边缘之间的水平距离不应小于4m；该门不应计算在该防火分区安全出口的个数和总疏散宽度内。

③防火隔间装修材料燃烧性能等级应为A级，且不得用于除人员通行外的其他用途。

9）消防控制室应设置在地下一层，并应靠近直接通向地面的安全出口；消防控制室可设置在值班室、变配电室等房间内；当地面建筑设置消防控制室时，可与地面建筑消防控制室合用。隔墙、楼板、防火门均应符合相关规定。

10）柴油发电机房和燃油或燃气锅炉房的设置除应满足《建筑设计防火规范》（GB 50016—2006）的规定外，还应满足下列要求：

①防火分区的划分应与配套的水泵间、风机房、储油间划分为一个防火分区。

②柴油发电机房与电站控制室之间的密闭观察窗除应满足密闭要求外，还应达到甲级防火窗的性能。

③柴油发电机房与电站控制室之间的连接通道处，应设置一道具有甲级防火门耐火性能的门，并应常闭。

④储油间的设置应满足地面、门槛、防火门的要求。

11）燃气管道的敷设和燃气设备的使用还应符合《城镇燃气设计规范》（GB 50028—2006）的有关规定。

12）人防工程内不得设置油浸电力变压器和其他油浸电气设备。

13）当人防工程设置直通室外的安全出口的数量和位置受条件限制时，可设置避难走道。

14）设置在人防工程内的汽车库、修车库，其防火设计应执行《汽车库、修车库、停车场设计防火规范》（GB 50067—97）中的有关规定。

（2）《汽车库、修车库、停车场设计防火规范》（GB 50067—97）中规定：

1）车库不应布置在易燃、可燃液体或可燃气体的生产装置区和贮存区内。

2）汽车库不应与甲、乙类生产厂房、库房以及托儿所、幼儿园、养老院组合建造；当病房楼与汽车库有完全的防火分隔时，病房楼的地下可设置汽车库。

3）甲、乙类物品运输车的汽车库、修车库应为单层、独立建造。当停车数量不超过 3 辆时，可与一、二级耐火等级的Ⅳ类汽车库贴邻建造，但应采用防火墙隔开。

4）Ⅰ类修车库应单独建造；Ⅱ、Ⅲ、Ⅳ类修车库可设置在一、二级耐火等级的建筑物的首层或与其贴邻建造，但不得与甲、乙类生产厂房、库房、明火作业的车间或托儿所、幼儿园、养老院、病房楼及人员密集的公共活动场所组合或贴邻建造。

5）为车库服务的下列附属建筑，可与汽车库、修车库贴邻建造，但应采用防火墙隔开，并应设置直通室外的安全出口：

①贮存量不超过 1.0t 的甲类物品库房。

②总安装容量不超过 5.0m³/h 的乙炔发生器间和贮存量不超过 5 个标准钢瓶的乙炔气瓶库。

③一个车位的喷漆间。

④面积不超过 50m² 的充电间和其他甲类生产的房间。

6）地下汽车库内不应设置修理车位、喷漆间、充电间、乙炔间和甲、乙类物品贮存室。

7）汽车库和修车库内不应设置汽油罐、加油机。

8）停放易燃液体、液化石油气罐车的汽车库内，严禁设置地下室和地沟。

9）Ⅰ、Ⅱ类汽车库、停车场宜设置耐火等级不低于二级的消防器材间。

10）车库区内的加油站、甲类危险物品仓库、乙炔发生器间不应布置在架空电力线的下面。

六、木结构民用建筑防火的有关规定

（一）耐火极限

《建筑设计防火规范》（GB 50016—2006）中指出，木结构建筑构件的燃烧性能和耐火极限应满足表 7-38 的规定。

表 7-38　木结构建筑中构件的燃烧性能和耐火极限

构件名称	燃烧性能和耐火极限（h）
防火墙	不燃烧体 3.00
承重墙、住宅单元之间的墙、住宅分户墙、楼梯间和电梯井墙体	难燃烧体 1.00
非承重外墙、疏散走道两侧的隔墙	难燃烧体 1.00
房间隔墙	难燃烧体 0.50
多层承重柱	难燃烧体 1.00
单层承重柱	难燃烧体 1.00
梁	难燃烧体 1.00
楼板	难燃烧体 1.00
屋顶承重构件	难燃烧体 1.00
疏散楼梯	难燃烧体 0.50
室内吊顶	难燃烧体 0.25

注：1. 屋顶表层应采用不可燃材料。

2. 当同一座木结构建筑由不同高度组成，较低部分的屋顶承重构件必须是难燃烧体，耐火极限不应低于 1.00h。

（二）建筑层数、长度和面积

木结构建筑的层数、长度和面积应符合表 7-39 的规定。

表 7-39　木结构建筑的层数、长度和面积

层数	最大允许长度（m）	每层最大允许面积（m²）
1 层	100	1200
2 层	80	900
3 层	60	600

注：安装有自动喷水灭火系统的木结构建筑，每层楼最大允许长度、面积可按本表规定增加 1.0 倍，局部设置时，增加面积可按该局部面积的 1.0 倍计算。

（三）防火间距

1. 木结构建筑之间及其与其他耐火等级的民用建筑之间的防火间距不应小于表 7-40 的规定。

表 7-40　木结构建筑之间及其与其他耐火等级的民用建筑之间的防火间距　　　　　（m）

建筑耐火等级或类别	一、二级	三级	木结构建筑	四级
木结构建筑	8.0	9.0	10.0	11.0

注：防火间距应按相邻建筑外墙的最近距离计算，当外墙有凸出的可燃构件时，应从凸出部分的外缘算起。

2. 两座木结构建筑之间及其与相邻其他结构民用建筑之间的外墙均无任何门窗洞口时，其防火间距不应小于 4.00m。

3. 两座木结构建筑之间及其与其他耐火等级的民用建筑之间，外墙的门窗洞口面积之和不超过该外墙面积的 10% 时，其防火间距不应小于表 7-41 的规定。

表 7-41　外墙开口率小于 10% 时的防火间距　　　　　（m）

建筑耐火等级或类别	一、二、三级	木结构建筑	四级
木结构建筑	5.00	6.00	7.00

七、消防车道

1. 《建筑设计防火规范》（GB 50016—2006）中规定：

（1）街区内的道路应考虑消防车的通行，其道路中心线间的距离不宜大于 160.00m。当建筑物沿街道部分的长度大于 150.00m 或总长度大于 220.00m 时，应设置穿过建筑物的消防车道。当确有困难时，应设置环形消防车道。

（2）有封闭内院或天井的建筑物，当其短边长度大于 24.00m 时，宜设置进入内院或天井的消防车道。

（3）有封闭内院或天井的建筑物沿街时，应设置连通街道和内院的人行通道（可利用楼梯间），其间距不宜大于 80.00m。

（4）在穿过建筑物或进入建筑物内院的消防车道两侧，不应设置影响消防车通行或人员安全疏散的设施。

（5）超过 3000 个座位的体育馆、超过 2000 个座位的会堂和占地面积大于 3000m² 的展览馆等公共建筑，宜设置环形消防车道。

（6）工厂、仓库区内应设置消防车道。

占地面积大于 3000m² 的甲、乙、丙类厂房或占地面积大于 1500m² 的乙、丙类仓库，应设置环形消防车道，确有困难时，应沿建筑物的两个长边设置消防车道。

（7）可燃材料露天堆场区，液化石油气储罐区，甲、乙、丙类液体储罐区和可燃气体储罐区，应设置消防车道。消防车道的设置应符合下列规定：

1）储量大于表 7-42 规定的堆场、储罐区，宜设置环形消防车道。

表 7-42 堆场、储罐区的储量

名称	棉、麻、毛、化纤 （t）	稻草、麦秸、芦苇 （t）	木材 （m³）	甲、乙、丙类液体 储罐（m³）	液化石油气储罐 （m³）	可燃气体储罐 （m³）
储量	1000	5000	5000	1500	500	30000

2）占地面积大于 30000m² 的可燃材料堆场，应设置与环形消防车道相连的中间消防车道，消防车道的间距不宜大于 150m。液化石油气储罐区，甲、乙、丙类液体储罐区，可燃气体储罐区，区内的环形消防车道之间宜设置连通的消防车道。

3）消防车道与材料堆场堆垛的最小距离不应小于 5m。

4）中间消防车道与环形消防车道交接处应满足消防车转弯半径的要求。

注：相关资料表明，消防车道的转弯半径为：轻型消防车不应小于 9～10m；重型消防车不应小于 12m。

（8）供消防车取水的天然水源和消防水池应设置消防车道。

（9）消防车道的净宽度和净空高度均不应小于 4m。供消防车停留的空地，其坡度不宜大于 3%。消防车道与厂房（仓库）、民用建筑之间不应设置妨碍消防车作业的障碍物。

（10）环形消防车道至少应有两处与其他车道连通。尽头式消防车道应设置回车道或回车场，回车场的面积不应小于 12m×12m；供大型消防车使用时，不宜小于 18m×18m。消防车道路面、扑救作业场地及其下面的管道和暗沟等应能承受大型消防车的压力。消防车道可利用交通道路，但应满足消防车通行与停靠的要求。

（11）消防车道不宜与铁路正线平交。如必须平交，应设置备用车道，且两车道之间的间距不应小于一列火车的长度。

2.《高层民用建筑设计防火规范》（GB 50045—95）2005 年版中规定：

（1）高层建筑的周围，应设环形消防车道，当设环形车道有困难时，可沿高层建筑的两个长边设置消防车道，当高层建筑的沿街长度超过 150m 或总长度超过 220m 时，应在适中位置设置穿过建筑的消防车道。

有封闭内院或天井的高层建筑沿街时，应设置连通街道和内院的人行通道（可利用楼梯间），通道之间的距离不宜超过 80m。

（2）高层建筑的内院或天井，当其短边长度超过 24m 时，宜设有进入内院或天井的消防车道。

（3）供消防车取水的天然水源和消防水池，应设消防车道。

（4）消防车道的宽度不应小于 4m。消防车道距高层建筑外墙宜大于 5m，当消防车道上空遇有碍障物时，路面与障碍物之间的净空不应小于 4.00m。

（5）尽头式消防车道应设有回车道或回车场，回车场不宜小于 15m×15m，大型消防车的回车场不宜小于 18m×18m。消防车道下的管道和暗沟等，应能承受消防车辆的压力。

（6）穿过高层建筑的消防车道，其净宽和净空高度均不应小于 4m。

（7）消防车道与高层建筑之间，不应设置妨碍登高消防车操作的树木、架空管线等。

3.《汽车库、修车库、停车场设计防火规范》（GB 50067—97）中规定：

（1）汽车库、修车库周围应设环形车道，当设环形车道有困难时，可沿建筑物的一个长边和另一边设置消防车道，消防车道宜利用交通道路。

（2）消防车道的宽度不应小于 4m，尽头式消防车道应设回车道或回车场，回车场不宜小于 12m×12m。

（3）穿过车库的消防车道，其净空高度和净宽均不应小于 4m，当消防车道上空遇有障碍物时，路面与障碍物之间的净空不应小于 4m。

八、建筑防火构造

1. 《建筑设计防火规范》（GB 50016—2006）中指出：

（1）防火墙

1）防火墙应直接设置在建筑物的基础或钢筋混凝土框架、梁等承重结构上，轻质防火墙体可不受此限。

防火墙应从楼地面基层隔断至顶板底面基层。当屋顶承重结构和屋面板的耐火极限低于0.50h，高层厂房（仓库）屋面板的耐火极限低于1.00h时，防火墙应高出不燃烧体屋面0.40m以上，高出燃烧体或难燃烧体屋面0.50m以上。其他情况时，防火墙可不高出屋面，但应砌至屋面结构层的底面。

2）防火墙横截面中心线距天窗端面的水平距离小于4.00m，且天窗端面为燃烧体时，应采取防止火势蔓延的措施。

3）当建筑物的外墙为难燃烧体时，防火墙应凸出墙的外表面0.40m以上，且在防火墙两侧的外墙应为宽度不小于2.00m的不燃烧体，其耐火极限不应低于该外墙的耐火极限。

当建筑物的外墙为不燃烧体时，防火墙可不凸出墙的外表面。紧靠防火墙两侧的门、窗洞口之间最近边缘的水平距离不应小于2.00m；但装有固定窗扇或火灾时可自动关闭的乙级防火窗时，该距离可不限。

4）建筑物内的防火墙不宜设置在转角处。如设置在转角附近，内转角两侧墙上的门、窗洞口之间最近边缘的水平距离不应小于4.00m。

5）防火墙上不应开设门窗洞口，当必须开设时，应设置固定的或火灾时能自动关闭的甲级防火门窗。

可燃气体和甲、乙、丙类液体的管道严禁穿过防火墙。其他管道不宜穿过防火墙，当必须穿过时，应采用防火封堵材料将墙与管道之间的空隙紧密填实；当管道为难燃及可燃材质时，应在防火墙两侧的管道上采取防火措施。

防火墙内不应设置排气道。

6）防火墙的构造应使防火墙任意一侧的屋架、梁、楼板等受到火灾的影响而破坏时，不致使防火墙倒塌。

（2）建筑构件和管道井

1）剧院等建筑的舞台与观众厅之间的隔墙应采用耐火极限不低于3.00h的不燃烧体。

舞台上部与观众厅闷顶之间的隔墙可采用耐火极限不低于1.50h的不燃烧体，隔墙上的门应采用乙级防火门。

舞台下面的灯光操作室和可燃物储藏室应采用耐火极限不低于2.00h的不燃烧体墙与其他部位隔开。

电影放映室、卷片室应采用耐火极限不低于1.50h的不燃烧体隔墙与其他部分隔开。观察孔和放映孔应采取防火分隔措施。

2）医院中的洁净手术室或洁净手术部、附设在建筑中的歌舞娱乐放映游艺场所以及附设在居住建筑中的托儿所、幼儿园的儿童用房和儿童游乐厅等儿童活动场所、老年人建筑，应采用耐火极限不低于2.00h的不燃烧体墙和耐火极限不低于1.00h的楼板与其他场所或部位隔开，当墙上必须开门时应设置乙级防火门。

3）下列建筑或部位的隔墙应采用耐火极限不低于2.00h的不燃烧体，隔墙上的门窗应为乙级防火门窗：

①甲、乙类厂房和使用丙类液体的厂房。

②有明火和高温的厂房。

③剧院后台的辅助用房。

④一、二级耐火等级建筑的门厅。

⑤除住宅外，其他建筑内的厨房。

⑥甲、乙、丙类厂房或甲、乙、丙类仓库内布置有不同类别火灾危险性的房间。

4）建筑内的隔墙应从楼地面基层隔断至顶板底面基层。

住宅分户墙和单元之间的墙应砌至屋面板底部，屋面板的耐火极限不应低于0.50h。

5）附设在建筑物内的消防控制室、固定灭火系统的设备室、消防水泵房和通风空气调节机房等，应采用耐火极限不低于2.00h的隔墙和1.50h的楼板与其他部位隔开。设置在丁、戊类厂房中的通风机房应采用耐火极限不低于1.00h的隔墙和0.50h的楼板与其他部位隔开。隔墙上的门除《建筑设计防火规范》（GB 50016—2006）另有规定者外，均应采用乙级防火门。

6）冷库采用泡沫塑料、稻壳等可燃材料做墙体内的绝热层时，宜采用不燃烧绝热材料在每层楼板处做水平防火分隔。防火分隔部位的耐火极限应与楼板的相同。

冷库阁楼层和墙体的可燃绝热层宜采用不燃烧体墙分隔。

7）建筑幕墙的防火设计应符合下列规定：

①窗槛墙、窗间墙的填充材料应采用不燃材料。当外墙面采用耐火极限不低于1.00h的不燃烧体时，其墙内填充材料可采用难燃材料。

②无窗间墙和窗槛墙的幕墙，应在每层楼板外沿设置耐火极限不低于1.00h、高度不低于0.8m的不燃烧实体裙墙。

③幕墙与每层楼板、隔墙处的缝隙应采用防火封堵材料封堵。

8）建筑中受高温或火焰作用易变形的管道，在其贯穿楼板部位和穿越耐火极限不低于2.00h的墙体两侧宜采取阻火措施。

9）电梯井应独立设置，井内严禁敷设可燃气体和甲、乙、丙类液体管道，并不应敷设与电梯无关的电缆、电线等。电梯井的井壁除开设电梯门洞和通气孔洞外，不应开设其他洞口。电梯门不应采用栅栏门。

电缆井、管道井、排烟道、排气道、垃圾道等竖向管道井，应分别独立设置；其井壁应为耐火极限不低于1.00h的不燃烧体；井壁上的检查门应采用丙级防火门。

10）建筑内的电缆井、管道井应在每层楼板处采用不低于楼板耐火极限的不燃烧体或防火封堵材料封堵。

建筑内的电缆井、管道井与房间、走道等相连通的孔洞应采用防火封堵材料封堵。

11）位于墙、楼板两侧的防火阀、排烟防火阀之间的风管外壁应采取防火保护措施。

（3）屋顶、闷顶和建筑缝隙。

1）在三、四级耐火等级建筑的闷顶内采用锯末等可燃材料做绝热层时，其屋顶不应采用冷摊瓦。

闷顶内的非金属烟囱周围0.50m、金属烟囱0.70m范围内，应采用不燃材料做绝热层。

2）建筑层数超过2层的三级耐火等级建筑，当设置有闷顶时，应在每个防火隔断范围内设置老虎窗，且老虎窗的间距不宜大于50m。

3）闷顶内有可燃物的建筑，应在每个防火隔断范围内设置不小于0.70m×0.70m的闷顶入口，且公共建筑的每个防火隔断范围内的闷顶入口不宜少于两个。闷顶入口宜布置在走廊中靠近楼梯间的部位。

4）电线电缆、可燃气体和甲、乙、丙类液体的管道不宜穿过建筑内的变形缝；当必须穿过时，应在穿过处加设不燃材料制作的套管或采取其他防变形措施，并应采用防火封堵材料封堵。

5）防烟、排烟、采暖、通风和空气调节系统中的管道，在穿越隔墙、楼板及防火分区处的缝隙应采用防火封堵材料封堵。

（4）楼梯间、楼梯和门。

1）疏散用的楼梯间应符合下列规定：

①楼梯间应能天然采光和自然通风，并宜靠外墙设置。

②楼梯间内不应设置烧水间、可燃材料储藏室、垃圾道。

③楼梯间内不应有影响疏散的凸出物或其他障碍物。

④楼梯间内不应敷设甲、乙、丙类液体管道。

⑤公共建筑的楼梯间内不应敷设可燃气体管道。

⑥居住建筑的楼梯间内不应敷设可燃气体管道和设置可燃气体计量表。当住宅建筑必须设置时，应采用金属套管和设置切断气源的装置等保护措施。

2）封闭楼梯间除应符合疏散楼梯的有关规定外，尚应符合下列规定：

①当不能天然采光和自然通风时，应按防烟楼梯间的要求设置。

②楼梯间的首层可将走道和门厅等包括在楼梯间内，形成扩大的封闭楼梯间，但应采用乙级防火门等措施与其他走道和房间隔开。

③除楼梯间的门之外，楼梯间的内墙上不应开设其他门窗洞口。

④高层厂房（仓库）、人员密集的公共建筑、人员密集的多层丙类厂房设置封闭楼梯间时，通向楼梯间的门应采用乙级防火门，并应向疏散方向开启。

⑤其他建筑封闭楼梯间的门可采用双向弹簧门。

3）防烟楼梯间除应符合疏散楼梯的有关规定外，尚应符合下列规定：

①当不能天然采光和自然通风时，楼梯间应设置防烟或排烟设施和设置消防应急照明设施。

②在楼梯间入口处应设置防烟前室、开敞式阳台或凹廊等。防烟前室可与消防电梯间前室合用。

③前室的使用面积：公共建筑不应小于 6.00m^2，居住建筑不应小于 4.50m^2；合用前室的使用面积：公共建筑、高层厂房以及高层仓库不应小于 10.00m^2，居住建筑不应小于 6.00m^2。

④疏散走道通向前室以及前室通向楼梯间的门应采用乙级防火门。

⑤除楼梯间门和前室门外，防烟楼梯间及其前室的内墙上不应开设其他门窗洞口（住宅除外）。

⑥楼梯间的首层可将走道和门厅等包括在楼梯间前室内，形成扩大的防烟前室，但应采用乙级防火门等措施与其他走道和房间隔开。

4）建筑物中的疏散楼梯间在各层的平面位置不应改变。

地下室、半地下室的楼梯间，在首层应采用耐火极限不低于 2.00h 的不燃烧体隔墙与其他部位隔开并应直通室外，当必须在隔墙上开门时，应采用乙级防火门。

地下室、半地下室与地上层不应共用楼梯间，当必须共用楼梯间时，在首层应采用耐火极限不低于 2.00h 的不燃烧体隔墙和乙级防火门将地下、半地下部分与地上部分的连通部位完全隔开，并应有明显标志。

5）室外楼梯符合下列规定时可作为疏散楼梯：

①栏杆扶手的高度不应小于 1.10m，楼梯的净宽度不应小于 0.90m。

②倾斜角度不应大于45°。

③楼梯段和平台均应采取不燃材料制作。平台的耐火极限不应低于 1.00h，楼梯段的耐火极限不应低于 0.25h。

④通向室外楼梯的门宜采用乙级防火门，并应向室外开启。

⑤除疏散门外，楼梯周围 2.00m 内的墙面上不应设置门窗洞口。疏散门不应正对楼梯段。

6）用作丁、戊类厂房内第二安全出口的楼梯可采用金属梯，但其净宽度不应小于 0.90m，倾斜角度不应大于45°。

丁、戊类高层厂房，当每层工作平台人数不超过两人且各层工作平台上同时生产人数总和不超过10 人时，可采用敞开楼梯，或采用净宽度不小于 0.90m、倾斜角度小于等于60°的金属梯兼作疏散梯。

7）疏散用楼梯和疏散通道上的阶梯不宜采用螺旋楼梯和扇形踏步。当必须采用时，踏步上下两级所形成的平面角度不应大于10°，且每级离扶手250mm处的踏步深度不应小于220mm。

8）公共建筑的室内疏散楼梯两梯段扶手间的水平净距不宜小于150mm。

9）高度大于10.00m的三级耐火等级建筑应设置通至屋顶的室外消防梯。室外消防梯不应面对老虎窗，宽度不应小于0.60m，且宜从离地面3.00m高处设置。

10）消防电梯的设置应符合下列规定：

①消防电梯间应设置前室。前室的使用面积应符合防烟楼梯间的有关规定，前室的门应采用乙级防火门。

注：设置在仓库连廊、冷库穿堂或谷物筒仓工作塔内的消防电梯，可不设置前室。

②前室宜靠外墙设置，在首层应设置直通室外的安全出口或经过长度小于等于30.00m的通道通向室外。

③消防电梯井、机房与相邻电梯井、机房之间，应采用耐火极限不低于2.00h的不燃烧体隔墙隔开；当在隔墙上开门时，应设置甲级防火门。

④在首层的消防电梯井外壁上应设置供消防队员专用的操作按钮。消防电梯轿厢的内装修应采用不燃烧材料且其内部应设置专用消防对讲电话。

⑤消防电梯的井底应设置排水设施，排水井的容量不应小于2m³，排水泵的排水量不应小于10L/s。消防电梯间前室门口宜设置挡水设施。

⑥消防电梯的载重量不应小于800kg。

⑦消防电梯的行驶速度，应按从首层到顶层的运行时间不超过60s计算确定。

⑧消防电梯的动力与控制电缆、电线应采取防水措施。

11）建筑中的封闭楼梯间、防烟楼梯间、消防电梯间前室及合用前室，不应设置卷帘门。疏散走道在防火分区处应设置甲级常开防火门。

12）建筑中的疏散用门应符合下列规定：

①民用建筑和厂房的疏散用门应向疏散方向开启。除甲、乙类生产房间外，人数不超过60人的房间且每樘门的平均疏散人数不超过30人时，其门的开启方向不限。

②民用建筑及厂房的疏散用门应采用平开门，不应采用推拉门、卷帘门、吊门、转门。

③仓库的疏散用门应为向疏散方向开启的平开门，首层靠墙的外侧可设推拉门或卷帘门，但甲、乙类仓库不应采用推拉门或卷帘门。

④人员密集场所平时需要控制人员随意出入的疏散用门，或设有门禁系统的居住建筑外门，应保证火灾时不需使用钥匙等任何工具即能从内部易于打开，并应在显著位置设置标识和使用提示。

（5）防火门和防火卷帘。

1）防火门按其耐火极限可分为甲级、乙级和丙级防火门，其耐火极限分别不应低于1.20h、0.90h和0.60h。

2）防火门的设置应符合下列规定：

①应具有自闭功能。双扇防火门应具有按顺序关闭的功能。

②常开防火门应能在火灾时自行关闭，并应有信号反馈的功能。

③防火门内外两侧应能手动开启。

④设置在变形缝附近时，防火门开启后，其门扇不应跨越变形缝，并应设置在楼层较多的一侧。

3）防火分区间采用防火卷帘分隔时，应符合下列规定：

①防火卷帘的耐火极限不应低于3.00h。当防火卷帘的耐火极限符合现行国家标准《门和卷帘耐火试验方法》（GB 7633—87）有关背火面温升的判定条件时，可不设置自动喷水灭火系统保护；符合现行国家标准《门和卷帘耐火试验方法》（GB 7633—87）有关背火面辐射热的判定条件时，应设置自动喷水灭火系统保护。自动喷水灭火系统的设计应符合现行国家标准《自动喷水灭火系统设计规范》

（GB 50084—2001）的有关规定，但其火灾延续时间不应小于 3.00h。

②防火卷帘应具有防烟性能，与楼板、梁和墙、柱之间的空隙应采用防火封堵材料封堵。

（6）天桥、栈桥和管沟。

①天桥、跨越房屋的栈桥，供输送可燃气体和甲、乙、丙类液体及可燃材料的栈桥，均应采用不燃烧体。

②输送有火灾、爆炸危险物质的栈桥不应兼作疏散通道。

③封闭天桥、栈桥与建筑物连接处的门洞以及敷设甲、乙、丙类液体管道的封闭管沟（廊），均宜设置防止火势蔓延的保护设施。

④连接两座建筑物的天桥，当天桥采用不燃烧体且通向天桥的出口符合安全出口的设置要求时，该出口可作为建筑物的安全出口。

2.《高层民用建筑设计防火规范》（GB 50045—95）2005 年版中规定

（1）防火墙。

1）防火墙不宜设在 U 形、L 形等高层建筑的内转角处。当设在转角附近时，内转角两侧墙上的门、窗、洞口之间最近边缘的水平距离不应小于 4.00m，当相邻一侧装有固定乙级防火窗时，距离可不限。

2）紧靠防火墙两侧的门、窗、洞口之间最近边缘水平距离不应小于 2.00m；当水平距离小于 2.00m 时，应设固定乙级防火门、窗。

3）防火墙上不应开设门、窗、洞口，当必须开设时应设置能自行关闭的甲级防火门、窗。

4）输送可燃气体和甲、乙、丙类液体的管道，严禁过防火墙。其他管道不宜穿过防火墙，当必须穿过时，应采用不燃烧材料将其周围的空隙填塞密实。

穿过防火墙处的管道保温材料，应采用不燃烧材料。

（2）隔墙和楼板。

1）管道穿过隔墙、楼板时，应采用不燃烧材料将其周围的缝隙填塞密实。

2）高层建筑内的隔墙应砌至梁板底部，且不宜留缝隙。

3）设在高层建筑内的自动灭火系统的设备室，应采用耐火极限不低于 2.00h 的隔墙、1.50h 的楼板和甲级防火门与其他部位隔开。

4）地下室内存放可燃物的平均重量超过 30kg/m² 的房间隔墙，其耐火极限不应低于 2.00h，房间的门应采用甲级防火门。

（3）电梯井和管道井。

1）电梯井应独立设置，井内严禁敷设可燃气体和甲、乙、丙类液体管道，并不应敷设与电梯无关的电缆、电线等，电梯井井壁除开设电梯门洞和通气孔外，不应开设其他洞口，电梯门不应采用栅栏门。

2）电缆井、管道井、排烟道、排气道、垃圾道等竖向管道井，应分别独立设置；其井壁应为耐火极限不低于 1.00h 的不燃烧体；井壁的检查门应采用丙级防火门。

3）建筑高度不超过 100m 的高层建筑，其电缆井、管道井应每隔 2～3 层在楼板处用相当于楼板耐火极限的不燃烧体做防火分隔，建筑高度超过 100m 的高层建筑，应在每层楼板处用相当于楼板耐火极限的不燃烧体做防火分隔。

电缆井、管道井与房间、走道等相连通的孔洞，其空隙应采用不燃烧材料填塞密实。

4）垃圾道宜靠外墙设置，不应设在楼梯间内。垃圾道的排气口应直接开向室外，垃圾斗宜设在垃圾道前室内，该前室应采用丙级防火门，垃圾斗应采用不燃烧材料制作，并能自行关闭。

（4）防火门、防火窗和防火卷帘。

1）防火门、防火窗应划分为甲、乙、丙三级，其耐火极限：甲级应为 1.20h；乙级应为 0.90h；丙级应为 0.60h。

2）防火门应为向疏散方向开启的平开门，并在关闭后应能从任何一侧手动开启。

用于疏散走道、楼梯间和前室的防火门，应具有自行关闭的功能。双扇和多扇防火门，还应具有按顺序关闭的功能。

常开的防火门，当发生火灾时，应具有自行关闭和信号反馈的功能。

3）设在变形缝处附近的防火门，应设在楼层数较多的一侧，且门开启后不应跨越变形缝。

4）在设置防火墙确有困难的场所，可采用防火卷帘做防火分区分隔。当采用包括背火面温升做耐火极限判定条件的防火卷帘时，其耐火极限不应低于 3.00h；当采用不包括背火面温升做耐火极限判定条件的防火卷帘时，其卷帘两侧应设置独立的闭式自动喷水系统保护，系统喷水延续时间不应小于 3.00h。

5）设在疏散走道上的防火卷帘应在卷帘的两侧设置启闭装置，并应具有自动、手动和机械控制的功能。

（5）屋顶金属承重构件和变形缝。

1）屋顶采用金属承重结构时，其吊顶、望板（屋面板）、保温材料等均应采用不燃烧材料，屋顶金属承重构件应采用外包敷不燃烧材料或喷涂防火涂料等措施，并应符合规定的耐火极限，或设置自动喷水灭火系统。

2）高层建筑的中庭屋顶承重构件采用金属结构时，应采取外包敷不燃烧材料、喷涂防火涂料措施，其耐火极限不应小于 1.00h，或设置自动喷水灭火系统。

3）变形缝构造基层应采用不燃烧材料。

电缆、可燃气体管道和甲、乙、丙类液体管道，不应敷设在变形缝内。当其穿过变形缝时，应在穿过处加设不燃烧材料套管，并应采用不燃烧材料将套管空隙填塞密实。

3. 其他规范的要求

（1）《图书馆建筑设计规范》（JGJ 38—99）中指出：图书馆建筑的防火建筑构造应符合下列规定：

1）基本书库、非书资料库应用防火墙与其毗邻的建筑完全隔离，防火墙的耐火极限不应低于 3.00h。

2）书库、非书资料库、珍善本书库、特藏书库等防火墙上的防火门应为甲级防火门。

3）书库楼板不得任意开洞，提升设备的井道井壁（不含电梯）应为耐火极限不低于 2h 的不燃烧体，井壁上的传递洞口应安装防火闸门。

4）书库、非书资料库、藏阅合一的藏书空间，当内部设有上下层连通的工作楼梯或走廊时，应按上下连通层作为一个防火分区，当面积超过规定时，应设计成封闭楼梯间，并应采用乙级防火门。

（2）《住宅建筑规范》（GB 50368—2005）中指出：住宅建筑的防火构造应符合下列规定：

1）住宅建筑上下相邻套房开口部位间应设置高度不低于 0.80m 的窗槛墙或设置耐火极限不低于 1h 的不燃性实体挑檐，其挑出宽度不应小于 0.50m，长度不应小于开口宽度。

2）楼梯间窗口与套房最近边缘之间的水平间距不应小于 1.00m。

3）住宅建筑中竖井的设置应符合下列要求：

①电梯井应独立设置，井内严禁敷设燃气管道，并不应敷设与电梯无关的电缆、电线等。电梯井井壁除开设电梯门洞和通气孔洞外，不应开设其他洞口。

②电缆井、管道井、排烟道、排气管等竖井应分别独立设置，其井壁应采用耐火极限不低于 1h 的不燃性材料。

③电缆井、管道井应在每层楼板处采用不低于楼板耐火极限的不燃性材料或防火封堵材料封堵；电缆井、管道井与房间、走道等相连通的孔洞，其空隙应采用防火封堵材料封堵。

④电缆井和管道井设置在防烟楼梯间前室、合用前室时，其井壁上的检查门应采用丙级防火门。

4）当住宅建筑中的楼梯、电梯直通楼层下部的汽车库时，楼梯、电梯的汽车库出入口部位应采取防火分隔措施。

(3)《汽车库、修车库、停车场设计防火规范》（GB 50067—97）中规定

1）防火墙应直接砌在汽车库、修车库的基础或钢筋混凝土的框架上。防火隔墙可砌筑在不燃烧体地面或钢筋混凝土梁上，防火墙、防火隔墙均应砌至梁、板的底部。

2）当汽车库、修车库的屋盖为耐火极限不低于 0.50h 的不燃烧体时，防火墙、防火隔墙可砌至屋面基层的底部。

3）防火墙、防火隔墙应截断三级耐火等级的汽车库、修车库的屋顶结构，并应高出其不燃烧体屋面且不应小于 0.40m；高出燃烧体或难燃烧体屋面不应小于 0.50m。

4）防火墙不宜设在汽车库、修车库的内转角处。当设在转角处时，内转角处两侧墙上的门、窗、洞口之间的水平距离不应小于 4.00m。

防火墙两侧的门、窗、洞口之间的水平距离不应小于 2.00m。当防火墙两侧的采光窗装有耐火极限不低于 0.90h 的不燃烧体固定窗扇时，可不受距离的限制。

5）防火墙或防火隔墙上下应设置通风孔道，也不宜穿过其他管道（线）；当管道（线）穿过防火墙时，应采用不燃烧材料将孔洞周围的空隙紧密填塞。

6）防火墙或防火隔墙上不宜开设门、窗、洞口，当必须开设时，应设置甲级防火门、窗或耐火极限不低于 3.00h 的防火卷帘。

7）电梯井、管道井、电缆井和楼梯间应分开设置。管道井、电缆井的井壁应采用耐火极限不低于 1.00h 的不燃烧体。电梯井的井壁应采用耐火极限不低于 2.50h 的不燃烧体。

8）电缆井、管道井应每隔 2~3 层在楼板处采用相当于楼板耐火极限的不燃烧体做防火分隔，井壁上的检查门应采用丙级防火门。

9）除敞开式汽车库、斜楼板式汽车库以外的多层、高层、地下汽车库，汽车坡道两侧应用防火墙与停车区隔开，坡道的出入口应采用水幕、防火卷帘或设置甲级防火门等措施与停车区隔开。当汽车库和汽车坡道上均设有自动灭火系统时，可不受此限。

(4)《剧场建筑设计规范》（JGJ 57—2000）中指出：

1）甲等及乙等的大型、特大型剧场舞台台口应设防火幕。超过 800 个座位的特等、甲等剧场及高层民用建筑中的超过 800 个座位的剧场舞台台口宜设防火幕。

2）剧场主台通向各处洞口应设甲级防火门，或按规定设置水幕。

3）舞台与后台部分的隔墙及舞台下部台仓的周围墙体均应采用耐火极限不低于 2.50h 的不燃烧体。

4）舞台（包括主台、侧台、后舞台）内的天桥、渡桥码头、平台板、栅顶应采用不燃烧体，耐火极限不应小于 0.50h。

5）剧场变压器之高、低压配电室与舞台、侧台、后台相连时，必须设置面积不小于 6m² 的前室，并应设甲级防火门。

6）甲等及乙等的大型、特大型剧场应设消防控制室，位置宜靠近舞台，并应有对外的单独出入口，面积不宜小于 12m²。

7）观众厅吊顶内的吸声、隔热、保温材料应采用不燃材料。观众厅（包括乐池）的天棚、墙面、地面装修材料不应低于 A 级，当采用 B₁ 级装修材料时，应设置相应的消防措施（雨淋灭火系统）。

8）剧场检修马道应采用不燃烧材料。

9）观众厅及舞台内灯光控制室、面光桥及耳光室各界面构造均应采用不燃材料。

10）舞台上部屋顶或侧墙上应设置通风排烟设施。当舞台高度小于 12m 时，可采用自然排烟，排烟窗的净面积不应小于主台地面面积的 5%。排烟窗应避免因锈蚀或冰冻而无法开启。在设置自动开启装置的同时，应设置手动开启装置。当舞台高度等于或大于 12m 时，应设机械排烟装置。

11）舞台内严禁设置燃气加热装置，后台使用上述装置时，应采用耐火极限不低于 2.50h 的隔墙

和甲级防火门分隔，并不得靠近服装间、道具间。

12）剧场建筑与其他建筑毗连时，应形成独立的防火分区，应以防火墙隔开，并不得在墙上开设门洞口，当必须开设时，应采用甲级防火门。上下楼板的耐火极限不应低于1.50h。

13）机械舞台台板采用的材料不得低于B_1级。

14）舞台所有幕布均应采用B_1级材料。

（5）《电影院建筑设计规范》（JGJ 58—2008）中指出：

1）当电影院建在综合建筑内时，应形成独立的防火分区。

2）观众厅内座坐台阶结构应采用不燃材料。

3）观众厅、声闸和疏散通道内的顶棚材料应采用A级材料，墙面、地面材料不应低于B_1级。

4）观众厅吊顶内吸声、隔热、保温材料与检修马道应采用A级材料。

5）银幕架、扬声支架应采用不燃材料制作，银幕和所有幕帘材料不应低于B_1级。

6）放映机房应采用耐火极限不低于2.00h的隔墙和不低于1.50h的楼板与其他部位隔开。顶棚装修材料不应低于A级，墙面、地面材料不应低于B_1级。

7）电影院顶棚、墙面装饰采用的龙骨材料均应采用A级。

8）面积大于$100m^2$的地上观众厅和面积大于$50m^2$的地下观众厅应设置机械排烟设施。

9）放映机房应设火灾自动报警装置。

10）电影院内的吸烟室的室内装修顶棚应采用A级材料，地面、墙面应采用不低于B_1级材料，并应设有火灾自动报警装置和机械排风设施。

11）电影院通风和空气调节系统的送、回风总管及穿越防火分区的送、回风管在防火墙联测应设防火阀；风管、消声设备及保温材料应采用不燃烧材料。

12）室内消火栓宜设在门厅、休息厅、观众厅主要出入口和楼梯间附近以及放映机入口处等明显位置。布置消火栓时，应保证有两支水枪的充实水柱同时到达室内任何部位。

（6）《人民防空工程设计防火规范》（GB 50098—2009）中规定：

1）防火墙应直接设置在基础上或耐火极限不低于3.00h的承重构件上。

2）防火墙上不宜开设门、窗、洞口，当需要开设时，应设置能自行关闭的甲级防火门、窗。

3）电影院、礼堂的观众厅和舞台之间的墙，耐火极限不应低于2.50h。观众厅与舞台之间的舞台口应设置自动喷水系统；电影院放映室（卷片室）应采用耐火极限不低于1.00h隔墙与其他部位隔开。观察窗和放映孔应设置阻火闸门。

4）下列场所应采用耐火极限不低于2.00h的隔墙和1.50h的楼板与其他场所隔开，并应符合下列规定：

①消防控制室、消防水泵房、排烟机房、灭火剂储瓶室、变配电室、通风和空调机房、可燃物存放量平均值超过$30kg/m^2$火灾荷载密度的房间等，墙上应设常闭的甲级防火门。

②同一防火分区内厨房、食品加工等用火、用电、用气场所，墙上应设置不低于乙级的防火门，人员频繁出入的防火门应设置火灾时能自动关闭的常开式防火门。

③歌舞娱乐放映游艺场所，一个厅、室的建筑面积不应大于$200m^2$，隔墙上应设置不低于乙级的防火门。

5）人防工程的内部装修应执行《建筑内部装修设计防火规范》（GB 50222—95）2001年版的有关规定。

6）人防工程的耐火等级应为一级，其出入口地面建筑物的耐火等级不应低于二级。

7）规范允许使用的可燃气体和丙类液体管道，除可穿过柴油发电机房、柴油锅炉房的储油间与机房间的防火墙外，严禁穿过防火分区之间的防火墙；当其他管道需要穿过防火墙时，应采用防火封堵材料将管道周围的空隙紧密填塞。

8）通过防火墙或设置有防火门的隔墙处的管道和管线沟，应采用不燃材料将通过处的空隙紧密填塞。

9）变形缝的基层应采用不燃材料，表面层不应采用可燃或易燃材料。

10）防火门、防火窗应划分为甲、乙、丙三级。

11）防火门的设置应符合下列规定：

①位于防火分区分隔处安全出口的门应为甲级防火门；当使用功能上确实需要采用防火卷帘分隔时，应在其旁设置与相邻防火分区的疏散走道相通的甲级防火门。

②公共场所的疏散门应向疏散方向开启，并应在关闭后能从任何一侧手动开启。

③公共场所人员频繁出入的防火门，应采用能在火灾时自动关闭的常开式防火门；平时需要控制人员随意出入的防火门，应设置火灾时不需使用钥匙等任何工具即能从内部易于打开的常闭防火门，并应在明显部位设置标识和使用提示；其他部位的防火门，宜选用常闭式的防火门。

④用防护门、防护密闭门、密闭门代替甲级防火门时。其耐火性能应符合甲级防火门的要求，且不得用于平战结合的公共场所的安全出口处。

⑤常开的防火门应具有信号反馈的功能。

12）用防火墙划分防火分区有困难时，可采用防火卷帘分隔，并应符合下列规定：

①当防火分隔部位的宽度不大于 30m 时，防火卷帘的宽度不应大于 10m；当防火分隔部位的宽度大于 30m 时，防火卷帘的宽度不应大于防火分隔部位宽度的 1/3，且不应大于 20m。

②防火卷帘的耐火极限不应低于 3.00h。

③防火卷帘应具有防烟性能，与楼板、梁和墙、柱之间的空隙应采用防火封堵材料封堵。

④在火灾时能自动降落的防火卷帘，应具有信号反馈的功能。

第八部分 建筑内部装修防火设计

依据《建筑内部装修设计防火规范》（GB 50222—95）2001 年版和其他相关规范的规定，综合整理如下：

一、建筑内部装修的部位

建筑内部装修设计，在民用建筑中包括顶棚、墙面、地面、隔断的装修，以及固定家具、窗帘、帷幕、床罩、家具包布、固定饰物等。

注：1. 隔断系指不到顶的隔断。到顶的固定隔断装修应与墙面的规定相同。

2. 柱面的装修应与墙面的规定相同。

二、建筑内部装修材料的防火分类和分级

1. 装修材料按其使用部位和功能，可划分为顶棚装修材料、墙面装修材料、地面装修材料、隔断装修材料、固定家具、装饰织物及其他装饰材料七类。

注：1. 装饰织物系指窗帘、帷幕、床罩、家具包布等。

2. 其他装饰材料系指楼梯扶手、挂镜线、踢脚板、窗帘盒、暖气罩等。

2. 装修材料按其燃烧性能应分为四级，并应符合表 8-1 的规定。

表 8-1 装修材料燃烧性能等级

等级	装修材料燃烧性能
A	不燃性材料：如砖石、钢铁等
B_1	难燃性材料：如纸面石膏板、硬 PVC 塑料地面等
B_2	可燃性材料：如木地板、塑料壁纸等
B_3	易燃性材料：如布匹、纸张等

3. 可以提高等级的几种做法：

（1）安装在钢龙骨上的纸面石膏板，可作为 A 级装修材料使用。

（2）当胶合板表面涂覆一级饰面型防火材料时，可作为 B_1 级装修材料使用。

注：饰面型防火材料的等级应符合现行国家标准《防火涂料防火性能试验方法及分级标准》（GB 15442.1—1995）的有关规定。

（3）单位重量小于 $300g/m^2$ 的纸质、布质壁纸，当直接粘贴在 A 级基材上时，可作为 B_1 级装修材料使用。

（4）施涂于 A 级基材上的无机装饰涂料，可作为 A 级装修材料使用；施涂于 A 级基材上，湿涂覆比小于 $1.5kg/m^2$ 的有机装饰涂料，可作为 B_1 级装修使用。涂料施涂于 B_1、B_2 级基材上时，应将涂料连同基材一起确定其燃烧性能等级。

4. 当采用不同装修材料进行分层装修时，各层装修材料的燃烧性能等级均应符合规范的规定。复合型装修材料应由专业检测机构进行整体测试并划分其燃烧性能等级。

5. 常用建筑内部装修材料燃烧性能的等级划分，详见表 8-2。

189

表 8-2　常用建筑内部装修材料燃烧性能的等级划分

材料类别	级别	材料举例
各部位材料	A	花岗石、大理石、水磨石、混凝土制品、水泥制品、石膏板、石灰制品、黏土制品、玻璃、瓷砖、马赛克、钢铁、铝、铜合金等
顶棚材料	B$_1$	纸面石膏板、纤维石膏板、水泥刨花板、矿棉装饰吸声板、玻璃棉装饰吸声板、珍珠岩装饰吸声板、难燃胶合板、难燃中密度纤维板、岩棉装饰板、难燃木材、铝箔复合材料、难燃酚醛胶合板、铝箔玻璃钢复合材料等
墙面材料	B$_1$	纸面石膏板、纤维石膏板、水泥刨花板、矿棉板、玻璃棉板、珍珠岩板、难燃胶合板、难燃中密度纤维板、防火塑料装饰板、难燃双面刨花板、多彩涂料、难燃墙纸、难燃墙布、难燃仿花岗岩装饰板、氯氧镁水泥装配式墙板、难燃玻璃钢平板、PVC 塑料护墙板、轻质高强复合墙板、阻燃模压木质复合板材、彩色阻燃人造板、难燃玻璃钢等
	B$_2$	各类天然木材、木质人造板、竹材、纸制装饰板、装饰微薄木贴面板、印刷木纹人造板、塑料贴面装饰板、聚酯装饰板、复塑装饰板、塑纤板、无纺贴墙布、墙布、复合壁纸、天然材料壁纸、人造革等
地面材料	B$_1$	硬 PVC 塑料地板、水泥刨花板、水泥木丝板、氯丁橡胶地板等
	B$_2$	半硬质 PVC 塑料地板、PVC 卷材地板、木地板氯纶地毯等
装饰织物	B$_1$	经阻燃处理的各类难燃织物等
	B$_2$	纯毛装饰布、纯麻装饰布、经阻燃处理的其他织物等
其他装饰材料	B$_1$	聚氯乙烯塑料、酚醛塑料、聚碳酸酯塑料、聚四氟乙烯塑料、三聚氰胺、脲醛塑料、硅树脂塑料装饰型材、经阻燃处理的各种织物等。另见顶棚材料和墙面材料中的有关材料
	B$_2$	经阻燃处理的聚乙烯、聚丙烯、聚氨酯、聚苯乙烯、玻璃钢、化纤织物、木制品等

三、民用建筑装修防火设计的有关规定

（一）一般规定

1. 当顶棚或墙面表面局部采用多孔或泡沫状塑料时，其厚度不应大于 15mm，面积不得超过该房间顶棚或墙面积的 10%。

2. 除地下建筑外，无窗房间的内部装修材料的燃烧性能等级，除 A 级外，应在规范规定的基础上提高一级。

3. 图书室、资料室、档案室和存放文物的房间，其顶棚、墙面采用 A 级装修材料，地面应采用不低于 B$_1$ 级的装修材料。

4. 大中型电子计算机房、中央控制室、电话总机房等放置特殊贵重设备的房间，其顶棚和墙面应采用 A 级装修材料，地面及其他装修应使用不低于 B$_1$ 级的装修材料。

5. 消防水泵房、排烟机房、固定灭火系统钢瓶间、配电室、变压器室、通风和空调机房等，其内部所有装修均应采用 A 级装修材料。

6. 无自然采光楼梯间、封闭楼梯间、防烟楼梯间及其前室的顶棚、墙面和地面均应使用 A 级装修材料。

7. 建筑物内没有上下层相连通的中庭、走马廊、开敞楼梯、自动扶梯时，其连通部位的顶棚、墙面应采用 A 级装修材料，其他部位应采用不低于 B$_1$ 级的装修材料。

8. 防烟分区的挡烟垂壁，其装修材料应使用 A 级装修材料。

9. 建筑内部的变形缝（包括沉降缝、伸缩缝、抗震缝等）两侧的基层应采用 A 级材料，表面装修应采用不低于 B$_1$ 级的装修材料。

10. 建筑内部的配电箱不应直接安装在低于 B$_1$ 级的装修材料上。

11. 照明灯具的高温部位，当靠近非 A 级装修材料时，应采取隔热、散热等防火保护措施。灯饰所用材料的燃烧性能等级不应低于 B_1 级。

12. 公共建筑内部不宜设置采用 B_3 级装饰材料制成的壁挂、雕塑、模型、标本，当需要设置时，不应靠近火源或热源。

13. 地上建筑的水平疏散走道和安全出口的门厅，其顶棚装饰材料应采用 A 级装修材料，其他部位应采用不低于 B_1 级的装修材料。

14. 建筑内部消火栓的门不应被装饰物遮掩，消火栓门四周的装修材料颜色应与消火栓门的颜色有明显区别。

15. 建筑内部装修不应遮挡消防设施和疏散指示标志及出口，并且不应妨碍消防设施和疏散走道的正常使用。

16. 建筑物内的厨房，其顶棚、墙面、地面均应采用 A 级装修材料。

17. 经常使用明火器具的餐厅、科研试验室，装修材料的燃烧性能等级，除 A 级外，应在规范规定的基础上提高一级。

（二）单层、多层民用建筑的防火设计

1. 单层、多层民用建筑内部各部位装修材料的燃烧性能等级，不应低于表 8-3 的规定。

表 8-3 单层、多层民用建筑内部各部位装修材料的燃烧性能等级

建筑物及场所	建筑规模、性质	装修材料燃烧性能等级							
		顶棚	墙面	地面	隔断	固定家具	装饰织物		其他装饰材料
							窗帘	帷幕	
候机楼的候机大厅、商店、餐厅、贵宾候机室、售票厅等	建筑面积 > 10000 m^2 的候机楼	A	A	B_1	B_1	B_1	B_1	—	B_1
	建筑面积 ≤ 10000 m^2 的候机楼	A	B_1	B_1	B_1	B_2	B_2	—	B_2
汽车站、火车站、轮船客运站的候车（船）室、餐厅、商场等	建筑面积 > 10000 m^2 的车站、码头	A	A	B_1	B_1	B_2	B_2	—	B_1
	建筑面积 ≤ 10000 m^2 的车站、码头	B_1	B_1	B_1	B_1	B_2	B_2	—	B_2
影院、会堂、礼堂、剧院、音乐厅	> 800 座位	A	A	B_1	B_1	B_1	B_1	B_1	B_1
	≤ 800 座位	A	B_1	B_1	B_1	B_2	B_1	B_1	B_2
体育馆	> 3000 座位	A	A	B_1	B_1	B_1	B_1	B_1	B_2
	≤ 3000 座位	A	B_1	B_1	B_1	B_2	B_1	B_1	B_2
商场营业厅	每层建筑面积 > 3000 m^2 或总建筑面积 > 9000 m^2 的营业厅	A	B_1	A	A	B_1	B_1	—	B_2
	每层建筑面积 1000 ~ 3000 m^2 或总建筑面积为 3000 ~ 9000 m^2 的营业厅	A	B_1	B_1	B_1	B_2	B_1	—	—
	每层建筑面积 < 1000 m^2 或总建筑面积 < 3000 m^2 的营业厅	B_1	B_1	B_1	B_2	B_2	—	—	—

| 建筑物及场所 | 建筑规模、性质 | 装修材料燃烧性能等级 | | | | | 装饰织物 | | 其他装饰材料 |
		顶棚	墙面	地面	隔断	固定家具	窗帘	帷幕	
饭店、旅馆的客房及公共活动用房等	设有中央空调系统的饭店、旅馆	A	B₁	B₁	B₁	B₂	B₂	—	B₂
	其他饭店、旅馆	B₁	B₁	B₂	B₂	B₂	B₂	—	—
歌舞厅、餐馆等娱乐、餐饮建筑	营业面积>100m²	A	B₁	B₁	B₁	B₂	B₁	—	B₂
	营业面积≤100m²	A	B₁	B₁	B₂	B₂	B₂	—	B₂
幼儿园、托儿所、医院病房楼、疗养院、养老院		A	B₁	B₂	B₂	B₂	B₂	—	B₂
纪念馆、展览馆、博物馆、图书馆、档案馆、资料馆等	国家级、省级	A	B₁	B₁	B₂	B₂	B₂	—	B₂
	省级以下	B₁	B₁	B₂	B₂	B₂	B₂	—	B₂
办公楼、综合楼	设有中央空调系统的办公楼、综合楼	A	B₁	B₁	B₁	B₂	B₂	—	B₂
	其他办公楼、综合楼	B₁	B₁	B₂	B₂	B₂	—	—	—
住宅	高级住宅	B₁	B₁	B₁	B₁	B₁	B₂	—	B₂
	普通住宅	B₁	B₂	B₂	B₂	B₂	—	—	—

2. 单层、多层民用建筑内面积小于100m² 的房间，当采用防火墙和甲级防火门窗与其他部位分隔时，其装修材料的燃烧性能等级可在表8-3的基础上降低一级。

3. 当单层、多层民用建筑需做内部装修的空间内装有自动灭火系统时，除顶棚外，其内部装修材料的燃烧性能等级可在表8-3规定的基础上降低一级；当同时装有火灾自动报警装置和自动灭火系统时，其顶棚装修材料的燃烧性能等级可在表8-3规定的基础上降低一级，其他装修材料的燃烧性能等级可不限制。

（三）高层民用建筑的防火设计

1. 高层民用建筑内部各部位装修材料的燃烧性能等级，不应低于表8-4的规定。

表8-4　高层民用建筑内部各部位装修材料的燃烧性能等级

| 建筑物 | 建筑规模、性质 | 装修材料燃烧性能等级 | | | | | 装饰织物 | | | | 其他装饰材料 |
		顶棚	墙面	地面	隔断	固定家具	窗帘	帷幕	窗罩	家具包布	
高级旅馆	>800座位的观众厅、会议厅、顶层餐厅	A	B₁	B₁	B₁	B₁	B₁	B₁	—	B₁	B₁
	≤800座位的观众厅、会议厅	A	B₁	B₁	B₁	B₂	B₁	B₁	—	B₂	B₁
	其他部位	A	B₁	B₁	B₂	B₂	B₂	B₂	B₁	B₂	B₁
商业楼、展览楼、综合楼、商住楼、医院	一类建筑	A	B₁	B₁	B₂	B₂	B₁	B₁	—	B₁	B₁
	二类建筑	B₁	B₁	B₂	B₂	B₂	B₂	B₂	—	B₂	B₂

续表

建筑物	建筑规模、性质	装修材料燃烧性能等级									
		顶棚	墙面	地面	隔断	固定家具	装饰织物				其他装饰材料
							窗帘	帷幕	窗罩	家具包布	
电信楼、财贸金融楼、邮政楼、广播电视楼、电力调度楼、防灾指挥调度楼	一类建筑	A	A	B_1	B_1	B_1	B_1	B_1	—	B_2	B_1
	二类建筑	B_1	B_1	B_2	B_2	B_2	B_1	B_2	—	B_2	B_2
教学楼、办公楼、科研楼、档案楼、图书馆	一类建筑	A	B_1	B_1	B_1	B_2	B_1	B_1	—	B_1	B_1
	二类建筑	B_1	B_1	B_2	B_1	B_2	B_1	B_2	—	B_2	B_2
住宅、普通旅馆	一类普通旅馆、高级住宅	A	B_1	B_2	B_1	B_2	B_1	—	B_1	B_2	B_1
	二类普通旅馆、普通住宅	B_1	B_1	B_2	B_2	B_2	B_2	—	B_2	B_2	B_2

注：1. "顶层餐厅"包括设在高空的餐厅、观光厅等。

　　2. 建筑物的类别、规模、性质应符合国家现行标准《高层民用建筑设计防火规范》（GB 50045—95）2005 年版的有关规定。

2. 除 100m 以上的高层民用建筑及大于 800 座位的观众厅、会议厅、顶层餐厅外，当设有火灾自动报警装置和自动灭火系统时，除顶棚外，其内部装修材料的燃烧性能等级可在表 8-4 规定的基础上降低一级。

3. 电视塔等特殊高层建筑的内部装修，均应采用 A 级装修材料。

（四）地下民用建筑的防火设计

1. 地下民用建筑内部各部位装修材料的燃烧性能等级，不应低于表 8-5 的规定。

表 8-5　地下民用建筑内部各部位装修材料的燃烧性能等级

建筑物及场所	装修材料燃烧性能等级						
	顶棚	墙面	地面	隔断	固定家具	装饰织物	其他装饰材料
休息室、办公室和旅馆的客房及公共活动用房等	A	B_1	B_1	B_1	B_1	B_1	B_2
娱乐场所、旱冰场等舞厅、展览厅及医院的病房、医疗用房等	A	A	B_1	B_1	B_1	B_1	B_2
电影院的观众厅及商场的营业厅	A	A	A	B_1	B_1	B_1	B_2
停车库、人行通道、图书资料库、档案库	A	A	A	A	A	—	—

注：地下民用建筑系指单层、多层、高层民用建筑的地下部分，单独建造在地下的民用建筑以及平战结合的地下人防工程。

2. 地下民用建筑的疏散走道和安全出口的门厅，其顶棚、墙面和地面的装修材料应采用 A 级装修材料。

3. 单独建造的地下民用建筑的地上部分，其门厅、休息室、办公室等内部装修材料的燃烧性能等级可在表 8-5 的基础上降低一级要求。

4. 地下商场、地下展览厅的售货柜台、固定货架、展览台等。应采用 A 级装修材料。

四、其他建筑设计规范的规定

1. 《剧场建筑设计规范》（JGJ 57—2000）中规定

（1）剧场疏散通道内装饰材料：顶棚不应低于 A 级；墙面和地面不应低于 B_1 级，不得采用在燃烧时产生有害气体的材料。

（2）剧场疏散门的帷幕应采用 B_1 级材料。

（3）机械舞台台板采用的材料不得低于 B_1 级。

（4）剧场舞台所有幕布均应采用 B_1 级材料。

（5）剧场观众厅（包括乐池）的顶棚、墙面、地面装修材料不应低于 A 级，当采用 B_2 级装修材料时，应设置相应的消防措施（雨淋灭火系统）。

2. 《电影院建筑设计规范》（JGJ 58—2008）中规定

（1）电影院观众厅吊顶内吸声、隔热、保温材料与检修马道应采用 A 级材料。

（2）电影院放映室、吸烟室、观众厅、声闸和疏散通道的顶棚装修材料不应低于 A 级，墙面、地面材料不应低于 B_1 级。

（3）电影院顶棚、墙面装饰采用的龙骨材料均应采用 A 级。

第九部分　建筑构造规定

一、墙身

（一）墙身防潮

综合《民用建筑设计通则》（GB 50352—2005）等规范的规定：

1. 墙身材料应因地制宜，采用新型建筑墙体材料。

2. 外墙应根据地区气候和建筑要求，采取保温、隔热和防潮等措施。

3. 墙身防潮应符合下列要求：

（1）砌体墙应在室外地面以上，位于室内地面垫层处设置连续的水平防潮层；室内相邻地面有高差时，应在高差处墙身侧面加设防潮层（图9-1）。

（2）湿度大的房间的外墙或内墙内侧应设墙面防潮层。

（3）室内墙面有防水、防潮、防污、防碰等要求时，应按使用要求设置墙裙。

4. 建筑物外墙突出物，包括窗台、凸窗、阳台、空调机搁板、雨水管、通风管、装饰线等处宜采取防止攀登入室的措施。

5. 外墙应防止变形裂缝，在洞口、窗户等处采取加固措施。

6. 防潮层的位置一般设在室内地坪下 0.060m 处。

7. 防潮层的材料有防水卷材、防水砂浆和混凝土，地震区防潮层应以防水砂浆（1∶2.5 水泥砂浆内掺水泥重量的 3% ～ 5% 的防水剂）为主。

8. 当墙基为混凝土、钢筋混凝土或石砌体时，可以不设墙身防潮层。

9. 地震区防潮层应满足墙体抗震整体连接（防止上下脱节）的要求。

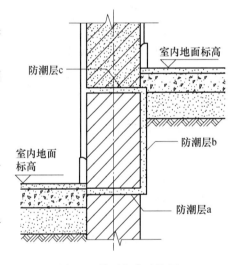

图 9-1　特殊部位防潮层

（二）散水

《建筑地面设计规范》（GB 50037—96）中指出：

1. 散水宽度

散水宽度应根据土壤性质、气候条件、建筑物高度和屋面排水形式确定，宜为 600～1000mm。当采用无组织排水时，散水的宽度可按檐口线放出 200～300mm。

2. 散水坡度

散水的坡度可为 3%～5%。当散水采用混凝土时，宜按 20～30m 间距设置伸缩缝。散水与外墙之间宜设缝，缝宽可为 20～30mm，缝内填沥青类材料。

3. 散水材料

散水材料主要有：水泥砂浆、混凝土、花岗石等。

4. 特殊位置的散水

当建筑物外墙周围有绿化要求时，可采用暗埋式混凝土散水。暗埋式混凝土散水的构造见图9-2。

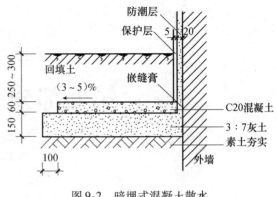

图9-2　暗埋式混凝土散水

（三）踢脚

踢脚是外墙内侧或内墙的两侧与室内地坪交接处的构造，作用是防止扫地、拖地时污染墙面。踢脚的高度一般在80～150mm之间。材料一般应与地面材料一致。常用的材料有水泥砂浆、水磨石、木材、石材、釉面砖、涂料、塑料等。

（四）墙裙

1. 《民用建筑设计通则》（GB 50352—2005）中指出

室内墙面有防水、防潮、防污、防碰等要求时，应按使用要求设置墙裙。一般房间墙裙高度为1.20m左右，至少应与窗台持平。潮湿房间墙裙高度应不小于1.80m，甚至将整个墙面全部装修。

2. 《中小学校设计规范》（GB 50099—2011）中指出

教学用房及学生公共活动区的墙面宜设置墙裙，墙裙的高度应符合下列规定：

（1）各类小学的墙裙高度不宜低于1.20m。

（2）各类中学的墙裙高度不宜低于1.40m。

（3）舞蹈教室、风雨操场的墙裙高度不宜低于2.10m。

（4）学校浴室的墙裙高度不应低于2.10m。

（5）学校厨房和配餐室的墙面应设墙裙，墙裙高度不应低于2.10m。

（五）窗台

1. 基本规定

综合《民用建筑设计通则》（GB 50352—2005）等规范的规定如下：

（1）窗台高度不应低于0.80m（住宅建筑为0.90m）。

（2）低于规定窗台高度的低窗台，应采用护栏或在窗台下部设置相当于护栏高度固定窗作为防护措施。固定窗应采用厚度大于6.38mm的夹层玻璃。玻璃窗边框的嵌固必须有足够的强度，以满足冲撞要求。

（3）低窗台防护措施的高度不应低于0.80m（住宅建筑为0.90m）。

（4）窗台的防护高度应满足下列要求：

1）窗台高度低于0.45m时，护栏或固定扇的高度从窗台算起。

2）窗台高度高于0.45m时，护栏或固定扇的高度可从地面算起；但护栏下部0.45m高度范围内不得设置水平或任何可踏部位。如有可踏部位应从可踏面起算。

3）当室内外高差不大于0.60m时，首层的低窗台可不加防护措施。

（5）凸窗的低窗台防护高度应按下列要求处理：

1）凡凸窗范围内设有宽窗台可供人坐或放置花盆时，护栏或固定窗的护栏高度一律从窗台面算起。

2）当凸窗范围内无宽窗台且护栏紧贴凸窗内墙面设置时，可按低窗台的要求执行。

（6）外窗台应低于内窗台面。

2.《建筑抗震设计规范》（GB 50011—2010）中指出

多层砌体房屋底层和顶层的窗台标高处，宜设置沿纵横墙通长的水平现浇钢筋混凝土带；其截面高度不应小于 60mm，宽度不应小于墙厚。配筋带中的纵向配筋不应少于 2ϕ10，横向分布筋的直径不应小于ϕ6，且其间距不应大于 200mm。

3.《蒸压加气混凝土建筑应用技术规程》（JGJ/T 17—2008）中规定

在房屋的底层和顶层的窗口标高处，应沿纵横墙设置通长的水平配筋带三皮，每皮 3ϕ4；或采用 60mm 厚的钢筋混凝土配筋带，配 2ϕ10 纵筋和ϕ6 的分布筋，用 C20 混凝土浇筑。

4.《中小学校设计规范》（GB 50099—2011）中指出

临空窗台的高度不应低于 0.90m。

（六）过梁

过梁的通常做法有预制钢筋混凝土小过梁、现浇钢筋混凝土带和钢筋砖过梁等。

1.《建筑抗震设计规范》（GB 50011—2010）中指出

门窗洞口处不应采用砖过梁；过梁的支承长度，裂度 6～8 度时不应小于 240mm，9 度时不应小于 360mm。

2.《砌体结构设计规范》（GB 50003—2001）中指出

钢筋砖过梁的具体做法是：在门窗洞口的上方先支模板，模板上放直径不小于 5mm 的钢筋，间距不大于 120mm，钢筋伸入两侧墙体的长度每侧不少于 240mm，砂浆层的厚度不应少于 30mm，允许跨度为 1.50m。

（七）凸窗

1.《民用建筑设计通则》（GB 50352—2005）中指出

在有人行道的上空 2.50m 以上允许设置凸窗，突出的深度不应大于 0.50m。

2.《严寒和寒冷地区居住建筑节能设计标准》（JGJ 26—2010）中规定

严寒和寒冷地区的居住建筑不宜设置凸窗。严寒地区除南向外不应设置凸窗。寒冷地区北向的卧室、起居室不得设置凸窗。

当设置凸窗时，凸窗突出（从外墙面至凸窗外表面）不应大于 400mm。凸窗的传热系数限值应比普通窗降低 15%，且其不透明的顶部、底部、侧面的传热系数应小于或等于外墙的传热系数。当计算窗墙面积比时，凸窗的窗面积和凸窗所占的墙面积应按窗洞口面积计算。

（八）烟道、通风道

《民用建筑设计通则》（GB 50352—2005）中指出：烟道、通风道应独立设置，不得与管道井、垃圾道使用同一管道系统，并应采用非燃烧材料制作。

烟道、通风道应采用非燃烧材料制作：

1. 烟道和通风道的断面、形状、尺寸和内壁应有利于排烟（气）通畅，防止产生阻滞、涡流、窜烟、漏气和倒灌现象。

2. 烟道和通风道应伸出屋面，伸出高度应有利于烟气扩散，并根据屋面形式、排出口周围遮挡物的高度、距离和积雪深度确定。

（1）平屋面伸出高度不得小于 0.60m，且不得低于女儿墙的高度。

（2）坡屋面伸出高度应符合下列规定：

1）烟道和通风道中心线距屋脊小于 1.50m 时，应高出屋脊 0.60m。

2）烟道和通风道中心线距屋脊小于 1.50～3.00m 时，应高于屋脊，且伸出屋面高度不得小于 0.60m。

3）烟道和通风道中心线距屋脊大于 3.00m 时，其顶部同屋脊的连线同水平线之间的夹角不应大于 10°，且伸出屋面高度不得小于 0.60m。

烟囱出口距屋面高度的规定见图9-3。

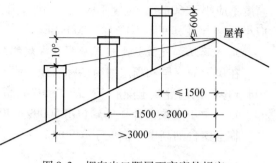

图9-3　烟囱出口距屋面高度的规定

（九）垃圾道及垃圾间

《民用建筑设计通则》（GB 50352—2005）中规定：垃圾道应独立设置，不得与管道井、通风道、烟道使用同一管道系统，并应采用非燃烧材料制作。

1. 民用建筑不宜设置垃圾道。多层建筑不设垃圾道时，应根据垃圾收集方式设置相应措施。中高层和高层建筑不设垃圾道时，每层应设置封闭的垃圾分类、贮存收集空间，并宜有冲洗排污设施。

2. 如设置垃圾道时，应符合下列规定：

（1）垃圾管道宜靠外墙布置，管道主体应伸出屋面，伸出屋面部分应加设顶盖和网栅，并采用防倒灌措施。

（2）垃圾出口应有卫生隔离，底部存纳和出运垃圾的方式应与城市垃圾管理方式相适应。

（3）垃圾道内壁应光滑、无突出物。

（4）垃圾斗应采用不燃烧和耐腐蚀的材料制作，并能自行关闭；高层建筑、超高层建筑的垃圾斗应设在垃圾道前室内，该前室应采用丙级防火门。

（十）管道井

1. 《民用建筑设计通则》（GB 50352—2005）中指出

管道井应独立设置，不得与垃圾道、通风道、烟道使用同一管道系统，并应采用非燃烧材料制作。

（1）管道井的断面尺寸应满足管道安装、检修所需空间的要求。

（2）管道井宜在每层靠公共走道的一侧设检修门（应采用丙级防火门，门槛高度不应小于100mm）或可拆卸的壁板。

（3）在安全、防火和卫生方面互有影响的管道不应敷设在同一竖井内。

（4）管道井壁、检修门及管道井开洞部分等应符合防火规范的有关规定。

2. 其他技术规定指出

（1）电缆井、管道井等竖向管道井应独立布置，其井壁应采用耐火极限不小于1h的不燃体材料。《高层民用建筑设计防火规范》（GB 50045—95）2005年版中指出：高度不超过100m的高层建筑的电缆井、管道井，每隔2~3层在楼板处用相当于楼板耐火极限的不燃烧体材料做防火分隔；高度超过100m的高层建筑的电缆井、管道井，应在每层楼板处用相当于楼板耐火极限的不燃烧体材料做防火分隔；电缆井、管道井与房间、走道等连通的孔洞，其空隙应采用不燃烧体材料填塞密实。

（2）尽可能在每层公共走道一侧设检修门或可拆卸的壁板，检修门应采用丙级防火门，门下应设不小于0.10m高的门槛。在安全、防火和卫生方面互有影响的管道不应敷设在同一竖井内，如一般管道井和电缆井要分别设置。

（3）带有检修门的管道井不宜设在疏散楼梯间内。

（4）公共功能的管道，包括采暖供回水总立管、给水总立管、消防立管和电气立管等，不宜布置在住宅套内。公共功能管道的阀门和需经常操作的部位，应设在公共部位。

（十一）室内管沟

1. 室内地下管沟宜沿外墙设置，并应在外墙勒脚处设置有铁箅子的通风孔。通风孔的位置宜在地沟端部。长管沟中间可适当增加通风孔，间距一般在15m左右。通风孔下皮距散水面不应小于0.15m。

2. 应在室内地面上设置人员检修孔。为便于使用，检修孔一般设在管线转折处或管线接口处，其间距不宜超过 30m。应尽量避免将检修孔设在交通要道及地面有可能浸水的地方（无法避免时可采用密闭防水型检修孔），检修孔不应设在私密性高及财务或有保密要求等不便进入的房间内。

3. 当地沟通过厕浴室及其他有水的房间时，应注意管沟盖板的标高，保证室内地面排水要求及防水层、混凝土垫层的连续性。

（十二）外墙防水

《建筑外墙防水工程技术规程》（JGJ/T 235—2011）中规定：

1. 建筑外墙防水应达到的基本要求

建筑外墙防水应具有阻止雨水、雪水侵入墙体的基本功能，并应具有抗冻融、耐高低温、承受风荷载等性能。

2. 建筑外墙防水的设置原则

（1）整体防水。

在正常使用和合理维护的前提下，下列情况之一的建筑外墙，宜进行墙面整体防水。

1）年降雨量大于或等于 800mm 地区的高层建筑。

2）年降雨量大于或等于 600mm 且基本风压大于或等于 0.50kN/m² 地区的外墙。

3）年降雨量大于或等于 400mm 且基本风压大于或等于 0.40kN/m² 地区有外保温的外墙。

4）年降雨量大于或等于 500mm 且基本风压大于或等于 0.35kN/m² 地区有外保温的外墙。

5）年降雨量大于或等于 600mm 且基本风压大于或等于 0.30kN/m² 地区有外保温的外墙。

（2）节点防水。

除上述 5 种情况以外，年降雨量大于或等于 400mm 地区的其他建筑外墙应采用节点构造防水措施。

（3）全国直辖市和省会城市的基本风压和降雨量数值（表 9-1）。

表 9-1 全国直辖市和省会城市的基本风压（kN/m²）和降雨量（mm）数值

省市名	城市名	基本风压	年降雨量	省市名	城市名	基本风压	年降雨量
北京	北京市	0.45	571.90	福建	福州市	0.70	1339.60
天津	天津市	0.50	544.30	陕西	西安市	0.35	553.30
上海	上海市	0.55	1184.40	甘肃	兰州市	0.30	311.70
重庆	重庆市	0.40	1118.50	宁夏	银川市	0.65	186.30
河北	石家庄市	0.35	517.00	青海	西宁市	0.35	373.60
山西	太原市	0.40	431.20	新疆	乌鲁木齐市	0.60	286.30
内蒙古	呼和浩特市	0.55	397.90	河南	郑州市	0.45	632.40
辽宁	沈阳市	0.55	690.30	广东	广州市	0.50	1736.70
吉林	长春市	0.65	570.40	广西	南宁市	0.35	1309.70
黑龙江	哈尔滨市	0.55	524.30	海南	海口市	0.75	1651.90
山东	济南市	0.45	672.70	四川	成都市	0.30	870.10
江苏	南京市	0.40	1062.40	贵州	贵阳市	0.30	1117.70
浙江	杭州市	0.45	1454.60	云南	昆明市	0.30	1011.30
安徽	合肥市	0.35	995.30	西藏	拉萨市	0.30	426.40
江西	南昌市	0.45	1624.20	台湾	台北市	0.70	2363.70
湖北	武汉市	0.35	1269.00	香港	香港	0.90	2224.70
湖南	长沙市	0.35	1331.30	澳门	澳门	0.85	1998.70

注：基本风压（kN/m²）按 50 年计算。

（4）建筑外墙节点构造防水设计的内容。

1）建筑外墙节点构造防水设计应包括门窗洞口、雨篷、阳台、变形缝、伸出外墙管道、女儿墙压顶、外墙预埋件、预制构件等交接部位的防水设防。

2）建筑外墙的防水层应设置在迎水面。

3）不同材料的交接处应采用每边不少于150mm的耐碱玻纤网格布或热镀锌电焊网做抗裂增强处理。

（5）整体防水层的设计。

1）无外保温外墙。

①采用涂料饰面时，防水层应设在找平层与涂料饰面层之间，防水层宜采用聚合物水泥防水砂浆或普通防水砂浆。

②采用块材饰面时，防水层应设在找平层与块材粘结层之间，防水层宜采用聚合物水泥防水砂浆或普通防水砂浆。

③采用幕墙饰面时，防水层应设在找平层与幕墙饰面之间，防水层宜采用聚合物水泥防水砂浆、普通防水砂浆、聚合物水泥防水涂料、聚合物乳液防水涂料或聚氨酯防水涂料。

2）外保温外墙。

①采用涂料或块材饰面时，防水层宜设在保温层与墙体基层之间，防水层可采用聚合物水泥防水砂浆或普通防水砂浆。

②采用幕墙饰面时，设在找平层上的防水层宜采用聚合物水泥防水砂浆、普通防水砂浆、聚合物水泥防水涂料、聚合物乳液防水涂料或聚氨酯防水涂料；当外墙保温层选用矿物棉保温材料时，防水层宜采用防水透气膜。

3）砂浆防水层中可增设耐碱玻纤网格布或热镀锌电焊网增强，并宜用锚栓固定于结构墙体中。

4）防水层的最小厚度应符合表9-2的规定：

表9-2　防水层的最小厚度　　　　　　　　　　　　　　（mm）

墙体基层种类	饰面层种类	聚合物水泥防水砂浆		普通防水砂浆	防水涂料
		干粉类	乳液类		
现浇混凝土	涂料				1.0
	面砖	3	5	8	—
	幕墙				1.0
砌体	涂料				1.2
	面砖	5	8	10	—
	干挂幕墙				1.2

5）砂浆防水层宜留分格缝，分格缝宜设置在墙体结构不同材料交界处。水平分格缝宜与窗口上沿或下沿平齐；垂直分格缝间距不宜大于6m，且宜与门、窗框两边线对齐。分格缝宽宜为8~10mm，缝内应采用密封材料做密封处理。

6）外墙防水层应与地下墙体防水层搭接。

（6）节点构造的防水设计。

1）门窗框与墙体间的缝隙宜采用聚合物水泥砂浆或发泡聚氨酯填充；外墙防水层应延伸至门窗框，防水层与门窗框间应预留凹槽，并应嵌填密封材料；门窗上楣的外口应做滴水线；外窗台应设置不小于5%的外排水坡度。

2）雨篷应设置不小于1%的外排水坡度，外口下沿应做滴水线；雨篷与外墙交接处的防水层应连续；雨篷防水层应沿外口下翻至滴水线。

3）阳台应向水落口设置不小于1%的排水坡度，水落口周边应留槽嵌填密封材料。阳台外口下沿应做滴水线。

4）变形缝部位应增设合成高分子防水卷材附加层，卷材两端应满粘于墙体，满粘的宽度不应小于150mm，并应钉压固定；卷材收头应用密封材料密封。

5）穿过外墙的管道宜采用套管，套管应内高外低，坡度不应小于5%，套管周边应做防水密封处理。

6）女儿墙压顶宜采用现浇钢筋混凝土或金属压顶，压顶应向内找坡，坡度不应小于2%。当采用混凝土压顶时，外墙防水层应延伸至压顶内侧的滴水线部位；当采用金属压顶时，外墙防水层应做到压顶的顶部，金属压顶应采用专用金属配件固定。

7）外墙预埋件四周应用密封材料封闭严密，密封材料与防水层应连续。

（十三）变形缝

1. 《民用建筑设计通则》（GB 50352—2005）中规定变形缝设置的要求

（1）变形缝应按设缝的性质（伸缩、沉降、防震）和条件设计，使其在产生位移或变形时不受阻，不被破坏，并不破坏建筑物。

（2）变形缝的构造和材料应根据其部位需要分别采取防排水、防火、保温、防老化、防腐蚀、防虫害和防脱落等措施。

（3）建筑中的变形缝有通常有三种，即伸缩缝、沉降缝和防震缝。在抗震设防地区的上述缝隙一般应按照防震缝的要求处理。

2. 伸缩缝

（1）伸缩缝的设置原则是以建筑的长度为依据，设置在因温度和收缩变形可能引起应力集中、砌体产生裂缝可能性最大的地方。伸缩缝的特点是只在 ±0.000 以上的部位断开，基础不断开。缝宽一般为 20～30mm。

（2）《砌体结构设计规范》（GB 50003—2011）中规定的砌体房屋伸缩缝的最大间距详见表 9-3。

表 9-3　砌体房屋伸缩缝的最大间距　　　　　　　　　　　　　（m）

屋盖或楼盖类别		间距
整体式或装配整体式钢筋混凝土结构	有保温层或隔热层的屋盖、楼盖	50
	无保温层或隔热层的屋盖	40
装配式无檩体系钢筋混凝土结构	有保温层或隔热层的屋盖、楼盖	60
	无保温层或隔热层的屋盖	50
装配式有檩体系钢筋混凝土结构	有保温层或隔热层的屋盖	75
	无保温层或隔热层的屋盖	60
瓦材屋盖、木屋盖或楼盖、轻钢楼盖		100

注：1. 对烧结普通砖、烧结多孔砖、配筋砌块砌体房屋，取表中数值；对石砌体、蒸压灰砂普通砖、蒸压粉煤灰普通砖、混凝土砌块、混凝土普通砖和混凝土多孔砖房屋，取表中数值乘以 0.8 的系数，当墙体有可靠外保温措施时，其间距可取表中数值。

2. 在钢筋混凝土屋面上挂瓦的屋盖应按钢筋混凝土屋盖采用。

3. 层高大于 5m 的烧结普通砖、烧结多孔砖、配筋砌块砌体结构单层房屋，其伸缩缝间距可按表中数据乘以 1.3。

4. 温差较大且变形频繁地区和严寒地区不采暖的房屋及构筑物墙体的伸缩缝的最大间距，应按表中数值予以适当减小。

5. 墙体的伸缩缝应与结构的其他变形缝重合，缝宽度应满足各种变形缝的变形要求；在进行立面处理时，必须保证缝隙的变形作用。

（3）《混凝土结构设计规范》（GB 50010—2010）中规定的钢筋混凝土结构伸缩缝的最大间距详见表 9-4。

表 9-4　钢筋混凝土结构伸缩缝的最大间距 （m）

结构类别		室内或土中	露天
排架结构	装配式	100	70
框架结构	装配式	75	50
	现浇式	55	35
剪力墙结构	装配式	65	40
	现浇式	45	30
挡土墙、地下室墙壁等类结构	装配式	40	30
	现浇式	30	20

注：1. 装配整体式结构的伸缩缝间距，可根据结构的具体情况取表中装配式结构与现浇式结构之间的数值。

　　2. 框架-剪力墙结构或框架-核心筒结构房屋的伸缩缝间距，可根据结构的具体情况取表中框架结构与剪力墙结构之间的数值。

　　3. 当屋面无保温或隔热措施时，框架结构、剪力墙结构的伸缩缝间距宜按表中露天栏的数值采用。

　　4. 现浇挑檐、雨罩等外露结构的局部伸缩缝间距不应大于 12m。

3. 沉降缝

《建筑地基基础设计规范》（GB 50007—2011）中指出：

（1）建筑物的以下部位，宜设置沉降缝：

1）建筑平面的转折部位。

2）高度差异或荷载差异处。

3）长高比过大的砌体承重结构或钢筋混凝土框架结构的适当部位。

4）地基土的压缩性有显著差异处。

5）建筑结构或基础类型不同处。

6）分期建造房屋的交界处。

（2）沉降缝的构造特点是基础及上部结构全部断开。

（3）沉降缝应有足够的宽度，具体数值应以表 9-5 为准。

表 9-5　房屋沉降缝的宽度 （mm）

房屋层数	沉降缝宽度
2~3 层	50~80
4~5 层	80~120
5 层以上	不小于 120

4. 防震缝

（1）特点

防震缝的两侧均应设置墙体。砌体结构采用双墙方案；框架结构采用双柱、双墙方案；板墙结构采用双墙方案。

（2）设置原则

《建筑抗震设计规范》（GB 50011—2010）中规定：

1）砌体结构房屋遇下列情况之一时宜设置防震缝：

①房屋立面高差在 6m 以上。

②房屋有错层，且楼板高差大于层高的 1/4。

③各部分的结构刚度、质量截然不同。

防震缝的宽度应根据地震烈度和房屋高度确定，可采用 70~100mm。

2）钢筋混凝土结构防震缝宽度的确定方法：

《建筑抗震设计规范》（GB 50011—2010）中规定：

①框架结构（包括设置少量抗震墙的框架结构）房屋的防震缝宽度，当高度不超过 15m 时不应小于 100mm；高度超过 15m 时，随高度变化调整缝宽，以 15m 高为基数，取 100mm；6 度、7 度、8 度和 9 度分别高度每增加 5m、4m、3m 和 2m，缝宽宜增加 20mm。

②框架-抗震墙结构的防震缝宽度不应小于①款规定数值的 70%，且不宜小于 100mm。

③抗震墙结构的防震缝两侧应为双墙，宽度不应小于①款规定数值的 50%，且不宜小于 100mm。

④防震缝两侧结构类型不同时，宜按需要较宽防震缝的结构类型和较低房屋高度确定缝宽。

5. 变形缝的构造要求

变形缝（伸缩缝、沉降缝、防震缝）可以将墙体、地面、楼面、屋面、基础断开，但不可将门窗、楼梯阻断。下列房间或部位不应设置变形缝：

（1）伸缩缝和其他变形缝不应从需进行防水处理的房间中穿过。

（2）伸缩缝和其他变形缝应进行防火和隔声处理。接触室外空气及上下与不采暖房间相邻的楼地面伸缩缝应进行保温隔热处理。

（3）伸缩缝和其他变形缝不应穿过电子计算机主机房。

（4）人民防空工程防护单元内不应设置伸缩缝和其他变形缝。

（5）空气洁净度为 100 级、1000 级、10000 级的建筑室内楼地面不宜设置伸缩缝和其他变形缝。

（6）玻璃幕墙的一个单元块不应跨越变形缝。

（7）变形缝不得穿过设备的底面。

二、建筑幕墙

（一）建筑幕墙的技术要求

《民用建筑设计通则》（GB 50352—2005）中规定：

1. 幕墙所采用的型材、板材、密封材料、金属附件、零配件等均应符合现行的有关标准的规定。

2. 幕墙的物理性能：风压变形、雨水渗漏、空气渗透、保温、隔声、耐撞击、平面内变形、防火、防雷、抗震及光学性能等应符合现行的有关标准的规定。

（二）玻璃幕墙应符合的规定

《民用建筑设计通则》（GB 50352—2005）中规定：

1. 玻璃幕墙适用于抗震地区和建筑高度应符合有关规范的要求。

2. 玻璃幕墙应采用安全玻璃，并应具有抗撞击的性能。

3. 玻璃幕墙分隔应与楼板、梁、内隔墙处连接牢固，并满足防火分隔要求。

4. 玻璃窗扇开启面积应按幕墙材料规格和通风口要求确定，并确保安全。

（三）专用规范的规定

《玻璃幕墙工程技术规范》（JGJ 102—2003）中指出：

1. 玻璃幕墙的类型

玻璃幕墙有框支承玻璃幕墙、全玻璃墙和点支承玻璃幕墙，玻璃幕墙既是围护结构也是建筑装饰。

（1）框支承玻璃幕墙：这种幕墙由竖框、横框和玻璃面板组成。适用于多层建筑和建筑高度不超过 100m 的高层建筑的外立面。

（2）全玻璃墙：全玻璃墙由玻璃肋、玻璃面板组成。适用于首层大厅或大堂。

（3）点支承玻璃幕墙：这种幕墙由支承结构、支承装置和玻璃面板组成。由于这种幕墙的通透性好，最适宜用在建筑的大厅、餐厅等视野开阔的部位。亦可用于门上部的雨篷、室外通道侧墙和顶板、花架顶板等部位。但由于技术原因，点支承玻璃幕墙开窗较为困难。

2. 玻璃幕墙的材料选择

（1）玻璃选用要点

1）总体要求

①应采用安全玻璃，如钢化玻璃、夹层玻璃、夹丝玻璃等。并应符合相关规范的要求。

②钢化玻璃宜经过二次均质处理。

③玻璃应进行机械磨边和倒角处理，倒棱宽度不宜小于 1mm。

④中空玻璃产地与使用地或与运输途经地的海拔高度相差超过 1000m 时，宜加装毛细管或呼吸管平衡内外气压差。

⑤玻璃的公称厚度应经过强度和刚度验算后确定，单片玻璃、中空玻璃的任一片玻璃厚度不宜小于 6mm。

2）个性要求

①夹层玻璃的要求：

A. 夹层玻璃宜为干法合成，夹层玻璃的两片玻璃相差不宜大于 3mm。

B. 夹层玻璃的胶片宜采用聚乙烯醇缩丁醛（PVB）胶片，胶片厚度不应小于 0.76mm。有特殊要求时，也可以采用（SGP）胶片，面积不宜大于 $2.50m^2$。

C. 暴露在空气中的夹层玻璃边缘应进行密封处理。

②中空玻璃的要求：

A. 中空玻璃的间隔铝框可采用连续折弯型。中空玻璃的气体层不应小于 9mm。

B. 玻璃宜采用双道密封结构，明框玻璃幕墙可采用丁基密封胶和聚硫密封胶；隐框、半隐框玻璃幕墙应采用丁基密封胶和硅酮结构密封胶。

③防火玻璃的要求：

A. 应根据建筑防火等级要求，采用相应的防火玻璃。

B. 防火玻璃按结构分为：复合防火玻璃（FFB）和单片防火玻璃（DFB）。单片防火玻璃的厚度一般为 5mm、6mm、8mm、10mm、12mm、15mm、19mm。

C. 防火玻璃按耐火性能分为：隔热型防火玻璃（A类），即同时满足防火完整性、耐火隔热性要求的防火玻璃；非隔热型防火玻璃（B类），即仅满足防火完整性要求的防火玻璃；防火玻璃按耐火极限分为 5 个等级：0.50h、1.00h、1.50h、2.00h、3.00h。

④全玻璃幕墙的玻璃肋应采用钢化夹层玻璃，如两片夹层、三片夹层玻璃等，具体厚度应根据不同的应用条件，如板面大小、荷载、玻璃种类等具体计算。最小截面厚度为 12mm，最小截面高度为 100mm。

（2）钢材选用要点

1）钢材表面应具有抗腐蚀能力，并采取避免双金属的接触腐蚀。

2）支承结构应选用的碳素钢和低碳合金高强度钢、耐候钢。

3）钢索压管接头应采用经固溶处理的奥氏体不锈钢。

4）碳素结构钢和低合金高强度钢应采取有效的防腐处理：

①采用热浸镀锌防腐蚀处理时，镀锌厚度应符合规范要求。

②采用防腐涂料时，涂层应完全覆盖钢材表面和无端部衬板的闭口型材结构钢。

③采用氟碳漆喷涂或聚氨酯喷涂时，涂抹的厚度不应小于 35μm，在空气污染严重及海滨地区，涂膜厚度不应小于 45μm。

5）主要受力构件和连接件不宜采用壁厚小于 4mm 的钢板、壁厚小于 3mm 的钢管、尺寸小于 1.45mm×4mm（等肢角钢）和 1.56mm×36mm×4mm（不等肢角钢）以及壁厚小于 2mm 的冷成型薄壁型钢。

（3）铝合金型材选用要点

1）型材尺寸允许偏差应满足高精级或超高精级要求。

2）立柱截面主要受力部位的厚度，应符合下列要求：

①铝型材截面开口部位的厚度不应小于3.0mm，闭口部位的厚度不应小于2.5mm；型材孔壁与螺钉之间直接采用螺纹受力连接时，其局部厚度尚不应小于螺钉的公称直径。

②对偏心受压立柱，其截面宽厚比应符合《玻璃幕墙工程技术规范》（JGJ 102—2003）中的规定。

3）铝合金型材保护膜厚应符合下列规定：

①阳极氧化（膜厚级别AA15）镀膜最小平均厚度不应小于15μm，最小局部膜厚不应小于15μm。

②粉末喷涂涂层局部不应小于40μm，且不应大小于120μm。

③电泳喷涂（膜厚级别B）阳极氧化膜平均膜厚应不小于10μm、局部膜厚应不小于8μm；漆膜局部膜厚应不小于7μm；复合膜局部厚度不应小于16μm。

④氟碳喷涂涂层平均厚度不应小于40μm，局部厚度不应小于34μm。

注：1. 阳极氧化镀膜：一般铝合金型材常用的表面处理方法。处理后的型材表面硬度高、耐磨性好、金属感强，但颜色种类不多。

2. 静电粉末喷涂：用于对铝板和钢板的表面进行处理，可喷涂任何颜色，包括金属色。但其耐候性较差，近来已较少使用。

3. 电泳喷涂：又称为电泳涂装。这种工艺是将具有导电性的被涂物浸渍在经过稀释的、浓度比较低的水溶液电泳涂料槽中作为阳极（或阴极），在槽中另外设置与其相对应的阴极（或阳极），在两极间通过一定时间的直流电，使被涂物上析出均一的、永不溶的涂膜的一种涂装方法。这种方法的优点是附着力强、不容易脱落；防腐蚀性强，表面平整光滑，符合环保要求。

4. 氟碳树脂喷涂：氟碳树脂的成分为聚四氯乙烯（PVF4），到目前为止它被认为是既具备很好的耐候性能，又以颜色多样而适应建筑幕墙需要的表面处理方式。氟碳漆的适用性还在于它可以用于非金属表面的处理，并可以现场操作，甚至可以在金属构件的防火涂料上涂刷，满足对钢结构的装饰和保护要求。

4）铝合金隔热型材的隔热条应符合规范要求。

①总体要求。

A. 采用的密封材料必须在有效期内使用。

B. 采用橡胶材料应符合相关规定，宜采用三元乙丙橡胶、氯丁橡胶或丁基橡胶、硅橡胶。

②个别要求。

A. 隐框和半隐框玻璃幕墙，其玻璃与铝型材的粘结必须采用中性硅酮结构密封胶；全玻璃墙和点支承幕墙采用镀膜玻璃时，不应采用酸性硅酮结构密封胶粘结。

B. 玻璃幕墙用硅酮结构密封胶的宽度、厚度尺寸应通过计算确定，结构胶厚度不宜小于6mm且不宜大于12mm，其宽度不宜小于7mm且不大于厚度的两倍。位移能力应符合设计位移量的要求，不宜小于20级。

C. 结构密封胶、硅酮密封胶同幕墙基材、玻璃和附件应具有良好的相容性和粘结性。

D. 石材幕墙金属挂件与石材间宜选用干挂石材用环氧胶粘剂，不得使用不饱和聚酯类胶粘剂。

3. 玻璃幕墙的建筑设计

（1）一般规定

1）玻璃幕墙应与建筑物整体及周围环境相协调。

2）玻璃幕墙立面的分格宜与室内空间相适应，不宜妨碍室内功能和视觉。在确定玻璃板块尺寸时，应有效提高玻璃原片的利用率，同时应适用钢化、镀膜、夹层等生产设备的加工能力。

3）幕墙中的玻璃板块应便于更换。

4）幕墙开启窗的设置，应满足使用功能和立面效果的要求，并应启闭方便，避免设置在梁、柱、隔墙的位置。开启扇的开启角度不宜大于30°，开启距离不宜大于300mm，（其他技术资料指出：开启扇的总量不宜超过幕墙总面积的15%，开启方式应以上悬式为主）。

5）玻璃幕墙应便于维护和清洁。高度超过40m的幕墙工程宜设置清洗设备。

（2）构造设计

1）明框玻璃幕墙的接缝部位、单元式玻璃幕墙的组件对插部位以及幕墙开启部位，宜按雨幕原理进行构造设计。对可能渗入雨水和形成冷凝水的部位，应采取导排构造措施。

2）玻璃幕墙的非承重胶缝应采用硅酮建筑密封胶。开启扇的周边缝隙宜采用氯丁橡胶、三元乙丙橡胶或硅橡胶密封条制品密封。

3）有雨篷、压顶及其他突出玻璃幕墙墙面的建筑构造时，应完善其结合部位的防、排水设计。

4）玻璃幕墙应选用具有防潮性能的保温材料或采取隔汽、防潮构造措施。

5）单元式玻璃幕墙，单元间采用对插式组合构件时，纵横缝相交处应采取防渗漏封口构造措施。

6）幕墙的连接部位，应采取措施防止产生摩擦噪声，构件式幕墙的立柱与横梁连接处应避免刚性接触，可设置柔性垫片或预留 1~2mm 的间隙，间隙内填胶；隐框幕墙采用挂钩式连接固定玻璃组件时，挂钩接触面宜设置柔性垫片。

7）除不锈钢外，玻璃幕墙中不同金属接触处，应合理设置绝缘垫片或采取其他防腐蚀措施。

8）幕墙玻璃之间的拼缝胶缝宽度应能满足玻璃和胶的变形要求，并不大于 10mm。

9）幕墙玻璃表面周边与建筑内、外装饰物之间的缝隙不宜小于 5mm，可采用柔性材料嵌缝。全玻璃墙玻璃应符合相关规定。

10）明框幕墙玻璃下边缘与下边框槽底之间应采用橡胶垫块衬托，垫块数量应为 2 个，厚度不应小于 3mm，每块长度不应限于 100mm。

11）玻璃幕墙的单元板块不应跨越主体结构的变形缝，与其主体建筑变形缝相对应的构造缝的设计，应能够适应主体建筑变形的要求。

（3）安全规定

1）框支承玻璃幕墙，宜采用安全玻璃。

2）点支承玻璃幕墙的面板玻璃应采用钢化玻璃。

3）采用玻璃肋支承的全玻璃墙，其玻璃肋应采用钢化夹层玻璃。

4）人员流动密度大、青少年或幼儿活动的公共场所以及使用中容易受到撞击的部位，其玻璃幕墙应采用安全玻璃；对使用中容易受到撞击的部位，还应设置明显的警示标志。

5）当与玻璃幕墙相邻的楼面外缘无实体墙时，应设置防撞措施。

6）玻璃幕墙与其周边防火分隔构件间的缝隙，与楼板或隔墙外沿间的缝隙、与实体墙面洞口边缘间的缝隙等，应进行防火封堵设计。

7）玻璃幕墙的防火封堵系统，在正常使用条件下，应具有伸缩变形能力、密封性和耐久性；在遇火状态下，应在规定的耐火极限内不发生开裂或脱落，保持相对稳定性。

8）玻璃幕墙的防火封堵构造系统的填充料及其保护性面层材料，应选择不燃烧材料与难燃烧材料。

9）无窗槛墙的玻璃幕墙，应在每层楼板外沿设置耐火极限不低于1.00m、高度不低于0.80m的不燃烧实体裙墙或防火玻璃裙墙。

10）玻璃幕墙与各层楼板、隔墙外沿间的缝隙，当采用岩棉或矿棉封堵时，其厚度不应小于100mm，并应填充密实；楼层间水平防烟带的岩棉或矿棉宜采用厚度不小于 1.5mm 的镀锌钢板承托；承托板与主体结构、幕墙结构及承托板之间的缝隙宜填充防火密封材料。当建筑要求防火分区间设置通透隔断时。可采用符合设计要求的防火玻璃。

11）同一玻璃幕墙单元，不宜跨越建筑物的两个防火分区。

12）幕墙的金属框架应与主体结构的防雷体系可靠连接，连接部位应清除非导电保护层。

4. 框支承玻璃幕墙的构造要求

（1）组成：框支承玻璃幕墙由玻璃、横梁和立柱组成。

（2）玻璃：单片玻璃的厚度不应小于6mm，夹层玻璃的单片厚度不宜小于5mm。夹层玻璃和中空玻璃的单片玻璃厚度相差不宜大于3mm。玻璃幕墙应尽量减少光污染。若选用热反射玻璃，其反射率不宜大于20%。

（3）横梁：横梁可以采用铝合金型材或钢型材（高耐候钢、碳素钢），其截面厚度不应小于2.5mm。铝合金型材的表面处理可以采用阳极氧化镀膜、电泳喷涂、粉末喷涂、氟碳树脂喷涂；钢型材应进行热浸镀锌或其他有效的防腐措施。

注：热浸镀锌是对金属表面进行镀锌处理的一种工艺，可以提高钢结构的耐磨性能。近几年热浸镀锌工艺又采用了镀铝锌、镀铝锌硅等工艺处理使金属的耐候性能又提高了一倍，使用寿命可以达到30～50年。缺点是它的颜色比较单一、变化较少。

（4）立柱：立柱可以采用铝合金型材或钢型材（高耐候钢、碳素钢），表面处理与横梁相同。立柱与主体结构之间的连接应采用螺栓。每个部位的连接螺栓不应少于两个，直径不宜小于10mm。

5. 全玻璃墙的构造要求

（1）组成：全玻璃墙由玻璃、玻璃肋和胶缝组成。

（2）连接：全玻璃墙与主体结构的连接有下部支承式与上部悬挂式。下部支承式的最大应用高度见表9-6。

表9-6 下部支承式全玻璃墙的最大高度

玻璃厚度（mm）	10、12	15	19
最大高度（m）	4	5	6

（3）玻璃：面板玻璃应采用钢化玻璃，厚度不宜小于10mm；夹层玻璃单片厚度不应小于8mm。

（4）玻璃肋：玻璃肋应采用截面厚度不小于12mm、截面高度不小于100mm的钢化夹层玻璃。

（5）胶缝：采用胶缝传力的全玻璃墙，其胶缝必须采用硅酮结构密封胶。

6. 点支承玻璃幕墙的构造要求

（1）组成：点支承玻璃幕墙由玻璃面板、支承装置和支承结构三部分组成。

（2）玻璃面板：

1）玻璃面板有三点支承、四点支承和六点支承等做法。玻璃幕墙支承孔边与板边的距离不宜小于70mm。

2）采用浮头式连接件的幕墙玻璃厚度不应小于6mm；采用沉头式连接件的幕墙玻璃厚度不应小于8mm。

3）玻璃之间的空隙宽度不应小于10mm，且应采用硅酮建筑密封胶。

（3）支承装置：采用专用的点支承装置。

（4）支承结构：支承结构有单根型钢或钢管结构体系、桁架或空腹桁架体系和张拉杆索体系等5种，其特点和应用高度见表9-7。

表9-7 不同支承体系的特点和应用范围

分类 项目	拉索点支承 玻璃幕墙	拉杆点支承 玻璃幕墙	自平衡索桁架点 支承玻璃幕墙	桁架点 支承玻璃幕墙	立柱点 支承玻璃幕墙
特点	轻盈、纤细、强度高、能实现较大跨度	轻巧、光亮、有极好的视觉效果	杆件受力合理、外形新颖、有较好的观赏性	有较大的刚度和强度，适合高大空间，综合性能好	对主体结构要求不高、整体效果简洁明快
适用范围	拉索间距 $b = 1.2 \sim 3.5m$；层高 $h = 3 \sim 12m$；拉索矢高 $f = h/(10 \sim 15)$	拉杆间距 $b = 1.2 \sim 3.0m$；层高 $h = 3 \sim 9m$；拉杆矢高 $f = h/(10 \sim 15)$	自平衡间距 $b = 1.2 \sim 3.5m$；层高 $h \leqslant 15m$；自平衡索桁架矢高 $f = h/(5 \sim 9)$	桁架间距 $b = 3.0 \sim 15.0m$；层高 $h = 6 \sim 40m$；桁架矢高 $f = h/(10 \sim 20)$	立柱间距 $h = 12 \sim 35m$；层高 $h \leqslant 8.0m$

（四）双层幕墙

1. 双层幕墙的组成

双层幕墙由外层幕墙和内层幕墙两部分组成，双层幕墙按空气循环方式分为：内循环式、外循环式（整体式、廊道式、通道式、箱体式）和开放式三种做法。各种形式的工作原理、特点、技术要求可参考《双层幕墙》（07J103-8）图集。

2. 双层幕墙的类型

外层幕墙通常采用点支承玻璃幕墙、明框玻璃幕墙或隐框玻璃幕墙。内层幕墙通常采用明框玻璃幕墙、隐框玻璃幕墙或铝合金门窗。双层幕墙有利于建筑围护结构的隔声、保温、隔热，但应根据建筑的防火要求选择双层幕墙的形式。

（1）内循环双层幕墙：外层幕墙封闭，内层幕墙与室内有进气、出气口连接，使双层幕墙通道内空气与室内空气进行循环。外层幕墙应采取防止外层幕墙内侧结露的措施，如采用隔热型材、中空玻璃或 LOW-E 中空玻璃；内层可采用单片玻璃。根据防火设计要求进行水平或垂直方向的防火分隔，可以满足防火规范要求。

（2）外循环双层幕墙：内层幕墙封闭，外层幕墙与室外有进气、出气口连接，使双层幕墙通道内的室内外空气进行循环。内层幕墙应采用隔热型材、中空玻璃或 LOW-E 中空玻璃；外层可采用非断热型材、单片玻璃，但应考虑外层幕墙内侧结露的问题。

（3）开放式双层幕墙：内层幕墙仅具装饰性能，与室外永远连通，不封闭。防火、保温、隔声等性能均由内层幕墙承担。常用于既有建筑改造。

3. 双层幕墙的技术要求

（1）双层幕墙抗风压性能内外层分别确定。内外层均有足够的抗风压性能，应符合设计要求。内层采用门窗体系时应按《铝合金门窗》（GB 8478—2008）的规定执行。

（2）幕墙热通道宽度尺寸设置

应能够形成有效的空气流动和宜于安置遮阳装置。一般只做通风用时，其宽度为 100～300mm。有检修、清洗要求时，其宽度为 500～900mm；当做休息、观景、散步时其宽度应不小于 600mm，并应有隔栅，必要时可根据建筑要求和幕墙专业计算确定。

（3）进出风口应在外立面错开布置

外循环双层幕墙进风口和出风口宜设置防虫网和空气过滤装置，宜设置电动或手动的调控装置控制幕墙热通道的通风量，能有效开启和关闭。

（4）双层幕墙的总反射比应不大于 0.2。

（5）双层幕墙悬挑较多时与主体结构的连接部件应进行承载力和刚度校核，幕墙结构体系应承受附加检修荷载。

（6）双层幕墙的内层及热通道内的构配件应易于清洁和维护。

（五）金属幕墙与石材幕墙

1. 金属幕墙

金属幕墙属于有基层墙体的幕墙，即金属幕墙应固定于原有基层墙体上。《金属与石材幕墙工程技术规范》（JGJ 133—2001）中指出：

（1）金属幕墙采用的不锈钢宜采用奥氏体不锈钢材。

（2）钢结构幕墙高度超过 40m 时，钢构件宜采用高耐候结构钢，并应在其表面涂刷防腐涂料。处理方法多采用热浸镀锌的方法。

（3）钢构件采用冷弯薄壁型钢时，其壁厚不应小于 3.5mm。

（4）面材主要选用铝合金材料，具体做法有铝合金单板（单层铝板）、铝塑复合板、铝合金蜂窝板（蜂窝铝板）。铝合金的表面应通过阳极氧化镀膜、电泳喷涂、静电粉末喷涂、氟碳树脂喷涂等方法进行表面处理。

（5）采用氟碳树脂喷涂进行表面处理时，氟碳树脂含量不应低于75%。海边及严重酸雨地区，可采用三道或四道氟碳树脂涂层，其厚度应大于40μm；其他地区，可采用两道氟碳树脂涂层，其厚度应大于25μm。

（6）铝合金面材有以下三种：

1）铝合金单板：单板的厚度不应小于2.5mm。

2）铝塑复合板：铝塑复合板的上、下两层铝合金板的厚度均为0.5mm，中间填以3~6mm的聚乙烯材料，总厚度不应小于4mm。

3）蜂窝铝板：蜂窝铝板的正面应采用1mm的铝合金板、背面采用0.5~0.8mm的铝合金板及中间的蜂窝铝板（纸蜂窝、玻璃钢蜂窝）组成，总厚度为10mm、12mm、15mm、20mm、25mm。

（7）金属幕墙通过龙骨安装、焊接、粘结等方法与结构连接。

2. 石材幕墙

（1）石材幕墙宜采用火成岩（花岗石），石材吸水率应小于0.8%。

（2）用于石材幕墙的抛光花岗石板的厚度应为25mm，火烧石板的厚度应比抛光石板的厚度厚3mm。

（3）单块石板的面积不宜大于1.50m²。

（4）石材幕墙的构造有钢销式安装、通槽式安装、短槽式安装等方法。

（5）钢销式安装可以在非抗震设计或6度、7度的抗震设计的幕墙中采用，幕墙高度不宜大于20m，石板面积不宜大于1.0m²。钢销和连接板应采用不锈钢。连接板截面尺寸不宜小于40mm×4mm。

（6）通槽式连接的石板通槽厚度宜为6~7mm，不锈钢支撑板厚度不宜小于3mm，铝合金支撑板厚度不宜小于4mm。

（7）短槽式连接应在每块板的上下两端各设宽度为6~7mm、深度不小于15mm的短槽。不锈钢支撑板厚度不宜小于3mm，铝合金支撑板厚度不宜小于4mm。弧形槽的有效长度不应小于80mm。

三、地面与楼面

（一）基本规定

《民用建筑设计通则》（GB 50352—2005）中规定：

（1）底层地面的基本构造层宜为面层、垫层和地基；楼层地面的基本构造层宜为面层和楼板。当底层地面或楼面的基本构造不能满足使用或构造要求时，可增设结合层、隔离层、填充层、找平层和保温层等其他构造层。

（2）除有特殊使用要求外，楼地面应满足平整、耐磨、不起尘、防滑、防污染、隔声、易于清洁等要求。

（3）厕浴间、厨房等受水或非腐蚀性液体经常浸湿的楼地面应采用防水、防滑类面层，且应低于相邻楼地面，并设排水坡坡向地漏；厕浴间和有防水要求的建筑地面必须设置防水隔离层；楼层结构必须采用现浇混凝土或整块预制混凝土板，混凝土强度等级不应小于C20；楼板四周除门洞外，应做混凝土翻边，其高度不应小于120mm。经常有水流淌的楼地面应低于相邻楼地面或设门槛等挡水设施，且应有排水措施，其楼地面应采用不吸水、易冲洗、防滑的面层材料，并应设置防水隔离层。

（4）建造于地基土上的地面，应根据需要采取防潮、防基土冻胀、防不均匀沉陷等措施。

（5）存放食品、食料、种子或药物等的房间，其存放物与楼地面直接接触时，严禁采用有毒性的材料作为楼地面，材料的毒性应经有关卫生防疫部门鉴定。存放异味较强的食物时，应防止采用散发异味的楼地面材料。

（6）受较大荷载或有冲击力作用的楼地面，应根据使用性质及场所选用由板、块材料、混凝土等组成的易于修复的刚性构造，或由粒料、灰土等组成的柔性构造。

（7）木板楼地面应根据使用要求，采取防火、防腐、防潮、防蛀、通风等相应措施。

（8）采暖房间的楼地面，可不采取保温措施，但遇下列情况之一时应采取局部保温措施：

1）架空或悬挑部分楼层地面，直接对室外或临空采暖房间的。

2）严寒地区建筑物周边无采暖管沟时，底层地面在外墙内侧 0.50～1.00m 范围内宜采取保温措施，其传热阻不应小于外墙的传热阻。

（二）地面、楼地面的做法选择

1. 《建筑地面设计规范》（GB 50037—96）中指出

（1）地面类型的选择，应根据生产特征、建筑功能、使用要求和技术经济条件，经综合技术经济比较确定。当局部地段受到较严重的物理或化学作用时，应采取局部措施。

（2）底层地面的基本构造层次宜为面层、垫层和地基；楼层地面的基本构造层宜为面层和楼板。当底层地面和楼层地面的基本构造层不能满足使用或构造要求时，可增设结合层、隔离层、填充层、找平层等其他构造层。

选择地面类型时，所需要的面层、结合层、填充层、找平层的厚度和隔离层的层数，可按不同材料及其特性采用。

（3）有清洁和弹性要求的地段，地面类型的选择应符合下列要求：

1）有一般清洁要求时，可采用水泥石屑面层、石屑混凝土面层。

2）有较高清洁要求时，宜采用水磨石面层或涂刷涂料的水泥类面层，或其他板、块材面层等。

3）有较高清洁和弹性等使用要求时，宜采用菱苦土或聚氯乙烯板面层，当上述材料不能完全满足使用要求时，可局部采用木板面层，或其他材料面层。菱苦土面层不应用于经常受潮湿或有热源影响的地段。在金属管道、金属构件同菱苦土的接触处，应采取非金属材料隔离。

4）有较高清洁要求的底层地面，宜设置防潮层。

5）木板地面应根据使用要求，采取防火、防腐、防蛀等相应措施。

（4）有空气洁净度要求的建筑地面，其面层应平整、耐磨、不起尘，并易除尘、清洗。其底层地面应设防潮层。面层应采用不燃、难燃或燃烧时不产生有毒气体的材料，并宜有弹性与较低的导热系数。面层应避免眩光，面层材料的光反射系数宜为 0.15～0.35。必要时尚应不易积聚静电。

空气洁净度为 100 级、1000 级、10000 级的地段，地面不宜设变形缝。

（5）空气洁净度为 100 级垂直层流的建筑地面，应采用格栅式通风地板，其材料可选择钢板焊接后电镀或涂塑、铸铝等。通风地板下宜采用现浇水磨石、涂刷树脂类涂料的水泥砂浆或瓷砖等面层。

（6）空气洁净度为 100 级水平层流、1000 级和 10000 级的地段宜采用导静电塑料贴面面层、聚氨酯等自流平面层。导静电塑料贴面面层宜用成卷或较大块材铺贴，并应用配套的导静电胶粘合。

（7）空气洁净度为 10000 级和 100000 级的地段，可采用现浇水磨石面层，亦可在水泥类面层上涂刷聚氨酯涂料、环氧涂料等树脂类涂料。

现浇水磨石面层宜用铜条或铝合金条分格，当金属嵌条对某些生产工艺有害时，可采用玻璃条分格。

注：1. 空气洁净度是洁净环境中空气含悬浮粒子量的多少的程度。通常空气中含尘浓度低则空气洁净度高，含尘浓度高则空气洁净度低。按空气中悬浮粒子浓度表划分洁净室及相关环境中空气洁净度等级，就是以每立方米空气中最大允许粒子数来确定其空气洁净度等级。

2. 我国空气洁净度的标准是以《洁净厂房设计规范》（GB 50073—2001）为依据，标准中规定的空气洁净度等级等同采用国际标准 ISO1446.1 中的有关规定。洁净室及洁净区空气悬浮粒子洁净度等级见表 9-8。

表 9-8 洁净室及洁净区空气悬浮粒子洁净度等级

等级	每 1m³ 空气中≥0.5μm 尘粒数	每 1m³ 空气中≥5μm 尘粒数
100 级	≤35×100（3.5）	—
1000 级	≤35×1000（35）	≤250（0.25）
10000 级	≤35×10000（350）	≤2500（2.5）
100000 级	≤35×100000（3500）	≤25000（25）

（8）有水和非腐蚀性液体经常浸湿的地段，宜采用现浇水泥类面层。底层地面和现浇钢筋混凝土楼板，宜设置隔离层；装配式钢筋混凝土楼板，应设置隔离层。经常有水流淌的地段，应采用不吸水、易冲洗、防滑的面层材料，应设置隔离层。

（9）隔离层可采用防水卷材类、防水涂料类和沥青砂浆等材料。防潮要求较低的底层地面，亦可采用沥青类胶泥涂覆式隔离层或增加灰土、碎石灌沥青等面层。

（10）湿热地区非空调建筑的底层地面，可采用微孔吸湿、表面粗糙的面层。

（11）采暖房间的地面，可不采取保温措施，但遇下列情况之一时，应采取局部保温措施：

1）架空或悬挑部分直接对室外的采暖房间的楼层地面或对非采暖房间的楼层地面。

2）当建筑物周边无采暖通风管沟时，严寒地区底层地面，在外墙内侧 0.50～1.00m 范围内宜采取保温措施，其热阻值不应小于外墙的热阻值。

（12）季节性冰冻地区非采暖房间的地面以及散水、明沟、踏步、台阶和坡道等，当土壤标准冻深大于 600mm，且在冻深范围内为冻胀土或强冻胀土时，宜采用碎石、矿渣地面或预制混凝土板面层。当必须采用混凝土垫层时，应在垫层下加设防冻胀层。位于上述地区并符合以上土壤条件的采暖房间，混凝土垫层竣工后尚未采暖时，应采取适当的越冬措施。防冻胀层应选用中粗砂、砂卵石、炉渣或炉渣石灰土等非冻胀材料。其厚度应根据当地经验确定，亦可按表 9-9 选用。

表 9-9 防冻胀层厚度 （mm）

土壤标准冻深（mm）	土壤为冻胀土	土壤为强冻胀土
600～800	100	150
1200	200	300
1800	350	450
2200	500	600

注：土壤的标准冻深和土壤冻胀性分类，应按现行国家标准《建筑地基基础设计规范》（GB 50007—2002）的规定确定。

采用炉渣石灰土做防冻胀层时，其重量配合比宜为 7:2:1（炉渣:素土:熟化石灰），压实系数不宜小于 0.85，且冻前龄期应大于 30d。

（13）公共建筑中，经常有大量人员走动或小型推车行驶的地段，其面层宜采用耐磨、防滑、不易起尘的无釉地砖、大理石、花岗石、水泥花砖等块材面层和水泥类整体面层。

（14）室内环境具有较高安静要求的地段，其面层宜采用地毯、塑料或橡胶等柔性材料。

（15）供儿童及老年人公共活动的主要地段，面层宜采用木地板、塑料或地毯等暖性材料。

（16）使用地毯的地段，地毯的选用应符合下列要求：

1）经常有人员走动或小型推车行驶的地段，宜采用耐磨、耐压性能较好、绒毛密度较高的尼龙类地毯。

2）卧室、起居室地面宜用长绒、绒毛密度适中和材质柔软的地毯。

3）有特殊要求的地段，地毯纤维应分别满足防霉、防蛀和防静电等要求。

（17）舞池地面宜采用表面光滑、耐磨和略有弹性的木地板、水磨石等面层材料。迪斯科舞池地面宜采用耐磨和耐撞击的水磨石和花岗石等面层材料。

（18）有不起尘、易清洗和抗油腻沾污要求的餐厅、酒吧、咖啡厅等地面，宜采用水磨石、采釉面地砖、陶瓷锦砖、木地板或耐沾污地毯等。

（19）室内体育用房、排练厅和表演舞厅等应采用木地板等弹性地面。室内旱冰场地面应采用具有坚硬耐磨和平整的现浇水磨石、耐磨水泥砂浆等面层材料。

（20）存放书刊、文件或档案等纸质库房，珍藏各种文物或艺术品和装有贵重物品的库房地面，宜采用木板、塑料、水磨石等不起尘、易清洁的面层。底层地面应采取防潮和防结露措施。

注：装有贵重物品的库房，采用水磨石地面时，宜在适当范围内增铺柔性面层。

（21）确定建筑地面面层厚度时，除应符合对有关材料特性和施工的规定外，还需遵守下列要求：

1）水泥砂浆面层配合比为1:2，水泥强度等级不宜低于42.5。

2）块石面层的块石应为有规则的截锥体，其顶面部分应粗琢平整，其底面积不应小于顶面积的60%。

3）三合土面层配合比宜为1:2:4（熟化石灰:砂:碎砖），灰土面层配合比宜为2:8或3:7（熟化石灰:黏性土）。

4）水磨石面层水泥强度等级不应低于42.5，石子粒径宜为6～15mm，其分格不宜大于1m。

5）防油渗混凝土配合比和复合添加剂的使用需经试验确定。

6）面层涂料的涂刷和喷涂，不得少于3遍，其配合比和制备及施工，必须严格按各种涂料的要求进行。

（22）建筑地面结合层材料及其厚度应根据面层的种类确定。以水泥为胶结料的结合层材料，拌合时可掺入适量化学胶（浆）材料。当铸铁板面层其灼热物件温度为800℃以上时，不宜采用1:2水泥砂浆做结合层。

（23）建筑地面填充层材料的自重不应大于9kN/m³。

（24）建筑地面的找平层材料可用较低强度等级的水泥砂浆和强度等级C10～C15的混凝土。

（25）采用防油渗胶泥玻璃纤维布做隔离层时，宜采用无碱玻璃纤维网格布，一布二胶总厚度宜为4mm。

2.《托儿所、幼儿园建筑设计规范》（JGJ 39—87）中规定

乳儿室、活动室、寝室及音体活动室宜为暖性、弹性地面。幼儿经常出入的通道应为防滑地面。卫生间应为易清洗、不渗水并防滑的地面。

3.《疗养院建筑设计规范》（JGJ 40—87）中规定

（1）疗养院主要用房的楼地面除有专门要求外，其面层应用不起尘、易清洁、防滑的材料。

（2）电疗室地面应有绝缘、防潮措施。

（3）体疗室楼地面面层宜采用有弹性、耐磨损的材料。

（4）放射科用房楼地面面层应采用防潮、绝缘的材料。

（5）功能检查用房地面应有绝缘措施。

（6）供应室洗涤地面应采用耐酸碱材料。

4.《图书馆建筑设计规范》（JGJ 38—99）中指出

（1）书库和非书资料库内应防止地面、墙面泛潮，不得出现结露现象。

（2）建于地下水位较高地区时，书库和非书资料库一层地面当不设架空层时，地面基层应有可靠的防潮措施。

5.《汽车库建筑设计规范》（JGJ 100—98）中规定

汽车库的楼地面应采用强度高、具有耐磨防滑性能的非燃烧体材料，并应设不小于1%的排水坡度和相应的排水系统。

6.《老年人建筑设计规范》（JGJ 122—99）中规定

老年人出入和通行的厅室、走道地面，应选用平整、防滑材料，并应符合下列要求：

（1）老年人通行的楼梯踏步应平整光滑无障碍，界限鲜明，不宜采用黑色、显深色面料。

（2）老年人居室地面宜采用硬质木料或富弹性的塑胶材料，寒冷地区不宜采用陶瓷材料。

7. 《老年人居住建筑设计标准》（GB/T 50340—2003）中规定

（1）公共走廊地面有高差时，应设置坡道并应设明显标志。

（2）公共楼梯踏步应采用防滑材料。当设防滑条时，不宜突出踏面。

（3）卫生间地面应平整，以方便轮椅使用者，地面应选用防滑材料。

8. 《中小学校设计规范》（GB 50099—2011）中规定

（1）科学教室、化学实验室、热学实验室、生物实验室、美术教室、书法教室、游泳池（馆）等有给水设施的教学用房及教学辅助用房；卫生室（保健室）、饮水处、卫生间、盥洗室、浴室等有给水设施的房间的楼地面应采用防滑构造做法并应设置密闭地漏。

（2）疏散通道的楼地面应采用防滑构造做法。

（3）教学用房走道的楼地面应采用防滑构造做法。

（4）计算机教室宜采用防静电架空地板，不得采用无导出静电功能的木地板或塑料地板。当采用地板采暖时，楼地面需采用与之相适应的材料与构造做法。

（5）语言教室宜采用架空地板。不架空时，应铺设可敷设电缆槽的地面面层。

（6）舞蹈教室宜采用木地板。

（7）教学用房的地面应有防潮处理。在严寒地区、寒冷地区及夏热冬冷地区，教学用房的地面应设保温措施。

（8）网络控制室内宜采用防静电架空地板，不得采用无导出静电功能的木地板或塑料地板。当采用地板采暖时，楼地面需采用相适应的构造。

9. 《办公建筑设计规范》（JGJ 67—2006）中规定

（1）根据办公室的使用要求，开放式办公室的楼地面宜按家具位置埋设弱电和强电插座。

（2）大中型计算机房的楼地面宜采用架空防静电地面。

10. 《电影院建筑设计规范》（JGJ 58—2008）中规定

（1）观众厅的走道地面宜采用阻燃深色地毯。观众席地面宜采用耐磨、耐清洗的地面材料。

（2）放映机房的地面宜采用防静电、防尘、耐磨、易清洁材料。

11. 《档案馆建筑设计规范》（JGJ 58—2008）中规定

（1）室内地面应有防潮措施。

（2）档案库楼面、地面应平整、光洁、耐磨。

12. 《文化馆建筑设计规范》（JGJ 41—87）中规定

（1）舞厅应采用光滑的地面。

（2）综合排练室宜做木地板。

13. 《展览建筑设计规范》（JGJ 218—2010）中规定

展览建筑的展厅和人员通行区域的地面、楼面面层材料应耐磨、防滑。

14. 综合其他技术资料的相关规定

（1）当采用玻璃楼面时，应选择安全玻璃，并根据结构荷载承载要求选择玻璃厚度，一般应避免采用透光率高的玻璃。

（2）存放食品、饮料或药品等房间，其存放物有可能与楼地面面层直接接触时，严禁采用有毒的塑料、涂料或水玻璃等做面层材料。

（3）对于图书馆的非书资料库、计算机房、档案馆的拷贝复印室、交通工具停放和维修区、易燃物品库等用房，楼地面不应采用容易产生火花静电的材料。

（4）语言教室应做防尘地面。

（5）学校教室楼地面应选择光反射系数为 0.20～0.30 的饰面材料。

（6）有空气洁净度要求的建筑室内楼地面面层应避免眩光，面层材料的光反射系数宜为 0.15～0.35。

（7）汽车库楼地面应选用强度高、具有耐磨防滑性能的非燃烧材料，并应设不小于 1% 的排水坡度。当汽车库面积较大、设置坡度导致做法过厚时，可局部设置坡度。

（8）加油、加气站场内和道路不得采用沥青路面，宜采用可行驶重型汽车的水泥路面或不产生静电火花的路面。

（9）冷库楼地面应采用隔热材料，其抗压强度不应小于 0.25MPa。

（10）室外地面面层应避免选用釉面或磨光面等反射率较高和光滑的材料，以减少光污染和热岛效应及雨雪天气滑跌。

（11）室外地面宜选择具有渗水透气性能的饰面材料及垫层材料。

（三）地面、楼地面各构造层次的材料与厚度

1. 《民用建筑设计通则》（GB 50352—2005）中规定：

（1）底层地面的构造宜为面层、垫层和基层。附加层次有结合层、隔离层、找平层、保温层等。

（2）楼层地面的构造宜为面层和楼板。附加层次有结合层、隔离层、填充层、找平层等。

2. 《建筑地面设计规范》（GB 50037—96）中规定：

（1）地面、楼地面的构造层次。

1）面层。建筑地面直接承受各种物理和化学作用的表面层。面层的厚度应符合表 9-10 的规定。

表 9-10　面层的厚度

面层名称	材料强度等级	厚度（mm）
混凝土（垫层兼面层）	≥C15	按垫层确定
细石混凝土	≥C20	30～10
聚合物水泥砂浆	≥M20	5～10
水泥砂浆	≥M15	20
铁屑水泥	M40	30～35（含结合层）
水泥石屑	≥M30	20
防油渗混凝土	≥C30	60～70
防油渗涂料	—	5～7
耐热混凝土	≥C20	≥60
沥青混凝土	—	30～50
沥青砂浆	—	20～30
菱苦土（单层）　　　（双层）	—	10～15　20～25
矿渣、碎石（兼垫层）	—	80～150
三合土（兼垫层）	—	100～150
灰土	—	100～150
预制混凝土板（边长≤500mm）	≥C20	≤100
普通黏土砖（平铺）　　　（侧铺）	≥MU7.5	53　115
煤矸石砖、耐火砖（平铺）　　　（侧铺）	≥MU10	53　115
水泥花砖	≥MU15	20
现浇水磨石	≥C20	25～30（含结合层）
预制水磨石板	≥C15	25

续表

面层名称	材料强度等级	厚度（mm）
陶瓷锦砖（马赛克）	—	5～8
地面陶瓷砖（板）	—	8～20
花岗岩条石	≥MU60	80～120
大理石、花岗石	—	20
块石	≥MU30	100～150
铸铁板	—	7
木板（单层） （双层）	—	18～22 12～18
薄型木地板	—	8～12
格栅式通风地板	—	高300～400
软聚氯乙烯板	—	2～3
塑料地板（地毡）	—	1～2
导静电塑料板	—	1～2
聚氨酯自流平	—	3～4
树脂砂浆	—	5～10
地毯	—	5～12

注：1. 双层木地板面层厚度不包括毛地板厚，其面层用硬木制作时，板的净厚度宜为12～18mm。

2. 本规范中沥青类材料均指石油沥青。

3. 防油渗混凝土的抗渗性能宜按照现行国家标准《普通混凝土长期性能和耐久性能试验方法》（GB 50082—2009）进行检测，用10号机油为介质，以试件不出现渗油现象的最大不透油压力为1.5MPa。

4. 防油渗涂料粘结抗拉强度为≥0.3MPa。

5. 铸铁板厚度系指面层厚度。

2）结合层。面层与其下面构造层之间的连接层。结合层的厚度应符合表9-11的规定。

表9-11　结合层厚度

面层名称	结合层材料	厚度（mm）
预制混凝土板	砂、炉渣	20～30
陶瓷锦砖（马赛克）	1：1水泥砂浆 或1：4干硬性水泥砂浆	5 20～30
普通砖、煤矸石砖、耐火砖	砂、炉渣	20～30
水泥花砖	1：2水泥砂浆 或1：4干硬性水泥砂浆	15～20 20～30
块石	砂、炉渣	20～50
花岗岩条石	1：2水泥砂浆	15～20
大理石、花岗石、预制水磨石板	1：2水泥砂浆	20～30
地面陶瓷砖（板）	1：2水泥砂浆	10～15
铸铁板	1：2水泥砂浆 砂、炉渣	45 ≥60
塑料、橡胶、聚氯乙烯塑料等板材	粘结剂	
木地板	粘结剂，木板小钉	
导静电塑料板	配套导静电粘结剂	

3）找平层。在垫层或楼板面上进行抹平找坡的构造层。找平层的厚度应符合表9-12的规定。

表9-12 找平层厚度

找平层材料	强度等级或配合比	厚度（mm）
水泥砂浆	1:3	≥15
混凝土	C10～C15	≥30

4）隔离层。防止建筑地面上各种液体或地下水、潮气透过地面的构造层。隔离层的层数应符合表9-13的规定。

表9-13 隔离层的层数

隔离层材料	层数（或道数）
石油沥青油毡	1～2层
沥青玻璃布油毡	1层
再生胶油毡	1层
软聚氯乙烯卷材	1层
防水冷胶料	1布3胶
防水涂膜（聚氨酯类涂料）	2～3道
热沥青	2道
防油渗胶泥玻璃纤维布	1布2胶

注：1. 石油沥青油毡不应低于350g。
2. 防水涂膜总厚度一般为1.5～2mm。
3. 防水薄膜（农用薄膜）做隔离层时，其厚度为0.4～0.6mm。
4. 沥青砂浆做隔离层时，其厚度为10～20mm。
5. 用于防油渗隔离层可采用具有防油渗性能的防水涂膜材料。

5）防潮层。防止建筑地基或楼层地面下潮气透过地面的构造层。

6）填充层。在钢筋混凝土楼板上设置起隔声、保温、找坡或暗敷管线等作用的构造层。填充层的厚度应符合表9-14的规定。

表9-14 填充层厚度

填充层材料	强度等级或配合比	厚度（mm）
水泥炉渣	1:6	30～80
水泥石灰炉渣	1:1:8	30～80
轻骨料混凝土	CL7.5	30～80
加气混凝土块	—	≥50
水泥膨胀珍珠岩块	—	≥50
沥青膨胀珍珠岩块	—	≥50

7）垫层。在建筑地基上设置承受并传递上部荷载的构造层。

①地面垫层应符合下列要求：

A. 现浇整体面层和以粘结剂或砂浆结合的块材面层，宜采用混凝土垫层。

B. 以砂或炉渣结合的块材面层，宜采用碎石、矿渣、灰土或三合土等垫层。

②地面的垫层最小厚度应符合表9-15的规定。

表 9-15 垫层最小厚度

垫层名称	材料强度等级或配合比	厚度（mm）
混凝土	≥C10	60
四合土	1:1:6:12（水泥:石灰膏:砂:碎砖）	80
三合土	1:3:6（熟化石灰:砂:碎砖）	100
灰土	3:7 或 2:8（熟化石灰:黏性土）	100
砂、炉渣、碎（卵）石		60
矿渣		80

注：1. 一般民用建筑中的混凝土垫层最小厚度可采用 50mm。

2. 表中熟化石灰可用粉煤灰、电石渣等代替，砂可用炉渣代替，碎砖可用碎石、矿渣、炉渣等代替。

3.《建筑地面工程施工质量验收规范》（GB 50209—2010）中规定：灰土垫层、砂石垫层、碎石垫层、碎砖垫层、三合土垫层的厚度均不应小于100mm；砂垫层的厚度不应小于60mm；四合土垫层的厚度不应小于80mm；水泥混凝土垫层的厚度不应小于60mm，陶粒混凝土垫层的厚度不应小于80mm。

③混凝土垫层的强度等级不应低于 C10；混凝土垫层兼面层的强度等级不应低于 C15。

8）缩缝。防止混凝土垫层在气温降低时产生不规则裂缝而设置的收缩缝。

9）伸缝。防止混凝土垫层在气温升高时在缩缝边缘产生挤碎或拱起而设置的伸胀缝。

4. 地面的地基

《建筑地面设计规范》（GB 50037—96）中规定：

（1）地面垫层应铺设在均匀密实的地基上。对淤泥、淤泥质土、冲填土及杂填土等软弱地基，应根据生产特征、使用要求、土质情况并按现行国家标准《建筑地基基础设计规范》（GB 50007—2011）的有关规定利用与处理，使其符合建筑地面的要求。

（2）地面垫层下的填土应选用砂土、粉土、黏性土及其他有效填料，不得使用过湿土、淤泥、腐殖土、冻土、膨胀土及有机物含量大于 8% 的土。

（3）经处理后的淤泥、淤泥质土、冲填土或杂填土等软弱土质，在夯实之后尚应按具体情况分别采用卵石、砾石、碎石、碎砖、矿渣或砂等夯入土中进行地基表层加固处理，其厚度不宜小于 60mm。基槽、基坑的回填土应按新填土处理。

（4）直接受大气影响的室外堆场、散水及坡道等地面，当采用混凝土垫层时，宜在垫层下铺设水稳性较好的砂、炉渣、碎石、矿渣及灰土等材料。

5. 地面构造

（1）《民用建筑设计通则》（GB 50352—2005）中规定：

1）厕浴间、厨房等受水或非腐蚀性液体经常浸湿的楼地面应采用防水、防滑类面层，且应低于相邻楼地面并设排水坡度，排水坡度应坡向地漏；厕浴间、厨房和有防水要求的建筑地面必须设置防水隔离层；楼层结构必须采用现浇钢筋混凝土或整块预制钢筋混凝土板，混凝土强度等级不应小于 C20；楼板四周除门洞外，应做混凝土翻边，其高度不应小于 120mm。

2）经常有水流淌的楼地面应低于相邻楼地面或设门槛等挡水措施，其楼地面应采用不吸水、易冲洗、防滑的面层材料，并应设置防水隔离层。

3）采暖房间的楼地面，可不采取保温措施，但遇到下列情况之一时，应采取相应措施：

①架空或悬挑部分楼层地面，直接对室外或临非采暖房间的。

②严寒地区建筑物周边无采暖管沟时，底层地面在外墙内侧 0.50~1.00m 范围内宜采取保温措施，其传热阻不应小于外墙的传热阻。

（2）《建筑地面设计规范》（GB 50037—96）中规定：

1）建筑物的底层地面标高，应高出室外地面 150mm，当有生产、使用的特殊要求或建筑物预期较大沉降量等其他原因时，可适当增加室内外高差。

2）当生产和使用要求不允许混凝土类面层开裂时，宜在混凝土顶面下 20mm 处配置直径为 4mm、间距为 150~200mm 的钢筋网。

3）地面变形缝的设置应符合下列要求：

①底层地面的沉降缝和楼层地面的沉降缝、伸缩缝及防震缝的设置，均应与结构相应的缝位置一致，且应贯通地面的各构造层。

②变形缝应在排水坡的分水线上，不得通过有液体流经或积聚的部位。

4）变形缝的构造应考虑到在其产生位移或变形时，不受阻、不被破坏，并不破坏地面；材料选择应分别按不同要求采取防火、防水、保温、防虫害、防油渗等措施。

5）底层地面的混凝土垫层，应设置纵向缩缝（平行于施工方向的缩缝叫纵向缩缝）、横向缩缝（垂直于施工方向的缩缝叫横向缩缝），并应符合下列要求：

①纵向缩缝应采用平头缝或企口缝［图9-4（a）、图9-4（b）］，其间距可采用 3~6m。

②纵向缩缝采用企口缝时，垫层的构造厚度不宜小于150mm，企口拆模时的混凝土抗压强度不宜低于3MPa。

③横向缩缝宜采用假缝［图9-4（c）］，其间距可采用6~12m；高温季节施工的地面，假缝间距宜采用6m。假缝的宽度宜采用5~20mm；高度宜为垫层厚度的1/3 缝内应填水泥砂浆。

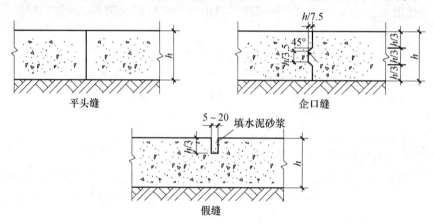

平头缝　　　　　　　　　　企口缝

假缝

图9-4　平头缝、企口缝和假缝示意

6）平头缝和企口缝的缝间不得放置隔离材料，必须彼此紧贴。

7）室外地面的混凝土垫层，宜设伸缝，其间距宜采用 20~30m，缝宽 20~30mm，缝内应填沥青类材料，沿缝两侧的混凝土边缘应局部加强。

8）大面积密集堆料的地面，混凝土垫层的纵向缩缝、横向缩缝，应采用平头缝，其间距宜采用6m。

9）在不同垫层厚度交界处，当相邻垫层的厚度比大于1、小于或等于1.4时，可采取连续式过渡措施［图9-5（a）］；当厚度比大于1.4时，可设置间断式沉降缝［图9-5（b）］。

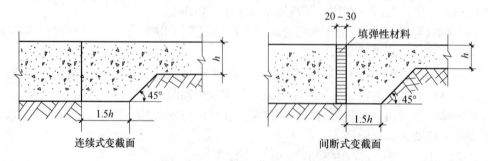

连续式变截面　　　　　　　间断式变截面

图9-5　两种变截面形式

10）设置防冻胀层的地面，当采用混凝土垫层时，纵向缩缝、横向缩缝应采用平头缝，其间距不宜大于3m。

11）混凝土垫层周边加肋时，宜用于室内，纵向缩缝、横向缩缝均应采用平头缝（图9-6），其间距宜为6~12m，纵、横间距宜相等。高温季节施工时，其间距宜采用6m。

12）铺设在混凝土垫层上的面层分格缝应符合下列要求：

①沥青类面层、块材面层可不设缝。

②细石混凝土面层的分格缝，应与垫层的缩缝对齐。

③水磨石、水泥砂浆、聚合物砂浆等面层的分格缝，除应与垫层的缩缝对齐外，尚应根据具体设计要求缩小间距。主梁两侧和柱周宜分别设分格缝。

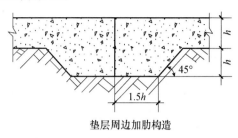

垫层周边加肋构造

图9-6 垫层周边加肋构造

④设有隔离层的面层分格缝，可不与垫层的缩缝对齐。

⑤防油渗面层分格缝的做法宜符合下列要求：

A. 分格缝的宽度可采用15~20mm，其深度可等于面层厚度。

B. 分格缝的嵌缝材料，下层宜采用防油渗胶泥，上层宜采用膨胀水泥砂浆封缝。

13）当有需要排除的水或其他液体时，地面应设朝向排水沟或地漏的排泄坡面。排泄坡面较长时，宜设排水沟。排水沟或地漏应设置在不妨碍使用并能迅速排除水或其他液体的位置。

14）疏水面积较大，当排泄量较小、排泄时可以控制或不定时冲洗时，可仅在排水地漏周围的一定范围内设置排泄坡面。

15）底层地面的坡度，宜采用修正地基高程筑坡。楼层地面的坡度，宜采用变更填充层、找平层的厚度或由结构起坡。

16）地面排泄坡面的坡度，应符合下列要求：

①整体面层或表面比较光滑的块材面层，可采用0.5%~1.5%。

②表面比较粗糙的块材面层，可采用1%~2%。

17）排水沟的纵向坡度，不宜小于0.5%。

18）地漏四周、排水地沟及地面与墙面连接处的隔离层，应适当增加层数或局部采用性能较好的隔离层材料。地面与墙面连接处隔离层应翻边，其高度不宜小于150mm。

19）有水或其他液体作用的地面与墙、柱等连接处，应分别设置踢脚板或墙裙。踢脚板的高度不宜小于150mm。

20）有水或其他液体流淌的地段与相邻地段之间，应设置挡水或调整相邻地面的高差。

21）在踏步、坡道或经常有水、油脂、油等各种易滑物质的地面上，应考虑防滑措施。

22）有水或其他液体流淌的楼层地面孔洞四周和平台临空边缘，应设置翻边或贴地遮挡，高度不宜小于100mm。

23）在有强烈冲击、磨损等作用的沟坑边缘，应采取加强措施。台阶、踏步边缘，可根据使用情况采取加强措施。

24）建筑物四周应设置散水、排水明沟或散水带明沟。散水的设置要求详本部分（墙身部分）。

（3）综合其他技术资料对构造的规定如下：

1）楼地面填充层内敷设有管道时，应考虑管道大小及交叉时所需的尺寸决定厚度。

2）有较高清洁要求及下部为高湿度房间的楼地面，宜设置防潮层。

3）有空气洁净度要求的楼地面应设防潮层。

4）当采用石材楼地面时，石材应进行防碱背涂处理。

5）档案馆建筑、图书馆的书库及非书资料库，当采用填实地面时，应有防潮措施。当采用架空地面时，架空高度不宜小于0.45m，并宜有通风措施。架空层的下部宜采用不小于1%坡度的防水地面，并高于室外地面0.15m。架空层上部的地面宜采用隔潮措施。

6）观众厅纵向走道坡度大于1:10时坡道面层应做防滑处理。

7）采暖房间楼地面，可不采用保温措施，但遇到架空或悬挑部分直接接触室外的采暖房间的楼地面或接触非采暖房间的楼地面时，应采取局部保温措施。

8）大面积的水泥楼地面、现浇水磨石楼地面的面层宜分格，每格面积不宜超过25m²。分格位置应与垫层伸缩缝位置重合。

9）有特殊要求的水泥地面，宜采用在混凝土面层上部干撒水泥面压实赶光（俗称：随打随抹）的做法。

10）关于地面伸缩缝和变形缝：

①伸缩缝和变形缝不应从需进行防水处理的房间中穿过。

②伸缩缝和变形缝应进行防火、隔声处理。接触室外空气及上下与不采暖房间相邻的楼地面伸缩缝应进行保温隔热处理。

③伸缩缝和变形缝不应穿过电子计算机主机房。

④防空工程防护单元内不应设置伸缩缝和变形缝。

⑤空气洁净度为100级、1000级、10000级的建筑室内楼地面不宜设置伸缩缝和变形缝。

11）有给水设备或有浸水可能的楼地面，应采用防水和排水措施。

①有防水要求的建筑楼地面，必须设置防水隔离层。楼层结构必须采用现浇钢筋混凝土或整块预制混凝土板。

②楼地面面层、地面垫层、楼地面填充层和楼地面结合层均应采用不透水材料及防水构造做法。

③防水层在立墙部位应至少高出楼面100mm，淋浴间等用房应适当提高并不应低于1800mm。

④有排水要求的房间楼地面，坡度应排向地漏，坡度为0.5%～1.5%之间。表面粗糙的面层，坡度应控制在1.0%～2.0%之间。当排泄坡度较长时，宜设排水沟，沟内坡度不宜小于0.5%。

⑤医院的手术室不应设置地漏，否则应有防污染措施。

⑥有排水的房间楼地面标高应低于走道或其他房间，高差为10～20mm。

12）配电室等用房楼地面标高宜稍高于走道或其他房间，一般高差在20～30mm，亦可采用挡水门槛。

13）档案库库区的楼地面应比库区外高20mm。当采用水消防时，应设排水口。

（4）《自流平地面工程技术规程》（JGJ/T 175—2009）中指出：

在基层上采用具有自行流平性能或稍加辅助性摊铺即能流动找平的地面用材料，经搅拌后摊铺所形成的地面称为自流平地面。

1）自流平地面的类型

①水泥基自流平砂浆地面：由基层、自流平界面剂、水泥基自流平砂浆构成的地面。

②石膏基自流平砂浆地面：由基层、自流平界面剂、石膏基自流平砂浆构成的地面。

③环氧树脂自流平地面：由基层、底涂、自流平环氧树脂地面涂层材料构成的地面。

④聚氨酯自流平地面：由基层、底涂、自流平聚氨酯地面涂层材料构成的地面。

⑤水泥基自流平砂浆-环氧树脂或聚氨酯薄涂地面：由基层、自流平界面剂、水泥基自流平砂浆、底涂、环氧树脂或聚氨酯薄涂构成的地面。

2）自流平地面的一般规定：

①水泥基自流平砂浆可用于地面找平层，也可用于地面面层。当用于地面找平层时，其厚度不得小于2.0mm，当用于地面面层时，其厚度不得小于5.0mm。

②石膏基自流平砂浆不得直接作为地面面层使用。当采用水泥基自流平砂浆作为地面面层时，石膏基自流平砂浆可用于找平层，其厚度不得小于2.0mm。

③环氧树脂和聚氨酯自流平地面面层厚度不得小于0.8mm。

④当采用水泥基自流平砂浆作为环氧树脂和聚氨酯地面的找平层时，水泥基自流平砂浆的强度等级不得低于C20。当采用环氧树脂和聚氨酯作为地面面层时，不得采用石膏基自流平砂浆做找平层。

⑤基层有坡度设计时，水泥基或石膏基自流平砂浆可用于坡度小于或等于1.5%的地面；对于坡度大于1.5%但不超过5%的地面，基层应采用环氧底涂撒砂处理，并应调整自流平砂浆流动度；坡度

大于 5% 的基层不得使用自流平砂浆。

⑥面层分隔缝的设置应与基层的伸缩缝保持一致。

3）自流平地面的优点：

①涂料自流平性能好，施工简便。

②自流平涂膜坚韧、耐磨、耐药性好、无毒、不助燃。

③表面平整光洁、装饰性好，可以满足 100 级洁净度的要求。

4）自流平地面的应用。

随着现代工业技术和生产的发展，对于清洁生产的要求越来越高，要求车间地坪耐磨、耐腐蚀、洁净、室内空气含尘量尽量低，已成为发展趋势。如：食品、烟草、电子、精密仪器仪表、医药、医疗手术室、汽车、机场用品等生产制作场所均要求为洁净生产车间。这些车间的地坪，一般均采用自流平地面。1996 年我国制定的医疗行业标准（GMP）中，一个很重要的硬件就是洁净地坪的制作与自流平地面的使用。

四、台阶、坡道

（一）台阶

1. 设计通则的规定

《民用建筑设计通则》（GB 50352—2005）中规定：

（1）公共建筑室内外台阶踏步宽度不宜小于 0.30m，踏步高度不宜大于 0.15m，并不宜小于 0.10m，踏步应防滑。室内台阶踏步数不应少于两级，当高差不足两级时，应按坡道设置。

（2）人流密集的场所台阶高度超过 0.70m 并侧面临空时，应有防护设施。

2. 其他规范的规定

（1）《住宅设计规范》（GB 50096—2011）中规定：

1）公共出入口台阶高度超过 0.70m 并侧面临空时，应设置防护设施，防护设施的净高不应低于 1.05m。

2）公共出入口台阶踏步宽度不宜小于 0.30m，踏步高度不应大于 0.15m，并不应小于 0.10m，踏步高度应均匀一致，并应采取防滑措施。台阶踏步数不应少于两级，当高差不足两级时，应按坡道设置；台阶宽度大于 1.80m 时，两侧宜设置栏杆扶手，高度应为 0.90m。

（2）《老年人建筑设计规范》（JGJ 122—99）中规定：

1）老年人建筑出入口门前平台与室外地面高差不宜大于 0.40m，并应采用缓坡台阶和坡道过渡。

2）缓坡台阶踏步踢面高度不宜大于 0.12m，踏面宽度不宜小于 0.38m，台阶两侧应加栏杆、扶手。

3）出入口顶部应做雨篷。

（3）《商店建筑设计规范》（JGJ 48—88）中指出：

室外台阶踏步高度不宜大于 0.15m，踏步宽度不宜小于 0.30m。

（4）《中小学校设计规范》（GB 50099—2011）中指出：

1）中小学校的建筑物内，当走道有高差变化应设置台阶时，台阶处应有天然采光或照明，踏步级数不得少于 3 级，并不得采用扇形踏步。

2）当高差不足 3 级踏步时，应设置坡道。

（二）坡道

1. 设计通则的规定

《民用建筑设计通则》（GB 50352—2005）中规定：

（1）室内坡道坡度不宜大于 1:8，室外坡道坡度不宜大于 1:10。

（2）室外坡道水平投影长度超过 15m 时，宜设休息平台，平台宽度应根据使用功能或设备尺寸所需缓冲空间而定。

（3）供轮椅使用坡道的坡度不应大于 1:12，困难地段的坡度不应大于 1:8。

（4）自行车推行坡道每段坡长不宜超过 6m，坡度不宜大于 1:5。

（5）机动车行坡道应符合《汽车库建筑设计规范》（JGJ 100—98）的规定。具体数值见表 9-16。

表 9-16 机动车行车坡道

坡道形式	直线坡道		曲线坡道	
车型	百分比（%）	比值（高:长）	百分比（%）	比值（高:长）
微型车 小型车	15	1:6.67	12	1:8.3
轻型车	13.3	1:7.5	10	1:10
中型车	12	1:8.3		
大型客车 大型货车	10	1:10	8	1:12.5
铰接客车 铰接货车	8	1:12.5	6	1:16.7

（6）坡道应采取防滑措施，坡道中间休息平台的水平长度不应小于 1.50m。

2. 其他规范的规定

（1）《老年人建筑设计规范》（JGJ 122—99）中规定：

1）不设电梯的 3 层及 3 层以下老年人建筑除设楼梯以外，还宜兼设坡道，坡道净宽不宜小于 1.50m，坡道长度不宜大于 12m。

①坡道转弯时应设休息平台，休息平台净深度不得小于 1.50m。

②在坡道的起点与终点，应留有深度不小于 1.50m 的轮椅缓冲地带。

③坡道侧面临空时，在栏杆下端宜设高度不小于 50mm 的安全挡台。

2）出入口前坡道坡度不宜大于 1:12，坡道两侧应加栏杆、扶手。

（2）《托儿所、幼儿园建筑设计规范》（JGJ 39—87）中指出：

1）在幼儿安全疏散和经常出入的通道上，不应设置台阶。

2）必要时可设置防滑坡道，其坡度不应大于 1:12。

（3）《档案馆建筑设计规范》（JGJ 25—2000）中指出：

当档案库与其他用房同层布置且楼地面有高差时，应采用坡道连接。

（4）《商店建筑设计规范》（JGJ 48—88）中指出：商业部分的坡道应符合下列规定：

1）供轮椅通行坡道的坡度不应大于 1:12。

2）坡道两侧应设置高度为 0.65m 的扶手。

3）坡道水平投影长度超过 15m 时，宜设 1.50m 长的休息平台。

（5）《汽车库建筑设计规范》（JGJ 100—98）中指出：

汽车库内坡道面层应采取防滑措施，并宜在柱子、墙体阳角和凸出构件等部位设置防撞措施。

（6）《剧场建筑设计规范》（JGJ 57—2000）中规定：

室内部分坡度不应大于 1:8，室外部分坡度不应大于 1:10，并应加防滑措施。室内坡道采用地毯等不应低于 B_1 级材料。为残疾人设置的坡道坡度不应大于 1:12。

（7）《博物馆建筑设计规范》（JGJ 66—91）中规定：

博物馆藏品的运送通道应防止出现台阶，楼地面高差处可设置不大于1:12的坡道。珍品及对温湿度变化较敏感的藏品不应通过露天运送。

（8）《中小学校设计规范》（GB 50099—2011）中指出：

用坡道代替台阶时，坡道的坡度不应大于1:8，不宜大于1:12。

（9）综合其他技术资料的规定：

1）不同位置的坡道、坡度和宽度，见表9-17。

表9-17 不同位置的坡道、坡度和宽度

坡道位置	最大坡度	最小宽宽（m）
有台阶的建筑入口	1:12	≥1.20
只有坡道的建筑入口	1:20	≥1.50
室内走道	1:12	≥1.00
室外道路	1:20	≥1.50
困难地段	1:10～1:8	≥1.20

2）坡道起点、终点和中间休息平台的水平长度不应小于1.50m。

五、阳台和防护栏杆

（一）阳台

1.《住宅设计规范》（GB 50096—2011）中规定

（1）每套住宅宜设阳台或平台。

（2）阳台栏杆设计必须采用防止儿童攀登的构造，栏杆的垂直杆件间净距不应大于0.11m；放置花盆处必须采取防坠落措施。

（3）阳台栏板或栏杆净高，6层及6层以下不应低于1.05m，7层及7层以上不应低于1.10m。

（4）封闭阳台栏杆也应满足阳台栏板或栏杆净高要求。7层及7层以上住宅和寒冷、严寒地区住宅的阳台宜采用实体栏板。

（5）顶层阳台应设雨罩，各套住宅之间毗连的阳台应设分户隔板。

（6）阳台、雨罩均应采取有组织排水措施，雨罩及开敞阳台应采取防水措施。

（7）当阳台设有洗衣设备时应符合下列规定：

1）应设置专用给水、排水管线及专用地漏，阳台楼面、平台地面均应做防水。

2）严寒和寒冷地区应封闭阳台，并应采取保温措施。

（8）当阳台或建筑外墙设置空调室外机时，其安装位置应符合下列规定：

1）应能通畅地向室外排放空气和自室外吸入空气。

2）在排除空气一侧不应有遮挡物。

3）应为室外机安装和维护提供方便操作的条件。

4）安装位置不应对室外人员形成热污染。

2.《老年人建筑设计规范》（JGJ 122—99）中规定

（1）老年人居住建筑的起居室和卧室应设阳台，阳台净深度不宜小于1.50m。

（2）老人疗养室、老人病房宜设净深度不宜小于1.50m的阳台。

（3）阳台栏杆扶手高度不应小于1.10m，严寒和寒冷地区宜设封闭式阳台。顶层阳台应设雨篷。阳台板底或侧壁，应设可升降的晾晒衣物设施。

（4）供老年人活动的屋顶平台或屋顶花园，其屋顶女儿墙护栏高度不应小于1.10m；出平台的屋顶突出物，其高度不应小于0.60m。

3.《托儿所、幼儿园建筑设计规范》（JGJ 39—87）中规定

（1）阳台、屋顶平台的护栏净高不应小于1.20m，内侧不应设有支撑。

（2）护栏宜采用垂直杆件，其净空间距不应大于0.11m。

4.《住宅建筑规范》（GB 50368—2005）中规定

（1）阳台地面构造应有排水措施。

（2）6层及6层以下住宅的阳台栏杆净高不应低于1.05m，7层及7层以上住宅的阳台栏杆净高不应低于1.10m，阳台栏杆应有防护措施。

（3）防护栏杆的垂直杆件间净距不应大于0.11m。

5.《疗养院建筑设计规范》（JGJ 40—87）中规定

疗养室宜设阳台，阳台净深不宜小于1.50m。长廊式阳台可根据需要分隔。

（二）防护栏杆

1. 设计通则的规定

《民用建筑设计通则》（GB 50352—2005）中指出，阳台、外廊、室内回廊、内天井、上人屋面及室外楼梯等临空处应设置防护栏杆，并应符合下列规定：

（1）栏杆应以坚固、耐久的材料制作，并能承受荷载规范规定的水平荷载。

（2）临空高度在24m以下时，栏杆高度不应低于1.05m，临空高度在24m及24m以上（包括中高层住宅）时，栏杆高度不应低于1.10m。

注：栏杆高度应从楼地面或屋面至栏杆扶手顶面垂直高度计算，如底部有宽度大于或等于0.22m，且高度低于或等于0.45m的可踏部位，应从可踏部位顶面起计算。

（3）栏杆离楼面或屋面0.10m高度内不宜留空。

（4）住宅、托儿所、幼儿园、中小学及少年儿童专用活动场所的栏杆必须采用防止少年儿童攀登的构造，当采用垂直杆件做栏杆时，其杆件净距不应大于0.11m。

（5）文化娱乐建筑、商业服务建筑、体育建筑、园林景观建筑等允许少年儿童进入活动的场所，当采用垂直杆件做栏杆时，其杆件净距也不应大于0.11m。

2. 其他规范的规定

（1）《住宅设计规范》（GB 50096—2011）中规定：

外廊、内天井及上人屋面等临空处的栏杆净高，6层及6层以下不应低于1.05m，7层及7层以上不应低于1.10m。防护栏杆必须采用防止少年儿童攀登的构造，栏杆的垂直杆件间净距不应大于0.11m。放置花盆处必须采取防坠落措施。

（2）《中小学校设计规范》（GB 50099—2011）中规定：

上人屋面、外廊、楼梯、平台、阳台等临空部位必须设防护栏杆，并应符合下列规定：

1）防护栏杆必须坚固、安全，高度不应低于1.10m。

2）防护栏杆最薄弱处承受的最小水平推力应不小于1.5kN/m²。

六、走道、通道、外廊、门厅和安全出口

（一）走道、通道

1.《住宅设计规范》（GB 50096—2011）中规定

（1）套内入口过道净宽度不宜小于1.20m；通往卧室、起居室（厅）的过道净宽度不应小于

1.00m；通往厨房、卫生间、贮藏室过道净宽度不应小于0.90m。

（2）套内设于底层或靠外墙、靠卫生间的壁柜内部应采取防潮措施。

2.《住宅建筑规范》（GB 50368—2005）中指出

走廊和公共部位通道的净宽不应小于1.20m，局部净高不应低于2.00m。

3.《办公建筑设计规范》（JGJ 67—2006）中规定

办公建筑的走道应满足下列要求：

（1）办公建筑的走道的净宽应满足表9-18的要求：

表9-18　办公建筑的走道的净宽

走道长度（m）	走道净宽（m）	
	单面布房	双面布房
≤40	1.30	1.50
>40	1.50	1.80

（2）高差不足两级踏步时，不应设置台阶，应设坡道，其坡度不宜大于1∶8。

4.《商店建筑设计规范》（JGJ 48—88）中指出

（1）普通营业厅内通道最小净宽度应符合表9-19的规定

表9-19　普通营业厅内通道最小净宽度

通道宽度	最小净宽度（m）
1. 通道在柜台与墙面或陈列窗之间	2.20
2. 通道在两个平行柜台之间，如每个柜台长度小于7.50m时	2.20
如一个柜台长度小于7.50m，另一个柜台长度为7.50~15.0m时	3.00
如每一个柜台长度为7.50~15.0m时	3.70
如每一个柜台长度大于15.0m时	4.00
如通道一端仅有楼梯时	上下两个梯段宽度之和再加1m
3. 柜台边与开敞楼梯最近踏步间距离	4.00，并不小于楼梯间净宽度

注：1. 通道如有陈设物时，通道最小净宽度应增加该陈列物宽度。

　　2. 无柜台售区，中小营业厅可根据实际情况按本表数字酌减，但不应大于20%。

　　3. 菜市场、摊贩市场营业厅宜按本表数字增加20%。

（2）库房内通道最小净宽度应符合表9-20的规定

表9-20　库房内通道最小净宽度

通道位置	净宽度（m）
货架或堆垛端头与墙面内的通风通道	>0.30
平行的两组货架或堆垛间手携商品通道，按货架或堆垛宽度选择	0.70~1.25
与各货架或堆垛间通道相连的垂直通道，可推行轻便手推车	1.50~1.80
电瓶车通道（单车道）	>2.50

5.《中小学校设计规范》（GB 50099—2011）中指出

（1）教学用建筑的走道宽度应符合下列规定；

1）应根据在该走道上各教学用房疏散的总人数，按照表9-21的规定计算走道的疏散宽度。

表9-21　安全出口、疏散走道、疏散楼梯和房间疏散门每100人的净宽度

所在楼层位置	耐火等级		
	一、二级	三级	四级
地上一、二层	0.70	0.80	1.05
地上三层	0.80	1.05	—
地上四、五层	1.05	1.30	—
地下一、二层	0.80	—	—

2）走道疏散宽度内不得有壁柱、消火栓、教室开启后的门窗扇等设施。

（2）中小学校的建筑物内，当走道有高差变化应设置台阶时，台阶处应有天然采光或照明，踏步级数不得少于3级，并不得采用扇形踏步。当高差不足3级踏步时，应设置坡道。坡道的坡度不应大于1:8，不宜小于1:12。

（3）教学用房内走道净宽度不应小于2.40m，单侧走廊及外廊的净宽度不应小于1.80m（注：原规范规定行政及教师办公用房不应小于1.50m）。

（二）外廊、门厅、安全出口

外廊、门厅、安全出口除《建筑设计防火规范》（GB 50016—2006）、《高层民用建筑设计防火规范》（GB 50045—95）2005年版的规定（见本书第7部分）外，其他规范的规定如下：

1.《住宅设计规范》（GB 50096—2011）中规定

（1）走廊和出入口。

1）住宅中作为主要通道的外廊宜做封闭外廊，并应设置可开启的窗扇。走廊通道的净宽不应小于1.20m，局部净高不应低于2.00m。

2）位于阳台、外廊及开敞楼梯平台的公共出入口，应采取防止物体坠落伤人的安全措施。

3）公共出入口处应有标识，10层及10层以上住宅的公共出入口应设门厅。

（2）安全疏散出口。

1）10层以下的住宅建筑，当住宅单元任一层的建筑面积大于650m²，或任一套房的户门至安全出口的距离大于15m时，该住宅单元每层的安全出口不应少于两个。

2）10层及10层以上且不超过18层的住宅建筑，当住宅单元任一层的建筑面积大于650m²，或任一套房的户门至安全出口的距离大于10m时，该住宅单元每层的安全出口不应少于两个。

3）19层及19层以上的住宅建筑，每层住宅单元的安全出口不应少于两个。

4）安全出口应分散布置，两个安全出口的距离不应小于5.00m。

5）楼梯间及前室的门应向疏散方向开启。

6）10层以下的住宅建筑的楼梯间宜通至屋顶，且不应穿越其他房间。通至平屋面的门应向屋面方向开启。

7）10层及10层以上的住宅建筑，每个住宅单元的楼梯均应通至屋顶，且不应穿越其他房间。通至平屋面的门应向屋面方向开启。各住宅单元的楼梯间宜在屋顶相连通。但符合下列条件之一的，楼梯可不通至屋顶：

①18层及18层以下，每层不超过8户、建筑面积不超过650m²，且设有一座公用的防烟楼梯间和消防电梯的住宅。

②顶层设有外部联系廊的住宅。

2.《老年人建筑设计规范》（JGJ 122—99）中规定

（1）老年人居住建筑出入口，宜采用阳面开门，出入口内外应留有不小于1.50m×1.50m的轮椅

回转面积。

（2）老年人公共建筑，通过式走道净宽不宜小于1.80m。

（3）户室内通过式走道净宽不宜小于1.20m。

（4）通过式走道两侧墙面0.90m和0.65m高度处宜设直径为40~50mm的圆形横向扶手，扶手离墙表面间距40mm；走道两侧墙面下部设0.35m高的护墙板。

3.《办公建筑设计规范》（JGJ 67—2006）中规定

（1）门厅内可设传达、收发、会客、服务、问询、展示等功能房间（场所）。根据使用要求也可设商务中心、咖啡厅、警卫室、电话间等。

（2）楼梯、电梯厅宜与门厅邻近，并应满足防火疏散要求。

（3）严寒和寒冷地区的门厅应设门斗或其他防寒措施。

（4）有中庭空间的门厅应组织好人流交通，并应满足防火疏散要求。

4.《中小学校设计规范》（GB 50099—2011）中规定

（1）外廊栏杆（或栏板）的高度，不应低于1.10m。栏杆不应采用易于攀登的花格。

（2）教学用房在建筑的主要出入口处宜设置门厅。

（3）在寒冷或风沙大的地区，教学用建筑物出入口应设挡风间或双道门（注：原规范规定，挡风间或双道门的深度，不宜小于2.10m）。

（4）校园内除建筑面积不大于200m^2，人数不超过50人的单层建筑外，每栋建筑应设置两个出入口。非完全小学内，单栋建筑面积不超过500m^2，且耐火等级为一、二级的低层建筑可只设1个出入口。

（5）教学用建筑物出入口净通行宽度不得小于1.40m，门内与门外各1.50m范围内不宜设置台阶。

5.《旅馆建筑设计规范》（JGJ 62—90）中指出

（1）客房入口门洞宽度不应小于0.90m，高度不应低于2.10m。

（2）客房内卫生间门洞宽度不应小于0.75m，高度不应低于2.10m。

（3）既做套间又可分为两个单间的客房之间的连通门和隔墙，应符合客房隔声标准。

（4）相邻客房之间的阳台不应连通。

七、楼梯

（一）楼梯间的类型及设置原则

1. 开敞式楼梯间

（1）特点：应靠外墙设置并应有直接天然采光和自然通风（图9-7）。

（2）设置原则：下列建筑或部位可以设置开敞式楼梯间：

①多层建筑。

②11层及11层以下的单元式高层住宅，要求开向楼梯间的户门为乙级防火门。

2. 封闭式楼梯间

（1）特点：

1）楼梯间应靠近外墙，并应有直接天然采光和自然通风；当不能采用直接天然采光和自然通风时，应按防烟楼梯间的规定设置。

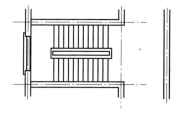

图9-7 开敞式楼梯间

2）楼梯间应设乙级防火门，并应向疏散方向开启（图9-8）。

3）楼梯间的首层紧接主要出口时，可将走道和门厅等包括在楼梯间内，形成扩大的封闭楼梯间，但应采用乙级防火门等防火措施与其他走道和房间隔开（图9-9）。

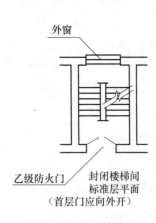

图9-8　封闭式楼梯间

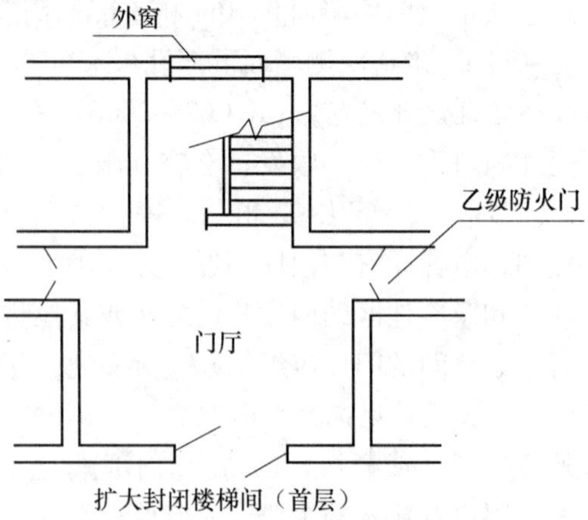

图9-9　扩大的封闭式楼梯间

4）其他建筑封闭楼梯间的门可以采用双向弹簧门。

（2）设置原则：

1）《高层民用建筑设计防火规范》（GB 50045—95）2005年版中规定，下列建筑或部位应设置封闭式楼梯间。

①裙房。

②除单元式和通廊式住宅外的建筑高度不超过32m的二类高层建筑。

③12层至18层的单元式住宅。

④11层及11层以下的通廊式住宅。

⑤建筑高度在24m及24m以下的商店建筑营业厅。

2）《建筑设计防火规范》（GB 50016—2006）中规定：下列公共建筑应采用封闭楼梯间（包括首层的扩大封闭楼梯间）。

①医院、疗养院病房楼。

②旅馆。

③超过2层的商店等人员密集的公共建筑。

④设置有歌舞娱乐放映游艺场所且建筑层数超过2层的建筑。

⑤超过5层的其他公共建筑。

3）《宿舍建筑设计规范》（JGJ 36—2005）中规定：

①7层～11层的通廊式宿舍应设封闭楼梯间。

②12层～18层的单元式宿舍应设封闭楼梯间；7层及7层以上各单元的楼梯间均应通至屋顶。若10层以下的宿舍，在每层居室通向楼梯间的出入口处设有乙级防火门时，则该楼梯间可不通至屋顶。

③楼梯间应直接采光、通风。

4）其他相关规范中规定：

①居住建筑超过6层或任一楼层建筑面积大于500m² 时。如果户门或通向疏散走道、楼梯间的门、窗为乙级防火门、窗时可以例外。

②地下商店和设置歌舞娱乐放映游艺场所的地下建筑（室），不符合设置防烟楼梯间的条件时。

③博物馆建筑的观众厅。

3. 防烟式楼梯间

（1）特点。

1）楼梯间入口处应设前室、阳台或凹廊。

2）前室的面积，公共建筑不应小于 6.00m^2，居住建筑不应小于 4.50m^2。

3）前室和楼梯间的门均应为乙级防火门，并应向疏散方向开启（图 9-10 ~ 图 9-12）。

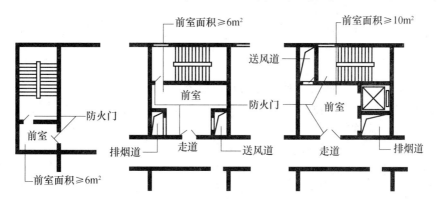

图 9-10　带前室的防烟式楼梯间

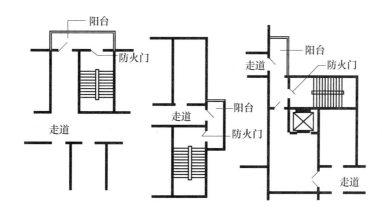

图 9-11　带阳台的防烟式楼梯间

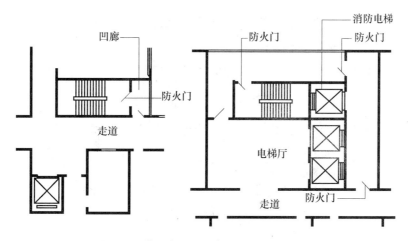

图 9-12　带凹廊（凹阳台）的防烟式楼梯间

（2）设置原则。

1）《高层民用建筑设计防火规范》（GB 50045—95）2005 年版中规定，下列建筑或部位应设置防烟楼梯间：

①一类高层建筑。

②除单元式和通廊式住宅外的建筑高度超过32m的二类高层建筑。

③塔式住宅。

④19层及19层以上的单元式住宅。

⑤超过11层的通廊式住宅。

⑥剪刀式楼梯间。

⑦建筑高度在24m以上的商店建筑的营业厅。

⑧不具备直接天然采光和自然通风的封闭楼梯间。

⑨高层病房楼。

2)《建筑设计防火规范》（GB 50016—2006）中规定：

地下商店和设置歌舞娱乐放映游艺场所的地下建筑（室），当地下层数为3层和3层以下时或地下室内地面与室外出入口地坪的高差大于10m时。

3)《宿舍建筑设计规范》（JGJ 36—2005）中规定：

①12层及12层以上的通廊式宿舍应设防烟楼梯间。

②19层及19层以上的单元式宿舍应设防烟楼梯间；楼梯间均应通至屋顶。若10层以下的宿舍，在每层居室通向楼梯间的出入口处设有乙级防火门时，则该楼梯间可不通至屋顶。

③楼梯间应直接采光、通风。

4. 剪刀式楼梯间

（1）特点。

剪刀楼体指的是在一个开间和一个进深内，设置两个不同方向的单跑楼梯，中间用不燃烧体墙分开，从任何一侧均可到达上层（或下层）的楼梯。

（2）设置原则。

《高层民用建筑防火设计规范》（GB 50045—95）2005年版中指出，塔式高层建筑，两座疏散楼梯宜独立设置，当确有困难时，可设置剪刀楼梯，并应符合下列规定：

1）剪刀式楼梯间应为防烟式楼梯间。

2）剪刀楼梯的梯段之间，应设置耐火极限不低于1.00h的不燃烧体墙分隔。

3）剪刀楼梯应分别设置前室，塔式住宅确有困难时，可设置一个前室，但两座楼梯应分别设加压送风系统（图9-13）。

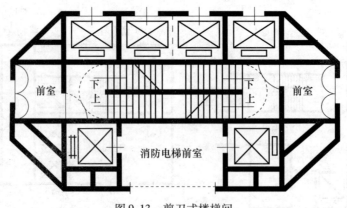

图9-13　剪刀式楼梯间

5. 室外楼梯

（1）特点

《建筑设计防火规范》（GB 50016—2006）中规定：

1）栏杆扶手的高度不应小于1.10m，楼梯的净宽度不应小于0.90m。

2）倾斜角度不应大于45°。

3）楼梯段和平台均应采用不燃材料制作。平台的耐火极限不应低于 1.00h。楼梯段的耐火极限不应低于 0.25h。

4）通向室外楼梯的门宜采用乙级防火门，并应向室外开启。

5）除设疏散门外，楼梯周围 2.00m 内的墙面上不应设置门窗洞口，疏散门不应正对梯梯段（图 9-14）。

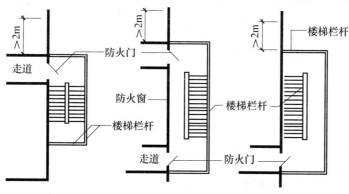

图 9-14　室外楼梯

（2）设置原则。

1）要求设置室内封闭楼梯间的公共建筑，可用室外疏散楼梯替代。

2）《托儿所、幼儿园建筑设计规范》（JGJ 39—87）中指出：在严寒、寒冷地区设置的室外安全疏散楼梯，应有防护措施。

（二）楼梯数量的确定

1.《建筑设计防火规范》（GB 50016—2006）中规定

（1）公共建筑和通廊式住宅一般应取两部楼梯，单元式住宅可以例外。

（2）2～3 层的建筑（医院、疗养院、老年人建筑、托儿所、幼儿园、儿童游乐厅除外）符合下列要求时，可设一个疏散楼梯（表 9-22）。

表 9-22　公共建筑设置一个疏散楼梯的条件

耐火等级	最多层数	每层最大建筑面积（m²）	人数
一、二级	三层	500	第二层与第三层人数之和不超过 100 人
三级	三层	200	第二层与第三层人数之和不超过 50 人
四级	二层	200	第二层人数不超过 50 人

注：建筑面积小于或等于 200m²，且人数不超过 50 人的单层公共建筑可设置一个安全出口。

（3）9 层及 9 层以下，每层建筑面积不超过 300m²，且人数不超过 30 人的单元式住宅可设置一个楼梯。

（4）9 层及 9 层以下，每层建筑面积不超过 500m² 的塔式住宅，可设置一个楼梯。

2.《高层民用建筑防火设计规范》（GB 50045—95）2005 年版中规定

（1）高层建筑每个防火分区的安全出口不应少于 2 个。

（2）符合下列条件的建筑可设一个安全出口：

1）18 层及 18 层以下，每层不超过 8 户，建筑面积不超过 650m² 且设有消防电梯的塔式住宅可设置一座防烟楼梯间。

2）18 层及 18 层以下，每个单元设有一座通向屋顶的疏散楼梯，单元之间的楼梯通过屋顶连通，单元与单元之间设有防火墙，户门为甲级防火门，窗间墙宽度和窗槛墙高度大于 1.20m 且为不燃烧体墙的单元式住宅。

3）超过 18 层，每个单元设有一座通向屋顶的疏散楼梯，18 层以上部分每层相邻单元楼梯通过阳台或凹廊连通（屋顶可以不连通），18 层及 18 层以下部分单元与单元之间设有防火墙，且户门为甲级防火门，窗间墙宽度和窗槛墙高度大于 1.20m 且为不燃烧体墙的单元式住宅。

（3）除地下室外，相邻两个防火分区之间的防火墙上有防火门连通时，且相邻两个防火分区的建筑面积之和不超过表9-23规定的公共建筑。

表9-23　两个防火分区之和最大允许建筑面积

建筑类别	两个防火分区建筑面积之和（m²）
一类建筑	1400
二类建筑	2100

注：上述相邻两个防火分区设有自动喷水灭火系统时，其相邻两个防火分区的建筑面积之和仍应符合本表的规定。

（三）楼梯位置的确定

1. 楼梯应放在明显和易于找到的部位，上下层楼梯应放在同一位置，以方便疏散。
2. 楼梯不宜放在建筑物的角部和边部，以方便荷载传递。
3. 楼梯间应有直接的采光和自然通风（防烟式楼梯间除外）。
4. 5层及5层以上建筑物的楼梯间，底层应设出入口；4层及4层以下的建筑物，楼梯间可以放在距出入口不大于15m处。
5. 楼梯不宜采用围绕电梯的布置形式。

（四）楼梯的细部尺寸

1. 《民用建筑设计通则》（GB 50352—2005）中规定
（1）楼梯的数量、位置、宽度和楼梯间形式应满足使用方便和安全疏散的要求。
（2）墙面至扶手中心线或扶手中心线之间的水平距离即楼梯梯段宽度除应符合防火规范的规定外，供日常主要交通用的楼梯的梯段宽度应根据建筑物使用特征，按每股人流为 $0.55 + (0 \sim 0.15)$ m 的人流股数确定，并不应少于两股人流。$0 \sim 0.15$ m 为人流在行进中人体的摆幅，公共建筑人流众多的场所应取上限值。
（3）梯段改变方向时，扶手转向端处的平台最小宽度不应小于梯段宽度，并不得小于1.20m，当有搬运大型物件需要时应适量加宽。
（4）每个梯段的踏步不应超过18级，亦不应少于3级。
（5）楼梯平台上部及下部过道处的净高不应小于2.00m，梯段净高不宜小于2.20m。
注：梯段净高为自踏步前缘（包括最低和最高一级踏步前缘线以外0.30m范围内）量至上方突出物下缘间的垂直高度。
（6）楼梯应至少在一侧设扶手，梯段净宽达三股人流时应两侧设扶手，达四股人流时宜加设中间扶手。
（7）室内楼梯扶手高度自踏步前缘线量起不宜小于0.90m。靠楼梯井一侧水平扶手长度超过0.50m时，其高度不应小于1.05m。
（8）踏步应采取防滑措施。
（9）托儿所、幼儿园、中小学及少年儿童专用活动场所的楼梯，梯井净宽大于0.20m时，必须采取防止少年儿童攀滑的措施，楼梯栏杆应采取不易攀登的构造，当采用垂直杆件做栏杆时，其杆件净距不应大于0.11m。
（10）楼梯踏步的高宽比应符合表9-24的规定。

表9-24　楼梯踏步的高宽比　　　　　　　　　　　　　　　　　　（m）

楼梯类别	最小宽度	最大高度
住宅共用楼梯	0.26	0.175
幼儿园、小学校楼梯	0.26	0.15
电影院、剧场、体育馆、商场、医院、旅馆和大中学校等楼梯	0.28	0.16
其他建筑楼梯	0.26	0.17
专用疏散楼梯	0.25	0.18
服务楼梯、住宅套内楼梯	0.22	0.20

注：无中柱螺旋楼梯和弧形楼梯离内侧扶手中心0.25m的踏步宽度不应小于0.22m。

（11）供老年人、残疾人使用及其他专用服务楼梯应符合专用建筑设计规范的规定。

2. 其他规范的规定

（1）《建筑设计防火规范》（GB 50016—2006）中规定：

1）楼梯间一般不宜占用好朝向。

2）楼梯不宜采用围绕电梯的布置形式。

3）建筑物内的楼梯间应设在各楼层的同一位置，以利于日常使用或紧急疏散。

4）建筑物内主入口的明显位置宜设有主楼梯。

5）地下室、半地下室与首层共用楼梯间时，应在首层的出入口位置设有耐火极限不低于 2h 的隔墙和乙级防火门，并应有明显标志。

疏散用楼梯和疏散通道上的阶梯不宜采用螺旋楼梯和扇形踏步。当必须采用时，踏步上下两级所形成的平面角度不应大于 10°，且每级离扶手 0.25m 处踏步深度不应小于 0.22m。

（2）《高层民用建筑设计防火规范》（GB 50045—95）2005 年版中规定：

1）疏散楼梯间在各层的位置不应该变，首层应有直通室外的出口。

2）疏散楼梯和走道上的阶梯不应采用螺旋楼梯和扇形踏步，但踏步上下两级所形成的平面角不超过 10°，且每级距离扶手 0.25m 处踏步宽度超过 0.22m 时，可不受此限。

3）每层疏散楼梯总宽度应按通过人数每 100 人不小于 1.00m 计算，各层人数不等时，其总宽度可分段计算，下层疏散楼梯总宽度应按其上层人数最多的一层计算。疏散楼梯的最小净宽应不小于表 9-25 的规定。

表 9-25　疏散楼梯的最小净宽度

高层建筑	疏散楼梯的最小净宽度（m）
医院病房楼	1.30
居住建筑	1.10
其他建筑	1.20

（3）《住宅设计规范》（GB 50096—2011）中规定：

1）共用楼梯。

①共用楼梯的楼梯梯段净宽不应小于 1.10m，不超过 6 层的住宅，一边设有栏杆的梯段净宽不应小于 1.00m。

注：楼梯梯段净宽系指墙面装饰面至扶手中心之间的水平距离。

②楼梯踏步宽度不应小于 0.26m，踏步高度不应大于 0.175m。扶手高度不应小于 0.90m。楼梯水平段栏杆长度大于 0.50m 时，其扶手高度不应小于 1.05m。楼梯栏杆垂直杆件间净空不应大于 0.11m。

③楼梯平台净宽不应小于楼梯梯段的净宽，且不得小于 1.20m。楼梯平台的结构下缘至人行通道的垂直高度不应低于 2.00m。入口处地坪与室外地面应有高差，并不应小于 0.10m。

④楼梯为剪刀式楼梯时，楼梯平台的净宽不得小于 1.30m。

⑤楼梯井净宽大于 0.11m 时，必须采取防止儿童攀滑的措施。

2）套内楼梯。

①套内楼梯当一边临空时，不应小于 0.75m；当两侧有墙时，墙面净宽不应小于 0.90m。并应在其中一侧墙面设置扶手。

②套内楼梯的踏步宽度不应小于 0.22m；高度不应大于 0.20m；扇形踏步转角距扶手中心 0.25m 处，宽度不应小于 0.22m。

（4）《住宅建筑规范》（GB 50368—2005）中指出：

1）楼梯段的净宽不应小于 1.10m。

2）6 层及 6 层以下住宅，一侧有栏杆的楼梯段净宽不应小于 1.00m。

3）楼梯踏步宽度不应小于 0.26m，踏步高度不应大于 0.175m。

4）楼梯段改变方向时，扶手转向端处的平台最小宽度不应小于梯段宽度，并不得小于 1.20m。当有搬运大型物件需要时应适量加宽。

5）楼梯井净宽大于 0.11m 时，必须采取防止儿童攀滑的措施。

6）扶手高度不应小于 0.90m。

7）楼梯水平段栏杆长度大于 0.50m 时，其扶手高度不应小于 1.05m。

8）楼梯栏杆垂直杆件间净空不应大于 0.11m。

（5）《宿舍建筑设计规范》（JGJ 36—2005）中规定：

1）梯段（楼梯门、走道）的宽度应按每 100 人不小于 1.00m 计算。

2）最小梯段净宽不应小于 1.20m。

3）楼梯踏步宽度不应小于 0.27m，踏步高度不应大于 0.165m。

4）小学宿舍楼梯踏步宽度不应小于 0.26m，踏步高度不应大于 0.15m。

5）楼梯休息平台宽度不应小于楼梯梯段的净宽。

6）小学宿舍楼梯井净宽不应大于 0.20m。

7）扶手高度不应小于 0.90m。

8）楼梯水平段栏杆长度大于 0.50m 时，其扶手高度不应小于 1.05m。

（6）《老年人建筑设计规范》（JGJ 122—99）中规定：

1）老年人使用的楼梯间，楼梯段净宽不得小于 1.20m。

2）楼梯间不得采用扇形踏步，不得在平台区内设踏步。

3）缓坡楼梯踏步的宽度：居住建筑不应小于 0.30m，公共建筑不应小于 0.32m。

4）缓坡楼梯踏步的高度：居住建筑不应大于 0.15m，公共建筑不应大于 0.13m。

5）踏步前缘宜设高度不大于 3mm 的异色防滑警示条，踏面前缘前凸不宜大于 10mm。

6）楼梯与坡道两侧离地面 0.90m 和 0.65m 处应设连续的栏杆与扶手，沿墙一侧扶手应水平延伸（0.30m 为宜）。

（7）《中小学校设计规范》（GB 50099—2011）中指出：

1）中小学校教学用房的楼梯梯段宽度应为人流股数的整数倍。梯段宽度不应小于 1.20m，并应按 0.60m 的整数倍增加梯段宽度。每个梯段可增加不超过 0.15m 的摆幅宽度，意即梯段宽度可为 0.60 ~ 0.75m 之间。

2）中小学校楼梯每个梯段的踏步级数不应小于 3 级，且不应多于 18 级，并应符合下列规定：

①各类小学楼梯踏步的宽度不得小于 0.26m，高度不得大于 0.15m。

②各类中学楼梯踏步的宽度不得小于 0.28m，高度不得大于 0.16m。

③楼梯的坡度不得大于 30°。

3）疏散楼梯不得采用螺旋楼梯和扇形踏步。

4）楼梯两梯段间楼梯井净宽不得大于 0.11m，大于 0.11m 时，应采取有效的安全防护措施。两梯段扶手之间的水平净距宜为 0.10 ~ 0.20m。

5）中小学校的楼梯扶手的设置应符合下列规定：

①梯段宽度为两股人流时，应至少在一侧设置扶手。

②梯段宽度为 3 股人流时，两侧均应设置扶手。

③梯段宽度达到 4 股人流时，应加设中间扶手，中间扶手两侧梯段净宽应满足 1）项的要求。

④中小学校室内楼梯扶手高度不应低于 0.90m；室外楼梯扶手高度不应低于 1.10m；水平扶手高

度不应低于 1.10m。

⑤中小学校的楼梯扶手上应加设防止学生溜滑的设施。

⑥中小学校的楼梯栏杆不得采用易于攀登的构造和花饰；栏杆和花饰的镂空处净距不得大于 0.11m。

6）除首层和顶层外，教学疏散楼梯在中间层的楼层平台与梯段接口处宜设置缓冲空间（休息平台），缓冲空间的宽度不宜小于梯段宽度。

7）中小学校的楼梯两相邻楼梯梯段间不得设置遮挡视线的隔墙。

8）教学用房的楼梯间应有天然采光和自然通风。

（8）《托儿所、幼儿园建筑设计规范》（JGJ 39—87）中指出：

1）楼梯踏步的宽度不应大于 0.26m，踏步的高度不应大于 0.15m。

2）楼梯井的净宽度大于 0.20m 时，必须采取安全防护措施。

3）楼梯除设成人扶手外，还应在靠墙一侧设幼儿扶手，其高度不应大于 0.60m。

4）楼梯栏杆垂直线杆件间的净距不应大于 0.11m。

（9）《商店建筑设计规范》（JGJ 48—88）中指出：

1）商业部分的公用楼梯的梯段净宽不应小于 1.40m。

2）楼梯踏步的宽度不应小于 0.28m，踏步的高度不应大于 0.16m。

（10）《剧场建筑设计规范》（JGJ 57—2000）中指出：

1）梯段连续踏步不应超过 18 级，超过 18 级时，应加设中间休息平台。楼梯休息平台不应小于梯段宽度，并不得小于 1.10m。

2）不得采用螺旋楼梯，采用扇形梯段时，离踏步窄端扶手距离 0.25m 处踏步宽度不应小于 0.22m，宽端扶手处不应大于 0.50m，休息平台窄端应不小于 1.20m。

3）楼梯踏步宽度不应小于 0.28m，踏步高度不应大于 0.16m。

4）楼梯应设置坚固、连续的扶手，高度不应低于 0.85m。

（11）《电影院建筑设计规范》（JGJ 58—2008）中规定：

1）楼梯最小宽度不应小于 1.20m。

2）室外楼梯的净宽不应小于 1.10m；下行人流不应妨碍地面人流。

3）对于有候场需要的门厅，门厅内供入场使用的主楼梯不应作为疏散楼梯。

4）疏散楼梯的踏步宽度不应小于 0.28m，踏步高度不应大于 0.16m。

5）疏散楼梯不得采用螺旋楼梯和扇形踏步；当踏步上下两级形成的平面角度不超过 10°，且每级离扶手 0.25m 处踏步宽度超过 0.22m 时，可不受此限。

6）转弯楼梯休息平台深度不应小于楼梯段宽度；直跑楼梯的中间休息平台深度不应小于 1.20m。

（12）《综合医院建筑设计规范》（JGJ 49—88）规定：

1）主楼梯的宽度不得小于 1.65m。

2）主楼梯和疏散楼梯的休息平台深度，不宜小于 2.00m。

3）踏步高度不宜大于 0.16m，踏步宽度不宜小于 0.26m。

（13）《疗养院建筑设计规范》（JGJ 40—87）中规定：

主楼梯的宽度不得小于 1.65m。

（14）《人民防空地下室设计规范》（GB 50038—2005）中规定：

1）踏步高度不宜大于 0.18m，踏步宽度不宜小于 0.25m。

2）阶梯不宜采用扇形踏步，单踏步上下两段所形成的平面角小于 10°，且每级离扶手 0.25m 处的踏步宽度大于 0.22m 时可不受此限。

3）出入口的梯段应至少在一侧设置扶手，其净宽大于 2.00m 时应在两侧设置扶手，其净宽大于

2.50m 时宜加设中间扶手。

（15）其他技术资料指出：

1）进入楼梯间的门扇，当90°开启时宜保持0.60m的平台宽度。侧墙门口距踏步的距离不宜小于0.40m。门扇开启不占用平台时，其洞口距踏步的距离不宜小于0.40m。居住建筑的距离可略微减小，但不宜小于0.25m（图9-15）。

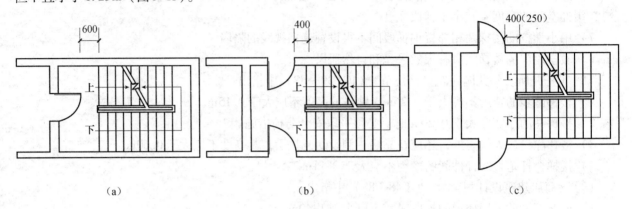

图9-15　休息平台的尺寸

（a）门正对楼梯间开启；（b）门侧对楼梯间外开；（c）门侧对楼梯间内开

2）玻璃栏板的选用：

《建筑玻璃应用技术规程》（JGJ 113—2009）中规定：

①不承受水平荷载的栏板玻璃安全玻璃厚度应符合上述规范的相关规定，且公称厚度不小于5mm的钢化玻璃或公称厚度不小于6.38mm的夹层玻璃。

②承受水平荷载的栏板玻璃安全玻璃厚度应符合上述规范的相关规定，且公称厚度不小于12mm的钢化玻璃或公称厚度不小于16.76mm的夹层玻璃。

③当栏板玻璃最低点离一侧楼地面高度在3.00m或3.00m以上、5.00m或5.00m以下时，应使用公称厚度不小于16.76mm的夹层玻璃，当栏板玻璃最低点离一侧楼地面高度大于5.00m时，不得使用承受水平荷载的栏板玻璃。

④室外栏板玻璃除应符合相关规定外，还应进行玻璃抗风压设计。对有抗震设计要求的地区，尚应考虑地震作用的组合效应。

注：梯段净高为自踏步前缘（包括最低和最高一级踏步前缘线以外0.30m范围内）量至上方突出物下缘间的垂直距离。

八、电梯

（一）设置原则

1. 《民用建筑设计通则》（GB 50352—2005）中规定

（1）电梯不得计作安全出口。

（2）以电梯为主要垂直交通的高层公共建筑和12层及12层以上的高层住宅，每栋楼设置电梯的台数不应少于2台。

（3）建筑物每个服务区单侧排列的电梯不宜超过4台，双侧排列的电梯不宜超过2×4台；电梯不应在转角处贴邻布置。

（4）电梯候梯厅的深度应符合表9-26的规定，并不得小于1.50m。

表 9-26　候梯厅深度

电梯类别	布置方式	候梯厅深度
住宅电梯	单台	≥B
	多台单侧排列	≥B^*
	多台双侧排列	≥相对电梯 B^* 之和并 < 3.50m
公共建筑电梯	单台	≥1.5B
	多台单侧排列	≥1.5B^* 当电梯群为 4 台时应 ≥2.40m
	多台双侧排列	≥相对电梯 B^* 之和并 < 4.50m
病床电梯	单台	≥1.5B
	多台单侧排列	≥1.5B^*
	多台双侧排列	≥相对电梯 B^* 之和

注：B 为轿厢深度，B^* 为电梯群中最大轿厢深度。

（5）电梯井道和机房不宜与有安静要求的用房贴邻布置，否则应采取隔振、隔声措施。

（6）机房应为专用的房间，其围护结构应保温隔热，室内应有良好通风、防尘，宜有自然采光，不得将机房顶板做水箱底板及在机房内直接穿越水管或蒸汽管。

（7）消防电梯的布置应符合防火规范的有关规定。

2.《住宅设计规范》（GB 50096—2011）中规定

（1）属于下列情况之一时，必须设置电梯。

1）7 层及 7 层以上住宅或住户入口层楼面距室外设计地面的高度超过 16m 时。

2）底层作为商店或其他用房的 6 层及 6 层以下住宅，其住户入口楼层楼面距该建筑物的室外设计地面高度超过 16m 时。

3）底层做架空层或贮存空间的 6 层及 6 层以下住宅，其住户入口楼层楼面距该建筑物的室外设计地面高度超过 16m 时。

4）顶层为两层一套的跃层住宅时，跃层部分不计层数，其顶层住户入口层楼面距该建筑物的室外设计地面高度超过 16m 时。

（2）12 层及 12 层以上的住宅，每栋楼设置电梯不应少于两台，其中应设置一台可容纳担架的电梯。

（3）12 层及 12 层以上的住宅每单元只设置一部电梯时，从第 12 层起应设置与相邻住宅单元连通的联系廊。上下联系廊之间的间隔不应超过 5 层。联系廊的净宽不应小于 1.10m，局部净宽不应低于 2.00m。

（4）12 层及 12 层以上的住宅由 2 个及 2 个以上单元组成，且其中有 1 个或 1 个以上的住宅单元未设置可容纳担架的电梯时，应从第 12 层起设置可容纳担架的电梯连通的联系廊。联系廊可隔层设置，上下联系廊之间的间隔不应超过 5 层。联系廊的净宽不应小于 1.10m，局部净宽不应低于 2.00m。

（5）7 层及 7 层以上住宅电梯应在设有户门和公共走廊的每层设站。住宅电梯宜成组集中布置。

（6）候梯厅深度不应小于多台电梯中最大轿厢深度，且不应小于 1.50m。

（7）电梯不应紧邻卧室布置。当受条件限制，电梯不得不紧邻兼起居的卧室布置时，应采取隔声、减振的构造措施。

（8）电梯设置数量为每 60～90 户设一台（参考值）。

3.《办公建筑设计规范》（JGJ 67—2006）中指出

（1）5 层及 5 层以上的办公建筑应设置电梯。

（2）电梯数量应按建筑面积 5000m² 设一台的原则确定。

（3）超高层办公建筑的乘客电梯应分层分区停靠。

4.《宿舍建筑设计规范》（JGJ 36—2005）中指出

7 层和 7 层以上宿舍或居室最高入口层楼面距室外设计地面的高度大于 21m 时，应设置电梯。

5. 《疗养院建筑设计规范》（JGJ 40—87）中指出

疗养院建筑不宜超过 4 层，当超过 4 层时应设置电梯。

6. 《档案馆建筑设计规范》（JGJ 25—2010）中规定

（1）4 层及 4 层以上的对外服务用房、档案业务和技术用房，应设置电梯。

（2）2 层及 2 层以上的档案库应设垂直运输设备。

7. 《老年人居住建筑设计标准》（GB/T 50340—2003）中指出

（1）老年人居住建筑宜设置电梯。

（2）3 层及 3 层以上设老年人居住及活动空间的建筑应设置电梯，并应每层设站。

8. 《住宅建筑规范》（GB 50368—2005）中规定

7 层及 7 层以上住宅或住户入口层楼面距室外设计地面的高度超过 16m 时，必须设置电梯。

9. 《综合医院建筑设计规范》（JGJ 49—88）中指出

（1）4 层及 4 层以上的门诊楼或病房楼应设电梯，且不得少于两台；当病房楼高度超过 24m 时，应设污物梯（参考值：医院住院部按病床数考虑，每 150 张病床设一台）。

（2）供病人使用的电梯和污物梯，应采用"病床梯"。

（3）电梯井道不得与主要用房贴邻。

10. 《旅馆建筑设计规范》（JGJ 62—90）中规定

（1）3 层及 3 层以上的一、二级旅馆；4 层及 4 层以上的三级旅馆；6 层及 6 层以上的四级旅馆；7 层及 7 层以上的五、六级旅馆，应设乘客电梯。

（2）乘客电梯的台数应通过计算确定（参考数：每 100~120 间客房设一台）。

（3）客房服务电梯应根据旅馆建筑等级和实际需要设置，五、六级旅馆建筑可与乘客电梯合用。

11. 《图书馆建筑设计规范》（JGJ 38—87）中规定

（1）2 层及 2 层以上的书库应有提升设备。

（2）4 层及 4 层以上的书库提升设备不宜少于两套。

（3）6 层及 6 层以上的书库宜另设专用电（货）梯。

（4）库内电梯应做成封闭式的，并应做前室。

（二）电梯类型

1. 有机房电梯

有机房电梯由机房、井道和底（地）坑三部分组成，是应用最为广泛的一种。机房内有驱动主机（曳引机）控制柜（屏）两大设备。井道一般采用钢筋混凝土或砖砌体制作。地坑内有地弹簧等减振设备。

2. 无机房电梯

无机房电梯的设置应满足下列要求：

（1）该电梯无须设置专用机房，其特点是将驱动主机安装在井道或轿厢上，控制柜放在维修人员能接近的位置。

（2）当电梯额定速度为 1.0/s 时，最大提升高度为 40m，最多楼层为 16 层；当电梯额定速度为 1.60rn/s 和 1.70rn/s 时，最大提升速度为 80m，最多楼层数为 24 层。

（3）多层住宅增设电梯时，宜配置无机房电梯。

（4）无机房电梯的顶层高度应根据电梯速度、载重量和轿厢的高度确定，一般来说，载重量 1t 以下的电梯，顶层高度可按 4.50m 计；1t 及以上的电梯，顶层高度可按 4.80~5.00m 计，施工图设计应以实际选用的电梯为准。

3. 液压电梯

由液压站、电控柜及附属设备组成。液压电梯的设置应满足下列要求：

（1）液压电梯是以液压力传动的垂直运输设备，适用于行程高度小（一般应小于或等于 40m，货梯速度为 0.5m/s 为 20m)、机房不设在建筑物的顶部。货梯、客梯、住宅梯和病床梯均可采用液压电梯。

（2）液压电梯的额定载重量为 400~2000kg，额定速度为 0.10~1.00m/s（除非有附加要求，一般不应大于 1m/s)。

（3）液压电梯每小时启动运行的次数不应大于 60 次。

（4）液压电梯的动力液压油缸应与驱动的轿厢设于同一井道内，动力液压油缸可以伸到地下或其他空间。

（5）液压电梯的液压站、电控柜及其附属设备必须安装在同一专用房间里，该房间应有独立的门、墙、地面和顶板。与电梯无关的物品不得置于专用房间内。

（6）液压电梯的机房宜靠近井道，有困难时，可布置在远离井道不大于 8m 的独立机房内。如果机房无法与井道毗连，则用于驱动电梯轿厢的液压管路和电气线路都必须从预埋的管道或专门砌筑的槽中穿过。对于不毗邻的机房和轿厢之间应设置永久性的通讯设备。

（7）液压电梯的机房尺寸不应小于 1900mm×2100mm×2000mm（宽×深×高），底（地）坑深度应不小于 1.20m。

（8）机房内所安装的设备之间应留有足以操作和维修的人行通道和空间位置。

（9）选用液压电梯时，其型式与参数应以厂家提供的样本为准。

（三）有机房电梯的构造措施

1. 电梯门的宽度

（1）载重量为 1000kg 的电梯，门宽应为 1.00m，高级写字楼一般不宜采用。

（2）载重量为 1150kg 的电梯，门宽可为 1.10m，以达到进出方便、舒适。

（3）载重量 1600kg 电梯，门宽可为 1.30m。

（4）特大型建筑、使用电梯次数多的建筑、有特殊用途的电梯，可适当加宽门的宽度。

2. 电梯井道

（1）电梯井道应选用具有足够强度和不产生粉尘的材料，耐火极限不应低于 1.00h 的不燃烧体。井道厚度，钢筋混凝土墙不应小于 200mm，或承重砌体墙时不应小于 240mm，或根据结构计算确定。当井道采用砌体墙时，应设框架柱和水平圈梁与框架梁，以满足固定轿厢和配重导轨之用。水平圈梁宜设在各层预留门洞上方，高度不宜小于 350mm，垂直中距宜为 2.50m 左右。框架梁高不宜小于 500mm。

（2）电梯井道壁应垂直，且井道净空尺寸允许正偏差，其允许偏差值为：

1）当井道高度小于或等于 30m 时，为 0~+25mm。

2）当井道高度大于 30m、小于 60m 时，为 0~+35mm。

3）当井道高度大于 60m 小于 90m 时，为 0~+50mm。

4）当井道高度大于 90m 时，应符合电梯生产厂土建布置图要求。

如果电梯对重装置有安全钳时，则根据需要，井道的宽度和深度尺寸允许适当增加。

（3）电梯井道不宜设置在能够到达的空间上部。如确有人们能到达的空间存在，底坑地面最小应按支承 5000Pa 荷载设计，或将对重缓冲器安装在一直延伸到坚固地面上的实心柱墩上或由厂家附加对重安全钳。上述做法应得到电梯供货厂的书面文件确认其安全。

（4）电梯井道除层门开口、通风孔、排烟口、安装门、检修门和检修人孔外，不得有其他与电梯无关的开口。

（5）电梯井道泄气孔

1）单台梯井道，中速梯（2.50~5.00m/s）在井道顶端宜按最小井道面积的 1/100 留泄气孔。

2）高速梯（≥5.00m/s）应在井道上下端各留不小于 1.00m² 的泄气孔。

3）双台及以上合用井道的泄气孔，低速和中速梯原则上不留，高速梯可比单井道的小或依据电梯生产厂的要求设置。

4）井道泄气孔应依据电梯生产厂的要求设置。

（6）当相邻两层门地坎间距离超过 11.00m 时，其间应设安全门，其高度不得小于 1.80m，宽度不得小于 0.35m。安全门和检修门应具有和层门一样的机械强度和耐久性能，且均不得向井道里开启，门本身应是无孔的。

（7）高速直流乘客电梯的井道上部应做隔音层，隔音层应做 800mm×800mm 的进出口。

（8）多台并列成排电梯井道内部尺寸应符合下列规定：

1）共用井道总宽度 = 单梯井道宽度之和 + 单梯井道之间的分界宽度之和。每个分界宽度最小按 100～200mm 计。当两轿厢相对一面设有安全门时，位于该两台电梯之间的井道壁不应为实体墙，应设钢或钢筋混凝土梁，分界宽度大于等于 1000mm。

2）共用井道各组成部分深度与这些电梯单独安装时井道的深度相同。

3）底坑深度按群梯中速度最快的电梯确定。

4）顶层高度按群梯中速度最快的电梯确定。

5）多台电梯中，电梯厅门间的墙宜为填充墙，不宜为钢筋混凝土抗震墙。

（9）多台并列成排电梯共用机房内部尺寸应符合下列规定：

1）多台电梯共用机房的最小宽度，应等于共用井道的总宽度加上最大的 1 台电梯单独安装时所侧向延伸长度之和。

2）多台电梯共用机房的最大深度，应等于电梯单独安装所需最深井道加上 2100mm。

3）多台电梯共用机房最小高度，应等于其中最高机房的高度。

3. 机房

（1）机房的剖面位置

1）乘客电梯、住宅电梯、病床电梯、载货电梯的机房位于顶站上部。

2）杂物电梯的机房位于顶站上部或位于本层。

3）液压电梯的机房位于底层或地下。

（2）机房的工作环境。

1）机房应为专用的房间，围护结构应保温隔热，室内应有良好通风、防尘，宜有自然采光。环境温度应保持在 5～40℃ 之间，相对湿度不大于 85%。

2）介质中无爆炸危险、无足以腐蚀金属和破坏绝缘的气体及导电尘埃。

3）供电电压波动在 ±7% 范围以内。

（3）通向机房的通道、楼梯和门的宽度不应小于 1200mm，门的高度不应小于 2000mm。楼梯的坡度小于或等于 45°。上电梯机房应通过楼梯到达，也可经过一段屋顶到达，但不应经过垂直爬梯。机房门的位置还应考虑电梯更新时机组吊装与进出方便。

（4）机房地面应平整、坚固、防滑和不起尘。机房地面允许有不同高度，当高差大于 0.50m 时，应设防护栏杆和钢梯。

（5）机房顶板上部不宜设置水箱，如不得不设置时，不得利用机房顶板作为水箱底板，且水箱间地面应有可靠的防水措施。也不应在机房内直接穿越水管和蒸汽管。

（6）机房可向井道两个相邻侧面延伸，液压电梯机房宜靠近井道。

（7）机房顶部应设起吊钢梁或吊钩，其中心位置宜与电梯井纵横轴的交点对中。吊钩承受的荷载对于额定载重量 3000kg 以下的电梯不应小于 2000kg；对于额定载重量大于 3000kg 的电梯，不应小于 3000kg。也可以根据生产厂的要求确定。

（8）设置曳引机承重梁和有关预埋铁件，必须埋入承重墙内或直接传力至承重梁的支墩上。承重梁的支撑长度应超过墙中心 20mm 且不应少于 75mm。

4. 底（地）坑与其他要求

（1）相邻两层站间的距离，当层门入口高度为2000mm时，应不小于2450mm；层门入口高度为2100mm时，应不小于2550mm。

（2）层门尺寸指门套装修后的净尺寸，土建层门的洞口尺寸应大于层门尺寸，留出装修的余量，一般宽度为层门两边各加100mm，高度为层门加70～100mm。

（3）电梯井道底（地）坑地面应光滑平整、不渗水、不漏水。消防电梯井道并设排水装置，集水坑设在电梯井道外。

（4）底（地）坑深度超过900mm时，需根据要求设置固定金属梯或金属爬梯。金属梯或金属爬梯不得凸入电梯运行空间，且不应影响电梯运行部件的运行。当生产厂自带该梯时，设计不必考虑。

（5）底（地）坑深度超过2500mm时，应设带锁的检修门，检修门高度大于1400mm，宽度大于600mm，检修门不得向井道内开启。

（6）同一井道安装有多台电梯时，相邻电梯井道之间可为钢筋混凝土隔墙或钢梁（每层设置），用以安装导轨支架，墙厚200mm，梁的宽度为100mm。在井道下部不同的电梯运行部件之间应设置护栏，高度为底坑底面以上2.50m。

（7）电梯详图中应按电梯生产厂要求，在井道和机房详图中表示导轨预埋件、厅门牛腿、厅门门套、机房工字钢梁（或混凝土梁）和顶部检修吊钩的位置、规格等，层数指示灯及按钮留洞位置。为电梯检修，必须满足吊钩底的净空高度要求，当不能满足时，可通过增加层高或吊钩梁为反梁解决。

（四）消防电梯

1. 设置原则

见本书第七部分

2. 具体规定

（1）消防电梯宜分设在不同的防火分区内。

（2）消防电梯间应设前室，其面积：居住建筑不应小于4.50m²；公共建筑不应小于6.00m²。当与消防楼梯间合用前室时，其面积：居住建筑不应小于6.00m²；公共建筑不应小于10.00m²；

（3）消防电梯间前室宜靠外墙设置，在首层应设直通室外的出口或经过长度不超过30m的通道通向室外。

（4）消防电梯间前室的门，应采用乙级防火门或具有停滞功能的防火卷帘。

（5）消防电梯间的载重量不应小于800kg。

（6）消防电梯井、机房与相邻其他电梯井、机房之间，应采用耐火极限不低于2.00h的隔墙隔开，当在隔墙上开门时，应采用甲级防火门。

（7）消防电梯的行驶速度，应按从首层到顶层的运行时间不超过60s计算确定。

（8）消防电梯轿箱内装修应采用不燃烧材料。

（9）动力控制电缆、电线应采取防水措施。

（10）消防电梯轿箱内应设专用电话，并应在首层设供消防队员专用的操作按钮。

（11）消防电梯间前室门口宜设挡水措施。

九、自动扶梯和自动人行道

（一）具体规定

《民用建筑设计通则》（GB 50352—2005）中规定：

1. 自动扶梯和自动人行道不得计作安全出口。

2. 出入口畅通区的宽度不应小于2.50m，畅通区有密集人流穿行时，其宽度应加大。

3. 栏板应平整、光滑和无凸出物；扶手带顶面距自动扶梯前缘、自动人行道踏板面或胶带面的垂直高度不应小于0.90m；扶手带外边至任何障碍物不应小于0.50m，否则应采取措施防止障碍物引起人员伤害。

4. 扶手带中心线与平行墙面或楼板开口边缘间的距离、相邻平行交叉设置时两梯（道）之间扶手带中心线的水平距离不宜小于0.50m，否则应采取措施防止障碍物引起人员伤害。

5. 自动扶梯的梯级、自动人行道的踏板或胶带上空，垂直净高不应小于2.50m。

6. 自动扶梯的倾斜角不应超过30°，当提升高度不超过6m，额定速度不超过0.50m/s时，倾斜角允许增至35°；倾斜式自动人行道的倾斜角不应超过12°。

7. 自动扶梯和层间相通的自动人行道单向设置时，应就近布置相匹配的楼梯。

8. 设置自动扶梯或自动人行道所形成的上下层贯通空间，应符合防火规范所规定的有关防火分区等要求。

（二）构造要求

1. 自动扶梯和自动人行道与平行墙面间、扶手与楼板开口边缘及相邻平行梯的扶手带的水平距离不应小于0.50m。当既有建筑不能满足上述距离时，特别是在楼板交叉处及各交叉设置的自动扶梯或自动人行道之间，应采取措施防止障碍物引起人员伤害，可在外盖板上方设置一个无锐利边缘的垂直防碰挡板，其高度不应小于0.30m，例如一个无孔三角板。

2. 倾斜式自动人行道距楼板开洞处净高应大于或等于2.00m。出口处扶手带转向端距前面障碍物水平距离应大于或等于2.50m。

3. 自动扶梯和自动人行道起止平行墙面深度除满足设备安装尺寸外，应根据梯长和使用场所的人流留有足够的等候缓冲面积；当畅通区宽度至少等于扶手带中心线之间距离时，扶手带转向端距前面障碍物应大于等于2.50m；当该区宽度增至扶手带中心距两倍以上时，其纵深尺寸允许减至2.00m。

4. 自动人行道地沟排水应符合下列规定：

（1）室内自动人行道按有无集水可能而设置。

（2）室外自动扶梯无论全露天或在雨篷下，其地沟均需全长设置下水排放系统。

5. 自动扶梯或自动人行道在露天运行时，宜加顶棚和围护

十、门窗

（一）基本规定

《民用建筑设计通则》（GB 50352—2005）中规定：

1. 门窗产品应符合下列要求：

（1）门窗的材料、尺寸、功能和质量等应符合使用要求，并应符合建筑门窗产品标准的规定。

（2）门窗的配件应与门窗主体相匹配，并应符合各种材料的技术要求。

（3）应推广应用具有节能、密封、隔声、防结露等优良性能的建筑门窗。

注：门窗加工的尺寸，应按门窗洞口设计尺寸扣除墙面装修材料的厚度，按净尺寸加工。

2. 门窗与墙体应连接牢固，且满足抗风压、水密性、气密性的要求，对不同材料的门窗选择相应的密封材料。

3. 窗的设置应符合下列规定：

（1）窗扇的开启形式应方便使用，安全和易于维修、清洗。

（2）当采用外开窗时应加强牢固窗扇的措施。

（3）开向公共走道的窗扇，其底面高度不应低于2m。

（4）临空的窗台低于0.80m时，应采取防护措施，防护高度由楼地面起计算不应低于0.80m。

（5）防火墙上必须开设窗洞时，应按防火规范设置。

（6）天窗应采用防破碎伤人的透光材料。

（7）天窗应有防冷凝水产生或引泄冷凝水的措施。

（8）天窗应便于开启、关闭、固定、防渗水，并方便清洗。

注：1. 住宅窗台低于0.90m时，应采取防护措施。

2. 低窗台、凸窗等下部有能上人站立的宽窗台时，贴窗护栏或固定窗的防护高度应从窗台面起计算。

4. 门的设置应符合下列规定：

（1）外门构造应开启方便，坚固耐用。

（2）手动开启的大门扇应有制动装置，推拉门应有防脱轨的措施。

（3）双面弹簧门应在可视高度部分装透明安全玻璃。

（4）旋转门、电动门、卷帘门和大型门的邻近应另设平开疏散门，或在门上设疏散门。

（5）开向疏散走道及楼梯间的门扇开足时，不应影响走道及楼梯平台的疏散宽度。

（6）全玻璃门应选用安全玻璃或采取防护措施，并应设防撞提示标志。

（7）门的开启不应跨越变形缝。

（8）一般公共建筑经常出入的西向和北向的外门，应设置双道门、旋转门或门斗，否则应加热风幕。外面一道门应采用外开门，里面一道门宜采用双面弹簧门或电动推拉门。

（9）所有的门若无隔声要求或其他特殊要求，不得设门槛。

（10）房间湿度大的门不宜选用纤维板或胶合板。

5. 门窗应满足的五大性能指标：

（1）建筑外门窗气密性能指标。

代号q1（单位缝长）单位 $m^3/h \cdot m$；q2（单位面积）单位 $m^3/h^2 \cdot m$ 共分为8级，《建筑外门窗气密、水密、抗风压性能分级及检测方法》（GB/T7106－2008）中规定的具体数值详见表9-27。

表9-27　气密性能指标分级表

分级	1	2	3	4
单位缝长分级指标值q1	4.0≥q1>3.5	3.5≥q1>3.0	3.0≥q1>2.5	2.5≥q1>2.0
分级	5	6	7	8
单位缝长分级指标值q1	2.0≥q1>1.5	1.5≥q1>1.0	1.0≥q1>0.5	q1≤0.5
分级	1	2	3	4
单位面积分级指标值q2	12.0≥q2>10.5	10.5≥q2>9.0	9.0≥q2>7.5	7.5≥q2>6.0
分级	5	6	7	8
单位面积分级指标值q2	6.0≥q2>4.5	4.5≥q2>3.0	3.0≥q2>1.5	q2≤1.5

注：北京地区建筑外门窗的空气渗透性能q1＝10Pa时，q1应达到≤1.5，q2应达到≤4.5相当于6级。

（2）建筑外门窗水密性能指标

代号 ΔP，单位Pa，共分为6级，《建筑外门窗气密、水密、抗风压性能分级及检测方法》（GB/T 7106－2008）中规定的具体数值详见表9-28

表9-28　水密性能指标分级表

等级	1	2	3	4	5	6
△P	≥100 <150	≥150 <250	≥250 <350	≥350 <500	≥500 <700	ΔP≥700

注：北京地区的建筑外门窗水密 ΔP 应≥250Pa，相当于3级。

（3）建筑外门窗抗风压性能指标

代号 $P3$，单位 kPa，共分为 9 级，《建筑外门窗气密、水密、抗风压性能分级及检测方法》（GB/T 7106—2008）中规定的具体数值详见表 9-29。

表 9-29　抗风压性能分级表

分级	1	2	3	4	5
分级指标值	$1.0 \leq P3 < 1.5$	$1.5 \leq P3 < 2.0$	$2.0 \leq P3 < 2.5$	$2.5 \leq P3 < 3.0$	$3.0 \leq P3 < 3.5$
分级	6	7	8	9	—
分级指标值	$3.5 \leq P3 < 4.0$	$4.0 \leq P3 < 4.5$	$4.5 \leq P3 < 5.0$	≥ 5.0	—

注：1. 北京地区的中高层及高层建筑外门窗抗风压性能 $P3$ 应 ≥3.0kPa，相当于 5 级。

　　2. 北京地区的低层及多层建筑外门窗抗风压性能 $P3$ 应 ≥2.5kPa，相当于 4 级。

（4）建筑外门窗保温性能指标

代号 K，单位 W/（$m^2 \cdot K$），共分为 10 级，《建筑外门窗保温性能分级及检测方法》（GB/T 8484—2008）中规定的具体数值详见表 9-30。

表 9-30　保温性能指标分级表

分级	1	2	3	4	5
分级指标值	$K \geq 5.0$	$5.0 > K \geq 4.0$	$4.0 > K \geq 3.5$	$3.5 > K \geq 3.0$	$3.0 > K \geq 2.5$
分级	6	7	8	9	10
分级指标值	$2.5 > K \geq 2.0$	$2.0 > K \geq 1.6$	$1.6 > K \geq 1.3$	$1.3 > K \geq 1.1$	$K < 1.1$

注：北京地区建筑门窗的保温性能 K 应 ≥2.80W/（$m^2 \cdot K$），相当于 5 级。

（5）建筑门窗空气声隔声性能指标

代号 $R_w + Ctr$，单位 dB，共分为 6 级，《建筑门窗空气声隔声性能分级及检测方法》（GB/T 8485—2008）规定的具体数值详见表 9-31。

表 9-31　空气声隔声性能指标分级表

分级	外门、外窗的分级指标值	内门、内窗的分级指标值
1	$20 \leq R_w + Ctr < 25$	$20 \leq R_w + Ctr < 25$
2	$25 \leq R_w + Ctr < 30$	$25 \leq R_w + Ctr < 30$
3	$30 \leq R_w + Ctr < 35$	$30 \leq R_w + Ctr < 35$
4	$35 \leq R_w + Ctr < 40$	$35 \leq R_w + Ctr < 40$
5	$40 \leq R_w + Ctr < 45$	$40 \leq R_w + Ctr < 45$
6	$R_w + Ctr \geq 45$	$R_w + Ctr \geq 45$

注：北京地区的门窗隔声性能 dB 应 ≥25dB，相当于 2 级。

（二）门窗的选择

1. 木门窗

（1）一般建筑不宜采用木材外窗。

（2）木门扇的宽度不宜大于 1.00m，如宽度大于 1.00m、高度大于 2.50m 时，应加大断面；门洞口宽度大于 1.20m 时，应分成双扇或大小扇。

（3）镶板门的门芯板宜采用双层纤维板或胶合板。室外拼板门宜采用企口实心木板。

（4）镶板门适用于内门或外门；胶合板门适用于内门；玻璃门适用于入口处的大门或大房间的内门；拼板门适用于外门。

2. 铝合金门窗

《铝合金门窗工程技术规范》（JGJ 214—2010）中规定：铝门窗适用于高、中、低档次的各类民用建筑。

（1）铝合金门窗主型材的壁厚：

1）门用主型材：最小壁厚不应小于 2.0mm。

2）窗用主型材：最小壁厚不应小于 1.4mm。

（2）铝合金型材的表面处理：

1）阳极氧化型材：阳极氧化膜膜厚应符合 AA15 级要求，氧化膜平均膜厚不应小于 15μm，局部膜厚不应小于 12μm。

2）电泳涂漆型材：阳极氧化复合膜，表面漆膜采用透明漆膜应符合 B 级要求，复合膜局部膜厚不应小于 16μm；表面漆膜采用有色漆应符合 S 级要求，复合膜局部膜厚不应小于 21μm。

3）粉末喷涂型材：装饰面上涂层最小局部厚度应大于 40μm。

4）氟碳漆喷涂型材：二涂层氟碳漆膜，装饰面平均漆膜厚度不应小于 30μm；三涂层氟碳漆膜，装饰面平均漆膜厚度不应小于 40μm。

（3）铝合金门窗工程的玻璃可根据功能要求选用浮法玻璃、着色玻璃、镀膜玻璃、中空玻璃、真空玻璃、钢化玻璃、钢化玻璃、夹层玻璃、夹丝玻璃等。

1）中空玻璃的基本要求：

①中空玻璃的单片厚度相差不宜大于 3mm。

②中空玻璃应使用加入干燥剂的金属间隔框，亦可使用塑性密封胶制成的含有干燥剂和波浪形铝带胶条。

③中空玻璃产地与使用海拔高度相差超过 800m 时，宜加装金属毛细管，毛细管应在安装地调整压差后密封。

2）低辐射镀膜玻璃的基本要求：

①真空磁控溅射法（离线法）生产的 LOW-E 玻璃，应合成中空玻璃使用；中空玻璃合片时，应去除玻璃边部与密封胶粘结部位的镀膜，LOW-E 镀膜应位于中空气体层内。

②热喷涂法（在线法）生产的 LOW-E 玻璃可单片使用，LOW-E 膜层宜面向室内。

3）夹层玻璃的基本要求：夹层玻璃的单片玻璃厚度相差不宜大于 3mm。

（4）其他：

1）铝合金门窗框与洞口间采用泡沫填充剂做填充时，宜采用聚氨酯泡沫填缝胶。固化后的聚氨酯泡沫胶缝表面应做密封处理。

2）铝合金门窗用纱门、纱窗，宜使用径向不低于 18 目的窗纱。

（5）有保温节能要求的铝合金门窗应采用以下措施降低门窗的传热系数：

1）采用有断桥结构的隔热铝合金型材。

2）采用中空玻璃、低辐射镀膜玻璃、真空玻璃。

3）提高铝合金门窗的气密性能。

4）采用双重门窗设计。

5）门窗框与洞口墙体之间的安装缝隙进行保温处理。

（6）铝合金门窗的隔声性能。

1）建筑外门窗空气声的计权隔声量（R_w + Ctr）应符合下列规定：

①临街的外窗、阳台门和住宅建筑外窗及阳台门不应低于 30dB。

②其他门窗不应低于 25dB。

2）隔声构造：

①采用中空玻璃或夹层玻璃。

②玻璃镶嵌缝隙及框扇开启缝隙，应采用耐久性好的弹性密封材料密封。

③采用双重门窗。

④门窗框与洞口墙体之间的安装缝隙进行密封处理。

（7）铝合金门窗的安全规定：

1）人员流动较大的公共场所，易于受到人员和物体碰撞的铝合金门窗应采用安全玻璃。

2）建筑中的下列部位的铝合金门窗应采用安全玻璃：

①7层及7层以上建筑物外门窗。

②面积大于1.50m^2的窗玻璃或玻璃底边离最终装修面小于500mm的落地窗。

③倾斜安装的铝合金窗。

3）推拉窗用于外墙时，应设置防止窗扇向室外脱落的装置。

（8）断桥铝合金窗。

1）特点。

断桥铝合金窗又称为铝塑复合窗。铝塑复合窗的原理是利用塑料型材（隔热性高于铝型材1250倍）将室内外两层铝合金既隔开又紧密连接成一个整体，构成一种新的隔热型的铝型材。用这种型材做门窗，其隔热性与塑料窗一样可以达到国标级，彻底解决了铝合金传导散热快、不符合节能要求的致命问题。同时采取一些新的结构配合形式，彻底解决了铝合金推拉窗密封不严的老大难问题。该产品两面为铝材，中间用塑料型材腔体做断热材料。这种创新的结构设计，兼顾了塑料和铝合金两种材料的优势，同时满足装饰效果和门窗强度以及耐老化性能的多种要求。

2）构造。

超级断桥铝塑型材可实现门窗的三道密封结构，合理分离水气腔，成功实现汽水等压平衡，显著提高门窗的水密性和气密性。这种窗的气密性比任何单一铝窗、塑料窗都好，能保证风沙大的地区室内窗台和地板无灰尘，同时可以保证在高速公路两侧50m内的居民不受噪声干扰，其性能接近平开窗。

3）性能。

断桥铝合金窗的热阻值远高于其他类型门窗，节能效果十分明显。北京地区各向窗（阳台门）的传热系数K_0应小于或等于2.80W/(m^2·K)，相当于总热阻值R_0为0.357(m^2·K)/W。断桥铝合金窗的总热阻值R_0为0.560(m^2·k)/W。

3.塑料门窗

《塑料门窗工程技术规程》（JGJ 103—2008）中规定；

（1）基本规定：塑料门窗隔热、隔声、节能、密闭性好、价格合理，广泛应用于居住建筑。此外，塑料门窗还适用于中低档次的民用建筑。

门窗工程有下列情况之一时，必须使用安全玻璃（夹层玻璃、钢化玻璃、防火玻璃以及由上述玻璃制作的中空玻璃）

1）面积大于1.50m^2的窗玻璃。

2）距离可踏面高度900mm以下的窗玻璃。

3）与水平面夹角不大于75°的倾斜装配窗，包括天窗、采光顶等在内的顶棚。

4）7层和7层以上建筑物外窗。

（2）抗风压性能。

1）塑料外门窗所承受的风荷载不应小于1000Pa。

2）单片玻璃厚度不宜小于4mm。

（3）水密性能。

1）在外门、外窗的框、扇下横边应设置排水孔，并应根据等压原理设置气压平衡孔槽；排水孔的位置、数量及开口尺寸应满足排水要求，内外侧排水槽应横向错开，避免直通；排水孔宜加盖排水孔帽。

2）拼樘料与窗框连接处应采取有效可靠的防水密封措施。

3）门窗框与洞口墙体安装间隙应有防水密封措施。

4）在带外墙外保温层的洞口安装塑料门窗时，宜安装室外披水窗台板，且窗台板的边缘与外墙间应妥善收口。

5）外墙窗楣应做滴水线或滴水槽，外窗台流水坡度不应小于2%。平开窗宜在开启部位安装披水条。

（4）气密性能。

门窗四周的密封应完整、连续，并应形成封闭的密封结构。

（5）隔声性能。

对隔声性能要求高的门窗宜采取以下措施：

1）采用密封性能好的门窗构造。

2）采用隔声性能好的中空玻璃或夹层玻璃。

3）采用双层窗构造。

（6）保温与隔热性能。

1）有保温和隔热要求的门窗工程应采用中空玻璃，中空玻璃的气体层厚度不宜小于9mm。

2）严寒地区宜使用中空LOW-E镀膜玻璃或单框三玻中空玻璃窗，不宜使用推拉窗。

3）窗框与窗扇间宜采用三级密封。

4）当采用副框法与墙体连接时，副框应采取隔热措施。

（7）采光性能。

建筑外窗采光面积应满足建筑热工和其他规范的要求。

4. 彩色镀锌钢板门窗

彩色镀锌钢板门窗，又称"彩板钢门窗"。彩色镀锌钢板门窗是以0.7~0.9mm的彩色镀锌钢板和3~6mm厚平板玻璃或双层中空玻璃为主要材料，经过机械加工而制成的，具有红色、绿色、乳白色、棕色、蓝色等多种色彩。其门窗四角用插接件插接，玻璃与门窗交接处以及门窗框与扇之间的缝隙，全部用橡皮密封条和密封胶密封。彩色镀锌钢板门窗在盐雾试验下，不起泡、不锈蚀。彩色镀锌钢板门窗广泛用于中档、高档的公共建筑中。

（三）门的基本尺度和布置

1. 门的基本尺度

（1）《住宅设计规范》（GB 50096—2011）中规定：

1）底层外窗和阳台门、下沿低于2.00m且紧邻走廊或共用上人屋面上的窗和门，应采取防卫措施。

2）面临走廊、共用上人屋面或凹口的窗，应避免视线干扰，向走廊开启的窗扇不应妨碍交通。

3）户门应采用具备防盗、隔声功能的防护门。向外开启的户门不应妨碍公共交通及相邻户门开启。

4）厨房和卫生间的门应在下部设置有效截面不小于0.02m² 的固定百叶，也可距地面留出不小于30mm的缝隙。

5）各部位门洞的最小尺寸应符合表9-32的规定：

表 9-32　门洞最小尺寸　　　　　　　　　　　　　　　　　　　　　　（m）

类别	洞口宽度	洞口高度
共用外门	1.20	2.00
户（套）门	1.00	2.00
起居室（厅）门	0.90	2.00
卧室门	0.90	2.00
厨房门	0.80	2.00
卫生间门	0.70	2.00
阳台门（单扇）	0.70	2.00

注：1. 表中门洞高度不包括门上亮子高度，宽度以平开门为准。

　　2. 洞口两侧地面有高差时，以高地面为起算高度。

（2）《宿舍建筑设计规范》（JGJ 36—2005）中指出：

1）居室及辅助用房的门洞宽度不应小于 0.90m。

2）阳台门洞口宽度不应小于 0.80m。

3）居室内附设的卫生间的门洞口宽度不应小于 0.70m。

4）设亮子的门洞口高度不应小于 2.40m。

5）不设亮子的门洞口高度不应小于 2.00m。

（3）《托儿所、幼儿园建筑设计规范》（JGJ 39—87）中指出：

1）严寒和寒冷地区主体建筑的主要出入口应设挡风门斗，其双层门中心距离不应小于 1.60m。

2）幼儿经常出入的门应符合下列规定。

①在距地 0.60~1.20m 高度内，不应装易碎玻璃。

②在距地 0.70m 处，宜加设幼儿专用拉手。

③门的双面均宜平滑、无棱角。

④不应设置门槛和弹簧门。

⑤外门宜设纱门。

（4）《中小学校设计规范》（GB 50099—2011）中指出：

1）教学用房的门应符合下列规定：

①除音乐教室外，各类教室的门均宜设置上亮窗。

②除心理咨询室外，教学用房的门扇均宜附设观察窗。

③疏散通道上的门不得使用弹簧门、旋转门、推拉门、大玻璃门等不利于疏散通畅、安全的门。

④各教学用房的门均应向疏散方向开启，开启的门扇不得挤占走道的疏散通道。

⑤每间教学用房的疏散门均不应少于 2 个，疏散门的宽度应通过计算。每樘疏散门的通行净宽度不应小于 0.90m。当教室处于袋形走道尽端时，若教室内任何一处距教室门不超过 15m，且门的通行净宽度不小于 1.50m 时，可设 1 个门。

2）在寒冷或风沙大的地区，教学用建筑物出入口应设挡风间或双道门。

3）在寒冷和风沙大的地区，教学用建筑物出入口应设挡风间或双道门。

（5）《办公建筑设计规范》（JGJ 67—2006）中指出：

1）办公建筑门洞口宽度不应小于 1.00m，洞口高度不应低于 2.10m。

2）机要办公室、财务办公室、重要档案库、贵重仪表间和计算机中心的门应采取防盗措施，室内宜设防盗报警装置。

（6）《旅馆建筑设计规范》（JGJ 62—90）中指出：

旅馆客房入口门洞宽度不应小于 0.90m，高度不应低于 2.10m，客房内卫生间门洞口宽度不应小于 0.75m，高度不应低于 2.10m。

（7）《商店建筑设计规范》（JGJ 48—88）中指出：

商店营业厅出入口、安全门的净宽度不应小于1.40m，并不应设置门槛。

（8）《老年人建筑设计规范》（JGJ 122—99）中指出：

老年人建筑公用外门净宽度不应小于1.10m，老年人住宅户门和内门（含厨房门、卫生间门、阳台门）通行净宽不应小于0.80m，起居室、卧室、疗养室、病房等门扇应采用可观察的门。

（9）《剧场建筑设计规范》（JGJ 57—2000）中指出：

观众厅出口门、疏散外门及后台疏散门应符合下列规定：

1）均应设双扇门，净宽不应小于1.40m，并应向疏散方向开启。

2）紧靠门的部位不应设门槛，设置踏步应在1.40m以外。

3）严禁用推拉门、卷帘门、转门、折叠门、铁栅门。

4）宜采用自动门闩，门洞上方应设疏散标志。

（10）《电影院建筑设计规范》（JGJ 58—2008）中指出：

观众厅疏散门不应设置门槛，在紧靠门口1.40m范围内不应设置踏步。疏散门应为自动推闩式外开门，严禁用推拉门、卷帘门、转门、折叠门。观众厅疏散门应由计算确定，且不应少于两个。宽度应符合防火疏散要求，并不小于0.90m。应采用甲级防火门，并应向疏散方向开启。

（11）《城市道路和建筑物无障碍设计规范》（JGJ 50—2001）中规定：

供残疾人使用的门必须符合下列要求：

1）应采用自动门，也可采用推拉门、折叠门或平开门，不应采用力度过大的弹簧门。

2）在旋转门的一侧应另设残疾人使用的门。

3）轮椅通行门的净宽度为：自动门1.00m，推拉门、折叠门0.80m，平开门0.80m，小力度弹簧门0.80m。

4）乘轮椅者开启后的推拉门和平开门，在门把手一侧的墙面，应留有不小于0.50m的墙面宽度。

5）乘轮椅者开启的门扇，应安装视线观察玻璃、横执把手和关门把手，在门扇的下方应安装高度为0.35m的护门板。

6）门扇在一只手操纵下应易于开启，门槛高度及门内外高差不应大于0.15m，并应以斜面过渡。

2. 门的布置

（1）两个相邻并经常开启的门，应有防止互相碰撞措施。

（2）向外开启的平开外门，应有防止风吹碰撞的措施。

（3）经常出入的外门和玻璃幕墙下的外门已设雨篷，楼梯间外门雨篷下如设吸顶灯应注意不要被门扉碰碎。高层建筑、公共建筑底层入口均设挑檐或雨篷、门斗，以防上层落物伤人。

（4）变形缝处不得利用门框盖缝，门扇开启时不得跨缝，以免变形时卡住。

3. 门的开启

（1）房间门一般应向内开，中小学各教学用房的门均应向疏散方向开启，开启的门扇不得挤占走道的疏散通道。

（2）一般建筑物的外门应内外开或单一外开。

（3）观众厅的疏散门必须向外开，并不得设置门槛。

（4）防火门应单向开启，且应向疏散方向开启。

（四）窗的选用、洞口大小的确定及布置

1. 窗的选用

（1）7层和7层以上的建筑不应采用平开窗，建议采用推拉窗、内侧内平开窗或外翻窗。

（2）开向公共走道的外开窗扇，其高度不应低于2.00m。

（3）住宅底层外窗和屋顶的窗，其窗台高度低于2.00m的应采取防护措施。

（4）有空调的建筑外窗，应设可开启窗扇，其数量为5%。

（5）可开启的高侧窗或天窗应设手动或电动机械开窗机。

（6）老年人建筑中，窗扇宜镶用无色透明玻璃。开启窗口应设防蚊蝇纱窗。

（7）中小学校靠外廊及单内廊一侧教室内隔墙的窗开启后不得挤占走道的疏散宽度，不得影响安全疏散。二层及二层以上的临空外窗的开启扇，不得外开。

（8）炎热地区的教学用房及教学辅助用房中，可在内外墙设置可开闭的通风窗。通风窗下沿宜设在距室内楼地面以上 0.10 ~ 0.15m 处。

（9）办公建筑的底层及半地下室外窗应采取安全防护措施。

2. 窗洞口大小的确定

窗洞口大小的确定与窗墙面积比、窗地比、采光系数有关。

（1）窗墙面积比。

窗墙面积比是窗洞口面积与所在建筑立面单元的比值。相关规范的规定详见本书第六部分。

（2）窗地比。

窗地比是窗洞口面积与所在房间地面面积的比值。相关规范的规定详见本书第十一部分。

（3）采光系数。

符合相关规定的室内一点照度与室外照度的比值。相关规范的规定详见本书第十一部分。

（4）采光系数与窗地比的对应关系。

①采光系数为 0.5% 时相当于窗地比 1/12。

②采光系数为 1.0% 时相当于窗地比 1/7。

③采光系数为 2.0% 时相当于窗地比 1/5。

3. 窗的布置

（1）楼梯间外窗应结合各层休息板布置。

（2）楼梯间外窗如做内开扇时，开启后不得在人的高度内凸出墙面。

（3）需防止太阳光直射的窗及厕浴等需隐蔽的窗，宜采用翻窗，并用半透明玻璃。

4. 窗台

（1）窗台的高度不应低于 0.80m，住宅建筑为 0.90m。

（2）窗外没有阳台或平台的住宅外窗，窗台距楼面、地面的净高低于 0.90m 时，应设置防护设施。

（3）低于规定高度的窗台叫低窗台。低窗台应采用护栏或固定窗作为防护措施。固定窗应采用厚度大于 6.38mm 的夹层玻璃。

（4）低窗台防护措施的高度应不低于 0.80m，住宅为 0.90m。

（5）窗台的防护高度应遵守下列规定：

1）窗台高度低于 0.45m 时，护栏或固定扇的高度从窗台计起。

2）窗台高度高于 0.45m 时，护栏或固定扇的高度可从地面计起；但护栏下部不得设置水平栏杆或高度小于 0.45m、宽度大于 0.22m 的可踏部位。

3）当室内外高差不大于 0.60m 时，首层的低窗台可不加防护措施。

5. 凸窗

（1）住宅建筑设置凸窗的有关规定。

1）窗台高度低于或等于 0.45m 时，防护高度应从窗台面起算并不得低于 0.90m。

2）可开启窗扇洞口距窗台面的净高低于 0.90m 时，窗洞口处应有防护措施。其防护高度从窗台面起算并不应低于 0.90m。

3）严寒和寒冷地区不宜设置凸窗。

（2）凡凸窗范围内设有宽窗台可供人坐或放置花盆用时，护栏和固定窗的护栏高度一律从窗台面计起。

（3）当凸窗范围内无宽窗台，且护栏紧贴凸窗内墙面设置时，按低窗台规定执行。

（4）外窗台表面应低于内窗台表面。

（五）特种门之防火门

综合《建筑设计防火规范》（GB 50016—2006）和《高层民用建筑设计防火规范》（GB 50045—

95）2005 年版中对防火门的规定：

1. 总体要求

（1）防火门分为甲级（耐火极限 1.20h）乙级（耐火极限 0.90h）丙级（耐火极限 0.60h）三种。

（2）防火门应为向疏散方向开启的平开门，并在关闭后应能从任何一侧手动开启（不得使用双向合页）。

（3）防火门应有自闭功能，常开的防火门应能在火灾时自动关闭，防火门内外两侧应能手动开启，变形缝附近防火门开启后门扇不应跨越变形缝，门应安装在层数较多的一侧。

（4）位于走道和楼梯间等处的防火门，应设不小于 200cm² 的透明防火玻璃小窗。

2. 甲级防火门的应用

（1）《高层民用建筑设计防火规范》（GB 50045—95）2005 年版中规定：

1）锅炉房、变压器室与其他部位之间应设甲级防火门。

2）锅炉房内设置储油间时应采用防火墙，当必须在防火墙上开门时应设甲级防火门。

3）柴油发电机房布置在高层建筑和群房内时应设甲级防火门；群房内布置储油间，其防火门应能自动关闭。

4）高层建筑的防火墙上应设能自行关闭的甲级防火门。

5）地下室内存放可燃物平均重量超过 30kg/m² 时，房间门应选用甲级防火门。

6）单元式住宅 18 层和 18 层以下……户门应为甲级防火门；超过 18 层应通过阳台或凹廊连通……户门应为甲级防火门。

7）高层建筑内设置的自动灭火系统的设备室、通风、空调机房应设甲级防火门。

（2）《建筑设计防火规范》（GB 50016—2006）中规定：

1）房间与中庭相通的开口部位应设能自行关闭的甲级防火门。

2）与中庭相通的过厅、通道等处应设甲级防火门或防火卷帘。

3）大于 2 万 m² 的地下商店的防火隔间、避难走道、防烟楼梯间等处应设能自动关闭的常开式甲级防火门。

4）锅炉房、变压器室的隔墙上开设门窗时，应选用甲级防火门。

5）锅炉房内设置储油间，当在防火墙上开门时，应选用甲级防火门。

6）柴油发电机的隔墙上开门时，应选用甲级防火门；当必须在储油间的防火墙上开门时，应选用甲级防火门。

7）防火墙上开设的门窗洞口应选用甲级防火门窗。

8）疏散走道的防火分区处应选用甲级防火门。

（3）《电影院建筑设计规范》（JGJ 58—2008）中规定：

观众厅的疏散门应采用甲级防火门，门的净宽度不应小于 0.90m，并应向疏散方向开启。数量应由计算确定，且不应少于两个。

（4）《剧场建筑设计规范》（JGJ 57—2000）中规定：

1）舞台主台通向各处洞口均应采用甲级防火门。

2）变电室之高、低压配电室与舞台、侧台、后台相连时，必须设置面积不小于 6m² 的前室，并应设甲级防火门。

（5）《办公建筑设计规范》（JGJ 67—2006）中规定：

机要室、档案室和重要库房应采用甲级防火门。

（6）《图书馆建筑设计规范》（JGJ 38—87）中规定：

书库防火分区隔墙上的门，应为甲级防火门。

3. 乙级防火门的应用

（1）《高层民用建筑设计防火规范》（GB 50045—95）2005 年版中规定：

1）高层建筑内的歌舞厅的墙上开门时，应选用乙级防火门。

2）高层居住建筑开向前室的户门，应选用乙级防火门。

3）防烟楼梯间前室和楼梯间的门应选用乙级防火门并应向疏散方向开启。

4）封闭楼梯间的门应选用乙级防火门，并应向疏散方向开启。

5）扩大的封闭楼梯间与走道连接处应设应选用乙级防火门。

6）11 层及 11 层以下的单元式住宅可不设封闭楼梯间，但户门应为乙级防火门。

7）地下室、半地下室在首层入口处应设乙级防火门。

8）消防电梯前室的门应选用乙级防火门。

（2）《建筑设计防火规范》（GB 50016—2006）中规定：

1）歌舞厅等场所，必须布置在袋形走道的两侧或尽端时，最远房间的疏散门至最近安全出口的距离不应大于 9m，当必须布置在 1～3 层以外的其他楼层时，其面积不应大于 $200m^2$ 且应设乙级防火门。

2）通廊式居住建筑，当户门设置乙级防火门时，可不设封闭楼梯间。

3）住宅中的电梯井与疏散楼梯间相邻布置时，当户门设置乙级防火门时，可不设封闭楼梯间。

4）地下室、半地下室在首层入口处应设乙级防火门。

5）其他形式的居住建筑，层数超过 6 层和面积超过 $500m^2$，当户门采用乙级防火门时，可不设封闭楼梯间。

6）下列建筑或部位的隔墙上开设门窗洞口：舞台与观众厅之间；剧院后台的辅助用房；一、二级耐火等级建筑的门厅；除住宅外，其他建筑的厨房均应选用乙级防火门。

7）消防控制室、消防水泵房的隔墙上开设门窗应选用乙级防火门。

8）封闭楼梯间、扩大的封闭楼梯间、人员密集的公共建筑通向楼梯间的门应采用乙级防火门。

9）防烟楼梯间的相关部位、地下室的隔墙、半地下室的隔墙上开门时、消防电梯的前室、消防电梯隔墙上开门时应采用乙级防火门。

10）通向室外楼梯的门应采用乙级防火门。

（3）《档案馆建筑设计规范》（JGJ 25—2010）中指出：

档案库区内设置楼梯时，应采用封闭楼梯间，门应采用不低于乙级的防火门。

（4）《综合医院建筑设计规范》（JGJ 49—88）中指出：

防火分区通向公共走道的单元入口处，应设乙级防火门。

（5）《图书馆建筑设计规范》（JGJ 38—87）中规定：

书库、开架阅览室藏书区防火分区各层面积之和超过规定的防火分区最大面积时，工作人员专用楼梯间应做成封闭楼梯间，并采用乙级防火门。

4. 丙级防火门的应用

（1）《高层民用建筑设计防火规范》（GB 50045—95）2005 年版中规定：

电缆井、管道井、排烟道、排气道、垃圾道等竖向管道井的检查门，门下部应设置不小于 100mm 的门槛。

（2）《建筑设计防火规范》（GB 50016—2006）中规定：

电缆井、管道井、排烟道、排气道、垃圾道等竖向管道井的检查门，门下部应设置不小于 100mm 的门槛。

（六）专用标准规定之防火门

专用标准《防火门》（GB 12955—2008）中规定：

1. 防火门的材料

（1）木质防火门：用难燃木材或难燃木材制品制作门框、门扇骨架和门扇面板，门扇内若填充材料应填充对人体无毒无害的防火隔热材料，并配以防火五金配件所组成的具有一定耐火性能的门。

（2）钢质防火门：用钢质材料制作门框、门扇骨架和门扇面板，门扇内若填充材料应填充对人体无毒无害的防火隔热材料，并配以防火五金配件所组成的具有一定耐火性能的门。

（3）钢木质防火门：用钢质和难燃木质材料制作门框、门扇骨架和门扇面板，门扇内若填充材料应填充对人体无毒无害的防火隔热材料，并配以防火五金配件所组成的具有一定耐火性能的门。

（4）其他材质防火门：采用除钢质、难燃木材或难燃木材制品之外的无机不燃材料或部分钢质、难燃木材、难燃木材制品制作门框、门扇骨架和门扇面板，门扇内若填充材料应填充对人体无毒无害的防火隔热材料，并配以防火五金配件所组成的具有一定耐火性能的门。

2. 防火门的开启方式

主要采用平开式，而且应向疏散方向开启。

3. 防火门的综合功能

（1）隔热防火门（A类）：在规定的时间内，能同时满足耐火完整性和隔热性要求的防火门。

（2）部分隔热防火门（B类）：在规定大于或等于0.50h时间内，能同时满足耐火完整性和隔热性要求，在大于0.50h后所规定的时间内，能满足耐火完整性要求的防火门。

（3）非隔热防火门（C类）：在规定的时间内，能满足耐火完整性要求的防火门。

4. 防火门按耐火性能分类

防火门按耐火性能的分类见表9-33。

表9-33　防火门按耐火性能分类

名称	耐火性能		代号
隔热防火门（A类）	耐火隔热性≥0.50h		A0.50（丙级）
	耐火完整性≥0.50h		
	耐火隔热性≥1.00h		A1.00（乙级）
	耐火完整性≥1.00h		
	耐火隔热性≥1.50h		A1.50（甲级）
	耐火完整性≥1.50h		
	耐火隔热性≥2.00h		A2.00
	耐火完整性≥2.00h		
	耐火隔热性≥3.00h		A3.00
	耐火完整性≥3.00h		
部分隔热防火门（B类）	耐火隔热性≥0.50h	耐火完整性≥1.00h	B1.00
		耐火完整性≥1.50h	B1.50
		耐火完整性≥2.00h	B2.00
		耐火完整性≥3.00h	B3.00
非隔热防火门（C类）	耐火完整性≥1.00h		C1.00
	耐火完整性≥1.50h		C1.50
	耐火完整性≥2.00h		C2.00
	耐火完整性≥3.00h		C3.00

5. 其他

（1）防火门安装的门锁应是防火锁。

（2）防火门上镶嵌的玻璃应是防火玻璃，并应分别满足A类、B类和C类防火门的要求。

（3）防火门上应安装防火闭门器。

（七）特种窗之防火窗

综合《建筑设计防火规范》（GB 50016—2006）和《高层民用建筑设计防火规范》（GB 50045—95）2005年版中对防火窗的规定：

1. 防火窗采用钢材制作，分为甲级（耐火极限1.20h）和乙级（耐火极限0.90h）两种。

2. 防火窗主要应用于高层建筑的防火墙上，要求采用能自行关闭的甲级防火窗。

3. 靠近防火墙两侧的门窗水平距离小于2m时，应采用乙级防火窗。

4. 除住宅外，其他建筑的厨房均应选用乙级防火窗。

5. 一、二级耐火等级建筑的门厅隔墙上开设窗口时应采用乙级防火窗。

（八）专用标准规定之防火窗

《防火窗》（GB 16809—2008）中的规定：

1. 防火窗的分类

（1）固定式防火窗：无可开启窗扇的防火窗。

（2）活动式防火窗：有可开启窗扇、且装配有窗扇启闭控制装置的防火窗。

（3）隔热防火窗（A类）：在规定时间内，能同时满足耐火完整性和隔热性要求的防火窗。

（4）非隔热防火窗（C类）：在规定时间内，能满足耐火完整性要求的防火窗。

2. 防火窗的产品名称

防火窗的产品名称见表9-34。

表9-34 防火窗的产品名称

产品名称	含义	代号
钢质防火窗	窗框和窗扇框架采用钢材制造的防火窗	GFC
木质防火窗	窗框和窗扇框架采用木材制造的防火窗	MFC
钢木复合防火窗	窗框采用钢材、窗扇框架采用木材制造或窗框采用木材、窗扇框架采用钢材制造的防火窗	GMFC

3. 防火窗的使用功能

防火窗的使用功能见表9-35。

表9-35 防火窗的使用功能

使用功能分类	代号
固定式防火窗	D
活动式防火窗	H

4. 防火窗的耐火性能

防火窗的耐火性能见表9-36。

表9-36 防火窗的耐火性能

防火性能分类	耐火等级代号	耐火性能
隔热防火窗（A类）	A0.50（丙级）	耐火隔热性≥0.50h且耐火完整性≥0.50h
	A1.00（乙级）	耐火隔热性≥1.00h且耐火完整性≥1.00h
	A1.50（甲级）	耐火隔热性≥1.50h且耐火完整性≥1.50h
	A2.00	耐火隔热性≥2.00h且耐火完整性≥2.00h
	A3.00	耐火隔热性≥3.00h且耐火完整性≥3.00h
非隔热防火窗（C类）	C0.50	耐火完整性≥0.50h
	C1.00	耐火完整性≥1.00h
	C1.50	耐火完整性≥1.50h
	C2.00	耐火完整性≥2.00h
	C3.00	耐火完整性≥3.00h

5. 其他

（1）防火窗安装的五金件应满足功能要求并便于更换。

（2）防火窗上镶嵌的玻璃应是防火玻璃，复合防火玻璃的厚度最小为5mm，单片防火玻璃的厚度最小亦为5mm。

（3）防火窗的气密等级不应低于3级。

十一、屋面

（一）一般规定

1.《民用建筑设计通则》（GB 50352—2005）中规定：

（1）屋面工程应根据建筑物的性质、重要程度、使用功能及防水层的合理使用年限，结合工程特点、地区自然条件等，按不同等级进行设防。

（2）屋面构造应符合下列要求

1）屋面面层应采用不燃烧体材料，包括屋面突出部分及屋顶加层，但一、二级耐火等级建筑物，其不燃烧体屋面基层上可采用可燃卷材防水层；

2）屋面排水宜优先采用外排水；高层建筑、多跨及集水面积较大的屋面宜采用内排水；屋面水落管的数量、管径应通过验（计）算确定；

3）天沟、檐沟、檐口、水落口、泛水、变形缝和伸出屋面管道等处应采取与工程特点相适应的防水加强构造措施，并应符合有关规范的规定；

4）当屋面坡度较大或同一屋面落差较大时，应采取固定加强和防止屋面滑落的措施；平瓦必须铺置牢固；

5）地震设防区或有强风地区的屋面应采取固定加强措施；

6）设保温层的屋面应通过热工验算，并采取防结露、防蒸汽渗透及施工时防保温层受潮等措施；

7）采用架空隔热层的屋面，架空隔热层的高度应按照屋面的宽度或坡度的大小变化确定，架空层不得堵塞；当屋面宽度大于10m时，应设置通风屋脊；屋面基层上宜有适当厚度的保温隔热层；

8）采用钢丝网水泥或钢筋混凝土薄壁构件的屋面板应有抗风化、抗腐蚀的防护措施；刚性防水屋面应有抗裂措施；

9）当无楼梯通达屋面时，应设上屋面的检修人孔或低于10m时可设外墙爬梯，并应有安全防护和防止儿童攀爬的措施；

10）闷顶应设通风口和通向闷顶的检修人孔；闷顶内应有防火分隔。

2.《屋面工程技术规范》（GB 50345—2012）中要求：

（1）屋面防水工程应根据建筑物的类别、重要程度、使用功能要求确定防水等级，并应按相应等级进行设防；对防水有特殊要求的建筑屋面，应进行专项防水设计。屋面防水等级和设防要求应符合表9-37的要求。

表9-37 屋面防水等级和设防要求

防水等级	建筑类别	设防要求
I级	重要建筑和高层建筑	两道防水设防
II级	一般建筑	一道防水设防

注：2004年版规范对防水等级的规定为：防水等级共分为4级：I级适用于特别重要的建筑或对防水有特殊要求的建筑，防水层的合理使用年限为25年，采用三道或三道以上防水设防；II级适用于重要的建筑和高层建筑，防水层的合理使用年限为15年，采用二道防水设防；、III级适用于一般的建筑，防水层的合理使用年限为10年，采用一道防水设防（可以采用三毡四油）；IV级适用于非永久性建筑，防水层的合理使用年限为5年，采用一道防水设防（可以采用二毡三油）。

（2）屋面工程应根据建筑物的建筑造型、使用功能、环境条件，对下列内容进行设计：

1）屋面防水等级和设防要求；

2）屋面构造设计；

3）屋面排水设计；

4）找坡方式和选用的找坡材料；

5）防水层选用的材料、厚度、规格及其主要性能；

6）保温层选用的材料、厚度、燃烧性能及其主要性能；

7）接缝密封防水选用的材料。

（3）屋面防水层设计应采取下列技术措施：

1）卷材防水层易拉裂部位，宜选用空铺、点粘、条粘或机械固定等施工方法；

2）结构易发生较大变形、易渗漏和损坏的部位，应根据卷材或涂膜附加层；

3）在坡度较大垂直面上粘贴防水卷材时，宜采用机械固定和对固定点进行密封的方法；

4）卷材或涂膜附加层上应设置保护层；

5）在刚性保护层与卷材、涂膜防水层应设置隔离层。

（4）屋面工程所使用的防水材料在下列情况下应具有相容性：

1）卷材或涂料与基层粘结剂；

2）卷材与胶粘剂或胶粘带；

3）卷材与卷材复合使用；

4）卷材与涂料复合使用；

5）密封材料与接缝基材。

（5）防水材料的选择应符合下列规定：

1）外露使用的防水层，应选用耐紫外线、耐老化、耐候性好的防水材料；

2）上人屋面，应选用耐霉变、拉伸强度高的防水材料；

3）长期处于潮湿环境的屋面，应选用耐腐蚀、耐霉变、耐穿刺、耐长期水浸等性能的防水材料；

4）薄壳、装配式结构、钢结构及大跨度建筑屋面，应选用耐候性好、适应变形能力强的防水材料；

5）倒置式屋面应选用适应变形能力强、接缝密封保证率高的防水材料；

6）坡屋面应选用与基层粘结力强、感温性小的防水材料；

7）屋面接缝密封防水，应选用与基材粘结力强和耐候性好、适应变形能力强的密封材料；

8）基层处理剂、胶粘剂和涂料，应符合《建筑防水涂料有害物质限量》（JC 1066—2008）的有关规定。

3. 《档案馆建筑设计规范》（JGJ 25—2000）中指出：

（1）平屋顶上采用架空层时，应做好基层保温隔热层；架空层的高度不应小于 0.30m；并应通风流畅。

（2）炎热多雨地区，采用坡屋顶时，屋顶内应通风流畅；其下层屋顶板，应采用钢筋混凝土结构并做好防漏水处理。

（二）屋面的种类及常用坡度

1. 《民用建筑设计通则》（GB 50352—2005）中规定的屋面坡度详见表 9-38。

表 9-38　屋面的排水坡度

屋面类别	屋面排水坡度（%）
卷材防水、刚性防水的平屋面	2～5
平瓦	20～50
波形瓦	10～50
油毡瓦（玻纤胎沥青瓦）	≥20
网架、悬索结构金属板	≥4
压型钢板	5～35
种植土屋面	1～3

注：1. 平屋面采用结构找坡不应小于 3%，采用材料找坡不应小于 2%；

　　2. 卷材屋面的坡度不宜大于 25%，当坡度大于 25% 应采取固定和防止滑落的措施；

　　3. 卷材防水屋面天沟、檐沟纵向坡度不应小于 1%，沟底水落差不得超过 200mm。天沟、檐沟排水不应流经变形缝和防火墙；

　　4. 平瓦必须搁置牢固，地震设防地区或坡度大于 50% 的屋面，应采取固定加固措施；

　　5. 架空隔热屋面坡度不宜大于 5%，种植屋面坡度不宜大于 3%。

　　6. 2004 年版《屋面工程技术规范》规定的刚性防水层是采用细石混凝土或补偿收缩混凝土制作的防水层。厚度为 40mm，内配直径为 4～6mm、双向间距为 100mm 的钢筋网片。刚性防水层的坡度宜为 3%，并应采用结构找坡。刚性防水层适用于Ⅲ级的屋面防水，亦可作为Ⅰ级、Ⅱ级屋面防水的一道防水层。刚性防水层不适用于设有松散材料保温层、受较大振动和冲击的屋面，也不宜在严寒和寒冷地区使用。细石混凝土防水层（刚性防水层）与结构层之间宜设置隔离层。

2. 《屋面工程技术规范》（GB 50345—2012）中规定：

（1）平屋面：平屋面的类型和坡度详见表9-39。

表 9-39　平屋面的类型和坡度

找坡方式或材料种类	排水坡度
材料找坡	坡度宜为2%
结构找坡	不应小于3%
架空隔热屋面	不宜大于0.5%
蓄水隔热屋面	不宜大于0.5%
倒置式屋面	宜为3%
金属檐沟、天沟的纵向坡度	宜为0.5%

（2）瓦屋面：瓦屋面的类型和坡度详见表9-40。

表 9-40　瓦屋面的类型和坡度　　　　　　　　　　　　　（%）

材料种类	屋面排水坡度
烧结瓦、混凝土瓦	不应小于30
沥青瓦	不应小于20
金属板材	咬口锁边连接5、紧固件连接10、檐沟0.5

（3）《屋面工程质量验收规范》（GB 50207—2012）中对屋面常用坡度的规定为：

1）结构找坡的屋面坡度不应小于3%；

2）材料找坡的屋面坡度宜为2%；

3）檐沟、天沟纵向坡度不应小于1%，沟底水落差不得超过200mm。

（4）平屋面的常用做法：

1）正置式做法：属于传统做法，构造层次是保温层在下、防水层在上的做法。

2）倒置式做法：属于节能做法，构造层次是保温层在上、防水层在下的做法。

（三）平屋面的构造

1. 平屋顶构造层次的确定因素

平屋顶的构造层次及常用材料的选取，与以下几个方面的因素有关。

（1）屋面是上人屋面还是非上人屋面（上人屋面做法的最上部应是面层，非上人屋面的最上层是保护层）。

（2）屋面的找坡方式是结构找坡还是材料找坡（材料找坡应设置找坡层，结构找坡可以取消找坡层）。

（3）屋面所处房间是湿度大的房间还是正常湿度的房间（湿度大的房间应做隔汽层，一般湿度的房间则不作隔汽层）。

（4）屋面做法是正置式做法（防水层在保温层上部的做法）还是倒置式做法（保温层在防水层上部的做法）。

（5）屋面所处地区是北方地区（以保温做法为主）还是南方地区（以通风散热做法为主），地区不同构造做法也不一样。

2. 平屋顶的构造层次及材料选择

综合《屋面工程技术规范》（GB 50345—2012）和《屋面工程质量验收规范》（GB 50207—2012）中对平屋面构造的层次的规定如下：

（1）承重层

平屋顶的承重结构多以钢筋混凝土板为主，可以现浇也可以预制。层数低的建筑有时也可以选用钢筋加气混凝土板。

结构层为装配式钢筋混凝土板时，应用强度等级不小于 C20 的细石混凝土将板缝灌填密实；当板缝宽度大于 40mm 或上窄下宽时，应在缝中放置构造钢筋；板端缝应进行密封处理。

注：无保温层的屋面，板侧缝宜进行密封处理。

（2）找坡层

1）混凝土结构层宜采用结构找坡，坡度不应小于 3%；

2）当采用材料找坡时，宜采用质量轻、吸水率低和有一定强度的材料，坡度宜为 2%。

（3）找平层

1）卷材屋面、涂膜屋面的基层宜设找平层。找平层的厚度和技术要求应符合表 9-41 的规定。当对细石混凝土找平层的刚度有一定要求时，找平层中宜设置钢筋网片。

表 9-41　找平层厚度和技术要求

找平层分类	适用的基层	厚度（mm）	技术要求
水泥砂浆	整体现浇混凝土板	15～20	1:2.5 水泥砂浆
	整体材料保温层	20～25	
细石混凝土	装配式混凝土板	30～35	C20 混凝土，宜加钢筋网片
	板状材料保温层		C20 混凝土

2）保温层上的找平层应留设分格缝，缝宽宜为 5～20mm，纵横缝的间距不宜大于 6m。

（4）保温层

1）保温层的设计应符合下列规定：

①保温层应选用吸水率低、导热系数小，并有一定强度的保温材料；

②保温层的厚度应根据所在地区现行节能设计标准，经计算确定；

③保温层的含水率，应相当于该材料在当地自然风干状态下的平衡含水率；

④屋面为停车场等高荷载情况时，应根据计算确定保温材料的强度；

⑤纤维材料做保温层时，应采取防止压缩的措施；

⑥屋面坡度较大时，保温层应采取防滑措施；

⑦封闭式保温层或保温层干燥有困难的卷材屋面，宜采取排气构造措施。

2）屋面排气构造

当屋面保温层或找平层干燥有困难时应做好屋面排汽设计，屋面排汽层的设计应符合下列规定：

①找平层设置的分格缝可以兼作排汽道；排汽道内可填充粒径较大的轻质骨料；

②排汽道应纵横贯通，并与大气连通的排汽管相通，排汽管的直径应不小于 40mm；排气孔可设在檐口下或纵横排气道的交叉处；

③排汽道纵横间距宜为 6m。屋面面积每 36m² 宜设置一个排汽孔，排汽孔应作防水处理；

④在保温层下也可铺设带支点的塑料板。

屋面排气构造示例可见图 9-16。

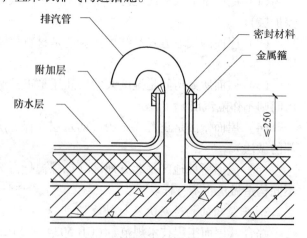

图 9-16　排气屋面的构造

3）屋面热桥部位，当内表面温度低于室内空气的露点温度时，均应作保温处理。

4）保温层及保温材料

《屋面工程技术规范》（GB 50345—2012）中规定的保温层及保温材料见表9-42。

表9-42　保温层及其保温材料

保温层	保温材料
块状材料保温层	聚苯乙烯泡沫塑料（XPS板、EPS板）、硬质聚氨酯泡沫塑料、膨胀珍珠岩制品、泡沫玻璃制品、加气混凝土砌块、泡沫混凝土砌块
纤维材料保温层	玻璃棉制品、岩棉制品、矿渣棉制品
整体材料保温层	喷涂硬泡聚氨酯、现浇泡沫混凝土

4）保温材料的主要性能指标

①板状保温材料

板状保温材料的主要性能指标见表9-43。

表9-43　板状保温材料的主要性能指标

项目	指标					
	聚苯乙烯泡沫塑料		硬质聚氨酯泡沫塑料	泡沫玻璃	憎水型膨胀珍珠岩类	加气混凝土	泡沫混凝土
	挤塑	模塑					
表观密度或干密度（kg/m³）	—	≥20	≥30	≤200	≤350	≤425	≤530
压缩强度（kPa）	≥150	≥100	≥120	—	—	—	—
抗压强度（kPa）	—	—	—	≥0.4	≥0.3	≥1.0	≥0.5—
导热系数［W/（m·K）］	≤0.030	≤0.041	≤0.024	≤0.070	≤0.087	≤0.120	≤0.120
尺寸稳定性（70℃，48h，%，）	≤2.0	≤3.0	≤2.0	—	—	—	—
水蒸气渗透系数［ng/（Pa·m·s）］	≤3.5	≤4.5	≤6.5	—	—	—	—
吸水率（v/v，%）	≤3.5	≤4.0	≤4.0	≤0.5	—	—	—
燃烧性能	不低于B₂级	A级					

②纤维保温材料

纤维保温材料的主要性能指标见表9-44。

表9-44　纤维保温材料的主要性能指标

项目	指标			
	岩棉、矿渣棉板	岩棉、矿渣棉毡	玻璃棉板	玻璃棉毡
表观密度（kg/m³）	≥40	≥40	≥24	≥10
导热系数［W/（m·K）］	≤0.040	≤0.040	≤0.043	≤0.050
燃烧性能	A级			

③喷涂硬泡聚氨酯保温材料

喷涂硬泡聚氨酯保温材料的主要性能指标见表9-45。

表 9-45 喷涂硬泡聚氨酯保温材料的主要性能指标

项目	性能要求
表观密度（kg/m³）	≥35
导热系数［W/(m·K)］	≤0.024
压缩强度（kPa）	≥150
尺寸稳定性（70℃，48h)/%	≤1.0
闭孔率（%）	≥92
水蒸气渗透系数［ng/(Pa·m·s)］	≤5
吸水率（v/v,%）	≤3
燃烧性能	不低于 B₂ 级

④现浇泡沫混凝土保温材料

现浇泡沫混凝土保温材料的主要性能指标见表 9-46。

表 9-46 现浇泡沫混凝土保温材料的主要性能指标

项目	指标
干密度（kg/m³）	≤600
导热系数［W/(m·K)］	≤0.14
抗压强度（kPa）	≥0.50
吸水率（%）	≤0.20
燃烧性能	A 级

⑤北京地区推荐使用的保温材料和厚度取值为：

A. 挤塑型聚苯乙烯泡沫塑料板（XPS 板），导热系数≤0.032W/(m·K)、表观密度≥25kg/m²，厚度为 50~70mm，阻燃性材料；

B. 模塑（膨胀）型聚苯乙烯泡沫塑料板（EPS 板），导热系数≤0.041W/(m·K)、表观密度≥22kg/m²，厚度为 70~95mm，阻燃性材料；

C. 硬泡聚氨酯板（PU 板），导热系数≤0.024W/(m·K)、表观密度≥55kg/m²，厚度为 40~55mm；

D. 胶粉聚苯颗粒，导热系数≤0.07W/(m·k)、表观密度≤250kg/m²，厚度为 100~150mm。

（5）隔汽层

当严寒和寒冷地区屋面结构冷凝界面内侧实际具有的蒸汽渗透阻小于所需值，或其他地区室内湿气有可能透过屋面结构层时，应设置隔汽层。隔汽层的具体要求如下：

①正置式屋面的隔汽层应设置在结构层上、保温层下（倒置式屋面不设隔汽层）；

②隔汽层应选用气密性、水密性好的材料；

③隔汽层应沿周边墙面向上连续铺设，高出保温层上表面不得小于 150mm；

④隔汽层采用卷材时宜空铺，卷材搭接缝应满粘，其搭接宽度不应小于 80mm；隔汽层采用涂料时，应涂刷均匀。

注：2004 年版规范规定隔汽层的设置原则是：

1. 在纬度 40°以北地区且室内空气湿度大于 75%，或其他地区室内空气湿度常年大于 80% 时，保温屋面应设置隔汽层。

2. 隔汽层应在保温层下部设置并沿墙面向上铺设，与屋面的防水层相连接，形成全封闭的整体。

3. 隔汽层可采用气密性、水密性好的单层卷材或防水涂料。

（6）防水层

1）防水材料与防水等级的关系

防水材料与防水等级的关系应符合表 9-47 的规定。

表 9-47　防水材料与防水等级的关系

防水等级	防水做法
I 级	卷材防水层和卷材防水层、卷材防水层与涂膜防水层、复合防水层
II 级	卷材防水层、涂膜防水层、复合防水层

注：在 I 级屋面防水做法中，防水层仅作单层卷材时，应符合有关单层防水卷材屋面技术的规定。

2）防水卷材

①防水卷材的选择

A. 防水卷材可选用合成高分子防水卷材或高聚物改性沥青防水卷材，其外观质量和品种、规格应符合国家现行有关材料标准的规定；

B. 应根据当地历年最高气温、最低气温、屋面坡度和使用条件等因素，选择耐热度、低温柔性相适应的卷材；

C. 根据地基变形程度、结构形式、当地年温差、日温差和振动等因素，选择拉伸性能相适应的卷材；

D. 应根据防水卷材的暴露程度，选择耐紫外线、耐根穿刺、耐老化、耐霉烂相适应的卷材；

E. 种植隔热屋面的防水层应选择耐根穿刺的防水卷材。

②防水卷材厚度的确定

防水层的每层厚度应符合表 9-48 的规定。

表 9-48　防水层的每层厚度　（mm）

防水等级	合成高分子防水卷材	高聚物改性沥青防水卷材		
		聚酯胎、玻纤胎、聚乙烯胎	自粘聚酯胎	自粘无胎
I 级	1.2	3.0	2.0	1.5
II 级	1.5	4.0	3.0	2.0

③防水卷材的性能指标

A. 合成高分子防水卷材的性能指标

合成高分子防水卷材的性能指标见表 9-49。

表 9-49　合成高分子防水卷材的性能指标

项目		性能要求			
		硫化橡胶类	非硫化橡胶类	树脂类	树脂类（复合片）
断裂拉伸强度（MPa）		≥6	≥3	≥10	≥60N/10mm
扯断伸长率（%）		≥400	≥200	≥200	≥400
低温弯折（℃）		-30	-20	-25	-20
不透水性	压力（MPa）	≥0.3	≥0.2	≥0.3	≥0.3
	保持时间（min）	≥30			
加热收缩率（%）		<1.2	<2.0	≤2.0	≤2.0
热老化保持率（80℃×168h,%）	断裂拉伸强度	≥80		≥85	≥80
	折断伸长率	≥80		≥80	≥70

B. 高聚物改性沥青防水卷材的性能指标

高聚物改性沥青防水卷材的性能指标见表 9-50。

表9-50　高聚物改性沥青防水卷材的性能指标

项目	性能要求				
	聚酯毡胎体	玻纤毡胎体	聚乙烯胎体	自粘聚酯胎体	自粘无胎体
可溶物含量（g/㎡）	3mm 厚≥2100 4mm 厚≥2900	—		2mm≥1300 3mm 厚≥2100	—
拉力（N/50mm）	≥500	纵向≥350	≥200	2mm≥350 3mm 厚≥450	≥150
延伸率（%）	最大拉力时 SBS≥30　APP≥25	—	断裂时≥120	最大拉力时≥30	最大 拉力时≥200
耐热度（℃，2h）	SBS 卷材 90 APP 卷材 110 无滑动、流淌、滴落		PEE 卷材 90 无流淌、起泡	70，无滑动 流淌、滴落	70 滑动不超过 2mm
低温柔性（℃，2h）	SBS 卷材 –20，APP 卷材 –7，PEE 卷材 –10			–20	
不透水性　压力（MPa）	≥0.3	≥0.2	≥0.4	≥0.3	≥0.2
不透水性　保持时间（min）	≥30				≥120

注：1. SBS 卷材—弹性体改性沥青防水卷材；

　　2. APP 卷材—塑性体改性沥青防水卷材；

　　3. PEE 卷材—高聚物改性沥青聚乙烯胎防水卷材。

3）防水涂膜

①防水涂料的选择

A. 防水涂料可选用合成高分子防水涂料、聚合物水泥防水涂料和高聚物改性沥青防水涂料，其外观质量和品种、型号应符合国家现行有关材料标准的规定；

B. 应根据当地历年最高气温、最低气温、屋面坡度和使用条件等因素，选择耐热性和低温柔性相适应的涂料；

C. 应根据地基变形程度、结构形式、当地年温差、日温差和振动等因素，选择拉伸性能相适应的涂料；

D. 应根据屋面涂膜的暴露程度，选择耐紫外线、热老化相适应的涂料；

E. 屋面排水坡度大于25％时，应选择成膜时间较短的涂料。

②防水涂膜厚度的确定

防水涂膜每道最小厚度应符合表9-51 的规定。

表9-51　防水涂膜每道的最小厚度　　　　　　　　　　　　　　　（mm）

防水等级	合成高分子防水涂膜	聚合物水泥防水涂膜	高聚物改性沥青防水涂膜
Ⅰ 级	1.5	1.5	2.0
Ⅱ 级	2.0	2.0	3.0

③防水涂料的性能指标

A. 合成高分子防水涂料

反应固化型合成高分子防水涂料的性能指标见表9-52；挥发固化型合成高分子防水涂料的性能指标见表9-53。

表 9-52　反应固化型合成高分子防水涂料的性能指标

项目		指标
固体含量（%）		≥85
拉伸强度（MPa）		≥1.5
断裂伸长率（%）		≥300
低温柔性（℃，2h）		−20，无裂纹
不透水性	压力（MPa）	≥0.3
	保持时间（min）	≥30

表 9-53　挥发固化型合成高分子防水涂料的性能指标

项目		指标
固体含量（%）		≥70
拉伸强度（MPa）		≥1.2
断裂伸长率（%）		≥200
低温柔性（℃，2h）		−20，无裂纹
不透水性	压力（MPa）	≥0.3
	保持时间（min）	≥30

B. 聚合物水泥防水胶结材料

聚合物水泥防水胶结材料的性能指标见表 9-54。

表 9-54　聚合物水泥防水胶结材料的性能指标

项目		指标
与水泥基层的拉伸粘结强度	常温 7d	≥0.6
	耐水	≥0.4
	耐冻融	≥0.4
可操作时间（h）		≥2
抗渗性能（MPa，7d）	抗渗性	≥1.0
抗压强度（MPa）		≥9
柔韧性 28d	抗压强度/抗折强度	≤3
剪切状态下的粘结性（N/mm，常温）	卷材与卷材	≥2.0
	卷材与基底	≥1.8

C. 高聚物改性沥青防水涂料

高聚物改性沥青防水涂料的性能指标见表 9-55。

表 9-55　高聚物改性沥青防水涂料的性能指标

项　目		性能要求	
		水乳型	溶剂型
固体含量（%）		≥45	≥48
耐热性（80℃，5h）			无流淌、起泡、滑动
低温柔性（℃，2h）		−15，无裂纹	−15，无裂纹
不透水性	压力（MPa）	≥0.1	≥0.2
	保持时间（min）	≥30	≥30
断裂伸长率（%）		≥600	—
抗裂性（mm）		—	基层裂缝 0.3mm，涂膜无裂纹

4）复合防水层

①复合防水层的选用

A. 选用的防水卷材与防水涂料应相容；

B. 防水涂膜宜设置在防水卷材的下面；

C. 挥发固化型防水涂料不得作为防水卷材粘结材料使用；

D. 水乳型合成高分子涂膜上面，不得采用热熔型防水卷材；

E. 水乳型或水泥基类防水涂料，应待涂膜实干后再进行冷粘铺贴卷材。

②复合防水层的最小厚度

复合防水层的最小厚度应符合表 9-56 的规定。

表 9-56　复合防水层的最小厚度

防水等级	合成高分子防水卷材 + 合成高分子防水涂膜	自粘聚合物改性沥青防水卷材（无胎）+ 合成高分子防水涂膜	高聚物改性沥青防水卷材 + 高聚物改性沥青防水涂膜	聚乙烯丙纶卷材 + 聚合物水泥防水胶结材料
Ⅰ级	1.2 + 1.5	1.5 + 1.5	3.0 + 2.0	（0.7 + 1.3）×2
Ⅱ级	1.0 + 1.0	1.2 + 1.0	3.0 + 1.2	0.7 + 1.3

5）下列情况不得作为屋面的一道防水设防

①混凝土结构层；

②Ⅰ型喷涂硬泡聚氨酯保温层；

③装饰瓦以及不搭接瓦；

④隔汽层；

⑤细石混凝土层；

⑥卷材或涂膜厚度不符合规范规定的防水层。

（7）附加层

1）附加层的选用

①檐沟、天沟与屋面交接处、屋面平面与立面交接处，以及水落管、伸出屋面管道根部等部位，应设置卷材与涂膜附加层；

②屋面找平层分格缝等部位，宜设置卷材空铺附加层，其空铺宽度不宜小于100mm。

2）附加层的厚度

附加层的厚度应符合表 9-57 的规定。

表 9-57　附加层的厚度　　　　　　　　　　　　　　　（mm）

附加层材料	最小厚度
合成高分子防水卷材	1.2
高聚物改性沥青防水卷材（聚酯胎）	3.0
合成高分子防水涂料、聚合物水泥防水涂料	1.5
高聚物改性沥青涂料	2.0

（8）卷材接缝

防水卷材接缝应采用搭接缝，卷材搭接宽度应符合表 9-58 的规定。

表 9-58 卷材搭接宽度 （mm）

卷材类别		搭接宽度
合成高分子防水卷材	胶粘剂	80
	胶粘带	50
	单缝焊	60，有效焊接宽度不小于 25
	双缝焊	80，有效焊接宽度 10×2 + 空腔宽
高聚物改性沥青防水卷材	胶粘剂	100
	自粘	80

（9）胎体增加材料

1）胎体增加材料宜采用聚酯无纺布或化纤无纺布；

2）胎体增加材料长边搭接宽度不应小于 50mm，短边搭接宽度不应小于 70mm；

3）上下层胎体增强材料的长边搭接缝应错开，且不得小于幅宽的 1/3；

4）上下层胎体增强材料不得相互垂直铺设。

（10）接缝密封材料

1）屋面接缝应按密封材料的使用方式，分为位移接缝和非位移接缝。屋面接缝密封防水技术要求应符合表 9-59 的要求。

表 9-59 屋面接缝密封防水技术要求

接缝种类	密封部位	密封材料
位移接缝	混凝土面层分格接缝	改性石油沥青密封材料 合成高分子密封材料
	块体面层分格接缝	改性石油沥青密封材料 合成高分子密封材料
	采光顶玻璃接缝	硅酮耐候密封胶
	采光顶周边接缝	合成高分子密封材料
	采光顶隐框玻璃与金属框接缝	硅酮耐候密封胶
	采光顶明框单元板块间接缝	硅酮耐候密封胶
非位移接缝	高聚物改性沥青卷材收头	改性石油沥青密封材料
	合成高分子卷材收头及周边接缝	合成高分子密封材料
	混凝土基层固定件周边接缝	改性石油沥青密封材料 合成高分子密封材料
	混凝土构件间接缝	改性石油沥青密封材料 合成高分子密封材料

2）接缝密封防水设计应保证密封部位不渗水，并应做到接缝密封防水与主体结构防水层相匹配。

3）密封材料的选择应符合下列规定：

①应根据当地历年最高气温、最低气温、屋面构造特点和使用条件等因素，选择耐热度、低温柔性相适应的密封材料；

②应根据屋面接缝变形的大小以及接缝的宽度，选择位移能力相适应的密封材料；

③应根据屋面接缝粘结性要求，选择与基层材料相容的密封材料；

④应根据屋面的暴露程度，选择耐高低温、耐紫外线、耐老化和耐潮湿等性能相适应的密封材料。

4）密封材料的防水设计应符合下列规定：

①接缝宽度应按屋面接缝位移量计算确定；

②接缝的相对位移量不应大于可供选择密封材料的位移能力；

③密封材料的嵌填深度宜为接缝宽度的 50% ~70%；

④接缝处的密封材料底部应设置背衬材料，背衬材料应大于接缝宽度的 20%，嵌入深度应为密封材料的设计厚度；

⑤背衬材料应选择与密封材料不粘结或粘结力弱的材料，并应能适应基层的伸缩变形，同时应具有施工时不变形、复原率高和耐久性好等性能。

（11）保护层

1）上人屋面的保护层应采用块体材料、细石混凝土等，不上人屋面保护层可采用浅色涂料、铝箔、矿物粒料、水泥砂浆等材料。各种保护层材料的适用范围和技术要求应符合表 9-60 的规定；

表 9-60　保护层材料的适用范围和技术要求

保护层材料	适用范围	技术要求
浅色涂料	不上人屋面	丙烯酸系反射涂料
铝箔	不上人屋面	0.05mm 厚铝箔反射膜
矿物粒料	不上人屋面	不透明的矿物粒料
水泥砂浆	不上人屋面	20mm 厚 1:2.5 或 M15 水泥砂浆
块体材料	上人屋面	地砖或 30mmC20 细石混凝土预制块
细石混凝土	上人屋面	40mm 厚细石混凝土或 50mm 厚 C20 细石混凝土内配 ϕ4@100 双向钢筋网片

2）采用块体材料做保护层时，宜设分格缝，其纵横间距不宜大于 10m，分格缝宽度宜为 20mm，并应用密封材料嵌填；

3）采用水泥砂浆做保护层时，表面应抹平压光，并应设表面分格缝，分格面积宜为 1m²；

4）采用细石混凝土做保护层时，表面应抹平压光，并应设表面分格缝，其纵横间距不应大于 6m，分隔缝宽度宜为 10~20mm，并应用密封材料嵌填；

5）采用浅色涂料做保护层时，应与防水层粘结牢固，厚薄宜均匀，不得漏涂；

6）块体材料、水泥砂浆、细石混凝土保护层与女儿墙或山墙之间，应预留宽度为 30mm 的缝隙，缝内宜填塞聚苯乙烯泡沫塑料，并应用密封材料嵌填；

7）需经常维护的设施周围和屋面出入口至设施之间的人行道，应铺设块体材料或细石混凝土保护层。

（12）隔离层

块体材料、水泥砂浆或细石混凝土保护层与卷材防水层、涂膜防水层之间应设置隔离层，隔离层材料的适用范围和技术要求宜符合表 9-61 的规定。

表 9-61　隔离层材料的适用范围和技术要求

隔离层材料	适用范围	技术要求
塑料膜	块体材料、水泥砂浆保护层	0.4mm 厚聚乙烯膜或 3mm 厚发泡聚乙烯膜
土工布	块体材料、水泥砂浆保护层	200g/m² 聚酯无纺布
卷材	块体材料、水泥砂浆保护层	石油沥青卷材一层
低强度等级砂浆	细石混凝土保护层	10mm 黏土砂浆石灰膏:砂:黏土 = 1:2.4:3.6
		10mm 厚石灰砂浆，石灰膏:砂 = 1:4
		5mm 厚掺有纤维的石灰砂浆

注：2004 年版规范规定细石混凝土防水层（刚性防水层）与结构层之间宜设置隔离层。

3. 平屋面的构造层次

平屋面的基本构造层次应根据建筑物的性质、使用功能、气候条件等因素进行组合，并应符合表9-62的要求。

表9-62　平屋顶的基本构造层次

屋面类型	做法	基本构造层次（由上而下）
卷材屋面、涂膜屋面	上人屋面、正置式	保护层（面层）—隔离层—防水层—找平层—保温层—找平层—找坡层—结构层
	非上人屋面、倒置式	保护层—保温层—防水层—找平层—找坡层—结构层
	种植屋面、有保温层	种植隔热层—保护层—耐根穿刺防水层—防水层—找平层—保温层—找平层—找坡层—结构层
	架空屋面、有保温层	架空隔热层—防水层—找平层—保温层—找平层—找坡层—结构层
	蓄水屋面、有保温层	蓄水隔热层—隔离层—防水层—找平层—保温层—找平层—找坡层—结构层

注：1. 表中结构层为钢筋混凝土基层；防水层包括卷材防水层和涂膜防水层；保护层包括块体材料、水泥砂浆、细石混凝土等保护层。

　　2. 有隔汽要求的屋面，应在保温层与结构层之间设隔汽层。

4. 隔热屋面的构造要求

（1）种植隔热屋面

1）《屋面工程技术规范》（GB 50345—2012）的规定：

①种植隔热层的构造层次应包括植被层、种植土层、过滤层和排水层等；

②种植隔热层所用材料及植物等应与当地气候条件相适应，并应符合环境保护要求；

③种植隔热层宜根据植物种类及环境布局的需要进行分区布置，分区布置应设挡墙或挡板；

④排水层材料应根据屋面功能及环境、经济条件等进行选择；过滤层宜采用 $200 \sim 400 g/m^2$ 的土工布，过滤层应沿种植土周边向上铺设至种植土高度；

⑤种植土四周应设挡墙，挡墙下部应设泄水孔，并应与排水出口连通；

⑥种植土应根据种植植物的要求选择综合性能良好的材料；种植土厚度应根据不同种植土和植物种类等确定；

⑦种植隔热层的屋面坡度大于20%时，其排水层、种植土等应采取防滑措施。

2）《屋面工程质量验收规范》（GB 50207—2012）中规定：

①种植隔热层与防水层之间宜设细石混凝土保护层。

②种植隔热层的屋面坡度大于20%时，其排水层、种植土层应采取防滑措施。

③排水层施工应符合下列要求：

A. 陶粒的粒径不应小于25mm，大粒径应在下，小粒径应在上；

B. 凹凸形排水板宜采用搭接法施工，网状交织排水板宜采用对接法施工；

C. 排水层上应铺设过滤层土工布；

D. 挡墙或挡板的下部应设排水孔，孔周围应放置疏水粗细骨料。

④过滤层土工布应沿种植土周边向上铺设至种植土高度，并应与挡墙或挡板粘牢；土工布的搭接宽度不应小于100mm，接缝宜采用粘合或缝合。

⑤种植土的厚度及自重应符合设计要求。种植土表面应低于挡墙高度100mm。

3）《种植屋面工程技术规范》（JGJ 155—2007）中规定：

①绿化面积占屋面总面积大于80%的叫简单式种植屋面；绿化面积占屋面总面积大于60%的叫花园式种植屋面；

②倒置式屋面不应做满覆土种植；

③种植土厚度不宜小于100mm；

④种植式屋面防水层的合理使用年限不应小于15年。应采用两道或两道以上防水层设防，最上一

道应是耐根穿刺防水材料，防水层材料应兼容；

⑤种植屋面的结构层宜采用现浇钢筋混凝土；

⑥当屋面坡度大于20%时，其保温隔热层、防水层、排（蓄）水层、种植土层应采取防止下滑的措施。屋面坡度大于50%时，不宜做种植屋面；

⑦常年有六级风以上地区的屋面，不宜种植大型乔木；

⑧寒冷地区种植土与女儿墙及其他泛水之间应采取防冻胀措施；

⑨种植屋面防水工程竣工后，平屋面应进行48h的蓄水检验；坡屋面应进行持续3h的淋水实验。

⑩种植屋面的材料：

A. 保温隔热材料：表观密度宜小于100kg/m³。可以选用聚苯乙烯泡沫塑料板和喷涂硬泡聚氨酯及硬泡聚氨酯板等材料；

B. 找坡材料：应选用密度小并具有一定抗压强度的材料，如：加气混凝土、轻质陶粒混凝土、水泥膨胀珍珠岩、水泥蛭石等；

C. 耐根穿刺防水材料：应选用铅锡锑合金防水卷材（0.5mm厚）、复合铜胎基SBS改性沥青防水卷材（4mm厚）、铜箔胎SBS改性沥青防水卷材（4mm）等10种防水材料；

D. 过滤、排（蓄）水材料：过滤层材料宜采用单位面积质量为200~400kg/m²的材料。排（蓄）水材料可选用凹凸形排（蓄）水板或网状交织排（蓄）水板；

E. 种植土和种植植物：种植土可以选用田园土、改良土或无机复合种植土；种植植物可选用小乔木（种植土厚度600~900mm）、大灌木（种植土厚度300~600mm）、小灌木（种植土厚度300~400mm）、地被植物（种植土厚度100~200mm）等；

F. 种植屋面为平屋面时，其坡度宜为1%~2%。单向坡长小于9m的屋面可采用材料找坡，单向坡长大于9m的屋面宜采用结构找坡。天沟、檐沟坡度不应小于1%。

⑪种植屋面的构造要求

种植屋面在沿女儿墙及中间纵横部位每6m应设置走道，走道宽度为600mm。走道板采用强度等级为C20的混凝土制作，尺寸为600mm×600mm×60mm，用两道120mm砖墙支承。走道板应高出种植土50mm，底部设出水口，从女儿墙穿出排向室外。

（2）蓄水隔热屋面

1）《屋面工程技术规范》（GB 50345—2012）中的规定：

①蓄水隔热层不宜在寒冷地区、地震设防地区和振动较大的建筑物上采用；

②蓄水隔热层的蓄水池应采用强度等级不低于C20、抗渗等级不低于P6的防水混凝土制作；蓄水池内宜采用20mm厚防水砂浆抹面；

③蓄水隔热层的屋面坡度不宜大于0.5%；

④蓄水隔热屋面应划分为若干蓄水区，每区的边长不宜大于10m，在变形缝的两侧应分成两个互不连通的蓄水区；长度超过40m的蓄水隔热屋面应分仓设置，分仓隔墙可采用现浇混凝土或砌块砌体；

⑤蓄水池应设溢水口、排水管和给水管，排水管应与排水出口连通；

⑥蓄水隔热层的蓄水深度宜为150~200mm；

⑦蓄水池溢水口距分仓墙顶的高度不得小于100mm；

⑧蓄水池应设置人行通道。

2）《屋面工程质量验收规范》（GB 50207—2012）中规定：

①蓄水隔热层与屋面防水层之间应设置隔离层；

②蓄水池的所有孔洞应预留，不得后凿；所设置的给水管、排水管和溢水管等，均应在蓄水池混凝土施工前安装完毕；

③每个蓄水池的防水混凝土应一次浇筑完毕，不得流施工缝；

④防水混凝土应用机械振捣密实，表面应抹平和压光，初凝后应覆盖养护，终凝后浇水养护不得少于14d；蓄水后不得断水。

（3）架空隔热屋面

1）《屋面工程技术规范》（GB 50345—2012）中的规定：

①架空隔热层宜在屋顶有良好通风的建筑物上采用，不宜在寒冷地区采用；

②当采用混凝土架空隔热层时，屋面坡度不宜大于5%；

③架空隔热制品及其支座的质量应符合国家现行有关材料标准的规定；

④架空隔热层的高度宜为180～300mm。架空板与女儿墙的距离不应小于250mm。

⑤当屋面宽度大于10m时，架空隔热层中部应设置通风屋脊；

⑥架空隔热层的进风口，宜设置在当地炎热季节最大频率风向的正压区，出风口宜设置在负压区。

架空隔热屋面的构造见图9-17。

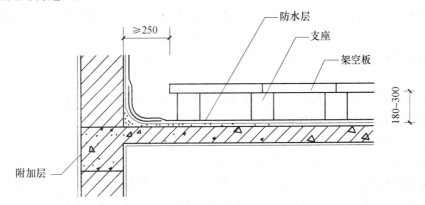

图9-17 架空屋面的构造

2）《屋面工程质量验收规范》（GB 50207—2012）中规定：

①架空隔热层的高度应按屋面宽度或坡度大小确定。设计无要求时，架空隔热层的高度宜为180～300mm；

②当屋面宽度大于10m时，应在屋面中部设置通风屋脊，通风口处应设置通风算子；

③架空隔热制品支座底面的卷材、涂膜防水层，应采取加强措施；

④架空隔热制品的质量应符合下列要求：

A. 非上人屋面的砌块强度等级不应低于MU7.5；上人屋面的砌块强度等级不应低于MU10；

B. 混凝土板的强度等级不应低于C20，板厚及配筋应符合设计要求。

5. 倒置式屋面

（1）《屋面工程技术规范》（GB 50345—2012）中的规定：

1）倒置式屋面的坡度宜为3%；

2）保温层应采用吸水率低，且长期浸水不变质的保温材料；

3）板状保温材料的下部纵向边缘应设排水凹槽；

4）保温层与防水层所用材料应相容匹配；

5）保温层上面宜采用块体材料或细石混凝土做保护层；

6）檐沟、水落口部位应采用现浇混凝土堵头或砖砌堵头，并应作好保温层的排水处理。

（2）《倒置式屋面工程技术规范》（JGJ 230—2010）中规定：

1）倒置式屋面的防水等级应为Ⅱ级，防水层的合理使用年限不应少于20年。

2）倒置式屋面的保温层使用年限不宜低于防水层的使用年限。

3）倒置式屋面的找坡层

A. 宜采用结构找坡，坡度不宜小于3%；

B. 当采用材料找坡时，找坡层最薄处的厚度不得小于30mm。

4）倒置式屋面的找平层

A. 防水层下应设找平层；

B. 找平层可采用水泥砂浆或细石混凝土，厚度应为15～40mm；

C. 找平层应设分格缝，缝宽宜为10～20mm，纵横缝的间距不宜大于6m；缝中应用密封材料嵌填。

5）倒置式屋面的防水层应选用耐腐蚀、耐霉烂、适应基层变形能力的防水材料。

6）倒置式屋面的保温层可以选用挤塑聚苯板、硬泡聚氨酯板、硬泡聚氨酯防水保温复合板、喷涂硬泡聚氨酯及泡沫玻璃保温板等，最小厚度不应小于25mm。

7）倒置式屋面的保护层

A. 可以选用卵石、混凝土板块、地砖、瓦材、水泥砂浆、金属板材、人造草皮、种植植物等材料；

B. 保护层的质量应保证当地30年一遇最大风力时保温板不会被刮起和保温板在积水状态下不会浮起；

C. 当采用板状材料、卵石作保护层时，在保温层与保温层之间应设置隔离层；

D. 当采用板状材料作上人屋面保护层时，板状材料应采用水泥砂浆坐浆平铺，板缝应采用砂浆勾缝处理；当屋面为非功能性上人屋面时，板状材料可以平铺，厚度不应小于30mm；

E. 当采用卵石保护层时，其粒径宜为40～80mm；

F. 保护层应设分格缝，面积分别为：水泥砂浆 $1m^2$、板状材料 $100m^2$、细石混凝土 $36m^2$。

G. 倒置式屋面的构造层次由下而上为：结构层—找坡层—找平层—防水层—保温层—保护层。

倒置式屋面的构造见图9-18。

6. 屋面的排水设计

（1）《屋面工程技术规范》（GB 50345—2012）中指出：

1）屋面排水方式的选择应根据建筑物的屋顶形式、气候条件、使用功能等因素确定。

2）屋面排水方式可分为有组织排水和无组织排水。有组织排水时，宜采用雨水收集系统。

3）高层建筑屋面宜采用内排水；多层建筑屋面宜采用有组织外排水；低层建筑及檐高小于10m的屋面，可采用无组织排水。多跨及汇水面积较大的屋面宜采用天沟排水，天沟找坡较长时，宜采用中间内排水和两端外排水。

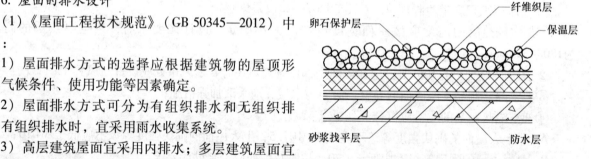

图9-18 倒置式屋面的构造

4）屋面排水系统设计采用的雨水流量、暴雨强度、降雨历时、屋面汇水面积等参数，应符合现行国家标准《建筑给水排水设计规范》（GB 50015—2003）2009年版的有关规定。

5）屋面应适当划分排水区域，排水路线应简捷，排水应通畅。

6）采用重力式排水时，屋面每个汇水面积内，雨水排水立管不宜少于2根；水落口和水落管的位置，应根据建筑物的造型要求和屋面汇水情况等因素确定。

7）高跨屋面为无组织排水时，其低跨屋面受水冲刷的部位，应加铺一层卷材，并应设40～50mm厚、300～500mm宽的C20混凝土板材加强保护；高跨屋面为有组织排水时，水落管下应加设水簸箕；

8）暴雨强度较大地区的大型屋面，宜采用虹吸式屋面雨水排水系统。

7）高跨屋面为无组织排水时，其低跨屋面受水冲刷的部位，应加铺一层卷材，并应设40～50mm

厚、300~500mm 宽的 C20 混凝土板材加强保护；高跨屋面为有组织排水时，水落管下应加设水簸箕；

8）暴雨强度较大地区的大型屋面，宜采用虹吸式屋面雨水排水系统。

9）严寒地区应采用内排水，寒冷地区宜采用内排水。

10）湿陷性黄土地区宜采用有组织排水，并应将雨雪水直接排至排水管网。

11）檐沟、天沟的过水断面，应根据屋面汇水面积的雨水流量经计算确定。钢筋混凝土檐沟、天沟净宽不应小于 300mm；分水线处最小深度不应小于 100mm；沟内纵向坡度应不小于 1%，沟底水落差不得超过 200mm，天沟、檐沟排水不得流经变形缝和防火墙。

12）金属檐沟、天沟的纵向坡度宜为 0.5%。

13）坡屋面檐口宜采用有组织排水，檐沟和水落斗可采用金属或塑料成品。

（2）综合相关技术资料的数据

1）年降雨量小于或等于 900mm 的地区为少雨地区；年降雨量大于 900mm 的地区为多雨地区。

2）每个水落口的汇水面积宜为 150~200m²。

3）有外檐天沟时，雨水管间距可按 ≤24m 设置；无外檐天沟时，雨水管间距可按 ≤15m 设置。

4）屋面雨水管的内径应不小于 100mm、面积小于 25m² 的阳台雨水管的内径应不小于 50mm。

5）雨水管、雨水斗应首选 UPVC 材料（增强塑料）。雨水管距离墙面不应小于 20mm，其排水口下端距散水坡的高度不应大于 200mm。高低跨屋面雨水管下端有可能产生屋面被冲刷时应加设水簸箕。

7. 平屋顶的细部构造

（1）檐口

1）卷材防水屋面檐口 800mm 范围内的卷材应满粘，卷材收头应采用金属压条钉压，并应用密封材料封严。檐口下端应做鹰嘴和滴水槽（图 9-19）。

2）涂抹防水屋面檐口的涂膜收头，应用防水涂料多遍涂刷。檐口下端应做鹰嘴和滴水槽（图 9-20）。

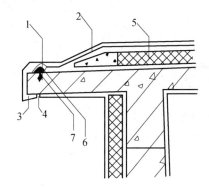 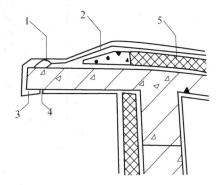

图 9-19　卷材防水屋面檐口
1—密封材料；2—卷材防水层；3—鹰嘴；
4—滴水槽；5—保温层；6—金属压条；7—水泥钉

图 9-20　涂膜防水屋面檐口
1—涂料多遍涂刷；2—涂膜防水层；
3—鹰嘴；4—滴水槽；5—保温层；

（2）檐沟和天沟

1）檐沟和天沟的防水层下应增设附加层，附加层伸入屋顶的宽度不应小于 250mm；

2）檐沟防水层和附加层应由沟底翻上至外侧顶部，卷材收头应用金属压条顶压，并应用密封材料封严，涂膜收头应用防水涂料多遍涂刷；

3）檐沟外侧下端应做鹰嘴和滴水槽；

4）檐沟外侧高于屋面结构板时，应设置溢水口（图 9-21）。

（3）女儿墙和山墙

1）女儿墙压顶可采用混凝土制品或金属制品。屋顶向内排水坡度不应小于 5%，压顶内侧下端应作滴水处理。

2）女儿墙泛水处应增加附加层，附加层在平面的宽度和立面的高度均不应小于 250mm。

3）低女儿墙泛水处的防水层可直接铺贴或涂刷至压顶下，卷材收头应用金属压条钉压固定，并应用密封材料封严；涂膜收头应用防水材料多遍涂刷（图9-22）。

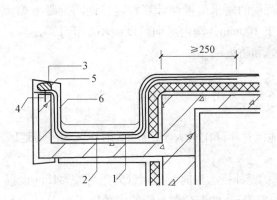

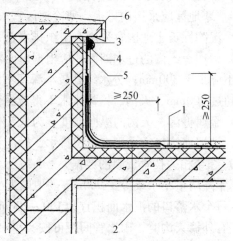

图9-21　卷材、涂膜防水屋面檐沟
1—防水层；2—附加层；3—密封材料；
4—水泥钉；5—金属压条；6—保护层

图9-22　低女儿墙
1—防水层；2—附加层；3—密封材料；
4—金属压条；5—水泥钉；6—压顶

4）高女儿墙泛水处防水层高度不应小于250mm，防水层的收头应用金属压条钉压固定，并应用密封材料封严，涂膜收头应用防水材料多遍涂刷；泛水上部的墙体应作防水处理（图9-23）。

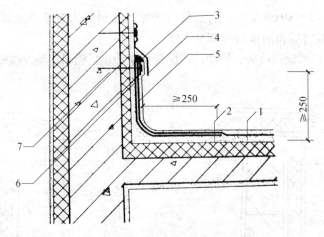

图9-23　高女儿墙
1—防水层；2—附加层；3—密封材料；4—金属盖板；5—保护层；6—金属压条；7—水泥钉

5）女儿墙泛水处的防水层表面，宜采用涂刷浅色涂料或浇筑细石混凝土保护。

6）山墙压顶可采用混凝土或金属制品。压顶应向内排水，坡度不应小于5%，压顶内侧下端应作滴水处理。

7）山墙泛水处的防水层下应增设附加层，附加层在平面的宽度和立面的高度均不应小于250mm。

（4）水落口（重力式排水）

1）水落口可采用塑料或金属制品，水落口的金属配件均应作防锈处理。

2）水落口杯应牢固地固定在承重结构上，其埋设标高应根据附加层的厚度及排水坡度加大的尺寸确定。

3）水落口周围直径500mm范围内坡度不应小于5%，防水层下应设涂膜附加层。

4）防水层和附加层伸入水落口杯内不应小于50mm，并应粘结牢固（图9-24、图9-25）。

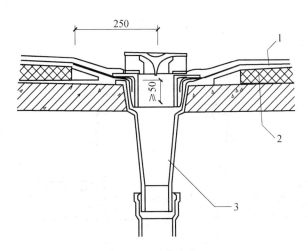

图 9-24　垂直水落口
1—防水层；2—附加层；3—水落斗

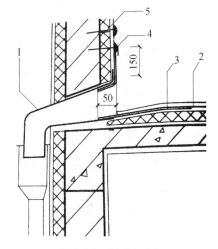

图 9-25　横式出入口
1—水落斗；2—防水层；3—附加层；4—密封材料；5—水泥钉

（5）变形缝

1）变形缝泛水处的防水层下应增设附加层，附加层在平面的宽度和立面的高度均不应小于 250mm；防水层应铺贴或涂刷至泛水墙的顶部。

2）变形缝内应预留不燃保温材料，上部应采用防水卷材封盖，并放置衬垫材料，再在其上部干铺一层卷材。

3）等高变形缝顶部宜加扣混凝土盖板或金属盖板（图 9-26）。

4）高低跨变形缝在立墙泛水处，应采用有足够变形能力的材料和构造作密封处理（图 9-27）。

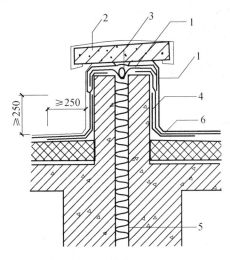

图 9-26　等高变形缝
1—卷材封盖；2—混凝土盖板；3—衬垫材料；
4—附加层；5—不燃保温材料；6—防水层

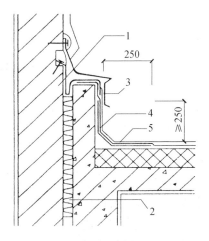

图 9-27　高低跨变形缝
1—卷材封盖；2—不燃保温材料；
3—金属盖板；4—附加层；5—防水层

（6）伸出屋面管道

1）管道周围的找平层应抹出高度不小于 30mm 的排水坡。

2）管道泛水处的防水层下应增设附加层，附加层在平面的宽度和立面的高度均不应小于 250mm。

3）管道泛水处的防水层高度不应小于 250mm。

4）卷材收头应用金属箍紧固和密封材料封严，涂膜收头应用防水涂料多遍涂刷（图 9-28）。

（7）屋面出入口

1）屋面垂直出入口泛水处应增设附加层，附加层在平面的宽度和立面的高度均不应小于 250mm；

防水层收头应在混凝土压顶圈下（图9-29）。

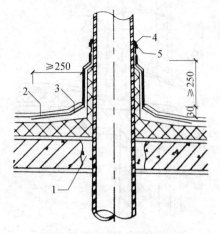

图 9-28　伸出屋面管道
1—细石混凝土；2—卷材防水层；
3—附加层；4—密封材料；金属箍

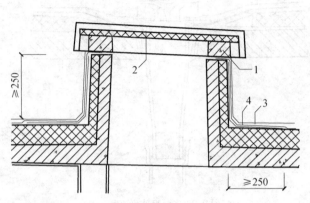

图 9-29　垂直出入口
1—混凝土压顶圈；2—上人孔盖；3—防水层；4—附加层

2）屋面水平出入口泛水处应增设附加层和护墙，附加层在平面的宽度和立面的高度均不应小于250mm；防水层收头应压在混凝土踏步下（图9-30）。

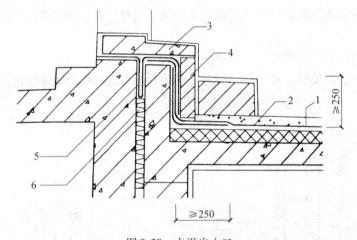

图 9-30　水平出入口
1—防水层；2—附加层；3—踏步；4—护墙；5—防水卷材封盖；不燃保温材料

（8）反梁过水孔

1）应根据排水坡度留设反梁过水孔，图纸应注明孔底标高；

2）反梁过水孔宜采用预埋管道，其管径不得小于75mm；

3）过水孔可采用防水涂料、密封材料防水、预埋管道两端周围与混凝土接触处应留凹槽，并应用密封材料封严。

（9）设施基础

1）设备基础与结构层相连时，防水层应包裹设施基础的上部，并应与地脚螺栓周围作密封处理；

2）在防水层上设置设施时，防水层下应增设卷材附加层，必要时应在其上浇筑细石混凝土，其厚度不应小于50mm。

（10）其他

1）当无楼梯通达屋面且建筑高度低于10m的建筑，可设外墙爬梯，爬梯多为铁质材料，宽度一般为600mm，底部距室外地面宜为2～3m。当屋面有大于2m的高低屋面时，高低屋面之间亦应设置外墙爬梯，爬梯底部距低屋面应为600mm，爬梯距墙面为200mm。

2)《建筑设计防火规范》（GB 50016—2006）中规定：建筑高度大于10m的三级耐火等级建筑应设置通达屋顶的室外消防梯。室外消防梯不应面对老虎窗，且宜从离地面3m高度处设置。

（四）瓦屋面的构造

1.《屋面工程技术规范》（GB 50345—2012）中规定：

（1）一般规定

1）瓦屋面的防水等级和防水做法

瓦屋面的防水等级和防水做法应符合表9-63的规定：

表9-63　瓦屋面的防水等级和防水做法

防水等级	防水做法
I级	瓦 + 防水层
II级	瓦 + 防水垫层

注：防水层厚度应符合本节表9-48和表9-51 II级防水的规定。

2）瓦屋面应根据瓦的类型和基层种类采取相应的构造做法。

3）瓦屋面与山墙及屋面突出结构的交接处，均应做不小于250mm高的泛水处理。

4）在大风及地震设防地区或屋面坡度大于100%时，瓦片应采取固定加强措施。

5）严寒及寒冷地区，檐口部位应采取防止冰雪融化下坠和冰坝形成等措施。

6）防水垫层宜采用自粘聚合物沥青防水垫层、聚合物改性沥青防水垫层，其最小厚度和搭接宽度应符合表9-64的规定。

表9-64　最小厚度和搭接宽度

防水垫层的品种	最小厚度	搭接宽度
自粘聚合物沥青防水垫层	1.0	80
聚合物改性沥青防水垫层	2.0	100

7）在满足屋面荷载的前提下，瓦屋面的持钉层厚度应符合下列规定：

①持钉层为木板时，厚度不应小于20mm；

②持钉层为人造板时，厚度不应小于16mm；

③持钉层为细石混凝土时，厚度不应小于35mm。

8）瓦屋面檐沟、天沟的防水层，可采用防水卷材或防水涂膜，也可以采用金属板材。

（2）瓦屋面的构造层次

瓦屋面的基本构造层次可根据建筑物的性质、使用功能、气候条件等因素确定，并应符合表9-65的规定：

表9-65　瓦屋面的基本构造层次

瓦材种类	基本构造层次（由上而下）
块瓦	块瓦 – 挂瓦条 – 顺水条 – 持钉层 – 防水层或防水垫层 – 保温层 – 结构层
沥青瓦	沥青瓦 – 持钉层 – 防水层或防水垫层 – 保温层 – 结构层

（3）瓦屋面的设计

1）块瓦、混凝土瓦屋面的构造要点

①块瓦、混凝土瓦屋面的坡度不应小于30%。

②采用的木质基层、顺水条、挂瓦条，均应作防腐、防火和防蛀处理；采用的金属顺水条、挂瓦

条，均应作防锈蚀处理。

③烧结瓦、混凝土瓦应采用干法挂瓦，瓦与屋面基层应固定牢靠。

④烧结瓦和混凝土瓦铺装的有关尺寸应符合下列规定：

A. 瓦屋面檐口挑出墙面的长度不宜小于300mm；

B. 脊瓦在两坡面瓦上的搭盖宽度，每边不应小于40mm；

C. 脊瓦下端距坡面瓦的高度不宜大于80mm；

D. 瓦头深入檐沟、天沟内的长度宜为50~70mm；

E. 金属檐沟、天沟深入瓦内的宽度不应小于150mm；

F. 瓦头挑出檐口的长度宜为50~70mm；

G. 突出屋面结构的侧面瓦伸入泛水的宽度不应小于50mm。

2）沥青瓦屋面的构造要点

①沥青瓦屋面的坡度不应小于20%。

②沥青瓦应具有自粘胶带或相互搭接的连锁构造。矿物粒料或片料覆面沥青瓦的厚度不小于2.6mm；金属箔面沥青瓦的厚度不小于2.0mm。

③沥青瓦的固定方式应以钉接为主、粘结为辅。每张瓦片上不得少于4个固定钉；在大风地区或屋面坡度大于100%时，每张瓦片不得少于6个固定钉。

④天沟部位铺设的沥青瓦可采用搭接式、编织式、敞开式。搭接式、编织式铺设时，沥青瓦下应铺设不小于1000mm宽的附加层；敞开式铺设时，在防水层或防水垫层应铺设不小于0.45mm厚的防锈金属板材，沥青瓦与金属板材应用沥青基胶结材料粘结，其搭接宽度不应小于100mm。

⑤沥青瓦铺装的有关尺寸应符合下列规定：

A. 脊瓦在两坡面瓦上的搭盖宽度，每边不应小于150mm；

B. 脊瓦与脊瓦的压盖面积不应小于脊瓦面积的1/2；

C. 沥青瓦挑出檐口的长度宜为10~20mm；

D. 金属泛水板与沥青瓦的搭盖宽度不应小于100mm；

E. 金属泛水板与突出屋面墙体的搭接高度不应小于250mm；

F. 金属滴水板伸入沥青瓦下的宽度不应小于80mm。

3）细部构造

①檐口

A. 烧结瓦、混凝土瓦屋面的瓦头挑出檐口的长度宜为50~70mm（图9-31、图9-32）；

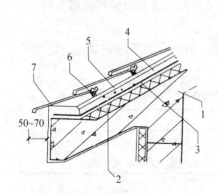

图9-31 烧结瓦、混凝土瓦屋面檐口（一）
注：1—结构层；2—保温层；3—防水层或防水垫层；
4—持钉层；5—顺水条；6—挂瓦条；
7—烧结瓦或混凝土瓦

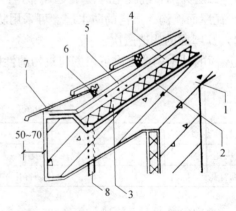

图9-32 烧结瓦、混凝土瓦屋面檐口（二）
注：1—结构层；2—防水层或防水垫层；3—保温层；
4—持钉层；5—顺水条；6—挂瓦条；
7—烧结瓦或混凝土瓦；8—泄水管

B. 沥青瓦屋面的瓦头挑出檐口的长度宜为 10～20mm；金属滴水板应固定在基层上，伸入沥青瓦下宽度不应小于 80mm，向下延伸长度不应小于 60mm（图 9-33）。

②檐沟和天沟

A. 烧结瓦、混凝土瓦屋面檐沟（图 9-34）和天沟的防水构造应符合下列规定：

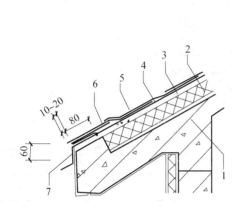

图 9-33　沥青瓦屋面檐口

注：1—结构层；2—保温层；3—持钉层；
　　4—防水层或防水垫层；5—沥青瓦；
　　6—起始层沥青瓦；7—金属滴水板

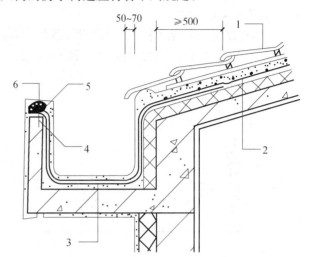

图 9-34　烧结瓦、混凝土瓦屋面檐沟

注：1—烧结瓦或混凝土瓦；2—防水层或防水垫层；
　　3—附加层；4—水泥钉；
　　5—金属压条；6—密封材料

a. 檐沟和天沟防水层下应增设附加层，附加层伸入屋面的宽度不应小于 500mm；

b. 檐沟和天沟防水层伸入瓦内的宽度不应小于 150mm，并与屋面防水层或防水垫层顺流水方向搭接；

c. 檐沟和天沟防水层应由沟底翻上至外侧顶部，卷材收头应用金属压条钉压，并应用密封材料封严；涂膜收头应用防水涂料多遍涂刷；

d. 烧结瓦、混凝土瓦伸入檐沟、天沟内的长度，宜为 50～70mm。

B. 沥青瓦屋面檐沟和天沟的防水构造应符合下列规定：

a. 檐沟防水层下应增设附加层，附加层伸入屋面的宽度不应小于 500mm；

b. 檐沟防水层伸入瓦内的宽度不应小于 150mm，并与屋面防水层或防水垫层顺流水方向搭接；

c. 檐沟防水层应由沟底翻上至外侧顶部，卷材收头应用金属压条钉压，并应用密封材料封严；涂膜收头应用防水涂料多遍涂刷；

d. 沥青瓦伸入檐沟、天沟内的长度，宜为 10～20mm；

e. 天沟采用搭接式或编织式铺设时，沥青瓦下应增设不小于 1000mm 宽的附加层（图 9-35）；

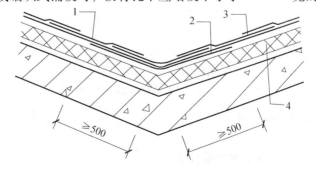

图 9-35　沥青瓦屋面檐沟

注：1—沥青瓦；2—附加层；3—防水层或防水垫层；4—保温层

f. 天沟采用敞开式铺设时，在防水层与防水垫层应铺设厚度不小于0.45mm的防锈金属板材，沥青瓦与金属板材应顺水流方向搭接，搭接缝应用沥青基胶结材料粘结，搭接宽度不应小于100mm。

C. 女儿墙和山墙

a. 烧结瓦、混凝土瓦屋面山墙泛水应采用聚合物水泥砂浆抹成，侧面瓦伸入泛水的宽度不应小于50mm（图9-36）；

b. 沥青瓦屋面山墙泛水应采用沥青基胶粘材料满粘一层沥青瓦片，防水层和沥青瓦收头应用金属压条钉压固定，并应用密封材料封严（图9-37）；

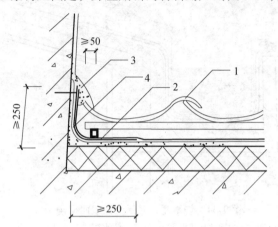

图9-36 烧结瓦、混凝土瓦屋面山墙

注：1—烧结瓦、混凝土瓦；2—防水层或防水垫层；
3—聚合物水泥砂浆；4—附加层

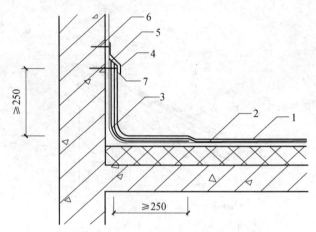

图9-37 沥青瓦屋面山墙

注：1—沥青瓦；2—防水层或防水垫层；3—附加层；
4—金属盖板；5—密封材料；6—水泥钉；7—金属压条

D. 烧结瓦、混凝土瓦屋面烟囱（图9-38）的防水构造，应符合下列规定：

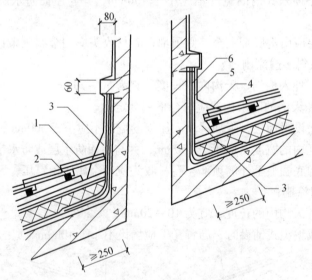

图9-38 烧结瓦、混凝土瓦屋面烟囱

注：1—烧结瓦或混凝土瓦；2—挂瓦条；3—聚合物水泥砂浆；
4—分水线；5—防水层或防水垫层；6—附加层

a. 烟囱泛水处的防水层和防水垫层下应增设附加层，附加层在平面的宽度和立面的高度均不应小于250mm；

b. 屋面烟囱泛水应采用聚合物水泥砂浆抹成；

c. 烟囱与屋面交接处，应在迎水面中部抹出分水线，并应高出两侧各30mm。

E. 屋脊

a. 烧结瓦、混凝土瓦屋面的屋脊处应增设宽度不小于250mm的卷材附加层。脊瓦下端距坡面瓦的高度不宜大于80mm，脊瓦在两坡面瓦的搭接宽度，每边不应小于40mm；脊瓦与坡面瓦之间的缝隙应采用聚合物水泥砂浆填实抹平（图9-39）；

b. 沥青瓦屋面的屋脊处应增设宽度不小于250mm的卷材附加层。脊瓦在两坡面瓦的搭接宽度，每边不应小于150mm（图9-40）。

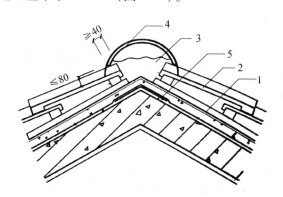

图9-39　烧结瓦、混凝土瓦屋面屋脊

注：1—防水层或防水垫层；2—烧结瓦或混凝土瓦；
3—聚合物水泥砂浆；4—脊瓦；5—附加层

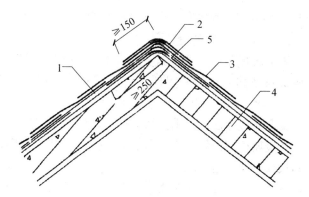

图9-40　沥青瓦屋面屋脊

注：1—防水层或防水垫层；2—脊瓦；3—沥青瓦；
4—结构层；5—附加层

E. 屋顶窗

a. 烧结瓦、混凝土瓦与屋面窗交接处，应采用金属排水板、窗框固定铁脚、窗口附加防水卷材、支瓦条等连接（图9-41）；

b. 沥青瓦与屋面窗交接处，应采用金属排水板、窗框固定铁脚、窗口附加防水卷材等与结构连接（图9-42）。

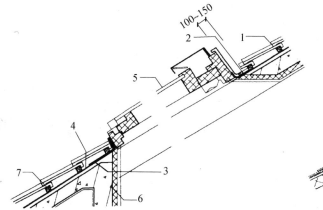

图9-41　烧结瓦、混凝土瓦屋面屋顶窗

注：1—烧结瓦或混凝土瓦；2—金属排水板；
3—窗口附加防水卷材；4—防水层或防水垫层；
5—屋顶窗；6—保温层；7—支瓦条

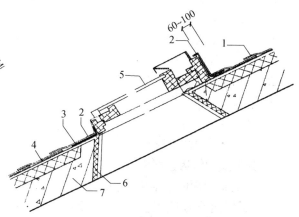

图9-42　沥青瓦屋面屋顶窗

注：1—沥青瓦；2—金属排水板；
3—窗口附加防水卷材；4—防水层或防水垫层；
5—屋顶窗；6—保温层；7—结构层

（6）金属板屋面的构造要点

1）金属板屋面的防水等级和防水做法

金属板屋面的防水等级和防水做法应符合表9-66的规定。

表9-66 金属板屋面的防水等级和防水做法

防水等级	防水做法
Ⅰ级	压型金属板 + 防水垫层
Ⅱ级	压型金属板、金属面绝热夹芯板

注：①当防水等级为Ⅰ级时，压型铝合金板基板厚度不应小于0.9mm；压型钢板厚度不应小于0.6mm；

②当防水等级为Ⅰ级时，压型金属板应采用360°咬口锁边连接方式；

③在Ⅰ级屋面防水做法中，仅作压型金属板时，应符合相关规范的要求。

2）金属板屋面的设计

①金属板屋面可按建筑设计要求、选用镀层钢板、涂层钢板、铝合金板和钛锌板等金属板材。金属板材及其配套的紧固件、密封材料，其材料品种、规格和性能等应符合现行国家标准的有关规定。

②金属板屋面应按围护结构进行设计，并应具有相应的承载力、刚度、稳定性和变形能力。

③金属板屋面设计应根据当地风荷载、结构体形、热工性能、屋面坡度等情况，采用相应的压型金属板板型及构造系统。

④金属板屋面的防结露设计，应符合现行国家标准《民用建筑热工设计规范》（GB 50176—93）的有关规定。

⑤金属板屋面在保温层的下面宜设置隔汽层，在保温层的上面宜设置防水透气膜。

⑥压型金属板采用咬口锁边连接时，屋面的排水坡度不宜小于5%；采用紧固件连接时，屋面的排水坡度不宜小于10%。

⑦金属板檐沟、天沟的伸缩缝间距不宜大于30m；内檐沟及内天沟应设置溢流口或溢流系统，沟内宜按0.5%找坡。

⑧金属板的伸缩缝除应满足咬口锁边连接或紧固件连接的要求外，还应满足檩条、檐口及天沟等使用要求，且金属板最大伸缩变形量不应超过100mm。

⑨金属板在主体结构的变形缝处宜断开，变形缝上部应加扣带伸缩的金属盖板。

⑩金属板屋面的下列部位应进行细部构造设计：

A. 屋面系统的变形缝；

B. 高低跨处泛水；

C. 屋面板缝、单元体构造缝；

D. 檐沟、天沟、水落口；

E. 屋面金属板材收头；

F. 洞口、局部凸出体收头；

G. 其他复杂的构造部位。

3）金属板屋面的基本构造层次

金属板屋面的基本构造层次应符合表9-67的规定。

表9-67 金属板屋面的基本构造层次

屋面类型	基本构造层次（自上而下）
金属板屋面	压型金属板—防水垫层—保温层—承托网—支承结构
	上层压型金属板—防水垫层—保温层—底层压型金属板—支承结构
	金属面绝热夹芯板—支承结构

4）金属板屋面铺装的有关尺寸规定

①金属板檐口挑出墙面的长度不应小于200mm；

②金属板伸入檐沟、天沟内的长度不应小于100mm；

③金属泛水板与突出屋面墙体的搭接高度不应小于250mm；

④金属泛水板、变形缝盖板与金属板的搭接宽度不应小于200mm；

⑤金属屋脊盖板在两坡面金属板上的搭盖宽度不应小于250mm。

5）细部构造

①檐口

金属板屋面檐口挑出墙面的长度不应小于200mm；屋面板与墙板交接处应设置金属封檐板和压条（图9-43）。

②山墙

金属板屋面山墙泛水应铺钉厚度不小于0.45mm的防锈泛水板，并应顺水流方向搭接；金属泛水板与墙体的搭接高度不应小于250mm，与压型金属板的搭盖宽度宜为1波~2波，并应在波峰处采用拉铆钉连接（图9-44）。

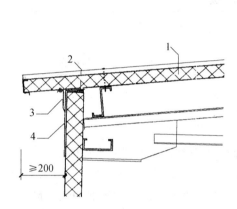

图9-43 金属板屋面檐口

注：1—金属板；2—通长密封条；

3—金属压条；4—金属封檐板

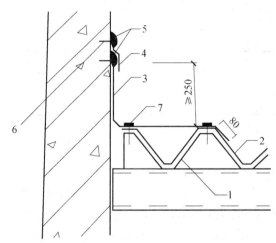

图9-44 压型金属板屋面山墙

注：1—固定支架；2—压型金属板；3—金属泛水板；

4—金属盖板；5—密封材料；6—水泥钉；7—拉铆钉

③屋脊

金属板屋面的屋脊盖板在两坡面金属板上的搭接宽度不应小于250mm，屋面板端头应设置挡水板和堵头板（图9-45）。

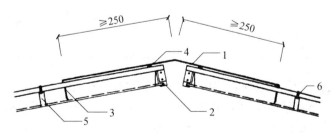

图9-45 金属板材屋面屋脊

注：1—屋面盖板；2—堵头层；3—挡水板；4—密封材料；5—固定支架；6—固定螺栓

2.《坡屋面工程技术规范》（GB 50693—2011）中的规定：

（1）坡屋面的基本规定和设计要求

1）坡屋面的类型、适用坡度和防水垫层

根据建筑物的高度、风力、环境等因素，坡屋面的类型、适用坡度和防水垫层的选用应符合

表9-68的规定：

表9-68 坡屋面的类型、坡度和防水垫层的选用

坡度与垫层	屋面类型						
	沥青瓦屋面	块瓦屋面	波形瓦屋面	金属板屋面		防水卷材屋面	装配式轻型坡屋面
				压型金属板	夹芯板		
适用坡度（%）	≥20	≥30	≥20	≥5	≥5	≥3	≥20
防水垫层的选用	应选	应选	应选	一级应选二级宜选	—	—	应选

注：防水垫层指的是坡屋面中通常铺设在瓦材或金属板下面的防水材料。

2）坡屋面的防水等级

坡屋面工程设计应根据建筑物的性质、重要程度、地域环境、使用功能要求以及依据屋面防水层设计的使用年限，分为一级防水和二级防水，并应符合表9-69的规定：

表9-69 坡屋面的防水等级

项目	坡屋面防水等级	
	一级	二级
防水层设计使用年限	≥20年	≥10年

注：①大型公共建筑、医院、学校等重要建筑屋面的防水等级为一级，其他为二级；
②工业建筑屋面的防水等级按使用要求确定。

3）坡屋面的设计要求

①坡屋面采用沥青瓦、块瓦、波形瓦和一级设防的压型金属板时，应设置防水垫层。

②保温隔热层铺设在装配式屋面板上时，宜设置隔汽层。

③屋面坡度大于100%以及大风地区、抗震设防烈度为7度以上的地区，应采取加强瓦材固定等防止瓦材下滑的措施。

④持钉层的厚度应符合表9-70的规定：

表9-70 持钉层的厚度 （mm）

材质	最小厚度
木板	20
胶合板或定向刨花板	11
结构用胶合板	9.5
细石混凝土	35

⑤细石混凝土找平层、持钉层或保护层中的钢筋网应与屋脊、檐口预埋的钢筋连接。

⑥夏热冬冷地区、夏热冬暖地区和温和地区坡屋面的节能措施宜采用通风屋面、热反射屋面、带铝箔的封闭空气间层或种植屋面等。

⑦屋面坡度大于100%时，宜采用内保温隔热措施。

⑧冬季最冷月平均气温低于零下4℃的地区或檐口结冰严重的地区，檐口部位应增设一层防冰坝返水的自粘或免粘防水垫层。增设的防水垫层应从檐口向上延伸，并超过外墙中心线不少于1000mm。

⑨严寒和寒冷地区的坡屋面檐口部位应采取冰雪融坠的安全措施。

⑩钢筋混凝土檐沟的纵向坡度不宜小于1%。檐沟内应做防水。

（11）坡屋面的排水设计应符合下列规定：

A. 多雨地区（年降雨量大于900mm的地区）的坡屋面应采取有组织排水；

B. 少雨地区（年降雨量小于或等于900mm的地区）的坡屋面可采取无组织排水；

C. 高低跨屋面的水落管出水口处应采取防冲刷措施（通常做法是加设水簸箕）。

（12）坡屋面有组织排水方式和水落管的数量应符合有关规定。

（13）屋面设有太阳能热水器、太阳能光伏电池板、避雷装置和电视天线等附属设施时，应做好连接和防水密封措施。

（14）采光天窗的设计应符合下列规定：

A. 采用排水板时，应有防雨措施；

B. 采光天窗与屋面连接处应作两道防水设防；

C. 应有结露水泄流措施；

D. 天窗采用的玻璃应采用安全玻璃；

E. 采光天窗的抗风压性能、水密性、气密性等应符合相关标准的规定。

（2）坡屋面的材料选择

1）防水垫层

①沥青类防水垫层（自粘聚合物沥青防水垫层、聚合物改性沥青防水垫层、波形沥青通风防水垫层等）；

②高分子类防水垫层（铝箔复合隔热防水垫层、塑料防水垫层、透气防水垫层和聚乙烯丙纶防水垫层等）；

③防水卷材和防水涂料的复合防水垫层。

2）保温隔热材料

①坡屋面保温隔热材料可采用硬质聚苯乙烯泡沫塑料保温板、硬质聚氨酯泡沫塑料保温板、喷涂硬泡聚氨酯、岩棉、矿渣棉或玻璃棉等，不宜采用散装保温隔热材料。

②保温隔热材料的表观密度不应大于250kg/m³，装配式轻型坡屋面宜采用轻质保温隔热材料，表观密度不应大于70kg/m³。

3）瓦材

瓦材有沥青瓦（片状）、沥青波形瓦、树脂波形瓦（俗称：玻璃钢）、块瓦（烧结瓦、混凝土瓦）等。

4）金属板

①压型金属板：包括热镀锌钢板（厚度≥0.6mm）、镀铝锌钢板（厚度≥0.6mm）、铝合金板（厚度≥0.9mm）；

②有涂层的金属板：正面涂层不应低于两层，反面涂层应为一层或两层。涂层有聚酯、硅改性聚酯等；

③金属面绝热夹芯板。

5）防水卷材

防水卷材可以选用聚氯乙烯（PVC）防水卷材、三元乙丙橡胶（EPDM）防水卷材、热塑性聚烯烃（TPO）防水卷材、弹性体（SBS）改性沥青防水卷材、塑性体（APP）改性沥青防水卷材。

屋面防水层应采用耐候性防水卷材、选用的防水卷材人工气候老化试验辐照时间不应少于2500h。

6）装配式轻型屋面材料

①钢结构应选用热浸镀锌薄壁型钢材冷弯成型。承重冷弯薄壁型钢应采用的热浸镀锌板的双面涂层重量不应小于180g/m²；

②木结构的材质、粘结剂及配件应符合相关规定；

③新建屋面、平改坡屋面的屋面板宜采用定向刨花板（简称OSB板）、结构胶合板、普通木板及人造复合板等材料；采用波形瓦时，可不设屋面板；

④木屋面板材的厚度：定向刨花板（简称OSB板）≥11mm；结构胶合板≥9.5mm；普通木

板 20mm；

⑤新建屋面、平改坡屋面的屋面瓦，宜采用沥青瓦、沥青波形瓦、树脂波形瓦等轻质瓦材。

7）顺水条和挂瓦条

①木质顺水条和挂瓦条应采用等级为Ⅰ级或Ⅱ级的木材，含水率不应大于18%，并应作防腐防蛀处理。

②金属材质顺水条、挂瓦条应作防锈处理。

③顺水条的断面尺寸宜为 40mm×20mm；挂瓦条的断面尺寸宜为 30mm×30mm。

（3）坡屋面的设计

1）沥青瓦坡屋面

①构造层次：（由上而下）沥青瓦-持钉层-防水垫层-保温隔热层-屋面板。

②沥青瓦分为平面沥青瓦和叠合沥青瓦两大类型。平面沥青瓦适用于防水等级为二级的坡屋面；叠合沥青瓦适用于防水等级为一级及二级的坡屋面。

③沥青瓦屋面的坡度不应小于20%。

④沥青瓦屋面的保温隔热层设置在屋面板上时，应采用不小于压缩强度150KPa的硬质保温隔热板材。

⑤沥青瓦屋面的屋面板宜为钢筋混凝土屋面板或木屋面板。

⑥铺设沥青瓦应采用固定钉固定，在屋面周边及泛水部位应采用满粘法固定。

⑦沥青瓦的施工环境温度宜为5℃～35℃。环境温度低于5℃时，应采取加强粘结措施。

2）块瓦屋面

①构造层次：（由上而下）块瓦-挂瓦条-顺水条-防水垫层-持钉层-保温隔热层-屋面板。

②块瓦包括烧结瓦、混凝土瓦等，适用于防水等级为一级和二级的坡屋面。

③块瓦屋面坡度不应小于30%。

④块瓦屋面的屋面板可为钢筋混凝土板、木板或增强纤维板。

⑤块瓦屋面应采用干法挂瓦，固定牢靠，檐口部位应采取防风揭起的措施。

⑥瓦屋面与山墙及突出屋面结构的交接处应做泛水，加铺防水附加层，局部进行密封防水处理。

⑦寒冷地区屋面的檐口部位，应采取防止冰雪融化下坠和冰坝的措施。

⑧屋面无保温层时，防水垫层应铺设在钢筋混凝土基层或木基层上；屋面有保温层时，保温层宜铺设在防水层上，保温层上铺设找平层。

⑨瓦屋面檐口宜采用有组织排水，高低跨屋面的水落管下应采取防冲刷措施。

⑩烧结瓦、混凝土瓦屋面檐口挑出墙面的长度不宜小于 300mm，瓦片挑出封檐板的长度宜为 50～70mm。

3）波形瓦坡屋面

①构造层次：（由上而下）

A. 做法一：波形瓦-防水垫层-持钉层-保温隔热层-屋面板。

B. 做法二：波形瓦-防水垫层-屋面板-檩条（角钢固定件）-屋架。

②波形瓦屋面包括沥青波形瓦、树脂波形瓦等。适用于防水等级为二级的屋面。

③波形瓦屋面坡度不应小于20%。

④波形瓦屋面承重层为钢筋混凝土屋面板和木质屋面板时，宜设置外保温隔热层；不设屋面板的屋面，可设置内保温隔热层。

4）金属板坡屋面

①构造层次：（由上而下）金属屋面板-固定支架-透气防水垫层-保温隔热层-承托网。

②金属板屋面的板材主要包括压型金属板和金属面绝热夹芯板。

③金属板屋面坡度不宜小于5%。

④压型金属板屋面适用于防水等级为一级和二级的坡屋面；金属面绝热夹芯板屋面适用于防水等级为二级的坡屋面。

⑤金属面绝热夹芯板的四周接缝均应采用耐候丁基橡胶防水密封胶带密封。

⑥防水等级为一级的压型金属板屋面应采用防水垫层，防水等级为二级的压型金属板屋面宜采用防水垫层。

5）防水卷材坡屋面

①构造层次：（由上而下）防水卷材-保温隔热层-隔汽层-屋顶结构层。

②防水卷材屋面适用于防水等级为一级和二级的单层防水卷材的坡屋面。

③防水卷材屋面的坡度不应小于3%。

④屋面板可采用压型钢板和现浇钢筋混凝土板等。

⑤防水卷材屋面采用的防水卷材主要包括：聚氯乙烯（PVC）防水卷材；三元乙丙橡胶（EPDM）防水卷材；热塑性聚烯烃（TPO）防水卷材；弹性体（SBS）改性沥青防水卷材；塑性体（APP）改性沥青防水卷材。

⑥保温隔热材料可采用硬质岩棉板、硬质矿渣棉板、硬质玻璃棉板、硬质泡沫聚氨酯塑料保温板及硬质聚苯乙烯保温板等板材。

⑦保温隔热层应设置在屋面板上。

⑧单层防水卷材和保温隔热材料构成的屋面系统，可采用机械固定法、满粘法或空铺压顶法铺设。

6）装配式轻型坡屋面

①构造层次：（由上而下）瓦材-防水垫层-屋面板。

②装配式轻型坡屋面适用于防水等级为一级和二级的新建屋面和平改坡屋面。

③装配式轻型坡屋面的坡度不应小于20%。

④平改坡屋面应根据既有建筑物的进深、承载能力确定承重结构和选择屋面材料。

（四）玻璃采光顶

1. 综合《屋面工程技术规范》（GB 50345—2012）和《屋面工程质量验收规范》（GB 50207—2012）的相关规定：

（1）玻璃采光顶应根据建筑物的屋面形式、使用功能和美观要求，选择结构类型、材料和细部构造。

（2）玻璃采光顶的物理性能等级，应根据建筑物的类别、高度、体形、功能以及建筑物所在的地理位置、气候和环境条件进行设计。玻璃采光顶的物理性能分级指标，应符合现行企业标准《建筑玻璃采光顶》（JG/T 231—2007）的有关规定。

（3）玻璃采光顶所用支承构件、透光面板及其配套的紧固件、连接件、密封材料，其材料的品种、规格和性能等应符合国家现行有关材料标准的规定。

（4）玻璃采光顶应采用支承结构找坡，排水坡度不宜小于5%。

（5）玻璃采光顶的下列部位应进行细部构造设计：

1）高低跨处泛水；

2）采光板板缝、单元体构造缝；

3）天沟、檐沟、水落口；

4）采光顶周边交接部位；

5）洞口、局部凸出体收头；

6）其他复杂的构造部位。

（6）玻璃采光顶的防结露设计，应符合现行国家标准《民用建筑热工设计规范》（GB 50176—93）的有关规定；对玻璃采光顶内侧的冷凝水，应采取控制控制、收集和排除的措施。

（7）玻璃采光顶支承结构选用的金属材料应作防腐处理，铝合金型材应作表面处理；不同金属构件接触面之间应采取隔离措施。

（8）玻璃采光顶的玻璃应符合下列规定：

1）玻璃采光顶应采用安全玻璃，宜采用夹层玻璃或夹层中空玻璃；

2）玻璃原片应根据设计要求选用，且单片玻璃厚度不宜小于6mm；

3）夹层玻璃的玻璃原片厚度不宜小于5mm；

4）上人的玻璃采光顶应采用夹层玻璃；

5）点支承玻璃采光顶应采用钢化夹层玻璃；

6）所有采光顶的玻璃应进行磨边倒角处理。

（9）玻璃采光顶所采用的夹层玻璃除应符合现行国家标准外，还应满足以下几点：

1）夹层玻璃宜为干法加工而成，夹层玻璃的两片玻璃厚度相差不宜大于2mm；

2）夹层玻璃的胶片宜采用聚乙烯醇缩丁醛（PVB）胶片，聚乙烯醇缩丁醛的胶片不应小于0.76mm；

3）暴露在空气中的夹层玻璃边缘应进行密封处理。

（10）玻璃采光顶所采用的中空玻璃除应符合现行国家标准外，还应满足以下几点：

1）中空玻璃气体层的厚度不应小于12mm；

2）中空玻璃宜采用双道密封结构。隐框与半隐框中空玻璃的两道密封应采用硅酮结构密封胶；

3）中空玻璃的夹层面应在中空玻璃的下表面。

（11）采光顶玻璃组装采用镶嵌方式时，应采取防止玻璃整体脱落的措施。

（12）采光玻璃顶组装采用粘结方式时，隐框与半隐框构件的玻璃与金属框之间，应采用与接触材料相容的硅酮结构密封胶粘结，其粘结宽度及厚度应符合强度要求。

（13）采光玻璃顶组装采用点支承组装方式时，连接件的钢制驳接爪与玻璃之间应设置衬垫材料，衬垫材料的厚度不宜小于1mm，面积不应小于支承装置与玻璃的结合面。

（14）玻璃间的接缝宽度应满足玻璃和密封胶的变形要求，且不应小于10mm；密封胶的嵌填深度宜为接缝宽度的50%～70%，较深的密封槽口底部应采用聚乙烯发泡材料填塞。

（15）玻璃采光顶的构造层次

玻璃采光顶的构造层次见表9-71。

表9-71 玻璃采光顶的构造层次

做法类别	基本构造层次
做法一（框架支承）	玻璃面板-金属框架-支承结构
做法二（点支承）	玻璃面板-点支承装置-支承结构

2.《建筑玻璃采光顶》（JG/T 231—2007）的有关规定

（1）一般要求

1）建筑玻璃采光顶所选用的材料应符合国家现行标准的有关规定。

2）建筑玻璃采光顶所用材料的物理性能、力学性能应满足设计要求。严寒和寒冷地区的采光顶应满足寒冷地区防脆断的要求。

3）当采用玻璃梁支承时，玻璃梁宜采用钢化夹层玻璃。玻璃梁应对温度变形、地震作用和结构变形有较好地适应能力。

4）采光顶耐久性、防结露（霜）性能及抗冰雹性能应符合设计要求。

5）采光顶安全性能应符合设计要求。

6）采光顶建筑节能应符合设计要求。

7）采光顶应采取合理的排水措施。

8）采光顶防火及防烟要求应满足防火规范的要求。

9）采光的防雷要求应满足防雷规范的要求。采光顶的防雷系统应与主体结构的防雷体系有可靠的连接。

（2）材料

1）玻璃

①采光顶的玻璃应采用安全玻璃，宜采用夹层玻璃和夹层中空玻璃。玻璃原片可根据设计要求选用，且单片玻璃厚度不宜小于6mm，夹层玻璃的玻璃原片不宜小于5mm。

②采光顶当采用钢化玻璃、半钢化玻璃时应满足相应规范的要求，钢化玻璃宜经过二次匀质处理。

③夹层玻璃宜为干法加工而成，夹层玻璃的两片玻璃厚度相差不宜大于2mm。夹层玻璃的胶片宜采用聚乙烯醇缩丁醛（PVB）胶片，胶片厚度不应小于0.76mm。暴露在空气中的夹层玻璃边缘应进行密封处理。

④采光顶采用的中空玻璃气体层不应小于12mm；中空玻璃宜采用双道密封；隐框玻璃的两道的密封应采用硅酮结构密封胶；中空玻璃的夹层面应在中空玻璃的下表面；中空玻璃的产地与使用地与运输途径地的海拔高度相差超过1000m时，宜加装毛细管或呼吸管平衡内外气压值。

⑤所有采光顶玻璃应进行磨边倒角处理。

2）钢材

①采光顶支承结构所选用的碳素结构钢、低合金高强度钢和耐候钢除应符合相关规定外，均应按设计要求进行防腐处理。

②不锈钢材宜采用奥氏体不锈钢，其含镍量不应小于8%。

③钢索压管接头应采用经固溶处理的奥氏体不锈钢。

3）铝材

①铝型材的基材应采用高精级或超高精级。

②铝型材的表面处理应符合表9-72的规定。

表9-72 铝型材的表面处理

表面处理方式		膜厚级别	膜厚 t	
			平均膜厚	局部膜厚
阳极氧化		不低于 AA15	$t \geq 15$	$t \geq 12$
电泳喷涂	阳极氧化膜	B	$t \geq 10$	$t \geq 8$
	漆膜		—	$t \geq 7$
	复合膜		—	$t \geq 16$
粉末喷涂		—	—	$40 \leq t \leq 120$
氟碳喷涂	二涂	—	$t \geq 30$	$t \geq 25$
	三涂	—	$t \geq 40$	$t \geq 35$

③铝合金隔热型材的隔热条应满足行业标准要求

4）钢索

采光顶使用的钢索应采用钢绞线，钢索的公称直径不宜小于12mm。

5）五金附件

选用的五金件除不锈钢以外，应进行防腐处理。

6）密封材料

密封材料宜采用三元乙丙橡胶、氯丁橡胶及硅橡胶。

7）其他材料

①单组分硅酮结构密封胶配合使用的低发泡间隔双面胶带，应具有透气性；

②填充材料宜采用聚乙烯泡沫棒，其密度不应大于 $37kg/m^3$。

（3）性能

建筑玻璃采光顶应满足结构性能、气密性能、水密性能、热工性能、隔声性能、采光性能等指标。

1）结构性能

①承载性能 S 共分为 9 级，应由计算确定；

②任何单件玻璃板垂直于玻璃平面的挠度不应超过计算边长的 1/60。

2）气密性能

①采光顶开启部分采用压力差为 10Pa 时的开启缝长空气渗透量 q_L 作为分级指标，并应符合表 9-73 的规定。

表 9-73　采光顶开启部分气密性能分级

分级代号	1	2	3	4
分级标准值 $q_L[m^2/(m \cdot h)]$	$4.0 \leqslant q_L > 2.5$	$2.5 \leqslant q_L > 1.5$	$1.5 \leqslant q_L > 0.5$	$q_L \leqslant 0.5$

②采光顶整体（含开启部分）采用压力差为 10Pa 时的单位面积空气渗透量 q_A 作为分级指标，并应符合表 9-74 的规定。

表 9-74　采光顶整体气密性能分级

分级代号	1	2	3	4
分级标准值 $q_A[m^2/(m \cdot h)]$	$4.0 \leqslant q_A > 2.0$	$2.0 \leqslant q_A > 1.2$	$1.2 \leqslant q_A > 0.5$	$q_A \leqslant 0.5$

3）水密性能

当采光顶所受风压取正值时，水密性能分级指标 ΔP 应符合表 9-75 的规定。

表 9-75　采光顶水密性能指标

分级代号	3		4	5
分级指标值 ΔP（Pa）	固定部分	$1000 \leqslant \Delta P < 1500$	$1500 \leqslant \Delta P < 2000$	$\Delta P \geqslant 2000$
	可开启部分	$500 \leqslant \Delta P < 700$	$700 \leqslant \Delta P < 1000$	$\Delta P \geqslant 1000$

注：1. ΔP 为水密性能试验中，严重渗透压力差的前一级压力差；

　　2.5 级时需同时标注 ΔP 的实测值。

4）热工性能

①采光顶的保温性能以传热系数 K 进行分级，其分级指标应符合表 9-76 的规定。

表 9-76　采光顶的保温性能分级

分级代号	1	2	3	4	5
分级指标值 $K[W/(m^2 \cdot k)]$	$K > 4.0$	$4.0 \geqslant K \geqslant 3.0$	$3.0 \geqslant K > 2.0$	$2.0 \geqslant K > 1.5$	$K \leqslant 1.5$

②遮阳系数分级指标 SC 应符合表 9-77 的规定。

表 9-77　采光顶的遮阳系数分级

分级代号	1	2	3	4	5	6
分级指标值 SC	$0.9 \geqslant SC > 0.7$	$0.7 \geqslant SC > 0.6$	$0.6 \geqslant SC > 0.5$	$0.5 \geqslant SC > 0.4$	$0.4 \geqslant SC > 0.3$	$0.3 \geqslant SC > 0.2$

5）隔声性能

以空气计权隔声量 R_w 进行分级，其分级指标应符合表 9-78 的规定。

表 9-78　采光顶的空气隔声性能指标

分级代号	2	3	4
分级标准值 R_w（dB）	$30 \leqslant R_w < 35$	$35 \leqslant R_w < 40$	$R_w \geqslant 35$

注：4 级时需同时标注 R_w 的实测值。

6）采光性能

采光性能采用透光遮减系数 T_r 作为分级指标，其分级指标应符合表 9-79 的规定。

表 9-79　采光性能分级指标

分级代号	1	2	3	4	5
分级指标值	$0.2 \leqslant T_r < 0.3$	$0.3 \leqslant T_r < 0.4$	$0.4 \leqslant T_r < 0.5$	$0.5 \leqslant T_r < 0.6$	$T_r \geqslant 0.6$

注：投射漫射光照度与漫射光照度之比，5 级时需同时标注 T_r 的实测值。

（4）玻璃采光顶的支承结构

玻璃采光顶的支承结构有钢结构、索杆结构、铝合金结构、玻璃梁结构等。

（5）其他材料

其他材料指的是聚碳酸酯板（又称为阳光板、PC 板），聚碳酸酯板的使用寿命不得低于 25 年，燃烧性能应达到 B_1 级，黄化指标应保证达到 15 年。其主要指标为：

1）板的种类：单层板、多层板、波浪板；有透明、着色等多种板型。

2）板的厚度：单层板 3～10mm，双层板 4mm、6mm、8mm、10mm。

3）耐候性：不小于 15 年。

4）透光率：双层透明板不小于 80%，，三层透明板不小于 72%。

5）耐温限度：－40℃～120℃

十二、顶棚、吊顶

顶棚（吊顶）的作用主要是封闭管线、装饰美化、满足声学要求等诸多方面。顶棚（吊顶）在一般房间要求是平整的，而在浴室等凝结水较多的房间顶棚应做出一定坡度，以保证凝结水顺墙面迅速排除。

1．《民用建筑设计通则》（GB 50352—2005）中指出

吊顶构造应符合下列要求：

（1）吊顶与主体结构吊挂应有安全构造措施；高大厅堂管线较多的吊顶内，应留有检修空间，并根据需要设置检修走道和便于进入吊顶的人孔，且应符合有关防火及安全要求。

（2）吊顶内管线较多，而空间有限不能进入检修时，可采用便于拆卸的装配式吊顶板或在需要部位设置检修手孔。

（3）吊顶内敷设有上下水管时应采取防止产生冷凝水措施。

（4）潮湿房间的吊顶，应采用防水材料和防结露、滴水的措施；钢筋混凝土顶板宜采用现浇板。

2．《人民防空地下室设计规范》（GB 50038—2005）中规定

防空地下室的顶板不应抹灰。地下室的顶棚一般均采用喷浆、刷涂料的做法。

3．吊顶做法的种类

（1）板底下直接刷白水泥浆。

这种做法适用于饮用水箱等房间，板底不需找平，只需将板底清理干净，然后直接刷白水泥浆。

（2）板地下直接刷涂料。

这种做法适用于板底平整者（光模混凝土板底），其构造顺序是先在板底刮 2mm 厚耐水腻子，然后直接刷涂料。

（3）板底下找平刷涂料

这种做法适用于板底不太平整者（非光模混凝土板底），其构造顺序是先在板底刷素水泥浆一道

甩毛（内掺建筑胶），再抹 5～10mm 厚 1：0.5：3 水泥石灰膏砂子中间层，面层抹 2mm 厚纸筋灰、刮 2mm 厚耐水腻子，最后刷涂料。

（4）板底镶贴装饰材料。

这种做法的镶贴材料有壁纸、壁布、矿棉板等。其构造顺序是用 2mm 耐水腻子找平，然后刷防潮漆一道，最后直接粘贴面层材料。

（5）吊顶棚。

吊顶棚的做法分上人与不上人两种。由材料区分：常见的传统做法有板条吊顶、木丝板吊顶、纤维板吊顶等；现代做法中以矿棉板、纸面石膏板、块状石膏板等最为常见。吊顶棚构造分为以下两大部分：

1）吊顶基层。由吊杆、主（大）龙骨、次（中）龙骨、龙骨支撑等组成。吊杆可以采用木材、钢筋制作，但一般多采用钢筋、粗钢丝。龙骨可以采用木材、轻钢板材制成，现代做法中以轻钢龙骨最为多见。

2）吊顶面层。指的是将各类吊顶面材固定于龙骨上。传统做法中用钉子将板条等与木龙骨钉接；现代做法中用自攻螺钉将石膏板等面材与轻钢龙骨固定。

吊顶棚的细部构造见图 9-46，详细构造要求见第十部分中的吊顶工程。

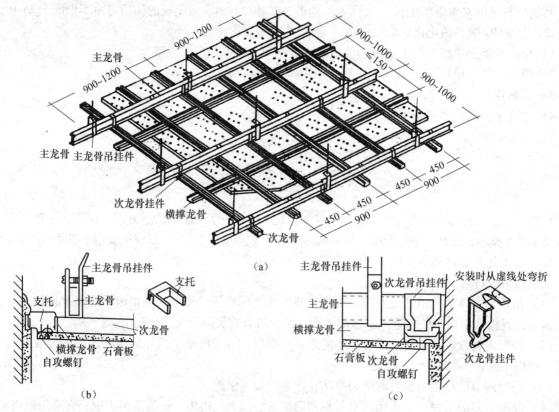

图 9-46　吊顶构造
（a）龙骨布置；（b）细部构造；（c）细部构造

十三、路面

（一）一般路面

1. 路面的材料

路面可以选用现浇混凝土、预制混凝土块、石板、锥形料石、现铺沥青混凝土等材料。不得采用碎石基层沥青表面处理（泼油）的路面。

2. 城市道路宜选用现铺沥青混凝土路面，除只通行微型车的厚度可采用 50mm 外，其他车型的厚度一般为 100～150mm。现铺沥青混凝土路面的优点是噪声小、起尘少、便于维修，表面不做分格处理。

3. 现浇混凝土路面的混凝土强度等级为 C25。厚度与上部荷载有关：通行小型车（荷载＜5t）的路面，取 120mm；通行中型车（荷载＜8t）的路面，取 180mm；通行重型车（荷载＜13t）的路面，取 220mm。

4. 混凝土路面的纵向、横向缩缝间距应不大于 6m，缝宽一般为 5mm。沿长度方向每 4 格（24m）设伸缝一道，缝宽 20～30mm，内填弹性材料。路面宽度达到 8m 时，在路面中间设伸缩缝一道。

5. 道牙可以采用石材、混凝土等材料制作。混凝土道牙的强度等级为 C15，高出路面一般为 150mm。道路两侧采用边沟排水时，应采用平道牙。

6. 路面垫层：沥青混凝土路面、现浇混凝土路面、预制混凝土块路面、石材路面均可以采用 150～300mm 厚 3:7 灰土垫层。

（二）透水路面

1.《水泥透水混凝土路面技术规程)）（CJJ/T 135—2009）中指出：

（1）透水路面一般采用水泥透水混凝土（又称为"无砂混凝土"）。水泥透水混凝土是由粗集料及水泥基胶结料经拌和形成的具有连续孔隙结构的混凝土。

（2）材料

1）水泥。采用强度等级为 42.5 级的硅酸盐水泥或普通硅酸盐水泥。水泥不得混用。

2）集料。采用质地坚硬、耐久、洁净、密实的碎石料。

（3）透水水泥混凝土的性能

透水水泥混凝土的性能详见表 9-80。

表 9-80　透水水泥混凝土的性能

项目		计量单位	性能要求	
耐热性（磨坑强度）		mm	≤30	
透水系数（15℃）		mm/s	≥0.5	
抗冻性	25 次冻融循环后抗压强度损失率	%	≤20	
	25 次冻融循环后质量损火率	%	≤5	
连续空隙率		%	≥10	
强度等级		—	C20	C30
抗压强度（28d）		MPa	≥20	≥30
弯拉强度（28d）		MPa	≥2.5	≥3.5

（4）透水水泥混凝土路面的分类

透水水泥混凝土路面分为全透水结构路面和半透水结构路面。

1）全透水结构路面：路表水能够直接通过道路的面层和基层向下渗透至路基土中的道路结构体系。主要应用于人行道、非机动车道、景观硬地、停车场、广场。

2）半透水结构路面：路表水能够透至面层，不和渗透至路基中的道路结构体系。主要用于荷载＜0.4t 的轻型道路。

（5）透水水泥混凝土路面的构造

1）全透水结构的人行道

A. 面层：透水水泥混凝土，强度等级不应小于 C20，厚度不应小于 80mm；

B. 基层：可采用级配砂砾、级配砂石或级配砾石，厚度不应小于 150mm；

C. 路基：3:7 灰土等土层。

2) 全透水结构的非机动车道、停车场等道路

A. 面层：透水水泥混凝土，强度等级不应小于 C30，厚度不应小于 180mm；

B. 稳定层基层：多孔隙水泥稳定碎石基层，厚度不应小于 200mm；

C. 基层：可采用级配砂砾、级配砂石或级配砾石基层，厚度不应小于 150mm；

D. 路基：3:7 灰土等土层。

3) 半透水结构的轻型道路

A. 面层：透水水泥混凝土，强度等级不应小于 C30，厚度不应小于 180mm；

B. 混凝土基层：混凝土基层的强度等级不应低于 C20，厚度不应小于 150mm；

C. 稳定土基层：稳定土基层或石灰、粉煤灰稳定砂砾基层，厚度不应小于 150mm；

D. 路基：3:7 灰土等土层。

（6）透水水泥混凝土路面的其他要求：

1) 纵向接缝的间距应为 3.00 ~ 4.50m，横向接缝的间距应为 4.00 ~ 6.00m，缝内应填柔性材料；

2) 广场的平面分隔尺寸不宜大于 $25m^2$，缝内应填柔性材料；

3) 面层板的长宽比不宜超过 1.3；

4) 当水泥透水混凝土路面的施工长度超过 30m 或与侧沟、建筑物、雨水口、沥青路面等交接处均应设置胀缝；

5) 水泥透水混凝土路面基层横坡宜为 1% ~ 2%，面层横坡应与基层相同；

6) 当室外日平均温度连续 5 天低于 5℃时不得施工；室外最高气温达到 32℃及以上时不宜施工。

2. 《透水沥青路面技术规程》（CJJ/T190 - 2012）中规定：

（1）透水沥青路面是透水沥青混合料修筑、路表水可进入路面横向排出，或渗入至路基内部的沥青路面总称。透水沥青混合料的空隙率为 18% ~ 25%。

（2）透水沥青路面有三种路面结构类型：

1) Ⅰ型：路表水进入后表层后排入邻近排水设施，由透水沥青上面层、封层、中下面层、基层、垫层和路基组成。适用于需要减小降雨时的路表径流量和降低道路两侧噪声的各类新建、改建道路。

2) Ⅱ型：路表水有面层进入基层（或垫层）后排入邻近排水设施，由透水沥青面层、透水基层、封层、垫层和路基组成。适用于需要缓解暴雨时城市排水系统负担的各类新建、改建道路。

3) Ⅲ型：路表水进入路面后渗入路基，由透水沥青面层、透水基层、透水垫层、反滤隔离层和路基组成。适用于路基土渗透系数大于或等于 $7 \times 10 - 5cm/s$ 的公园、小区道路，停车场，广场和中、轻型荷载道路。

（3）透水沥青路面的结构层材料

1) 透水沥青路面的结构层材料见表 9-58。

表 9-58　透水沥青路面的结构层材料

路面结构类型	面层	基层
透水沥青路面Ⅰ型	透水沥青混合料面层	各类基层
透水沥青路面Ⅱ型	透水沥青混合料面层	透水基层
透水沥青路面Ⅲ型	透水沥青混合料面层	透水基层

2) Ⅰ、Ⅱ型透水结构层下部应设封层，封层材料的渗透系数不应大于 80mL/min，且应与上下结构层粘结良好。

3) Ⅲ型透水路面的路基土渗透系数宜大于 $7 \times 10 - 5cm/s$，并应具有良好的水稳定性。

4) Ⅲ型透水路面的路基顶面应设置反滤隔离层，可选用粒类材料或土工织物。

第十部分　建筑装修技术

一、室内外装修的基本规定

《民用建筑设计通则》（GB 50352—2005）中规定：

1. 室内外装修的要求

（1）室内外装修严禁破坏建筑物结构的安全性。

（2）室内外装修应采用节能、环保型建筑材料。

（3）室内外装修工程应根据不同使用要求，采用防火、防污染、防潮、防水和控制有害气体和射线的装修材料和辅料。

（4）保护性建筑的内外装修尚应符合有关保护建筑条例的规定。

2. 室内装修的规定

（1）室内装修不得遮挡消防设施标志、疏散指示标志及安全出口，并不得影响消防设施和疏散通道的正常使用。

（2）室内如需要重新装修时，不得随意改变原有设施、设备管线系统。

3. 室外装修的规定

（1）外墙装修必须与主体结构连接牢靠。

（2）外墙外保温材料应与主体结构和外墙饰面连接牢固，并应防开裂、防水、防冻、防腐蚀、防风化和防脱落。

4. 外墙装修应防止污染环境的强烈反光。

二、室内环境污染控制

（一）《民用建筑工程室内环境污染控制规范》的规定

《民用建筑工程室内环境污染控制规范》（GB 50325—2010）中的规定：

1. 室内控制污染物主要有氡（简称 Rn – 222）甲醛、氨、苯和总挥发性有机化合物（简称 TVOC）。

2. 根据控制室内环境污染的不同要求，将民用建筑工程划分为以下两类：

（1）Ⅰ类民用建筑工程。住宅、医院、老年人建筑、幼儿园、学校教室等民用建筑工程。

（2）Ⅱ类民用建筑工程。办公楼、商店、旅馆、文化娱乐场所、书店、图书馆、展览馆、体育馆、公共交通等候室、餐厅、理发店等民用建筑工程。

3. 控制室内环境污染必须从建筑材料和工程设计两大方面进行。

（1）建筑材料

1）无机非金属建筑主体材料和装修材料

①民用建筑工程所使用的砂、石、砖、砌块、水泥、混凝土、混凝土预制构件等无机非金属材料

建筑主体材料放射性指标限量应符合表 10-1 的规定。

表 10-1　无机非金属建筑主体材料放射性指标限量

测定项目	限量
内照射指数（I_{Ra}）	≤1.0
外照射指数（I_r）	≤1.0

②民用建筑工程所使用的无机非金属装修材料，包括石材、建筑卫生陶瓷、石膏板、吊顶材料、无机瓷质砖粘结材料等，进行分类时，其放射性限量应符合表 10-2 的规定。

表 10-2　无机非金属装修材料放射性指标限量

测定项目	限量	
	A	B
内照射指数（I_{Ra}）	≤1.0	≤1.3
外照射指数（I_r）	≤1.3	≤1.9

③民用建筑工程所使用的加气混凝土和空心率（孔洞率）大于 25% 的空心砖、空心砌块等建筑主体材料，其放射性限量应符合表 10-3 的规定。

表 10-3　加气混凝土和空心率（孔洞率）大于 25% 的建筑主体材料放射性限量

测定项目	限量
表面氡析出率 [Bq/（$m^2 \cdot s$）]	≤0.015
内照射指数（I_{Ra}）	≤1.0
外照射指数（I_r）	≤1.3

④建筑材料和装修材料放射性指标的测试方法应符合国家标准《建筑材料放射性核素限量》（GB 6566—2010）的规定。

2）人造木板及饰面人造木板

①民用建筑工程室内用人造木板及饰面人造木板，必须测定游离甲醛含量或游离甲醛释放量。

②人造木板及饰面人造木板，应根据游离甲醛含量或游离甲醛释放量限量划分为 E1 类和 E2 类。

③当采用环境测试舱法测定游离甲醛释放量，并依此对人造木板进行分类时，其限量应符合表 10-4 的规定。

表 10-4　环境测试舱法测定游离甲醛释放量限量

类别	限量（mg/m³）
E1	≤0.12

3）涂料

①民用建筑工程室内用水性涂料和水性腻子，应测定游离甲醛的含量，其限量应符合表 10-5 的规定。

表 10-5　室内用水性涂料和水性腻子游离甲醛限量

测定项目	限量	
	水性涂料	水性腻子
游离甲醛（mg/kg）	≤100	

②民用建筑工程室内用溶剂型涂料和木器用溶剂型腻子，应按其规定的最大稀释比例混合后，测定 VOC（挥发性有机化合物）苯、甲苯＋二甲苯＋乙苯的含量，其限量应符合表 10-6 的规定。

表 10-6　室内用溶剂型涂料和木器用溶剂型腻子中 VOC、苯、甲苯＋二甲苯＋乙苯的限量

涂料类别	VOC（g/L）	苯（%）	甲苯＋二甲苯＋乙苯（%）
醇酸类涂料	≤300	≤0.3	≤3
硝基类涂料	≤720	≤0.3	≤30
聚氨酯类涂料	≤670	≤0.3	≤30
酚醛防锈漆	≤270	≤0.3	—
其他溶剂型涂料	≤600	≤0.3	≤30
木器用溶剂型腻子	≤550	≤0.3	≤30

③聚氨酯漆测定固化剂中游离甲苯二异氰酸酯（TDI、HDI）的含量后，应按其规定的最小稀释比例计算出的聚氨酯漆中游离甲苯二异氰酸酯（TDI、HDI）含量，且不应大于 4g/kg。测定方法应符合国家标准的相关规定。

④水性涂料和水性腻子中的游离甲醛含量的测定，宜符合相关规定。

⑤溶剂型涂料中挥发性有机物（VOC）苯、甲苯＋二甲苯＋乙苯的测定，宜符合相关规定。

4）胶粘剂

①民用建筑工程室内用水性胶粘剂，应测定其挥发性有机化合物（VOC）和游离甲醛的含量，其限量应符合表 10-7 的规定。

表 10-7　室内用水性胶粘剂中挥发性有机化合物（VOC）和游离甲醛限量

测定项目	限量			
	聚乙酸乙烯酯胶粘剂	橡胶类胶粘剂	聚氨酯类胶粘剂	其他胶粘剂
挥发性有机化合物（VOC，g/L）	≤110	≤250	≤100	≤350
游离甲醛（g/kg）	≤1.00	≤1.00	—	≤1.00

②民用建筑工程室内用溶剂型胶粘剂，应测定其挥发性有机化合物（VOC）苯、甲苯＋二甲苯的含量，其限量应符合表 10-8 的规定。

表 10-8　室内用溶剂型胶粘剂中挥发性有机化合物（VOC）苯甲苯＋二甲苯限量

项目	限量			
	氯丁橡胶胶粘剂	SBS 胶粘剂	聚氨酯类胶粘剂	其他胶粘剂
苯（g/kg）	≤5.0			
甲苯＋二甲苯（g/kg）	≤200	≤150	≤150	≤150
挥发性有机化合物（g/L）	≤700	≤650	≤700	≤700

③聚氨酯胶粘剂应测定游离甲苯二异氰酸酯（TDI）的含量，并不应大于 4g/kg。

④水性缩甲醛胶粘剂中游离甲醛、挥发性有机化合物（VOC）含量的测定宜符合相关规定。

⑤溶剂型胶粘剂中挥发性有机化合物（VOC）苯、甲苯＋二甲苯含量的测定宜符合相关规定。

5）水性处理剂

①民用建筑工程室内用水性阻燃剂（包括防水涂料）防水剂、防腐剂等水性处理剂，应测定游离甲醛的含量，其限量应符合表 10-9 的规定。

表 10-9　室内用水性处理剂游离甲醛限量

测定项目	限量
游离甲醛（mg/kg）	100

②水性处理剂中游离甲醛含量的测定，宜符合相关规定。

6）其他材料

①民用建筑工程中所使用的能释放氨的阻燃剂、混凝土外加剂，氨的释放量不应大于 0.10%，测定方法应符合相关规定。

②能释放甲醛的混凝土外加剂，其甲醛含量不应大于 500mg/kg，测定方法应符合相关规定。

③民用建筑工程中所使用的黏合木结构材料，游离甲醛释放量不应大于 0.12mg/m³，测定方法应符合相关规定。

④民用建筑工程室内装修时，所使用的壁布、帷幕等游离甲醛释放量不应大于 0.12mg/kg，测定方法应符合相关规定。

⑤民用建筑工程室内用壁纸中，甲醛含量不应大于 120mg/kg，测定方法应符合相关规定。

⑥民用建筑工程室内用聚氯乙烯卷材地板中挥发物含量，应符合表 10-10 的有关规定。

表 10-10　聚氯乙烯卷材地板中挥发物含量

名称		限量（g/m³）
发泡类卷材地板	玻璃纤维基材	≤75
	其他基材	≤35
非发泡类卷材地板	发泡类卷材地板	≤40
	其他基材	≤10

⑦民用建筑工程室内用地毯、地毯衬垫中总挥发性有机化合物和游离甲醛的释放量应符合表 10-11 的有关规定。

表 10-11　地毯、地毯衬垫中有害物质释放限量

名称	有害物质项目	限量 [mg/(m²·h)]	
		A 级	B 级
地毯	总挥发性有机化合物	≤0.50	≤0.60
	游离甲醛	≤0.05	≤0.05
地毯衬垫	总挥发性有机化合物	≤1.00	≤1.20
	游离甲醛	≤0.05	≤0.05

（2）工程勘察设计

1）一般规定

①新建、扩建的民用建筑工程设计前，应进行建筑工程所在城市区域土壤中氡浓度或土壤表面氡析出率调查，并提出相应的调查报告。未进行过区域土壤中氡浓度或土壤表面氡析出率测定的，应进行建筑场地土壤中氡浓度或土壤氡析出率测定，并提供相应的检测报告。

②民用建筑工程设计必须根据建筑物的类型和用途，控制装修材料的使用量。

③民用建筑工程的室内通风设计，应符合相关规范的规定。

④采用自然通风的民用工程，自然间的通风开口有效面积不应小于该房间地板面积的 1/20。夏热冬冷地区、寒冷地区、严寒地区等Ⅰ类民用建筑工程需要长时间关闭门窗使用时，房间应采取通风换气措施。

2）工程地点土壤中氡浓度调查及防氡

①新建、扩建的民用建筑工程的工程地质勘察资料，应包括工程所在城市区域氡浓度或土壤表面氡析出率测定历史资料及土壤氡浓度或土壤表面氡析出率平均值数据。

②已进行过土壤中氡浓度或土壤表面氡析出率测定的民用建筑工程，当土壤氡浓度测定结果平均值不大于10000Bq/m³ 或土壤表面氡析出率测定结果平均值不大于0.02Bq/（m²·s），且工程场地所在地点不存在地质断裂构造时，可不再进行土壤氡浓度测定，其他情况均应进行工程场地氡浓度或土壤表面氡析出率测定。

③当民用建筑工程场地土壤氡浓度不大于20000Bq/m³ 或土壤表面氡析出率大于或等于0.05Bq/（m²·s）时，可不采取防氡工程措施。

④当民用建筑工程地点土壤中氡浓度测定结果大于20000Bq/m³ 且小于30000Bq/m³，或土壤表面氡析出率大于或等于0.05Bq/（m²·s）且小于0.1Bq/（m²·s）时，应采取建筑物底层地面抗开裂措施。

⑤当民用建筑工程地点土壤中氡浓度测定结果大于30000Bq/m³ 且小于50000Bq/m³，或土壤表面氡析出率大于或等于0.1Bq/（m²·s）且小于0.3Bq/（m²·s）时，除采取建筑物抗开裂措施外，还应按一级防水等级要求对基础进行处理。

⑥当民用建筑工程地点土壤中氡浓度测定结果大于50000Bq/m³ 或土壤表面氡析出率平均值大于或等于0.3Bq/（m²·s）时，应采取建筑物综合防氡措施。

⑦Ⅰ类民用建筑工程地点土壤中氡浓度大于或等于50000Bq/m³ 或土壤表面氡析出率平均值大于或等于0.3Bq/（m²·s）时，应进行工程场地土壤中的镭-266、钍-232、钾-40的比活度测定。当内照射指数（I_{Ra}）大于1.0或外照射指数（I_r）大于1.3时，工程地点土壤不得作为工程回填土使用。

⑧民用建筑工程场地土壤中氡浓度测定方法及土壤表面氡析出率的测定，应符合相关规定。

3）材料选择

①民用建筑工程室内不得使用国家禁止使用、限制使用的建筑材料。

②Ⅰ类民用建筑工程室内装修采用的无机非金属装修材料必须为 A 类。

③Ⅱ类民用建筑工程宜采用 A 类无机非金属装修材料；当 A 类和 B 类无机非金属装修材料混合使用时，应经过计算确定每种材料的使用量。

④Ⅰ类民用建筑工程的室内装修，采用的人造木板及饰面人造木板必须达到 E1 级要求。

⑤Ⅱ类民用建筑工程的室内装修，采用的人造木板及饰面人造木板时宜达到 E1 级要求；当采用 E2 类人造木板时，直接暴露于空气的部位应进行表面涂覆密封处理。

⑥民用建筑工程的室内装修，所采用的涂料、胶粘剂、水性处理剂，其苯、甲苯和二甲苯异氰酸酯（TDI）挥发性有机化合物（VOC）的含量，应符合《民用建筑工程室内环境污染控制规范》（GB 50325—2010）的规定。

⑦民用建筑工程室内装修时，不应采用聚乙烯醇水玻璃内墙涂料、聚乙烯醇缩甲醛内墙涂料和树脂以硝化纤维素为主、溶剂以二甲苯为主的水包油型（O/W）多彩内墙涂料。

⑧民用建筑工程室内装修时，不应采用聚乙烯醇缩甲醛（俗称107胶）胶粘剂。

⑨民用建筑工程中所使用的木地板及其他木质材料，严禁使用沥青、煤焦油类防腐、防潮材料。

⑩Ⅰ类民用建筑工程室内装修粘贴塑料地板时，不应采用溶剂型胶粘剂。

⑪Ⅱ类民用建筑工程中地下室及不与室外直接自然通风的房间贴塑料地板时，不宜采用溶剂型胶粘剂。

⑫民用建筑工程中，不应在室内采用脲醛树脂泡沫塑料作为保温、隔热和吸声材料。

4）验收标准

①民用建筑工程验收时，必须进行室内环境污染物浓度检测。检测结果应符合表10-12的规定。

表 10-12　民用建筑工程室内环境污染物浓度限量

污染物	Ⅰ类民用建筑工程	Ⅱ类民用建筑工程
氡（Bq/m^3）	≤200	≤400
甲醛（mg/m^3）	≤0.08	≤0.10
苯（mg/m^3）	≤0.09	≤0.09
氨（mg/m^3）	≤0.2	≤0.2
TVOC（mg/m^3）	≤0.5	≤0.6

注：1. 表中污染物浓度测量值，除氡外均指室内测量值扣除同步测定的室外上风向空气测量值（本底值）后的测量值。

2. 表中污染物浓度测量值的极限值判定，采用全数值比较法。

3. 表中Ⅰ类民用建筑工程指住宅等工程；Ⅱ类民用建筑工程指办公楼等工程。可查阅本书第三部分。

②《住宅建筑规范》（GB 50368—2005）和《住宅设计规范》（GB 50096—2011）中规定：住宅室内空气污染的活度和浓度应符合表 10-13 的规定。

表 10-13　住宅室内空气污染的活度和浓度

污染物名称	活度、浓度限值
氡	≤200Bq/m^3
游离甲醛	≤0.08mg/m^3
苯	≤0.09mg/m^3
氨	≤0.2mg/m^3
总挥发性有机化合物（TVOC）	≤0.5mg/m^3

③《住宅装饰装修工程施工规范》（GB 50327—2001）中规定：住宅装修后室内污染物浓度限值应符合表 10-14 的规定。

表 10-14　住宅装修后室内污染物浓度限值

室内环境污染物	浓度限值
氡（^{222}Rn）	≤200Bq/m^3
甲醛	≤0.08mg/m^3
苯	≤0.09mg/m^3
氨	≤0.2mg/m^3
总挥发性有机物（TVOC）	≤0.5mg/m^3

（二）《建筑材料放射性核素限量》的规定

《建筑材料放射性核素限量》（GB/T 6566—2010）中对石材的级别和应用规定如下：

1. 建筑类别

（1）Ⅰ类民用建筑。包括住宅、老年公寓、托儿所、医院和学校、办公楼、宾馆等。

（2）Ⅱ类民用建筑。包括商场、文化娱乐场所、书店、图书馆、展览馆、体育馆和公共交通等候室、餐厅、理发店等。

2. 代号含义

（1）I_{Ra} 表示内照射指数。意即建筑材料中天然放射性核素镭-226 的放射性比活度与规定限量值的比值。

（2）I_r 表示外照射指数。意即建筑材料中天然放射性核素镭-226、钍232、钾-40 的放射性比活度与其各单独存在时规定的限量值之比值的和。

3. 建筑主体材料

建筑主体材料中天然放射性核素镭 – 226、钍 232、钾 – 40 的放射量比活度应同时满足 $I_{Ra} \leqslant 1.0$ 和 $I_r \leqslant 1.0$。

对空心率大于 25% 的建筑主体材料，其天然放射性核素镭 – 226、钍 232、钾 – 40 的放射量比活度应同时满足 $I_{Ra} \leqslant 1.0$ 和 $I_r \leqslant 1.3$。

4. 建筑装修材料

（1）A 级。装饰装修材料中天然放射性核素镭 – 226、钍 232、钾 – 40 的放射量比活度同时满足 $I_{Ra} \leqslant 1.0$ 和 $I_r \leqslant 1.3$ 要求的为 A 类装修材料，A 类装修材料产销与使用范围不受限制。

（2）B 级。不满足 A 类装饰装修材料要求但同时满足 $I_{Ra} \leqslant 1.3$ 和 $I_r \leqslant 1.9$ 要求的为 B 类装修材料。B 类装修材料不可用于 I 类民用建筑的内饰面，但可以用于 II 类民用建筑物、工业建筑内饰面及其他一切建筑的外饰面。

（3）C 级。不满足 A、B 类装修材料要求但满足 $I_r \leqslant 2.8$ 要求的为 C 类装修材料。C 类装饰装修材料只可用于建筑物的外饰面及室外其他用途。

三、抹灰工程的有关规定

（一）《抹灰砂浆技术规程》的规定

《抹灰砂浆技术规程》（JGJ/T 220—2010）中规定：

1. 砂浆种类

（1）水泥抹灰砂浆

1）定义。以水泥为胶凝材料，加入细骨料和水按一定比例配制而成的抹灰砂浆。

2）抗压强度等级。M15、M20、M25、M30。

3）密度。拌合物的表观密度不宜小于 1900kg/m³。

（2）水泥粉煤灰抹灰砂浆

1）定义。以水泥、粉煤灰为胶凝材料，加入细骨料和水按一定比例配制而成的抹灰砂浆。

2）抗压强度等级。M5、M10、M15。

3）密度。拌合物的表观密度不宜小于 1900kg/m³。

（3）水泥石灰抹灰砂浆

1）定义。以水泥为胶凝材料，加入石灰膏、细骨料和水按一定比例配制而成的抹灰砂浆，简称混合砂浆。

2）抗压强度等级。M2.5、M5、M7.5、M10。

3）密度。拌合物的表观密度不宜小于 1800kg/m³。

（4）掺塑化剂水泥抹灰砂浆

1）定义。以水泥（或添加粉煤灰）为胶凝材料，加入细骨料、水和适量塑化剂按一定比例配制而成的抹灰砂浆。

2）抗压强度等级。M5、M10、M15。

3）密度。拌合物的表观密度不宜小于 1800kg/m³。

（5）聚合物水泥抹灰砂浆

1）定义。以水泥为胶凝材料，加入细骨料、水和适量聚合物按一定比例配制而成的抹灰砂浆，包括普通聚合物水泥抹灰砂浆、柔性聚合物水泥抹灰砂浆和防水聚合物水泥抹灰砂浆。

2）抗压强度等级。不小于 M5。

3）密度。拌合物的表观密度不宜小于 1900kg/m³。

（6）石膏抹灰砂浆

1）定义。以半水石膏或Ⅱ型无水石膏单独或两者混合后为胶凝材料，加入细骨料、水和多种外加剂按一定比例配制而成的抹灰砂浆。

2）抗压强度等级。不小于 4.0MPa。

2. 基本规定

（1）一般抹灰工程用砂浆宜选用预拌抹灰砂浆。抹灰砂浆应采用机械搅拌。

（2）抹灰砂浆强度不宜比基体材料强度高出两个及以上强度等级，并应符合下列规定：

1）对于无粘贴饰面砖的外墙，底层抹灰砂浆宜比基体材料高一个强度等级或等于基体材料等级。

2）对于无粘贴饰面砖的内墙，底层抹灰砂浆宜比基体材料低一个强度等级。

3）对于有粘贴饰面砖的内墙和外墙，中层抹灰砂浆宜比基体材料高一个强度等级且不宜低于M15，并宜选用水泥抹灰砂浆。

4）孔洞填补和窗台、阳台抹面等宜采用 M15 或 M20 水泥抹灰砂浆。

（3）配置强度等级不大于 M20 的抹灰砂浆，宜用 32.5 级通用硅酸盐水泥或砌筑水泥；配置强度等级大于 M20 的抹灰砂浆，宜用 42.5 级通用硅酸盐水泥。通用硅酸盐水泥宜采用散装的。

（4）用通用硅酸盐水泥拌制抹灰砂浆时，可掺入适量的石灰膏、粉煤灰、粒化高炉矿渣粉、沸石粉等，不应掺入消石灰粉。用砌筑水泥拌制抹灰砂浆时，不得再掺加粉煤灰等矿物掺合料。

（5）拌制抹灰砂浆，可根据需要掺入改善砂浆性能的添加剂。

（6）抹灰砂浆的品种宜根据使用部位或基体种类按表 10-15 选用。

表 10-15　抹灰砂浆的品种选用

使用部位或基体种类	抹灰砂浆品种
内墙	水泥抹灰砂浆、水泥石灰抹灰砂浆、水泥粉煤灰抹灰砂浆、掺塑化剂水泥抹灰砂浆、聚合物水泥抹灰砂浆、石膏抹灰砂浆
外墙、门窗洞口外侧壁	水泥抹灰砂浆、水泥粉煤灰抹灰砂浆
温（湿）度较高的车间和房屋、地下室、屋檐、勒脚等	水泥抹灰砂浆、水泥粉煤灰抹灰砂浆
混凝土板和墙	水泥抹灰砂浆、水泥石灰抹灰砂浆、聚合物水泥抹灰砂浆、石膏抹灰砂浆
混凝土顶棚、条板	聚合物水泥抹灰砂浆、石膏抹灰砂浆
加气混凝土砌块（板）	水泥石灰抹灰砂浆、水泥粉煤灰抹灰砂浆、掺塑化剂水泥抹灰砂浆、聚合物水泥抹灰砂浆、石膏抹灰砂浆

（7）抹灰砂浆的施工稠度宜按表 10-16 选用。聚合物水泥抹灰砂浆的施工稠度宜为 50~60mm，石膏抹灰砂浆的施工稠度宜为 50~70mm。

表 10-16　抹灰砂浆的施工稠度　　　　　　　　　　　　　　　　（mm）

抹灰层	施工稠度
底层	90~110
中层	70~90
面层	70~80

（8）抹灰层的平均厚度宜符合下列规定：

1）内墙。普通抹灰的平均厚度不宜大于 20mm，高级抹灰的平均厚度不宜大于 25mm。

2）外墙。墙面抹灰的平均厚度不宜大于 20mm，勒脚抹灰的平均厚度不宜大于 25mm。

3）顶棚。现浇混凝土抹灰的平均厚度不宜大于 5mm，条板、预制混凝土抹灰的平均厚度不宜大于 10mm。

4）蒸压加气混凝土砌块基层抹灰平均厚度宜控制在 15mm 以内，当采用聚合物水泥砂浆抹灰时，平均厚度宜控制在 5mm 以内，采用石膏砂浆抹灰时，平均厚度宜控制在 10mm 以内。

（9）抹灰应分层进行，水泥抹灰砂浆每层厚度宜为 5～7mm，水泥石灰砂浆每层厚度宜为 7～9mm，并应待前一层达到 6～7 成干后再涂抹后一层。

（10）强度高的水泥抹灰砂浆不应涂抹在强度低的水泥抹灰砂浆基层上。

（11）当抹灰层厚度大于 35mm 时，应采取与基体粘结的加强措施。不同材料的基体交接处应设加强网，加强网与各基体的搭接宽度不应小于 100mm。

（二）《住宅装饰装修工程施工规范》的规定

《住宅装饰装修工程施工规范》（GB 50327—2001）中规定：

1. 一般规定

（1）室内墙面、柱面和门洞口的阳角做法应采用 1:2 水泥砂浆做暗护角，其高度不应低于 2m，每侧宽度不应小于 50mm。

（2）冬季施工，抹灰时的作业面温度不应低于 5℃；抹灰层初凝前不得受冻。

2. 材料质量要求

（1）抹灰用的水泥宜用硅酸盐水泥、普通硅酸盐水泥，其强度等级不应小于 32.5。

（2）抹灰用的砂子宜选用中砂，砂子使用前应过筛，不得含有杂物。

（3）抹灰用石灰膏的熟化期不应少于 15d。罩面的磨细石灰粉的熟化期不应少于 3d。

3. 施工要点

（1）基层处理应符合下列规定：

1）砖砌体，应清楚表面杂物、尘土，抹灰前应洒水湿润。

2）混凝土，表面应凿毛或在表面洒水润湿后涂刷 1:1 水泥砂浆（加适量胶粘剂）。

3）加气混凝土，应在湿润后边刷界面剂，边抹强度不大于 M5 的水泥混合砂浆。

（2）抹灰应分层进行，每遍厚度宜为 5～7mm。抹石灰砂浆和水泥混合砂浆每遍厚度宜为 5～7mm。当抹灰总厚度超过 35mm 时，应采取加强措施。

（3）有排水要求的部位应做滴水线（槽）。滴水线（槽）应整齐顺直，滴水线应内高外低，滴水槽的宽度和深度不应小于 10mm。

（三）《老年人建筑设计规范》的规定

《老年人建筑设计规范》（JGJ 122—99）中指出：
老年人建筑内部墙角部位，宜做成圆角或切角，且在 1.80m 高度以下做与墙体齐平的护角。

（四）《托儿所、幼儿园建筑设计规范》的规定

《托儿所、幼儿园建筑设计规范》（JGJ 39—87）中指出：
幼儿经常接触的 1.30m 以下的室外墙面不应粗糙。室内墙面宜采用光滑易清洁的材料，墙角、窗台、暖气罩、窗口竖边等棱角部位必须做成小圆角。

（五）《城市公共厕所设计标准》的规定

《城市公共厕所设计标准》（CJJ 14—2005）中规定：
公共厕所墙面必须光滑，便于清洗。地面必须采用防渗、防滑材料铺设。

四、门窗工程的有关规定

（一）洞口与框口的关系

门窗洞口与门窗框口之间应预留一定的缝隙，以保证门窗的顺利安装（安装量）。

门窗安装量的大小与下列因素有关：门窗所在墙面的装修做法、有无假框与墙体连接及门窗材质等。

1. 装修做法。涂料做法宽度每边预留 20mm、高度每边预留 15mm；面砖做法宽度每边预留 25mm、高度每边预留 20mm；贴挂石材时宽度和高度均预留 50mm。

2. 有无副框做法。有副框（固定片）做法时，预留缝隙较大，彩色钢板窗为 25mm；无副框做法时，预留缝隙较小，彩色钢板窗为 15mm（图 10-1）。

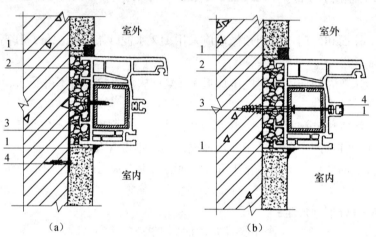

图 10-1 塑料窗安装节点

（a）有副框做法：1—密封胶；2—聚氨酯发泡胶；3—固定片；4—膨胀螺钉；

（b）无副框做法：1—密封胶；2—聚氨酯发泡胶；3—膨胀螺钉；4—工艺孔帽

《塑料门窗工程技术规程》（JGJ 103—2008）中规定的安装缝隙（伸缩缝间隙）见表 10-17。

表 10-17 洞口与门、窗框伸缩缝间隙　　　　　　　　　（mm）

墙体材料饰面层	洞口与门、窗的伸缩缝间隙
清水墙及附框	10
墙体外饰面抹水泥砂浆或贴陶瓷锦砖	15~20
墙体外饰面贴釉面瓷砖	20~25
墙体外饰面贴大理石或花岗石板	40~50
外保温墙体	保温层厚度 +10

（二）安装做法

《住宅装饰装修工程施工规范》（GB 50327—2001）中指出：

1. 总体要求

（1）门窗安装应采用预留洞口的施工方法，不得采用边安装边砌口或先安装后砌口的施工方法。

（2）建筑外门窗的安装必须牢固，在砖砌体上安装门窗严禁用射钉固定。

（3）推拉门窗扇必须有防脱落措施，扇与框的搭接量应符合设计要求。

2. 木门窗安装

（1）安装木门窗时，每边固定点（木砖）不得少于2个，其间距不得大于1.20m。

（2）铰链（合页）安装距门窗扇上下端宜取竖框高度的1/10，并应避开上、下冒头。

（3）窗拉手距地面宜为1.5~1.6m，门拉手距地面宜为0.90~1.05m。

3. 铝合金门窗安装

（1）门窗装入洞口应横平竖直，严禁将门窗框直接埋入墙体。

（2）门窗框与墙体缝隙不得用水泥砂浆填塞，应采用弹性材料填嵌饱满，表面应用密封胶密封。

4. 塑料门窗安装

（1）安装门窗五金配件时，应钻孔后用自攻螺钉拧入，不得直接锤击钉入。

（2）固定片与膨胀螺栓的数量与位置应正确，连接方式应符合设计要求。固定点应距窗角、中横框、中竖框150~200mm，固定点间距小于或等于600mm。

（3）安装组合窗时应将两窗框与拼樘料卡接，卡接后应用紧固件双向拧紧，其间距应小于或等于600mm，紧固件端头及拼樘料与窗框间的缝隙应用嵌缝膏进行密封处理。拼樘料型钢两端必须与洞口固定牢固。

（4）门窗框与墙体缝隙不得用水泥砂浆填塞，应采用弹性材料填嵌饱满，表面应用密封胶密封。

（5）《塑料门窗工程技术规程》（JGJ 103—2008）中规定：

1）混凝土墙洞口应采用射钉或膨胀螺钉固定。

2）砖墙洞口或空心砖洞口应用膨胀螺钉固定，并不得固定在砖缝处。

3）轻质砌块或加气混凝土洞口可在预埋混凝土块上用射钉或膨胀螺钉固定。

4）设有预埋铁件的洞口应采用焊接方法固定，也可先在预埋件上按紧固件规格打基孔，然后用紧固件固定。

（6）玻璃选用。门窗玻璃的选用应注意以下问题：

1）保温性能（传热系数K）：K值越低，玻璃阻隔热量传递的性能越好，因此尽量选择K值较低的玻璃。宜采用中空玻璃，当需要进一步提高保温性能时，可采用LOW-E中空玻璃、充惰性气体的LOW-E中空玻璃、两层或多层中空玻璃等。

2）隔热性能（遮阳系数SC）：与透光率：不同地区的建筑应根据当地气候特点选择不同遮阳系数SC的玻璃。既要考虑夏季遮阳，还要考虑冬季利用阳光及室内采光的舒适度，因此根据工程的具体情况要选择较合理平衡点。北方严寒及寒冷地区一般选择$SC > 0.6$的玻璃，南方炎热地区一般选择$SC < 0.3$的玻璃，其他地区宜选择$SC = 0.3 ~ 0.6$之间的玻璃，透光率选择40%~50%较适宜。

五、玻璃工程的有关规定

（一）安全玻璃的品种

安全玻璃主要指的是以下四种玻璃：钢化玻璃、单片防火玻璃、夹层玻璃和采用上述玻璃制作的中空玻璃。

1. 防火玻璃

（1）防火玻璃，其在防火时的作用主要是控制火势的蔓延或隔烟，是一种措施型的防火材料，其防火的效果以耐火性能进行评价。

（2）防火玻璃的分类与级别。

1）防火玻璃的分类。防火玻璃分为复合防火玻璃（FFB）和单片防火玻璃（DFB）两大类。

①复合防火玻璃。由两层或两层以上玻璃复合而成或由一层玻璃和有机材料复合而成，并满足相

应耐火等级要求的特种玻璃。

②单片防火玻璃。由单片玻璃构成并满足相应耐火等级要求的特种玻璃。

2）防火玻璃的级别。

防火玻璃是一种在规定的耐火试验中能够保持其完整性和隔热性的特种玻璃，按耐火性能等级分为三类：

①A类。同时满足耐火完整性、耐火隔热性要求的防火玻璃。包括复合型防火玻璃和灌注型防火玻璃两种。此类玻璃具有透光、防火（隔烟、隔火、遮挡热辐射）隔声、抗冲击性能，适用于建筑装饰钢木防火门、窗、上亮、隔断墙、采光顶、挡烟垂壁、透视地板及其他需要既透明又防火的建筑组件中。

②B类。船用防火玻璃，包括舷窗防火玻璃和矩形窗防火玻璃，外表面玻璃板是钢化安全玻璃，内表面玻璃板材料类型可任意选择。

③C类。只满足耐火完整性要求的单片防火玻璃。此类玻璃具有透光、防火、隔烟、强度高等特点。适用于无隔热要求的防火玻璃隔断墙、防火窗、室外幕墙等。

3）耐火极限。以上三类防火玻璃按耐火等级可分为Ⅰ级（耐火极限1.5h）Ⅱ级（耐火极限1.0h）Ⅲ级（耐火极限0.75h）Ⅳ级（耐火极限0.50h）。

4）标记。复合防火玻璃如FFB-15-A；单片防火玻璃如DFB-12-C等。

2. 钢化玻璃

钢化玻璃是将浮法玻璃加热到软化温度之后进行均匀的快速冷却，从而使玻璃表面获得压应力的玻璃。在冷却的过程中，钢化玻璃外部因迅速冷却而固化，而内部冷却较慢，内部继续冷却收缩使玻璃表面产生压应力，内部产生拉应力，从而提高了玻璃强度和耐热稳定性。

特点：强度高、安全、耐热冲击。

3. 夹层玻璃

夹层玻璃是在玻璃之间夹上坚韧的聚乙烯醇缩丁醛（PVB）中间膜，经高温高压加工制成的复合玻璃。PVB玻璃夹层膜的厚度一般为0.38mm、0.76mm和1.52mm三种，对无机玻璃具有良好的粘结性，具有透明、耐热、耐寒、耐湿、机械强度高等特性。PVB膜的韧性非常好，在夹层玻璃受到外力猛烈撞击破碎时，可以吸收大量的冲击能，并使之迅速衰减。即使破碎，碎片也会粘在膜上。

产品规格：厚度5~60mm，最大尺寸为2000mm×6000mm。

适用范围：建筑物门窗、幕墙、天篷、架空地面、家具、橱窗、柜台、水族馆、大面积的玻璃墙体。

4. 中空玻璃

中空玻璃是由两片或多片玻璃用内部充满分子筛吸附剂的铝框间隔出一定宽度的空间，中间充满空气或惰性气体，边部再用高强度密封胶粘合而成的玻璃组合件。

产品规格：厚度12~44mm，间隔铝框宽度6mm、9mm、10mm、12mm~20mm，最大面积可达16m²。

《中空玻璃》（GB/T 11944—2002）中规定不同玻璃的厚度、间隔厚度和最大面积可见表10-18。

表10-18　中空玻璃的相关数据

玻璃厚度（mm）	间隔厚度（mm）	最大面积（m²）
3	6	2.40
	9~12	2.40
4	6	2.86
	9~10	3.17
	12~20	3.17

续表

玻璃厚度（mm）	间隔厚度（mm）	最大面积（m²）
5	6	4.00
	9~10	4.80
	12~20	5.10
6	6	5.88
	9~10	8.54
	12~20	9.00
10	6	8.54
	9~10	15.00
	12~20	15.90
12	12~20	15.90

（二）建筑玻璃防人体冲击的规定

《建筑玻璃应用技术规程》（JGJ 113—2009）中指出：

1. 活动门玻璃、固定门玻璃和落地窗玻璃均需选用安全玻璃

（1）有框时，玻璃厚度应符合表 10-19 的规定

表 10-19　安全玻璃的最大使用面积

玻璃种类	公称厚度（mm）	最大使用面积（m²）
钢化玻璃	4	2.0
	5	3.0
	6	4.0
	8	6.0
	10	8.0
	12	9.0
夹层玻璃	6.38　6.76　7.52	3.0
	8.38　8.76　9.52	5.0
	10.38　10.76　11.52	7.0
	12.38　12.76　13.52	8.0

（2）无框时，应使用不小于 12mm 的钢化玻璃。

2. 人群集中的公共场所和运动场所中装配的室内隔断玻璃

（1）有框时，应按表 10-19 的规定执行，且应采用不小于 5mm 的钢化玻璃或不小于 6.38mm 的夹层玻璃。

（2）无框时，应按表 10-19 的规定执行，且应采用不小于 10mm 的钢化玻璃。

3. 浴室用玻璃

（1）淋浴隔断、浴缸隔断应按表 10-19 的规定执行。

（2）浴室内无框玻璃应按表 10-19 的规定执行，且应采用不小于 5mm 的钢化玻璃。

4. 室内栏板用玻璃

（1）不承受水平荷载的栏板玻璃，应按表 10-19 的规定执行，且应采用不小于 5mm 的钢化玻璃或不小于 6.38mm 的夹层玻璃。

（2）承受水平荷载的栏板玻璃，应按表 10-19 的规定执行，且应采用不小于 12mm 的钢化玻璃或

不小于 16.76mm 的夹层玻璃。当栏板玻璃最低点离一侧楼地面在 3m 或 3m 以上、5m 或 5m 以下时，应使用 16.76mm 的钢化夹层玻璃。当栏板玻璃最低点离一侧楼地面大于 5m 时，不得使用承受水平荷载的栏板玻璃。

（三）屋面玻璃

1. 两边支承的屋面玻璃，应支承在玻璃的长边。

2. 屋面玻璃必须使用安全玻璃。当屋面玻璃最高点离地面的高度大于 3m 时，必须使用夹层玻璃。用于屋面的夹层玻璃，其胶片厚度不应小于 0.76mm。

3. 上人屋面玻璃应按地板玻璃进行设计。

4. 不上人屋面的活荷载应符合下列规定：

（1）与水平夹角小于 30° 的屋面玻璃，在玻璃板中心点直径为 150mm 的区域内，应能承受垂直于玻璃为 1.10kN 的活荷载标准值。

（2）与水平夹角等于或大于 30° 的屋面玻璃，在玻璃板中心点直径为 150mm 的区域内，应能承受垂直于玻璃为 0.50kN 的活荷载标准值。

5. 当屋面玻璃采用中空玻璃时，集中荷载应只作用在中空玻璃的上片玻璃。

（四）百叶窗玻璃

1. 当风荷载标准值不大于 1.00kPa 时，百叶窗使用的平板玻璃最大使用跨度应符合表 10-20 的规定执行。

表 10-20　百叶窗使用的平板玻璃最大使用跨度　　　　　（mm）

公称厚度（mm）	玻璃宽度 d		
	$d \leq 100$	$100 < d \leq 150$	$150 < d \leq 225$
4	500	600	不允许使用
5	600	750	750
6	750	900	900

2. 当风荷载标准值大于 1.0kPa 时，百叶窗使用的平板玻璃最大使用跨度应进行验算。

六、吊顶工程的有关规定

（一）通则规定

《民用建筑设计通则》（GB 50352—2005）中规定：

1. 吊顶与主体结构吊挂应有安全构造措施；高大厅堂管线较多的吊顶内，应留有检修空间，并根据需要设置检修走道和便于进入吊顶的人孔，且应符合有关防火及安全要求。

2. 当吊顶内管线较多，而空间有限不能进入检修时，可采用便于拆卸的装配式吊顶或在需要部位设置检修手孔；

3. 吊顶内敷设有上下水管时应采取防止产生冷凝水措施。

4. 潮湿房间的吊顶，应采用防水材料和防结露、滴水的措施；钢筋混凝土板宜采用现浇板。

（二）其他规范的规定

1.《住宅装饰装修工程施工规范》（GB 50327—2001）中指出

（1）主龙骨吊点间距、起拱高度应符合设计要求。当设计无要求时，吊点间距应小于 1.20m，应按房间短向跨度的3‰~5‰起拱。

（2）吊杆应通直，距主龙骨端部距离不得超过300mm。当吊杆与设备相遇时，应调整吊点构造或增设吊杆。吊杆长度超过1.5m时应设置反向支撑。

（3）次龙骨应紧贴主龙骨安装。固定板材的次龙骨间距不得大于600mm，在潮湿地区和场所，间距宜为300~400mm。用沉头自攻螺钉安装饰面板时，接缝处次龙骨宽度不应小于40mm。

（4）纸面石膏板螺钉与板边距离。纸包边宜为10~15mm，切割边宜为15~20mm；水泥加压板螺钉与板边距离宜为10~15mm。

（5）纸面石膏板与水泥加压板周边螺钉间距宜为150~170mm，板中钉距不得大于200mm。

（6）块状石膏板与钙塑板采用钉固法安装时，螺钉与板边距离不得小于15mm，螺钉间距宜为150~170mm。

（7）采用明龙骨搁置法安装时应留有板材安装缝，每边缝隙不宜大于1mm。

2.《建筑装饰装修工程质量验收规范》（GB 50210—2001）中指出

（1）重型灯具、电扇及其他重型设备严禁安装在吊顶工程的龙骨上。

（2）吊杆距主龙骨端部距离不得超过300mm。当大于300mm时，应增设吊杆。当吊杆长度大于1.5m时，应设置反向支撑。当吊杆与设备相遇时，应调整吊杆位置并增设吊杆。

（3）饰面材料的安装应稳固严密。饰面材料与龙骨的搭接宽度应大于龙骨受力面宽度的2/3。

七、轻质隔断工程的有关规定

《住宅装饰装修工程施工规范》（GB 50327—2001）中指出：

（一）一般规定

1. 当轻质隔墙下端用木踢脚覆盖时，饰面板应与地面留有20~30mm缝隙。

2. 当用大理石、瓷砖、水磨石等做踢脚板时，饰面板下端应与踢脚板上口齐平，接缝应严密。

（二）施工要点

1. 轻钢龙骨安装

（1）轻钢龙骨的端部应安装牢固，龙骨与基体的固定点间距应不大于1m。

（2）安装竖向龙骨应垂直，龙骨间距应符合设计要求。潮湿房间和钢板抹灰墙，龙骨间距不宜大于400mm。

（3）安装支撑龙骨时，应先将支撑卡安装在竖向龙骨的开口方向，卡距宜为400~600mm，距龙骨两端的距离宜为25~30mm。

（4）安装贯通系列龙骨时，低于3m的隔墙安装一道，3~5m的隔墙安装两道。

2. 木龙骨安装

（1）横、竖木龙骨宜采用半开榫、加胶、加钉连接。

（2）安装饰面板前应对龙骨进行防火处理。

3. 纸面石膏板安装

（1）石膏板宜竖向铺设，长边接缝应安装在竖向龙骨上。

（2）轻钢龙骨应用自攻螺钉固定，木龙骨应用木螺钉固定。沿石膏板周边钉距不得大于200mm，板中钉距不得大于300mm，螺钉与板边距离应为10~15mm。

（3）石膏板的接缝应按设计要求进行板缝处理。石膏板与周围墙或柱应留有3mm的槽口，以便进行防开裂处理。

（4）龙骨两侧石膏板及龙骨一侧的双层板的接缝应错开，不得在同一根龙骨上接缝。

4. 胶合板安装

（1）胶合板安装前应对板背面进行防火处理。

（2）轻钢龙骨应用自攻螺钉固定。木龙骨采用木螺钉固定时，钉距宜为 80～150mm，钉帽应砸扁；采用钉枪固定时，钉距宜为 80～100mm。

（3）阳角处宜做护角。

（4）胶合板用木压条固定时，固定点间距不应大于200mm。

5. 玻璃砖隔墙

（1）玻璃砖隔墙宜以 1.50m 高为一个施工段，待下部施工段交接材料达到设计强度后再进行上部施工。

（2）玻璃砖应排列均匀整齐，表面平整，嵌缝的油灰或密封膏应饱满密实。

（3）玻璃砖隔墙的应用高度见表10-21。

表10-21 玻璃砖隔墙的应用高度 （m）

砖缝的布置	隔断尺寸	
	高度	长度
贯通式	≤1.5	≤1.5
错开式	≤1.5	≤6.0

注：1. 贯通式指水平缝与垂直缝完全对齐的排列方式。

2. 错开式指水平缝与垂直缝错开的排列方式，错开距离为1/2砖长。

（4）当高度不能满足要求时，应在缝中加水平钢筋和竖直钢筋进行增强，增强后的高度可达4m。

6. 平板玻璃隔墙

（1）玻璃安装应符合《建筑玻璃应用技术规程》（JGJ 113—2009）的有关规定。

（2）压条应与边框紧贴，不得弯棱、凸鼓。

八、墙面铺装工程的有关规定

（一）基本要求

1. 石材

（1）石材面板的性能应满足建筑物所在地的地理、气候、环境和幕墙功能的要求。

（2）石材。饰面石材的材质分为花岗石（火成岩）大理石（沉积岩）砂岩。按其坚硬程度和释放有害物质的多少，应用的部位也不尽相同。花岗岩（火成岩）可用于室内和室外的任何部位；大理石（沉积岩）只可用于室内，不宜用于室外；砂岩只能用于室内。

（3）石材的放射性应符合《建筑材料放射性核素限量》（GB/T 6566—2010）中依据装饰装修材料中天然放射性核素镭-226、钍-232、钾-40 的放射性比活度大小，将装饰装修材料划分为 A 级、B 级、C 级，具体要求见表10-22：

表10-22 放射性物质比活度分级

级别	比活度	使用范围
A	内照射指数 $I_{Ra} \leqslant 1.0$ 和外照射指数 $I_r \leqslant 1.3$	产销和使用范围不受限制
B	内照射指数 $I_{Ra} \leqslant 1.3$ 和外照射指数 $I_r \leqslant 1.9$	不可用于Ⅰ类民用建筑的内饰面，可以用于Ⅱ类民用建筑物、工业建筑内饰面及其他一切建筑的外饰面
C	外照射指数 $I_r \leqslant 2.8$	只可用于建筑物外饰面及室外其他用途

注：1. Ⅰ类民用建筑包括：住宅、老年公寓、托儿所、医院和学校、办公楼、宾馆等。

2. Ⅱ类民用建筑包括：商场、文化娱乐场所、书店、图书馆、展览馆、体育馆和公共交通等候室、餐厅、理发店等。

（4）石材面板的厚度。天然花岗石弯曲强度标准值不小于 8.0MPa，吸水率≤0.6%，厚度不小于 25mm；天然大理石弯曲强度标准值不小于 7.0MPa，吸水率≤0.5%，厚度不小于 35mm；其他石材不小于 35mm。

（5）当天然石材的弯曲强度的标准值在≤0.8 或≥4.0 时，单块面积不宜大于 1.00m²；其他石材单块面积不宜大于 1.50m²。

（6）在严寒和寒冷地区，幕墙用石材面板的抗冻系数不应小于 0.8。

（7）石材表面宜进行防护处理。对于处在大气污染较严重或处在酸雨环境下的石材面板，应根据污染物的种类和污染程度及石材的矿物化学物质、物理性质选用适当的防护产品对石材进行保护。

2. 面砖

（1）全陶质瓷砖。吸水率小于 10%。

（2）陶胎釉面砖。吸水率 3%～10%。

（3）全瓷质面砖（通体砖）。吸水率小于 1%。

用于室内的釉面砖，吸水率不受限制，用于室外的釉面砖吸水率应尽量减小。北京地区外墙面不得采用全陶质瓷砖。

《建筑材料术语标准》（JGJ/T 191—2009）中规定：由多块面积不大于 55cm² 的小砖经衬材拼贴成联的釉面砖称为陶瓷马赛克。

《建筑陶瓷薄板应用技术规程》（JGJ/T 172—2012）中规定：

由黏土和其他无机非金属材料经成型、高温烧成等工艺制成的厚度不大于 6mm、面积不小于 1.62m²（相当于 900mm×1800mm）的板状陶瓷制品，可应用于室内地面、室内墙面，非抗震地区、6～8 度抗震设防地区不大于 24m 的室外墙面和非抗震地区、6～8 度抗震设防地区的幕墙工程。

（二）施工要点

1. 墙面

石材墙面的安装有湿挂法和干挂法两种。湿挂法适用于小面积墙面的铺装，干挂法适用于大面积墙面铺装，石材幕墙采用的就是干挂法。

（1）湿挂法。先在墙面上栓结$\phi 6$～$\phi 10$ 钢筋网，再将设有拴接孔的石板用金属丝（最好是铜丝）拴挂在钢筋网上，随后在缝隙中灌注水泥砂浆。总体厚度在 50mm 左右。

湿挂法的施工要点是：浇水将饰面板的背面和基体润湿，再分层灌注 1:2.5 水泥砂浆，每层灌注高度为 150～200mm，并不得大于墙板高度的 1/3，随后振捣密实。

（2）干挂法。干挂法包括钢销安装法、短槽安装法和通槽安装法三种。详细内容参见建筑幕墙部分。

2. 地面

《住宅装饰装修工程施工规范》（GB 50327—2001）中指出：

（1）石材、地面砖铺贴前应浸水湿润，天然石材铺贴前应进行对色、拼花并进行试拼、编号；

（2）铺贴前应根据设计要求确定结合层砂浆厚度、拉十字线控制其厚度和石材、地面砖表面平整度。

（3）结合层砂浆宜采用体积比为 1:3 的干硬性水泥砂浆，厚度宜高出实铺厚度 2～3mm，铺贴前应在水泥砂浆上刷一道水灰比为 1:2 的素水泥浆或干铺水泥 1～2mm 后洒水。

（4）石材、地面砖铺贴时应保持水平就位，用橡皮锤轻击使其与砂浆粘接紧密，同时调整其表面平整度。

（5）铺贴后应及时清理表面，24h 后应用 1:1 水泥浆灌缝，或选择与地面颜色一致的颜料与白水泥拌合均匀后灌缝。

（6）预制板块之间的缝隙在《建筑地面工程施工质量验收规范》（GB 50209—2010）中的规定是：

混凝土板块面层缝宽不宜大于6mm，水磨石板块、人造石板块间的缝宽不宜大于2mm。预制板块铺完24h后，应用水泥砂浆灌缝至2/3高度，再用同色水泥浆擦（勾）缝。

（7）防止混凝土开裂的措施

混凝土开裂在屋面上容易造成漏水，在地面上会造成地面不平整而影响使用。防止混凝土开裂的措施主要是加设钢筋网。

《建筑地面设计规范》（GB 50037—96）中指出：当生产和使用要求不允许混凝土类面层开裂时，宜在混凝土顶面下20mm处配置直径为4mm、间距为150～200mm的钢筋网片。

（8）地板玻璃地面指的是应用于舞厅、展览厅的供人行走和活动的地面玻璃。《建筑玻璃应用技术规程》（JGJ 113—2009）中规定：

1）地板玻璃宜采用隐框支承或点支承，点支承地板玻璃宜采用沉头式或背栓式连接件。

2）地板玻璃必须采用夹层玻璃，点支承的地板玻璃必须采用钢化夹层玻璃。

3）楼梯踏步板玻璃表面，应进行防滑处理。

4）地板夹层玻璃的单片玻璃相差不宜小于3mm，且夹层胶片厚度不应小于0.76mm。

5）框支承地板玻璃单片厚度不宜小于8mm，点支承地板玻璃单片厚度不宜小于10mm。

6）地板玻璃之间的空隙不应小于6mm，宜采用硅酮建筑密封胶密封。

7）地板玻璃及其连接应能够适应主体结构的变形。

8）地板玻璃板面挠度最大值应小于其跨度的1/200。

施工要点。

《住宅装饰装修工程施工规范》（GB 50327—2001）中指出：

1）基层平整度误差不得大于5mm。

2）铺装前应对基层进行防潮处理，防潮层宜涂刷防水涂料或铺贴塑料薄膜。

3）铺装前应对地板进行选配，宜将纹理、颜色接近的地板集中使用于一个房间或部位。

4）木龙骨应与基层连接牢固，固定点间距不得大于600mm。

5）毛地板应与龙骨成30°或45°铺钉，板缝应为2～3mm，相邻板的接缝应错开。

6）在龙骨上直接铺钉地板时，主次龙骨间距应根据地板的长度模数计算确定，底板接缝应在龙骨的中线上。

7）地板钉子的长度宜为地板厚度的2.5倍，钉帽应砸扁。固定时应以凹榫边30°倾斜顶入。硬木地板应先钻孔，孔径应略小于地板钉子的直径。

8）毛地板及地板与墙之间应留有8～10mm的缝隙。

9）地板磨光应先刨后磨，磨削应顺木纹方向，磨削总量应控制在0.3～0.8mm范围内。

10）单层直铺地板的基层必须平整、无油污。铺贴前应在基层刷一层薄而匀的底胶以提高粘结力。铺贴时，基层和地板背面均应刷胶，待不黏手后再进行铺贴。拼板时应用榔头垫木板敲打紧密，板缝不得大于0.30mm。溢出的胶液应及时清理干净。

11）《建筑地面工程施工质量验收规范》（GB 50209—2010）中规定：

①竹、木地板铺设在水泥面层类基层上，其基层表面应坚硬、洁净、不起砂，表面含水率不应大于8%。

②铺设竹、木地板面层时，木格栅应垫实钉牢，与柱、墙之间留出200mm的缝隙，表面应平直，其间距不宜大于300mm。

③当面层下铺设垫层地板时，垫层地板的髓心应向上，板间缝隙不应大于3mm，与柱、墙之间应留出8～12mm的空隙，表面应刨平。

④竹、木地板面层铺设时，相邻板材接头位置应错开不小于300mm的距离；与柱、墙之间应留出8～12mm的空隙。

九、涂饰工程的有关规定

（一）建筑涂料的种类

1. 适用于外墙的建筑涂料

《建筑材料术语标准》（JGJ/T 191—2009）中指出：

适用于外墙的建筑涂料有合成树脂乳液外墙涂料、溶剂型外墙涂料、外墙无机建筑涂料、金属效果涂料等。

（1）合成树脂乳液外墙涂料是以合成树脂乳液为主要成膜物质，与颜料、体质颜料及各种助剂配制而成的，施涂后能形成表面平整的薄质涂层的外墙涂料。

（2）溶剂型外墙涂料是以合成树脂为主要成膜物质，与颜料、体质颜料及各种助剂配制而成的，施涂后能形成表面平整的薄质涂层的外墙涂料。

（3）外墙无机建筑涂料是以碱金属硅酸盐或硅溶液为主要胶粘剂，与颜料、体质颜料及各种助剂配制而成的，施涂后能形成表面平整的薄质涂层的外墙涂料。

（4）金属效果涂料由成膜物质、透明性或低透明性彩色颜料、闪光铝粉及其他配套材料组成的表面具有金属效果的建筑涂料。

2. 适用于内墙的建筑涂料

《建筑材料术语标准》（JGJ/T 191—2009）中指出：

适用于内墙的建筑涂料有合成树脂乳液内墙涂料、纤维状内墙涂料、云彩涂料等。

（1）合成树脂乳液内墙涂料是以合成树脂乳液为主要成膜物质，与颜料、体质颜料及各种助剂配制而成的，施涂后能形成表面平整的薄质涂层的内墙用建筑涂料。

（2）纤维状内墙涂料由合成纤维、天然纤维和棉质材料等为主要成膜物质，以一定的乳液为胶料，另外加入增稠剂、阻燃剂、防霉剂等助剂配制而成的内墙装饰用建筑涂料。

（3）云彩涂料是以合成树脂乳液为成膜物质，以珠光颜料为主要颜料，具有特殊流变特性和珍珠光泽的涂料。

3. 适用于楼、地面的建筑涂料

适用于楼、地面的建筑涂料有：溶剂型、无溶剂型和水性三大类。其中有机材料的性能优于无机材料，有机涂层属于 B1 级难燃材料。施工涂刷遍数为三遍。

（1）耐磨环氧涂料。这种涂料的性能为耐磨耐压、耐酸耐碱、防水耐油、抗冲击力强、经济适用。主要应用于停车场的停车部位等。无溶剂自流平型的环氧涂料适用于洁净度较高的地面。

注：空气洁净度的相关内容见本书第九部分。

（2）无溶剂聚氨酯涂料。这种涂料的性能为无溶剂、无毒、耐候性优越、耐磨耐压、耐酸耐碱、耐水、耐油污、抗冲击力强、绿色环保。主要应用于高度美观环境、符合舒适和减低噪声要求的场所，如学校教室、图书馆、医院等场所。

（3）环氧彩砂涂料。这种涂料以彩色石英砂和环氧树脂形成无缝一体化的新型复合装饰地坪。具有耐磨、耐化学腐蚀、耐温差变化、防滑等优点，但价格较高。适用于具有环境优雅、清洁等功能要求的公共场所，如展厅、高级娱乐场等。

4. 适用于顶棚的建筑涂料

适用于顶棚的建筑涂料有：白水泥浆、顶棚涂料（一般与内墙涂料相同）。燃烧性能等级属于 A 极。

（二）建筑涂饰工程的基层

《建筑涂饰工程施工及验收工程》（JGJ/T 29—2003）中指出：

1. 基层应表面平整、立面垂直、阴阳角垂直、方正和无缺棱掉角、分格缝深浅一致且横平竖直，表面应平而不光。基层抹灰允许偏差应符合表10-23的规定。

表10-23 基层抹灰允许偏差

平整内容	普通级	中级	高级
表面平整	≤5	≤4	≤2
阴阳角垂直	—	≤4	≤2
阴阳角方正	—	≤4	≤2
立面垂直	—	≤	≤3
分格缝深浅一致和横平竖直	—	≤3	≤1

2. 基层应清洁，表面无灰尘、无浮浆、无油迹、无锈斑、无霉点、无盐类析出物和无青苔等杂物。

3. 基层应干燥，涂刷溶剂型涂料时，基层含水率不得大于8%；涂刷乳液型涂料时，基层含水率不得大于10%。

4. 基层的pH值不得大于10。

（三）建筑涂饰工程的施工

1. 合成树脂乳液内墙涂料的施工工序见表10-24。

表10-24 合成树脂乳液内墙涂料的施工工序

次序	工序名称
1	清理基层
2	填补墙缝、局部刮腻子
3	磨平
4	第一遍满刮腻子
5	磨平
6	第二遍满刮腻子
7	磨平
8	涂饰底层涂料
9	复补腻子
10	磨平
11	局部涂饰底层涂料
12	第一遍面层涂料
13	第二遍面层涂料

注：对石膏板内墙，顶棚表面除板缝处理外，与合成树脂乳液型内墙涂料的施工工序相同。

2. 合成树脂乳液外墙涂料、溶剂型外墙涂料、外墙无机建筑涂料的施工工序见表10-25。

表10-25 合成树脂乳液外墙涂料、溶剂型外墙涂料、外墙无机建筑涂料的施工工序

次序	工序名称
1	清理基层
2	填补墙缝、局部刮腻子、磨平
3	涂饰底层涂料
4	第一遍面层涂料
5	第二遍面层涂料

3. 合成树脂乳液砂壁状建筑涂料的施工工序见表10-26。

表10-26 合成树脂乳液砂壁状建筑涂料的施工工序

次序	工序名称
1	清理基层
2	填补墙缝、局部刮腻子、磨平
3	涂饰底层涂料
4	根据设计进行分格
5	喷涂主层涂料
6	第一遍面层涂料
7	第二遍面层涂料

注：1. 大面积喷涂施工宜按1.5m² 左右分格，然后逐格喷涂。

2. 底层涂料可用辊涂、刷涂或喷涂工艺进行。

4. 复层涂料的施工工序见表10-27。

表10-27 复层涂料的施工工序

次序	工序名称
1	清理基层
2	填补墙缝、局部刮腻子、磨平
3	涂饰底层涂料
4	涂饰中间层涂料
5	滚压
6	第一遍面层涂料
7	第二遍面层涂料

注：1. 底涂层涂料可用辊涂或喷涂工艺进行。

2、压平型的中间层，应在中间层涂料喷涂表干后，用塑料辊筒将隆起的部分表面压平。

3、水泥系的中间涂层，应采取遮盖养护，必要时浇水养护。干燥后，采用抗碱封底涂饰材料，再涂饰罩面面层涂料。

十、裱糊工程的有关规定

《住宅装饰装修工程施工规范》（GB 50327—2001）和《建筑装饰装修工程质量验收规范》（GB 50210—2001）及相关手册中指出：

1. 壁纸、壁布的类型

壁纸、壁布的类型有纸基壁纸、织物复合壁纸、金属壁纸、复合纸质壁纸、玻璃纤维壁布、锦缎壁布、天然草编壁纸、植绒壁纸、珍木皮壁纸、功能型壁纸等。

功能型壁纸有防尘防静电壁纸、防污灭菌壁纸、保健壁纸、防蚊蝇壁纸、防霉防潮壁纸、吸声壁纸、阻燃壁纸等。

2. 胶粘剂

胶粘剂有改性树脂胶、聚乙烯醇树脂溶液胶、聚醋酸乙烯乳胶、醋酸乙烯－乙烯共聚乳液胶、可溶性胶粉、乙－脲混合胶粘剂等。

3. 选用原则

（1）宾馆、饭店、娱乐场所及防火要求较高的建筑，应选用氧指数≥32％的B1级阻燃型壁纸或壁布。

（2）一般公共场所更换壁纸比较勤，对强度要求高，可选用易施工、耐碰撞的布基壁纸。

（3）经常更换壁纸的宾馆、饭店应选用易撕型网格布布基壁纸。

（4）太阳光照度大的场合和部位应选用日晒牢度高的壁纸。

4. 施工要点

（1）墙面要求平整、干净、光滑、阴阳角线顺直方正，含水率不大于8%，粘结高档壁纸应刷一道白色壁纸底漆。

（2）纸基壁纸在裱糊前应进行浸水处理，布基壁纸不浸水。

（3）壁纸对花应精确，阴角处接缝应搭接，阳角处应包角，且不得有接缝。

（4）壁纸粘贴后不得有气泡、空鼓、翘边、裂缝、皱折，边角、接缝处要用强力乳胶粘牢、压实。

（5）及时清理壁纸上的污物和余胶。

十一、地面辐射供暖工程的有关规定

（一）一般规定

《地面辐射供暖技术规程》（JGJ 142—2004）中指出（摘编）：

1. 低温热水地面辐射供暖系统的供水、回水温度应由计算确定。民用建筑供水温度宜采用35 ~ 50℃，不应超过60℃，供水、回水温差不宜大于10℃。

2. 地面的表面平均温度计算值应符合表10-28的规定。

表10-28　地面的表面平均温度　　　　　　　　　　　　　　（℃）

区域特征	适宜范围	最高限值
人员经常停留区	24 ~ 26	28
人员短期停留区	28 ~ 30	32
无人停留区	35 ~ 40	42

3. 低温热水地面辐射供暖系统的工作压力，不宜大于0.8MPa；建筑物高度超过50m时，宜竖向分区设置。

4. 无论采用何种热源，低温热水地面辐射供暖热媒的温度、流量和资用压差等参数，都应和热源系统相匹配；热源系统应设置相应的控制装置。

5. 地面辐射供暖工程施工图设计文件的内容和深度，应符合下列要求：

（1）施工图设计文件应以施工图纸为主，包括：图纸目录、设计说明、加热管或发热电缆布置平面图、温控装置布置图及分水器、集水器、地面构造示意图等内容。

（2）设计说明中应详细说明供暖室内外计算温度、热源及热媒参数或配电方案及电力负荷、加热管发热电缆技术数据及规格（公称外径×壁厚）；标明使用的具体条件如工作温度、工作压力以及绝热材料的导热系数、容重（密度）规格及厚度等。

（3）平面图中应绘出加热管或发热电缆的具体布置形式，标明敷设间距、加热管的管径、计算长度和伸缩缝要求等。

6. 采用发热电缆地面辐射供暖方式时，发热电缆的线功率不宜大于20W/m。

（二）地面构造

1. 与土壤相邻的地面，必须设绝热层，且绝热层下部必须设置防潮层。直接与室外空气相邻的楼板，必须设置绝热层。

2. 地面构造由楼板或与土壤相邻的地面、绝热层、加热管、填充层、找平层和面层组成，并应符合下列规定。

（1）当工程允许地面按双向散热进行设计时，各楼层间的楼板上部可不设绝热层。

（2）对卫生间、洗衣间、浴室和游泳馆等潮湿房间，在填充层上部应设置隔离层。

3. 面层宜采用热阻小于 $0.05m^2 \cdot K/W$ 的材料。

4. 当面层采用带龙骨的架空木地板时，加热管或发热电缆应敷设在木地板下部与龙骨之间的绝热层上，可不设置豆石混凝土填充层；发热电缆的线功率不宜大于20W/m；绝热层与地板间净空不宜小于30mm。

5. 地面辐射供暖系统绝热层采用聚苯乙烯泡沫塑料板时，其厚度不应小于表 10-29 的规定值，采用其他隔热材料时，可根据热阻相当的原则确定厚度。

表 10-29　聚苯乙烯泡沫塑料板绝热层厚度　　　　　　　　　　（mm）

部位	厚度
楼层之间楼板上的绝热层	20
与土壤或室外空气相邻的地板上的绝热层	30
与室外空气相邻的地板上的绝热层	40

6. 填充层的材料宜采用C15豆石混凝土，豆石粒径宜为 $5\sim12mm$。加热管填充层的厚度不宜小于50mm。发热电缆的填充层厚度不宜小于35mm。当地面荷载大于 $20kN/m^2$ 时，应会同结构设计人员采取加固措施。

（三）材料选用及施工要求

1. 面层

（1）依据供暖方式的不同可以选用以下材料：

1）水泥砂浆、混凝土地面。

2）瓷砖、大理石、花岗岩等地面。

3）符合国家标准的复合木地板、实木复合地板及耐热实木地板。

（2）面层施工前，填充层应达到面层需要的干燥度。面层施工，除应符合土建施工设计图纸的各项要求外，还应符合以下规定：

1）施工面层时，不得剔、凿、割、钻和钉填充层，不得向填充层内楔入任何物件。

2）面层的施工，必须在填充层达到要求强度后才能进行。

3）石材、面砖在与内外墙、柱等垂直构件交接处，应留10mm宽伸缩缝。伸缩缝应从填充层的上部边缘做到高出装饰层上表面 $10\sim20mm$，装饰层敷设完毕后，应裁去多余部分。伸缩缝填充材料宜采用高发泡聚乙烯泡沫塑料。

（3）以木地板作为面层时，木材应经过干燥处理，且应在填充层和找平层完全干燥后，才能进行地板施工。

（4）瓷砖、大理石、花岗石面层施工时，在伸缩缝处宜采用干贴。

2. 绝热层

（1）绝热材料应采用导热系数小、难燃或不燃、具有足够承载能力的材料，且不宜含有殖菌源，不得有散发异味及可能危害健康的挥发物。

（2）地面辐射供暖工程中采用的聚苯乙烯泡沫塑料主要技术指标应符合表 10-30 的规定。

表 10-30　聚苯乙烯泡沫塑料主要技术指标

项目	单位	性能指标
表观密度	kg/m³	≥20.0
压缩强度（即在 10% 形变下的压缩能力）	kPa	≥100
导热系数	W/（m·K）	≤0.041
吸水率（体积分数）	%（V/V）	≤4
尺寸稳定性	%	≤3
水蒸气透过系数	ng/（Pa·m·s）	≤4.5
烧结性（弯曲变形）	mm	≥20
氧指数	%	≥30
燃烧分级	达到 B2 级	

（3）当采用其他绝热材料时，其技术指标应符合表 10-30 的规定，选用同等效果绝热材料。

（4）铺设绝热层的地面应平整、干燥、无杂物。墙面根部应平直且无积灰现象。

（5）绝热层的铺设应平整，绝热层相互间结合应严密。直接与土壤接触或有潮湿气体侵入的地面，在铺设绝热层之前应先铺一层防潮层。

3. 卫生间施工

（1）卫生间应做两层隔离层。

（2）卫生间过门处应设置止水墙，在止水墙内侧应配合土建专业做防水。加热管或发热电缆穿止水墙处应采取防水措施。

十二、地面铺装工程的有关规定

（一）竹材、实木地板铺装要点

1. 材料特点

（1）实木地板。实木地板是天然木材经烘干、加工后形成的地面装饰材料。它呈现出的天然原木纹理和色彩图案，给人以自然、柔和、富有亲和力的质感，同时由于它冬暖夏凉、触感好的特性使其成为卧室、客厅、书房等地面装修的理想材料。

实木地板分 AA 级、A 级、B 级三个等级，AA 质量最高。由于实木地板的使用相对比较娇气，安装也较复杂，尤其是受潮、暴晒后易变形，因此选择实木地板要格外注重木材的品质和安装工艺。

（2）竹木复合地板。竹木复合地板是竹材与木材复合的再生产物。它的面板和底板，采用的是上好的竹材，芯材多为杉木、樟木等木材。其生产制作要依靠精良的机器设备和先进的科学技术以及规范的生产工艺流程，经过一系列的防腐、防蚀、防潮、高压、高温以及胶合、旋磨等近 40 道繁杂工序，才能制作成为一种新型的复合地板。

竹木复合地板具有外观自然清新、纹理细腻流畅、防潮防湿防蚀以及韧性强、有弹性等特点；同时，其表面坚硬程度可以与木制地板中的常见材种如樱桃木、榉木等媲美。另一方面，由于该地板芯材采用了木材为原料，故其稳定性极佳，结实耐用，脚感好，格调协调，隔音性能好，而且冬暖夏凉，尤其适用于居家环境以及体育娱乐场所等室内装修。从健康角度而言，竹木复合地板尤其适合城市中的老龄化人群以及婴幼儿，而且对喜好运动的人群也有保护缓冲的作用

2. 施工要点

《住宅装饰装修工程施工规范》（GB 50327—2001）中指出：

（1）基层平整度误差不得大于 5mm。

（2）铺装前应对基层进行防潮处理，防潮层宜涂刷防水涂料或铺贴塑料薄膜。

（3）铺装前应对地板进行选配，宜将纹理、颜色接近的地板集中使用于一个房间或部位。

（4）木龙骨应与基层连接牢固，固定点间距不得大于 600mm。

（5）毛地板应与龙骨成 30°或 45°铺钉，板缝应为 2～3mm，相邻板的接缝应错开。

（6）在龙骨上直接铺钉地板时，主次龙骨间距应根据地板的长度模数计算确定，底板接缝应在龙骨的中线上。

（7）地板钉子的长度宜为地板厚度的 2.5 倍，钉帽应砸扁。固定时应以凹榫边 30°倾斜顶入。硬木地板应先钻孔，孔径应略小于地板钉子的直径。

（8）毛地板及地板与墙之间应留有 8～10mm 的缝隙。

（9）地板磨光应先刨后磨，磨削应顺木纹方向，磨削总量应控制在 0.3～0.8mm 范围内。

（10）单层直铺地板的基层必须平整、无油污。铺贴前应在基层刷一层薄而匀的底胶以提高粘结力。铺贴时，基层和地板背面均应刷胶，待不黏手后再进行铺贴。拼板时应用榔头垫木板敲打紧密，板缝不得大于 0.3mm。溢出的胶液应及时清理干净。

（11）《建筑地面工程施工质量验收规范》（GB 50209—2010）中规定：竹、木地板铺设在水泥面层类基层上，其基层表面应坚硬、洁净、不起砂，表面含水率不应大于 8%。

（二）强化木地板的铺装要点

1. 材料特点

强化木地板为俗称，学名为浸渍纸层压木质地板。是以一层或多层专用纸浸渍热固性氨基树脂，铺装在刨花板、中密度纤维板、高密度纤维板等人造板基材表层，背面加平衡层，正面加耐磨层，经热压而成的地板。

强化木地板的特点有：耐磨、款式丰富、抗冲击、抗变形、耐污染、阻燃、防潮、环保、不褪色、安装简便、易打理、可用于地暖等。

2. 强化木地板的施工要点

（1）《住宅装饰装修工程施工规范》（GB 50327—2001）中指出：

1）防潮垫层应满铺平整，接缝处不得叠压。

2）安装第一排时应凹槽靠墙，地板与墙之间应留有 8～10mm 的缝隙。

3）房间长度或宽度超过 8m 时，应在适当位置设置伸缩缝。

（2）《建筑地面工程施工质量验收规范》（GB 50209—2010）中规定：

1）浸渍纸层压木质地板（强化木地板）面层应采用条材或块材，以空铺或粘贴方式在基层上铺设。

2）浸渍纸层压木质地板（强化木地板）可采用有垫层地板和无垫层地板的方式铺设。

3）浸渍纸层压木质地板（强化木地板）面层铺设时，相邻板材接头位置应错开不小于 300mm 的距离；衬垫层、垫层底板及面层与墙、柱之间均应留出不小于 10mm 的空隙。

4）浸渍纸层压木质地板（强化木地板）面层采用无龙骨的空铺法铺设时，宜在面层与垫层之间设置衬垫层，衬垫层应在面层与柱、墙之间的空隙内加设金属弹簧卡或木楔，其间距宜为 200～300mm。

（三）地毯铺装要点

1. 材料特点

以棉、麻、毛、丝、草等天然纤维或化学合成纤维类原料，经手工或机械工艺进行编结、裁绒或纺织而成的地面铺敷物。

2. 应用

它是世界范围内具有悠久历史传统的工艺美术品类之一。覆盖于住宅、宾馆、体育馆、展览厅、车辆、船舶、飞机等的地面，有减少噪声、隔热和装饰效果。

3. 地毯铺装时应注意的问题

（1）《住宅装饰装修工程施工规范》（GB 50327—2001）中指出：

1）地毯对花拼接应按毯面绒毛和织纹走向的同一方向拼接。

2）当使用张紧器伸展地毯时，用力方向应成 V 字形，应由地毯中心向四周展开。

3）当使用倒刺板固定地毯时，应沿房间四周将倒刺板与基层固定牢固。

4）地毯铺装方向，应是绒毛走向的背光方向。

5）满铺地毯应用扁铲将毯边塞入卡条和墙壁间的间隙中或塞入踢脚板下面。

6）裁剪楼梯地毯时，长度应留有一定余量，以便在使用时可挪动经常磨损的位置。

（2）《建筑地面工程施工质量验收规范》（GB 50209—2010）中规定：

1）地毯面层应采用地毯块材或卷材，以空铺法或实铺法铺设。

2）铺设地毯的地面面层（或基层）应坚实、平整、干燥，无凹坑、麻面、起砂、裂缝，并不得有油污、钉头及其他凸出物。

3）地毯衬垫应满铺平整，地毯拼缝处不得露底衬。

4）空铺地毯。

①块材地毯宜先拼成整块，块与块之间应紧密服帖。

②卷材地毯宜先长向缝合。

③地毯面层的周边应压入踢脚线下。

5）实铺地毯

①地毯面层采用的金属卡条（倒刺板）金属压条、专用双面胶带、胶粘剂等应符合设计要求。

②铺设时，地毯的表面层宜张拉适度，四周应采用卡条固定；门口处宜用金属压条或双面胶带等固定；地毯周边应塞入卡条和踢脚线下。

③地毯周边采用胶粘剂或双面胶带粘结时，应与基层粘贴牢固。

6）楼梯地毯面层铺设时，踢段顶级（头）地毯应固定于平台上，其宽度应不小于标准楼梯、台阶踏步尺寸；阴角处应固定牢固；梯段末级（头）地毯与水平段地毯的连接处应顺畅、牢固。

（四）地板玻璃地面的构造要点

地板玻璃指的是应用于舞厅、展览厅的供人行走和活动的地面玻璃。《建筑玻璃应用技术规程》（JGJ 113—2009）中规定：

1. 地板玻璃宜采用隐框支承或点支承，点支承地板玻璃宜采用沉头式或背栓式连接件。

2. 地板玻璃必须采用夹层玻璃，点支承的地板玻璃必须采用钢化夹层玻璃。

3. 楼梯踏步板玻璃表面，应进行防滑处理。

4. 地板夹层玻璃的单片玻璃相差不宜小于 3mm，且夹层胶片厚度不应小于 0.76mm。

5. 框支承地板玻璃单片厚度不宜小于 8mm，点支承地板玻璃单片厚度不宜小于 10mm。

6. 地板玻璃之间的空隙不应小于 6mm，宜采用硅酮建筑密封胶密封。

7. 地板玻璃及其连接应能够适应主体结构的变形。

8. 地板玻璃板面挠度最大值应小于其跨度的 $1/200$。

第十一部分　室内环境

一、采光

（一）《民用建筑设计通则》（GB 50352—2005）中规定

各类建筑应进行采光系数的计算，其采光系数标准值应符合下列规定。

（1）居住建筑的采光系数标准值应符合表11-1的规定。

表11-1　居住建筑的采光系数标准值

采光等级	房间名称	侧面采光	
		采光系数最低值 C_{min}（%）	室内天然光临界照度（l_x）
IV	起居室（厅）、卧室、书房、厨房	1	50
V	卫生间、过厅、楼梯间、餐厅	0.5	25

（2）办公建筑的采光系数标准值应符合表11-2的规定。

表11-2　办公建筑的采光系数标准值

采光等级	房间名称	侧面采光	
		采光系数最低值 C_{min}（%）	室内天然光临界照度（l_x）
II	设计室、绘图室	3	150
III	办公室、视屏工作室、会议室	2	100
IV	复印室、档案室	1	50
V	走道、楼梯间、卫生间	0.5	25

（3）学校建筑的采光系数标准值必须符合表11-3的规定。

表11-3　学校建筑的采光系数标准值

采光等级	房间名称	侧面采光	
		采光系数最低值 C_{min}（%）	室内天然光临界照度（l_x）
III	教室、阶梯教室、实验室、报告厅	2	100
V	走道、楼梯间、卫生间	0.5	25

（4）图书馆建筑的采光系数标准值应符合表11-4的规定。

表11-4　图书馆建筑的采光系数标准值

采光等级	房间名称	侧面采光		顶部采光	
		采光系数最低值 C_{min}（%）	室内天然光临界照度（l_x）	采光系数平均值 C_{min}（%）	室内天然光临界照度（l_x）
III	阅览室、开架书库	2	100	—	—
IV	目录室	1	50	1.5	75
V	书库、走道、楼梯间、卫生间	0.5	25	—	—

（5）医院建筑的采光系数标准值应符合表11-5的规定。

表11-5　医院建筑的采光系数标准值

采光等级	房间名称	侧面采光		顶部采光	
		采光系数最低值 C_{min}（%）	室内天然光临界照度（l_x）	采光系数最低值 C_{min}（%）	室内天然光临界照度（l_x）
Ⅲ	诊室、病房、治疗室、化验室	2	100	—	—
Ⅳ	候诊室、挂号处、综合大厅、病房、医生办病室（护士室）	1	50	1.5	75
Ⅴ	走道、楼梯间、卫生间	0.5	25	—	—

（二）《建筑采光设计标准》（GB/T 50033—2001）中规定

1. 光气候分区

我国光气候分为5区，各区的代表城市有：

（1）Ⅰ区。拉萨、格尔木、昆明、玉树、林芝。

（2）Ⅱ区。西宁、银川、延安、呼和浩特、和田、太原。

（3）Ⅲ区。北京、天津、石家庄、济南、郑州、徐州、青岛、大连、赤峰、乌鲁木齐、广州、南宁、海口。

（4）Ⅳ区。长沙、武汉、合肥、南京、上海、杭州、西安、贵阳、福州、长春、沈阳。

（5）Ⅴ区。成都、重庆、安康、哈尔滨、佳木斯。

2. 采光系数标准值的选取

（1）侧面采光应采取采光系数的最低值 C_{min}。

（2）顶部采光应采取采光系数的平均值 C_{av}。

（3）对兼有侧面采光和顶部采光的房间，可将其简化为侧面采光区和顶面采光区，并分别取用采光系数的最低值和采光系数的平均值。

3. 视觉作业场所工作面上的采光系数标准值

视觉作业场所工作面上的采光系数标准值应符合表11-6的规定。

表11-6　视觉作业场所工作面上的采光系数标准值

采光等级	视觉作业分类		侧面采光		顶部采光	
	作业精确度	识别的最小尺寸对象 d(mm)	采光系数最低值 C_{min}（%）	室内天然光临界照度（l_x）	采光系数平均值 C_{av}（%）	室内天然光临界照度（l_x）
Ⅰ	特别精细	$d \leqslant 0.15$	5	250	7	350
Ⅱ	很精细	$0.15 < d \leqslant 0.30$	3	150	4.5	225
Ⅲ	精细	$0.30 < d \leqslant 1.00$	2	100	3	150
Ⅳ	一般	$1.00 < d \leqslant 3.00$	1	50	1.5	75
Ⅴ	粗糙	$d > 5.0$	0.5	25	0.7	35

注：1. 表中所列采光系数标准值适用于我国Ⅲ类气候区。采光系数标准值是根据室外临界照度为5000l_x制定的。

2. 亮度对比小的Ⅱ、Ⅲ级视觉作业，其采光等级可提高一级采用。

4. 光气候系数

各光气候区的光气候系数 K 见表11-7。所在地区的采光系数标准值应乘以相应地区的光气候系数 K。

表 11-7 光气候系数 K

光气候区	I	II	III	IV	V
K 值	0.85	0.90	1.00	1.10	1.20
室外天然光临界照度值 E_1（l_x）	6000	5500	5000	4500	4000

5. 采光系数

《民用建筑设计通则》（GB 50352—2005）和《建筑采光设计标准》（GB/T 50033—2001）中指出各类建筑的采光系数应符合表 11-8～表 11-14 的规定：

（1）居住建筑的采光系数。

居住建筑的采光系数详见表 11-8。

表 11-8 居住建筑的采光系数

采光等级	房间名称	侧面采光	
		采光系数最低值 C_{min}（%）	室内天然光临界照度（l_x）
IV	起居室（厅）、卧室、书房、厨房	1	50
V	卫生间、过厅、楼梯间、餐厅	0.5	25

（2）公共建筑的采光系数。

公共建筑的采光系数详见表 11-9。

表 11-9 公共建筑的采光系数

采光等级	房间名称	侧面采光	
		采光系数最低值 C_{min}（%）	室内天然光临界照度（l_x）
II	设计室、绘图室	3	150
III	办公室、视屏工作室、会议室	2	100
IV	复印室、档案室	1	50
V	走道、楼梯间、卫生间	0.5	25

（3）学校建筑的采光系数。

学校建筑的采光系数详见表 11-10。

表 11-10 学校建筑的采光系数

采光等级	房间名称	侧面采光	
		采光系数最低值 C_{min}（%）	室内天然光临界照度（l_x）
III	教室、阶梯教室、实验室、报告厅	2	100
V	走道、楼梯间、卫生间	0.5	25

（4）图书馆建筑的采光系数详见表 11-11。

表 11-11 图书馆建筑的采光系数

采光系数	房间名称	侧面采光		顶部采光	
		采光系数最低值 C_{min}（%）	室内天然光临界照度（l_x）	采光系数最低值 C_{min}（%）	室内天然光临界照度（l_x）
III	阅览室、开架书库	2	100	—	—
IV	目录室	1	50	1.5	75
V	书库、走道、楼梯间、卫生间	0.5	25	—	—

（5）医院建筑的采光系数

医院建筑的采光系数详见表11-12。

表11-12　医院建筑的采光系数

采光系数	房间名称	侧面采光		顶部采光	
		采光系数最低值 C_{min}（%）	室内天然光临界照度（l_x）	采光系数最低值 C_{min}（%）	室内天然光临界照度（l_x）
Ⅲ	诊室、药房、治疗室、化验室	2	100	—	—
Ⅳ	候诊室、挂号处、综合大厅药房、医生办公室（护士站）	1	50	1.5	75
Ⅴ	走道、楼梯间、卫生间	0.5	25	—	—

（6）旅馆建筑的采光系数

旅馆建筑的采光系数详见表11-13。

表11-13　旅馆建筑的采光系数

采光系数	房间名称	侧面采光		顶部采光	
		采光系数最低值 C_{min}（%）	室内天然光临界照度（l_x）	采光系数最低值 C_{min}（%）	室内天然光临界照度（l_x）
Ⅲ	会议厅	2	100	—	—
Ⅳ	大堂、客房、餐厅、多功能厅	1	50	1.5	75
Ⅴ	走道、楼梯间、卫生间	0.5	25	—	—

注：表11-8～表11-13所列采光系数标准值适用于Ⅲ类光气候区。其他地区的采光系数标准值应乘以相应地区的光气候系数。

（7）博物馆和美术馆建筑的采光系数

博物馆和美术馆建筑的采光系数详见表11-14。

表11-14　博物馆和美术馆建筑的采光系数

采光系数	房间名称	侧面采光		顶部采光	
		采光系数最低值 C_{min}（%）	室内天然光临界照度（l_x）	采光系数最低值 C_{min}（%）	室内天然光临界照度（l_x）
Ⅲ	文物修复、复制、门厅工作室、技术工作室	2	100	3	150
Ⅳ	展厅	1	50	1.5	75
Ⅴ	走道、楼梯间、卫生间、库房	0.5	25	0.7	35

注：1. 表中所列采光系数标准值适用于Ⅲ类光气候区。其他地区的采光系数标准值应乘以相应地区的光气候系数。

2. 表中的展厅是指对光敏感的展品展厅，侧面采光时其照度不应高于50l_x；顶部采光时其照度不应高于75l_x；对光一般敏感或不敏感的展厅采光等级宜提高一至二级。

（8）若干具体规定

1）内走道长度不超过20m时至少应有一端采光口，超过20m时两端应有采光口，超过40m时应增加中间采光口；否则应采用人工照明。

2）有效采光面积的规定：

①离地面高度在0.80m以下的采光口不应计入有效采光面积。

②采光口上部有宽度超过1.00m以上外廊、阳台等遮挡物时，其有效采光面积可按采光口面积的70%计算。

③侧窗对面遮挡物距窗的距离与窗对面遮挡物距工作面的平均高度小于3m时，其有效采光面积应进行挡光折减系数计算。可参见《建筑采光设计标准》（GB/T 50033—2001）的有关规定。

④用水平天窗采光者，其有效采光面积可按采光口面积的2.5倍计算。

（三）《宿舍建筑设计规范》（JGJ 36—2005）中规定

室内采光标准应符合表11-15的规定。

表 11-15 室内采光标准

房间名称	采光系数最低值（%）	窗地面积比最低值（A_C/A_d）
居室	1	1/7
楼梯间	0.5	1/12
公共厕所、公共浴室	0.5	1/10

注：1. 窗地面积比值为直接天然采光房间的侧窗洞口面积 A_C 与该房间地面面积 A_D 之比。

2. 本表按Ⅲ类光气候区单层普通玻璃铝合金窗计算，当用于其他光气候区时或采用其他类型窗时，应按规范进行调整。

3. 离地面高度低于0.8m的窗洞口面积不计入采光面积内。窗洞口上沿距地面高度不应低于2m。

（四）《图书馆建筑设计规范》（JGJ 38—99）中规定

各类用房的天然采光标准见表11-16。

表 11-16 图书馆各类用房的天然采光标准

房间名称	采光等级	室内天然光照度（l_x）	采光系数最低值 C_{min}（%）	窗地面积比 A_C/A_D			
				侧面采光	顶部采光		
				侧窗	矩形天窗	锯齿形天窗	平天窗
少年儿童阅览室 普通阅览室 珍善本舆图阅览室 开架书库 行政办公、业务用房 会议室（厅） 出纳厅 研究室 装裱整修、美工	Ⅲ	100	2	1/5	1/6	1/8	1/11
目录厅 陈列室 视听室 电子阅览室 缩微阅读室 报告厅（多功能厅） 复印室 读者休息	Ⅳ	50	1	1/7	1/10	1/12	1/18
闭架书库 门厅、走廊、楼梯间 厕所 其他	Ⅴ	25	0.5	1/12	1/14	1/19	1/27

注：1. 此表为Ⅲ类光气候区的单层普通钢窗的采光标准，其他光气候区和窗型应进行修正。

2. 陈列室系指展示面的照度，电子阅览室、视听室、舆图室的描图台需设遮光设施。

（五）《住宅设计规范》（GB 50096—2011）中规定

每套住宅至少应有一个居住空间能获得日照。住宅建筑的采光系数和窗地比应满足表 11-17 的要求。

表 11-17　住宅建筑的采光系数和窗地比

房间名称	采光系数最低值（%）	窗地面积比值（A_C/A_D）
卧室、起居室（厅）、厨房	1	1/7
楼梯间	0.5	1/12

注：1. 窗地面积比值为直接天然采光房间的侧窗洞口面积 A_C 与该房间地面面积 A_D 之比。

　　2. 采光窗下沿离楼面或地面高度低于 0.50m 的窗洞口面积不计入采光面积内。

　　3. 窗洞口上沿距地面高度不应低于 2m。

（六）《住宅建筑规范》（GB 50368—2005）中规定

卧室、起居室（厅）、厨房应设置外窗，窗地面积比不应小于 1/7。

（七）《办公建筑设计规范》（JGJ 67—2006）中规定

办公建筑的窗地比应满足表 11-18 的要求。

表 11-18　办公建筑的窗地比

采光等级	房间类别	侧面采光
II	设计室、绘图室	1/3.5
III	办公室、视屏工作室、会议室	1/5
IV	复印室、档案室	1/7
V	走道、楼梯间、卫生间	1/12

（八）《中小学校设计规范》（GB 50099—2011）中规定

1. 在建筑方案设计时，其采光窗洞口面积应按不低于表 11-19 窗地面积比的规定估算。

表 11-19　学校用房工作面或地面上的采光系数标准和窗地面积比

房间名称	采光系数最低值（%）	窗地面积比	规定采光系数的平面
普通教室、史地教室、美术教室、书法教室、语言教室、音乐教室、合班教室、阅览室	2.0	1:5	课桌面
实验室、实验室	2.0	1:5	实验桌面
计算机教室	2.0	1:5	机台面
舞蹈教室、风雨操场	2.0	1:5	地面
办公室、保健室	2.0	1:5	桌面
饮水处、厕所、淋浴	0.5	1:10	地面
走道、楼梯间	1.0	—	地面

注：1. 表中所列采光系数值适用于我国III类光气候区，其他光气候区应将表中的采光系数乘以相应的光气候系数。

　　2. 走道、楼梯间应直接采光。

2. 普通教室、科学教室、实验室、史地教室、计算机教室、语言教室、美术教室、书法教室及合班教室、图书室均应以学生座位的左侧射入的光为主；当教室为南向外廊布局时，应以北向窗为主要采光面。

3. 除舞蹈教室、体育建筑设施外，其他教学用房室内各表面反射比值应符合表 11-20 的规定，会议室、卫生室（保健室）的室内各表面的反射系数宜符合表 11-20 的规定。

表 11-20 教学用房室内各表面的反射比值

房间名称	反射系数（%）
顶棚	70～80
前墙	50～60
地面	20～40
侧墙、后墙	70～80
课桌面	25～45
黑板	15～20

（九）《托儿所、幼儿园建筑设计规范》（JGJ 39—87）中指出

1. 托儿所、幼儿园的生活用房应布置在当地最好的日照方位，并满足冬至日底层满窗日照不少于 3h 的要求，温暖地区、炎热地区的生活用房应避免朝西，否则应设遮阳设施。

2. 托儿所、幼儿园建筑的窗地比应满足表 11-21 的规定。

表 11-21 托儿所、幼儿园建筑的窗地比

房间名称	窗地面积比
音体活动室、活动室、乳儿室	1/5
寝室、哺乳室、医务保健室、隔离室	1/6
其他房间	1/8

注：单侧采光时，房间进深与窗上口距地面高度的比值不宜大于 2.5。

（十）《档案馆建筑设计规范》（JGJ 25—2000）中规定

档案馆阅览室天然采光的窗地面积比不应小于 1∶5，应避免阳光直射和眩光。

（十一）《商店建筑设计规范》（JGJ 48—88）中规定

商店营业厅应尽可能利用天然采光

（十二）《疗养院建筑设计规范》（JGJ 40—87）中规定

疗养院的主要用房应采用天然采光，其窗地比应符合表 11-22 的规定。

表 11-22 疗养院主要用房的窗地比

房间名称	窗地比
疗养院活动室	1/4
疗养室、调剂制剂室、医护办公室及治疗、诊断、检验等用房	1/6
浴室、盥洗室、厕所（不包括疗养室附设的卫生间）	1/10

注：窗洞口面积按单层钢侧窗计算，如果用其他类型窗应按窗结构挡光折减系数调整。

（十三）《汽车库建筑设计规范》（JGJ 100—98）中规定

汽车库内采用天然采光时，其停车空间天然采光系数不应小于 0.5% 或窗地面积比宜大于 1/15。封闭式汽车库的坡道上不得开窗，并应采用漫射光照明。

（十四）《饮食建筑设计规范》（JGJ 64—89）中规定

1. 餐厅与饮食厅采光、通风应良好。天然采光时，窗洞口面积不宜小于该厅地面面积的1/6。
2. 加工间天然采光时，窗洞口面积不宜小于地面面积的1/6。
3. 各类库房采用天然采光时，窗洞口面积不宜小于地面面积的1/10。

（十五）《博物馆建筑设计规范》（JGJ 66—91）中规定

每间藏品库房应单独设门。窗地面积比不宜大于1/20。珍品库房不宜设窗。

（十六）《文化馆建筑设计规范》（JGJ 41—87）中指出

文化馆各类用房的窗洞口与该房间地面面积之比，不应低于表11-23的规定。

表11-23 文化馆类各类用房窗洞口与房间地面面积之比

房间名称	窗地比
展览、阅览用房、书法美术工作室、美术书法教室	1/4
游艺、交谊用房，文艺、音乐、舞蹈、戏曲等工作室，群众文化研究部，普通教室、大教室、综合排练室	1/5

注：本表按单层钢侧窗计算，采用其他类型窗应调整窗地比。

（十七）《老年人居住建筑设计标准》（GB/T 50340—2003）中指出

住宅采光标准的采光系数和窗地面积比应符合表11-24的规定。

表11-24 住宅采光标准的采光系数和窗地面积比

房间名称	侧面采光	
	采光系数最低值 C_{min}（%）	窗地面积比值（A_C/A_D）
卧室、起居室（厅）、厨房	1.00	1/7
楼梯间	0.50	1/12

注：1. 窗地面积比值为直接采光房间的侧窗洞口面积 A_C 与该房间地面面积 A_D 之比。
　　2. 本表系按Ⅲ类光气候区单层普通玻璃钢窗计算。
　　3. 离地面高度低于0.50m的窗洞口不计入采光面积内。窗洞口上沿距地面高度不宜低于2m。

（十八）其他建筑的窗地比

（1）汽车客运站。候车厅1:7。
（2）医院。诊察室、药房1:5；病人活动室、检验室、医生办公室1:6；候诊室、病房、配餐室、医护人员休息室1:7；更衣室、浴室、厕所1:8。

二、通风

（一）《民用建筑设计通则》（GB 50352—2005）中规定

1. 建筑物室内应有与室外空气直接流通的窗口或洞口，否则应设自然通风道或机械通风设施。
2. 采用直接自然通风的空间，其通风开口面积应符合下列规定：
（1）生活、工作的房间的通风开口有效面积不应小于该房间地板面积的1/20。
（2）厨房的通风开口有效面积不应小于该房间地板面积的1/10，并不得小于0.60m²，厨房的炉灶上方应安装排除油烟设备，并设排烟道。

3. 严寒地区居住用房、厨房、卫生间应设自然通风道或通风换气设施。

4. 无外窗的浴室和厕所应设机械通风换气设施，并设通风道。

5. 厨房、卫生间的门的下方应设进风固定百叶，或留有进风缝隙。

6. 自然通风道的位置应设于窗户或进风口相对的一面。

（二）《住宅设计规范》（GB 50096—2011）中指出

1. 卧室、起居室（厅）、厨房应有自然通风。

2. 住宅的平面空间组织、剖面设计、门窗的位置、方向和开启方式的设置，应有利于组织室内自然通风。单朝向住宅宜采取改善自然通风的措施。

3. 每套住宅的自然通风开口面积不应小于地板面积的5%。

4. 采用自然通风的房间。其直接或间接自然通风开口面积应符合下列规定：

（1）卧室、起居室、明卫生间的自然通风开口面积不应小于该房间地板面积的1/20，当采用自然通风的房间外设置封闭阳台时，阳台的自然通风开口面积不应小于自然通风的房间和阳台地板面积总和的1/20。

（2）厨房的直接自然通风开口面积不应小于该房间地板面积的1/10，并不得小于0.60m²。当厨房外设置封闭阳台时，阳台的自然通风开口面积不应小于厨房和阳台地板面积总和的1/10，并不得小于0.60m²。

5. 严寒地区的卧室、起居室（厅）应设置通风换气设施，厨房、卫生间应设自然通风道。

（三）《住宅建筑规范》（GB 50368—2005）中指出

住宅应能自然通风，每套住宅的通风开口面积不应小于地面面积的5%。

（四）《办公建筑设计规范》（JGJ 67—2006）中指出

利用自然通风的办公室，其通风开口面积不应小于房间地板面积的1/20。

（五）《宿舍建筑设计规范》（JGJ 36—2005）中规定

1. 利用自然通风的居室，其通风开口面积不应小于该居室地板面积的1/20。

2. 严寒地区的居室应设置通风换气设施。

（六）《中小学校设计规范》（GB 50099—2011）中规定

1. 教学用房及教学辅助用房中，外窗的可开启窗扇面积应满足通风换气的规定。各主要房间的通风换气次数应符合表11-25的规定。

表11-25 各主要房间的通风换气次数

房间名称		换气次数（次/h）
普通教室	小学	2.5
	初中	3.5
	高中	4.5
实验室		3.0
风雨操场		3.0
厕所		10.0
保健室		2.0
学生宿舍		2.5

2. 炎热地区的教学用房及教学辅助用房中,可在内外墙设置可开闭的通风窗。通风窗下沿宜设在距室内楼地面以上 0.10~0.15m 处。

(七)《商店建筑设计规范》(JGJ 48—88)中指出

商业部分营业厅内采用自然通风时,其窗户的开口面积的有效通风面积,不应小于楼梯面面积的 1/20,并宜根据具体要求采用有效的有组织通风系统,如不够应利用机械通风补偿。

(八)《饮食建筑设计规范》(JGJ 64—89)中指出

1. 餐厅采用自然通风时,通风开口面积不应小于该厅地面面积的 1/16。
2. 加工间采用自然通风时,通风开口面积不应小于地面面积的 1/10。
3. 库房采用自然通风时,通风开口面积不应小于地面面积的 1/20。

(九)其他技术资料指出

1. 采用自然通风应符合下列规定
(1)生活、休息、工作等各类用房及浴室、厕所等通风开口面积不应小于该房间地板面积的 1/20。
(2)中小学教室外墙设小气窗时,其面积不应小于房间面积的 1/60,走道开小气窗时,其面积不应小于房间面积的 1/30。
(3)自然通风道的位置应设于窗户或进风口相对的一面。
(4)单朝向住宅应采取户门上方通风窗、下方通风百叶或机械通风装置等有效措施。
2. 各类主要用房自然通风的可开启窗地面积比
(1)有空调系统的公共建筑,见表 11-26。

表 11-26　有空调系统的公共建筑自然通风的可开启窗地面积比

房间名称	最低标准
门厅、大堂、休息厅	玻璃幕墙可开启窗面积不限
门厅、大堂、休息厅	非玻璃幕墙　1:20
办公室等	1:20
厨房	1:10 并应 $\geq 0.8m^2$
厨房库房、卫生间、浴室	1:20

(2)无空调系统的公共建筑,见表 11-27。

表 11-27　无空调系统的公共建筑自然通风的可开启窗地面积比

房间名称	最低标准
门厅、大堂、休息厅	玻璃幕墙可开启窗面积不限
门厅、大堂、休息厅	非玻璃幕墙1:20
商场营业厅	1:20
餐厅	1:16
厨房	1:10 并应 $\geq 0.8m^2$
厨房库房	1:20
卫生间	1:20
浴室	1:20

（3）居住建筑，见表11-28。

表11-28　居住建筑自然通风的可开启窗地面积比

房间名称	最低标准
卧室、起居室、明卫生间	1:20
厨房	1:10 并应≥0.6m²

三、防热

《民用建筑设计通则》（GB 50352—2005）中规定：

1. 夏季防热的建筑物应符合下列规定

（1）建筑物的夏季防热应采取绿化环境、组织有效自然通风、外围护结构隔热和设置建筑遮阳等综合措施。

（2）建筑群的总体布局、建筑物的平面空间组织、剖面设计和门窗的设置，应有利于组织室内通风。

（3）建筑物的东、西向窗户，外墙和屋顶应采取有效的遮阳和隔热措施。

（4）建筑物的外围护结构，应进行夏季隔热设计，并应符合有关节能设计标准的规定。

2. 设置空气调节的建筑物应符合下列规定

（1）建筑物的体形应减少外表面积。

（2）设置空气调节的房间应相对集中布置。

（3）空气调节房间的外部窗户应有良好的密闭性和隔热性；向阳的窗户宜设遮阳设施，并宜采用节能窗。

（4）设置非中央空气调节设施的建筑物，应统一设计、安装空调机的室外机位置，并使冷凝水有组织排水。

（5）间歇使用的空气调节建筑，其外围护结构内侧和内围护结构宜采用轻质材料；连续使用的空调建筑，其外围护结构内侧和内围护结构宜采用重质材料。

（6）建筑物外围护结构应符合有关节能设计标准的规定。

四、隔声

（一）《民用建筑设计通则》（GB 50352—2005）中规定

1. 民用建筑各类主要用房的室内允许噪声级（应符合表11-29的规定）

表11-29　室内允许噪声级（昼间）

建筑类别	房间名称	允许噪声级（A声级，dB）			
		特级	一级	二级	三级
住宅	卧室、书房	—	≤40	≤45	≤50
	起居室	—	≤45	≤50	≤50
学校	有特殊安静要求的房间	—	≤40	—	—
	一般教室	—	—	≤50	—
	无特殊安静要求的房间	—	—	—	≤55

建筑类别	房间名称	允许噪声级（A 声级，dB）			
		特级	一级	二级	三级
医院	病房、医务人员休息室	—	≤40	≤45	≤50
	门诊室	—	≤55	≤55	≤60
	手术室	—	≤45	≤45	≤50
	听力测听室	—	≤25	≤25	≤50
旅馆	客房	≤35	≤40	≤45	≤55
	会议室	≤40	≤45	≤50	≤50
	多用途大厅	≤40	≤45	≤50	—
	办公室	≤45	≤50	≤55	≤55
	餐厅、宴会厅	≤50	≤55	≤60	—

注：夜间室内允许噪声级的数值比昼间小 10dB（A）

2. 不同房间围护结构（隔墙、楼板）的空气声隔声标准（应符合表 11-30 规定）

表 11-30　空气声隔声标准

建筑类别	围护结构部位	计权隔声量（dB）			
		特级	一级	二级	三级
住宅	分户墙、楼板	—	≥45	≥40	≥35
学校	隔墙、楼板	—	≥50	≥45	≥40
医院	病房与病房之间	—	≥45	≥40	≥35
	病房与产生噪声房间之间	—	≥50	≥50	≥45
	手术室与病房之间	—	≥50	≥45	≥40
	手术室与产生噪声房间之间	—	≥50	≥50	≥45
	听力测听室围护结构	—	≥50	≥50	≥50
旅馆	客房与客房间隔墙	≥50	≥45	≥40	≥40
	客房与走廊间隔墙（含门）	≥40	≥40	≥35	≥30
	客房外墙（含窗）	≥40	≥35	≥25	≥20

3. 不同房间楼板撞击声隔声标准（应符合表 11-31 的规定）

表 11-31　撞击声隔声标准

建筑类别	房间名称	计权标准化撞击声声压级（dB）			
		特级	一级	二级	三级
住宅	分户墙间	—	≤65	≤75	≤75
学校	教室层间	—	≤65	≤65	≤75
医院	病房与病房之间	—	≤65	≤75	≤75
	病房与手术室之间	—	—	≤75	≤75
	听力测听室上部	—	≤50	≤50	≤50
旅馆	客房层间	≤55	≤65	≤75	≤75
	客房与有振动房间之间	≤55	≤55	≤65	≤65

4. 民用建筑的隔声减噪设计的规定

（1）对于结构整体性较强的民用建筑，应对附着于墙体和楼板的传声源部件采取防止结构声传播的措施。

（2）有噪声和振动的设备用房应采取隔声、隔振和吸声的措施，并应对设备和管道采取减振、消声处理；平面布置中，不宜将有噪声和振动的设备用房设在主要用房的直接上层或贴邻布置，当其设在同一楼层时，应分区布置。

（3）安静要求较高的房间内设置吊顶时，应将隔墙砌至梁、板底面；采用轻质隔墙时，其隔声性能应符合有关隔声标准的规定。

（二）《民用建筑隔声设计规范》（GB 50118—2010）中指出

1. 代号与含义

（1）A声级。用A计权网络测得的声压级。

（2）单值评价量。按照国家标准《建筑隔声评价标准》（GB/T 50121—2005）规定的方法，综合考虑了关注对象在100~3150Hz中心频率范围内各1/3倍频程（或125~2000Hz中心频率范围内各1/1倍频程）的隔声性能后，所确定的单一隔声参数。

（3）计权隔声量。代号为R_w，表征建筑构件空气隔声性能的单值评价量。计权隔声量宜在实验室测得。

（4）计权标准化声压级差。代号为$D_{nT,w}$，以接收室的混响时间作为修正参数而得到的两个房间之间空气声隔声性能的单值评价量。

（5）计权规范化撞击声压级。代号为$L_{n,w}$，以接收室的吸声量为修正系数而得到的楼板或楼板构造撞击声隔声性能的单值评价量。

（6）计权标准化撞击声压级。代号为$L'_{nT,w}$，以接收室的混响时间作为修正系数而得到的楼板或楼板构造撞击声隔声性能的单值评价量。

（7）频谱修正量。频谱修正量是因隔声频道不同以及声源空间的噪声频道不同，所需加到空气声隔声单值评价量上的修正值。当声源空间的噪声呈粉红噪声频率特性或交通噪声频率特性时，计算得到的频谱修正量分别是粉红噪声频谱修正量（代号为C）和交通噪声频谱修正量（代号为C_w）。

（8）降噪系数。代号为NRC，通过对中心频率在200~2500Hz范围内各1/3倍频程的无规入射吸声系数测量值进行计算，所得到的材料吸声特性的单一值。

2. 总平面防噪设计

（1）在城市规划中，从功能区的划分、交通道路网的分布、绿化与隔离带的设置、有利地形和建筑物屏蔽的利用，均应符合防噪设计要求。住宅、学校、医院等建筑，应远离机场、铁路线、编组站、车站、港口、码头等存在显著噪声影响的设施。

（2）新建住宅小区临交通干线、铁路线时，宜将对噪声不敏感的建筑物作为建筑声屏障，排列在小区外围。交通干线、铁路线旁边，噪声敏感建筑物的声环境达不到现行国家标准《声环境质量标准》（GB 3096—2008）的规定时，可在噪声源与噪声敏感建筑物之间采取设置声屏障等隔声措施。交通干线不应贯穿小区。

（3）产生噪声的建筑服务设备等噪声源的设置位置、防噪设计，应符合下列规定：

1）锅炉房、水泵房、变压器室、制冷机房宜单独设置在噪声敏感建筑之外。住宅、学校、医院、旅馆、办公等建筑所在区域内有噪声源的建筑附属设施，其设置位置应避免对噪声敏感建筑物产生噪声干扰，必要时应做防噪处理。区内不得设置未经有效处理的强噪声源。

2）确需在噪声敏感建筑物内设置锅炉房、水泵房、变压器室、制冷机房时，若条件许可，宜将噪声源设在地下，但不宜毗邻主体建筑或设在主体建筑下，并应采取有效的隔振、隔声措施。

3）冷却塔、热泵机组宜设置在对噪声敏感建筑物的噪声干扰较小的位置。当冷却塔、热泵机组的噪声在周围环境超过现行国家标准《声环境质量标准》（GB 3096—2008）的规定时，应对冷却塔、热泵机组采取有效的降低或隔离噪声措施。冷却塔、热泵机组设置在楼顶或裙房顶上时，还应采取有效的隔振措施。

4）在进行建筑设计前，应对环境及建筑物内外的噪声源做详细的调查与测定，并对建筑物的防噪间距、朝向选择及平面布置等应做综合考虑。仍不能达到室内安静要求时，应采取建筑构造上的防噪措施。

5）安静要求较高的民用建筑，宜设置于本区域主要噪声源夏季主导风向的上风侧。

3. 住宅建筑的隔声设计

（1）允许噪声级

1）卧室、起居室（厅）内噪声级，应符合表 11-32 的规定。

表 11-32　卧室、起居室（厅）内的允许噪声级

房间名称	允许噪声级（A 声级，dB）	
	昼间	夜间
卧室	≤45	≤37
起居室（厅）	≤45	

2）高要求住宅的卧室、起居室（厅）内噪声级，应符合表 11-33 的规定。

表 11-33　高要求住宅的卧室、起居室（厅）内的允许噪声级

房间名称	允许噪声级（A 声级，dB）	
	昼间	夜间
卧室	≤40	≤30
起居室（厅）	≤40	

（2）隔声标准

1）分户墙、分户楼板及分隔住宅和非居住用途空间楼板的空气声隔声性能，应符合表 11-34 的规定。

表 11-34　分户构件空气声隔声标准

构件名称	空气声隔声单值评价量 + 频谱修正量（dB）	
分户墙、分户楼板	计权隔声量（R_W）+ 粉红噪声频谱修正量（C）	>45
分隔住宅和非居住用途空间的楼板	计权隔声量（R_W）+ 粉红噪声频谱修正量（C）	>51

2）相邻两户房间之间及住宅和非居住用途空间分隔楼板上下空间的空气声隔声性能，应符合表 11-35 的规定。

表 11-35　房间之间空气声隔声标准

房间名称	空气声隔声单值评价量 + 频谱修正量（dB）	
卧室、起居室（厅）与邻户房间之间	计权标准化声压级差（$D_{nT,W}$）+ 粉红噪声频谱修正量（C）	≥45
住宅和非居住用途空间楼板上下的房间之间	计权标准化声压级差（$D_{nT,W}$）+ 粉红噪声频谱修正量（C）	≥51

3）高要求住宅的分户墙、分户楼板的空气声隔声标准，应符合表 11-36 的规定。

表 11-36　高要求住宅分户构件空气声隔声标准

构件名称	空气声隔声单值评价量 + 频谱修正量（dB）	
分户墙、分户楼板	计权隔声量（R_W）+ 粉红噪声频谱修正量（C）	>50

4）高要求住宅相邻两户房间之间的空气声隔声性能，应符合表 11-37 的规定。

表 11-37　高要求住宅房间之间空气声隔声标准

房间名称	空气声隔声单值评价量 + 频谱修正量（dB）	
卧室、起居室（厅）与邻户房间之间	计权标准化声压级差（$D_{nT,w}$）+ 粉红噪声频谱修正量（C）	≥50
相邻两户的卫生间之间	计权标准化声压级差（$D_{nT,w}$）+ 粉红噪声频谱修正量（C）	≥45

5）外窗（包括未封闭阳台的门）空间的空气声隔声性能，应符合表 11-38 的规定。

表 11-38　外窗（包括未封闭阳台的门）的空气声隔声性能

构件名称	空气声隔声单值评价量 + 频谱修正量（dB）	
交通干线两侧卧室、起居室（厅）的窗	计权隔声量（R_W）+ 交通噪声频谱修正量（C_W）	≥30
其他窗	计权隔声量（R_W）+ 交通噪声频谱修正量（C_W）	≥25

6）外墙、户（套）门和户内分室墙的空气声隔声性能，应符合表 11-39 的规定。

表 11-39　外墙、户（套）门和户内分室墙的空气声隔声标准

构件名称	空气声隔声单值评价量 + 频谱修正量（dB）	
外墙	计权隔声量（R_W）+ 交通噪声频谱修正量（C_W）	≥45
户（套）门	计权隔声量（R_W）+ 粉红噪声频谱修正量（C）	≥25
户内卧室墙	计权隔声量（R_W）+ 粉红噪声频谱修正量（C）	≥35
户内其他分室墙	计权隔声量（R_W）+ 粉红噪声频谱修正量（C）	≥30

7）卧室、起居室（厅）的分户楼板的撞击声隔声性能，应符合表 11-40 的规定。

表 11-40　分户楼板撞击声隔声标准

构件名称	撞击声隔声单值评价量（dB）	
卧室、起居室（厅）的分户楼板	计权规范化撞击声压级 $L_{n,w}$（实验室测量）	<75
	计权规范化撞击声压级 $L'_{nT,w}$（现场测量）	≤75

8）高要求住宅卧室、起居室（厅）的分户楼板的撞击声隔声性能，应符合表 11-41 的规定。

表 11-41　高要求住宅分户楼板撞击声隔声标准

构件名称	撞击声隔声单值评价量（dB）	
卧室、起居室（厅）的分户楼板	计权规范化撞击声压级 $L_{n,w}$（实验室测量）	<65
	计权标准化撞击声压级 $L'_{nT,w}$（现场测量）	≤65

（3）隔声减噪设计

1）与住宅建筑配套而建的停车场、儿童游戏场或健身活动场地的位置选择，应避免对住宅产生噪声干扰。

2）当住宅建筑位于交通干线两侧或其他高噪声环境区域时，应根据室外环境噪声状况和住宅建筑的室内允许噪声级，确定住宅防噪措施和设计具有相应隔声性能的建筑围护结构（包括墙体、窗、门等构件）。

3）在选择住宅建筑的体形、朝向和平面布置时，应充分考虑噪声控制的要求，并应符合下列规定：

①在住宅平面设计时，应使分户墙两侧的房间和分户楼板上下的房间属于同一类型。

②宜使卧室、起居室（厅）布置在背噪声源的一侧。

③对进深变化较大的平面布置形式，应避免相邻户的窗户之间产生噪声干扰。

4）电梯不得紧邻卧室布置，也不宜紧邻起居室（厅）布置。受条件限制需要紧邻起居室（厅）布置时，应采取有效的隔声和减振措施。

5）当厨房、卫生间与卧室、起居室（厅）相邻时，厨房、卫生间内的管道、设备等有可能传声的物体，不宜设在厨房、卫生间与卧室、起居室（厅）之间的隔墙上。对固定于墙上且有可能引起传声的管道等构件，应采取有效的减振、隔声措施。主卧室内卫生间的排水管道宜做隔声包覆处理。

6）水、暖、电、燃气、通风和空调等管线安装及孔洞处理，应符合下列规定：

①管线穿过楼板或墙体时，孔洞周边应采取密封隔声措施。

②分户墙中所有电器插座、配电箱或嵌入墙内对墙体构造造成损伤的配套构件，在背对背设置时应相互错开位置，并应对所开洞（槽）有相应的隔声封堵措施。

③对分户墙上施工洞口或剪力墙抗震设计所开洞口的封堵，应满足分户墙隔声设计的材料与构造要求。

④相邻两户的排烟、排气通道，应采取防止相互串声的措施。

7）现浇、大板和大模等整体性较强的住宅建筑，在附着于墙体和楼板上可能引起传声的设备处和经常产生撞击、振动的部位，应采取防止结构声传播的措施。

8）住宅建筑的机电服务设备、器具的选用及安装，应符合下列规定：

①机电服务设备，宜选用低噪声产品，并应采取综合手段进行噪声与振动控制。

②设置家用空调时，应采取控制机组噪声和风道、风口噪声的措施。预留空调室外机的位置时，应考虑防噪要求，避免室外机噪声对居室的干扰。

③排烟、排气及给排水器具，宜选用低噪声产品。

9）商住楼内不得设置高噪声级的文化娱乐场所，也不应设置其他高噪声级的商业用房。对商业用房内可能会扰民的噪声源和振动源，应采取有效的防治措施。

4. 学校建筑的隔声设计

（1）允许噪声级

1）学校建筑中各种教学用房内的噪声级，应符合表 11-42 的规定。

表 11-42　学校建筑中各种教学用房内的噪声级

房间名称	允许噪声级（A 声级，dB）
语言教室、阅览室	≤40
普通教室、实验室、计算机房	≤45
音乐教室、琴房	≤45
舞蹈教室	≤50

2）学校建筑中各种教学辅助用房内的噪声级，应符合表 11-43 的规定。

表 11-43　学校建筑中各种教学辅助用房内的噪声级

房间名称	允许噪声级（A 声级，dB）
教师办公室、休息室、会议室	≤45
健身房	≤50
教学楼中封闭的走廊、楼梯间	≤50

（2）隔声标准

1）教学用房隔墙、楼板的空气声隔声性能，应符合表11-44的规定。

表11-44　教学用房隔墙、楼板的空气声隔声标准

构件名称	空气声隔声单值评价量 + 频谱修正量（dB）	
语言教室、阅览室的隔墙与楼板	计权隔声量（R_W）+ 粉红噪声频谱修正量（C）	>50
普通教室与各种产生噪声的房间之间的隔墙、楼板	计权隔声量（R_W）+ 粉红噪声频谱修正量（C）	>50
普通教室之间的隔墙与楼板	计权隔声量（R_W）+ 粉红噪声频谱修正量（C）	>45
音乐教室、琴房之间的隔墙与楼板	计权隔声量（R_W）+ 粉红噪声频谱修正量（C）	>45

2）教学用房与相邻房间之间的空气声隔声性能，应符合表11-45的规定。

表11-45　教学用房与相邻房间之间的空气声隔声标准

房间名称	空气声隔声单值评价量 + 频谱修正量（dB）	
语言教室、阅览室与相邻房间之间	计权标准化声压级差（$D_{nT,W}$）+ 粉红噪声频谱修正量（C）	≥50
普通教室与各种产生噪声的房间之间	计权标准化声压级差（$D_{nT,W}$）+ 粉红噪声频谱修正量（C）	≥50
普通教室之间	计权标准化声压级差（$D_{nT,W}$）+ 粉红噪声频谱修正量（C）	≥45
音乐教室、琴房之间	计权标准化声压级差（$D_{nT,W}$）+ 粉红噪声频谱修正量（C）	≥45

3）教学用房的外墙、外窗和门的空气声隔声性能，应符合表11-46的规定。

表11-46　教学用房的外墙、外窗和门的空气声隔声标准

构件名称	空气声隔声单值评价量 + 频谱修正量（dB）	
外墙	计权隔声量（R_W）+ 交通噪声频谱修正量（C_W）	≥45
临交通干线的外窗	计权隔声量（R_W）+ 交通噪声频谱修正量（C_W）	≥30
其他外窗	计权隔声量（R_W）+ 交通噪声频谱修正量（C_W）	≥25
产生噪声房间的门	计权隔声量（R_W）+ 粉红噪声频谱修正量（C）	≥25
其他门	计权隔声量（R_W）+ 粉红噪声频谱修正量（C）	≥20

4）教学用房楼板的撞击声隔声性能，应符合表11-47的规定。

表11-47　教学用房楼板的撞击声隔声标准

构件名称	撞击声隔声单值评价量（dB）	
	计权规范化撞击声压级 $L_{n,W}$（实验室测量）	计权标准化撞击声压级 $L'_{nT,W}$（现场测量）
语言教室、阅览室与上层房间之间的楼板	<65	≤65
普通教室、实验室、计算机房与上层产生噪声房间之间的楼板	<65	≤65
琴房、音乐教室之间的楼板	<65	≤65
普通教室之间的楼板	<75	≤75

（3）隔声减噪设计

1）位于交通干道旁的学校建筑，宜将运动场沿干道布置，作为噪声隔离带。

产生噪声的固定设施与教学楼之间，应设足够距离的噪声隔离带。当教室有门窗面对运动场时，教室外墙至运动场的距离不应小于25m。

2）教学楼内不应设置发出强烈噪声或振动的机械设备，其他可能产生噪声和振动的设备应尽量远离教学用房，并采取有效的隔声、减振措施。

3）教学楼内的封闭走廊、门厅及楼梯间的顶棚，在条件允许时宜设置降噪系数（NRC）不低于

0.40 的吸声系数。

4）各类教室内宜控制混响时间，避免不利反射声，提高语言清晰度。各类教室空场 500～1000Hz 的混响时间应符合表 11-48 的规定。

表 11-48　各类教室空场 500～1000Hz 的混响时间

房间名称	房间容积（m³）	空场 500～1000Hz 的混响时间（s）
普通教室	≤200	≤0.8
	>200	≤1.0
语言和多媒体教室	≤300	≤0.6
	>300	≤0.8
音乐教室	≤250	≤0.6
	>250	≤0.8
琴房	≤50	≤0.4
	>50	≤0.6
健身房	≤2000	≤1.2
	>2000	≤1.5
舞蹈教室	≤1000	≤1.2
	>1000	≤1.5

注：表中混响时间值，可允许有 0.1s 的变动幅度；房间体积可允许有 10% 的变动幅度。

5）产生噪声的房间（音乐教室、舞蹈教室、琴房、健身房）与其他教学用房同设于一栋教学楼内时，应分区布置，并应采取隔声和减振措施。

5. 医院建筑的隔声设计

（1）允许噪声级。医院主要房间内的噪声级，应符合表 11-49 的规定。

表 11-49　医院主要房间室内允许噪声级

房间名称	允许噪声级（A 声级，dB）			
	高要求标准		低限标准	
	昼间	夜间	昼间	夜间
病房、医护人员休息室	≤40	≤35[1]	≤45	≤40
各类重症监护室	≤40	≤35	≤45	≤40
诊室	≤40	≤40	≤45	≤45
手术室、分娩室	≤40	≤40	≤45	≤45
洁净手术室	—	—	≤50	≤50
人工生殖中心净化区	—	—	≤40	≤40
听力测听室	—	—	≤25[2]	≤25[2]
化验室、分析实验室	—	—	≤40	≤40
入口大厅、候诊厅	≤50	≤50	≤55	≤55

[1] 对特殊要求的病房，室内允许噪声级应小于或等于 30dB。

[2] 表中听力测评室允许噪声级的数值，适用于采用纯音气导和骨导听阀测听法的听力测听室。采用声场测听法的听力测听室的允许噪声级另有规定。

（2）隔声标准。

1）医院各类隔墙、楼板的空气声隔声性能，应符合表 11-50 的规定。

表 11-50 医院各类隔墙、楼板的空气声隔声标准

构件名称	空气声隔声单值评价量＋频谱修正量	高要求标准（dB）	低限标准（dB）
病房与产生噪声的房间之间的隔墙、楼板	计权隔声量（R_W）＋交通噪声频谱修正量（C_W）	>55	>50
手术室与产生噪声的房间之间的隔墙、楼板	计权隔声量（R_W）＋交通噪声频谱修正量（C_W）	>50	>45
病房之间及病房、手术室与普通房间之间的隔墙、楼板	计权隔声量（R_W）＋粉红噪声频谱修正量（C）	>50	>45
诊室之间的隔墙、楼板	计权隔声量（R_W）＋粉红噪声频谱修正量（C）	>45	>40
听力测听室的隔墙、楼板	计权隔声量（R_W）＋粉红噪声频谱修正量（C）	—	>50
体外震波碎石室、核磁共振室的隔墙、楼板	计权隔声量（R_W）＋交通噪声频谱修正量（C_W）	—	>50

2）相邻房间之间空气声隔声性能，应符合表 11-51 的规定。

表 11-51 相邻房间之间空气声隔声标准

房间名称	空气声隔声单值评价量＋频谱修正量	高要求标准（dB）	低限标准（dB）
病房与产生噪声的房间之间	计权隔声量（R_W）＋交通噪声频谱修正量（C_W）	≥55	≥50
手术室与产生噪声的房间之间	计权隔声量（R_W）＋交通噪声频谱修正量（C_W）	≥50	≥45
病房之间及病房、手术室与普通房间之间	计权隔声量（R_W）＋粉红噪声频谱修正量（C）	≥50	≥45
诊室之间	计权隔声量（R_W）＋粉红噪声频谱修正量（C）	≥45	≥40
听力测听室与毗邻房间之间	计权隔声量（R_W）＋粉红噪声频谱修正量（C）	—	≥50
体外震波碎石室、核磁共振室与毗邻房间之间	计权隔声量（R_W）＋交通噪声频谱修正量（C_W）	—	≥50

3）外墙、外窗和门的空气声隔声性能，应符合表 11-52 的规定。

表 11-52 外墙、外窗和门的空气声隔声标准

构件名称	空气声隔声单值评价量＋频谱修正量（dB）	
外墙	计权隔声量（R_W）＋交通噪声频谱修正量（C_W）	≥45
外窗	计权隔声量（R_W）＋交通噪声频谱修正量（C_W）	≥35（临街一侧病房）
		≥25（其他）
门	计权隔声量（R_W）＋粉红噪声频谱修正量（C）	≥30（听力测听室）
		≥20（其他）

4）各类房间与上层房间之间楼板的撞击声隔声标准，应符合表 11-53 的规定。

表 11-53 各类房间与上层房间之间楼板的撞击声隔声标准

构件名称	撞击声隔声单值评价量	高要求标准（dB）	低限标准（dB）
病房、手术室与上层房间之间的楼板	计权规范化撞击声压级 $L_{n,W}$（实验室测量）	<65	<75
	计权标准化撞击声压级 $L'_{nT,W}$（现场测量）	≤65	≤75
听力测听室与上层房间之间的楼板	计权标准化撞击声压级 $L'_{nT,W}$（现场测量）	—	≤60

注：当确有困难时，可允许上层为普通房间的病房、手术室顶部楼板的撞击声隔声单值评价量小于或等于85dB，但在楼板结构上应预留改善的可能条件。

（3）隔声减噪设计。

1）医院建筑的总平面设计，应符合下列规定：

①综合医院的总平面布置，应利用建筑物的隔声作用。门诊楼可沿交通干线设置，但与干线的距离应考虑防噪要求。病房楼应设在内院，若病房楼接近交通干线，室内噪声级不符合标准规定时，病房不应设于临街一侧，否则应采取相应的隔声降噪处理措施（如临街布置公共走廊等）。

②综合医院的医用气体站、冷冻机房、柴油发电机房等设备用房如设在病房大楼内时，应自成一区。

2）临近交通干线的病房楼，在满足外墙、外窗和门的空气隔声性能的基础上，还应根据室外环境噪声状况及规定的室内允许噪声级，设计具有相应隔声性能的建筑围护结构（包括墙体、窗、门等构件）。

3）体外震波碎石室、核磁共振检查室不得与要求安静的房间毗邻，并应对其围护结构采取隔声和隔振措施。

4）病房、医护人员休息室等要求安静房间的邻室及其上、下层楼板或屋面，不应设置噪声、振动较大的设备。当设计上难于避免时，应采取有效的隔声和减振措施。

5）医生休息室应布置在医生专用区或设置门斗，避免护士站、公共走廊等公共空间人员活动噪声对医生休息室的干扰。

6）对于病房之间的隔墙，当嵌入墙体的医疗带及其他配套设施造成墙体损伤并使隔墙的隔声性能降低时，应采取有效的隔声减噪措施。

7）穿越病房围护结构的管道周围的缝隙应密封。病房的观察窗，宜采用密封窗。病房楼内的污物井道、电梯井道不得毗邻病房等要求安静的房间。

8）入口大厅、挂号大厅、候药厅及分科候诊厅（室）内，应采取吸声处理措施；其室内 500~1000Hz 的混响时间不宜大于 2s。病房楼、门诊楼内走廊的顶棚，应采取吸声处理措施；吊顶所用吸声材料的降噪系数（NRC），不应小于 0.40。

9）听力测听室不应与设置有振动或强噪声设备的房间相邻。听力测听室应做全浮筑房中房设计，且房间入口设置声闸；听力测听室的空调系统应设置消声器。

10）手术室应选用低噪声空调设备，必要时应采取降噪措施。手术室的上层不宜设置有振动源的机电设备；如设计上难以避免时，应采取有效的隔振、隔声措施。

11）诊室、病房、办公室等房间外的走廊吊顶内，不应设置有振动和噪声的机电设备。

12）医院内的机电设备，如空调机组、通风机组、冷水机组、冷却塔、医用气体设备和柴油发电机组等设备，均应选用低噪声产品；并应采取隔振及综合降噪措施。

13）在通风空调系统中，应设置消声装置，通风空调系统在医院各房间内产生的噪声应符合相关规定。

6. 旅馆建筑的隔声设计

（1）允许噪声级。

旅馆建筑内各房间的噪声级，应符合表 11-54 的规定。

表 11-54　旅馆建筑内各房间的噪声级

房间名称	允许噪声级（A 声级，dB）					
	特级		一级		二级	
	昼间	夜间	昼间	夜间	昼间	夜间
客房	≤35	≤30	≤40	≤35	≤45	≤40
办公室、会议室	≤40	≤40	≤45	≤45	≤45	≤45
多用途厅	≤40	≤40	≤45	≤45	≤50	≤50
餐厅、宴会厅	≤45	≤45	≤50	≤50	≤55	≤55

（2）隔声标准。

1）客房之间的隔墙或楼板、客房与走廊之间的隔墙、客房外墙（含窗）的空气声隔声性能，应符合表11-55的要求。

表11-55　客房墙、楼板的空气声隔声性能

构件名称	空气声隔声单值评价量＋频谱修正量	特级（dB）	一级（dB）	二级（dB）
客房之间的隔墙、楼板	计权隔声量（R_W）＋粉红噪声频谱修正量（C）	＞50	＞45	＞40
客房与走廊之间的隔墙	计权隔声量（R_W）＋粉红噪声频谱修正量（C）	＞45	＞45	＞40
客房外墙（含窗）	计权隔声量（R_W）＋交通噪声频谱修正量（C_W）	＞40	＞35	＞30

2）客房之间、走廊与客房之间，以及室外与客房之间的空气声隔声标准，应符合表11-56的要求。

表11-56　客房之间、走廊与客房之间，以及室外与客房之间的空气声隔声标准

房间名称	空气声隔声单值评价量＋频谱修正量	特级（dB）	一级（dB）	二级（dB）
客房之间	计权隔声量（R_W）＋粉红噪声频谱修正量（C）	≥50	≥45	≥40
走廊与客房之间	计权隔声量（R_W）＋粉红噪声频谱修正量（C）	≥40	≥40	≥35
室外与客房之间	计权隔声量（R_W）＋交通噪声频谱修正量（C_W）	≥40	≥35	≥30

3）客房外窗与客房门的空气声隔声性能，应符合表11-57的要求。

表11-57　客房外窗与客房门的空气声隔声标准

构件名称	空气声隔声单值评价量＋频谱修正量	特级（dB）	一级（dB）	二级（dB）
客房外窗	计权隔声量（R_W）＋交通噪声频谱修正量（C_W）	≥35	≥30	≥25
客房门	计权隔声量（R_W）＋粉红噪声频谱修正量（C）	≥30	≥25	≥20

4）客房与上层房间之间楼板的撞击声隔声性能，应符合表11-58的要求。

表11-58　客房楼板的撞击声隔声标准

楼板部位	撞击声隔声单值评价量	特级（dB）	一级（dB）	二级（dB）
客房与上层房间之间的楼板	计权规范化撞击声压级 $L_{n,W}$（实验室测量）	＜55	＜65	＜75
	计权标准化撞击声压级 $L'_{nT,W}$（现场测量）	≤55	≤65	≤75

5）客房及其他对噪声敏感的房间与有噪声或振动源的房间之间的隔墙和楼板，其空气声隔声性能标准、撞击声隔声性能标准，应根据噪声和振动源的具体情况确定，并应对噪声和振动源进行减噪和隔振处理，使客房及其他对噪声敏感的房间内噪声级满足规定。

6）不同级别旅馆建筑的声学指标（包括室内允许噪声级、空气声隔声标准及撞击声隔声标准）所应达到的等级，应符合表11-59的规定。

表11-59　声学指标等级与旅馆建筑等级的对应关系

声学指标的等级	旅馆建筑的等级
特级	五星级以上旅游饭店及同档次旅馆建筑
一级	三、四星级旅游饭店及同档次旅馆建筑
二级	其他档次的旅馆建筑

（3）隔声减噪设计。

1）旅馆建筑的总平面设计，应符合下列要求：

①旅馆建筑的总平面布置，应根据噪声状况进行分区。

②产生噪声或振动的设施应远离客房及其他要求安静的房间，并应采取隔声、隔振措施。

③旅馆建筑中的餐厅不应与客房等对噪声敏感的房间在同一区域内。

④可能产生较大噪声并可能在夜间营业的附属娱乐设施应远离客房和其他有安静要求的房间，并应进行有效的隔声、隔振处理。

⑤可能产生较大噪声和振动的附属娱乐设施不应与客房和其他有安静要求的房间设置在同一主体结构内，并应远离客房等需要安静的房间。

⑥可能在夜间产生干扰噪声的附属娱乐房间，不应与客房和其他有安静要求的房间设置在同一走廊内。

⑦客房沿交通干道或停车场布置时，应采取防噪措施，如采用密闭窗或双层窗；也可利用阳台或外廊进行隔声减噪处理。

⑧电梯井道不应毗邻客房和其他有安静要求的房间。

2）客房及客房楼的隔声设计，应符合下列要求：

①客房之间的送风和排气管道，应采取消声处理措施，相邻客房间的空气声隔声性能应满足相关规定。

②旅馆内的电梯间，高层旅馆的加压泵、水箱间及其他产生噪声的房间，不应与需要安静的客房、会议室、多用途大厅等毗邻，更不应设置在这些房间的上部。确需设置于这些房间的上部时，应采取有效的隔振、降噪措施。

③走廊两侧配置客房时，相对房间的门宜错开布置。走廊内宜采用铺设地毯、安装吸声吊顶等吸声处理措施。吊顶所用吸声系数的降噪系数（NRC）不应小于0.40。

④相邻客房卫生间的隔墙，应与上层楼板紧密接触，不留缝隙。相邻客房隔墙上的所有电气插座、配电箱或其他嵌入墙里对墙体构造造成损伤的配套构件，不宜背对背布置，宜相互错开，并应对损伤墙体所开的洞（槽）有相应的封堵措施。

⑤客房隔墙或楼板与玻璃幕墙之间的缝隙应使用有相应隔声性能的材料封堵，以保证整个隔墙或楼板的隔声性能满足标准要求。在设计玻璃幕墙时应为此预留条件。

⑥当相邻客房橱柜采用"背对背"布置时，两个橱柜应使用满足隔声标准要求的墙体隔开。

3）设有活动隔断的会议室、多功能厅，其活动隔断的空气声隔声性能，应符合下式的规定；

计权隔声量（R_W）+粉红噪声频谱修正量（C）$\geqslant$35dB

7. 办公建筑的隔声设计

（1）允许噪声级。

办公室、会议室内的噪声级，应符合表11-60的规定。

表11-60　办公室、会议室内允许噪声级

房间名称	允许噪声级（A声级，dB）	
	高要求标准	低限标准
单人办公室	≤35	≤40
多人办公室	≤40	≤45
电视电话会议室	≤35	≤40
普通会议室	≤40	≤45

（2）隔声标准。

1）办公室、会议室隔墙、楼板的空气声隔声性能，应符合表11-61的规定。

表 11-61　办公室、会议室隔墙、楼板的空气声隔声标准

构件名称	空气声隔声单值评价量 + 频谱修正量	高要求标准（dB）	低限标准（dB）
办公室、会议室与产生噪声的房间之间的隔墙、楼板	计权隔声量（R_W）+ 交通噪声频谱修正量（C_W）	>55	>45
办公室、会议室与普通房间之间的隔墙、楼板	计权隔声量（R_W）+ 粉红噪声频谱修正量（C）	>50	>45

2）办公室、会议室与相邻房间之间的空气声隔声性能，应符合表 11-62 的规定。

表 11-62　办公室、会议室与相邻房间之间的空气声隔声性能

房间名称	空气声隔声单值评价量 + 频谱修正量	高要求标准（dB）	低限标准（dB）
办公室、会议室与产生噪声的房间之间	计权隔声量（R_W）+ 交通噪声频谱修正量（C_W）	≥50	≥45
办公室、会议室与普通房间之间	计权隔声量（R_W）+ 粉红噪声频谱修正量（C）	≥50	≥45

3）办公室、会议室的外墙、外窗（包括未封闭阳台的门）和门的空气声隔声性能，应符合表 11-63 的规定。

表 11-63　办公室、会议室的外墙、外窗和门的空气声隔声标准

构件名称	空气声隔声单值评价量 + 频谱修正量（dB）	
外墙	计权隔声量（R_W）+ 交通噪声频谱修正量（C_W）	≥45
临交通干线的办公室、会议室外窗	计权隔声量（R_W）+ 交通噪声频谱修正量（C_W）	≥30
其他外窗	计权隔声量（R_W）+ 交通噪声频谱修正量（C_W）	≥25
门	计权隔声量（R_W）+ 粉红噪声频谱修正量（C）	≥20

4）办公室、会议室顶部楼板的撞击声隔声性能，应符合表 11-64 的规定。

表 11-64　办公室、会议室顶部楼板的撞击声隔声标准

构件名称	撞击声隔声单值评价量（dB）			
	高要求标准		低限标准	
	计权规范化撞击声压级 $L_{n,W}$（实验室测量）	计权标准化撞击声压级 $L'_{nT,W}$（现场测量）	计权规范化撞击声压级 $L_{n,W}$（实验室测量）	计权标准化撞击声压级 $L'_{nT,W}$（现场测量）
办公室、会议室顶部的楼板	<65	≤65	<75	≤75

注：当确有困难时，可允许办公室、会议室顶部楼板的计权规范化撞击声压级或计权标准化撞击声压级小于或等于 85dB，但在楼板结构上应预留改善的可能条件。

（3）隔声减噪设计。

1）拟建办公建筑的用地确定后，应对用地范围环境噪声现状及其随城市建设的变化进行必要的调查、测量和预计。

2）办公建筑的总体布局，应利用对噪声不敏感的建筑物或办公建筑中的辅助房间遮挡噪声源，减少噪声对办公用房的影响。

3）办公建筑的设计，应避免将办公室、会议室与有明显噪声源的房间相邻布置；办公室及会议室的上部（楼层）不得布置在产生高噪声（含设备、活动）的房间。

4）走道两侧布置办公室时，相对房间的门宜错开布置。办公室及会议室面向走廊或楼梯间的门的隔声性能应符合规定。

5）面向城市干道及户外其他高噪声环境的办公室及会议室，应依据室外环境噪声状况及所确定的允许噪声级，设计具有相应隔声性能的建筑围护结构（包括墙体、窗、门等各种部件）。

6）相邻办公室之间的隔墙应延伸到吊顶高度以上，并与承重楼板连接，不留缝隙。

7）办公室、会议室的墙体或楼板因孔洞、缝隙、连接等原因导致隔声性能降低时，应采取以下措施。

①管线穿过楼板或墙体时，孔洞周边应采取密封隔振措施。

②固定于墙面引起噪声的管道等构件，应采取隔振措施。

③办公室、会议室隔墙中的电气插座、配电箱或其他嵌入墙里对墙体构造造成损伤的配套构件，在背对背布置时，宜相互错开位置，并对所开的洞（槽）有相应的隔声封堵措施。

④对分室墙上的施工洞口或剪力墙抗震设计所开洞口的封堵，应采用满足分室墙隔声的材料和构造要求。

⑤幕墙和办公室、会议室隔墙及楼板连接时，应采用符合分室墙隔声要求的构造，并应采取防止相互串声的封堵隔声措施。

8）对语言交谈有较高私密要求的开放式、分格式办公室宜做专门的设计。

9）较大办公室的顶棚宜结合装修选用降噪系数（NRC）不小于 0.40 的吸声材料。

10）会议室的墙面和顶棚宜结合装修选用降噪系数（NRC）不小于 0.40 的吸声材料。

11）电视、电话会议室及普通会议室空场 500～1000Hz 的混响时间宜符合表 11-65 的规定。

表 11-65　会议室空场 500～1000Hz 的混响时间

房间面积	房间面积（m²）	空场 500～1000Hz 的混响时间
电视、电话会议室	≤200	≤0.6
普通会议室	≤200	≤0.8

12）办公室、会议室内的空调系统风口在办公室、会议室内产生的噪声应符合规定。

13）走廊顶棚宜结合装修使用降噪系数（NRC）不小于 0.40 的吸声材料。

8. 商业建筑的隔声设计

（1）允许噪声级。

商业建筑各房间内空场时的噪声级，应符合表 11-66 的规定。

表 11-66　商业建筑各房间内空场时的噪声级

房间名称	允许噪声级（A 声级，dB）	
	高要求标准	低限标准
商场、商店、购物中心、会展中心	≤50	≤55
餐厅	≤45	≤55
员工休息厅	≤40	≤45
走廊	≤50	≤60

（2）室内吸声。

容积大于 400m³ 且流动人员人均占地面积小于 20m² 的室内空间，应安装吸声顶棚；吸声顶棚面积不应小于顶棚总面积的 75%；顶棚吸声材料或构造的降噪系数（NRC）应符合表 11-67 的规定。

表 11-67 顶棚吸声材料或构造的降噪系数（NRC）

房间名称	降噪系数（NRC）	
	高要求标准	低限标准
商场、商店、购物中心、会展中心、走廊	≥0.60	≥0.40
餐厅、健身中心、娱乐场所	≥0.80	≥0.40

（3）隔声标准。

1）噪声敏感房间与产生噪声房间之间的隔墙、楼板的空气声隔声性能，应符合表 11-68 的规定。

表 11-68 噪声敏感房间与产生噪声房间之间的隔墙、楼板的空气声隔声标准

围护结构部位	计权隔声量（R_W）+交通噪声频谱修正量（C_W），单位：dB	
	高要求标准	低限标准
健身中心、娱乐场所等与噪声敏感房间之间的隔墙、楼板	>60	>55
购物中心、餐厅、会展中心等与噪声敏感房间之间的隔墙、楼板	>50	>45

2）噪声敏感房间与产生噪声房间之间的空气声隔声性能，应符合表 11-69 的规定。

表 11-69 噪声敏感房间与产生噪声房间之间的空气声隔声标准

房间名称	计权隔声量（R_W）+交通噪声频谱修正量（C_W），单位：dB	
	高要求标准	低限标准
健身中心、娱乐场所等与噪声敏感房间之间	≥60	≥55
购物中心、餐厅、会展中心等与噪声敏感房间之间	≥50	≥45

3）噪声敏感房间的上一层为产生噪声房间时，噪声敏感房间顶部楼板的撞击声隔声性能，应符合表 11-70 的规定。

表 11-70 噪声敏感房间顶部楼板的撞击声隔声标准

楼板部位	撞击声隔声单值评价量（dB）			
	高要求标准		低限标准	
	计权规范化撞击声压级 $L_{nT,W}$（实验室测量）	计权标准化撞击声压级 $L'_{nT,W}$（现场测量）	计权规范化撞击声压级 $L_{nT,W}$（实验室测量）	计权标准化撞击声压级 $L'_{nT,W}$（现场测量）
健身中心、娱乐场所等与噪声敏感房间之间的楼板	<45	≤45	<50	≤50

（4）隔声减噪设计。

1）高噪声级的商业空间不应与噪声敏感的空间位于同一建筑内或毗邻。如果不可避免地位于同一建筑内或毗邻，必须进行隔声、隔振处理，保证传至敏感区域的营业噪声和该区域内的背景噪声叠加后的总噪声级与背景噪声级之差值不大于 3dB（A）。

2）当公共空间室内设有暖通空调系统时，暖通空调系统在室内产生的噪声级应符合规定。并宜采取下列措施：

①降低风管中的风速。

②设置消声器。

③选用低噪声的风口。

（三）《住宅设计规范》（GB 50096—2011）中指出

1. 住宅卧室、起居室（厅）内噪声级，应满足下列要求：

（1）昼间卧室内的等效连续 A 声级不应大于 45dB。

（2）夜间卧室内的等效连续 A 声级不应大于 37dB。

（3）起居室（厅）的等效连续 A 声级不应大于 45dB。

2. 分户墙和分户楼板的空气声隔声性能应满足下列要求：

（1）分隔卧室、起居室（厅）的分户墙和分户楼板，空气声隔声评价量（$R_w + C$）应大于 45dB。

（2）分隔住宅和非居住用途空间的楼板，空气声隔声评价量（$R_w + C_{tr}$）应大于 51dB。

3. 卧室、起居室（厅）的分户楼板的计权规范化撞击声压级宜小于 75dB。当条件受到限制时，分户楼板的计权规范化撞击声压级应小于 85dB，且应在楼板上预留可供今后改善的条件。

4. 住宅建筑的体形、朝向和平面布置应有利于噪声控制。在住宅平面设计时，当卧室、起居室（厅）布置在噪声源一侧时，外窗应采取隔声减噪措施；当居住空间与可能产生噪声的房间相邻时，分隔墙和分户楼板应采取隔声减噪措施；当内天井、凹天井中设置相邻户间窗口时，宜采取隔声减噪措施。

5. 起居室（厅）不宜紧邻电梯布置。受条件限制起居室（厅）紧邻电梯布置时，必须采取有效的隔声和减振措施。

（四）《展览建筑设计规范》（JGJ 218—2010）中指出

1. 对产生较大噪声的建筑设备、展项设施及室外环境的噪声应采取隔声和减噪措施。展厅空场时背景噪声的允许噪声级（A 声级）不宜大于 55dB。

2. 展厅室内装修宜采取吸声措施。

（五）《宿舍建筑设计规范》（JGJ 36—2005）中规定

1. 宿舍居室内的允许噪声级（A 声级），昼间应小于或等于 50dB，夜间应小于或等于 40dB。

2. 宿舍居室分室墙与楼板的空气声的计权隔声量应大于或等于 40dB。

3. 宿舍居室楼板的计权标准化撞击声压级宜小于或等于 75dB。

（六）《老年人建筑设计规范》（JGJ 122—99）中指出

1. 老年人居住建筑居室之间应有良好的隔声处理和噪声控制。允许噪声级不应大于 45dB。

2. 老年人居住建筑居室之间应有良好的隔声处理和噪声控制。空气隔声不应小于 50dB。

3. 老年人居住建筑居室之间应有良好的隔声处理和噪声控制。撞击声不应大于 75dB。

（七）《办公建筑设计标准》（JGJ 67—2006）中指出

1. 办公建筑主要房间的室内允许噪声级应符合表 11-71 的规定。

表 11-71　办公建筑主要房间的室内允许噪声级

房间类别	允许噪声级（A 声级、dB）		
	一类办公建筑	二类办公建筑	三类办公建筑
办公室	≤45	≤50	≤55
设计制图室	≤45	≤50	≤50
会议室	≤40	≤45	≤50
多功能厅	≤45	≤50	≤50

2. 办公建筑围护结构的空气声隔声标准（计权隔声量）应符合表 11-72 的规定。

表 11-72　办公建筑围护结构的空气声隔声标准

围护结构部位	计权隔声量（dB）		
	一类办公建筑	二类办公建筑	三类办公建筑
办公用房隔墙	≥45	≥40	≥35

（八）《住宅建筑规范》（GB 50368—2005）中指出

1. 住宅的卧室、起居室（厅）在关窗的状态下的白天允许噪声级（A 声级）为 50dB，夜间允许噪声级（A 声级）为 40dB。

2. 住宅空气声计权隔声量，楼板不应小于 40dB（分隔住宅和非居住用途的楼板不应小于 55dB），分户墙不应小于 40dB，外窗不应小于 30dB，户门不应小于 25dB。

（九）《托儿所、幼儿园建筑设计规范》（JGJ 39—87）中指出

1. 音体活动室、活动室、寝室、隔离室等房间的室内允许噪声级不应大于 50dB。
2. 音体活动室、活动室、寝室、隔离室等房间隔墙与楼板的空气声计权隔声量不应小 40dB。
3. 音体活动室、活动室、寝室、隔离室等房间楼板的计权标准化撞击声压级不应大于 75dB。

（十）《图书馆建筑设计规范》（JGJ 38—99）中指出

各类用房的允许噪声级见表 11-73。

表 11-73　图书馆各类用房的允许噪声级

分区		房间名称	允许噪声级 dB（A 声级）
Ⅰ	静区	研究室、专业阅览室、缩微、珍善本、舆图阅览室、普通阅览室、报刊阅览室	40
Ⅱ	较静区	少年儿童阅览室、电子阅览室、集体视听室、办公室	50
Ⅲ	闹区	陈列厅（室）、读者休息区、目录厅、出纳厅、门厅、洗手间、走廊、其他公共活动区	55

（十一）《文化馆建筑设计规范》（JGJ 41—87）中指出

各类用房的室内允许噪声级不应大于表 11-74 的规定。

表 11-74　室内允许噪声级　　　　　　　　　　　　　（dB）

房间名称	允许噪声级（A 声级）
录音室（有特殊安静要求的房间）	30
教室、阅览室等	50
游艺、交谊厅等	55

（十二）墙板的隔声性能参考值

1. 相关技术资料指出：不同房间墙板的隔声性能见表 11-75。

表 11-75　不同房间墙板的隔声性能

编号	构件名称	面密度（kg/m²）	空气声隔声指数（dB）
1	240mm 砖墙，双面抹灰	500	48～53
2	140mm 振动砖墙板	300	48～50
3	140～180mm 钢筋混凝土大板	250～400	46～50
4	250mm 加气混凝土，双面抹灰	220	47～48
5	3～4 层双层碳化石灰板喷浆	130	45
6	板条墙	90	45～47
7	140～160mm 钢筋混凝土空心大板	200～240	43～47
8	120～150mm 加气混凝土，双面抹灰	150～165	40～45
9	120mm 砖墙双面抹灰	280	43～47
10	200mm 混凝土空心砌块，双面抹灰	220～285	43～47
11	石膏龙骨四层石膏板，板竖向排列	60	45～47
12	石膏龙骨四层石膏板，板横向排列	60	41
13	抽空石膏条板，双面抹灰	110	42
14	200～240mm 煤渣砖或粉煤灰砖墙，双面抹灰	—	44～47
15	20mm×90mm 双层碳化石灰板喷浆	130	45
16	石膏板与其他板材的组合墙体	65～69	44～47
17	80～90mm 石膏复合板填棉	32	37～41
18	石膏板与加气混凝土组合墙体	70	38～39
19	100mm 石膏蜂窝板加贴石膏板一层	44	35
20	20mm×60mm 双面珍珠岩石膏板	70	30～35
21	80～90mm 双层纸面石膏板（木龙骨）	25	31～34
22	90mm 单层碳化石灰板	65	32
23	80mm 双层水泥刨花板	45	30
24	60mm 单层珍珠岩石膏板	35	24

2.《蒸压加气混凝土建筑应用技术规程》（JGJ/T 17—2008）中指出：蒸压加气混凝土隔墙隔声性能，详见表 11-76。

表 11-76　蒸压加气混凝土隔墙隔声性能

隔墙做法	500～1000Hz 的计权隔声量 R_w（dB）
75mm 厚砌块墙，两侧各 10mm 抹灰	38.8
100mm 厚砌块墙，两侧各 10mm 抹灰	41.0
150mm 厚砌块墙，两侧各 20mm 抹灰	44.0（砌块） 46.0（板材）（B6 级制品无抹灰层）
100mm 厚条板，双面各刮 3mm 腻子喷浆	39.0
两道 75mm 厚砌块墙，75mm 中空，两侧各抹 5mm 混合灰	49.0
两道 75mm 厚条板墙，75mm 中空，两侧各抹 5mm 混合灰	56.0
一道 75mm 厚砌块墙，50mm 中空，一道 120mm 厚砖墙，两侧各抹 20mm 灰	55.0
200mm 厚条板，双面各刮 5mm 腻子喷浆	45.2（板材）
200mm 厚砌块，双面各刮 5mm 腻子喷浆	48.4（B6 级制品无抹灰层）

注：1. 上述检测数据，均为 B05 级水泥、矿渣、砂加气混凝土砌块。
　　2. 砌块均为普通水泥砂浆砌筑。
　　3. 抹灰为 1:3:9（水:石灰:砂）混合砂浆。
　　4. B06 级制品隔声数据系水泥、矿渣、粉煤灰加气混凝土制品。

3. 《混凝土小型空心砌块建筑技术规程》（JGJ/T 14—2011）中指出：

1）对190mm小砌块墙体双面粉刷（各20mm厚）的空气声计权隔声量应按45dB采用。对190mm配筋小砌块墙体双面粉刷（各20mm厚）的空气声计权隔声量应按50dB采用。

2）对隔声要求较高的小砌块建筑，可采用下列措施提高其隔声性能：

①孔洞内填矿渣棉、膨胀珍珠岩、膨胀蛭石等松散材料。

②在小砌块墙体的一面或双面采用纸面石膏板或其他板材做带有空气隔层的复合墙体构造。

③对有吸声要求的建筑或其局部，墙体宜采用吸声砌块砌筑。

（十三）楼板的隔声性能参考值

相关技术资料指出：不同房间楼板的隔声性能见表11-77。

表 11-77　不同房间楼板的隔声性能

编号	构件名称	计权标准化声压级撞击声指数（dB）
1	钢筋混凝土楼板上有木搁栅与焦砟垫层的木楼板	58～65
2	钢筋混凝土楼板上设水泥焦砟及锯末白灰垫层	65～66
3	钢筋混凝土槽形板，板条吊顶	66
4	钢筋混凝土圆孔板，砂子垫层，铺预制混凝土夹心块	66～67
5	钢筋混凝土圆孔板上实贴木地板或复合再生胶面层	69～72
6	钢筋混凝土楼板上设水泥焦砟及砂子烟灰垫层	71～72
7	钢丝网水泥楼板，纤维板吊顶，复合再生胶面层	73～75
8	钢筋混凝土圆孔板水泥焦砟及砂子烟灰垫层	75～78
9	110～120mm厚钢筋混凝土大楼板	77
10	钢筋混凝土楼板上设水泥焦砟垫层	81～83
11	钢筋混凝土圆孔板水泥砂浆或豆石混凝土垫层	82～84
12	密肋楼板松散矿渣填芯	82
13	钢丝网水泥楼板纤维板吊顶	83～87
14	钢丝网水泥楼板石膏板吊顶	86～90
15	密肋楼板珍珠岩或陶粒粉煤灰填芯	85～89
16	密肋楼板加气混凝土或纸蜂窝填芯	92～96
17	钢丝网水泥楼板	101

五、遮阳

1. 综合《严寒和寒冷地区居住建筑节能设计标准》JGJ 26—2010）、《夏热冬冷地区居住建筑节能设计标准》（JGJ 134—2010）、《夏热冬暖地区居住建筑节能设计标准》（JGJ 75—2003）、《公共建筑节能设计标准》（GB 50089—2005）和《建筑遮阳工程技术规范》（JGJ 237—2011）中关于建筑遮阳的规定综述如下。

（1）遮阳类型。内遮阳、外遮阳、双层幕墙或中空玻璃中间的遮阳。

（2）遮阳的布置方式。水平遮阳、垂直遮阳、综合遮阳、挡板遮阳等（图11-1）。

（3）遮阳方式。遮阳方式有固定遮阳和活动遮阳两种做法。遮阳板、遮阳百叶、遮阳帘布、遮阳篷等是常见的几种做法。

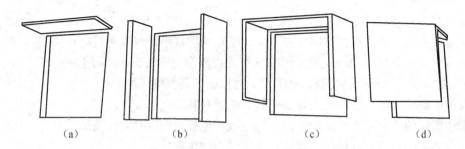

图 11-1 遮阳的布置

(a) 水平遮阳; (b) 垂直遮阳; (c) 综合遮阳; (d) 挡板遮阳;

（4）遮阳材料的选择。

1）应考虑遮阳材料的表面状态，包括涂料或饰面层材料对太阳能的辐射和吸收能力。

2）遮阳板材料应尽量选择对外来辐射的吸收能力小、本身辐射能力也尽量小的材料。

3）光亮的外表面可以提高对光线的反射强度，暗颜色的表面降低眩目程度，LOW-E 涂层降低二次热负荷。

（5）外遮阳方式的特点。

外遮阳方式的特点见表 11-78。

表 11-78　外遮阳方式特点

基本形式	特点	设置
水平式	水平式遮阳能有效遮挡太阳高度角较大，从窗口前上方投射下来的直射阳光。设计时应考虑遮阳板挑出长度或百叶旋转角度、高度、间距等，以减少对寒冷季节直射阳光的遮挡	宜布置在北回归线以北地区南向、接近南向的窗口和北回归线以南地区的南向、北向窗口
垂直式	垂直式遮阳能有效遮挡太阳高度角较小，从窗侧面斜射过来的阳光。当垂直式遮阳布置于东、西向窗口时，板面应向南适当倾斜	宜布置在北向、东北向、西北向附近的窗口
综合式	综合式遮阳能有效遮挡中等太阳高度角从窗前侧向斜射下来的直射阳光，遮阳效果比较均匀。	宜布置在从东南向到西南向范围内的窗口
挡板式	挡板式遮阳能有效遮挡高度角小，从窗口正前方射来的直射阳光。挡板式遮阳使用时应减小对视线、通风的干扰	宜布置在东、西向及其附近方向的窗口
自遮阳玻璃	通过镀膜、染色、印花或贴膜的方式可以降低玻璃的遮阳系数，从而降低进入室内的太阳辐射量	有关参数的选择与建筑物所在地区、外门窗朝向、使用方式、周边环境等多种因素相关

（6）各种外遮阳方式的适用范围。

各种外遮阳方式的适用范围见表 11-79。

表 11-79　各种外遮阳方式的适用范围

建筑性质	气候区	设置部位	外遮阳形式	备注
居住建筑	寒冷（B）区	南向外窗（包括阳台的透明部分）	宜设置水平遮阳或活动遮阳	当设置了展开或关闭后可以全部遮蔽窗户的活动式外遮阳时，应认定满足标准对东外窗的遮阳系数的要求
		东、西向的外窗	宜设置活动遮阳	
	夏热冬冷地区	东偏北 30° 至东偏南 60°、西偏北 30° 至西偏南 60° 范围内的外窗	应设置挡板式遮阳或可以遮住窗户正面的活动外遮阳	各朝向的窗户，当设置了可以完全遮住正面的活动外遮阳时，应认定满足标准对南向的外窗宜设置水平遮阳或可以对外窗遮阳的要求
		南向的外窗	应设置水平遮阳或可以遮住窗户正面的活动外遮阳	
	夏热冬暖地区	外窗，尤其是东西向的外窗	宜采用活动或固定的建筑外遮阳设施	—
公共建筑	夏热冬冷、夏热冬暖地区及寒冷地区中制冷负荷大的建筑外窗		宜设置外部遮阳	—

2.《建筑遮阳工程技术规范》(JGJ 237—2011)中规定

1. 建筑遮阳设计,应根据当地的地理位置、气候特征、建筑类型、透明围护结构朝向等因素,选择适宜的遮阳形式,并宜选择外遮阳。

2. 遮阳设计应兼顾采光、视野、通风和散热功能,严寒、寒冷地区应不影响建筑冬季的阳光入射。

3. 建筑不同部位、不同朝向遮阳设计的优先次序可根据其所受太阳辐射照度,依次选择屋顶水平天窗(采光顶)、西向、东向、南向窗;北回归线以南地区必要时还宜对北向窗进行遮阳。

4. 遮阳设计应进行夏季和冬季的阳光阴影分析,以确定遮阳装置的类型。建筑外遮阳的类型可按下列原则选用:

(1)南向、北向宜采用水平式遮阳或综合式遮阳。

(2)东西向宜采用垂直或挡板式遮阳。

(3)东南向、西南向宜采用综合式遮阳。

5. 采用内遮阳和中间遮阳时,遮阳装置面向室外侧宜采用反射太阳辐射的材料,并可根据太阳辐射情况调节其角度和位置。

6. 外遮阳设计应与建筑立面设计相结合,进行一体化设计。遮阳装置应构造简洁、经济实用、耐久美观,便于维修和清洁,并应与建筑物整体及周围环境相协调。

7. 遮阳设计宜与太阳能热水系统和太阳能光伏系统结合,进行太阳能利用与建筑一体化设计。

8. 建筑遮阳构件宜呈百叶或网格状。实体遮阳构件宜与建筑窗口、墙面和屋面之间留有间隙。

3.《住宅设计规范》(GB 50096—2011)中规定

除严寒地区外住宅建筑的西向居住空间朝西外窗应采取遮阳措施,夏热冬冷地区和夏热冬暖地区住宅建筑的东向居住空间朝东外窗也应采取遮阳措施。

4.《展览建筑设计规范》(JGJ 218—2010)中规定

展览建筑展厅的东、西朝向采用大面积外窗、透明幕墙及屋顶采用大面积透明顶棚时,宜设置遮阳设施。

第十二部分　建筑设备

一、给水和排水

《民用建筑设计通则》（GB 50352—2005）中规定：

1. 民用建筑给水排水设计应满足生活和消防等要求。

2. 生活饮用水的水质，应符合国家现行有关生活饮用水卫生标准的规定。

3. 生活饮用水水池（箱）应与其他用水的水池（箱）分开设置。

4. 建筑物内的生活饮用水水池、水箱的池（箱）体应采用独立结构形式，不得利用建筑物的本体结构作为水池和水箱的壁板、底板及顶板。生活饮用水池（箱）的材质、衬砌材料和内壁涂料不得影响水质。

5. 埋地生活饮用水贮水池周围 10.00m 以内，不得有化粪池、污水处理构筑物、渗水井、垃圾堆放点等污染源，周围 2.00m 以内不得有污水管和污染物。

6. 建筑给水设计应符合下列规定：

（1）宜实行分质供水，优先采用循环或重复利用的给水系统。

（2）应采用节水型卫生洁具和水嘴。

（3）住宅应分户设置水表计量，公共建筑的不同用户应分设水表计量。

（4）建筑物内的生活给水系统及消防供水系统的压力应符合给排水设计规范和防火规范有关规定。

（5）条件许可的新建居住区和公共建筑中可设置管道直饮水系统。

7. 建筑排水应遵循雨水与生活排水分流的原则排出，并应遵循国家或地方有关规定确定设置中水系统。

8. 在水资源紧缺地区，应充分开发利用小区和屋面雨水资源，并因地制宜，将雨水经适当处理后采用入渗和贮存等利用方式。

9. 排水管道不得布置在食堂、饮食业的主副食操作烹调备餐部位的上方，也不得穿越生活饮用水池部位的上方。

10. 室内给水排水管道不得布置在遇水会引起燃烧、爆炸的原料、产品和设备的上面。

11. 排水立管不得穿越卧室、病房等对卫生、安静有较高要求的房间，并不宜靠近与卧室相邻的内墙。

12. 给排水管不应穿越配变电房、档案室、电梯机房、通信机房、大中型计算机网络中心、音像库房等遇水会损坏设备和引发事故的房间内。

13. 给排水管穿越地下室外墙或地下构造物的墙壁处，应采取防水措施。

14. 给水泵房、排水泵房不得设置在有安静要求的房间上面、下面和毗邻的房间内；泵房内应设排水设施，地面应设防水层；泵房内应有隔振防噪设置。消防泵房应符合防火规范的有关规定。

15. 卫生洁具、水泵、冷却塔等给排水设备、管材应选用低噪声的产品。

二、暖通和空调

《民用建筑设计通则》（GB 50352—2005）中规定：

1. 民用建筑中暖通空调系统及其冷热源系统的设计应满足安全、卫生和建筑物功能的要求。

2. 室内空气设计参数及其卫生要求应符合现行国家标准《采暖通风与空气调节设计规范》（GB 50019—2003）及其他相关标准的规定。

3. 采暖设计应符合下列要求：

（1）民用建筑采暖系统的热媒宜采用热水。

（2）居住建筑采暖系统应有实现热计量的条件。

（3）住宅楼集中采暖系统需要专业人员调节、检查、维护的阀门、仪表等装置不应设置在私有套型内；一个私有套型中不应设置其他套型所用的阀门、仪表等装置。

（4）采暖系统中的散热器、管道及其连接件应满足系统承压要求。

4. 通风系统应符合下列要求：

（1）机械通风系统的进风口应设置在室外空气清新、洁净的位置。

（2）废气排放不应设置在有人停留或通行的地带。

（3）机械通风系统的管道应选用不燃材料。

（4）通风机房不宜与有噪声限制的房间相邻布置。

（5）通风机房的隔墙及隔墙上的门应符合防火规范的有关规定。

5. 空气调节系统应符合下列要求：

（1）空气调节系统的民用建筑，其层高、吊顶高度应满足空调系统的需要。

（2）空气调节系统的风管管道应选用不燃材料。

（3）空气调节机房不宜与有噪声限制的房间相邻。

（4）空气调节系统的新风采集口应设置在室外空气清新、洁净的位置。

（5）空调机房的隔墙及隔墙上的门应符合防火规范的有关规定。

6. 民用建筑中的冷冻机房、水泵房、换热站等的设置应符合下列要求：

（1）应预留大型设备的进入口；有条件时，在机房内适当位置预留吊装设施。

（2）宜采用压光水泥地面，并应设置冲洗地面的上、下水设施；在设备可能漏水、泄水的位置，设地漏或排水明沟。

（3）宜设置修理间、值班室、厕所以及对外通讯和应急照明。

（4）设备布置应保证操作方便，并有检修空间。

（5）应防止设备振动可能导致的不利影响。

（6）有通风换气要求的房间，当室内只设置送风口或只设置排风口时，应能保证关门时室内空气可以流动；既有送风，又有排风的房间，送、排风口的位置应避免气流短路。

7. 居住区集中锅炉房位置应防止燃料运输、噪声、污染物排放等对居住区环境的影响。建筑物、构筑物和场地布置应符合现行国家标准《锅炉房设计规范》（GB 50041—2008）的有关规定。

8. 为民用建筑服务的燃油、燃气锅炉房（或其他有燃烧过程的设备用房）不宜设置在主体建筑中。需要设置在主体建筑中时，应符合有关规范和当地消防、安全等部门的规定。

三、建筑电气

《民用建筑设计通则》（GB 50352—2005）中规定：

1. 民用建筑物内配变电所应符合下列要求：

（1）配变电所位置的选择。

1）宜接近用电负荷中心。

2）应方便进出线。

3）应方便设备吊装运输。

4）不应设在厕所、浴室或其他经常积水场所的正下方，且不宜与上述场所相贴邻；装有可燃油电气设备的变配电室，不应设在人员密集场所的正上方、正下方、贴邻和疏散出口的两旁。

5）当配变电所的正上方、正下方为住宅、客房、办公室等场所时，配变电所应做屏蔽处理。

（2）安装可燃油油浸电力变压器总容量不超过 1260kV·A、单台容量不超过 630kV·A 的变配电室可布置在建筑主体内首层或地下一层靠外墙部位，并应设直接对外的安全出口，变压器室的门应为甲级防火门；外墙开口部位上方，应设置宽度不小于 1.00m 不燃烧体的防火挑檐。

（3）可燃油油浸电力变压器室的耐火等级应为一级，高压配电室的耐火等级不应低于二级，低压配电室的耐火等级不应低于三级，屋顶承重构件的耐火等级不应低于二级。

（4）不带可燃油的高、低压配电装置和非油浸的电力变压器，可设置在同一房间内。

（5）高压配电室宜设不能开启的、距室外地坪不低于 1.80m 的自然采光窗，低压配电室可设能开启的不临街的自然采光窗。

（6）长度大于 7.00m 的配电室应在配电室的两端各设一个出口，长度大于 60.00m 时，应增加一个出口。

（7）变压器室、配电室的进出口门应向外开启。

（8）变压器室、配电室等应设置防雨雪和小动物从采光窗、通风窗、门、电缆沟等进入室内的设施。

（9）配变电室的电缆夹层、电缆沟和电缆室应采取防水、排水措施。

（10）配变电室不应有与其无关的管道和线路通过。

（11）配变电室、控制室、楼层配电室宜做等电位联结。

（12）配变电室应设与外界联络的通信接口，宜设出入口控制。

2. 配变电所防火门的级别应符合下列要求：

（1）设在高层建筑内的配变电所，应采用耐火极限不低于 2.00h 的隔墙、耐火极限不低于 1.50h 的楼板和甲级防火门与其他部位隔开。

（2）可燃油油浸变压器室通向配电室或变压器室之间的门应为甲级防火门。

（3）配变电所内部相通的门，宜为丙级防火门。

（4）配变电所直接通向室外的门，应为丙级防火门。

3. 柴油发电机房应符合下列要求：

（1）柴油发电机房的位置选择及其他要求应符合配变电所的要求。

（2）柴油发电机房宜设有发电机间、控制及配电室、储油间、备件贮藏间等；设计时可根据具体情况对上述房间进行合并或增减。

（3）发电机间应有两个出入口，其中一个出口的大小应满足运输机组的需要，否则应预留吊装孔。

（4）发电机间与控制室或配电室之间的门和观察窗应采取防火措施，门开向发电机间。

（5）柴油发电机组宜靠近一级负荷或变配电所设置。

（6）柴油发电机房可布置在高层建筑裙房的首层或地下一层，并应符合下列要求：

1）柴油发电机房应采用耐火极限不低于 2.00h 或 3.00h 的隔墙和 1.50h 的楼板、甲级防火门与其他部位隔开。

2）柴油发电机房内应设置储油间，其总储存量不应超过 8h 的需要量，储油间应采用防火墙与发电机间隔开；当必须在防火墙上开门时，应设置能自行关闭的甲级防火门。

3）应设置火灾自动报警系统和自动灭火系统。

4）柴油发电机房设置在地下一层时，至少应有一侧靠外墙，热风和排烟管道应伸出室外。排烟管道的设置应达到环境保护要求。

（7）柴油发电机房进风口宜设在正对发电机端或发电机端两侧。

（8）柴油发电机房应采取机组消声及机房隔声综合治理措施。

4. 智能化系统机房应符合下列要求：

（1）智能化系统的机房主要有：消防控制室、安防监控中心、电信机房、卫星接收及有线电视机房、计算机机房、建筑设备监控机房、有线广播及（厅堂）扩声机房等。

（2）智能化系统的机房可单独设置，也可合用设置，并应符合下列要求。

1）消防防控制室、安防监控中心的设置应符合有关消防、安防规范。

2）消防控制室、安防监控中心宜设在建筑物的首层或地下一层，且应采用耐火极限不低于2.00h或3.00h的隔墙和耐火极限不低于1.20h或2.00h的楼板与其他部位隔开，并应设直通室外的安全出口。

3）消防控制室与其他控制室合用时，消防设备在室内应占有独立的工作区域，且相互间不会产生干扰。

4）安防监控中心与其他控制室合用时，风险等级应得到主管安防部门的确认。

5）智能化系统的机房宜铺设架空地板、网络地板或地面线槽；宜采用防静电、防尘材料；机房净高不宜小于2.50m。

6）机房室内温度冬天不宜低于18℃，夏天不宜高于27℃；室内湿度冬天宜大于30%，夏天宜小于65%。

7）智能化系统的机房不应设在厕所、浴室或其他经常积水场所的正下方，且不宜与上述场所贴邻。

（3）智能化系统的重要机房应远离强磁场所。

（4）智能化系统的设备用房应在初步设计中预留位置及线路敷设通道。

（5）智能化系统的重要机房应做好自身的物防、技防。

（6）智能化系统应根据系统的风险评估采取防雷措施，应做等电位联结。

5. 电气竖井、智能化系统竖井应符合下列要求：

（1）高层建筑电气竖井在利用通道作为检修面积时，竖井的净宽度不宜小于0.80m。

（2）高层建筑智能化系统竖井在利用通道作为检修面积时，竖井的净宽度不宜小于0.60m；多层建筑智能化系统竖井在利用通道作为检修面积时，竖井的净宽度不宜小于0.35m。

（3）电气竖井、智能化系统竖井内宜预留电源插座，应设应急照明灯，控制开关宜安装在竖井外。

（4）智能化系统竖井宜与电气竖井分别设置，其地坪或门槛宜高出本层地坪0.15~0.30m。

（5）电气竖井、智能化系统竖井井壁应为耐火极限不低于1h的不燃烧体，检修门应采用不低于丙级的防火门。

（6）电气竖井、智能化系统竖井内的环境指标应保证设备正常运行。

6. 线路敷设应符合下列要求：

（1）线路敷设应符合现行国家标准《建筑电气工程施工质量验收规范》（GB 50303—2002）的规定。

（2）智能化系统的缆线宜穿金属管或在金属线槽内敷设。

（3）暗敷在楼板、墙体、柱内的缆线（有防火要求的缆线除外），其保护管的覆盖层不应小于15.00mm。

（4）楼板的厚度、建筑物的层高应满足强电缆线及智能化系统缆线水平敷设所需的空间，并应与其他专业管线综合。

四、太阳能光伏系统

太阳能光伏系统是利用光伏效应将太阳辐射能直接转换成电能的发电系统。相关资料指出：光电采光板由上下两层4mm玻璃、中间为光伏电池组成的光伏电池系列，用铸膜树脂（EVA）热固而成，背面是接线盒和导线。光电采光板的尺寸一般为500mm×500mm～2100mm×3500mm。

（一）构造类型

从光电采光板接线盒穿出的导线一般有两种构造类型：

1. 类型一。导线从接线盒穿出后，在施工现场直接与电源插头相连，这种构造适合于表面不通透的外立面，因为它仅外片玻璃是透明的。

2. 类型二。隐藏在框架之间的导线从装置的边缘穿出，这种构造适合于透明的外立面，从室内可以看到这种装置。

（二）安装要求

《民用建筑太阳能光伏系统应用技术规范》（JGJ 203—2010）中指出：

1. 太阳能光伏系统可以安装在平屋面、坡屋面、阳台（平台）、墙面、幕墙等部位。安装时不应跨越变形缝，不应影响所在建筑部位的雨水排放，光伏电池的温度不应高于85℃，多雪地区宜设置人工融雪、清雪的安全通道。

2. 在平屋面上的安装要求。

（1）应按最佳倾角进行设计。倾角小于10°时，宜设置维修、人工清洗的设施与通道。

（2）基座与安装应不影响屋面排水。

（3）安装间距应满足冬至日投射到光伏件的阳光不受影响的要求。

（4）屋面上的防水层应铺设到支座和金属件的上部，并应在地脚螺栓周围做密封处理。

（5）在平屋面防水层上安装光伏组件时，其支架基座下部应增设附加防水层。

（6）光伏组件的引线穿过平屋面处应预埋防水套管，并做好防水密封处理。

3. 在坡屋面上的安装要求。

（1）应按全年获得电能最多的倾角设计。

（2）光伏组件宜采用顺坡镶嵌或顺坡架空安装方式。

（3）建材型光伏件安装应满足屋面整体保温、防水等功能的要求。

（4）支架与屋面间的垂直距离应满足安装和通风散热的要求。

4. 在阳台（平台）上的安装要求。

（1）应有适当的倾角。

（2）构成阳台或平台栏板的光伏构件，应满足刚度、强度、保护功能和电气安全的要求。

（3）应采取保护人身安全的防护措施。

5. 在墙面上的安装要求。

（1）应有适当的倾角。

（2）光伏组件与墙面的连接不应影响墙体的保温和节能效果。

（3）对安装在墙面上提供遮阳功能的光伏构件，应满足室内采光和日照的要求。

（4）当光伏组件安装在窗面上时，应满足窗面采光、通风等使用功能的要求。

（5）应采取保护人身安全的防护措施。

6. 在建筑幕墙上的安装要求。

（1）安装在建筑幕墙上的光伏组件宜采用建材型光伏构件。

（2）对有采光和安全双重要求的部位，应使用双玻光伏幕墙，其使用的夹胶层材料应为聚乙烯醇缩丁醛（PVB），并应满足建筑室内对视线和透光性能的要求。

（3）由玻璃光伏幕墙构成的雨篷、檐口和采光顶，应满足建筑相应部位的刚度、强度、排水功能及防止空中坠物的安全性能的要求。

五、建筑智能化

以下内容摘编于《智能建筑设计标准》（GB/T 50314—2000）。

（一）总则

1. 本标准适用于智能办公楼、综合楼、住宅楼的新建、扩建、改建工程，其他工程项目也可参照使用。

2. 智能建筑中各智能化系统应根据使用功能、管理要求和建设投资等划分为甲、乙、丙三级（住宅除外），且各级均有可扩性、开放性和灵活性。智能建筑的等级按有关评定标准确定。

（二）术语与符号

1. 智能建筑（IB）

它是以建筑为平台，兼备建筑设备、办公自动化及通信网络系统，集结构、系统、服务、管理及它们之间的最优化组合，向人们提供一个安全、高效、舒适、便利的建筑环境。

2. 建筑设备自动化系统（BAS）

建筑物或建筑群内的电力、照明、排水、防灾、保安、车库管理等设备或系统，以集中监视、控制和管理为目的，构成综合系统。

3. 通信网络系统（CNS）

它是楼内的语音、数据、图像传输的基础。同时与外部通信网络（如公用电话网、综合业务数字网、计算机互联网、数据通信网及卫星通信网等）相连，确保信息畅通。

4. 办公自动化系统（OAS）

办公自动化系统是应用计算机技术、通信技术、多媒体技术和行为科学等先进技术，使人们的部分办公业务借助于各种办公设备，并由这些办公设备与办公人员构成服务于某种办公目标的人机信息系统。

5. 综合布线系统（GCS）

综合布线系统是建筑物或建筑群内部之间传输网络，它能使建筑物或建筑群内部的语音、数据通信设备、信息交换设备、建筑物物业管理及建筑物自动化管理设备等系统之间彼此相连，也能使建筑物内通信网络设备与外部的通信网络相连。

6. 系统集成（SI）

它是将智能建筑内不同功能的智能化子系统在物理上、逻辑上和功能上连接在一起，以实现信息综合、资源共享。

（三）通信网络系统

1. 一般规定

（1）通信网络系统应能为建筑物或建筑群的拥有者（管理者）及建筑物内的各个使用者提供有效的信息服务。

（2）通信网络系统应能对来自建筑物或建筑群内外的各种信息予以接收、存贮、处理、交换、传输并提供决策支持的能力。

（3）通信网络系统提供的各类业务及其业务接口，应能通过建筑物内布线系统引至各个用户终端。

2. 设计要素

（1）应将公用通信网上光缆、铜缆线路系统或光缆数字传输系统引入建筑物内，并可根据建筑内使用者的需求，将光缆延伸至用户的工作区。

（2）应设置数字化、宽带化、综合化、智能化的用户接入网设备。

（3）建筑物内宜在底层或地下一层（当建筑物有地下多层时）设置通信设备间。

（4）应根据建筑物自身的类型和用户接入公用通信网的条件，适度超前地配置相应的通信系统，其接口应符合通信行业的有关规定。

（5）建筑物内或建筑群区域内可设置微小蜂窝数字区域无绳电话系统。在系统覆盖的范围内提供双向通信。

（6）建筑物地下层及上部其他区域由于屏蔽效应出现移动通信盲区时，在行业主管部门的同意下，设置移动通信中继系统。

（7）建筑物相关对应部位应设置或预留 VSAT 卫星通信系统天线与室外单元设备安装的空间及通信设备机房的位置。

（8）建筑物内应设置有线电视系统（含闭路电视系统）及广播电视卫星系统。电视系统的设计应按电视图像双向传输的方式，并可采用光纤和同轴电缆混合网（HFC）组网。

（9）建筑物内应根据实际需求设置或预留会议电视室，可配置双向传输的会议电视系统，并提供与公用或专用会议电视网连接的通信路由。

（10）根据实际需求，建筑物内可设置多功能会议室。可选择配置多语种同声传译扩音系统或桌面会议型扩声系统，并配置带有与计算机互联接口的大屏幕投影电视系统。

（11）建筑物内设置的公共广播系统，应与大楼紧急广播系统相连。

（12）建筑物底层大厅及公共部位应设置多部公用的直线电话和内线电话。

（13）建筑物内应设置综合布线系统，向使用者提供宽带信息传输的物理链路。

（14）建筑物内所设置的通信设备，除能向用户提供模拟话机 Z 接口外，还应提供传送速率为 64kbit/s、$n \times 64$kbit/s、2048kbit/s 以及 2048kbit/s 以上的传输信道。

3. 设计标准

（1）甲级标准应符合下列条件：

1）将公用通信网上光缆线路系统或光缆数字传输系统引入建筑物内。并可根据用户的实际需求，将光缆延伸至用户的工作区。

2）光缆宜从两个不同的路由进入建筑物。

3）接入网及其配置的通信系统对于光缆数字传输系统设备容量的需求应满足承载各种信息业务所需的数字电路、专用电路及其传输线路，并以 2048kbit/s 端口的通路数确定。设计时应按 200 个插口的信息插座配置一个 2048kbit/s 传输速率的一次群接口。

4）应根据用户的需求和实际情况配置相对应的通信设施。

5）建筑物内电话用户线对数的配置应满足实际需求，并预留足够的裕量。

6）建筑物中微小蜂窝数字无绳电话系统，应在建筑物内设置一定数量的收发基站，确保用户在任何地点进行双向通信。

7）建筑物地下层及上部其他区域由于屏蔽效应出现移动通信盲区时，应设置移动通信中继收发通信设备，供楼内各层移动通信用户与外界进行通信。

8）VAST 卫星通信系统在满足用户业务需求的情况下，可设置多个端站和设备机房，或预留端站天线安装的空间和设备机房位置，供用户接收和传输单向或双向的数据和话音业务。

9）有线电视系统（含闭路电视系统）应向收看用户提供当地多套开路电视和多套自制电视节目，并可与广播电视卫星系统连通，向用户提供卫星电视节目，同时预留与当地有线电视网互联的接口。

10）建筑物内有线电视系统应采用电视图像双向传输的方式。

11）建筑物内应设置一间会议电视室，配置双向传输的会议电视系统设备。

12）建筑物内应设置一间或一间以上的多功能会议室和多间商务会议室，相应地选配多语种同声传译扩音系统、桌面型会议扩声系统及带有与计算机接口互联的大屏幕投影电视系统。

13）公共广播系统应设置独立的多音源的播音柜，向建筑物内公共场所提供音乐节目和公共广播信息，并应和紧急广播系统相连。

14）底层大厅等公共部位，应设置多部公用的直线电话和内线电话。

15）应设置综合布线系统。

（2）乙级标准应符合下列条件：

1）将公用通信网上光缆、铜缆线路系统或光缆数字传输系统引入建筑物内。并可根据用户的实际需求，将光缆延伸至用户的工作区。

2）光缆、铜缆宜从两个不同的路由进入建筑物。

3）接入网及其配置的通信系统对于光缆数字传输系统设备容量的需求，应满足承载各种信息业务所需的数字电路、专用电路及其传输线路，并以 2048kbit/s 端口的通路数确定。设计时应按 250 个插口的信息插座配置一个 2048kbit/s 传输速率的一次群接口。

4）应根据用户的需求和实际情况，选配相对应的通信设施。

5）建筑物内电话用户线对数的配置应满足实际需求，并预留足够的裕量。

6）建筑物地下层及上部其他区域由于屏蔽效应出现移动通信盲区时，应设置移动通信中继收发通信设备，供楼内各层移动通信用户与外界进行通信。

7）VAST 卫星通信系统在满足用户业务需求的情况下，可设置多个端站和提供设备机房，或预留端站天线安装的空间和设备机房位置，供用户接收和传输单向或双向的数据和话音业务。

8）有线电视系统（含闭路电视系统）应向收看用户提供当地多套开路电视和多套自制电视节目，并可与广播电视卫星系统连通，以向用户提供卫星电视节目，同时预留与当地有线电视网互联的接口。

9）建筑物内有线电视系统宜采用电视图像双向传输的方式。

10）建筑物内应设置一间多功能会议室和多间商务会议室，相应地选择配置多语种同声传译扩音系统、桌面型会议扩声系统及带有与电脑接口互联的大屏幕投影电视系统。

11）公共广播系统应设置独立的、多音源的播音柜，向建筑物内公共场所提供音乐节目和公共广播信息，并应和紧急广播系统相连。

12）底层大厅等公共部位，应设置多部公用的直线电话和内线电话。

13）应设置综合布线系统。

（3）丙级标准应符合下列条件：

1）将公用通信网上光缆、铜缆线路系统或光缆数字传输系统引入建筑物内。

2）光缆、铜缆可从两个路由进入建筑物。

3）接入网及其配置的通信系统对于光缆数字传输系统设备容量的需求，应满足承载各种信息业务所需的数字电路、专用电路及其传输线路，并以 2048kbit/s 端口的通路数确定。设计时应按 300 个插口的信息插座配置一个 204kbit/s 传输速率的一次群接口。

4）应根据用户的需求和实际情况，选配相对应的通信设施。

5）建筑物内电话用户线对数的配置应满足实际需求。

6）预留多个 VAST 卫星通信系统接收天线的基底及安装的空间，供日后发展使用。

7）有线电视系统应向收看用户提供当地多套开路电视节目，同时预留与当地有线电视网互联的接口。

8）建筑物内宜设置多功能会议室，选配会议扩声系统及带有与电脑接口互联的大屏幕投影电视系统。

9）应设置公共广播系统，可兼作紧急广播系统。

10）底层大厅等公共部位，应设置公用的直线电话和内线电话。

11）应设置综合布线系统。

（四）办公自动化系统

1. 一般规定

（1）办公自动化系统应能为建筑物的拥有者（管理者）及建筑物内的使用者，创造良好的信息环境并提供快捷有效的办公信息服务。

（2）办公自动化系统应能对来自建筑物内外的各类信息，予以收集、处理、存储、检索等综合处理，并提供人们进行办公事务决策和支持的功能。

2. 设计要素

（1）根据各类建筑物的使用功能需求，建立通用办公自动化系统和专用办公自动化系统。通用办公自动化系统应具有以下功能：建筑物的物业管理营运信息、电子账务、电子邮件、信息发布、信息检索、导引、电子会议以及文字处理、文档等的管理。对于专业型办公建筑，其办公自动化系统除具有上述功能外，还应按其特定的业务需求，建立专用办公自动化系统。对于智能建筑办公自动化系统的设计，应以满足通用办公自动化的要求，又能为专用办公自动化系统打下基础作为设计的主要内容。

（2）办公自动化系统应建立在计算机网络的基础上，实现信息资源共享。同时应具有广域网连接的能力，实现与国际互联网的连接。

（3）办公自动化系统，应具有良好的系统安全防范措施。

（4）办公自动化系统，应实现以下主要功能：

1）物业管理营运信息子系统，应能对建筑物内各类设施的资料管理、运行状况及维护进行管理。

2）办公和服务管理子系统应具有进行文字处理、文档管理、各类公共服务的计费管理、电子账务、人员管理等功能。

3）信息服务子系统应具有共用信息库，向建筑物内公众提供信息采集、装库、检索、查询、发布、导引等功能。

4）智能卡管理子系统应能识别身份、门钥、信息系统密钥等，并进行各类计费。

（5）应设立计算机网络管理系统，对计算机网络进行维护和监控，及时排除网络故障。

（6）办公自动化系统的基础设施的信息环境条件应符合通信网络系统的要求。

3. 设计标准

（1）甲级标准应符合下列条件：

1）办公自动化系统服务器，应能作为公共信息库、网页服务器、电子邮件服务器等的载体。

2）建立传输速率在100Mbit/s以上的计算机主干网络系统，且宜与国际互联网连接。

3）在建立与建筑物外网络连接时，应有功能完善的各种系统安全防护措施。

4）办公自动化系统应具有建筑物的物业管理营运信息子系统、办公管理子系统、服务管理子系统、智能卡管理子系统、共用信息库管理子系统和电子会议、电子公告信息服务等子系统。

（2）乙级标准应符合下列条件：

1）办公自动化系统服务器，应能作为公共信息库、网页服务器、电子邮件服务器等的载体。

2）建立传输速率不小于100Mbit/s的计算机主干网络系统，且宜与国际互联网连接。

3）在建立与建筑物外网络连接时，应有对非法入侵有防止功能的各种系统安全防护措施。

4）办公自动化系统应具有建筑物的物业管理营运信息子系统、办公管理子系统和共用信息库管理等子系统。

（3）丙级标准应符合下列条件：

1）办公自动化系统服务器，应能作为公共信息库、网页服务器、电子邮件服务器等的载体。

2）建立传输速率为10Mbit/s以上的计算机局域网络系统，具有与广域网连接的能力。

3）应有必要的信息安全防护措施。

4）办公自动化系统应具有建筑物的物业管理营运信息子系统及办公管理子系统。

（五） 建筑设备监控系统

1. 一般规定

（1）对建筑物内各类设备的监视、控制、测量，应做到运行安全、可靠、节省能源、节省人力。

（2）建筑设备监控系统的网络结构模式应采用集散或分布式控制的方式，由管理层网络与监控层网络组成，实现对设备运行状态的监视和控制。

（3）建筑设备监控系统应实时采集，记录设备运行的有关数据，并进行分析处理。

（4）建筑设备监控系统应满足管理的需要。

2. 设计要素

（1）对空调系统设备、通风设备及环境监测系统等运行工况的监视、控制、测量、记录。

（2）对供配电系统、变配电设备、应急（备用）电源设备、直流电源设备、大容量不停电电源设备监视、测量、记录。

（3）对动力设备和照明设备进行监视和控制。

（4）对给排水系统的给排水设备、饮水设备及污水处理设备等运行工况的监视、控制、测量、记录。

（5）对热力系统的热源设备等运行工况的监视、控制、测量、记录。

（6）对公共安全防范系统、火灾自动报警与消防联动控制系统运行工况进行必要的监视及联动控制。

（7）对电梯及自动扶梯的运行监视。

3. 设计标准

（1）甲级标准应符合下列条件：

1）压缩式制冷系统应具有下列功能：

①启停控制和运行状态显示。

②冷冻水进出口温度、压力测量。

③冷却水进出口温度、压力测量。

④过载报警。

⑤水流量测量及冷量记录。

⑥运行时间和启动次数记录。

⑦制冷系统启停控制程序的设定。

⑧冷冻水旁通阀压差控制。

⑨冷冻水温度再设定。

⑩台数控制。

⑪制冷系统的控制系统应留有通信接口。

2）吸收式制冷系统应具有下列功能：

①启停控制与运行状态显示。

②运行模式、设定值的显示。

③蒸发器、冷凝器进出口水温测量*。

④制冷剂、溶液蒸发器和冷凝器的温度及压力测量*。

⑤溶液温度压力、溶液浓度值及结晶温度测量*。

⑥启动次数、运行时间显示。

⑦水流、水温、结晶保护*。

⑧故障报警。

⑨台数控制。

⑩制冷系统的控制系统应留有通信接口。

注：＊仅限于制冷系统控制器能与 BA 系统以通信方式交换信息时实现。

3）蓄冰制冷系统应具有下列功能：

①运行模式（主机供冷、溶冰供冷与优化控制）参数设置及运行模式的自动转换。

②蓄冰设备溶冰速度控制，主机供冷量调节，主机与蓄冷设备供冷能力的协调控制。

③蓄冰设备蓄冰量显示，各设备启停控制与顺序启停控制。

4）热力系统应具有下列功能：

①蒸汽、热水出口压力、温度、流量显示。

②锅炉气泡水位显示及报警。

③运行状态显示。

④顺序启停控制。

⑤油压、气压显示。

⑥安全保护信号显示。

⑦设备故障信号显示。

⑧燃料耗量统计记录。

⑨锅炉（运行）台数控制。

⑩锅炉房可燃物、有害物质浓度监测报警。

⑪烟气含氧量监测及燃烧系统自动调节。

⑫热交换器能按设定出水温度自动控制进汽或水量。

⑬热交换器进汽或水阀与热水循环泵连锁控制。

⑭热力系统的控制系统应留有通信接口。

5）冷冻水系统应具有下列功能：

①水流状态显示。

②水泵过载报警。

③水泵启停控制及运行状态显示。

6）冷却系统应具有下列功能：

①水流状态显示。

②冷却水泵过载报警。

③冷却水泵启停控制及运行状态显示。

④冷却塔风机运行状态显示。

⑤进出口水温测量及控制。

⑥水温再设定。

⑦冷却塔风机启停控制。

⑧冷却塔风机过载报警。

7）空气处理系统应具有下列功能：

①风机状态显示。

②送回风温度测量。

③室内温度、湿度测量。

④过滤器状态显示及报警。

⑤风道风压测量。

⑥启停控制。

⑦过载报警。

⑧冷热水流量调节。

⑨加湿控制。

⑩风门控制。

⑪风机转速控制。

⑫风机、风门、调节阀之间的连锁控制。

⑬室内 CO_2 浓度监测。

⑭寒冷地区换热器防冻控制。

⑮送回风机与消防系统的联动控制。

8）变风量（VAV）系统应具有下列功能：

①系统总风量调节。

②最小风量控制。

③最小新风量控制。

④再加热控制。

⑤变风量（VAV）系统的控制装置应有通信接口。

9）排风系统应具有下列功能：

①风机状态显示。

②启停控制。

③过载报警。

10）风机盘管应具有下列控制功能：

①室内温度测量。

②冷水、热水阀开关控制。

③风机变速与启停控制。

11）整体式空调机应具有下列功能：

①室内温度、湿度测量。

②启停控制。

12）给水系统应具有下列功能：

①水泵运行状态显示。

②水流状态显示。

③水泵启停控制。

④水泵过载报警。

⑤水箱高低液位显示及报警。

13）排水及污水处理系统应具有下列功能：

①水泵运行状态显示。

②水泵启停控制。

③污水处理池高低液位显示及报警。

④水泵过载报警。

⑤污水处理系统留有通信接口。

14）供配电设备监视系统应具有下列功能：

①变配电设备各高低压主开关运行状况监视及故障警报。

②电源及主供电回路电流值显示。

③电源电压值显示。

④功率因数测量。

⑤电能计量。

⑥变压器超温报警。

⑦应急电源供电电流、电压及频率监视。

⑧电力系统计算机辅助监控系统应留有通信接口。

15）照明系统应具有下列功能：

①庭园灯控制。

②泛光照明控制。

③门厅、楼梯及走道照明控制。

④停车场照明控制。

⑤航空障碍灯状态显示、故障报警。

⑥重要场所可设智能照明控制系统。

16）应对电梯、自动扶梯的运行状态进行监视。

17）应留有与火灾自动报警系统、公共安全防范系统和车库管理系统通信接口。

（2）乙级标准应符合下列条件：

1）压缩式制冷系统应具有下列功能：

①启停控制和运行状态显示。

②冷冻水进出口温度、压力测量。

③冷却水进出口温度、压力测量。

④过载报警。

⑤水流量测量。

⑥运行时间和启动次数记录。

⑦制冷系统启停控制程序的设定。

⑧冷冻水旁通阀压差控制。

⑨制冷系统的控制系统应留有通信接口。

2）吸收式制冷系统应具有下列功能：

①启停控制与运行状态显示。

②运行模式、设定值的显示。

③蒸发器、冷凝器进出口水温测量*。

④制冷剂或溶液蒸发器和冷凝器的温度和压力测量*。

⑤溶液温度压力、溶液浓度值及结晶温度测量*。

⑥启动次数、运行时间显示。

⑦水流、水温、结晶保护*。

⑧故障报警。

⑨制冷系统的控制系统应留有通信接口。

注：*仅限于制冷系统控制器能与 BA 系统以通信方式交换信息时实现。

3）蓄冰制冷系统应具有下列功能：

①运行模式（主机供冷、溶冰供冷与优化控制）参数设置及运行模式的自动转换。

②蓄冰设备溶冰速度控制，主机供冷量调节，主机与蓄冷设备供冷能力的协调控制。

③蓄冰设备蓄冰量显示，各设备启停控制与顺序启停控制。

4）热力系统应具有下列功能：

①蒸汽、热水出口压力、温度、流量显示。

②锅炉气泡水位显示。

③运行状态显示。

④顺序启停控制。

⑤油压、气压显示。

⑥安全保护信号显示。

⑦设备故障信号显示。

⑧热交换器能按设定出水温度自动控制进汽或水量。

⑨热力系统的控制系统应留有通信接口。

5）冷冻水系统应具有下列功能：

①水泵过载报警。

②水泵启停控制及运行状态显示。

6）冷却系统应具有下列功能：

①冷却水泵过载报警。

②冷却水泵启停控制及运行状态显示。

③冷却塔风机运行状态显示。

④进出口水温测量及控制。

⑤冷却塔风机启停控制。

⑥冷却塔风机过载报警。

7）空气处理系统应具有下列功能：

①风机状态显示。

②送回风温度测量。

③室内温度、湿度测量。

④过滤器状态显示。

⑤风道风压测量。

⑥启停控制。

⑦过载报警。

⑧冷热水流量调节。

⑨加湿控制。

⑩风门控制。

⑪风机转速控制。

⑫风机、风门、调节阀之间的连锁控制。

⑬寒冷地区换热器防冻控制。

⑭送回风机与消防系统的联动控制。

8）变风量（VAV）系统应具有下列功能：

①系统总风量调节。

②最小风量控制。

③最小新风量控制。

④再加热控制。

⑤变风量（VAV）系统的控制装置应有通信接口。

9）排风系统应具有下列功能：

①风机状态显示。

②启停控制。

③过载报警。

10）给水系统应具有下列功能：

①水泵运行状态显示。

②水泵启停控制。

③水泵过载报警。

④水箱高低液位显示及报警。

11）供配电设备监视系统应具有下列功能：

①变配电设备各高低压主开关运行状况监视及故障报警。

②电源及主供电回路电流值显示。

③电源电压值显示。

④功率因数测量。

⑤电能计量。

⑥变压器超温报警。

⑦应急电源供电电流、电压及频率监视。

⑧电力系统计算机辅助监控系统应留有通信接口。

12）应留有与火灾自动报警系统、公共安全防范系统和车库管理系统通信接口。

（3）丙级标准应符合下列条件：

1）压缩式制冷系统应具有下列功能：

①启停控制和运行状态显示。

②冷冻水进出口温度、压力测量。

③冷却水进出口温度、压力测量。

④过载报警。

⑤水流量测量。

⑥运行时间和启动次数记录。

⑦制冷系统启停控制程序的设定。

⑧冷冻水旁通阀压差控制。

2）吸收式制冷系统应具有下列功能：

①启停控制与运行状态显示。

②运行模式、设定值的显示。

③蒸发器、冷凝器进出口水温测量。

④启动次数、运行时间显示。

⑤故障报警。

3）热力系统应具有下列功能：

①蒸汽、热水出口压力、温度、流量显示。

②锅炉汽泡水位显示。

③运行状态显示。

④顺序启停控制。

⑤油压、气压显示。

⑥安全保护信号显示。

⑦设备故障信号显示。

⑧热交换器能按设定出水温度自动控制进汽或水量。

4）冷冻水系统应具有水泵启停控制及运行状态显示功能。

5）冷却系统应具有下列功能：

①冷却水泵启停控制及运行状态显示。

②冷却塔风机运行状态显示。

③进出口水温测量及控制。

④冷却塔风机启停控制。

6）空气处理系统应具有下列功能：

①风机状态显示。

②送回风温度测量。

③室内温度、湿度测量。

④过滤器状态显示。

⑤启停控制。

⑥冷热水流量调节。

⑦加湿控制。

⑧风门控制。

⑨风机、风门、调节阀之间的连锁控制。

⑩寒冷地区换热器防冻控制。

⑪送回风机与消防系统的联动控制。

7）给水系统应具有下列功能：

①水泵运行状态显示。

②水泵启停控制。

③水箱高低液位显示及报警。

8）供配电设备监视系统应具有下列功能：

①变配电设备各高低压主开关运行状况监视及故障报警。

②电源及主供电回路电流值显示。

③电源电压值显示。

④功率因数测量。

⑤电能计量。

⑥应急电源供电电流、电压及频率监视。

（六）火灾自动报警系统

1. 智能建筑火灾自动报警系统的设置，应按现行国家标准《高层民用建筑设计防火规范》（GB 50045—95）2005 年版、《建筑设计防火规范》（GB 50016—2006）等的有关规定执行。

2. 智能建筑火灾自动报警系统及消防联动系统的设计，应按现行国家标准《火灾自动报警系统设计规范》（GB 50116—2008）的有关规定执行。

3. 消防控制室的照明灯具宜采用无眩光荧光灯具，照明线路应接在应急电源回路上，室内环境应按智能建筑环境要求设计。

4. 消防控制室可单独设置，当与 BA、SA 系统合用控制室时，有关设备在室内应占有独立的区域，且相互间不会产生干扰。火灾报警控制系统主机及控制盘应设在消防控制室内。

5. 智能建筑的重要场所宜选择智能型火灾探测器。在采用单一型火灾探测器不能有效探测火灾的场所，可采用复合型火灾探测器。

6. 火灾自动报警系统应设置带有汉化操作的界面，可利用汉化的 CRT 显示和中文屏幕菜单直接对消防联动设备进行操作。

7. 消防控制室在确认火灾后，宜向 BAS 系统及时传输、显示火灾报警信息，且能接收必要的其他信息。

8. 火灾自动报警系统应具有电磁兼容性保护。

（七）安全防范系统

1. 一般规定

（1）安全防范系统的设计应根据建筑物的使用功能、建设标准及安全防范管理的需要，综合运用电子信息技术、计算机网络技术、安全防范技术等，构成先进、可靠、经济、配套的安全技术防范体系。

（2）安全防范系统的系统设计及其各子系统的配置须遵照国家相关安全防范技术规程并符合先进、可靠、合理、适用的原则。系统的集成应以结构化、模块化、规范化的方式来实现，应能适应工程建设发展和技术发展的需要。

2. 设计要素

（1）安全防范系统的设计应根据被保护对象的风险等级，确定相应的防护级别，满足整体纵深防护和局部纵深防护的设计要求，以达到所要求的安全防范水平。

（2）安全防范系统的结构模式有：

1）集成式安全防范系统。

2）综合式安全防范系统。

3）组合式安全防范系统。

上述各种模式构成的安全防范系统，均应设置紧急报警装置，并留有与外部公安 110 报警中心联网的通信接口。

（3）安全防范系统的主要子系统有：

1）入侵报警系统。系统应能根据建筑物的安全技术防范管理的需要，对设防区域的非法入侵、盗窃、破坏和抢劫等，进行实时有效的探测和报警，并应有报警复核功能。

2）电视监控系统。系统应能根据建筑物安全技术防范管理的需要，对必须进行监控的场所、部位、通道等进行实时、有效的视频探测、视频监视、视频传输、显示和记录，并应具有报警和图像复核功能。

3）出入口控制系统。系统能根据建筑物安全技术防范管理的需要，对需要控制的各类出入口，按各种不同的通行对象及其准入级别，对其进、出实施实时控制与管理，并应具有报警功能。系统应与火灾自动报警系统联动。

4）巡更系统。系统应能根据建筑物安全技术防范管理的需要，按照预先编制的保安人员巡更软件程序，通过读卡器或其他方式对保安人员巡逻的工作状态（是否准时、是否遵守顺序等）进行监督、记录，并能对意外情况及时报警。

5）汽车库（场）管理系统。系统应能根据各类建筑物的管理要求，对车库（场）的车辆通行道口实施出入控制、监视、行车信号指示、停车计费及汽车防盗报警等综合管理。

6）其他子系统。应根据各类建筑物不同的安全防范管理要求和建筑物内特殊部位的防护要求，设置其他安全防范子系统，如专用的高安全实体防护系统、防爆安全检查系统、安全信息广播系统、重要仓储库安全防范系统等。这些子系统均应遵照国家安全技术防范行业和相关行业的技术规范及管理法规进行设计。

3. 设计标准

（1）甲级标准应符合下列条件：

1）集成式安全防范系统。

①应设置安全防范系统中央监控室。应能通过统一的通信平台和管理软件将中央监控室设备与各子系统设备联网，实现由中央控制室对全系统进行信息集成的自动化管理。

②应能对各子系统的运行状态进行监测和控制，应能对系统运行状况和报警信息数据等进行记录和显示。应设置必要的数据库。

③应建立以有线传输为主、无线传输为辅的信息传输系统。中央监控室应能对信息传输系统进行检测，并能与所有重要部位进行无线通信联络。应设置紧急报警装置。

④应留有多个数据输入、输出接口，应能连接各安全防范子系统管理计算机。应留有向外部公安报警中心联网的通信接口。应能连接上位管理计算机，以实现更大规模的系统集成。

2）入侵报警系统。

①应根据各类建筑安全防范部位的具体要求和环境条件，可分别或综合设置周界防护、建筑物内区域或空间防护、重点实物目标防护系统。

②应自成网络，可独立运行，有输出接口，可用手动、自动方式以有线或无线系统向外报警。系统除应能本地报警外，还应能异地报警。系统应能与电视监控系统、出入口控制系统联动，应能与安全技术防范系统的中央监控室联网，满足中央监控室对入侵报警系统的集中管理和集中监控。

③系统的前端应按需要选择、安装各类入侵探测设备，构成点、面、立体或组合的综合防护系统。

④应能按时间、区域、部位任意编程设防或撤防。

⑤应能对设备运行状态和信号传输线路进行检测，能及时发出故障报警并指示故障位置。

⑥应具有防破坏功能，当探测器被拆或线路被切断时，系统能发出报警。

⑦应能显示和记录报警部位和有关警情数据，并能提供与其他子系统联动的控制接口信号。

⑧在重要区域和重要部位发出报警的同时，应能对报警现场的声音进行核实。

3）电视监控系统。

①应根据各类建筑物安全技术防范管理的需要，对建筑物内的主要公共活动场所、通道、电梯及重要部位和场所等进行视频探测的画面再现、图像的有效监视和记录。对重要部门和设施的特殊部位，应能进行长时间录像。应设置视频报警装置。

②系统的画面显示应能任意编程，能自动或手动切换，在画面上应有摄像机的编号、部位、地址和时间、日期显示。

③应自成网络，可独立运行。应能与入侵报警系统、出入口控制系统联动。当报警发生时，能自动对报警现场的图像和声音进行复核，能将现场图像自动切换到指定的监视器上显示并自动录像。

④应能与安全技术防范系统的中央监控室联网，实现中央监控室对电视监控系统的集中管理和集中监控。

4）出入口控制系统。

①应根据建筑物安全技术防范的要求，对楼内（外）通行门、出入口、通道、重要办公室门等处设置出入口控制装置。系统应对被设防区域的位置、通过对象及通过时间等进行实时控制和设定多级程序控制。系统应有报警功能。

②出入口识别装置和执行机构应保证操作的有效性。

③系统的信息处理装置应能对系统中的有关信息自动记录、打印、贮存，并有防篡改和防销毁等措施。

④出入口控制系统应自成网络、独立运行。应与电视监控系统、入侵报警系统联动；系统应与火灾自动报警系统联动。

⑤应能与安全技术防范系统中央监控室联网，实现中央监控室对出入口进行多级控制和集中管理。

5）巡更系统。

①应编制保安人员巡查软件，应能在预先设定的巡查图中，用通行卡读出器或其他方式，对保安人员的巡查运动状态进行监督和记录，并能在发生意外情况时及时报警。

②系统可独立设置，也可与出入口控制系统或入侵报警系统联合设置。独立设置的保安人员巡更系统应能与安全技术防范系统的中央监控室联网，实现中央监控室对该系统的集中管理与集中监控。

6）汽车库（场）管理系统。

①应具有如下功能：

A. 入口处车位显示。

B. 出入口及场内通道的行车指示。

C. 车牌和车型的自动识别。

D. 自动控制出入栅栏门。

    E. 自动计费与收费金额显示。

    F. 多个出入口组的联网与监控管理。

    G. 整体停车场收费的统计与管理。

    H. 分层的车辆统计与在车位显示。

    I. 意外情况发生时向外报警。

②应在汽车库（场）的入口区设置出票机。

③应在汽车库（场）的出口区设置验票机。

④应自成网络，独立运行，可在停车场内设置独立的电视监视系统或报警系统，也可与安全技术防范系统的电视监控系统或入侵报警系统联动。

⑤应能与安全技术防范系统的中央监控室联网，实现中央监控室对该系统的集中管理与集中监控。

（2）乙级标准应符合下列条件：

1）综合式安全防范系统。

①应设置安全防范系统中央监控室。应能通过统一的通信平台和管理软件将中央监控室设备与各子系统设备联网，实现由中央控制室对全系统进行信息集成的集中管理和控制。

②应能对各子系统的运行状态进行监测和控制，应能对系统运行状况和报警信息数据等进行记录和显示。

③应建立以有线传输为主、无线传输为辅的信息传输系统。中央监控室应能对信息传输系统进行检测，并能与所有重要部位进行无线通信联络。系统应设置紧急报警装置。

④应留有多个数据输入、输出接口，应能连接各安全技术防范子系统管理计算机。系统应留有向外部公安报警中心联网的通信接口。

2）入侵报警系统。

①应根据各类建筑安全技术防范管理的具体要求和环境条件，分别或综合设置周界防护、建筑物内区域或空间防护、重点实物目标防护系统。

②应自成网络，独立运行，有输出接口，可用手动、自动方式以有线或无线系统向外报警。系统除应能本地报警外，还应能异地报警。系统应能与电视监控系统、出入口控制系统联动，应能与安全防范系统的中央监控室联网，满足中央监控室对入侵报警系统进行集中管理和控制的有关要求。

③系统的前端应按需要选择、安装各类入侵探测设备，构成点、面、立体或组合的综合防护系统。

④应能按时间、区域、部位任意编程设防或撤防。

⑤应能对设备运行状态和信号传输线路进行检测，能及时发出故障报警并指示故障位置。

⑥应具有防破坏功能，当探测器被拆或线路被切断时，系统能发出报警。

⑦应能显示和记录报警部位和有关警情数据，并能提供与其他子系统联动的控制接口信号。

⑧在重要区域和重要部位发出报警的同时，还应能对报警现场的声音进行核实。

3）电视监控系统。

①应根据各类建筑物安全技术防范管理的需要，对建筑物内的主要公共活动场所、重要部位等进行视频探测的画面再现、图像的有效监视和记录。对重要部门和设施的特殊部位，应能进行长时间录像。系统应设置视频报警或其他报警装置。

②系统的画面显示应能任意编程，能自动或手动切换，在画面上应有摄像机的编号、地址、时间和日期显示。

③应自成网络，独立运行。应能与入侵报警系统、出入口控制系统联动。当报警发生时，能自动对报警现场的图像和声音进行复核，能将现场图像自动切换到指定的监视器上显示并自动录像。

④应能与安全技术防范系统的中央监控室联网，满足中央监控室对电视监控系统的集中管理和控制的有关要求。

4）出入口控制系统。

①应根据建筑物安全技术防范管理的要求，对楼内（外）通行门、出入口、通道、重要办公室门等处设置出入口控制系统。系统应对被设防区域的位置、通过对象及通过时间等进行实时控制和设定多级程序控制。系统应有报警功能。

②出入口识别装置和执行机构应保证操作的有效性。

③系统的信息处理装置应能对系统中的有关信息自动记录、打印、贮存，并有防篡改和防销毁等措施。

④出入口控制系统应自成网络，独立运行。应能与电视监控系统、入侵报警系统联动；系统应与火灾自动报警系统联动。

⑤应能与安全技术防范系统中央监控室联网，满足中央监控室对出入口控制系统进行集中管理和控制的有关要求。

5）巡更系统。

①应编制保安人员巡查软件，应能在预先设定的巡查图中，应用读卡器或其他方式，对保安人员的巡查运动状态进行监督和记录，并能在发生意外情况时及时报警。

②可独立设置，也可与出入口控制系统或入侵报警系统联合设置。独立设置的保安人员巡更系统应能与安全技术防范系统的中央监控室联网，满足中央监控室对该系统进行集中管理与控制的有关要求。

6）汽车库（场）管理系统。

①应具有如下功能：

A. 入口处车位显示。

B. 出入口及场内通道的行车指示。

C. 自动控制出入栅栏门。

D. 自动计费与收费金额显示。

E. 多个出入口组的联网与监控管理。

F. 整体停车场收费的统计与管理。

G. 意外情况发生时向外报警。

②应在汽车库（场）的入口区设置出票机。

③应在汽车库（场）的出口区设置验票机。

④应自成网络，独立运行，也可与安全技术防范系统的电视监控系统和入侵报警系统联动。

⑤应能与安全防范系统的中央监控室联网，满足中央监控室对该系统进行集中管理与控制的有关要求。

（3）丙级标准应符合下列条件：

1）组合式安全防范系统。

①应设置安全技术防范管理中心（值班室），各子系统分别单独设置，统一管理。

②各子系统应能单独对运行状况进行监测和控制，并能提供可靠的监测数据和报警信息。

③各子系统应能对系统运行状况和重要报警信息进行记录，并能向管理中心提供决策所需的主要信息。

④应设置紧急报警装置，应留有向外部公安报警中心报警的通信接口。

2）入侵报警系统。

①应根据各类建筑安全技术防范管理的需要和环境条件，分别或综合设置周界防护、建筑物内区域或空间防护、重点实物目标防护系统。

②应自成网络，独立运行，有输出接口，可用手动、自动方式以有线或无线系统向外报警。系统除应能本地报警外，还应能异地报警，并能向管理中心提供决策所需的主要信息。

③系统的前端应按需要选择、安装各类入侵探测设备，构成点、面、立体或组合的综合防护系统。

④应能按时间、区域、部位任意编程设防或撤防。

⑤应能对设备运行状态和信号传输线路进行检测，能及时发出故障报警并指示故障位置。

⑥应具有防破坏功能，当探测器被拆或线路被切断时，系统能发出报警。

⑦应能显示和记录报警部位和有关警情数据，并能提供与电视监控子系统联动的控制接口信号。

⑧在重要区域和重要部位发出报警的同时，系统应能对报警现场的声音进行核实。

3）电视监控系统。

①应根据各类建筑物安全技术防范管理的需要，对建筑物内的主要公共活动场所、重要部位等进行视频探测的画面再现、图像的有效监视和记录。对重要或要害部门和设施的特殊部位，应能进行长时间录像。系统应设置报警装置。

②系统的画面显示应能任意编程，能自动或手动切换，在画面上应有摄像机的编号、地址、时间和日期显示。

③应能与入侵报警系统联动。当报警发生时，能自动对报警现场的图像和声音进行核实，能将现场图像自动切换到指定的监视器上显示并记录报警前后数幅图像。

④应能向管理中心提供决策所需的主要信息。

4）出入口控制系统。

①应根据建筑物安全防范的总体要求，对楼内（外）通行门、出入口、通道、重要办公室门等设置出入口控制系统。系统应对被设防区域的位置、通过对象及通过时间等进行实时控制和设定多级程序控制。系统应有报警功能。

②出入口识别装置和执行机构应保证操作的有效性。

③系统信息处理装置应能对系统中的有关信息自动记录、打印、贮存，并有防篡改和防销毁等措施。

④出入口控制系统应能与入侵报警系统联动，系统应与火灾自动报警系统联动。

⑤应能向管理中心提供决策所需的主要信息。

5）巡更系统。

①应编制保安人员巡查软件，应能在预先设定的巡查图中，应用适当方式对保安人员的巡查运动状态进行监督和记录，并能在发生意外情况时及时报警。

②应能向管理中心提供决策所需的主要信息。

6）汽车库（场）管理系统。

①应具有如下功能：

A. 入口处车位显示。

B. 出入口及场内通道的行车指示。

C. 自动控制出入栅栏门。

D. 自动计费与收费金额显示。

E. 整体停车场收费的统计与管理。

F. 意外情况发生时向外报警。

②应在汽车库（场）的入口区设置出票机。

③应在汽车库（场）的出口区设置验票机。

④应自成网络，独立运行。

⑤应能向管理中心提供决策所需的主要信息。

（八）综合布线系统

1. 一般规定

（1）综合布线系统的设计应满足建筑物或建筑群内信息通信网络的布线要求，应能支持语音、数据、图像等业务信息传输的要求。

（2）综合布线系统是建筑物或建筑群内信息通信网络的基础传输通道。设计时，应根据各建筑物项目的性质、使用功能、环境安全条件以及按用户近期的实际使用和中远期发展的需求，进行合理的系统布局和管线设计。

（3）综合布线系统的设计应具有开放性、灵活性、可扩展性、实用性、安全可靠性和经济性。

2. 设计要素

（1）综合布线系统可划分为以下子系统：

1）建筑群主干布线子系统。

2）建筑物主干布线子系统。

3）水平布线子系统。

4）工作区布线（一般属非永久性的）。

（2）在布线系统中，所有信息插座上信息插口个数的总和，构成布线系统总的信息点数。

（3）综合布线系统中各子系统的相互连接应能支持通信网络和计算机网络的应用。

（4）综合布线系统的网络结构和各子系统内的铜芯对绞电缆、光缆最大长度应按国家现行的有关标准进行设计。

（5）水平布线子系统中，布线电缆可采用4对（8芯）非屏蔽对绞电缆，或采用4对（8芯）屏蔽对绞电缆，也可采用多模或单模光缆以及对绞电缆与光缆组合的混合型线缆。楼层配线架与信息插座之间水平对绞电缆或水平光缆的长度不应超过90m。当能保证链路性能时，水平光缆距离可适当延长。

（6）水平布线子系统中，布线电缆可采用4对（8芯）非屏蔽或屏蔽对绞电缆必须终接在一个非屏蔽或屏蔽的8位模块式通用插座上，每根光缆应终接在光缆连接插座上。

（7）水平布线子系统中对绞电缆、光缆一般直接连接到信息插座的信息插口上。必要时，子系统中楼层配线架和信息插座之间允许有一个转接点，该转接点具有1:1配置的通信特性，应为永久性连接，不做配线用。对大开间办公室内有多个办公工作区，且工作区划分有可能调整时，允许在大开间内适当部位设置集合点（CP）或设置多用户信息插座。

（8）工作区布线应提供工作区线缆适配器及相关接插器件，使用户终端设备连接到水平布线子系统中信息插座的信息插口上。工作区布线一般属于非永久性。

（9）综合布线系统的设计可分别按综合配置、基本配置、最低配置方式进行设计，或可根据用户的实际需求，对不同的配置加以组合。

（10）综合布线系统采用铜芯对绞电缆，其布线链路的类别支持不同等级传输频率的应用。3类对绞电缆布线链路支持C级（16MHz），5类对绞电缆布线链路支持D级（100MHz）。

（11）综合布线系统的设计，应根据语音、数据以及图像等弱电信号的传输速率和传输标准要求适度超前地进行综合考虑，并应以语音、数据信号传输为主。

（12）综合布线系统中同一布线链路所配置的线缆、连接硬件、接插软线或跳线等应选择相同类别的器件。如同一布线链路中使用了不同类别的器件时，该链路的传输性能等级应由最低类别的器件所决定。

（13）综合布线系统中一条布线链路内，不应混用标称特性阻抗不同对绞的电缆，也不应混用不同芯径的光缆。

（14）综合布线系统应根据周边环境条件进行合理的设计，并可根据用户的需求选用相对应的布线线缆和配线设备或采取抗电磁干扰防护措施。

（15）当设计屏蔽的布线系统时，应符合下列要求：

1）屏蔽布线系统中，各个布线链路的屏蔽层在整个布线链路上必须是连续的，不应有间断。

2）屏蔽布线系统中所选用的信息插座、对绞电缆、连接硬件、接插软线或跳线等布线器件应具有良好的屏蔽特性，无明显的电磁泄漏。

3）工作区布线中连接用户终端设备的线缆以及用户终端设备上接口的接插器件也应具有良好的屏蔽特性，满足屏蔽连续的要求。

（16）综合布线系统应有良好的接地。

1）综合布线系统中大楼配线设备和楼层配线设备端必须可靠接地。布线系统的接地应汇接在同一接地体上，若布线接地系统中存在两个不同的接地体时，其接地电位差不应大于 1Vr.m.s。（电压有效值）。

2）采用屏蔽布线系统时，应保持各子系统中屏蔽层的连续性，以满足系统各端接地的可靠性。用户（终端设备）端视具体情况宜接地。

3）综合布线系统中各线缆宜敷设在金属线槽或钢管内。金属线槽或钢管应保持接地连续性，线槽或钢管两端均应接地。

（17）应根据建筑物的防火等级和对布线系统材料的耐火要求，采用相对应的护套线缆和阻燃型配线设备。

（18）综合布线系统的总配线间宜处于建筑物或建筑物群的中心位置，楼层配线间亦宜处于建筑平面的中心位置。总配线间和楼层配线间（弱电间）的所在位置应避开附近电磁源的干扰，并应在各配线间内预留日后敷设网络设备专用电源线的安装管道和良好的接地装置。

（19）综合布线系统应设置完整的文档管理系统，应能表示出包括所有硬件及其位置的总配线间和楼层配线间（弱电间）的平面图，并应表示出水平布线子系统和主干线布线子系统的元件位置。

（20）建筑物内语音、数据以及图像业务与外部通信的连接是在公用通信网络接口界面处实现的。布线系统应与建筑物内当地信息通信部门的公用通信网络接口相连，如建筑物内公用通信网络接口未能直接连到综合布线系统的接口时，设计时应将这段对绞电缆或光缆以及连接器件的特性考虑在内。同时应考虑在接口处采取过压过流的保护措施。

3. 设计标准

（1）甲级标准应能满足传输高质量、高速率信息的要求。并应符合下列条件：

1）每 $5 \sim 10 \text{m}^2$ 办公工作区内应设置双孔及以上的五类及以上等级的信息插座，并根据需求可在办公工作区内采用多孔的光纤信息插座。

2）水平布线线缆和配线器件应采用五类及以上等级的布线器件，并根据需求可采用光缆的布线器件。

3）主干线布线线缆和配线器件在支持语音业务信息传输时，应采用五类等级的布线器件，在支持数据、图像业务信息传输时，应采用光缆布线器件。

4）布线系统宜按综合配置设计方法配置，每个办公工作区内每双孔信息插座的语音主干线（即楼层配线架至本建筑物内总配线架）宜配置两对对绞线，并适度预留日后发展的裕量。

5）建筑物进线间或总配线间内，当地信息通信部门应在公用通信网络设备接口处，配置自身所需并与大楼内布线系统相匹配的高质量布线器件，使建筑物内外构成一个完整优良的信息传输通道。

6）布线系统中信息插座的平面布置，应根据各类建筑物各层不同使用功能要求进行适度超前的合理布局。系统应以支持语音、数据、图像业务信息传输为主，同时也可根据实际需求支持各相关弱电系统中信息的传输。

（2）乙级标准应能满足传输高质量、较高速率信息的要求，并应符合下列条件：

1）每 $10 \sim 15 \text{m}^2$ 办公工作区内应设置双孔及以上的五类等级的信息插座，有特殊要求的办公工作区可按用户要求布局设置。

2）水平布线电缆和配线器件应采用五类或五类等级以上的布线器件。

3）主干线布线线缆和配线器件在支持语音业务信息传输时，应采用三类等级或三类等级以上的布线器件，在支持数据、图像业务信息传输时，应采用光缆布线器件或采用五类等级的布线器件。

4）布线系统宜按基本配置设计方法配置，每个办公工作区内每个双孔信息插座的语音主干线（即楼层配线架至本建筑物内总配线架）宜配置两对对绞线，并适度预留日后发展的裕量。

5）建筑物进线间或总配线间内，当地信息通信部门应在公用通信网络设备接口处，配置自身所需并与大楼内布线系统相匹配的高质量布线器件，使建筑物内外构成一个完整优良的信息传输通道。

6）布线系统中通信的信息插座平面布置，应根据各类建筑物各层不同使用功能要求进行适度超前的合理布局。并可适度超前地在建筑平面图适当合理的位置预留管道和信息插座盒（空盒）。系统应以支持语音、数据信号传输为主。

（3）丙级标准应能满足传输高质量、较低速率信息的要求，并应符合下列条件：

1）每 $15 \sim 20m^2$ 办公工作区内应设置双孔五类等级的信息插座，有特殊要求的办公工作区可按用户要求自定。

2）水平布线电缆和配线器件应采用五类等级的布线器件。

3）主干线布线线缆和配线器件在支持语音业务信息传输时，可采用三类等级的布线器件，在支持数据等业务信息传输时，应采用五类等级的布线器件。

4）布线系统可按最低配置设计方法配置，每个办公工作区内每个双孔信息插座的语音主干线（即楼层配线架至本建筑物内总配线架）宜配置两对对绞线，并可适度预留日后发展的裕量。

5）布线系统中通信的信息插座的平面布置，应根据各类建筑物各层不同使用功能要求进行合理地布局，并可适度超前地在建筑平面图适当合理的位置预留管道和信息插座盒（空盒）。系统应以支持语音、数据信号传输为主。

（九）智能化系统集成

1. 一般规定

为满足智能建筑物功能、管理和信息共享的要求，可根据建筑物的规模对智能化系统进行不同程度的集成。

2. 设计要素

（1）系统集成应汇集建筑物内外各种信息。

（2）系统应能对建筑物内的各个智能化子系统进行综合管理。

（3）信息管理系统应具有相应的信息处理能力。

（4）对智能化系统的集成，设备的通信协议和接口应符合国家现行有关标准的规定。

（5）系统集成管理系统应具有可靠性、容错性和可维护性。

3. 设计标准

（1）甲级标准应符合下列条件：

1）应设置建筑设备综合管理系统。

2）系统集成应汇集建筑物内外各有关信息。

3）建筑物内的各种网络系统，应具有较强的信息处理及数据通信能力。

4）对智能化系统的集成，设备的通信协议和接口应符合国家现行有关标准的规定。

5）系统集成管理系统应具有可靠性、容错性和可维护性。

（2）乙级标准应符合下列条件：

1）宜设置建筑设备综合管理系统。

2）建筑物内的各种网络系统，应具有较强的信息处理及数据通信能力。

3）对智能化系统的集成，设备的通信协议和接口应符合国家现行有关标准的规定。

4）系统集成管理系统应具有可靠性、容错性和可维护性。

（3）丙级标准应符合下列条件：

1）各智能化子系统进行各自的联网集成管理。

2）对智能化系统的集成，设备的通信协议和接口应符合国家现行有关标准的规定。

3）各子系统的集成管理系统应具有可靠性、容错性和可维护性。

（十）电源与接地

1. 一般规定

智能化系统设备的供电与接地应做到安全可靠、经济合理、技术先进。

2. 设计要素

（1）应对智能化系统设备进行分类，根据分类配置相应的电源设备。

（2）为满足将来扩容的需要，电源设备机房应留有裕量。

（3）供电电源质量应符合国家现行有关规范和产品使用的技术条件的规定。

（4）根据智能化系统的规模大小、设备分布及对电源需求等因素，采取 UPS 分散供电方式或 UPS 集中供电方式。

（5）电力系统与弱电系统的线路应分开敷设。

（6）应采用总等电位联结，各楼层的智能化系统设备机房、楼层弱电间、楼层配电间等的接地应采用局部等电位联结。接地极当采用联合接地体时，接地电阻不应大于 1Ω；当采用单独接地体时，接地电阻不应大于 4Ω。

（7）智能化系统设备的供电系统应采取过电压保护等保护措施。

（8）在智能化系统设备和电气设备的选择及线路敷设时应考虑电磁兼容问题。

3. 设计标准

（1）甲级标准应符合下列条件：

1）应有两路独立电源供电，并在末端自动切换。

2）重要的设备应配备 UPS 电源装置。

3）电源质量应符合下列规定：

①稳态电压偏移不大于 ±2%。

②稳态频率偏移不大于 ±0.2Hz。

③电压波形畸变率不大于 5%。

④允许断电持续时间为 0～4ms。

当不能满足上述要求时，采用稳频稳压及不间断供电等措施。

4）重要设备应采用放射式专用回路供电，其他设备可采用树干式或链式供电。

5）电力干线与弱电干线应分别设置独立的楼层配电间和楼层弱电间，配电间和弱电间的大小及水平出线位置应留有裕量，其地坪宜高出本层地坪 30mm。

6）智能化系统的总控制室（主机房）应设置专用配电箱，该专用配电箱的配出回路应留有裕量。

7）每层或每个承租单元内应设置专用的用户配电箱，从该用户配电箱引出的电源线路应与弱电线路分开敷设。

8）地面配线可采用架空地板配线方式或网络地板配线方式。

9）吊顶内应设线槽或穿管敷设。

10）电源插座：

①容量。办公室宜按 $60V \cdot A/m^2$ 以上考虑。

②数量。办公室宜按 20 个/100m² 以上设置（每个插座宜按 $300V \cdot A$ 计算）。

③类型。插座必须带有接地极的扁圆孔多用插座。

（2）乙级标准应符合下列条件：

1）应有两路独立电源供电，并在末端自动切换。

2）重要设备可配备 UPS 电源装置。

3）供电电源质量应符合下列规定：

①稳态电压偏移不大于±5%。

②稳态频率偏移不大于±0.5Hz。

③电压波形畸变率不大于8%。

④允许断电持续时间为4~200ms。

当不能满足上述要求时，采用稳频稳压及不间断供电等措施。

4）重要设备应采用放射式专用回路供电，其他设备可采用树干式或链式供电。

5）电力干线与弱电干线应分别设置独立的楼层配电间和楼层弱电间，配电间和弱电间的大小及水平出线位置应留有裕量，其地坪宜高出本层地坪30mm。

6）智能化系统的总控制室（主机房）内应设置专用配电箱，该专用配电箱的配出回路应留有裕量。

7）每层或每个承租单元内应设置专用的用户配电箱，从该专用配电箱的配出回路应留有裕量。

8）地面配线可采用网络地板、地板线槽、地板配管等敷线方式。

9）吊顶内宜设线槽或穿管敷设。

10）电源插座：

①容量。办公室宜按45V·A/m² 以上考虑。

②数量。办公室宜按15 个/100m² 以上设置（每个插座宜按300V·A 计算）。

③类型。插座必须带有接地极的扁圆孔多用插座。

（3）丙级标准应符合下列条件：

1）宜由两路电源供电，并在末端自动切换。

2）重要设备宜配备 UPS 电源装置。

3）供电电源质量应满足产品的使用要求。

4）智能化系统设备宜采用专用回路供电。

5）电力干线与弱电干线宜分别设置独立的楼层配电间和楼层弱电间，配电间和弱电间的大小及水平出线位置应留有裕量，其地坪宜高出本层地坪30mm。

6）智能化系统的总控制室（主机房）内宜设置专用配电箱，该专用配电箱的配出回路应留有裕量。

7）每层或每个承租单元的用户配电箱应集中设置在公共空间内，从该用户配电箱的配出回路应留有裕量。

8）地面配线可采用地板线槽、地板配管等敷线方式。

9）吊顶内应预留一定的空间供将来配线使用。

10）电源插座：

①容量。办公室宜按30V·A/m² 以上考虑。

②数量。办公室宜按10 个/100m² 以上设置（每个插座宜按300V·A 计算）。

③类型。插座必须带有接地极的扁圆孔多用插座。

（十一） 环境

1. 一般规定

（1）智能建筑的环境设计应向人们提供舒适、高效的工作环境。

（2）可视环境和不可视环境都应满足人们的舒适要求。

（3）设计必须考虑节约投资和节约能源，并采用绿色照明。

2. 设计要素

（1）建筑物的空间应有高度的适应性、灵活性及空间的开敞性。

（2）可视环境中的建筑造型、色彩、室内装饰及家具等应协调，不可视环境中的音、温湿度及心理环境应舒适。

（3）室内空调应能符合环境舒适性要求。

（4）视觉照明应能满足人们的美感，确保人们生理和心理舒适和保护视力的要求。

3．设计标准

（1）甲级标准应符合下列条件：

1）建筑物的空间环境。

①天花板高度不应小于 2.70m。

②应铺设架空地板、地面线槽、网络地板，为地下配线提供方便。

③应为智能化系统的网络布线留有足够的配线间。

④室内宜铺设防静电、防尘地毯，静电泄漏电阻应在 $1.0 \times 10^5 \sim 1.0 \times 10^8 \Omega$ 之间。

⑤室内装饰应对色彩进行合理组合。

⑤应采用必要措施降低噪声，防止噪声扩散。

2）室内空调环境。

①空调设计应达到的主要指标（表 12-1）。

表 12-1　空调设计的主要指标

项目	数值
CO	<10
CO_2	<1000
温度（℃）	冬天 22、夏天 14
湿度（%）	冬天 ≥45，夏天 ≤55
气流（m/s）	<0.25

②对上述指标应实现自动调节和控制。

3）视觉照明环境。

①水平面照度不应小于 $500l_x$。

②灯具布置应模数化。

③灯具应选用无眩光的灯具。

（2）乙级标准应符合下列条件：

1）建筑物的空间环境。

①天花板高度不应小于 2.60m。

②应铺设架空地板、网络地板或地面线槽。

③应为智能化系统的网络布线留有足够的配线间。

④室内宜铺设防静电、防尘地毯，静电泄漏电阻应在 $1.0 \times 10^5 \sim 1.0 \times 10^8 \Omega$ 之间。

⑤室内装饰应对色彩进行合理组合。

⑥应采用必要措施降低噪声，防止噪声扩散。

2）室内空调环境。

①空调设计应达到的主要指标（表 12-2）。

表 12-2　空调设计的主要指标

项目	数值
温度（℃）	冬天 18、夏天 22
湿度（%）	冬天 ≥30，夏天 ≤60

②对上述指标应实现自动调节和控制。

3）视觉照明环境。

①水平面照度不宜小于400Ix。

②灯具布置无方向性，宜结合室内家具和工作台进行布置，应以间接照明为主，直接照明为辅。

③灯具宜选用眩光指数为Ⅰ级或无眩光的灯具。

（3）丙级标准应符合下列条件：

1）建筑物的空间环境。

①天花板高度不应小于2.50m。

②楼板应满足预埋地下线槽（管）。

③应为智能化系统的网络布线留有足够的配线间。

2）室内空调环境。

①空调设计应达到的主要指标（表12-3）。

表12-3　空调设计的主要指标

项目	数值
温度（℃）	冬天18、夏天27
湿度（%）	夏天≤65

②对上述指标应实现自动调节和控制。

3）视觉照明环境。

①水平面照度不宜小于300Ix。

②灯具布置以线型为主。

③灯具选用眩光指数为Ⅱ级的灯具，应以直接照明为主，间接照明为辅。

④照明控制要灵活、操作方便。

（十二）住宅智能化

1. 一般规定

（1）本章适用于住宅智能化系统设计。

（2）住宅智能化系统设计应体现"以人为本"的原则，做到安全、舒适、方便。

2. 设计要素

（1）住宅智能化系统设计和设备的选用，应考虑技术的先进性、设备的标准化、网络的开放性、系统的可扩性及可靠性。

（2）住宅楼的消防设计应符合国家现行有关标准、规范的规定。

3. 基本要求

（1）住户。

1）应在卧室、客厅等房间设置有线电视插座。

2）应在卧室、书房、客厅等房间设置信息插座。

3）应设置访客对讲和大楼出入口门锁控制装置。

4）应在厨房内设置燃气报警装置。

5）宜设置紧急呼叫求救按钮。

6）宜设置水表、电表、燃气表、暖气（采暖地区）的自动计量远传装置。

（2）住宅小区

1）根据住宅小区的规模、档次及管理要求，可选设下列安全防范系统：

①小区周边防范报警系统。

②小区访客对讲系统。

③110 报警装置。

④电视监控系统。

⑤门禁及小区巡更系统。

2）根据小区服务要求，可选设下列信息服务系统：

①有线电视系统。

②卫星接收系统。

③语音和数据传输网络。

④网上电子信息服务系统。

3）根据小区管理要求，可选设下列物业管理系统：

①水表、电表、燃气表、暖气（有采暖地区）的远程自动计量系统。

②停车库管理系统。

③小区的背景音乐系统。

④电梯运行状态监视系统。

⑤小区公共照明、给排水等设备的自动控制系统。

⑥住户管理、设备维护管理等物业管理系统。

第十三部分　技术经济指标

一、住宅

（一）《住宅设计规范》的规定

《住宅设计规范》（GB 50096—2011）中指出

1. 住宅设计应计算下列技术经济指标：

（1）各功能空间使用面积（m^2）。

（2）套内使用面积（m^2/套）。

（3）套型阳台面积（m^2/套）。

（4）套型总建筑面积（m^2/套）。

（5）住宅楼总建筑面积（m^2/套）。

2. 计算住宅的技术经济指标，应符合下列规定：

（1）各功能空间使用面积应等于各功能空间墙体内表面所围合的水平投影面积。

（2）套内使用面积应等于套内各功能空间使用面积之和。

（3）套型阳台面积应等于套内各阳台的面积之和；阳台的面积均应按其结构底板投影净面积的一半计算。

（4）套型总建筑面积应等于套内使用面积、相应的建筑面积和套型阳台面积之和。

（5）住宅楼总建筑面积应等于全楼各套型总建筑面积之和。

3. 套内使用面积计算，应符合下列规定：

（1）套内使用面积应包括卧室、起居室（厅）、餐厅、厨房、卫生间、过厅、过道、储藏室、壁柜等的使用面积的总和。

（2）跃层住宅中的套内楼梯按自然层数的使用面积总和计入套内使用面积。

（3）烟囱、通风道、管井等均不计入套内使用面积。

（4）套内室内使用面积应按结构墙体表面尺寸计算，有复合保温层，应按复合保温层表面尺寸计算。

（5）利用坡屋顶内的空间时，屋面板下表面与楼板地面的净高低于1.20m的空间不应计算使用面积；净高在1.20~2.10m的空间应按1/2计算使用面积；净高超过2.10m的空间应全部计入套内使用面积；坡屋顶无结构顶层楼板，不能利用坡屋顶空间时不应计算其使用面积。

（6）坡屋顶内使用面积应列入套内使用面积。

4. 套型总建筑面积计算，应符合下列规定：

（1）应按全楼各层外墙结构外表面及柱外沿所围合的水平投影面积之和求出住宅楼建筑面积，当外墙设外保温层时，应按保温层外表面计算。

（2）应以全楼总套内使用面积除以住宅楼建筑面积得出计算比值。

（3）套型总建筑面积应等于套内使用面积除以计算比值所得面积，加上套型阳台面积。

5. 住宅楼的层数计算应符合下列规定：

（1）当住宅楼的所有楼层的层高不大于3.00m时，层数应按自然层数计算。

（2）当住宅和其他功能空间处于同一建筑物内时，应将住宅部分的层数与其他功能空间的层数叠加计算建筑层数。当建筑中有一层或若干层的层高大于3.00m时，应对大于3.00m的所有楼层按其高度总和除以3.00m进行层数折算，余下小于1.50m时，多出部分不应计入建筑层数，余数大于或等于1.50m时，多出部分应按1层计算。

（3）层高小于2.20m的架空层和设备层不应计入自然层数。

（4）高出室外设计地面小于2.20m的半地下室不应计入地上自然层数。

（二）《住宅建筑规范》的规定

《住宅建筑规范》（GB 50368—2005）中指出

1. 公共服务设施

（1）配套公共服务设施（配套公建）应包括：教育、医疗卫生、文化、体育、商业服务、金融邮电、社区服务、市政公用和行政管理等9类设施。

（2）配套公建的项目与规模，必须与居住人口规模相对应，并应与住宅同步规划、同步建设、同期交付。

2. 道路交通

（1）每个住宅单元至少应有一个出入口可以通达机动车。

（2）道路设置应符合下列规定：

1）双车道道路的路面宽度不应小于6.00m；宅前道路的路面宽度不应小于2.50m。

2）当尽端式道路的长度大于120m时，应在尽端设置不小于12m×12m的回车场地。

3）当主要道路坡度较大时，应设缓冲段与城市道路相接。

4）在抗震设防地区，道路交通应考虑减灾、救灾的要求。

（3）无障碍道路应贯通，并应符合下列规定：

1）道路坡度（表13-1）。

表13-1　无障碍道路坡度

高度（m）	1.50	1.00	0.75
坡度	≤1:20	≤1:16	≤1:12

2）人行道在交叉路口、街坊路口、广场入口处应设缘石坡道，其坡面应平整，且不应光滑。坡度应不小于1:20，坡宽应大于1.2m。

3）通行轮椅车的坡道坡度不应小于1.5m。

（4）居住用地内应配置居民自行车、汽车的停车场地或停车库。

3. 室外环境

（1）新区的绿地率不应低于30%。

（2）公共绿地总指标不应小于$1m^2$/人。

（3）人工景观水体的补充水严禁使用自来水。无护栏水体的近岸2m范围内及园桥、汀步附近2.00m范围内，水深不应大于0.50m。

（4）受噪声影响的住宅周边应采取防噪设施。

4. 竖向

（1）地面水的排水系统，应根据地形特点设计，地面排水坡度不应小于0.2%。

（2）住宅用地的防护工程设置应符合下列规定：

1）台阶式用地的台阶之间应用护坡或挡土墙连接，相邻台地间高差大于1.50m时，应在挡土墙或坡比值大于0.5的护坡顶面加设安全防护措施。

2）土质护坡的坡比值不应大于0.5。

3）高度大于 2.00m 的挡土墙和护坡的上缘与住宅间的水平距离不应小于 3.00m，其下缘与住宅间的水平距离不应小于 2.00m。

二、居住区

《城市居住区规划设计规范》（GB 50189—93）2002 年版中指出：

1. 居住区综合技术经济指标的项目应包括必要指标和可选用指标两类，其项目及计量单位应符合表 13-2 的规定。

表 13-2　综合技术经济指标系列一览表

项目	计量单位	数值	所占比例（%）	人均面积（m²/人）
居住区规划总用地	hm²	▲	—	—
1. 居住区用地（R）	hm²	▲	100	▲
①住宅用地（R01）	hm²	▲	▲	▲
②公建用地（R02）	hm²	▲	▲	▲
③道路用地（R03）	hm²	▲	▲	▲
④公共绿地（R04）	hm²	▲	▲	▲
2. 其他用地	hm²	▲	—	—
居住户（套）数	户（套）	▲	—	—
居住人数	人	▲	—	—
户均人数	人/户	▲	—	—
总建筑面积	万 m²	▲	—	—
1. 居住区用地内建筑总面积	万 m²	▲	100	▲
①住宅建筑面积	万 m²	▲	▲	▲
②公建面积	万 m²	▲	▲	▲
2. 其他建筑面积	万 m²	△	—	—
住宅平均层数	层	▲	—	—
高层住宅比例	%	△	—	—
中高层住宅比例	%	△	—	—
人口毛密度	人/hm²	▲	—	—
人口净密度	人/hm²	△	—	—
住宅建筑套密度（毛）	套/hm²	▲	—	—
住宅建筑套密度（净）	套/hm²	▲	—	—
住宅建筑面积毛密度	万 m²/hm²	▲	—	—
住宅建筑面积净密度	万 m²/hm²	▲	—	—
居住区建筑面积毛密度（容积率）	万 m²/hm²	▲	—	—
停车库	%	▲	—	—
停车位	辆	▲	—	—
地面停车库	%	▲	—	—
地面停车位	辆	▲	—	—
住宅建筑净密度	%	▲	—	—
总建筑密度	%	▲	—	—
绿地率	%	▲	—	—
拆建比	—	△	—	—

注：▲必要指标；△选用指标

2. 各项指标的计算应符合下列规定：

（1）规划总用地范围应按下列规定确定：

1）当规划总用地周界为城市道路、居住区（级）道路、小区级路或自然分界时，用地范围划至道路中心线或自然分界线。

2）当规划总用地与其他用地相邻，用地范围划至双方用地的交界处。

（2）底层公建住宅或住宅公建综合楼用地面积应按下列规定确定：

1）按住宅和公建各占该幢建筑总面积的比例分摊用地，并分别计入住宅用地和公建用地。

2）底层公建突出于上部住宅或占有专用场院或因公建需要后退红线的用地，均应计入公建用地。

（3）底层架空建筑用地面积的确定，应按底层及上部建筑的使用性质及其各占该幢建筑总面积的比例分摊用地面积，并分别计入有关用地内。

（4）绿地面积应按下列规定确定：

1）宅旁（宅间）绿地面积计算的起止界应符合图13-1的规定；绿地边界对宅间路、组团路和小区路算至路边，当小区路设有人行便道时算至便道边，沿居住区路、城市道路则算到红线；距房屋墙脚 1.50m；对其他围墙、院墙算到墙脚。

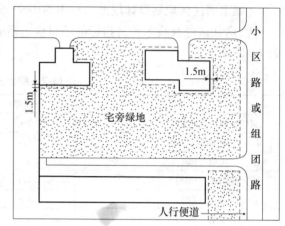

图 13-1　宅旁（宅间）绿地面积计算起止界示意图

2）道路绿地面积计算，以道路红线内规划的绿地面积为准进行计算。

3）院落式组团绿地面积计算起止界应符合图13-2的规定；绿地边界距宅间路、组团路和小区路路边 1.00m；当小区路有人行便道时，算至人行便道边；临城市道路、居住区级道路时算至道路红线；距房屋墙脚 1.50m。

4）开敞型院落式组团绿地，应至少有一个面面向小区路，或向建筑控制线宽度不小于 10m 的组团级主路敞开，并向其开放绿地的主要出入口和满足图13-3的要求；

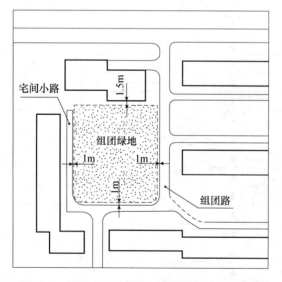

图 13-2　院落式组团绿地面积计算起止界示意图

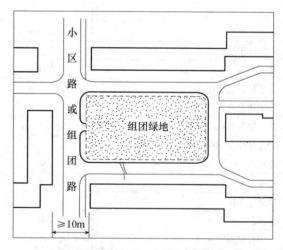

图 13-3　开敞型院落式组团绿地示意图

5）其他块状、带状公共绿地面积计算的起止界与院落式组团绿地相同。沿居住区（级）道路、城市道路的公共绿地算至红线。

（5）居住区用地内道路用地面积应按下列规定确定：

1）按与居住人口规模相对应的同级道路及其以下各级道路计算用地面积，外围道路不计入。

382

2）居住区（级）道路，按红线宽度计算。

3）小区路、组团路，按路面宽度计算。当小区路设有人行便道时，人行便道计入道路用地面积。

4）居民汽车停放场地，按实际占地面积计算。

5）宅间小路不计入道路用地面积。

（6）其他用地面积应按下列规定确定：

1）规划用地外围的道路算至外围道路的中心线。

2）规划用地范围内的其他用地，按实际占用面积计算。

（7）停车场车位数的确定以小型汽车为标准当量表示，其他各型车辆的停车位应以表13-3中相应的换算系数折算。

表 13-3　各型车辆停车位的换算系数

车型	换算系数
微型客车、微型货车、机动三轮车	0.7
卧车、2t 以下货运汽车	1.0
中型客车、面包车、2 ~ 4t 货运汽车	2.0
铰链车	3.5

三、绿色建筑

（一）绿色建筑的定义

绿色建筑是指建筑对环境无害，能充分利用自然资源，在不破坏环境基本生态平衡条件下建造的一种建筑。绿色建筑是一种概念，也是一种象征，它象征人们在建筑业快速发展的今天对绿色环保的渴求。

绿色建筑的基本内涵可归纳为以下几点：

1. 减轻建筑对环境的负荷，即节约能源及资源。

2. 提供安全、健康、舒适性良好的生活空间。

3. 与自然环境亲和，做到人及建筑与环境的和谐共处、永续发展。

（二）绿色建筑评价的依据

1. 在建筑的合理使用周期内，最大限度地节约资源（节能、节地、节水、节材）、保护环境和减少污染，为人们提供健康、适用和高效的使用空间，与自然和谐共生的建筑。

2. 节能能源。充分利用太阳能，采用节能的建筑围护结构以及采暖和空调，减少采暖和空调的使用。根据自然通风的原理设置风冷系统，使建筑能够有效地利用夏季的主导风向。建筑采用适应当地气候条件的平面形式及总体布局

3. 可再生能源。指从自然界获取的、可以再生的非化石能源，包括风能、太阳能、水能、生物质能、地热能和海洋能等。

4. 节约资源。在建筑设计、建造和建筑材料的选择中，均考虑资源的合理使用和处置。要减少资源的使用，力求使资源可再生利用。节约水资源，包括绿化的节约用水。

5. 可再利用材料。指在不改变所回收物质形态的前提下进行材料的直接再利用，或经过再组合、再修复后再利用的材料。

6. 可再循环利用材料。指已经无法进行再利用的产品通过改变其物质形态，生产成为另一种材

料，使其加入物质的多次循环利用过程中的材料。

7. 以节约和适用的原则确定绿色建筑标准。

8. 绿色建筑建设应选用质量合格并符合使用要求的材料和产品，严禁使用国家或地方管理部门禁止、限制和淘汰的材料和产品。

9. 回归自然。绿色建筑外部要强调与周边环境相融合，和谐一致、动静互补，做到保护自然生态环境。

10. 建筑场地选址无洪灾、泥石流及含氡土壤的威胁，建筑场地安全范围内无电磁辐射危害和火、爆、有毒物质等危险源。

11. 住区建筑布局保证室内外的日照环境、采光和通风的要求，满足《城市居住区规划设计规范》（GB 50180—93）2002 年版中有关住宅建筑日照标准的要求。

12. 绿化种植适应当地气候和土壤条件的乡土植物，选用少维护、耐候性强、病虫害少、对人体无害的植物。

13. 建筑内部不使用对人体有害的建筑材料和装修材料。

14. 绿色建筑应尽量采用天然材料。建筑中采用的木材、树皮、竹材、石块、石灰、油漆等，要经过检验处理，确保对人体无害。

（三）绿色建筑评价标准

《绿色建筑评价标准》（GB 50378—2006）中规定：

1. 总则

（1）标准主要用来评价住宅建筑和办公建筑、商场建筑、宾馆建筑等公共建筑。

（2）评价绿色建筑时，应统筹考虑建筑全寿命周期内，节能、节地、节水、节材、保护环境、满足建筑功能之间的辩证关系。

（3）评价绿色建筑时，应依据因地制宜的原则，结合建筑地域所在的气候、资源、自然环境、经济、文化等特点进行评价。

2. 评价内容与等级划分

（1）住宅建筑绿色建筑评价指标

1）节地与室外环境。

①控制项。

A. 场地建设不破坏当地文物、自然水系、湿地、基本农田、森林和其他保护区。

B. 建筑场地选址无洪涝灾害、泥石流及含氡土壤的威胁，建筑场地安全范围内无电磁辐射危害和火、爆、有毒物质等危险源。

C. 人均居住用地指标。低层不高于 $43m^2$、多层不高于 $28m^2$、中高层不高于 $24m^2$、高层不高于 $15m^2$。

D. 住区建筑布局保证室内外的日照环境、采光和通风要求，满足现行国家标准《城市居住区规划设计标准》（GB 50180—93）2002 年版中有关住宅建筑日照标准的要求。

E. 种植适应当地气候和土壤条件的乡土植物，选用少维护、耐候性强、病虫害少、对人体无害的植物。

F. 住区的绿地率不低于 30%，人均公共绿地面积不低于 $1m^2$。

G. 住区内部无排放超标的污染源。

H. 施工过程中制定并实施保护环境的具体措施，控制由于施工引起的大气污染、土壤污染、噪声影响、水污染、光污染以及对场地周边区域的影响。

②一般项。

A. 住区公共服务设施按规划配建，合理采用综合建筑并与周边地区共享。

B. 充分利用尚可使用的旧建筑。

C. 住宅环境噪声符合现行国家标准《城市区域环境噪声标准》（GB 3096—2008）的规定。

D. 住区室外日平均热岛效应强度不高于1.5℃。

E. 住区风环境有利于冬季室外行走舒适及过渡季、夏季的自然通风。

F. 根据当地的气候条件和植物自然分布特点，栽种多种类型植物，乔、灌、草结合构成多层次的植物群落，每100m² 绿地上不少于3株乔木。

G. 选址和住区出入口的设置方便居民充分利用公共交通网络。住区出入口到达公共交通站点的步行距离不超过500m。

H. 住区非机动车道路、地面停车场和其他硬质路面采用透水地面，并利用园林绿化提供遮阳。室外透水地面面积比不小于45%。

③优选项。

A. 合理开发利用地下空间。

B. 合理选用废弃场地进行建设。对已被污染的废弃地，进行处理并达到有关标准。

2）节能与能源利用。

①控制项。

A. 住宅建筑热工设计和暖通空调设计符合国家批准或备案的居住建筑节能标准的规定。

B. 当采用集中空调时，所选用的冷水机组或单元式空调机组的性能系数、能效比符合现行国家标准《公共建筑节能设计标准》（GB 50189—2005）的有关规定值。

C. 采用集中采暖或集中空调系统的住宅，设置室温调节和热量计量设施。

②一般项。

A. 利用场地自然条件，合理设计建筑体形、朝向、楼距和窗墙面积比，使住宅获得良好的日照、通风和采光，并根据需要设遮阳措施。

B. 选用效率高的用能设备和系统。集中采暖系统热水循环水泵的耗电输热比，集中空调系统风机单位风量耗功率和冷热水输送能效比符合现行国家标准《公共建筑节能设计标准》（GB 50189—2005）的规定。

C. 当采用集中空调系统时，所选用的冷水机组或单元式空调机组的性能系数、能效比比现行国家标准《公共建筑节能设计标准》（GB 50189—2005）中的有关规定值高一个等级。

D. 公共场所和部位的照明采用高效能源、高效灯具和低损耗镇流器等附件，并采取其他节能措施，在有自然采光的区域设定时或光电控制。

E. 采用集中采暖和集中空调系统的住宅，设置能量回收系统（装置）。

F. 根据当地气候和自然资源条件，充分利用太阳能、地热能等可再生能源。可再生能源的使用量占建筑总能耗的比例大于5%。

③优选项。

A. 采暖和空调能耗不高于国家标准或备案的建筑节能标准规定值的80%。

B. 可再生能源的使用量占建筑总能耗的比例大于10%。

3）节水与水资源利用。

①控制项。

A. 在方案、规划阶段制定水系统规划方案，统筹、综合利用各种水资源。

B. 采取有效措施避免管网漏损。

C. 采用节水器具和设备，节水率不低于8%。

D. 景观用水不采用市政供水和自备地下水井供水。

E. 使用非传统水源时，采取用水安全保障措施，且不对人体健康与周围环境产生不良影响。

②一般项。

A. 合理规划地表与屋面雨水流经途径，降低地表径流，采用多种渗透措施增加雨水渗透量。

B. 绿化用水、洗车用水等非饮用水采用再生水、雨水等非传统水源。

C. 绿化灌溉采用喷灌、微灌等高效节水灌溉方式。

D. 非饮用水采用再生水时，利用附近集中再生水厂的再生水；附近没有集中再生水厂时，通过技术经济比较，合理选择其他再生水水源和处理技术。

E. 降雨量大的缺水地区，通过技术经济比较，合理确定雨水积蓄及利用方案。

F. 非传统水源利用率不低于10%。

③优选项。非传统水源利用率不低于30%。

4）节材与材料资源利用。

①控制项。

A. 建筑材料中有害物质含量符合现行国家标准《室内装饰装修人造板及其制品甲醛释放限量》（GB 18580—2001）《室内装饰装修材料木器涂料中有害物质限量》（GB 18581—2009）、《室内装饰装修材料内墙涂料中有害物质限量》（GB 18582—2008）、《室内装饰装修材料胶粘剂中有害物质限量》（GB 18583—2008）、《室内装饰装修材料木家具中有害物质限量》（GB 18584—2001）、《室内装饰装修材料壁纸中有害物质限量》（GB 18585—2001）、《室内装饰装修材料聚氯乙烯卷材底板有害物质限量》（GB 18586—2001）、《室内装饰装修材料地毯、地毯衬垫及地毯用胶粘剂中有害物质限量》（GB 18587—2001）、《室内装饰装修材料混凝土外加剂中释放氨的限量》（GB 18588—2001）和《建筑材料放射性核素限量》（GB 6566—2010）的要求。

B. 建筑造型要素简约，无大量装饰性构件。

②一般项。

A. 施工现场500km以内生产的建筑材料重量占建筑材料总重量的70%以上。

B. 现浇混凝土采用预拌混凝土。

C. 建筑结构材料合理采用高性能混凝土、高强度钢。

D. 将建筑施工、旧建筑拆除和场地清理时产生的固体废弃物分类处理并将其中可再利用材料、可再循环材料回收和再利用。

E. 在建筑设计选材时考虑材料的可循环使用性能，在保证安全和不污染环境的情况下，可再循环材料使用重量占所用建筑材料总重量的10%以上。

F. 土建与装修工程一体化设计施工，不破坏和拆除已有的建筑构件及设施，避免重复装修。

G. 在保证性能的前提下，使用以废弃物为原料生产的建筑材料，其用量占同类材料的比例不低于30%。

③优选项。

A. 采用资源消耗和环境影响小的建筑结构体系。

B. 可再利用建筑材料的使用率大于5%。

5）室内环境质量。

①控制项。

A. 每套住宅至少有1个居住空间满足日照标准的要求。当有4个及4个以上居住空间时，至少有两个居住空间满足日照标准的要求。

B. 卧室、起居室（厅）、书房、厨房设置外窗不低于现行国家标准《公共建筑节能设计标准》（GB 50189—2005）的规定。

C. 对建筑围护结构采取有效的隔声、减噪措施。卧室、起居室的允许噪声级在关窗状态下白天不大于45dB（A），夜间不大于35dB（A）。楼板和分户墙的空气声计权隔声量不小于45dB，楼板的标准化撞击声声压级不大于70dB。户门的空气声计权隔声量不小于30dB，外窗的空气声计权隔声量不小于25dB，沿街时不小于25dB。

D. 居住空间能利用自然通风，通风开口面积在夏热冬暖和夏热冬冷地区不小于该房间地板面积的8%，在其他地区不小于5%。

E. 室内游离甲醛、苯、氨、氡和TVOC等空气污染物浓度符合现行国家标准《民用建筑工程室内环境污染控制规范》（GB 50325—2010）中的有关规定。

F. 建筑室内照度、统一眩光值、一般显色指数等指标满足国家标准《建筑照明设计标准》（GB 50034—2004）的设计要求。

②一般项。

A. 居住空间开窗具有良好的视野，且避免户间居住空间的视线干扰。当1套住宅设有两个及两个以上的卫生间时，至少有1个卫生间设有外窗。

B. 屋面、地面、外墙和外窗的内表面在室内温、湿度设计条件下无结露现象。

C. 在自然通风条件下，房间的屋顶和东、西外墙内表面的最高温度满足现行国家标准《民用建筑热工设计规范》（GB 50176—93）的要求。设采暖或空调系统（设备）的住宅，运行时用户可根据需要对室温进行调控。

D. 设采暖或空调系统（设备）的住宅，运行时用户可根据需要对室温进行调控。

E. 采用可调节外遮阳装置，防止夏季太阳辐射透过窗户玻璃直接进入室内。

F. 设置通风换气装置或室内空气质量监测装置。

③优选项。卧室、起居室（厅）使用蓄能、调湿或改善室内空气质量的功能材料。

6）运营管理。

①控制项。

A. 制定并实施节能、节水、节材与绿化管理制度。

B. 住宅水、电、燃气分户、分类计量与收费。

C. 制定垃圾管理制度，对垃圾物流进行有效控制，对废品进行分类，防止垃圾无序倾倒和二次污染。

D. 设置密闭的垃圾容器，并有严格的保洁清洗措施，生活垃圾袋装化存放。

②一般项。

A. 垃圾站（间）设冲洗和排水设施。存放垃圾及时清运，不污染环境，不散发臭味。

B. 智能化系统定位正确，采用技术先进、使用可靠，达到安全防范子系统、管理与设备监控子系统和信息网络子系统的基本配置要求。

C. 采用无公害病虫防治技术，规范杀虫剂、除草剂、化肥、农药等化学药品的使用，有效避免对土壤和地下水环境的损害。

D. 栽种和移植的树木成活率大于90%，植物生存状态良好。

E. 物业管理部门通过ISO 14001环境管理体系认证。

F. 垃圾分类收集率（实行垃圾分类收集的住户数的比例）大于90%。

H. 设备、管道的设置便与维修、改造和更换。

③优选项。

对可生物降解垃圾进行单独收集或设置可生物降解垃圾处理房。垃圾处理或垃圾处理房设有风道或排风、冲洗和排水设施，处理过程无二次污染。

（2）公共建筑绿色建筑评价指标

1）节地与室外环境。

①控制项。

A. 场地建设不破坏当地文物、自然水系、湿地、基本农田、森林和其他保护区。

B. 建筑场地选址无洪灾、泥石流及含氡土壤的威胁，建筑场地安全范围内无电磁辐射危害和火、爆、有毒物质等危险源。

C. 不对周边建筑物带来光污染，不影响周围居住建筑的日照要求。

D. 场地内无排放超标的污染源。

E. 施工过程中制定并实施保护环境的具体措施，控制由于施工引起各种污染以及对场地周边区域的影响。

②一般项。

A. 场地环境噪声符合现行国家标准《城市区域环境噪声标准》（GB 3096—2008）的规定。

B. 建筑物周围人行区风速低于5m/s，不影响室外活动的舒适性和建筑通风。

C. 合理采用屋顶绿化、垂直绿化等方式。

D. 绿化物种选择适宜当地气候和土壤条件的乡土植物，且采用包含乔、灌木的复层绿化。

E. 场地交通组织合理，到达公共交通站点的步行距离不超过500m。

F. 合理开发利用地下空间。

③优选项。

A. 合理选用废弃场地进行建设。对已被污染的废弃地，进行处理并达到有关标准。

B. 充分利用尚可使用的旧建筑，并纳入规划项目。

C. 室外可透水面面积比大于或等于40%。

2）节能与能源利用。

①控制项。

A. 围护结构热工性能指标符合国家批准或备案的公共建筑节能标准的规定。

B. 空调采暖系统冷热源机组能效比和锅炉热效率符合现行国家标准《公共建筑节能设计标准》（GB 50189—2005）的规定。

C. 不采用电热锅炉、电热水器作为直接采暖和空气调节系统的热源。

D. 各房间或场所的照明功率密度值不高于现行国家标准《建筑照明设计标准》（GB 50034—2004）规定的现行值。

E. 新建的公共建筑，冷热源、输配系统和照明等各部分能耗进行独立分项计量。

②一般项

A. 建筑总平面设计有利于冬季日照并避开冬季主导风向，夏季利于自然通风。

B. 建筑外窗可开启面积不小于外窗总面积的30%，建筑幕墙具有可开启部分或设有通风换气装置。

C. 建筑外窗的气密性不低于现行国家标准《建筑外窗气密性能分级及其检测方法》（GB 7107—2002）规定的四级要求。

D. 合理采用蓄冷蓄热系数。

E. 利用排风对新风进行预热（或预冷）处理，降低新风负荷。

F. 全空气空调系统采取实现全新风运行或可调新风比的措施。

G. 建筑物处于部分冷热负荷时和仅部分空间使用时，采取有效措施节约通风系统能耗。

H. 空调采暖系统的冷热源组能效比及热效率符合现行国家标准《建筑照明设计标准》（GB 50034—2004）的规定。

I. 选用余热或废热利用等方式提供建筑所需要蒸汽或生活热水。

J. 改建或扩建的公共建筑，冷热源、输配系统和照明等各部分能耗进行独立分项计量。

③优选项。

A. 建筑设计总能耗低于国家标准或备案的节能标准规定值的80%。

B. 采用分布式热源电冷联供技术，提高能源的综合利用率。

C. 根据当地气候和自然资源条件，充分利用太阳能、地热能等可再生能源，可再生能源产生的热水量不低于建筑生活热水消耗量的10%，或可再生能源发电量不低于建筑用电量的2%。

D. 各房间或场所的照明功率密度值不高于现行国家标准《建筑照明设计标准》（GB 50034—2004）的规定。

3）节水与水资源利用。

①控制项。

A. 在方案、规划阶段制定水系统规划方案，统筹、综合利用各种水资源。

B. 设置合理、完善的供水、排水系统。

C. 采取有效措施避免管网漏损。

D. 建筑内卫生器具合理选用节水器具。

E. 使用非传统水源时，采取用水安全保障措施，且不对人体健康与周围环境产生不利影响。

②一般项。

A. 通过技术经济比较，合理确定雨水积蓄、处理及利用方案。

B. 绿化、景观、洗车等用水采用非传统水源。

C. 绿化灌溉采用喷灌、微灌等高效节水灌溉方式。

D. 非饮用水采用再生水时，利用附近集中再生水厂的再生水，或通过技术经济比较，合理选择其他再生水水源和处理技术。

E. 按用途设置用水计量水表。

F. 办公楼、商场类建筑中非传统水源利用率不低于20%，旅馆类建筑不低于25%。

③优选项。办公楼、商场类建筑非传统水源利用率不低于40%，旅馆类建筑不低于25%。

4）节材与材料资源利用。

①控制项。

A. 建筑材料中有害物质含量符合现行国家标准《室内装饰装修人造板及其制品甲醛释放限量》（GB 18580—2001）《室内装饰装修材料木器涂料中有害物质限量》（GB 18581—2009）、《室内装饰装修材料内墙涂料中有害物质限量》（GB 18582—2008）、《室内装饰装修材料胶粘剂中有害物质限量》（GB 18583—2008）、《室内装饰装修材料木家具中有害物质限量》（GB 18584—2001）、《室内装饰装修材料壁纸中有害物质限量》（GB 18585—2001）、《室内装饰装修材料聚氯乙烯卷材底板有害物质限量》（GB 18586—2001）、《室内装饰装修材料地毯、地毯衬垫及地毯用胶粘剂中有害物质限量》（GB 18587—2001）、《室内装饰装修材料混凝土外加剂中释放氨的限量》（GB 18588—2001）和《建筑材料放射性核素限量》（GB 6566—2010）的要求。

B. 建筑造型要简约，无大量装饰性构件。

②一般项。

A. 施工现场500km以内生产的建筑材料重量占建筑材料总重量的60%以上。

B. 现浇混凝土采用预拌混凝土。

C. 建筑结构材料合理采用高性能混凝土、高强度钢。

D. 将建筑施工、旧建筑拆除和场地清理时产生的固体废弃物分类处理并将其中可再利用材料、可再循环材料回收和再利用。

E. 在建筑设计选材时考虑材料的可循环使用性能，在保证安全和不污染环境的情况下，可再循环材料使用重量占所用建筑材料总重量的10%以上。

F. 土建与装修工程一体化设计施工，不破坏和拆除已有的建筑构件及设施，避免重复装修。

G. 办公、商场类建筑室内采用灵活隔断，减少重新装修时的材料浪费和垃圾产生。

H. 在保证性能的前提下，使用以废弃物为原料生产的建筑材料，其用量占同类材料的比例不低于30%。

③优选项。

A. 采用资源消耗和环境影响小的建筑结构体系。

B. 可再利用建筑材料的使用率大于5%。

5）室内环境质量。

①控制项。

A. 采用集中空调的建筑，房间内的温度、湿度、风速等参数符合现行国家标准《公共建筑节能设计标准》（GB 50189—2005）的要求。

B. 建筑围护结构内部和表面无结露、霉变现象。

C. 采用集中空调的建筑，新风量符合现行国家标准《公共建筑节能设计标准》（GB 50189—2005）的设计要求。

D. 室内游离甲醛、苯、氨、氡和TVOC等空气污染物浓度符合现行国家标准《民用建筑工程室内环境污染控制规范》（GB 50325—2010）中的有关规定。

E. 宾馆和办公建筑室内背景噪声满足现行国家标准《民用建筑隔声设计规范》（GB 50118—2010）中的二级要求，商场类建筑室内背景噪声水平满足现行国家标准《商场（店）、书店卫生标准》（GB 9670—1996）中的相关要求。

F. 建筑室内照度、统一眩光值、一般显色指数等指标满足国家标准《建筑照明设计标准》（GB 50034—2004）的设计要求。

②一般项。

A. 建筑设计和构造设计有促进自然通风的措施。

B. 室内采用调节方便、可提高人员舒适性的空调末端。

C. 宾馆类建筑围护结构构件隔声性能满足现行国家标准《民用建筑隔声设计规范》（GB 50118—2010）中的一级要求。

D. 建筑平面布局和空间功能安排合理，减少相邻空间的噪声干扰以及外界噪声对室内的影响。

E. 办公、宾馆类建筑75%以上的主要功能空间采光系数满足现行国家标准《建筑采光设计标准》（GB/T 50033—2001）的要求。

F. 建筑入口和主要活动空间设有无障碍措施。

③优选项。

A. 采用可调节外遮阳，提高室内热环境。

B. 设置室内空气质量监控系统，保证健康舒适的室内环境。

C. 采用合理措施改善室内或地下空间的自然采光环境。

6）运营管理。

①控制项。

A. 制定并实施节能、节水等资源节约与绿化管理制度。

B. 建筑运行过程中无不达标废气、废水排放。

C. 分类收集和处理废弃物，且收集和处理过程中无二次污染。

②一般项。

A. 建筑施工兼顾土方平衡和施工道路等设施在运营过程中的使用。

B. 物业管理部门通过ISO14001环境管理体系认证。

C. 设备、管道的设置便于维修、改造和更换。

D. 对空调通风系统按照国家标准《空调通风系统清理规范》（GB 19210—2003）的规定定期检查和清洗。

E. 建筑智能化系统定位合理，信息网络系统功能完善。

F. 建筑通风、空调、照明等设备自动监控系统技术合理，系统高效运营。

H. 办公、商场类建筑耗电、冷热量等实行计量收费。

③优选项。具有并实施资源管理激励机制，管理业绩与节约资源、提高经济利益挂钩。

（3）依据满足所有控制项、并按满足一般项数和优选项数的程度，绿色建筑划分为三个等级。住宅建筑的项数要求详见表 13-4、公共建筑的项数要求详见表 13-5。

表 13-4　住宅建筑划分绿色建筑等级的项数要求

等级	一般项数						优选项数 （共 9 项）
	节地与室外 环境（共 8 项）	节能与能源 利用（共 6 项）	节水与水资源 利用（共 6 项）	节材与材料资源 利用（共 7 项）	室外环境 质量（共 6 项）	运营管理 （共 7 项）	
★	4	2	3	3	2	4	—
★★	5	3	4	4	3	5	3
★★★	6	4	5	5	4	6	5

表 13-5　公共建筑划分绿色建筑等级的项数要求

等级	一般项数						优选项数 （共 14 项）
	节地与室外 环境（共 6 项）	节能与能源 利用（共 10 项）	节水与水资源 利用（共 6 项）	节材与材料资源 利用（共 8 项）	室外环境 质量（共 6 项）	运营管理 （共 7 项）	
★	3	4	3	5	3	4	—
★★	4	5	4	6	4	5	6
★★★	5	6	5	7	5	6	10

注：1. 控制项为评为绿色建筑的必备条款；
　　2. 优选项主要指实现难度较大、指标要求较高的条款。

参考文献

一、设计规范、规程、标准

（一）通用规范

［1］中华人民共和国建设部．GB 50352—2005．民用建筑设计通则［S］．北京：中国建筑工业出版社，2005.

［2］中华人民共和国国家计划委员会．GBJ 2—86．建筑模数协调统一标准［S］．北京：中国计划出版社，2007.

［3］中华人民共和国住房和城乡建设部．GB/T 50006—2010．厂房建筑模数协调标准［S］．北京：中国计划出版社，2011.

［4］中华人民共和国住房和城乡建设部．GB/T 50504—2009．民用建筑设计术语标准［S］．北京：中国计划出版社，2009.

［5］中华人民共和国建设部．GB/T 50353—2005．建筑工程建筑面积计算规范［S］．北京：中国计划出版社，2005.

［6］中华人民共和国建设部．GB/T 50378—2006．绿色建筑评价标准［S］．北京：中国建筑工业出版社，2006.

［7］中华人民共和国住房和城乡建设部．JGJ/T 191—2009．建筑材料术语标准［S］．北京：中国建筑工业出版社，2010.

［8］中华人民共和国建设部．GB 50180—93．城市居住区规划设计规范［S］．北京：中国建筑工业出版社，2002.

［9］中华人民共和国住房和城乡建设部．GB 50574—2010．墙体材料应用统一技术规范［S］．北京：中国建筑工业出版社，2010.

［10］中华人民共和国住房和城乡建设部．GB/T 50001—2010．房屋建筑制图统一标准［S］．北京：中国计划出版社，2011.

［11］中华人民共和国住房和城乡建设部．GB/T 50103—2010．总图制图标准［S］．北京：中国计划出版社，2011.

（二）建筑设计规范

［12］中华人民共和国住房和城乡建设部．GB 50096—2011．住宅设计规范［S］．北京：中国建筑工业出版社，2011.

［13］中华人民共和国建设部．GB 50368—2005．住宅建筑规范［S］．北京：中国建筑工业出版社，2006.

［14］中华人民共和国建设部．GB/T 50340—2003．老年人居住建筑设计规范［S］．北京：中国建筑工业出版社，2003.

［15］中华人民共和国建设部．JGJ 122—99．老年人建筑设计规范［S］．北京：中国建筑工业出版社，1999.

［16］中华人民共和国建设部．JGJ 100—98．汽车库建筑设计规范［S］．北京：中国建筑工业出版社，1998.

［17］中华人民共和国建设部．JGJ 57—2000．剧场建筑设计规范［S］．北京：中国建筑工业出版社，2001.

［18］中华人民共和国建设部．JGJ 67—2006．办公建筑设计规范［S］．北京：中国建筑工业出版社，2007.

［19］中华人民共和国建设部．GB 50038—2005．人民防空地下室设计规范［S］．北京：国家人民防空办公室，2006.

［20］中华人民共和国建设部．JGJ 36—2005．宿舍建筑设计规范［S］．北京：中国建筑工业出版社，2005.

［21］中华人民共和国城乡建设环境保护部．JGJ 39—87．托儿所、幼儿园建筑设计规范［S］．北京：中国建筑工业出版社，1987.

［22］中华人民共和国建设部．GB/T 50314—2000．智能建筑设计标准［S］．北京：中国计划出版社，2000.

［23］中华人民共和国住房和城乡建设部．GB 50099—2011．中小学校设计规范［S］．北京：中国建筑工业出版社，2011.

［24］中华人民共和国住房和城乡建设部．JGJ 25—2010．档案馆建筑设计规范［S］．北京：中国建筑工业出版社，2010.

［25］中华人民共和国建设部．JGJ 38—99．图书馆建筑设计规范［S］．北京：中国建筑工业出版社，1999.

［26］中华人民共和国建设部．JGJ 58—2008．电影院建筑设计规范［S］．北京：中国建筑工业出版社，2008.

［27］中华人民共和国建设部．JGJ 48—88．商店建筑设计规范［S］．北京：中国建筑工业出版社，1989.

［28］中华人民共和国城乡建设环境保护部．JGJ 41—87．文化馆建筑设计规范［S］．北京：中国建筑工业出版社，1988.

［29］中华人民共和国城乡建设环境保护部．JGJ 40—87．疗养院建筑设计规范［S］．北京：中国建筑工业出版社，1988.

［30］中华人民共和国建设部．JGJ 31—2003．体育建筑设计规范［S］．北京：中国建筑工业出版社，2003.

［31］中华人民共和国住房和城乡建设部．JGJ 218—2010．展览建筑设计规范［S］北京：中国建筑工业出版社，2010.

［32］中华人民共和国住房和城乡建设部．GB 50763—2012．无障碍设计规范［S］．北京：中国建筑工业出版社，2012.

［33］中华人民共和国建设部．GB 50073—2001．洁净厂房设计规范［S］．北京：中国计划出版社，2001.

［34］中华人民共和国住房和城乡建设部．JGJ/T 263—2012．住宅卫生间模数协调标准［S］．北京：中国建筑工业出版社，2012.

［35］中华人民共和国住房和城乡建设部．JGJ/T 262—2012．住宅厨房模数协调标准［S］．北京：中国建筑工业出版社，2012.

（三）建筑结构规范

［36］中华人民共和国住房和城乡建设部．GB 50011—2010．建筑抗震设计规范［S］北京：中国建筑工业出版社，2010.

［37］中华人民共和国住房和城乡建设部．GB 50003—2011．砌体结构设计规范［S］．北京：中国建筑工业出版社，2012.

［38］中华人民共和国住房和城乡建设部．JGJ 3—2010．高层建筑混凝土结构技术规程［S］．北京：中国建筑工业出版社，2011.

［39］中华人民共和国住房和城乡建设部．GB 50223—2008．建筑工程抗震设防分类标准［S］．北京：中国建筑工业出版社，2008.

［40］中华人民共和国建设部．GB 50068—2001．建筑结构可靠度统一设计标准［S］．北京：中国建筑工业出版社，2001.

［41］中华人民共和国建设部．GB 50007—2011．建筑地基基础设计规范［S］．北京：中国建筑工业出版社，2012.

［42］中华人民共和国建设部．GB 50009—2001，2006 年版．建筑结构荷载规范［S］．北京：中国建筑工业出版社，2006.

［43］中华人民共和国住房和城乡建设部．GB 50010—2010．混凝土结构设计规范［S］．北京：中国建筑工业出版社，2011.

［44］中华人民共和国建设部．JGJ 137—2001．多孔砖砌体结构技术规范（2002 年版）［S］．北京：中国建筑工业出版社，2003.

［45］中华人民共和国住房和城乡建设部．JGJ 209—2010．轻钢结构住宅技术规程［S］北京：中国建筑工业出版社，2010.

［46］中华人民共和国住房和城乡建设部．GB 50203—2011．砌体结构工程施工质量验收规范［S］．北京：中国建筑工业出版社，2011.

（四）建筑防火设计规范

［47］中华人民共和国建设部．GB 50016—2006．建筑设计防火规范［S］．北京：中国计划出版社，2006.

［48］中华人民共和国建设部．GB 50045—95．高层民用建筑设计防火规范（2005 年版）［S］．北京：中国计划出版社，2005.

［49］中华人民共和国住房和城乡建设部．GB 50098—2009．人民防空工程设计防火规范［S］．北京：中国计划出版社，2009.

［50］中华人民共和国建设部．GB 50222—95．建筑内部装修设计防火规范（2001 年版）［S］．北京：中国建筑工业出版社，2001.

［51］中华人民共和国建设部．GB 50067—97．汽车库、修车库、停车场设计防火规范［S］．北京：中国计划出版社，1998.

［52］中华人民共和国国家质量监督检验检疫总局．GB 15763.1—2009．建筑用安全玻璃——防火玻璃［S］．北京：中国标准出版社，2009.

（五）建筑物理规范

［53］中华人民共和国住房和城乡建设部．GB 50118—2010．民用建筑隔声设计规范［S］．北京：中国建筑工业出版社，2010．

［54］中华人民共和国建设部．GB/T 50033—2001．建筑采光设计标准［S］．北京：中国建筑工业出版社，2001．

［55］中华人民共和国建设部．GB 50176—93．民用建筑热工设计规范［S］．北京：中国计划出版社，1993．

［56］中华人民共和国建设部．GB 50189—2005．公共建筑节能设计标准［S］．北京：中国建筑工业出版社，2005．

［57］北京市质量技术监督局．DB 11—687—2009．公共建筑节能设计标准［S］．北京：北京市规划委员会，2009．

［58］北京市质量技术监督局．DBJ 11—602—2006．居住建筑节能设计标准［S］．北京：北京市规划委员会，2006．

［59］中华人民共和国住房和城乡建设部．JGJ 26—2010．严寒和寒冷地区居住建筑节能设计标准［S］．北京：中国建筑工业出版社，2010．

［60］中华人民共和国住房和城乡建设部．JGJ 134—2010．夏热冬冷地区居住建筑节能设计标准［S］．北京：中国建筑工业出版社，2010．．

［61］中华人民共和国建设部．JGJ 75—2003．夏热冬暖地区居住建筑节能设计标准［S］．北京：中国建筑工业出版社，2003．

（六）建筑构造与建筑装饰装修构造相关规范

［62］中华人民共和国住房和城乡建设部．JGJ/T 228—2010．植物纤维工业废渣混凝土砌块建筑技术规程［S］．北京：中国建筑工业出版社，2011．

［63］中华人民共和国建设部．GB 50208—2002．地下防水工程质量验收规范［S］．北京：中国建筑工业出版社，2002．

［64］中华人民共和国住房和城乡建设部．GB 50108—2008．地下工程防水技术规范［S］．北京：中国建筑工业出版社，2009．

［65］中华人民共和国住房和城乡建设部．GB 50345—2012．屋面工程技术规范［S］．北京：中国建筑工业出版社，20012．

［66］中华人民共和国住房和城乡建设部．GB 50207—2012．屋面工程质量验收规范［S］．北京：中国建筑工业出版社，2012．

［67］中华人民共和国住房和城乡建设部．JGJ 230—2010．倒置式屋面工程技术规范［S］．北京：中国建筑工业出版社，2011．

［68］中华人民共和国住房和城乡建设部．GB 50693—2011．坡屋面工程技术规范［S］．北京：中国建筑工业出版社，2011．

［69］中华人民共和国建设部．JGJ 155—2007．种植屋面工程技术规程［S］．北京：中国建筑工业出版社，2007．

［70］中华人民共和国建设部．GB 50404—2007．硬泡聚氨酯保温防水工程技术规范［S］．北京：中国建筑工业出版社，2007．

［71］中华人民共和国建设部．GB 50037—96．建筑地面设计规范［S］．北京：中国建筑工业出版社，1996．

［72］中华人民共和国住房和城乡建设部．GB 50209—2010．建筑地面工程施工质量验收规范［S］．北京：中国计划出版社，2010．

［73］中华人民共和国建设部．JGJ 142—2004．地面辐射供暖技术规程［S］．北京：中国建筑工业出版社，2004．

［74］中华人民共和国住房和城乡建设部．JGJ/T 175—2009．自流平地面工程技术规程［S］．北京：中国建筑工业出版社，2009．

［75］中华人民共和国住房和城乡建设部．GB 50325—2010．民用建筑工程室内环境污染控制规范［S］．北京：中国计划出版社，2011．

［76］中华人民共和国国家质量监督检验检疫总局．GB 6566—2010．建筑材料放射性核素限量［S］．北京：中国标准出版社，2010．

［77］中华人民共和国建设部．JGJ 126—2000．外墙饰面砖工程施工及验收规程［S］．北京：中国建筑工业出版社，2000．

［78］中华人民共和国建设部．JGJ/T 29—2003．建筑涂饰工程施工及验收规程［S］．北京：中国建筑工业出版社，2003．

［79］中华人民共和国建设部．GB 50210—2001．建筑装饰装修工程质量验收规范［S］．北京：中国建筑工业出版社，2002．

［80］中华人民共和国建设部．GB 50327—2001．住宅装饰装修工程施工规范［S］．北京：中国建筑工业出版

社，2002.

［81］中华人民共和国住房和城乡建设部．JGJ 113—2009．建筑玻璃应用技术规程［S］．北京：中国建筑工业出版社，2009．

［82］中华人民共和国建设部．JGJ 102—2003．玻璃幕墙工程技术规范［S］．北京：中国建筑工业出版社，2003．

［83］中华人民共和国建设部．JGJ 133—2001．金属与石材幕墙工程技术规范［S］．北京：中国建筑工业出版社，2001．

［84］中华人民共和国住房和城乡建设部．JGJ/T 157—2008．建筑轻质条板隔墙技术规程［S］．北京：中国建筑工业出版社，2008．

［85］中华人民共和国建设部．JGJ 144—2004．外墙外保温工程技术规程［S］．北京：中国建筑工业出版社，2005．

［86］中华人民共和国住房和城乡建设部．JGJ/T 235—2011．建筑外墙防水工程技术规程［S］．北京：中国建筑工业出版社，2011．

［87］中华人民共和国住房和城乡建设部．GB 50203—2011．砌体结构工程施工质量验收规范［S］．北京：中国建筑工业出版社，2011．

［88］中华人民共和国住房和城乡建设部．JGJ/T 14—2011．混凝土小型空心砌块建筑技术规程［S］．北京：中国建筑工业出版社，2011．

［89］中华人民共和国住房和城乡建设部．JGJ/T 17—2008．蒸压加气混凝土建筑应用技术规程［S］．北京：中国建筑工业出版社，2009．

［90］中华人民共和国住房和城乡建设部．JGJ/T 220—2010．抹灰砂浆技术规程［S］．北京：中国建筑工业出版社，2010．

［91］中华人民共和国住房和城乡建设部．JGJ/T 223—2010．预拌砂浆应用技术规程［S］．北京：中国建筑工业出版社，2010．

［92］中华人民共和国住房和城乡建设部．JGJ/T 172—2012．建筑陶瓷薄板应用技术规程［S］．北京：中国建筑工业出版社，2012．

［93］中华人民共和国建设部．JGJ 51—2002．轻骨料混凝土技术规程［S］．北京：中国建筑工业出版社，2002．

［94］中华人民共和国住房和城乡建设部．JGJ/T 201—2010．石膏砌块砌体技术规程［S］．北京：中国建筑工业出版社，2010。

［95］中华人民共和国住房和城乡建设部．JGJ 214—2010．铝合金门窗工程技术规范［S］．北京：中国建筑工业出版社，2011．

［96］中华人民共和国住房和城乡建设部．JGJ 103—2008．塑料门窗安装及验收规范［S］．北京：中国建筑工业出版社，2008．

［97］中华人民共和国国家质量监督检验检疫总局．GB/T 5824—2008．建筑门窗洞口尺寸系列［S］．北京：中国标准出版社，2008．

［98］中华人民共和国国家质量监督检验检疫总局．GB 12955—2008．防火门［S］．北京：中国标准出版社，2008．

［99］中华人民共和国国家质量监督检验检疫总局．GB 16809—2008．防火窗［S］．北京：中国标准出版社，2008．

［100］中华人民共和国住房和城乡建设部．JGJ 237—2011．建筑遮阳工程技术规程［S］．北京：中国建筑工业出版社，2011．

［101］中华人民共和国住房和城乡建设部．JGJ/T 261—2011．外墙内保温工程技术规程［S］．北京：中国建筑工业出版社，2012．

［102］中华人民共和国住房和城乡建设部．JGJ 253—2011．无机轻集料砂浆保温系统技术规程［S］．北京：中国建筑工业出版社，2012．

［103］中华人民共和国住房和城乡建设部．CJJ/T 135—2009．透水水泥混凝土路面技术规程［S］．北京：中国建筑工业出版社，2009．

［104］中华人民共和国住房和城乡建设部．JGJ 203—2010．民用建筑太阳能光伏系统应用技术规范［S］．北京：中国建筑工业出版社，2009．

［105］中华人民共和国建设部．JG/T 231—2007．建筑玻璃采光顶［S］．北京：中国标准出版社，2008．

［106］中华人民共和国住房和城乡建设部．CJJ/T190—2012．透水沥青路面技术规程［S］．北京：中国建筑工业

出版社，2012.

[107] 北京市建筑设计研究院. 北京市建筑设计技术细则（建筑专业）［M］. 北京：2005.

[108] 住房与城乡建设部工程质量安全监督司. 全国民用建筑工程设计技术措施（规划·建筑·景观）［M］. 北京：中国计划出版社，2009.